#현장역학(Field Epidemiology) #응용역학(Applied Epidemiology)
#역학조사(Epidemiological Investigation) #역학조사관(Epidemic Intelligence Service Officer)

현 장 역 학

원칙과 방법

Field Epidemiology; Principles and Methods in Epidemiological Investigation

대표 엮은이 이무식

공동 엮은이 이충원 · 박정희 · 배석환 · 유세종 · 이동준 · 이보우 · 이윤희 · 장주동 · 정인성

계축문화사

▣ 대표 엮은이 소개

이 무 식

예방의학과 전문의, 직업환경의학과 전문의
계명의대 졸업(동대학원 의학박사)
(전) 계명대학교 동산의료원 인턴 · 레지던트 · 임상교수
(전) 육군본부 의무감실 군의관(육군대위)
(전) 근로복지공단 창원병원 직업환경의학센터장
(전) 미국 메이요클리닉 방문교수
오스트리아 다뉴브대학교 명예교수(Ehrenprofessor)
건양대학교 의과대학 예방의학교실 교수
건양대학교 대학원장 겸 보건복지대학원장
건양대학교병원 직업환경의학과장
역학조사관 교육기획위원장(한국보건복지인력개발원)
역학조사전문위원회 위원장(질병관리청)
검역전문위원회 부위원장(질병관리청)
감염병관리위원회 위원(질병관리청)
예방접종위원회 결핵분야 전문가 자문위원(질병관리청)
충청권질병대응센터 질병관리 자문위원회 위원
대전광역시 감염병비상임특별보좌관
(전) 메르스 한국-세계보건기구(WHO) 합동평가위원
대한예방의학회 이사 겸 감염병특별위원회 위원
한국역학회 이사 겸 (전) 역학조사관분과위원장

▣ 공동 엮은이 소개

이 충 원

안동성소병원 건강증진센터 소장, (전) 계명의대 교수, 의학박사, 예방의학과 전문의, 직업환경의학과 전문의

박 정 희

건양대학교 의과학대학 응급구조학과 교수, 보건학박사

배 석 환

건양대학교 의과학대학 방사선학과 교수, 보건학박사

유 세 종

대전보건대학교 보건의료학부 방사선학과 교수, 보건학박사

이 동 준

성균관대학교 사회복지연구소 연구원, 사회복지사, 사회복지학박사수료

이 보 우

김천대학교 헬스케어대학 방사선학과 교수, 보건학박사

이 윤 희

세종특별자치시의회 의원, 보건학박사

장 주 동

건양대학교 보건복지대학원 외래교수, 사회복지사, 보건학박사

정 인 성

계명의대 교수, 계명대학교 동산의료원 직업환경의학과 교수, 의학박사, 직업환경의학과 전문의

머 리 말 Preface

이 책은 그동안 역학조사관 교육훈련 등에서 강의 자료 및 교재, 부교재 등으로 사용해오던 현장역학 책의 내용과 관련 논문 및 몇 가지 자료 등 원고를 빨리 정리하여 학습 참고자료로 사용하고자 편집한 것입니다.

그간 개인적으로 역학조사관 교육에 지속적으로 강의하는 등 프로그램에 참여하여 왔었는데 2015년부터 질병관리본부로부터 역학조사관 교육훈련(K-FETP)을 2년간 연구용역받아 2년간 운영하였으며, 때마침 2015년 메르스로 인하여 상당한 현장에서의 경험이 축적되었고, 역학조사관 제도 개선을 위한 연구과제도 추진하였으며, 미국 질병통제예방센터(CDC)와 합동 심포지움도 개최하였고, 대한예방의학회와 한국역학회의 제도개선에 대한 논의에도 참여하였습니다.

이후 보다 체계적인 운영을 위하여 한국보건복지인력개발원에서 운영하는 체계로 변화되었는데 앞서 제가 연구한 용역과제에서 개발된 교육훈련의 틀을 기반으로 추진되었습니다. 2017년부터 역학조사관 교육기획위원장을 지금까지 맡고 있으며, 학계 여러 교수님들과 현업에 계신 역학조사관 및 공무원 등 여러 선생님들과 함께 참여하고 있습니다.

교육에 참여하던 초기부터 현장역학의 교재 필요성을 많이 느꼈는데 방대한 작업에 엄두를 내지 못하였습니다. 2020년 코로나-19의 팬데믹 상황에 교육훈련 교재의 필요성이 시급하고 절실해졌습니다. 2004년 계명의대 이충원 교수님과 함께 했었던 현장역학(Field Epidemiology) 번역 집필 경험을 바탕으로 미국 질병통제예방센터(CDC)의 현장역학 매뉴얼 등을 참고하여 작업을 더디게 시작하였습니다. 사실 국내 · 외에 현장역학에 관한 책은 상대적으로 부족하다는 것이 맞겠습니다. 이 책의 많은 부분은 기존의 책들과 관련 자료 등을 참고하였으나 여전히 부족하고 급한 마음에 충분한 검정과 교정을 보지 못하였으므로 여러 선생님들의 이해와 아량을 베풀어주시고 지도편달이 있으시길 부탁드립니다.

이 책의 구성은 총론 부분과 각론을 구분하였는데 관심부분을 보다 자세히 살펴볼 수 있도록 하였습니다. 제1부에서 우리나라 역학조사관 제도를 소개하고, 현장역학의 기본개념과 원칙들을 살펴보았으며, 제2부에서는 현장역학 조사의 방법론을 소개하였고, 제3부는 현장 활동 및 기획관리, 제4부는 현장별 현장역학 조사의 내용을 담았으며, 제5부는 몇가지 주제별 내용을 담았습니다.

모쪼록 이 책이 역학조사관을 비롯한 중앙 및 광역, 기초 자치단체, 보건의료기관 등에서 방역 및 질병 예방관리 사업에 종사하는 현장의 보건의료 요원들, 그리고 이 분야에 관심이 있거나 전공하시는 모든 분들, 특히 대학원 석 · 박사생, 학부생들 등에게 조금이라도 도움이 되었으면 하는 바램입니다.

끝으로 이 책의 출간을 위하여 도와주신 계축문화사 주영일 대표님과 직원 여러분들께도 감사드리며, 원고의 편집과 수정을 도와준 건양의대 예방의학교실 연구원들과 교실원들께도 깊은 감사를 드립니다.

2021년 7월

대전 건양대 메디컬캠퍼스에서

대표 엮은이 **이무식**

차 례 Contents

제 1 부

서 론

제1장 한국 역학조사관 제도 현황과 과제

제2장 현장역학과 역학조사의 개념

제3장 역학과 역학조사의 기본 원칙

제 1 장

한국 역학조사관 제도 현황과 과제[1]

1 도입

2003년 사스(SARS), 2009년 신종플루, 2014~2015년 에볼라 유행, 2015년 중동호흡기증후군 유행 등이 범유행(pandemic) 수준의 규모와 영향을 끼치며 공중보건의 위기가 있었다. 또한 이러한 범유행은 조류인플루엔자(Avian Influenza A, H7N9)를 중심으로 수년 내에 발생할 가능성에 대하여 많은 미생물학자와 역학자들이 강력하게 예측하였다[1,2].

급기야 2019년 12월 중국 허베이(湖北)성 우한(武漢)시에서 발생한 코로나-19는 2020년 1월 20일 한국에서 첫 환자가 발생한 이후 대구 · 경북지역의 폭발적인 유행, 그 후 3~4차례의 유행 등으로 인하여 많은 인구들이 이환과 사망에 이르고 있으며, 일부 지역에서는 보건의료체계의 붕괴를 가져왔으며, 국내를 포함한 국제적인 범유행(pandemic)으로 인하여 막대한 사회·경제적인 피해와 영향이 2021년 6월 현재 진행되고 있다.

세계적으로 1970~1980년대 이후 과거에 사라졌던 감염병이 재출현하고, 2000년 이후 급격한 기후변화와 더불어 신종 감염병이 급증하고 있으며, 국가 간 교역과 해외여행의 기회 다양화 등 세계화에 따라 해외 감염병의 국내 유입 가능성이 증대되어 새로운 감염위협이 증가하고 있다[3,4].

최근 새로운 공중보건의 문제로 대두되는 것으로 의료감염 문제와 환경역학적 사건 등이 있다. 즉, 의료감염의 경우는 이화여대 목동병원의 신생아실 *Citrobacter freundii* 감염과 서울 성형외과 프로포폴 주사제 오염으로 인한 패혈증 발병 사건 등을 예로 들 수 있다. 환경역학적 사건으로는 가습기살균제, 달걀 살충제 오염사건, 생리대 화학물질 논란, 예방접종 부작용 사건 및 각종 약화사고, 라돈 실내오염 및 침대 사건 등을 사례로 들 수 있겠다.

감염병을 비롯한 각종 보건 관련 사건 및 유행이 발생했을 때 신속한 역학조사와 조기의 원인

---

1) 이 글의 출처는 "이무식. 미래 보건문제 발생에 대응 · 대비를 위한 역학조사관 제도 개선방안. 보건행정학회지 2018;28(3):294-300"로 일부 수정 · 보완하였음을 밝힙니다.

파악에 기반한 정확한 방역이 매우 중요함에도 불구하고 부적절한 초기 역학조사로 인하여 원인 파악은 물론이고, 적절한 방역조치와 유행 대책을 세울 수 없는 경우가 있곤 한다. 이렇게 신속한 역학조사를 통한 감염원 파악 및 감염경로의 분석 등이 가장 중요한데, 이를 위하여 감염병 및 현장역학 전문가 등을 포함한 전담 인력 등 인적요소가 매우 중요한 요소라고 할 수 있다. 그러나 아쉽게도 현재 국내에서 현장 경험이 풍부하면서 감염병 역학에 대한 이해를 하고 있는 현장역학 전문가는 부족한 실정이다[5]. 즉, 역학조사관의 양적 공급과 질적 수준의 부족이 핵심적이고 만성적인 문제로 지적되고 있는데, 이는 우리나라의 문제만은 아니다[6,7].

우리나라의 역학조사관 제도는 1999년 역학조사 전문 인력을 확보하기 위해 인력 수급이 용이한 공중보건의사를 활용하는 제도로 신설되어 시행되었다. 그러나 2015년 중동호흡기증후군 발생 이후 이전의 감염병 예방 및 관리사업에서 나타난 다양한 미흡한 점들과 긴급상황에 대응 · 대비하기에 현격히 부족한 역학조사관 수, 공중보건의사 제도를 활용한 역학조사관으로서의 전문성 및 의무복무기간 이후 전역으로 인한 역학조사관 업무의 연속성 한계 등의 문제점이 불거졌다[8]. 역학조사관의 전문성은 감염병 등 보건문제 발생 현장의 데이터를 충분히 획득하여 보건학적 의사결정을 하기 위한 현장 및 분석 역학적 판단 능력이 있어야 함은 물론이다[9]. 2015년 중동호흡기증후군 유행 이후 표면적으로 역학조사관의 양적 확보는 일부 이루어졌으나, 대다수 비의사 인력 중심의 충원 등 지속적인 장기인력 확보 및 전문성 확보 등 질적 수준은 더욱 심각해 보이는 것이 사실이다.

중동호흡기증후군, 에볼라바이러스, 지카바이러스 등 해외 유입 감염병과 신종 감염병의 경우, 국내 유입 후 발생 또는 유행하는 역학적 특성 등을 파악하는 데 한계가 있고, 다양한 감염병에 대한 경험이 축적된 전문가의 필요성이 절실하나, 현재의 역학조사관 선발에서는 역량을 갖춘 유능한 인력을 선발하는데 한계점이 있으며, 그러한 인력에 대한 교육 · 훈련 또한 역학조사관 임명과 교육 후에는 역학조사 업무의 지속적 활동이 불가하여, 인적 자원의 경험 및 역량 축적과 조직의 역량으로 구축되지 못하는 문제점도 있다.

이 글에서는 중동호흡기증후군, 코로나-19 등 신종 감염병과 역학조사가 필요한 새로운 보건문제에 대응 · 대비하여 역학조사관 제도 개선을 위한 방향을 제시하고, 역학조사 역량강화를 위한 교육 · 훈련 과정 및 프로그램 개선안 등을 제시코자 하였다.

2 역학조사관 제도의 현황 및 문제점

역학조사관 제도는 1999년 신종, 재출현 감염병 대비 정책연구인 "감염병 전문가 양성 및 감염병 관리요원의 개발 연구사업"의 한 부분으로 공중보건의사 19명을 선발하여 2주간의 기본교육 후 국립보건원과 광역시 · 도에 배치하고 1년 동안 감염병 유행 역학조사에 역학전문가로 근무토록 하였다. 따라서 이 제도는 신종 및 재출현 감염병 등에 대한 적극적이고, 효과적인 대응 · 대비를 위한 역학조사 전문 인력을 확보하기 위해 비교적 인력 확보가 쉬웠던 공중보건의사를 활용한 시범적인 사업이었다.

그 후 2000년에 현장 및 응용 역학(field and applied epidemiology) 중심의 역학조사 전문가 과정(field epidemiology training program, 이하 FETP)을 신설하였고, 공중보건의사 중에서 역학 및 감염병에 관심이 있고, 2년 이상 감염병 역학조사 및 감시체계 업무를 담당할 지원자를 우선 대상으로 '역학조사관'을 선발하여, 약 4주간의 역학조사관 기본교육 과정을 거친 후 국립보건원과 광역시 · 도에서 감염병의 유행 역학조사 및 감시체계 등을 핵심업무로 감염병 예방관리 활동을 하도록 하였다[10].

질병관리본부는 1999년 시범사업으로부터 시작된 역학조사관 교육과정(Korea Field Epidemiology Training Program; K-FETP)의 운영을 통해 공중보건의 및 공무원을 대상으로 매년 15~20여 명의 역학조사관을 교육하여 왔으며, 교육과정 중 4주간의 역학조사관 기본교육을 이수한 공중보건의사를 역학조사관으로 임명하여 중앙부처와 시 · 도의 역학조사관 인력으로 배출하여 왔다[11].

한편 한국보건복지인력개발원에서 담당 · 운영하고 있는 감염병전문가 교육(Field Management Training Program)을 통해 광역시 · 도 및 시 · 군 · 구의 역학조사반원인 감염병 대응요원에 대한 일반적인 감염병 대응역량을 교육하고 있지만, 현장 및 응용 역학조사 전담 교육훈련 시간은 독립되어 과정을 운영하지는 않았다[12]. 이는 질병관리본부가 운영하고 있는 역학조사관 교육과정(K-FETP)이 역학조사관을 양성하는 국내 유일한 교육 프로그램으로서 감염병 대응의 국가적 능력을 제고하는 데 매우 중요한 교육과정이라는 점을 반증한다[13].

2000년 1월 12일 '감염병예방법'을 개정하여 역학조사 근거규정을 확보하였고, 2001년 12월 29일 '예방접종 이상반응'에 관한 조사와 역학조사관 교육 · 훈련 경비의 국고보조 근거가 준비되면서 역학조사와 관련한 제도가 체계적으로 정비되기 시작하였다. 이후 여러 번의 개정이 있었지만, 2009년 신종인플루엔자 대유행 이후 제도개선을 위하여 '감염병의 예방 및 관리에 관한 법률'로 전면 개정하였고, 2015년 중동호흡기증후군 유행에서 나타난 문제점들을 수정 · 보완하기 위해 2015년 7월 일부 개정이 이루어졌다[14].

2015년 중동 지역에서 감염된 중동호흡기증후군 환자의 국내 유입 후 유행으로 국가적인 보건위기 상황을 직면하였으며, 이 과정에서 감염병을 적극적으로 막기 위한 방역 시스템의 마련이 매우 중요함을 확인하는 계기가 되었다. 중동호흡기증후군 유행 이후 '감염병의 예방 및 관리에 관한 법률' 개정에서 보건복지부에 30명, 광역시 · 도에 36명 이상의 공무원 역학조사관 확보배치의 법적 기초가 마련되었다. 이에 따라 이전의 공중보건의사 선발을 활용하던 역학조사관 제도가 전문직 공무원 역학조사관으로 변경되면서, 역학조사 역량강화를 위한 인력 선발과 교육훈련 양성 측면에서 역학조사관 교육훈련 과정에 대한 근본적인 변화의 필요성이 높아졌다. 역학조사관 참여대상 변화에 따라 역학조사관 교육훈련 과정에 대한 개편방향을 시급히 확정할 필요성이 대두되었다.

2020년 코로나-19 팬데믹으로 3월과 8월 두 번에 걸쳐 감염병예방법 제60조의2(역학조사관)에서 질병관리청 소속 공무원으로 100명 이상, 시 · 도 소속 공무원으로 각각 2명 이상의 역학조사관을 두어야 하고 시 · 도 역학조사관 중 1명 이상은 의사로 임명하여야 하며, 시장 · 군수 · 구청장은 인구수 등을 고려하여 보건복지부령으로 정하는 기준을 충족하는 시 · 군 · 구의 장은 소속 공무원으로 1명 이상의 역학조사관을 두도록 보완되었다.

역학조사관의 선발은 「감염병의 예방 및 관리에 관한 법률 시행령」 제26조에 근거하여 보건복지부장관 및 시 · 도지사가 역학조사관을 임명한다. 법에 근거한 역학조사관의 자격은 방역, 역학조사 또는 예방접종 업무를 담당하는 공무원, 「농어촌 등 보건의료를 위한 특별조치법」에 따라 채용된 공중보건의사, 「의료법」 제2조제1항에 따른 의료인, 그 밖에 「약사법」 제2조제2호에 따른 약사, 「수의사법」 제2조제1호에 따른 수의사 등 감염병 · 역학 관련 분야의 전문가 중에서 선발하여 임명된다.

미국의 경우, 매년 500여 명이 지원하여 80여 명이 합격하여 역학조사관(EIS officer)으로 임용되는데 2015년의 경우 의사가 40명(50%), 수의사 9명(11.3%), 기타 박사학위 취득자 29명(36.3%), 간호사 1명, 물리치료사 1명 등이었다. 역학조사관 교육과정(FETP)의 기본 틀은 3층 피라미드 구조를 갖추고 있는데 기초입문 수준(entry level), 중간 수준(intermediate level), 고급 수준(advanced level) 등이다(그림 1.1.1.). 기초입문 수준은 지역(local)에서 활동하며, 중간 수준은 지방(district)에서 팀 리더 수준으로 활동하며, 고급 수준은 중앙정부에서 관리 및 감독자(supervisory or manager)와 시니어 과학자(senior scientist) 등으로 활동한다[15]. 특히 기초입문 수준은 기초 역학조사관(basic epidemiologist)으로 석사학위 취득자 이상 또는 2년 이상의 실무경력을 가진 보건의료 자격 · 면허 취득자로 고급 인력임을 인지해야 한다. 또 다른 중요한 점은 멘토십과 경력관리 과정, 즉 인사관리체계와 통합되어 있다는 것이다.

다양한 감염병에 대한 국내 방역체계의 중심에는 역학조사관이 있으며, 1999년 시범사업 이후 2015년까지 역학조사관의 대부분은 역학조사관 기본교육을 수료한 공중보건의로 구성되었다. 그러나 공중보건의사는 감염병과 역학조사 등에 대한 전문성을 갖춘 인력의 선발 또는 지원은 힘들며, 역학조사관 교육훈련과 임명 후 1~3년의 한시적인 업무 수행을 할 수밖에 없었다. 역학조사관 업무 수행 및 활동 후 대부분의 공중보건의사 역학조사관들은 전역과 동시에 공중보건과는 거리가 있는 자신의 임상 전공분야 및 민간 의료부문의 영역에 근무하였다. 따라서 기존의 역학조사관 제도는 경험을 갖춘 인적자원의 축적과 이를 통한 감염병 대응 · 대비 역량의 강화로 이어지지 못하는 구조적인 한계점이 있었다.

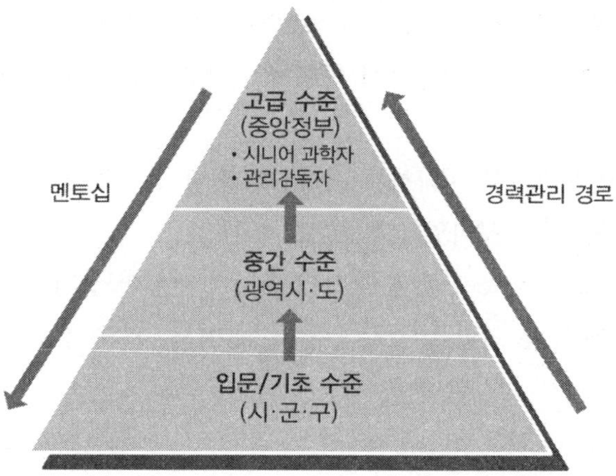

그림 1.1.1. 역학조사관 교육프로그램의 삼층구조 피라미드 모형(Three tiers system of pyramid Field Epidemiology Training Program model)

출처 : Modified from "López A, Cáceres VM. Central America Field Epidemiology Training Program(CA FETP): a pathway to sustainable public health capacity development. Human Resources for Health 2008 6:27. doi:10.1186/1478-4491-6-27."

K-FETP는 2년 과정으로 기본교육 과정(introductory course) 1회(3주), 워크숍(연 1회), 지속교육 과정(on-the-Job Training) 연 2회(2박 3일), 역학조사관 학술대회 등으로 구성되어 있다(부록 참조). 기본교육과정은 신규 역학조사관으로 선발 · 배치된 공중보건의사 또는 의료인 면허소지 역학조사 업무 수행자, 방역 · 역학조사 · 예방접종 담당 공무원, 감염병 등 관련 분야 전문가 중 교육 희망자를 선발하여 3주 동안 역학 및 감염병 관리에 대한 기본 지식과 기술 습득을 위한 교육을 진행하고 있다. 워크숍은 기본교육 과정과 지속교육 과정 사이에 개최되며, 신규로 임명된 역학조사관과 기존의 역학조사관의 네트워크 형성과 역학조사관 제도 등에 대한 논의가 이루어진다. 지속교육 과정은 9월과 3월에 실시되며, 중앙 및 시 · 도 역학조사관, 검역소, 시 · 도 소속 역학조사요원을 대상으로 역학조사 사례를 중심으로 세부과제별 전문지식 학습, 역학조사 활동 사례 토의 등을 진행한다. 역학조사관 학술대회는 한국역학회와 협정(MOU)을 체결하여 한국역학회 추계학술대회 내 별도 세션으로 운영하고 있으며, 역학조사 사례조사 및 감염병 특성 연구 발표 및 토의를 진행하게 된다.

기본교육 과정의 범주는 크게 감염병 역학 및 통계, 수인성 · 식품매개질환, 예방접종 대상질환, 공중보건 위기대응, 그 외 감염병 역학조사, 행정 관련 강의 등 6가지로 구성되며, 지속교육 과정의 범주는 크게 역학연구방법론, 감염병 역학 및 통계, 사례토의, 역량강화의 4가지로 구분되어 있으며, 그 세부 교과목 및 프로그램에 대해서는 매 교육 시행 전 전문가와 질병관리본부에서 논의를 거쳐 결정하게 된다.

역학조사관의 직무는「감염병의 예방 및 관리에 관한 법률 시행령」제26조 제2항에 근거하여 역학조사 계획 수립, 역학조사 수행 및 결과 분석, 역학조사 실시 기준 및 방법의 개발, 역학조사 기술지도, 역학조사 교육훈련, 감염병에 대한 역학적인 연구 등으로 규정되어 있어 감염병 분야로 제한되어 있음을 확인할 수 있다.

2000년 역학조사관 교육 제도를 시작하는 시점부터 현장 교육을 지도해 주는 자문교수 제도를 계획하였으나, 제대로 운영되지 못하였다.

질병관리본부는 부서별로 역학조사 관련 분야의 전문가들이 어느 정도 있어 수습 역학조사관의 업무수행과 현장학습 등에 자문 역할을 하고 있으나, 광역시 · 도의 경우는 현장 전문가가 전무한 실정으로 현장 교육에 한계가 심각한 수준이다.

이러한 문제에 대하여 2006년도부터 광역시 · 도 역학조사관 교육훈련 등을 지원하는 지도교수 제도(멘토) 방안을 논의하고, 구체적인 방법들이 제안되기도 하였다. 2009년 '역학조사관 지도교수제 도입 · 운영 방안 연구'를 통해 지도교수제 운영 시범사업을 진행하고 도입하였지만, 여전히 미비한 실정이다. 2014년 질병관리본부와 한국역학회 간 협정(MOU)을 체결하고, 한국역학회 소속 교수진을 추천받아 광역시 · 도에 배치된 역학조사관과 1:1 지도교수제를 운영하고 있으나 활동이 미진하다. 운영방식은 시 · 도에서 자율적으로 연 3회 이상 '역학조사 업무지도 회의'를 개최하여 역학조사관이 지도교수로부터 직접 업무에 대한 지도를 받도록 하였으며, 주요 사항은 광역시 · 도 역학조사관이 수행한 현장 역학조사 결과에 대한 상담 및 논의 그리고 교육지도 등의 환류 활동, 해당 시 · 도 법정감염병 발생 현황에 따른 역학조사 및 연구분석 방향에 대한 지도, 역학조사 결과물을 수정 · 보완하여 논문화 작업을 하여 학술대회 발표 및 논문작성 등 학술활동 지도 등이다[11].

2018년 지금까지도 우리나라 역학조사관 제도와 교육훈련 제도는 전략적이고 체계적인 모습을 갖추지 못하고 있다. 보다 체계적인 역학조사 전문인력 육성을 위한 교육훈련제도 개발이 필요하다.

3 역학조사관 제도의 개선방안

1) 역학조사관 인력양성 목표 수립

현재 우리나라에서는 장기적인 역학조사관 양성 목표가 없다. 미국 연방정부는 인구 10만 명당 역학조사관 1명이 확보되어야 완전한 기능을 할 수 있다고 권고하고 있다[16]. 미국 CDC는 좀 더 열악한 경우에도 인구 20만 명당 잘 훈련된 역학조사관 최소 1명이 있어야 효과적인 대처를 할 수 있다고 추정하였다[17]. 후진국과 개발도상국 등을 감안할 경우 세계적으로 인구 1백만 명당

3~5명의 역학조사관 교육프로그램 졸업자가 있어야 한다고 추정한 바 있다[18,19,20,21].

현재 우리나라 인구에 대입하여 추정해보면 최소 150~250명에서 587명까지 필요하다. 앞서 언급한 바와 같이 최소 3층 구조로 설계하되 현실적으로 행정체계를 감안하여, 즉 질병관리본부 및 중앙정부, 광역시 · 도, 기초자치단체 등을 고려하면 최소 300여 명 이상이 필요하다. 이를 목표로 중장기 계획의 수립과 교육훈련 프로그램을 설계하여야 한다.

2) 의사 등 전문분야 역학조사관 확보 및 전문역량 개발

2015년 중동호흡기증후군 유행 이후 전문임기제 공무원 역학조사관 선발, 확보를 계기로 다행히 양적인 증가와 더불어 역량 있는 전문 인력들이 역학조사관에 많이 지원토록 제도 수정이 불가피해 보인다.

무엇보다도 역학조사관 제도의 비전과 역할에 대한 분명한 제시가 필요하며, 또한 역학조사관에 대한 획기적인 인식변화와 더불어 처우개선이 있어야만 할 것이다. 현재, 전문성과 경험이 연결되지 않는 업무 연속성 결여가 가장 큰 문제로 인식되고 있다. 따라서 지속적, 안정적 확보가 가능하도록 정규직, 지역단위 전문역학조사관 확보가 필요하다.

보수, 승진 및 복지 이외에도 공공의과대학 설립을 통한 안정적인 공급, 학위과정 연계, 양질의 교육과 훈련을 제공하면서 민간 수준의 보수 지급, 개방형 직위를 통하여 중견 인재의 전출입이 가능하도록, 중견 역학조사 전문 민간 교수를 영입하여 교수 직위를 부여하여 교육, 훈련을 총괄하게 하는 것, 동시에 역학조사관의 전문성을 확보하는 것 등이다. 기타 의견으로 병역특례, 전문임기제에서 일정기준 만족 시 보건복지부 및 질병관리본부 관련 직제에서 연속 근무가 가능하도록 하는 제도 시행, 기존 역학조사관(현재, 수료)에게 인센티브 제공, 국내외 학술대회 참여, 장단기 해외연수 프로그램 등 자기계발의 기회제공 등이 있다.

국방부의 군의관 장기 근무인력 확보 정책과 같이 의과대학(의학전문대학원) 학생을 대상으로 장학생 선발 제도, 학위 제도, 위탁 수련제도, 예방의학 전문의 제도 등을 병행하는 복합적 접근도 고려해 볼 만하다. 이외 대안으로 국내 공무원 사회에서 전문경력관 제도가 있는데 승진의 측면에서 볼 때 향후 같은 직급의 의사 공무원이 증가하여 적체될 경우 적극적으로 활용할 수 있는 제도이다.

감염병 역학조사 등의 주요 업무활동과 의사결정은 의사를 중심으로 이루어질 수밖에 없는 특성이 있어 미충족 의사 역학조사관을 보완하는 방법으로 기존의 공중보건의사 역학조사관 제도와 병행토록 하되, 미국의 경우와 같이 중장기적으로 적정 수준의 역학조사관은 의사 인력으로 확보될 필요가 있을 것이다.

3) 역학조사관 업무 영역 확대 개편

역학조사관 제도의 목표는 감염병 역학조사에 국한되어서는 안 된다. 궁극적인 목표는 역량을 갖춘 공중보건인력의 양성에 있는 것이다. 따라서 인력양성 및 관리 제도의 트랙은 수정이 불가피하다.

전문임기제 역학조사관으로 채용된 자원들은 질병관리본부 및 광역시 · 도 내의 제한된 역학조사 활동을 넘어서 보건복지부, 여타 중앙부처 등에서 활동할 기회를 제공하고, 일정 기간 및 경력 수준에 다다랐을 경우 향후 승진, 전보 등을 통해 관련 공직사회에 진출할 기회를 제공하는 것이 중요하다. 미국의 역학조사관(EIS officer) 제도는 그렇게 마련되어 있다.

역학조사의 범위 또한 감염병 이외의 만성질환 분야, 의료감염 분야, 자연재해, 인위재해, 방사선 및 화학 등 각종 재난, 예방접종 사고, 약물 사고, 직업의학 및 환경의학 등의 분야로 신속히 확대되어야 한다. 최근 이화여대 목동 병원 및 성형외과 등에서의 의료감염, 가습기 살균제 사건, 살충제 오염 달걀 사태, 생리대 위해성 관련 사건, 라돈 침대 시간, 약물 및 약화사고 등의 예를 들지 않아도 그 필요성은 충분히 이해할 수 있을 것이다.

미국은 이미 이러한 활동들이 역학조사관들에 의하여 수행되고 있음을 빨리 인지해야 한다. 제도적 개선과 함께 다양한 국내외 관련 및 유사기관과의 협업이 가능토록 하여야 함은 물론이다. 역학조사의 우선순위는 감염병에 있으나 그 대상 및 활동 범위에서는 더 이상의 피해와 혼란을 줄이기 위해서 조치되어야 한다.

4) 역학조사관 교육훈련 프로그램의 정상적인 확대 개편

미국 EIS 프로그램이나 태국 FETP의 경우 매주 세미나 시행, 주기적 역학조사관 평가, 행정적 지원 및 교육과정 관리 등이 이루어지고 있다[11]. 우리나라의 역학조사관 교육훈련 프로그램은 국제 표준 역학조사 교육훈련 프로그램과 비교하여 보면 표준 교과과정, 구체화된 역량, 멘토십, 실제 업무수행, 현장 중심 교육훈련 등에서 차이가 있으며 이에 따른 문제점이 발생하고 있다고 판단된다.

또한 우수한 역학조사관 교육훈련 및 평가 프로그램을 개발하기 위하여 우선적으로 명확하지 않은 국내 역학조사관의 핵심역량을 설정하는 것이 시급하다. 매년 핵심역량에 관한 조사 결과를 반영하고, 역학조사관에게 요구할 능력과 범위, 국내 · 외 질병의 분포 및 유행 예측 등을 고려하여 기본적인 핵심역량에 따른 교육목표 및 학습목표의 재설정과 수정 · 보완 등의 추가 작업이 지속적으로 필요하다.

기본 및 지속 교육 과정은 우선적으로 부족한 교육시간을 정상적으로 보다 더 많이 확보해야 하며, 연차별로 핵심역량을 배분하여 별도의 교육을 실시하여야 한다. 전체적인 교육과정의 시간을 모두 합쳐도 5주 내외인데 미국 등 외국의 역학조사관 교육 프로그램(FETP)은 9~28주로 최소 지금의 교육시간을 2배 이상을 늘여야 한다. 특히, 기본교육과정보다는 지속교육과정(2~3일)의 확대가 시급해 보인다.

지속교육과정을 확대하여 기본교육과정과 비슷한 강의, 사례연구, 현장실습 등으로 필요한 역량별로 진행할 필요가 있고, 기본교육과 지속교육은 필요한 핵심역량에 따른 연차별 교육이 실시되지 않았다. 핵심역량을 나누어 시기별로 교육이 필요하다.

강의는 핵심역량에 따라 강의 및 강의시간을 배분하여 양질의 교육이 이루어질 수 있도록 관리하여야 하며, 사례 연구 시간은 확대하고, 기존의 과정 교육훈련(Course Work Training) 문제지 검토에 따른 보완이 필요해 보인다.

역학조사관을 대상으로 정기적인 세미나를 시행하여 발표에 대하여 지도와 환류를 통한 자기주도적 역량 강화를 독려하고, 추가로 필요한 교육 시행도 가능할 것이다. 현재 한국역학회 학술대회의 한 프로그램으로 진행되는 역학조사관 학술대회는 발표시간이 제한되어 있어 실제적인 지도와 환류 등에 한계가 있다. 미국 EIS 프로그램이나 태국 FETP 프로그램은 매주 과제 진행 상태 발표, 북 리뷰, 추가 교육 등을 실시하고 있다. 역학조사관은 질병관리본부와 광역시 · 도청으로 배치되어 있는데 화상회의(매주)나 직접 모여 세미나를 시행(매주 혹은 매달)하고 계획, 분석 등 연구 중인 과제를 발표하고, 내 · 외부 전문가를 초청, 참여시킴으로써 지도 및 환류 등을 할 수 있을 것이다.

다양한 분야의 전문가를 참여시키기 위한 지원을 바탕으로 구성된 별도의 컨퍼런스 및 학술대회를 시행해야 한다. 발표시간이 너무 짧아서 토론이 없는 발표 보고만으로 끝나기도 하는데 발표 후 심도 있는 지도와 환류를 받도록 보완이 필요하다.

현장 교육 · 훈련 과정에서는 기관 내 · 외부의 숙련된 현장역학 전문지도자가 반드시 확보되어야 하며, 기관 내 기술적 자문가(technical advisor)나 감독관(supervisor) 형태의 지원인력이 필요하며, 다양한 현장 경험 등 실무 역량을 갖추기 위한 행정 지원 및 전담 인력의 확보가 필요하다. 역학조사관이 배치된 기관에 현장 관리자의 역할과 기능을 할 수 있는 숙련된 전문 역학자가 부족한 상황이다. 기존의 지도교수제는 적절한 지도와 피드백을 할 수 없다. 태국 FETP 자문가(advisor)의 경우 전화나 이메일로 정기적 연락, 1년에 2차례 해당 국가를 방문한다. 기관에 배치되어 있지 않더라도 숙련된 역학자 일부라도 확보하여 자문가(advisor) 역할을 할 수 있도록 마련하여 멘토십을 강화할 필요가 있다. 미국의 Epi-Aid 참조가 필요하고, 배치된 기관 이외에서의 유행사례 경험이 필요한데 역학조사관 일부는 유행 역학조사 경험 없이 수료하기도 한다.

역학조사관 교육 프로그램 평가는 보다 강화된 명확한 평가와 수료 기준을 마련하고, 역학조사관의 역량 및 과제 진척 상황을 정기적으로 모니터링 평가하며, 2년의 교육훈련 과정 동안에 충분히 과제를 마칠 수 있도록 지원해 주는 체계를 개발, 구축해야 한다.

평가에서는 수료를 위한 요구조건 강화 고려가 필요하다. 다지역(multisite) FETP 보고서(낮은 요구조건)의 공통부분, 유행 역학조사 완료, 감시체계와 관련한 활동, 계획된 연구에 대한 프로토콜 등이 평가되어야 한다. 역학조사관의 역량 및 과제 진척상황을 주기적으로 평가해야 하는데 매 6개월 정도로 지속 교육과정을 확대하여 병행할 수 있다(태국 FETP의 사례). 평가를 통해 역량을 갖추고 과제를 완수할 수 있도록 지원할 수 있어야 한다. 2년 동안 과제를 완수할 수 있도록 도움을 주는 체계 마련이 필요하다. 또한 멘토십 강화로 과제를 완수할 수 있도록 지도와 피드백이 필요하고, 역학 지원(Epi-Aid, epidemiologic assistance) 프로그램을 통하여 과제(유행역학조사 보고서 등)를 해결할 수 있는 과정 마련이 필요하다. 보다 발전적으로는 역학조사관에게 요구되는 핵심역량의 개발, 그 핵심역량을 기반으로 교육훈련 목표 개발과 교육훈련의 내용 선정, 핵심역량 개발을 위한 적절한 교육훈련 방법 및 교육훈련 재료의 개발, 인력확보 및 교육훈련 체계 그리고 경력관리 체계와의 종합적이고 효과적인 통합 운영을 위한 역학조사관의 양성 정책 등을 추진할 필요가 있을 것으로 제안된다.

5) 역학조사관 연수원 설치 운영

역학조사관 전문교육 인력 양성을 위하여 교육기관의 설치기준과 목적의 속성인 전문성, 체계성, 지속성, 우수성 등이 인정되는 가칭 "역학조사관 연수원" 별도 운영 운영방안이 가장 합리적인 운영방안으로 제안되고 있다. 현재 한국보건복지인력개발원 위탁교육 방식은 여전히 한계를 가지 있다. 교육훈련 기획부서와 수행 기관이 이원화되어 있고, 역학조사 역량 강화를 위한 특화된 교육훈련 과정이 미흡하며, 교육훈련 체계와 경력관리 체계가 분절되어 있어 역학조사관 인력의 확보 및 유지가 어려운 문제점이 있다.

또한, 역학조사관 프로그램을 체계적으로 지원하기 위한 전문가 집단이나 위원회의 지속가능한 상시적 확보, 질병관리본부 내·외부에 교육훈련 프로그램을 위한 전담인력 및 부서의 독립적 확보가 필요하다. 이들 인력은 전반적인 프로그램의 질 관리를 시행하고, 교육훈련 과정 중의 강의나 사례연구 과목의 기획 개발이나 수정·보완을 담당하고, 실제로 역학조사관을 교육할 수 있는 인력풀의 확보와 더불어 그러한 역할과 기능을 담당할 수 있어야 한다.

4 결론

날로 커지고 있는 미래 새로운 및 재출현 감염병 대유행을 포함한 보건문제 위협에 대응·대비하기 위하여 전문적인 역학조사 인력의 양성과 관리는 우리나라에서 우선순위가 매우 높은 중대한 보건과제이다.

이를 위하여 우리나라는 첫 번째, 역학조사관 인력양성 목표의 수립이 필요하다. 양적 목표와 질적 목표 등을 포함한 최소 3층 구조 이상의 인력 양성 및 관리체계를 수립, 적용해야 할 것이다. 둘째, 최소 50% 이상의 의사 역학조사관 인력을 확보하고 전문성을 개발해야 한다. 셋째, 역학조사관의 궁극적인 목적으로 공중보건 전문가의 양성으로 역학조사관의 업무 영역을 보건의료, 직업환경, 각종 재해 및 재난 등에 이르기까지 확대 개편하여야 한다. 넷째, 역학조사관 교육훈련 프로그램을 선진국 수준으로 정상적인 확대 개편이 필수적이다. 특히 연수과정은 최소 2배 이상으로의 확대가 기본일 것이다. 다섯째, 중장기 목표로 가칭 '역학조사관 연수원'의 독립적 설치, 운영이 필요하다. 역학조사관 제도의 전체적인 기획, 운영관리, 평가 등을 전담할 수 있는 조직, 인력 등을 갖추고 스튜어드십(stewardship), 거버넌스(governance)가 확보되어야 한다.

향후 보다 체계적인 감염병 관리 전문가 양성에 활용방안과 역학조사관 교육 프로그램의 체계적이고, 단계적인 운영 기반을 구축하고 전략 개발을 위한 지속가능한 수행체계의 구축이 필요하다. 또한 감염병에만 국한되지 않고 공중보건 전문인력 양성 및 역량 강화의 가이드라인 개정 및 전문 교육기관 설립에 대한 필요성도 시급해 보인다.

참고문헌

1. WHO. Influenza at the human-animal interface_Summary and assessment, 25 July 2017 to 27 September2017; http://www.who.int/influenza/human_animal_interface/Influenza_Summary_IRA_HA_interface_09_27_2017.p df?ua=1. Accessed Oct. 28, 2017.
2. Kile JC, Ren R, Liu L, Greene CM, Roguski K, Iuliano AD, Jang Y, Jones J, Thor S, Song Y, Zhou S, Trock SC, Dugan V, Wentworth DE, Levine MZ, Uyeki TM, Katz JM, Jernigan DB, Olsen SJ, Fry AM, Azziz-Baumgartner E, Davis CT. Update: Increase in Human Infections with Novel Asian Lineage Avian Influenza A(H7N9) Viruses During the Fifth Epidemic — China, October 1, 2016–August 7, 2017, MMWR 2017; 66(35): 928-932.
3. DuPont HL Emerging Infectious Diseases, Animals, and Future Epidemics. Tex Med 2017 1; 113(2): 31-36.
4. Korea Centers for Disease Control and Prevention. Guideline for control and management of communicable diseases, 2015. [Korean]
5. Lee MS, Kim EY, Lee SW. Experience of 16 years and its associated challenges in the Field Epidemiology Training Program in Korea, Epidemiol Health 2017;39:e2017058.
6. Tak S. Introduction to Applied Epidemiologists in US Governmental Public Health Agencies, 2015.
7. CSTE, 2004 National Assessment of Epidemiologic Capacity: Findings and Recommendations
8. http://www.yonhapnews.co.kr/bulletin/2015/06/26/0200000000AKR20150626073000017.HTML?from=search
9. Thacker SB, Dannenberg AL, Hamilton DH. Epidemic intelligence service of the Centers for Disease Control and Prevention: 50 years of training and service in applied epidemiology. Am J Epidemiol 2001; 154: 985-992.
10. Han HW, Go WY, Lee HJ, Kim SS, Kim DG, Bang JH, Bae GR, Lee HR, Eun SH. Development of educational book for Korea field epidemiologist, The Report of National Institute of Health, Republic of Korea, 2003; 39: 27-41. [Korean]
11. Lee MS. Final report for Korea field epidemiology training program, 2014, Konyang University, 2015.
12. Park NR, Lee JG, Kim YT, Chun JH, Bae SS, Bae JM, Oh GJ, Oh HC, Lee KS, Lee BG, Lee HJ, Jeong IS. Evaluation of field epidemiology specialist training program based on the satisfaction and the changes of educational needs. J Prev Med Pub Health 2004; 27(1): 80-87. (Korean).
13. Dongkuk University. Development of educational course and training manual for field epidemiologist training program during 2011-2015, Osong: Korea Centers for Disease Control and Prevention, 2011 (Korean).
14. Lee MS, Lee K, Park JH, Hong JY, Jang MY, Jeon BH, Cho SY, Choi SJ, Hong JI. The direction of restructuring of a Korea field epidemiology training program through questionnaire survey among communicable disease response staff in Korea, Epidemiol Health 2017;39:e2017032.
15. López A, Cáceres VM. Central America Field Epidemiology Training Program (CA FETP): a pathway to sustainable public health capacity development. Human Resources for Health 2008; 6:27. doi:10.1186/1478-4491-6-27.
16. Boulton M, Lemmings J, Beck A. Assessment of epidemiology capacity in state health departments, 2001-2006. J Public Health Manag Pract. 2009; 15: 328-336.

17. Schneider D, Evering-Watley M, Walke H, Bloland PB. Training the Global Public Health Workforce Through Applied Epidemiology Training Programs: CDC's Experience, 1951-2011. Public Health Reviews 2011; 33(1): 190-203.
18. Nguku P, Oyemakinde A, Sabitu K, Olayinka A, Ajayi I, Fawole O, Ba\-birye R, Gitta S, Mukanga D, Waziri N, Gidado S, Biya O, Gana C, Ajumobi O, Abubakar A, Sani-Gwarzo N, Ngobua S, Oleribe O, Poggensee G, Nsubuga P, Nyager J, Nasidi A. et al. Training and Service in Public Health, Nigeria Field Epidemiology and Laboratory Training, 2008–2014. Pan Afr Med J. 2014; 18(Supp 1): 2.
19. Becker KM et al. Field Epidemiology and Laboratory Training Programs in West Africa as a model for sustainable partnerships in animal and human health. J Am Vet Med Assoc. 2012; 241: 572-579.
20. Dooyema C et al. Outbreak of Fatal Childhood Lead Poisoning Related to Artisanal Gold. Environmental Health Perspectives. 2012; 120(4): 601-607.
21. Abubakar AA, Sambo MN, Idris SH, Sabitu K, Nguku P. Assessment of integrated disease surveillance and response strategy implementation in selected Local Government Areas of Kaduna state. Annals of Nigerian Medicine. 2013; 7(1): 14-19.

제2장

현장역학과 역학조사의 개념

1 도입

역학자들은 다양한 맥락 속의 현장 세팅에서 일하지만 현장역학이라는 용어는 긴급한 공중보건 문제에 대응하여 시작된 조사를 말한다. 현장역학의 주요 목표는 그러한 문제가 발생할 때 질병이나 사망을 줄이거나 예방하기 위한 개입을 선택하고, 구현하는 프로세스를 가능한 한 빨리 안내하는 것이다. 역학자가 운영하는 상황과 역학자가 다룰 수 있는 정보의 유형과 양이 계속해서 변화 함에도 불구하고, 현장역학의 핵심 원칙은 대체로 일정하게 유지되고 있다.

긴급한 공중보건 문제를 조사하는 역학자들이 직면하는 문제들은 현장역학의 정의를 형성한다. 다음 시나리오를 생각해 보자. 1976년 8월 2일 월요일 오전 8시 30분에 미국 질병통제예방센터(CDC) 바이러스 질병 부서에 배정된 감염병정보서비스(EIS) 책임자인 로버트 크레이번(Robert B. Craven) 박사가 펜실베이니아주 필라델피아에 있는 재향군인병원의 간호사로부터 전화를 받았다. 간호사는 최근 필라델피아에서 열린 미국 군단 협약모임에 참석한 사람들에게 2건의 중증호흡기 질환(사망 포함) 사례를 보고했다. 이후 지역 및 주 공중보건 당국자들과의 대화에서 7월 21일부터 24일까지 대회에 참석한 18명이 7월 26일부터 8월 2일까지 주로 폐렴으로 사망한 것으로 나타났다. 8월 2일 저녁까지 재향군인 중 71건이 추가로 확인되었다(그림 1.2.1.). 이 정보의 결과로 지역, 주 및 연방 공중보건기관이 참여하는 대규모 역학조사가 즉시 시작되었다. 이 문제는 레지오넬라병(재향군인병)의 발생으로 알려졌고, 이 문제를 조사한 결과, 세균성 병원체인 *Legionella pneumophila*가 발견되어 이 미생물의 전파 특성과 방식, 레지오넬라 감염의 자연사, 예방 및 치료에 대한 보다 정확한 권장사항 등에 대한 추가 연구가 가능해졌다.

재향군인에서 질병 발생과 그것이 촉발한 공중보건 반응은 현장역학의 이유를 설명한다. 이 감염병을 예로 들어, 우리는 다음과 같은 일반적인 조건에서 역학의 적용으로 현장역학을 정의할

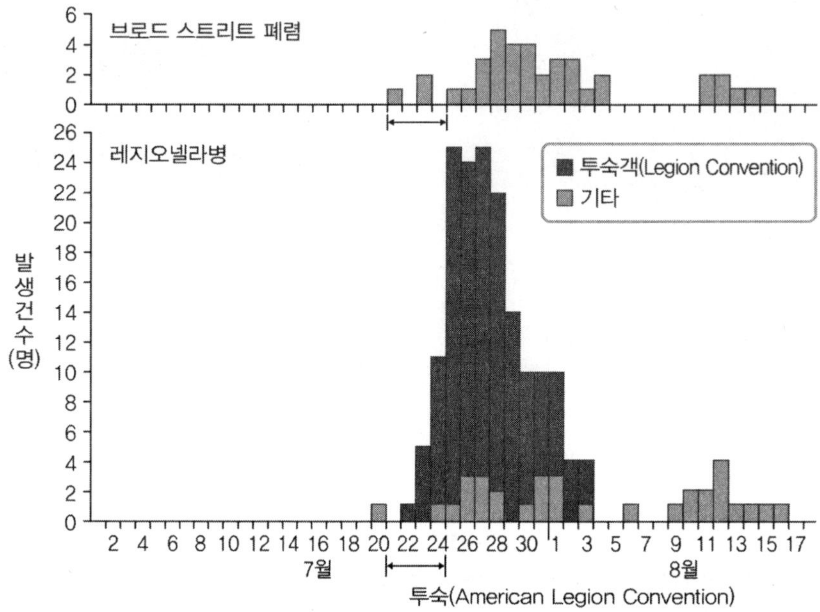

그림 1.2.1. 레지오넬라병 일별 발생건수

(출처: Fraser DW, Tsai, T, Orenstein W, et al. Legionnaires' disease: description of an epidemic of pneumonia. New Engl J Med 1977:297:1189-97)

수 있다.

- 문제가 발생한 시간(것)은 예상치 못한 것이다.
- 시기적절한 대응이 요구된다.
- 공중보건 역학자는 문제를 해결하기 위해 현장을 방문하여 작업해야 한다.
- 조사의 범위는 시기적절한 개입의 필요성과 연구설계 또는 방법에 대한 기타 상황 등의 제약으로 인해 제한될 수 있다.

갑자기 발생한 문제에 대한 현장조사는 전향적으로 계획된 역학 연구와 많은 특징을 공유하지만, 적어도 세 가지 중요한 측면에서 다르다.

- 현장조사는 질병의 원인이나 원인에 대한 구체적인 가설 없이 시작되는 경우가 많기 때문에 이러한 가설을 검정하기 위한 분석연구를 설계하고, 수행하기 전에 기술 연구를 통하여 가설을 생성해야 한다.
- 앞서 언급했듯이 갑자기 문제가 발생하면 지역사회의 건강을 보호하고, 우려 사항을 해결하기 위한 즉각적인 필요성이 존재한다. 이러한 책임은 데이터의 수집과 분석의 범위를 넘어 공중보건 정책 및 행동의 영역으로 감염병 현장조사를 추진한다.

- 현장역학은 역학자가 추가 데이터 수집 또는 분석을 통해 어떤 추가 질문에 답할 수 있는지 또는 추가 정보를 통해 수정될 수 있는 초기 조치를 취하기보다는 결과가 조치를 취하기에 충분한 경우를 고려해야 한다.

현장조사를 촉발하는 갑작스러운 공중보건 문제의 시기는 일반적으로 예상치 못한 일이지만, 응급 상황은 종종 인식되지 않았거나, "발생 대기"였던 건강에 대한 잠재적 위협을 가려낸다. 예를 들면, 식당이 식품관리 지침을 준수하지 않거나, 병원이 기구를 적절하게 살균하지 않거나, 고용주가 작업장 안전 기준을 유지하지 않거나, 소셜 네트워크 구성원이 안전하지 않은 성행위를 하는 경우 산발성 질병 또는 감염병이 불가피할 수 있다. 결과적으로 현장조사는 즉각적인 개입과 장기적인 권장사항을 모두 촉진하거나, 즉각적인 문제가 해결된 후 추가적인 연구가 필요한 문제를 식별할 수 있다.

2014년부터 2016년까지 서아프리카에서 에볼라 바이러스 질병(EVD)이 발생한 경험은 현장역학의 기초에 대해 훈련된 전문가 네트워크가 EVD와 같은 새로운 질병 위협의 건강 및 경제적 영향을 완화하는 데 핵심적인 역할을 할 수 있음이 강조된다. 서아프리카의 여러 지역에서 확인하지 않은 채 방치했을 때, EVD 발병으로 28,000건 이상의 환례와 11,000명이 사망했다. 그러나 2014년 7월 나이지리아에 EVD 환례가 발생하였을 때, 역학자들은 보건부, 비정부기구 및 기타 지역사회 구성원과 긴밀히 협력하여 더 이상의 전파를 방지하기 위해 신속한 현장조사를 실시했다. 나이지리아의 인구 규모를 감안할 때, 시기적절한 역학적 대응이 훨씬 더 큰 재난을 피하는 데 도움이 되었을 수 있다.

현장조사에 사용되는 개념과 방법은 임상 의학, 역학, 실험실 및 행동과학, 의사결정이론, 다른 과학 분야의 확장 배열, 의사소통 기술 및 상식에서 비롯된다. 이 책에서 현장 역학조사를 수행하기 위한 지침과 접근 방법은 원인 요인 발견의 시급성, 진화하는 다각적인 방법의 사용, 적시에 실용적인 권장사항을 만들어야 하는 필요성을 반영하였다.

2 현장조사를 위한 결정요인

보건부서는 다양한 방식으로 질병 발생 가능성이나 기타 갑자기 발생하는 공중보건 문제를 인식하게 된다. 기민한 임상의가 환자의, 보건부서가 비정상적인 패턴의 질병을 인식하고, 질병 또는 위험 추세를 모니터링하는 감시체계가 증가를 감지하고, 희귀 질환의 단일 사례 진단이 더 광범위한 문제 또는 잠재적 위협을 예고하기 때문에 상황이 주의를 끌 수 있다. 대중이 우려하여 당국에 연락할 수도 있다.

이러한 경고 후, 첫 번째 단계는 현장조사를 수행할지 여부를 결정하는 것이다. 초기 평가는 우려를 없애거나, 추가 조사가 필요함을 확인할 수 있다. 시작된 후에는 조사를 얼마나 확대하여 진행할 것인지에 대한 결정을 연속된 단계에서 내려야 한다. 이러한 결정은 현장조사를 수행하고, 질병 예방 기회를 최적화하는 능력을 포함하여 공중보건 자원을 가장 효과적으로 사용하는 데 필요하다.

레지오넬라병(재향군인병) 및 EVD 발생과 같은 대중의 건강에 대한 위협을 종식하기 위한 통제 조치를 개발하고, 구현해야 할 필요성 외에도 현장조사를 형성하는 다른 결정요인에는 (1) 역학, 프로그램 및 자원에 대한 고려, (2) 공공 및 정치적 고려, (3) 연구 및 학습 기회, (4) 법적 의무, (5) 훈련 필요 등이 포함된다.

1) 역학, 프로그램 및 자원에 대한 고려

국가, 주 및 지역 수준의 특정 질병 통제 프로그램에는 역학조사에 대한 구체적이고 광범위한 요구사항이 있다. 예를 들면, 미국의 홍역 퇴치 노력의 일환으로 홍역 발생은 시간과 공간이 연결된 3개 이상의 사례를 포함하는 감염 사슬로 정의된다. 모든 홍역 환례는 감수성 있는 사람을 발견하고 예방접종을 하기 위해 조사할 수 있으며, 예방접종 증거를 제공할 수 없는 학교 어린이를 제외하는 것과 같은 기타 통제 전략을 평가하기 위해서도 조사할 수 있다. 이 권고는 미국의 홍역 역학을 반영한다. 대부분의 경우는 여행과 관련된 홍역이 미국으로 유입되고, 예방접종 프로그램으로 인해 감염에 취약한 부분이 남아 있지만, 홍역 발병률이 크게 감소했다.

개별 환례를 진단 후 조사가 시작될 가능성이 있는 추가 상황으로는 아시아에서 인플루엔자 A(H5N1)와 A(H7N9) 및 중동호흡기증후군 코로나바이러스와 같은 고병원성 감염병의 출현이 있다. 인플루엔자 대유행 및 중증급성호흡기증후군(SARS)에 대한 과거 경험을 감안할 때 이러한 사건의 발견은 여러 현장조사를 촉발했다. 생물테러와 관련될 수 있는 개별 질병의 진단은 최소한의 고의적 행위로 인한 노출에 대한 우려를 무시할 정도로 조사를 촉진해야 한다. 예를 들면, 2001년에 자연적으로 발생하는 탄저병에 노출되지 않은 직업인 한 국가 미디어 회사의 사진 편집가에서 호흡기성 탄저병 사례를 진단한 것은 테러 관련 탄저병 사례 22건과 관련 사망자 5건 중 첫 번째였다. 철저히 조사하여 미국의 공중보건 비상 대비에 대한 투자를 크게 늘렸다. 탄저균 공격 및 기타 생물테러와 관련된 우려로 인해 전체 현장조사를 촉발하는 데 필요한 의심의 문턱이 낮아졌다.

다양한 임상, 실험실 및 감시 기술은 공중보건에 더 큰 위협이 될 수 있는 개별 질병 사례의 탐지, 질병 발생의 조기 탐지 또는 광범위한 질병을 초래할 가능성이 있는 환경의 위험 탐지를 포함하여 조사가 필요한 상황에 대한 인식을 향상시킬 수 있다. 반대로, 이러한 기술의 잠재적인 이점은 공중보건 위협을 나타내지 않지만, 결론을 내리는 데 시간과 자원이 필요한 상황을 탐지할 가능성을 높여 상쇄할 수 있다. 개별 수준에서 다양한 병원체 검출 플랫폼의 출현으로 단일 임상 검체에서 여러 바이러스 및 세균을 동시에 검출할 수 있다. 이 기술은 중요한 임상적인 건강상의 이점을 제공할 수 있지만, 질병 발생과 잠재적으로 관련된 병원균과 단순히 공생하는 유기체를 구별하려는 노력에 대한 도전일 수 있다. 발병 수준에서 통계 알고리즘을 통합하여 비정상적인 추세를 감지하는 고도로 자동화된 공중보건 감시체계의 출현은 심각한 위협을 예고하지 않는 통계적 이상뿐만 아니라 발병 시작에 대한 조기 경고를 제공할 수 있다. 환경 모니터링 수준에서 공기 중 생물학적 위험을 탐지하기 위한 미국 BioWatch 시스템의 병원체 모니터링 능력 향상을 둘러싼 논의에는 실질적인 공중보건의 위협을 나타내지 않는 자연 발생적인 미생물의 탐지로 인해 더 빈번한 경보가 발생할 가능성에 대한 고려가 포함되었다.

세계적인 질병의 퇴치 및 박멸 프로그램, 새로운 위협에 대한 국제적 대비 및 조정, 감시 및 실험실 기술의 발전은 공중보건을 강화하는 데 도움이 되었다. 그러나 이러한 개발은 또한 역학 프로그램 관리자에게 자원의 우선순위를 설정하라는 새로운 압력을 가한다. 공공 자원의 지출은 신중해야 한다. 현장조사는 인건비 및 기타 자원에 많은 비용이 들 수 있으며, 다른 공중보건 활동을 저해하여 기회비용을 초래할 수 있다. 또한 현장조사는 조사 대상자와 협력이 필수적인 사람의 시간과 노력을 소비한다. 따라서 현장 작업을 수행할 수 있는 능력은 개별 공중보건기관의 자원 또는 능력뿐만 아니라 기관 내 다른 프로그램의 경쟁적인 요구 또는 기타 상황 요구에 의해 제한될 수 있다. 자원의 제약은 조사가 수행되는 범위를 정할 수도 있다. 미국에서는 주 보건부서가 필요할 때 지방 정부를 도울 수 있고, 주 또는 지방 보건부서는 능력이 이벤트의 요구에 의해 초과되면 질병예방통제센터(CDC)에 지원을 요청할 수 있다. 전 세계적으로 세계보건기구와 지역사무소 네트워크는 국가 정부에 대한 자원제공의 역할을 한다.

2) 공공 및 정치적 고려

일반인, 정치 지도자 및 언론매체로부터의 조사는 현장조사가 정당한지 여부를 결정하기 위해 초기 평가가 수행되는 단계를 포함하여 현장조사의 모든 단계에서 일어날 수 있다. 이 조사는 상황에 대한 인지된 긴급성 또는 조사의 인지된 필요성에 영향을 미칠 수 있다. 다른 추가 문제점의 중요성과 다른 사람들이 상황에 대한 초기 지식에서 도출하는 결론은 현장조사를 수행할 책임이 있는 역학자 또는 현장조사의 시작 시기를 결정하는 더 많은 고위 공중보건 공무원의 입장과 다르거나 일치할 수 있다.

어떤 특정 사례에서 시민의 경고는 1976년 코네티컷주 라임의 라임병과 같은 주요 공중보건 문제를 인식할 수 있게 한다. 그러나 다른 경우에는 대중의 관심과 수반되는 압력이 조사를 유도할 수 있는데 과학적 관점에서 조기에 이루어지거나 성과가 없을 수 있지만, 지역사회 관계 측면에서 중요할 수 있다. 질병의 작은 집락(또는 군집, 클러스터, cluster)(예: 백혈병 또는 부정적인 태아의 건강결과)은 빈번하게 상당한 공공의 관심을 불러일으키는 문제의 예이다. 인지된 질병의 집락은 공식적인 조사 후 관련이 없는 사건을 나타내는 것으로 입증될 수 있다. 작은 질병 집락이 우연히 발생할 수 있으며, 현장조사는 종종 결정적이지 않으며, 추정 노출에 대한 병인학적 연관성에 대한 새로운 정보를 제공하는 경우도 있다. 그러나 지역사회 구성원이 건강 위협을 인식할 수 있고, 특정 집락이 특정 예방 가능한 위험을 나타내기 때문에 일부 공중보건기관은 치료 가능한 원인을 식별할 가능성이 낮음에도 불구하고, 그러한 집락을 조사하기 위한 표준적인 절차를 개발하였다.

조사를 얼마나 오래 지속해야 하는지 결정하는 것은 공중의 논란이 될 수 있다. 철저한 역학조사가 완료될 때까지 개입을 연기하기로 한 결정은 지역사회 실험 또는 관료적 지연으로 인식될 수 있다. 예를 들면, 1975년 오리건주 크레이터 레이크 국립공원에서 대규모 대장균(*E. Coli*) 장질환이 발생했을 때, 보다 명확한 역학 데이터를 얻기 위한 통제 조치를 시행하는데 1일이 지연되어 의회 청문에서 은폐 혐의로 기소되었다.

3) 연구 및 학습 기회

거의 모든 유행 발생이 "자연적인 실험"이기 때문에 기초 과학자와 공중보건 실무의 응용과학 분야의 사람들 모두에게 중요한 문제를 해결할 수 있는 기회를 제공한다. 특정한 문제를 통제하기 위한 명확한 정책이 존재하더라도 조사는 감염 또는 질병에 대한 새로운 인자 및 위험 인자를 식별하고, 질병의 임상 스펙트럼을 정의하고, 새로운 통제 조치 또는 임상 개입의 효과를 측정하고, 미생물학적 또는 기타 생물학적 표식자의 유용성 또는 새로운 진단검사의 유용성을 평가한다.

새로 출현하거나 재출현 질병을 인식하게 되면, 광범위하고 생명을 위협하는 질병의 가능성이 있기 때문에 종종 공격적인 조사가 시작된다. 초기발생의 후속 조사 및 연구를 통해 후향적 진단이 가능하고 뿐만 아니라 임상 증상 및 역학의 스펙트럼에 대한 보다 완전한 특성화를 가능케 하지만, 어떤 질병은 처음에 집단발병의 경우에만 인식된다. 예를 들면, 앞서 언급한 바와 같이 *L. pneumophilia*가 발견되고, 혈청검사가 개발된 후, 후속 연구에 따르면 1976년 필라델피아 발병에서 나타난 심각한 질병 외에도 레지오넬라 감염은 일반적으로 경증 또는 무증상 감염을 초래한다. 종종 새로운 질병이 발견되면 가장 심각하거나 뚜렷한 단계로 인식되고, 나중에 더 광범위한 질병이 인식된다. 어떤 다른 문제에 초기 인식(독성쇼크증후군, 인플루엔자 A(H1N1), AIDS, 한타바이러스 폐증후군, 웨스트나일 바이러스 질환, 및 SARS)은 이들 감염병의 자연사와 질병 스펙트럼에 대한 가능한 유사한 이해를 통한 적극적인 조사가 뒤따랐다.

한 가지 주의할 점은 이전에 인식되지 않았던 병원체를 식별하고 풍부한 새로운 과학적 통찰력을 제공하는 극적인 발병과 조사는 이례적이라는 것이다. 보다 일반적으로 발병에 대한 현장조사는 익숙한 병원균과 전파 방식을 식별한다. 그러나 익숙한 질병과 노출 또는 전파 방식의 경우에도 발병을 중단하고 발병이 발생하는 상황을 이해하기 위해 조사가 필요하다. 예를 들면, 미국 인구에서 기저 질환(예: 비만, 당뇨병 및 심혈관 질환)의 변화하는 유병률과 인구학적 특성(예: 문화적 결정요인 및 연령)은 숙주 감수성을 변경할 가능성이 있고, 병원체 및 기타 위험에 대한 노출의 역학적 결과를 변경할 수도 있다.

처음에는 일상적으로 보이는 어떤 집단발병이 중요한 역학적 발견으로 이어질 수 있다. 예를 들면, 1983년에 조사자들은 극히 흔한 문제인 설사 사례를 매우 긴 기간 추적했다. 그 결과, 연구자들은 감염된 사람들로부터 그들이 먹은 햄버거, 육류 공급자, 그리고 궁극적으로 특정 동물 공급원으로 거슬러 올라가는 항생제 내성 살모넬라의 독특한 변종의 감염 사슬을 추적할 수 있었다. 이 조사는 축산업에서의 항생제 사용과 인간의 항생제 내성 감염 사이의 연관성을 명확히 하는 데 중요한 역할을 했다.

4) 법적 의무

현장조사는 종종 환자 개인의 의무기록에 대한 접근, 개인행동에 대한 질문, 질병을 유발하는 노출에 대해 추정적으로 책임이 있는 민간 기업의 분석, 독점 정보 검토 또는 의료 제공자 또는 건강제품 제조업체의 보고된 추정 오류에 대한 평가가 필요하다. 이러한 작업은 객관적이고 방어 가능한 현장조사를 완료하는 데 필요할 수 있지만, 각 작업에는 상당한 윤리적·법적 문제가 있다(제3부 제4장 참조).

일부 조사 결과는 민사 또는 형사 재판에서 증거로 사용될 가능성이 높다. 이러한 상황에서 조사는 그렇지 않은 경우보다 더 진행될 수 있다. 예를 들면, 범죄 행위가 역할을 했다고 의심될 수 있는 상황에 대한 조사는 형사 기소에 필요한 증거 보관 체인을 설정하기 위한 추가 법적 요건을 수반할 수 있다. 2001년 가을 탄저균 공격과 생물테러와 관련한 우려는 역학 및 범죄 합동 수사를 용이하게 하기 위해 신중하게 고안되고 다른 진보된 법적 조치를 자극했다. 이러한 조치의 예로는 뉴욕시 보건 및 정신 위생부, 뉴욕시 경찰서 및 연방수사국에서 개발한 프로토콜이 있는데 이를 기관을 대표하는 공중보건 및 법 집행 전문가가 합동 조사하는 동안 환자 인터뷰를 안내한다. 유사한 협력이 연방정부 차원에서도 존재한다.

5) 교육훈련 요구도

의과대학 및 대학원 레지던트의 교육수련 과정과 유사하게 집단발병 조사는 기본적인 역학적 술기에 대한 교육훈련의 기회를 제공한다. 임상 교육훈련이 종종 환자 치료가 제공되는 동시에 수행되는 것처럼, 현장역학 교육훈련은 종종 질병의 통제 및 예방에 대한 술기 개발과 제공을 동시에 지원한다. 예를 들면, 1951년부터 미국 질병통제예방센터(CDC)의 EIS(epidemic intelligence service) 프로그램은 주 및 지역 보건부서에 지원을 제공하는 동시에 응용 역학의 실습에서 보건 전문가를 교육했다. 아이러니클하게도 미국 EIS 교육과정은 1951년 한국전쟁에서 생물학전의 위협으로 알렉산더 디 랭뮤러 박사의 리더십 하에 시작된 것이다. 주 및 지역 보건부서의 역학적 역량의 변화는 생물정보학, 보건경제학, 커뮤니케이션, 시스템 사고 및 실험실 기술과 같은 확장된 술기의 세트에 대한 인력 훈련 및 교육의 필요성을 강조한다. 전 세계적으로 70개 이상의 현장역학 교육 프로그램이 EIS를 모델로 했지만, 개별 국가 및 보건부에서 이루어지고 있다(그림 1.2.2.). 이러한 현장역학 교육훈련 프로그램(FETP)은 유사한 실무(OJT) 교육훈련을 제공하지만 특정한 문화, 파트너, 역량 및 공중보건 체계의 맥락에서 제공된다.

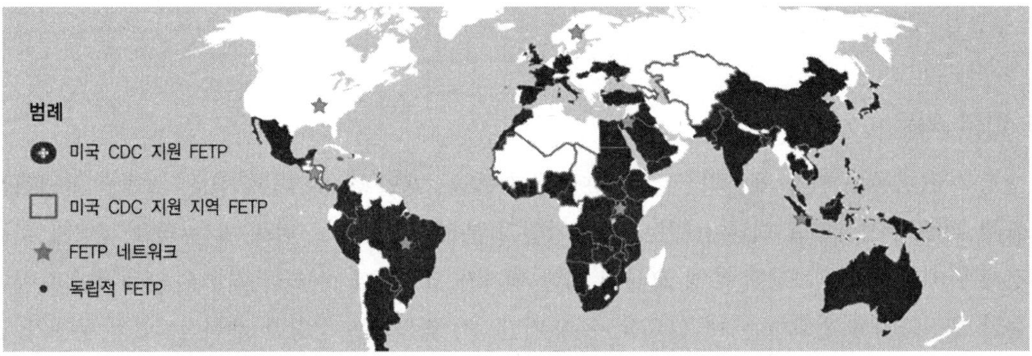

그림 1.2.2. 전세계 현장역학 교육훈련 프로그램(FETP) 현황

출처 : FETP 40th Anniversary, FETP at 40: Expanding the footprint of disease detectives worldwide, US CDC, 2020

3 현장조사에서 역학자의 고유한 과제

현장의 문제를 조사하는 역학자는 때때로 과학적 방법의 이상적인 사용을 제한하는 고유한 문제에 직면한다. 일반적으로 신중하게 개발되고 정제된 프로토콜을 기반으로 하는 전향적으로 계획된 연구와 달리, 현장조사는 즉시 사용 가능하고, 덜 쉽게 제어되며, 시간 또는 일자에 따라 변경될 수 있는 데이터 출처에 의존해야 한다. 데이터 출처의 제한 외에도 현장조사 중에 역학자에게 문제를 제기하는 요인에는 표본추출(sampling)에 대한 고려사항, 검사물 표본(specimen) 이용 가능성, 홍보 효과, 참여를 꺼리는 사람, 개입에 대한 갈등적인 압력 등이 있다. 새로운 기술은 이러한 과제 중 일부를 완화할 수 있는 가능성이 있다.

1) 데이터 출처

현장조사는 종종 병원, 외래환자 진료 또는 학교 건강기록과 같은 다양한 출처에서 추출된 정보를 사용한다. 이러한 기록은 역학연구 수행 이외의 목적으로 항목이 작성되기 때문에 환자, 의료서비스 제공자 및 시설에 따라 완전성과 정확성이 상당히 다르다. 빠르고 실질적인 전환이 몇 가지 주요 정보원에게 발생한다. 예를 들면, 전자의무기록, 병원 및 관리의료 데이터 시스템과 실험실 정보관리시스템의 사용이 증가하고 있다. 이러한 자동화된 시스템은 필요한 기록에 대한 접근을 용이하게 할 수 있지만, 외부 조사자의 요구를 충족하거나 특정 기록에 대한 접근을 지원하는 것과 호환되지 않을 수 있다. 따라서 역학조사를 위한 데이터 출처와 같은 기록의 품질은 조사자가 표준화되고, 사전에 검증된 설문지를 사용하여 더 큰 통제력을 발휘할 때 얻은 정보의 품질보다 훨씬 낮을 수 있다(신체검사 또는 실험실 검사 또는 후향적이 아닌 다른 전향적으로 설계된 데이터 수집 방법). 이러한 전환으로 인해 현장조사에 참여하는 역학자는 이러한 데이터 출처를 사용하는 방법을 점점 더 많이 알아야 하므로 데이터 출처를 분석하는 데 필요한 기술을 보유해야 한다.

소셜 미디어 및 이메일의 사용이 증가함에 따라 공통의 원인 노출과 연결된 조직의 행사 참가자와 같이 발병 상황에서 공통적인 노출을 가질 수 있는 사람들에게 연락하고 질문을 할 수 있다. 최근 소셜 미디어 네트워크는 위험성이 높고, 표적에 대한 예방을 위해 고려해야 하는 성병 환자의 접촉을 식별하는 데 사용되었다. 이러한 커뮤니케이션 도구는 소셜 네트워크 링크와 고위험 행동에 대한 추가 통찰력을 제공하고, 기존 사례조사 방법론에서 수집된 데이터를 안내하고 보강하는데 사용되었다.

2) 작은 표본

계획된 전향적 연구에서 역학자는 노출과 건강 결과 간의 연관성에 대한 결론을 도출할 수 있는 통계적 요구사항을 기반으로 적절한 표본크기를 결정한다. 대조적으로, 발병은 상대적으로 적은 수의 사람들을 포함할 수 있어 연구설계, 통계적 힘(power) 및 기타 분석 측면에서 상당한 제한이 있다. 결과적으로 이러한 제한은 현장조사에서 도출할 수 있는 추론 및 결론에 제한을 주게 된다. 그러나 이제 관할권 간의 통신기술을 사용하여 이 문제를 완화할 수 있다. 예를 들면, 전자감염병 정보교환(Epi-X)은 질병통제예방센터(CDC) 공무원, 주 및 지역 보건부, 독극물 통제센터 및 기타 공중보건 전문가가 예비 건강감시정보에 접근하고 공유할 수 있도록 개발되었다. 이 시스템의 주된 동기는 단일 주 또는 미국 외부에서 질병에 노출된 사람들이 많은 다중의 주에서 발생에 대한 인식을 향상시키는 것이었지만, 그 결과 관할권 간 협력은 잠재적인 표본 크기를 늘릴 수 있는 추가적인 이점이 있다.

3) 검사물(표본, specimen)의 가용성

현장조사관은 일반적으로 사실 후에 현장에 도착하기 때문에 필요한 환경 또는 생물학적 검사물의 수집이 항상 가능한 것은 아니다. 예를 들면, 의심되는 식품은 완전히 먹거나 버려졌거나, 의심되는 물 시스템이 넘쳐버렸거나, 환자가 회복되었을 수 있으므로 특정 검사가 가장 유익할 가능성이 높은 질병의 급성기 동안 검사물 수집을 방해할 수 있다. 이러한 상황에서 역학자는 감염되었던 사람을 먼저 평가했던 의료서비스 제공자의 근면성과 감염자, 그 친척 또는 감염의 영향을 받는 지역사회의 다른 구성원의 기억에 의존한다.

이 문제는 실험실에서 정기적으로 수집된 검사물을 사용하여 발생원인을 파악하는 데 도움이 되는 기술을 확장함으로써 점점 더 균형을 이루고 있다. 예를 들면, PulseNet은 DNA 지문을 사용하여 수천 건의 지역 및 다중의 상태 발생을 감지할 수 있는 국가 실험실 네트워크이다. 또 다른 예로, 2015년에 역학자들은 1996년 이후 미국에서 가장 큰 HIV 발병을 조사한 것이다. 인간 면역결핍과 C형 간염 바이러스 내의 표적 유전자에 대한 계통 발생학적 분석을 통해 역학자는 특정 발병 균주와 오염된 장비를 사용한 지역의 바늘 공유 네트워크 사이의 연관성을 후향적으로 결정하고 개입할 수 있었다.

4) 홍보 효과

급성 질병의 집단발병은 종종 상당한 지역적 관심과 홍보를 불러 일으킨다. 이와 관련하여 언론 보도는 정보를 개발하고, 사례를 식별하거나 통제 조치를 촉진하고 구현하는 데 도움을 줌으로써 조사에 도움이 될 수 있다. 반대로, 그러한 홍보는 영향을 받은 사람들과 지역사회의 다른 사람들이 발병의 원인 또는 원인에 대한 선입견을 생기게 할 수 있으며, 이는 이후 비교 연구에서 잠재적인 바이어스를 유발하거나, 대체 가설을 완전히 탐색하지 못할 수 있다.

공무원으로서 현장역학자는 알려진 것, 알려지지 않은 것, 공중보건 위협을 평가하기 위해 취하고 있는 조치에 대해 대중과 소통할 의무가 있다. 많은 기자들은 이 정보를 찾아 대중의 관심을 끌기 위해 노력한다. 즉, 조사에 대한 최신 정보를 추구하는 기자들은 현장조사 자체에 해를 끼치는 상당한 시간을 역학자들에게 요구할 수 있다. 대응팀의 구성원이 기자와 효과적으로 의사소통할 수 있는 시간과 기술을 확보하는 것은 현장조사의 성공과 특히 중요한 상황에서 질병통제 및 예방 노력에 필수적일 수 있다. 정보가 얻어지고 현장역학자가 가설을 검정, 거부 또는 수용하고 재구성하고 재검증함에 따라 종종 이벤트의 과정에서 개입에 대한 권장사항이 발전하거나 집중될 수 있다. 영향을 받는 당사자와 대중에게 이러한 변경의 근거를 알리는 것은 현장역학자와 공중보건 권고의 신뢰성을 보장하는 데 중요하다(제3부 제3장 참조).

최근 몇 년 동안 질병통제예방센터(CDC) 및 기타 공중보건기관은 소셜 미디어 도구를 사용하여 건강 메시지를 전파했다. 진행 중인 조사에서 매체를 미숙하게 사용하면 오해를 퍼뜨리거나 정보 바이어스를 조장하는 등의 문제가 발생할 수 있지만, 소셜 미디어는 적절한 증거기반 건강 메시지의 범위를 확장하는 효과적인 수단이 될 수도 있다.

5) 참여를 꺼림

보건부서가 조사를 수행하고, 기록에 접근할 수 있는 권한이 있지만, 관련 당사자(예: 사례환자, 병원체에 잠재적으로 노출된 사람, 노출 또는 전파가 발생할 수 있는 환경의 소유자 또는 운영자)의 자발적인 참여가 강제 참여보다 성공적인 조사에 도움이 된다. 또한 생계나 관련 이익이 위험에 처한 사람은 자발적으로 협력하기를 꺼릴 수 있다. 이러한 거부감은 종종 식당 및 기타 공공시설, 환경 또는 직업 위험조사에서, 또는 B형 간염과 같은 감염병의 전염원으로 의심되는 의료서비스 제공자 등에서 발생할 수 있다. 기꺼이 협조하지 않을 경우, 지연은 정보에 대한 접근성 및 품질을 손상시킬 수 있다(예: 바이어스를 발생하고, 통계적 힘을 감소시킴으로써).

6) 개입에 있어서 상충되는 압력

현장조사를 수행하는 역학자는 종종 어항과 같은 유형의 환경에서 작업한다. 현장조사를 수행하는 역학자와 공중보건 공무원은 종종 영향을 받은 사람들과 지역사회의 다른 사람들의 강력하고 다양한 의견에 직면하여 즉각적인 개입의 필요성에 대한 추가 조사의 필요성을 평가해야 한다. 문제의 원인, 원인 또는 잠재적 영향에 대한 명확한 정보가 없는 경우, 특정 상황의 영향을 받는 다양한 당사자는 그럴듯한 제어 조치의 구현을 다르게 볼 수 있다. 이 조치는 건강보호 측면에서 실수를 선호하는 사람들이 환영할 수 있으며, 특히 경제적 또는 기타 개인적 이익이 위협받는 경우, 질병의 원인이나 원인에 대한 명확한 정보가 없는 개입의 근거에 의문을 제기하는 사람들이 도전할 수 있다. 중재를 연기하면 보다 정확한 정보를 얻을 수 있는 시간이 주어질 수 있지만, 이러한 지연은 추가 질병으로 이어질 수도 있다. 이 딜레마가 공중보건 관행 영역 내에서 현장역학에만 국한된 것은 아니지만, 갑작스러운 상황의 급증한 긴급성은 모든 관련 당사자에 대한 정서적 영향을 높일 수 있다.

4 현장 역학조사를 위한 표준

현장조사는 때때로 "빠르고 더러운" 역학이라고 불리는 것으로 인식되기도 한다. 이러한 인식은 신속한 대응이 필요한 상황의 고유한 특성을 반영하는 것이다. 그러나 이러한 행동 요건은 역학적인 지름길을 정당화하지 않는다. 오히려 그들은 현장역학자에게 좋은 과학과 신중한 판단을 결합하는 것의 중요성을 강조한다. 좋은 현장 역학조사에 대한 더 나은 설명은 "빠르고 적절" 해야 할 것이다.

현장 역학조사의 판단에서 과학의 질, 조사의 맥락을 만드는 기회요인 및 제약점, 공중보건 조치를 취할 때 적용되는 판단을 고려해야 한다. 목표는 조사자(들)에게 부과된 모든 제한, 압력 및 책임에 직면하여 현장조사의 과학적 질을 극대화하는 것이어야 한다. 따라서 현장 역학조사의 기준은 (1) 시기적절성, (2) 표준적인 공중보건 조치(예: 발병률, 명백한 또는 잠재적인 심각한 질병 또는 사망) 또는 지역사회 관심으로 정의되는 중요한 지역사회 공중보건 문제를 해결함, (3) 필요한 자원을 조기에 조사하고 적절하게 배치함, (4) 적절히 사용 가능한 모든 데이터를 최적으로 사용하는 적절한 설명 및/또는 분석 역학적 방법을 사용함, (5) 미생물학, 독성학, 심리학, 인류학, 정보학, 경제학, 실험실 과학 또는 통계와 같은 기타 공중보건 과학의 전문 지식을 활용함, (6) 문제의 원인 및/또는 원인을 식별할 수 있도록 인과 관계를 조사함, (7) 즉각적인 통제 및 장기 개입을 위한 근거기반 옵션을 식별함, 그리고 (8) 조사의 증거가 최적으로 사용되도록 정책, 법률, 프로그램, 커뮤니케이션 또는 관리 역할을 가진 동료와 적극적으로 협력하여 수행됨 등이다.

5 결론

이 장은 현대적이며 발전 맥락에서 현장역학에 대한 정의와 틀을 제공했다. 최근 수십 년 동안 공중보건 관행의 주요 발전은 전 세계 보건부 및 기타 국가 수준의 공중보건기관과 제휴하여 현장역학 교육훈련 프로그램을 설립하는 것을 포함하여 현장역학에 대한 인식과 공식화가 증가하고 있음을 반영한다. 이러한 추세의 다른 예로 공중보건대학(school of public health)의 교과과정에서 현장역학 과정 및 트랙 개발이 있다. 미국의 학부 프로그램, 심지어 중학교 및 고등학교 프로그램, 국가 수준의 현장역학 프로그램을 홍보하거나 연결하는 조직의 출현, 그리고 전 세계적으로 현장역학과 관련된 문헌의 성장 등을 예로 들 수 있다. 질병통제예방센터(CDC)의 현장역학 인력 개발 프로그램인 EIS는 1951년 창설 이래 지속적으로 운영되어 왔으며, 이 분야에서 4,500명 이상의 전문가를 양성하는 데 도움이 되었다(https://www.cdc.gov/eis/diseasedetectives.html).

현장역학 분야가 계속 발전함에 따라 새로운 개발과 추세가 공중보건 관행에 지속적으로 통합되고 있다. 이러한 개발의 예는 다음과 같다.

- 확대된 여행 및 인구집단의 연결성 시대에서 미국 및 기타 인구를 보호하기 위한 글로벌 역학적 역량 구축의 중요성
- 집단발병에 영향을 받은 당사자가 위협하거나 실제로 소송을 제기할 가능성과 위협 또는 실제 소송이 진행 중인 조사에 미치는 영향(예: 데이터 수집을 복잡하게 하거나 방해하는 등의 대응 편향이 발생 또는 증가)
- 끊임없이 진화하는 문화, 정책, 법률 및 기술 환경에 직면하여 개인 정보를 존중하고 기밀을 보호해야 하는 지속적인 필요성을 포함하여 윤리적인 공중보건 관행의 중요성
- 질병 집단발병의 원인으로서의 의도에 대한 지속적인 인지와 관심, 즉 의도적인 행동을 발병의 일차 또는 기여 결정요인으로 고려하는 낮은 임계치 그리고 범죄 또는 테러 행위가 의심되는 경우, 공중보건 및 법률에 대한 필요성 조사를 조정하는 집행기관 등을 포함함
- 인터넷 기반 및 기타 진보된 정보기술의 현장조사 중에 관할권을 연결하고, 사례 및 연락처를 식별하고, 설문조사를 수행하거나 전자적으로 저장된 보건 데이터를 수집하고, 발견 사항과 통제 조치를 전달함
- 감염병을 탐지하고, 조사하기 위한 기회를 늘리기 위해 다양한 병원체의 검출, 유전적 시퀀싱 및 환경 검사를 위한 새로운 실험실 방법을 사용하여 역학자와 실험실 과학자 간의 긴밀한 의사소통의 필요성을 강조함
- 근거에 기반한 의사결정과 발전된 커뮤니케이션 술기의 높아진 중요성을 강조하는 일관적이지 않은 정확성, 정보라 하더라도 소셜 미디어의 출현 및 즉각적인 정보를 전송하기 위한 24시간 뉴스 주기와 결합하여 정부의 투명성과 전개 이벤트에 대한 시기적절한 정보에 대한 대중의 기대가 높아지고 있음

현장역학은 일반적인 역학적 원리와 방법을 기반으로 하며, 현장역학자는 연구방법이 물적 제약에 의해 어떻게 정해지는지, 권고하거나 조치를 취하는 데 필요한 정보의 양에 대한 질문을 포함하여 어디에서 일하는지 관계없이 모든 역학자에게 익숙한 질문에 직면한다. 마찬가지로, 현장역학자들은 건강정보의 프라이버시에 대한 대중의 우려, 건강정보의 자동화 증가, 인터넷 사용 증가와 같이 일반적인 역학 실무에 영향을 미치는 추세의 영향을 받는다. 그러나 현장역학은 갑작스러운 공중보건 비상 상황 및 기타 사건의 맥락에서 이러한 우려를 압축하고, 압력을 가하고, 역학을 정책 입안 및 공중보건 조치의 행정, 법적, 윤리적 영역의 한가운데에 돌이킬 수 없게 밀어붙이는 점에서 독특하다.

참고문헌

건양대학교 의과대학, 질병관리본부. 역학조사관 기본교육 교재, 2016.

대한예방의학회, 한국역학회. 예방의학 · 역학 · 공중보건학 용어집, 계축문화사, 2014.

대한예방의학회. 예방의학과 공중보건학, 제4판, 계축문화사, 2021.

손석준, 이경수, 이무식, 이중정, 이충원, 정인성. 현장역학(Field Epidemiology, 2nd edition 번역본). 계축문화사, 2004.

한국보건복지인력개발원, 질병관리청. 역학조사관 기본교육 교재, 2020.

Boulton ML, Hadler JL, Ferland L, Marder E, Lemmings J. The epidemiology workforce in state and local health departments—United States, 2010. MMWR. 2012;61;205-8.

Breslow NE, Day NE. Statistical methods in cancer research. Vol 1. The analysis of case—control studies. (IAEC scientific publication no. 32). Lyon: International Agency for Research on Cancer; 1980.

Butler JC, Cohen ML, Friedman CR, Scripp RM, Watz CG. Collaboration between public health and law enforcement: new paradigms and partnerships for bioterrorism planning and response. Emerg Infect Dis. 2002;8:1152-6.

CDC Division of Global Health Protection. Field Epidemiology Training Program: disease detectives in action. https://www.cdc.gov/globalhealth/healthprotection/pdf/factsheet_fieldepidemiologytrainingprogram.pdfpdf

CDC. 2014 Ebola outbreak in West Africa—case counts. https://www.cdc.gov/vhf/ebola/outbreaks/2014-west-africa/case-counts.html

CDC. Career Paths to Public Health (CPP). https://www.cdc.gov/careerpaths/

CDC. Epidemic Intelligence Service. https://www.cdc.gov/eis/diseasedetectives.html

CDC. Epi-X. The Epidemic Information Exchange. https://www.cdc.gov/epix/

CDC. Follow-up on respiratory illness—Philadelphia. MMWR. 1997;46:49-56.

CDC. Investigating suspected cancer clusters and responding to community concerns: guidelines from CDC and the Council of State and Territorial Epidemiologists. MMWR. 2013;62(RR-8):1-24.

CDC. Manual for the Surveillance of Vaccine-Preventable Diseases. Atlanta: CDC; 2008.

CDC. PulseNet. https://www.cdc.gov/pulsenet/

CDC. The health communicator's social media toolkit. https://www.cdc.gov/socialmedia/Tools/guidelines/pdf/SocialMediaToolkit_BM.pdf

Dabis F, Drucker J, Moren A. Epidémiologie d'intervention. Paris: Arnette; 1992.

Detels R, Beaglehole R, Lansang MA, Gulliford M. Oxford Textbook of Public Health, Oxford University Press, 2009.

Diaz MH, Cross KE, Benitez AJ, et al. Identification of bacterial and viral codetections with Mycoplasma pneumoniae using the TaqMan Array Card in patients hospitalized with community-acquired pneumonia. Open Forum Infect Dis. 2016;3:1-4.

European Programme for Intervention Epidemiology Training (EPIET). EPIET fellowships. http://ecdc.europa.eu/en/epiet/Pages/HomeEpiet.aspxexternal icon

Fasina O, Shittu A, Lazarus D, et al. Transmission dynamics and control of Ebola virus disease outbreak in Nigeria, July to September 2014. Euro Surveill. 2014;19:pii=20920.

FBI, CDC. Joint criminal and epidemiological investigations handbook. 2015 Domestic edition. https://stacks.cdc.gov/view/cdc/34556

Feinstein AR. Clinical Epidemiology. The architecture of clinical research. Philadelphia : W.B.

Saunders Company 1985.

Fraser DW, Tsai TR, Orenstein W, et al. Legionnaires' disease: description of an epidemic of pneumonia. N Engl J Med. 1977:297:1189-97.

Galang RR, Gentry J, Conrad C, et al. Phylogenetic analysis of HIV and hepatitis C virus co-infection in an HIV outbreak among persons who inject drugs. 65th Annual Epidemic Intelligence Service (EIS) Conference. May 2–5, 2016, Atlanta. [Abstract at page 23. https://www.cdc.gov/eis/downloads/eis-conference-2016.pdf

Goodman RA, Loue S, Shaw FE. Epidemiology and the law. In: Brownson RC, Petitti DB, editors. Applied Epidemiology: Theory to Practice. 2nd ed. New York: Oxford University Press; 2006:289-326.

Goodman RA, Munson JW, Dammers K, Lazzarini Z, Barkley JP. Forensic epidemiology: law at the intersection of public health and criminal investigations. J Law Med Ethics. 2003;31: 684–700.

Gordis L. Epidemiology. 5th ed. Philadelphia: Elsevier; 2013.

Holmberg SD, Osterholm MT, Senger KA, Cohen ML. Drug-resistant Salmonella from animals fed antimicrobials. N Engl J Med. 1984;311:617–22.

Iamsirithaworn S, Chanachai K, Castellan D. Field epidemiology and One Health: Thailand's experience. In: Yamada A, Kahn LH, Kaplan B, Monath TP, Woodall J, Conti L, editors. Confronting Emerging Zoonoses: The One Health Paradigm. Tokyo: Springer; 2014:191–212.

Institute of Medicine, National Research Council. BioWatch and Public Health Surveillance: Evaluating Systems for the Early Detection of Biological Threats—Abbreviated Version. Washington, DC: National Academies Press; 2011.

Isaac BM, Zucker JR, MacGregor J, et al. Notes from the field: use of social media as a communication tool during a mumps outbreak—New York City, 2015. MMWR. 2017;66:60–1.

Jernigan DB, Raghunathan PL, Bell BP, et al. Investigation of bioterrorism-related anthrax, United States, 2001: epidemiologic findings. Emerg Infect Dis. 2002;8:1019–28.

Kelsey JL, Thompson WD, Evans AS. Methods in observational epidemiology. New York, Oxford: Oxford University Press; 1986.

Langmuir AD, Andrews JM. Biological warfare defense: the Epidemic Intelligence Service of the Communicable Disease Center. Am J Public Health. 1952;42:235–8.

Langmuir AD. The Epidemic Intelligence Service of the Centers for Disease Control. Public Health Rep. 1980;104:170–7.

Last JM. A Dictionary of Epidemiology, 4th Ed, Oxford Uni Press Inc., 2001.

MacMahon B, Pugh TF. Epidemiology : principles and methods, Little, Brown and Company, 1970.

Mandl KD, Overhage MJ, Wagner MM, et al. Implementing syndromic surveillance: a practical guide informed by the early experience. J Am Med Inform Assoc. 2004;11:141–50.

Miller J. City and FBI reach agreement on bioterror investigations. The New York Times. November 21, 2004. https://mobile.nytimes.com/2004/11/21/nyregion/city-and-fbi-reach-agreement-on-bioterror-investigations.html?_r=0external

Porta M. A Dictionary of Epidemiology, 5th edition, IEA, Oxford University Press, USA, 2008.

Rasmussen SA, Goodman RA. The CDC Field Epidemiology Manual, Oxford University Press, USA, 2018.

Robert B. Wallace. Maxey-Rosenau-Last Public Health and Preventive Medicine. McGraw-Hill

Education, 15 edition, 2008.
Rosenberg ML, Koplan JP, Wachsmith IK, et al. Epidemic diarrhea at Crater Lake from enterotoxigenic. Escherichia coli: a large waterborne outbreak. Ann Intern Med. 1977;86:714–8.
Rothman KJ, Greenland S, Lash TL. Modern Epidemiology. 3rd ed. Philadelphia: Lippincott; 2008.
Rothman KJ. Modern epidemiology. Boston, Toronto: Little, Brown and Com pany; 1986.
Schlesselman JJ. Case—control studies: design, conduct, analysis. New York: Oxford University Press; 1982.
Schulte PA, Ehrenberg RL, Singal M. Investigation of occupational cancer clusters: theory and practice. Am J Public Health. 1987;77:52–6.
Steere AC, Malawista SE, Snydman DR, et al. Lyme arthritis: an epidemic of oligoarticular arthritis in children and adults in three Connecticut communities. Arthritis Rheum. 1977; 20:7–17.
Thacker SB, Dannenberg AL, Hamilton DH. Epidemic Intelligence Service of the Centers for Disease Control and Prevention: 50 years of training and service in applied epidemiology. Am J Epidemiol. 2001;154:985–92.
Treadwell TA, Koo D, Kuker K, Khan AS. Epidemiologic clues to bioterrorism. Public Health Rep. 2003;118:92–118.
University of North Carolina Gillings School of Global Public Health. Public Health Leadership Program online certificate in field epidemiology. http://sph.unc.edu/phlp/phlp-degrees-and-certificates/certificate-in-field-epidemiology/external icon
World Health Organization. Situation report—Ebola virus disease. June 10, 2016. http://apps.who.int/iris/bitstream/10665/208883/1/ebolasitrep_10Jun2016_eng.pdf?ua=1pdf

제 3 장 역학과 역학조사의 기본 원칙[2]

1 도입

역학을 공중보건의 기초 과학이라고 간주하는 데는 정당한 이유가 있다. 먼저 역학은 확률, 통계, 건전한 연구방법이라는 실용적인 지식을 근거로 한 정량적인 기초 과학이다. 두 번째로 역학은 보건 상태 또는 사건에 대해 생물학적으로 유력한 가설을 개발하고 검정하는데 근거를 둔 인과간계의 추론 방법이다. 세 번째 역학은 공중보건학 내의 학문으로써 이러한 과학과 인과관계의 추론에 근거하여 공중보건 활동을 안내하는 기초를 제공하는데, 현실적으로 가능한 것과 성취할 수 있는 것이 무엇인지 이해하여야 한다.

역학(epidemiology)이라는 단어는 그리스 단어인 epi에서 유래하였는데, “에 대한 의미” 또는 “에 대한”이라는 뜻이다. Demos는 “사람”을 의미하며 logos는 “에 대한 연구”를 의미한다. 다시 말해 역학이라는 단어는 인구집단에게 생기는 것을 연구하는데 그 뿌리를 두고 있다. 많은 정의가 제안되었으나 다음의 정의가 역학의 기본적인 원칙과 공중보건적인 분위기를 잘 말해준다. “역학은 특정한 인구집단에서 보건과 관련된 상태 또는 사건의 분포와 결정요인을 연구하여 그 결과를 보건 문제 통제에 적용하는 것”으로 정의되어 왔다.

이 정의에서 중심이 되는 용어는 역학을 수행할 때 필요한 중요한 원칙을 반영해 준다.

연구 : 역학은 그 기초로 과학적인 탐구라는 건전한 방법을 가진 과학적인 학문이다. 이러한 방법들은 면밀한 관찰과 타당성 있는 비교 그룹에 의존하여 관찰된 사람들이 예상되는 것과 다른지를 알아보는 것이다.

분포 : 역학자들은 인구집단에서 보건 사건의 빈도와 양상을 연구한다. 빈도는 인구집단에서의

---

2) 이 장의 출처는 “손석준, 이경수, 이무식, 이중정, 이충원, 정인성. 현장역학(Field Epidemiology, 2nd edition), 계축문화사, 2004”로 저자의 허락을 득하여 수정 · 편집하였음을 밝힙니다.

보건 사건의 수를 의미할 뿐만 아니라 그 수가 인구집단의 크기에 대한 상대적인 관계를 의미하는데, 즉 사건의 수를 연구 집단으로 나눈 것을 말한다. 결과적으로 유래되는 율로 해서 역학자들이 서로 다른 인구집단 간의 질병 발생을 비교할 수 있다.

양상 : 보건 관련 사건을 시간, 장소, 사람의 특성에 따라 서술하는 것을 말한다. 시간 특성에는 연간 발생, 계절 발생, 유행 때는 일일 또는 심지어 시간별 발생 데이터 등이 있다. 장소 특성에는 지역적인 변이, 도시-농촌 차이, 작업장 또는 학교의 장소 등이 있다. 개인적인 특성에는 행동과 환경적인 노출뿐만 아니라 연령, 성별, 결혼 상태, 사회경제적인 지위 등과 같은 인구학적인 요인도 포함된다.

위의 보건관련 상태 또는 사건의 분포를 알아보는 것은 기술역학(descriptive epidemiology)이라고 불리는 폭넓은 역학의 한 측면이다. 기술역학은 보건 관련 사건의 "무엇을, 누가, 언제, 어디에서"에 대한 답을 제공해 준다.

결정요인 : 역학자들은 보건 관련 사건의 발생에 영향을 미치는 원인과 기타의 요인들을 탐색한다. "왜"와 "어떻게"에 대한 답을 제공하려고 노력하면서 현장역학자들은 분석역학(analytic epidemiology)을 실시하는데, 이것은 서로 다른 율을 나타내는 그룹 간에 인구학적 특성, 유전 또는 면역적인 조성, 행동, 환경 노출, 그리고 기타의 소위 말하는 잠재적인 위험요인에서 차이가 나는지를 평가하는 과정이다. 질병 위험 증가와 관련된 요인들을 찾아내기 위해서 역학자들은 코호트, 환자-대조군 연구와 분석적인 방법과 같은 역학적인 연구를 한다. 이러한 분석적인 방법으로 해서 충분한 증거를 얻어 즉각적이고 효과적인 공중보건 통제와 예방 조치를 실시할 수 있다.

보건관련 상태 또는 사건 : 원래 역학은 감염성 질병의 유행을 다루었다. 이후에 확장되어 풍토병인 전염성 질환과 비전염성 감염 질환을 다루게 되었다. 20세기 중반까지 추가적인 역학적인 방법들이 개발되어 만성병, 손상, 출생결함, 모성 보건, 직업 보건과 환경보건에 적용되었다. 과거 20년에 역학자들은 흐름을 거슬러 올라가 운동량과 안전벨트 착용과 같은 보건과 안녕과 관련된 행동을 연구하기 시작하였다. 이제 분자생물학적인 방법이 최근 들어 폭발적으로 발전하여 역학자들은 질병 위험의 유전적인 표식자를 조사할 수 있게 되었다.

특정한 인구집단 : 역학자와 보건 의료 제공자 둘 다 질병과 질병 통제를 다루지만 그들이 환자를 보는 관점은 아주 차이가 난다. 의사는 개인의 건강에 관심이 있는 반면에 역학자들은 연구 중인 지역의 사람들 또는 인구집단의 집단적인 보건에 관심이 있다. 예를 들면 설사병 환자를 볼 때 의사와 역학자들은 서로 다른 책임을 진다. 둘 다 정확한 진단을 내리는 데 관심이 있지만, 의사는 보통 개인의 치료와 돌봄에 초점을 맞춘다. 역학자는 질병을 유발시킨 소스 또는 노출, 비슷하

게 노출된 사람들의 수, 지역사회에서 전파될 소지 그리고 추가적인 환례를 예방하거나 재발을 예방할 중재 등에 초점을 맞춘다.

적용 : 위의 정의는 역학자들을 단순한 "에 대한 연구"의 범위를 뛰어넘게 한다. 특히 현장역학은 실제 시간과 실제 장소에서 학문을 실행하는 것이어서 과학과 기술 둘 다가 필요하다. 의학적인 모델을 다시 고려해 보자. 어떤 환자를 치료하려면 의사는 과학적인 지식, 경험, 임상적인 판단을 적용한다. 비슷하게 현장역학자들은 일단의 사람들 또는 지역사회의 보건을 진단할 때 경험과 역학적인 판단뿐만 아니라 서술 및 분석 역학의 과학적인 방법 역시 사용할 것이다. 알아낸 결과와 권고안은 질병을 통제하고 예방할 적절한 공중보건 조치를 결정하는 데 도움이 될 것이다.

2 역학의 사용

역학과 역학적인 방법으로 생산된 정보는 셀 수 없을 정도의 많은 용도로 사용되어 왔다. 이러한 용도는 다음의 범주로 나눌 수 있다.

1) 인구집단 또는 지역의 보건 평가

정책 개발, 실행, 평가를 책임진 보건직 공무원들은 역학적 정보를 의사결정을 위한 실제 틀로 사용한다. 인구집단 또는 지역사회의 보건을 평가하기 위해서 관련 데이터 출처를 찾아 시간, 장소, 사람에 따라 분석하여야 한다(기술역학). 지역사회에서 실제의 보건 문제와 잠재적인 보건 문제는 무엇인가? 어디서 발생하고 있는가? 누가 질병이 걸릴 가능성이 있는가? 어느 것이 증가하고 있거나 또는 증가할 소지가 있는가? 이러한 양상이 사용 가능한 서비스의 수준과 분포와 어떻게 연관이 있는가? 보건 서비스가 있는지, 접근 가능한지, 효과적인지, 효율적인지를 평가하기 위해서 더 자세한 데이터를 수집하고 분석할 필요가 있다. 예를 들면, 보건직 공무원은 역학적인 데이터와 방법을 사용하여 기초 데이터를 알아내고, 2000년과 2010년의 국가적인 보건 목표를 설정하고, 이들 목표를 향한 진행 상황을 감시할 수 있다.

2) 개인의 결정

많은 사람은 매일의 일상적인 결정에 있어 그들이 역학적인 정보를 사용하고 있다는 사실을 알지 못할지도 모른다. 사람들이 금연을 결정하거나, 엘리베이터를 기다리지 않고 계단을 오르기로 결정하거나, 점심으로 감자튀김을 곁들인 치즈버거 대신에 샐러드를 먹기로 결정하거나 또는 콘돔을 사용하기로 결정할 때, 의식적이거나 또는 무의식적으로 역학자들이 위험을 평가해둔 것에 영향을 받을 것이다. 세계 제2차 대전 후로 역학자들은 흡연자들에서 폐암의 위험이 증가한다고 보고하였으며, 1970년대에 심장 질환을 줄이는데 운동과 적절한 식이의 역학에 대한 증거를 제고하였으며, 1980년대 중반에 특정한 성 및 마약과 관련된 행동이 HIV 감염의 위험을 높인다는 것을 알아내었다. 이러한 그리고 기타의 수백 가지의 역학적인 발견으로 해서 사람들이 매일 결정하는 선택, 즉 평생에 걸쳐 건강에 영향을 미치는 선택에 직접적으로 영향을 받는다.

3) 임상상을 완성하기

어떤 질병의 유행을 연구할 때 현장역학자들은 보건의료 제공자와 검사실 직원에 의존하여 개별적인 환자를 적절하게 진단할 것이다. 역학자들의 연구 결과는 의사가 어떤 질병의 임상상과 자연사를 이해하는 것을 도와줄 것이다. 예를 들면 1989년에 원인 불명의 호산구 증가(호산구라 불리는 백혈구의 증가)와 근육통(심한 근육통)을 가진 세 명의 환자를 한 의사가 보았다. 몇 주 내로 현장역학자들은 질병을 유발시킨 인자의 매개체를 찾아내기에 충분할 뿐만 아니라 질병의 범위와 진행 상황의 특징을 알 수 있을 정도로 충분한 환자를 찾아내었다. 결과적으로 호산구 증가 근육통증후군(eosinophilia-myalgia syndrome)이라고 알려지게 된 병태를 찾아내었다. 비슷하게 역학자들은 처음 노출로부터 AIDS를 포함한 다양한 종류의 임상적인 증후군을 유발시키는 HIV 감염의 진행 상황에 대한 증거를 제공하였다. 흡연과 연관된 많은 병태, 즉 폐 질환과 심장 질환에서부터 폐암과 자궁경부암에 이르는 병태를 찾아내었다.

4) 원인 탐색

질병에 걸릴 위험에 영향을 미치는 원인 또는 요인들을 찾는데 많은 역학적인 연구가 바쳐졌다. 때로 학문적인 추구일 수도 있으나 현장역학에서는 원인을 찾아 적절한 공중보건 조치를 취하는 것이 목표이다. 역학은 노출과 질병 간의 인과관계를 결코 입증하지 못한다고 이야기되어 왔다. 그러나 역학은 효과적인 조치를 지지하기에 충분한 정보를 제공한다. 그 예로써 1854년에 존 스노우(John Snow)가 런던시 골든 스퀘어(Golden Square) 지역의 콜레라를 조사한 후 브로드 스트리트(Broad Street)의 펌프의 손잡이를 제거한 것으로부터 역학자들이 로타바이러스 백신이 장중첩증(intussusception)의 위험을 증가시킨다는 것을 밝혀낸 후 시장에서 백신을 수거한 예가 있다(그림 1.3.1.). 역학과 검사실 과학이 합해서 인과관계를 입증하는데 필요한 증거를 제공한다. 예를 들면 현장역학자들은 1976년에 필라델피아의 미국 재향군인 모임에 참석한 사람들의 폐렴이 유행하는 동안 다양한 위험요인들을 찾아낼 수 있었으나, 거의 6개월 후에 재향군인병으로 사망한 예의 폐 조직으로부터 레지오넬라 바실루스가 검사실에서 확인될 때까지 그 유행은 해결되지 않았다.

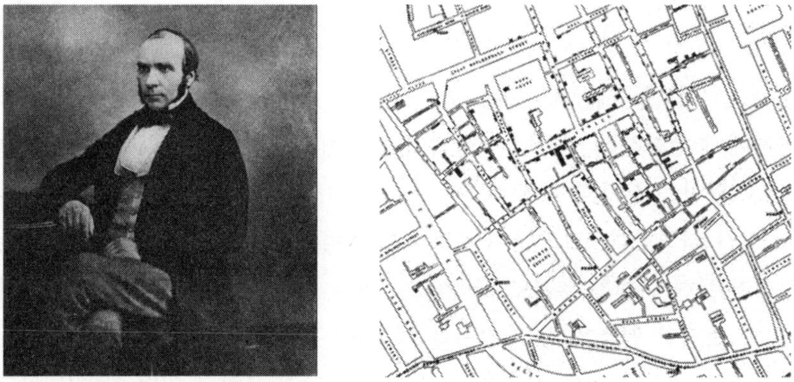

그림 1.3.1. 존 스노우(John Snow)(1813~1858)와 콜레라 지도

출처 : 위키피디아(2021년 접속, https://ko.wikipedia.org, https://en.wikipedia.org)

3 핵심적인 역학 기능

현장역학자는 5가지의 과업을 수행하는 것으로 제안되었는데, 공중보건 감시, 현장조사, 데이터 분석, 평가 그리고 내용 전달 등이다. 최근 들어 CSTE(Council of State and Territorial Epidemiologists)는 주 보건과의 역학반(epidemiology unit)이 수행하도록 권고된 최소한의 일단의 핵심적인 기능을 제안하였다. 이 기능에는 공중보건 감시, 조사(분석 포함)와 컨설트, 정책 개발, 훈련과 연계 등이 해당한다. 이러한 과업은 다음에 기술되어 있다.

1) 공중보건 감시

공중보건 감시는 보건 데이터를 계속적이고 체계적으로 수집, 분석, 해석 및 내용 전달을 해서 공중보건 의사 결정 과정을 돕는 것이다. 감시는 지역사회의 맥락을 감시하는 것에 해당한다. 공중보건 감시의 목적은 때로 행동을 위한 정보(information for action)라고 불리는데, 계속된 질병 발생 양상과 질병 소지 양상을 알아내어 조사, 통제, 예방 조치들이 효율적이고 효과적으로 적용될 수 있도록 하는 것이다. 이환 사망 보고들과 기타의 관련 있는 보건 정보를 체계적으로 수집하여 평가하고 이들 데이터와 그 해석을 질병 통제와 공중보건 의사 결정에 관여하는 사람들에게 전달함으로써 이루어진다. 역학자들이 이러한 체계와 기타의 새로운 시스템을 고안해 주도록 요청을 받기 때문에 역학자들의 핵심적인 능력에 데이터 수집 도구 디자인, 데이터 관리, 서술 방법과 그래프 그리기, 데이터의 해석 그리고 과학적인 글쓰기와 발표 기술 등이 포함되어야 한다.

2) 현장조사와 분석연구

특정한 질병 또는 사건의 한 예 또는 복수의 예가 보고된 후 보건과에서 실시하는 조사처럼 감시하는 행동을 위한 정보를 제공해 준다. 보고된 예의 상황을 확인하거나 명확하게 하기 위해서 보건의료 제공자에게 전화하는 것처럼 제한적인 조사이거나 또는 수십 명의 사람들이 유행의 범위를 알아내고 그 원인을 찾아내기 위해 공동으로 노력해야 하는 현장조사일 수 있다. 그러한 현장조사의 목표 역시 다양하다. 그러한 조사로 해서 다른 사람들에게 계속 전파되었을, 보고되지 않거나 알아차리지 못한 환례를 추가로 찾아낼 수 있다. 예를 들면 성병 환자를 조사할 경우 가장 큰 특징은 환자와 성적인 접촉을 한 사람들을 찾아내는 것이다. 지역의 보건 스태프들이 조사를 할 때 이들 중 많은 수가 무증상의 감염을 가지고 있어 알지 못하고 있던 감염을 치료하여야 하는 경우가 있다.

일부 질병에서 연구자는 통제하거나 제거할 수 있는 감염원 또는 감염 매개체를 찾아낼 수 있다. 예를 들면 보툴리눔 독소증 환례를 조사할 경우 보통 부적절하게 통조림으로 만든 음식과 같은 매개체를 찾아내는 데 초점을 맞춘다. 매개체를 알아냄으로써 연구자들은 얼마나 많은 사람들이 벌써 노출되었고 또 얼마나 많은 사람이 계속 질병에 걸릴 가능성에 놓여 있는지를 알아낼 수 있다.

일부 경우에서 목적이 알려지지 않거나 과거에 모르고 있던 병태의 자연사, 임상적인 범위, 기술역학과 위험요인들에 대해 더 많은 지식을 얻고자 하는 조사 목적이 있을 수 있다. 1980년에 독소쇼크증후군의 전국적인 유행을 초기에 조사하여 임상적인 발현에 근거하여 환례 정의를 내리고 질병에 걸릴 가능성이 있는 사람을 시간, 장소, 사람별로 분류할 필요가 있었다. 기술역학을 실시하여 분석 역학으로 검정해 볼 수 있는 가설을 찾아내었다. 일련의 연구를 통해서 점차 특이적인 위험요인들을 찾아내었는데, 생리 중인 여자에서부터 탐폰 사용자로, 그리고 특정 상표의 탐폰 사용자로 범위를 좁힐 수 있었다. 이러한 정보로 해서 그 상표를 시장으로부터 수거하도록 하였고 또한 이후의 연구를 수행하여 그 증후군이 발생하는데 필요한 특정한 성분과 상황을 찾아내었다.

위에서 말한 형태의 현장조사는 때로 발로 뛰는 역학(shoe-leather epidemiology)이라고 불리는데, 특정한 질병의 추가적인 환례를 찾고 감염원과 전파 양식에 대한 단서를 찾아 거리를 헤매는 헌신적인, 초췌하기까지 한 현장역학자들의 이미지를 상기시킨다. 이러한 접근 방법은 현장역학자가 훈련하는 프로그램인 EIS(Epidemic Intelligence Service)의 심볼인 바닥에 구멍이 난 신발로 기념되고 있다(그림 1.3.2.).

감시와 현장조사는 때로 원인, 전파 양식, 적절한 통제와 예방조치를 알아내는 데 충분하다. 그리고 종종 분석 방법으로 해결하여야 하는 단서 또는 가설을 제공해 준다.

질병의 집락 또는 유행을 처음에는 기술역학으로 자주 조사한다. 기술역학은 질병 발생과 분포를 시간, 장소, 사람별로 연구하는 것이다. 율을 계산하고 인구집단에서 다른 사람들보다 특히 질

그림 1.3.2. 역학조사관(Epidemic Intelligence Service)의 심볼인 바닥에 구멍이 난 가죽 신발(shoe-leather epidemiology)

출처 : W. Schaffner, F. Laforce. Training field epidemiologists: Alexander D. Langmuir and the epidemic intelligence service. American journal of epidemiology 1996, DOI: 10.1093/AJE/144.SUPPLEMENT_8.S16)(https://www.semanticscholar.org)

병에 걸릴 위험이 높은 그룹을 찾아내는 것이다. 가끔 특히 노출과 질병간의 연관성이 높을 때 연구를 거기서 멈추고 통제 조치를 바로 실행할 수 있으나, 환례 조사처럼 서술 연구로 분석연구로 검정할 수 있는 가설을 설정하는 경우가 더 많다. 유행과 같은 급성 보건문제에 대한 대응으로 현장조사를 실시하는 경우가 있는 반면에 계획된 연구로 행하는 경우도 많다.

역학적인 연구의 큰 특징은 타당한 비교 그룹을 사용한다는 것이다. 역학자들은 역학 연구의 디자인, 분석, 결과 해석과 전달을 포함한 역학 연구의 모든 면에 익숙하여야 한다.

- **디자인** : 적절한 연구 디자인 고안, 그 이유와 연구계획서 적기, 표본 크기 계산, 대상자 등록 기준(즉, 대조 선택), 설문지 작성 등을 포함한다.
- **실행** : 적절한 허가와 승인 얻기, 기록 발췌, 대상자를 추적하여 면담하기, 검체 수집과 처리, 데이터 관리하기 등을 포함한다.
- **분석** : 대상자들의 특성을 기술하는 것으로 시작한다. 그다음으로 율의 계산, 비교표 만들기(2원 분할표), 연관성 측정치 계산(위험비 또는 비차비), 유의성 검정(카이제곱검정법), 신뢰구간 등을 계산한다. 층화 분석, 회귀분석, 모형화와 같은 좀 더 복잡한 분석 기법을 필요로 할 수 있다.
- 마지막으로 주제를 충분하게 숙지하여 연구결과를 해석하고, 적절한 관점에서 보고하며, 효과적으로 전달하여야 한다.

3) 정책 개발

학문에만 열중하는 일부 역학자들은 역학과 정책 간의 연계를 회피하기도 하지만, 공중보건 역학자들은 그런 사치를 누릴 수 없다. 문제와 그 문제가 발생한 인구집단을 이해하는 역학자들은 적절한 중재를 권할 수 있는 유일한 적임자일 수 있다. 예를 들면 역학자들은 주기적으로 질병통제 전략, 보고, 예방접종 정책에 대한 정보 제공, 증언, 권고안을 제시한다.

4) 연계(Linkages)

현장역학자들은 혼자 일을 하지 않는다. 사실 현장역학을 때로 팀 스포츠라고 불러왔다. 현장조사 중에 보통 여러 분야의 팀의 멤버 또는 리더로 참가한다. 기타의 멤버들은 검사실 담당자, 위생기사, 감염 통제 요원, 간호사 또는 기타 임상 스태프 등이다. 그들은 지역, 주, 또는 연방정부에서, 대학 기관에서, 임상 기관에서 또는 민간 분야에서 파견된다. 역학자들은 공식적인 연계를 통해서건 또는 공중보건 독자와 외부 파트너를 위한 정기 간행물을 통해서건 간에 정부 기관 및 단체와 연계를 유지하도록 하여야 한다.

4 역학자의 기본적인 활동 또는 현장역학자가 실제로 하는 일

이제 역학이 무엇이며, 어떻게 사용되고 조사의 초점이 무엇인지 명백할 것이다. 인구집단은 크건 작건 간에 질병과 같은 보건 사건을 공유한다. 그래서 그들이 왜 아프게 되었는지, 인자가 무엇인지, 어디서 왔는지, 어떻게 전파되는지, 아플 가능성이 있는 사람들은 누구인지, 결정적인 노출은 무엇인지를 알아내어야 한다. 대부분의 경우 특히 감염성 질병에서 그 질병을 알고 일반적인 임상적, 역학적인 특징은 알기 쉬우나 질병에 걸릴 가능성이 있는 사람과 결정적인 노출이 무엇인지를 알아내는 것은 어려울 것이다.

거의 모든 역학적인 연구에서 최소한 5가지의 별개의 작업이 바로 이때 실시될 것이다.

- 환례(사건)를 집계한다.
- 환례를 시간, 장소, 사람의 관점에서 서술한다.
- 이러한 서술로부터 어떤 사람들이 질병에 걸릴 가능성이 있는지, 왜 그리고 어떻게 아프게 되는지에 대한 그럴듯한 아이디어를 추출한다. 즉, 유행 또는 사건의 모든 측면을 설명해 줄 가설을 설정한다.
- 나누기를 많이 한다. 즉 질병의 율 또는 노출의 율을 계산한다.
- 이들 율을 비교하여 그 의미를 알아본다.

가장 결정적인 일은 율을 비교하는 것으로 역학의 필수 조건이다. 어떤 인자에 노출된 사람들과 노출되지 않은 사람들의 질병 율을 비교하거나 또는 환자들과 건강한 자들 간의 노출률을 계산할 것이다. 그러한 비교로 해서 율 간의 유의한 차이, 즉 어떤 노출이 질병을 유발시켰는지를 시사해 주기(증명하는 것은 아니지만)에 충분한 차이를 알 수 있다.

이러한 작업은 역학적인 시술의 진정한 영역이며 이러한 작업을 하는 것은 그리 어렵지 않다. 무엇이 환례이고, 누가 질병에 걸릴 가능성이 있고, 어떤 비교가 타당하고, 율의 차이가 의미하는 바가 정확하게 무엇인지를 역학자들이 서로 논쟁할 때 비로소 복잡해진다.

5 질병 발생의 개념

역학은 질병과 기타 보건 사건들이 인구집단에서 무작위로 발생하지 않는다는, 즉 질병이 인구집단의 특정 구성원들에서 더 많이 발생할 가능성이 있다는 사실을 전제로 한다. 앞에서 주의한 대로 다른 사람들에 비해 일부 구성원들이 질병에 걸릴 위험을 증가시키는 이유를 찾아내는 것이 역학의 중요한 사용처 중 하나이다.

1) 원인론(Causation)

질병의 원인론이 많이 제안되어 왔다. 이들 중 가장 간단한 것이 역학적인 삼원론 또는 삼각형인데 감염성 질환의 전통적인 모형이다(그림 1.3.3.). 이 삼원론은 병인, 감수성 있는 숙주, 그리고 병인과 숙주를 한 곳에 묶는 환경이다. 병인이 소스로부터 숙주로 전파되는 것을 도와주는 환

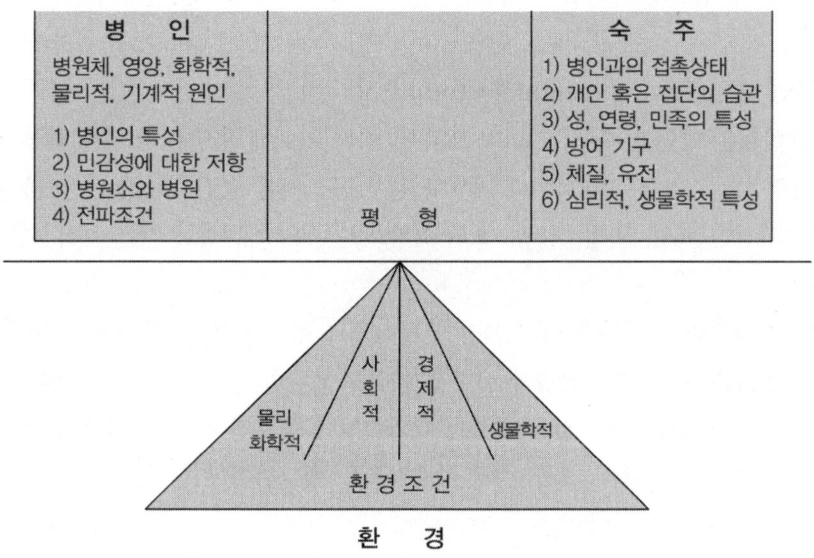

그림 1.3.3. 건강 삼원론

출처 : 예방의학과 공중보건 편집위원회. 예방의학과 공중보건, 계축문화사. 1985.

경에서 병인과 감수성 있는 숙주 간의 상호작용으로부터 질병이 유래된다는 것이 이 모형이다.

(1) 병인 요인(Agent factors)

병인이라는 단어는 원래 감염성 미생물인 바이러스, 세균, 기생충 또는 기타의 미생물 등을 말한다. 일반적으로 이러한 병인이 있어야 질병이 발생한다. 즉, 질병을 유발시키는데 필요는 하나 항상 충분하지는 않다. 어떤 유기체에 노출이 결과적으로 질병을 유발시킬지에 영향을 미치는 요인들에는 여러 가지가 있는데, 유기체의 병원성(질병을 유발시키는 능력)과 용량이 포함된다.

시간이 흐름에 따라 병인의 개념이 확장되어 화학적, 물리적 원인을 포함하게 되었다. 이에는 손목굴증후군과 연관된 반복적이고 기계적인 힘과 같은 물리적인 운동뿐만 아니라 호산구증가근육통증후군의 원인인 L-tryptophan 오염물과 같은 화학적인 오염물을 포함한다. 역학적인 삼인론은 많은 질병에 대한 쓸모 있는 모형인 반면에 하나의 필요 원인 없이 복합적인 기여 원인을 가지는 것처럼 보이는 심혈관계 질환, 암과 기타 질환에 대해서는 부적절한 것으로 판명되었다.

(2) 숙주 요인(Host factors)

숙주 요인은 원인 요인에 대한 어떤 개인의 노출, 감수성, 또는 반응에 영향을 미치는 내재요인(intrinsic factors)이다. 연령, 성별, 행동(흡연, 약물 남용, 생활습관, 성적 행동, 피임, 식사 습관)은 많은 내재 요인 중 일부에 해당하는데 어떤 사람의 노출 가능성에 영향을 미친다. 연령, 유전적인 조성, 영양과 면역 상태, 해부학적 구조, 질병의 존재 또는 투약, 심리학적인 특성은 어떤 사람의 요인에 대한 감수성과 반응에 영향을 미치는 숙주 요인들 중 일부이다.

(3) 환경적인 요인(Environmental factors)

환경적인 요인들은 병인과 숙주, 그리고 노출에 대한 기회에 영향을 미치는 외부 요인들이다. 일반적으로 환경적인 요소에 지질학이나 기후와 같은 물리적인 요인, 요인을 전파하는 곤충 매개체와 같은 생물학적인 요인, 밀집, 위생, 보건 서비스의 이용 가능성과 같은 사회 · 경제적인 요인들이 포함된다.

병인, 숙주, 환경적인 요인들은 여러 복잡한 방식으로 관계를 맺어 인간에서 질병을 유발시킨다. 서로 다른 질병은 서로 다른 균형과 이들 3가지 요소들의 상호작용이 필요하다. 질병을 통제하거나 예방하기 위해 적절하고, 실용적이고, 효과적인 공중보건 조치를 개발 하려면 보통 이들 3가지 질병 발생의 요소와 특히 그들 간의 상호작용을 평가하여야 한다.

2) 질병의 자연사와 범위

질병의 자연사는 중재가 없는 상태에서 어떤 개인에서 시간에 걸친 질병의 진행 상황을 말한다. 질병의 시간 틀과 특정한 발현이 개인에 따라 다르고 예방 및 치료 조치에 영향을 받을 것이지만 대부분은 아닐지라도 많은 질병은 특징적인 자연사를 가진다.

적절한 노출 또는 감수성 있는 숙주에서 질병 과정을 유발시키기에 충분한 요인들이 축적되면서 질병 자연사의 과정이 시작된다. 감염성 질환에서 일반적으로 미생물이 노출에 해당한다. 암에서 결정적인 요인으로 석면섬유 또는 담배 연기에 포함된 물질과 같은 암 개시자(cancer initiators)와 에스트로겐(자궁내막암)과 같은 촉진자(promoters) 둘 다가 필요하다.

질병 과정이 시작된 후에 보통 개인이 알아차리지 못하는 병리적인 변화가 나타난다. 이러한 준임상적 질병(subclinical disease)의 단계는 노출에서부터 질병 증상 발생까지 연장되는데, 보통 감염성 질환일 경우 잠복기(incubational period), 만성병일 경우 잠재기(latent period)라고 불린다. 이러한 기간은 과민증과 독성 반응일 경우 몇 초로 짧을 수 있으며 특정 만성병의 경우 수십 년으로 길 수 있다(그림 1.3.4.). 하나의 질병의 경우라고 할지라도 특징정인 잠복기는 하나의 값이 아닌 범위를 가진다. 예를 들면 A형 간염의 전형적인 잠복기는 약 4주이나 2주에서 6주까지의 범위를 가진다.

증상의 시작은 준임상 질환에서 임상적인 질환으로의 전이를 나타낸다. 임상적인 질병 단계 동안에 대부분의 진단이 이루어진다. 그러나 일부 사람들에서 질병 과정은 임상적으로 명백한 질병으로 진행하지 못하는 수가 있다. 그러나 광범위한 임상적인 질병의 범위를 나타내어 경미한 질병에서부터 심각한 또는 치명적인 질병이 되는 경우도 있다. 최종적으로 질병 과정은 회복, 장애 또는 사망으로 끝나게 된다.

감염성 병인에서 감염력(infectivity)은 노출된 사람 중 감염된 사람의 분율을 말한다. 병인성(pathogenecity)은 감염된 사람 중 임상적으로 명백한 질병을 발생한 사람의 분율을 말한다. 독력(virulence)은 임상적으로 명백한 환례 중 심각하거나 치명적인 예의 분율을 말한다.

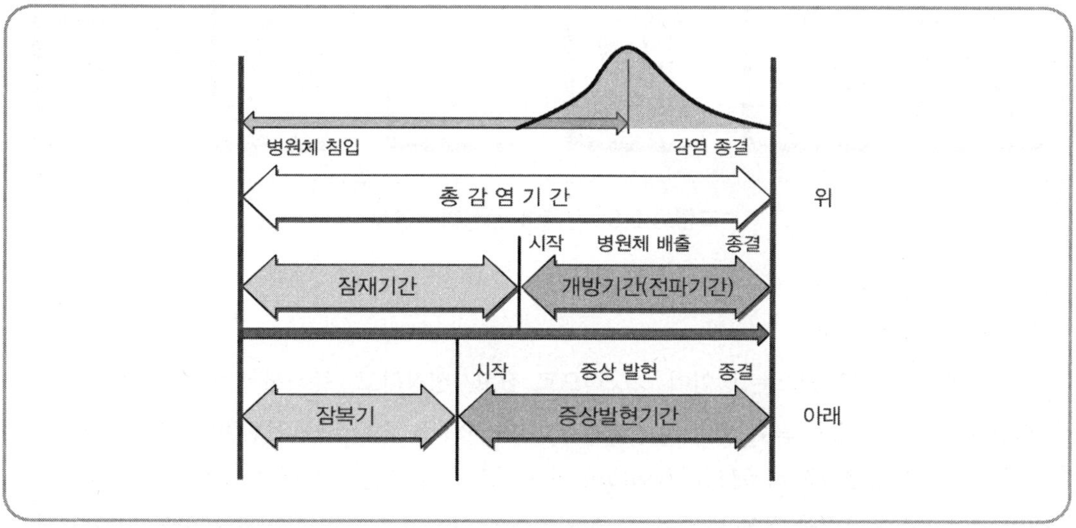

그림 1.3.4. 감염의 경시적 과정(위 : 병원체 중심, 아래 : 사람/증상 중심)

질병의 자연사와 범위는 의사와 역학자에게 어려운 문제이다. 많은 질병의 임상적인 범위가 무증상에서 심각한 질병에 이르므로, 지역에서 의사가 진단한 질병 환례는 빙산의 일각에 해당한다. 많은 추가적인 환례들이 진단하기에 너무 초기이거나 또는 불현실성일 경우가 있다. 공중보건 시술자에게 불현성 또는 진단되지 않은 감염 환자일지라도 다른 사람에게 감염을 전파할 수 있어 이들을 다루기란 어려운 문제이다. 감염은 되었으나 준임상 질환을 가진 사람을 보균자(carrier)라고 부른다. 보균자가 잠복기의 질병을 가지거나 또는 불현성 감염을 가진 사람일 수 있다. 홍역, A형 간염 등의 질병을 가진 사람들은 증상이 나타나기 며칠 전에 감염을 시킬 수 있다. 그러나 보균자는 B형 간염 바이러스 만성 보균자와 같이 임상적인 발병으로부터 회복한 것처럼 보이는 사람이거나 또는 유명한 장티푸스 메리(Typhoid Mary, Mary Mallon)처럼 증상을 전혀 보이지 않는 사람일 수 있다.

3) 감염 고리(체인, chain)

전통적인 역학적 삼각모형에서 감염성 질환은 병인, 숙주, 환경의 상호작용으로부터 유래한다는 것이다. 병인이 출구를 통해 병원소 또는 숙주를 떠나, 전파 양식을 통해 전달되고, 적절한 출입구를 통해 감수성 있는 숙주를 감염시킨다. 이러한 순서를 때로 감염 고리(체인)라고 부른다(그림 1.3.5.).

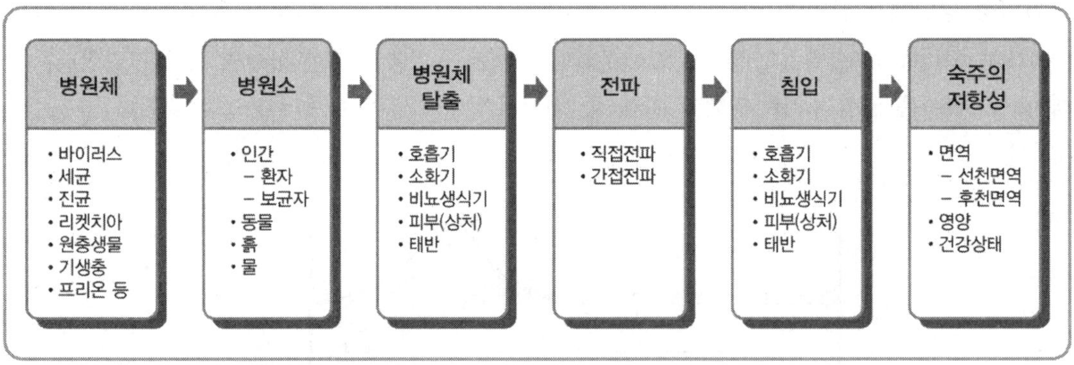

그림 1.3.5. 감염병 생성의 6단계

(1) 병원소(Reservoir)

어떤 감염 요인의 병원소는 병인이 정상적으로 살고, 성장하고, 증식하는 거주지이다. 병원소에는 인간, 동물, 환경이 포함된다. 병원소는 병인이 숙주로 전달되는 감염원일 수도 있고 아닐 수도 있다. 예를 들면 *Clostridium botulinum* 포자의 병원소는 흙이나 대부분의 보툴리누스중독증의 감염원은 통조림을 잘못 만들어 *C. butulinum* 포자를 함유한 음식과 세균이 배출한 신경독이다.

많은 흔한 감염성 질병은 인간 병원소를 가진다. 중간 매개체 없이 인간 대 인간으로 전파되는 질병에는 성병, 홍역, 유행성이하선염, 연쇄구균 감염, 많은 호흡기 병원체 등이 포함된다. 천연두의 유일한 병소가 사람이므로 마지막 인간 천연두를 찾아내어 격리시킨 후로 천연두는 박멸되었다.

인간은 동물 병소를 가진 질병에도 걸린다. 많은 이들 질병은 동물에서 동물로 전파되는데 인간이 우연한 숙주가 된다. 인수공통감염병(zoonosis)은 자연적인 조건으로 동물에서 인간으로 전파되는 감염성 질병을 말한다. 그러한 병에 브루셀라증(소, 염소, 돼지), 탄저병(양, 염소, 소), 페스트(설치류), 선모충증(돼지), 광견병(박쥐, 너구리, 개, 기타의 포유류) 등이 있다.

환경의 식물, 흙, 물은 일부 감염성 병인의 병원소이다. 히스토플라즈마증을 유발하는 진균과 같은 많은 진균 병인들은 흙에서 생존하며 증식한다. 레지오넬라 바실루스는 냉각탑과 증발 압축 장치에서 만드는 수조의 물에 존재한다.

(2) 전파 양상

인자는 자연적인 병원소에서 감수성 있는 숙주로 여러 방식으로 전파된다. 이러한 전파 양식은 다음과 같이 분류될 수 있다.

① 직접

- 직접 접촉
- 비말 전파(droplet spread)

② 간접

- 공기 매개
- 매개체 매개
- 매개충 매개
- 기계적
- 생물학적

직접전파에서 병인은 직접 접촉 또는 비말 전파를 통해 병소에서 감수성 있는 숙주로 전파된다. 직접 접촉은 입맞춤, 피부 대 피부 접촉, 성교 등을 통해 일어난다. 직접 접촉은 감염유기체를 함유한 흙 또는 식물과의 접촉을 말한다. 그래서 전염성 단핵구증(kissing disease)과 임질은 직접 접촉을 통해 사람 대 사람으로 전파된다. 구충은 오염된 흙과 직접 접촉을 통해 전파된다. 비말 전파는 재채기, 기침, 또는 말을 할 때 발산하는 비교적 크고 짧은 사정거리의 에어로졸 형태로 분무되는 것을 말한다. 비말 전파는 직접전파로 분류되는데 그 이유는 비말이 땅에 떨어지기 전에 직접적인 분무로 해서 짧은 거리에 걸쳐 전파가 일어나기 때문이다.

간접전파는 부유 공기 입자, 무생물 물체(매개체), 또는 생물중간개체(매개충) 등으로 병원소에서 숙주로 병인이 전파되는 것을 말한다. 공기 매개 전파는 공기에 부유하는 먼지 또는 비말핵에 의해 이루어진다. 공기 매개 먼지는 표면에 내려앉은 물질로써 기류에 의해 다시 부유할 수 있다. 또한 바람이 불어 흙으로부터 날려오는 감염성 입자일 수 있다. 비말 핵은 크기가 5μm 이하의 건조된 찌꺼기이다. 짧은 거리 내의 땅에 떨어지는 비말과는 대조적으로 비말 핵은 공기에 오랫동안 부유할 수 있어 상당한 거리를 날려갈 수 있다.

간접적으로 병인을 전파하는 매개체에는 음식, 물, 생물학적 상품(혈액), 매개물(fomites)(손수건, 침구류, 또는 수술용 칼 같은 무생물의 물체) 등이 포함된다. 음식과 물이 A형 간염 바이러스를 운반하듯이 매개체는 병인을 수동적으로 운반하거나 또는 부적절하게 통조림으로 만든 음식이 *C. botulinim* 세균이 독소를 생산하는 환경을 제공하는 것처럼 매개체는 인자가 성장, 증식 또는 독소를 생산하는 환경을 제공해 줄 수 있다.

모기, 벼룩, 진드기 등과 같은 매개충은 기계적인 수단으로 병인을 운반하거나 또는 인자가 성장하거나 변화하는 것을 돕는다. 기계적인 전파의 예로 파리가 부속물에 이질균을 운반하는 것과 벼룩이 장에 페스트 유발 병인인 *Yersinia pestis*를 운반하는 것이 있다. 대조적으로 생물학적인 전파는 말라리아 또는 기니충 질병의 원인 병인이 인간에 전파되기 전에 중간 숙주에서 성숙의 단계를 거칠 때 발생한다(표 1.3.1.).

표 1.3.1. 감염병 전파 양상 분류와 사례

분류	중분류	세분류	사례
직접전파	직접접촉	피부접촉 점막접촉 수직감염 교상	피부탄저, 단순포진 임질, 매독 선천성매독, 선천성 HIV 감염 공수병
	간접접촉	비말	인플루엔자, 홍역
간접전파	무생물매개전파	식품매개성 수인성 공기매개 개달물	콜레라, 장티푸스, A형 간염 콜레라, 장티푸스, A형 간염 수두, 결핵 세균성이질
	생물매개전파	기계적 전파 생물학적 전파	세균성이질, 살모넬라증 말라리아, 황열

출처 : 대한예방의학회. 예방의학과 공중보건학, 제4판, 계축문화사, 2021.

(3) 숙주

감염 고리의 마지막은 감수성 있는 숙주이다. 숙주의 감수성은 유전적 또는 체질적인 요인, 개인의 감염에 저항하는 능력 또는 병원성을 제한하는 능력에 영향을 미치는 기타의 요인 그리고 특이한 획득 면역 등에 따라 달라진다. 어떤 개인의 유전적인 특징은 감수성을 증가하기도 하고 감소시키기도 한다. 감염에 저항하는 일반적인 요소에는 피부, 점막, 위 산도, 호흡기의 섬모, 기침 반사, 비특이적인 면역반응 등이 포함된다. 감수성을 증가시키는 일반적인 요인들은 영양실조, 알코올 중독, 비특이적인 면역반응을 해치는 질병 또는 요법 등이다. 특정한 획득 면역은 특정한 인자를 겨냥한 보호 항체를 말한다. 이러한 항체는 감염, 백신 또는 유독소(능동면역)에 반응하여 또는 모태 태반 전파를 통해 획득되거나 또는 항독소 또는 면역글로불린(수동면역)을 주사함으로써 획득될 수 있다(표 1.3.2.).

표 1.3.2. 숙주의 면역 분류와 사례

분류	중분류	세분류	사례
선천면역	종간 면역, 종족 간 면역 및 개인 간 면역의 차이		
후천면역	능동면역	자연능동면역	두창, 홍역, 수두 등
		인공능동면역	백신 : 두창, BCG, 홍역, 디프테리아, 인플루엔자 등
			독소 : 파상풍, 보툴리늄 등
	수동면역	자연수동면역	경태반면역(홍역, 소아마비, 디프테리아 등)
		인공수동면역	B형간염, 면역글로불린, 파상풍 항독소 등

출처 : 대한예방의학회. 예방의학과 공중보건학, 제4판, 계축문화사, 2021.

(4) 공중보건에 대한 함축적 의미

입출구와 전파 양식을 알게 되면 적절한 통제 조치를 결정할 근거가 마련된다. 일반적으로 통제 조치는 다른 실용적인 문제가 없다면 감염 고리 중 가장 중재하기 좋은 부분을 겨냥하게 된다. 일부 질병에서 가장 적절한 중재는 감염원에서 인자를 통제하거나 또는 제거하는데 겨냥하는 것이다. 병원에서 서로 다른 출구에 대해 환자는 적절한 접촉 예방조치, 호흡기 예방조치 등으로 치료되거나 격리된다. 지역사회에서는 인자가 빠져나가는 것을 막기 위해 흙의 오염을 제거하거나 덮는다.

전파 양상을 겨냥한 중재도 있다. 직접 전파일 경우 감염원 숙주를 치료하거나 전파와 연관된 특정한 형태의 접촉을 피하도록 교육하여야 한다. 매개체 매개 전파는 매개체를 제거하거나 오염을 제거하면 중지된다. 분변-경구 전파(fecal-oral transmission)에서 손 씻기와 같은 행동의 변화와 미래에 오염될 위험을 감소시키기 위한 환경 정리에 초점을 두고 교육한다. 공기 매개 질병에서 환기 또는 공기압을 수정하고 공기를 거르거나 처리하는 것을 겨냥하여 전략을 세울 수 있다. 그러나 긴 바지와 긴소매를 입는 것과 또는 모기 매개 감염 위험을 감소시키는 벌레 퇴치약을 사용하는 것 같은 노출을 피하거나 막는 간단한 전략이 분별 있는 조치이기도 하다.

출입을 막는 일부 전략은 간단하고 효과적이다. 예를 들면 어떤 치과 의사의 마스크와 장갑은 환자의 혈액, 분비물, 비말로부터 의사를 보호하기 위해서일 뿐만 아니라 의사로부터 환자를 보호하기 위해서 착용한다. 웨스트나일(West Nile) 감염의 위험을 감소시키기 위해서 긴 바지와 긴 소매의 옷옷을 입고 벌레 퇴치 약을 사용하도록 대중들은 권고받았다.

마지막으로 일부 중재는 숙주의 방어를 증가시키는 데 초점을 맞춘다. 수술 전에 투여한 예방 항생제는 미생물과 싸워 수술 후 감염의 가능성을 감소시킨다. 예방접종은 특정한 항체 발생을 촉진시킨다.

4) 유행 질병 발생

(1) 질병의 수준

어떤 지역사회에 일상적으로 존재하는 특정한 질환의 양은 그 질병의 기초 수준 또는 풍토병 수준(baseline or endemic level)이라고 불린다. 이러한 수준은 바라는 수준이 아닐 수 있으며 관찰된 수준(observed level)이다. 이상적인 수준은 제로(0)라야 할 것이다. 중재가 없고 감수성 있는 사람의 풀(pool)을 고갈시킬 정도로 질병 수준이 충분하게 높지 않다고 가정할 경우 질병은 계속 이 수준으로 무한정 발생할 것이다.

어떤 특정한 인구집단에서 아주 드물어서 한 예만 발생하여도 역학적인 조사가 필요한 질병이 있는 반면에 너무 흔해서 정상에서 벗어날 경우에만 조사를 필요로 하는 질병이 있다. 산발적(sporadic)이란 단어는 드물게 부정기적으로 발생하는 질병을 지칭할 때 사용한다. 풍토(endemic)란 단어는 어떤 지역 내의 인구집단에서 어떤 질병 또는 감염성 인자가 항상 존재하고 또는 평상시의 유병률을 보이는 것을 지칭한다. 과대빈도 풍토병(hyperendemic)은 지속해서 높은 수준의 발생을 보이는 것을 지칭한다.

때로 질병의 수준이 예상되는 수준 이상으로 증가할 때가 있다. 유행(epidemic)은 그 지역의 그 인구집단에서 정상적으로 예상되는 것 이상으로 질병의 환례가 갑작스럽게 증가하는 것을 말한다. 폭발적 집단발병(outbreak)은 유행(epidemic)과 같은 개념이나 좀 더 지역적으로 한정된 예에서 사용된다. 집락은 장소와 시간에 따라 환례들이 모여 있어 예상보다 더 많을 것으로 의심되는 상태를 지칭한다. 그러나 예상된 수는 모르는 경우가 많다(그림 1.3.6.). 세계적 유행(팬데믹, pandemic)은 몇 개의 국가나 대륙에 걸쳐서 퍼져 있어 보통 많은 수의 사람들에게 영향을 미치는 유행을 말한다.

요인과 감수성 있는 숙주가 적절한 수로 존재할 때 유행은 발생하며 요인은 적당한 환경으로 해서 감염원에서 감수성 있는 숙주로 효과적으로 전파될 수 있다. 아래의 경우 유행이 나타날 수 있다.

① 요인의 양 또는 독력이 최근에 증가

② 과거에 없었던 환경에 요인이 최근 들어 유입

③ 전파 양식이 향상되어 감수성 있는 사람들이 더 많이 노출

④ 숙주와 요인이 상호 작용하기 좋은 환경

⑤ 요인에 반응하는 숙주의 감수성 변화

⑥ 숙주의 노출을 증가시키는 요인 또는 새로운 입구를 통해 유입된 요인들의 변화

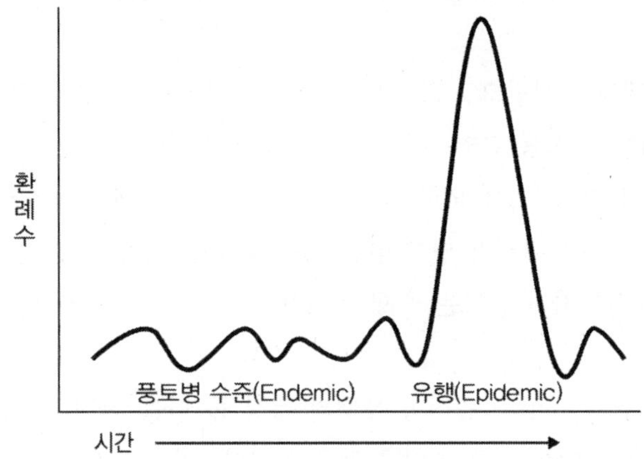

그림 1.3.6. 유행의 정의

출처 : 한국보건복지인력개발원, 질병관리청. 2021년 역학조사관 기본교육 연수교재, 2021.

(2) 유행 양상

유행은 인구집단을 통한 전파 양상에 따라 분류할 수 있다.

① 공통 감염원(common source)
- 점 유행(point)
- 간헐적(intermittent)
- 연속적(continuous)

② 증식형/진행성(propagated)

③ 혼합형(mixed)

④ 기타(other)

공통 감염원 유행은 사람들이 공통된 감염 요인 또는 독소처럼 공통된 독성 영향에 노출된 유행이다. 만약에 비교적 짧은 기간에 걸쳐 노출되어 환례가 된 모든 사람에서 하나의 잠복기 끝부분에 질병이 발생하였다면, 공통 감염원 유행은 단일 감염원 유행으로 세부 분류할 수 있다. 원자폭탄 폭발 후 히로시마에서 백혈병 예의 유행발병과 훈련 후 모르고 오염된 물을 마신 대학 미식축구 선수들의 A형 간염의 유행은 각자 단일 감염원 노출을 가졌다. 유행곡선(epidemic curve)이

라고 알려진 시간에 따라 환례 수를 그린 그래프는 가파른 언덕과 좀 더 완만한 내리막(소위 대수 정규 분포)을 보인다.

일부 공통 감염원 유행에서 환례는 며칠, 몇 주, 또는 더 긴 기간에 걸쳐서 노출될 수 있다. 연속적 공통 감염원 유행에서 노출의 범위와 잠복기의 범위로 해서 유행곡선의 정점을 둔화시키고 넓게 만드는 경향이 있다. 간헐적 공통 감염원 유행의 유행곡선은 간헐적인 성질의 노출을 반영하는 양상을 가진다.

증식형 유행은 사람에게서 사람으로 전파되는 경우에 나타난다. 보통 전파는 매독에서처럼 직접적인 대인 전파에 의한다. B형 간염 또는 HIV 감염이 주사바늘을 같이 사용하여 전파되는 경우 매개체 매개 전파를 하며, 모기에 의한 황열의 전파는 매개충 매개 전파이다. 증식형 유행에서 하나의 잠복기 이상에 걸쳐서 환례가 발생한다. 감수성 있는 사람의 수가 전파를 유지시켜 주는 어느 한계 수준 이하로 떨어지거나 또는 중재 조치가 효과적일 경우 몇 번의 세대기 후에 유행은 쇠퇴한다.

일부 유행은 공통 감염원 유행과 증식형 유행의 특징 둘 다를 가진다. 공통 감염원 유행 후에 이차적인 대인 전파가 되는 양상이 흔치 않은 것은 아니다. 이것을 혼합형 유행이라고 부른다. 예를 들면 이질의 공통 감염원 유행이 전국 음악축제에 참석한 3,000명의 여자들에서 발생하였다. 많은 수가 집으로 돌아간 후에 증상이 발현하였다. 이후 몇 주에 걸쳐서 몇 개의 주 보건과는 축제 참석자들로부터 대인 전파로 발생한 몇 세대의 쉬겔라 환례를 찾아내었다.

마지막으로 일부 유행은 일반적인 의미에서 공통 감염원도 아니고 대인 전파를 하는 증식형도 아닌 경우가 있다. 인수공통감염병 또는 매개충 매개 질병의 유행은 숙주에서 충분한 감염의 유병률, 충분한 매개충의 존재, 충분한 인간-매개충 간의 상호작용 등으로부터 유래한다. 예로써 1980년 후반에 북동부 미국의 몇 개의 주를 침범한 라임병(Lyme disease) 유행과 1999년에 뉴욕시에서 발생한 웨스트나일(West Nile) 뇌염의 유행이 있다.

6 요약

공중보건학 내의 학문으로써 역학은 인구집단에서 보건과 관련된 상태 또는 사건들의 빈도, 양상, 원인을 연구하고 그 연구를 공중보건 문제를 해결하는 데 적용하는 것이다. 역학자들은 체계적인 방법을 사용하여 이들 건강상태 또는 사건의 무엇, 누가, 어디서, 언제, 왜, 어떻게 등을 해결한다. 이러한 체계적인 방법에서 두 가지 필수적인 측면은 인구집단을 연구하고 비교하는 것을 필요로 한다. 위험요인과 원인에 대한 가설을 설정하고 평가함으로써 서로 다른 인구집단에서 질병 발생의 차이가 나는 이유를 알아본다. 이러한 과업을 실행할 때 현장 역학자는 대중의 건강을 증진하고 보호하는데 헌신적인 기관의 직원들로 이루어진 팀의 일원이 된다.

참고문헌

대한예방의학회. 예방의학과 공중보건학, 제3판 수정증보판, 계축문화사, 2017.

대한예방의학회, 한국역학회. 예방의학 · 역학 · 공중보건학 용어집, 계축문화사, 2014.

손석준, 이경수, 이무식, 이중정, 이충원, 정인성. 현장역학(Field Epidemiology, 2nd edition 번역본). 계축문화사, 2004.

한국보건복지인력개발원, 질병관리청. 2021년 역학조사관 기본교육 연수교재, 2021.

Breslow NE, Day NE. Statistical methods in cancer research. Vol 1. The analysis of case—control studies. (IAEC scientific publication no. 32). Lyon : International Agency for Research on Cancer; 1980.

Centers for Disease Control and Prevention. Outbreak of West Nile like viral encphalitis-New York, 1999, Morb Mortal Wkly Rep 1999, 48, 845-849.

Centers for Disease Control and Prevention. Principles of Epidemiology, 2nd ed. Centers for Disease Control and Prevention, Atlanta. 1992.

Centers for Disease Control and Prevention. Reduced incidence of menstural toxic shock syndrome-United States, 1980-1990. Morb Mortal Wkly Rep 1990, 39, 421-423.

Cobb S, Miller M, Wald N. On the estimation of the incubation period in malignant disease. J Chronic Dis, 1959, 9, 385-393.

Detels R, Beaglehole R, Lansang MA, Gulliford M. Oxford Textbook of Public Health, Oxford University Press, 2009.

Eidson M, Philen RM, Sewell CM et al. L-tryptophan and eosinophilia myalgia syndrome in New Mexico. Lancet 1990, 335, 645-648.

Feinstein AR. Clinical Epidemiology. The architecture of clinical research. Philadelphia : W.B. Saunders Company 1985.

Fraser DW, Tsai TR, Orenstein W et al. Legionnaires' disease: description of an epidemic of pneumonia. N Eng J Med 1977, 297, 1189-1197.

Gordis L. Epidemiology. 5th ed. Philadelphia: Elsevier; 2013.

Hopkins RS. Proposed core epidemiology functions of state health departments, CSTE Update. 2000, 00-4, 4-6.

Kelsey JL, Thompson WD, Evans AS. Methods in observational epidemiology. New York, Oxford: Oxford University Press; 1986.

Last JM. A Dictionary of Epidemiology, 4th Ed, Oxford Uni Press Inc., 2001.

Lee LA, Ostroff SM, McGee HB et al. An outbreak of shigellosis at an outdoor music festival, Am J Epidemiol 1991, 133, 608-615.

MacMahon B, Pugh TF. Epidemiology : principles and methods, Little, Brown and Company, 1970.

Morse LJ, Bryan JA, Hurley JP et al. The Holy Cross College football team hepatitis outbreak, JAMA 1972, 219, 706-708.

Murphy TV, Gargiullo PM, Massound MS, et al. Intussusception among infantss given an oral rotavirus vaccine. N Eng J Med 2001, 344, 564-572.

Orenstein WA, Bernier RH. Surveillance: information for action, Pediatr Cli North 1990, 37, 709-734.

Porta M. A Dictionary of Epidemiology, 5th edition, IEA, Oxford University Press, USA, 2008.

Rasmussen SA, Goodman RA. The CDC Field Epidemiology Manual, Oxford University Press, USA, 2018.

Robert B. Wallace. Maxey-Rosenau-Last Public Health and Preventive Medicine. McGraw-Hill Education, 15 edition, 2008.

Rothman KJ. Modern epidemiology. Boston, Toronto: Little, Brown and Company; 1986.

Rothman KJ. Policy recommendations in epidemiology research papers. Epidemiology 1993, 4, 94-95.

Schlesselman JJ. Case—control studies: design, conduct, analysis. New York: Oxford University Press; 1982.

Snow J. Snow on Cholera. Oxford University Press, London, 1936.

US Department of Health and Human Services. Healthy People 2000; national health promotion and disease prevention objectives. US Department of Health and Human Services, Public Health Service, Washington DC, 1991.

US Department of Health and Human Services. Healthy People 2010, 2nd ed. US Department of Health and Human Services, Public Health Service, Washington DC, 2000.

US Department of Health and Human Services. Tracking Healthy People 2010, US Government Printing Office, Washington DC, 2000.

White DJ, Chang HG, Benach JL et al. Geographic spread and temporal increase of the Lyme disease epidemic. JAMA 1991, 266, 1230-1236.

제2부

현장 역학조사

제 1 장

역학조사 시작하기

1 도입

미국에서 공중보건에 대한 책임은 주로 시 또는 카운티 및 주 공중보건기관에 있다. 모든 주와 많은 큰 카운티와 도시에는 자체 공중보건 부서가 있다. 많은 공중보건 조사가 지역 자원으로 수행되지만 시, 카운티 또는 주 보건부서는 대규모 또는 복잡한 발병 또는 추가 직원, 전문가 또는 기타 자원이 필요한 문제에 대응하여 다음 상위 수준의 공중보건기관에 현장역학 또는 실험실 지원을 요청할 수 있다. 미국에서 질병통제예방센터(CDC)는 최고 수준의 공중보건기관이다. 연방 교도소, 군사 기지 및 원주민 보호구역에는 자체적으로 독립적인 의료 시스템이 있지만, 질병통제예방센터(CDC)에 지원을 요청할 수도 있다. 전 세계적으로 국가는 필요한 자원을 위해 회원들과 협력하는 세계보건기구에 현장조사 지원을 요청할 수도 있다.

현장 역학조사는 다음 장에 열거되고 설명된 것과 같이 권장되고 과학적으로 지향된 단계를 단순히 따르는 것보다 훨씬 더 많은 노력이 필요하다. 필요한 데이터 수집, 표 작성 및 분석 외에도 수많은 운영의 문제를 해결하여야 한다. 이 장에서는 현장작업 전, 중 및 후에 종종 초청자와 초대자 모두에게 적용되는 중요한 운영 및 관리 단계와 원칙에 대해 설명하였다.

2 초기 요청, 커뮤니케이션 및 공식적인 초대

1) 초기 요청 및 커뮤니케이션

역학적 도움을 요청할 때 초대받은 사람은 발생 또는 문제에 대해 가능한 한 많은 정보를 수집하고, 공식 초대와 함께 세부 사항을 초대된 기관에 전달하여 초기 원격회의를 준비해야 한다. 초기 원격회의에서 초청자와 초대자는 다음 질문에 답해야 한다.

(1) 조사의 목적은 무엇인가?
- 지역 또는 주 보건부는 단지 조사를 완료하기 위해 추가 직원을 요청하는가?
- 지역 또는 주 보건부가 질병의 원인이나 확산 방식을 파악할 수 없는가?
- 지역 또는 주 보건부가 정치적 또는 과학적 압력을 보다 완전하게 해결하기 위해 조사 책임을 다른 사람들과 공유하기를 원하는가?

(2) 조사가 구체적으로 수행할 것으로 예상되는 것은 무엇인가? 현장 팀은 이미 수집된 데이터의 결과를 확인하거나, 완전히 새로운 조사를 수행하고, 새로운 권장사항을 개발하도록 요청받을 수 있다.

(3) 초대자가 도움을 요청하려면 어떤 권한이 있는가? 때때로 단순히 도움을 요청하는 사람이 그렇게 할 권한이 없어서 현장조사가 중단된다.

2) 공식적인 초대

필수적인 고려사항은 도움을 요청할 권한이 있는 공무원의 공식적인 지원 요청이 필요하다는 것이다. 미국에서는 각 주에 주(州) 역학자가 있다. 이 공무원은 일반적으로 갑작스러운 공중보건 문제에 대한 주요 현장 역학조사 및 주 내에서 독립적으로 조사할 것인지 또는 주 또는 지역 보건부서를 대신하여 질병통제예방센터(CDC)의 지원을 요청할 것인지 결정하는 권한과 책임을 가지고 있다. 그러나 주 역학자는 먼저 주 보건담당관에게 알리고 사회 · 정치적 맥락에 따라 공식 초대를 진행할 수 있는 허가를 받아야 한다. 시 또는 카운티 보건부 수준에서 시니어 시 또는 카운티 공중보건 담당관은 일반적으로 주 보건부의 지원을 요청할 권한이 있다. 국제적인 문제의 경우, 누가 요청할 권한이 있는지 결정하는 것은 더 복잡할 수 있으며, 예를 들면 세계보건기구에 지원을 요청하는 보건부 고위 관리가 포함될 수 있다.

3 목표, 역할 및 책임을 명확히 하기

집단발병 또는 문제의 범위와 복잡성, 초기에 논의된 현장조사의 주요 목적에 따라 초청자와 초청자 간의 후속적인 의사소통은 조사의 주요 목표와 핵심 인물의 역할 및 책임을 명확히 하는 데 초점을 맞춰야 한다.

- 현장조사에서 답변해야 하는 주요 공중보건 질문은 무엇입니까? 발병 또는 기타 긴급한 공중보건 사건에 대응하여 현장조사의 주요 목적은 통제 및 예방 조치를 식별하는 것입니다.

- 사고지휘체계(ICS, Incident Command System) 및 지역 긴급상황센터(EOC, Emergency Operation Center)의 상태는 어떠한가? 이미 활성화되었거나 활성화될 가능성이 있는가? 그렇다면 현장 팀의 역할은 무엇인가?
- 지원을 요청하는 관할 구역에서는 어떤 역학, 실험실 및 기타 자원(인력 포함)을 제공하는가?
- 방문 팀과 대응 기관은 어떤 자원을 제공하는가?
- 일상 조사는 누가 감독하는가?
- 누가 전반적인 방향을 제시하고, 궁극적으로 조사에 대한 책임이 있는가?
- 조사를 위한 미디어 담당자는 누구인가?
- 데이터 분석을 담당하는 사람은 누구이며, 데이터는 어떻게 공유되는가?
- 필요한 경우, 누가 결과 보고서를 작성하는가? 누구에게 전파되는가?
- 현장조사 결과가 동료 심사 저널에 게재되거나, 과학 분야에서 발표되어야 하는 경우, 누가 주 저자 및 선임 저자가 되는가?

현장 팀이 도착하거나 조사가 종료되기 전에 이러한 모든 중요한 문제를 해결할 수 있는 것은 아니다. 그러나 가능한 한 빨리 언급하고, 공개적으로 논의하고 동의해야 한다.

4 현장 팀 준비

많은 현장조사에는 실험실 지원이 필요하다. 지역 실험실이 이용 가능하고, 검사물을 처리하고 검사할 수 있는 경우에도 초대된 역학자는 즉시 기관 내 실험실 담당자에게 연락하여 문제에 대한 세부정보를 공유하고, 표본 유형, 수집, 처리 및 검사, 잠재적인 기본 또는 응용 연구의 질문에 대해 논의해야 한다. 현장조사 중에 적절하게 답변할 수 있다. 지역 수준과 초대된 기관 모두에서 실험실 협력 및 지원을 조기에 등록하는 것은 많은 현장조사의 성공에 중요하다.

동일한 초기의 고려가 통계 지원 및 행동과학자, 수의사, 포유류 학자, 곤충 학자 및 벡터 통제 전문가, 환경보건 전문가, 감염 예방 및 통제 전문가와 같은 다른 건강 전문가와 연락하는데 적용되며, 전문 지식이 현장조사의 성공에 중요할 수 있다. 초대된 기관은 적절한 데이터와 환경 표본을 다른 관련 역학 정보와 동시에 수집할 수 있도록 이러한 전문가를 현장 팀에 포함시키는 것을 고려해야 한다.

현장 팀을 선택한 후, 초대된 기관은 팀을 준비하기 위해 다음과 같은 주요조치를 취해야 한다.

(1) 팀 리더가 보고해야 하는 기관 본부에서 팀 리더와 고위 직원을 인지하여야 한다.
(2) 제안된 모든 현장 팀원 및 재택 직원과 만나 공중보건 문제, 지원 요청의 성격, 의심되는 병원체 또는 질병에 대한 현재 지식, 현장조사의 목표 및 사전 합의된 내용, 역할과 책임 등을 검토한다.
(3) 요청자(예: 주 역학자) 또는 요청자가 지정한 사람(예: 지역 고위 보건공무원 및 역학자)과의 최초 대면 회의를 미리 준비한다. 이 연락처는 지역 당국이 예기치 않은 도착에 놀라지 않도록 보장하고, 모든 당사자에게 조사의 사전 계획과 질서에 대한 필요성을 강조하여 조사 수행의 분위기를 조성한다.
(4) 다음 사항을 요약한 현장으로 떠나기 전에 팀의 고위 구성원이 작성해야 하는 기록 또는 관련 주요 임원에게 메모를 작성한다.
   • 요청 방법 및 시기
   • 요청하는 보건기관이 제공한 정보
   • 합의된 조사 목적
   • 방문 팀과 요청한 보건공무원의 약속은 무엇인가?
   • 현장 팀의 구성원은 누구인가?
   • 팀이 현장에 도착할 것으로 예상되는 시간

이 메모는 방문 팀 사무실의 주요 직원과 요청하는 호스트 기관 및 알아야 할 다른 사람들에게 배포되어야 한다. 메모는 모든 사람에게 알림 역할을 할 뿐만 아니라 중복 응답을 방지하는 방법이기도 하다. 또한 조사에 기여할 수 있는 다른 프로그램의 전문 지식과 자원을 인지한다. 문제가 주와 직접 관련이 없는 경우(예: 부족한 토지 또는 연방 시설 조사)에도 주변 지역사회의 인구에 영향을 미칠 수 있어 일반적으로 일련의 주 및 지역 공무원에게 알림이 전송된다.

(1) 출발하기 전에 각 팀원과 함께 기본 체크리스트를 검토하여 현장 운영에 필수적인 데이터와 보조 도구가 있는지 기본적인 여행 및 물류에 대한 고려를 다루었는지 확인한다. 일부 목록에는 다음 항목이 포함된다.
   • 주요 연락처가 있는 휴대폰
   • 적절한 소프트웨어(예: Epi Info, SAS 또는 R)가 있는 랩톱 컴퓨터
   • 디지털 카메라
   • 신용카드
   • 여행 및 숙박 예약
(2) 예방접종과 같은 필요한 개인 보호조치의 필요성을 떠나기 전에 각 팀원과 함께 검토한다. 즉, 말라리아 예방약 복용, 노출 후 예방을 위한 항균제 또는 항바이러스제, 안면 마스크

또는 호흡기, 장갑 및 가운을 포함한 개인 보호장비 등이다(표 2.1.1., 표 2.1.2.).

표 2.1.1. 코로나바이러스감염증-19 대응 상황별 개인보호구 권장 범위(코로나바이러스감염증 대응 지침(지자체용) 제10판, 중앙방역대책본부·중앙사고수습본부, 2021. 5)

구분	상황, 행위	개인보호구						
		호흡기 보호			전신 보호			눈 보호
		수술용 마스크 *	KF94 동급의 호흡기 보호구	전동식 호흡기 보호구	일회용 장갑[1)]	일회용 방수성 긴팔 가운	전신 보호복 (덧신 포함)	고글 (또는 안면보호구)
검역	검역(검역조사)		●		●			
	검역(역학조사)		●		●	●(선택 사용 가능)		●
선별 진료소	선별진료소 접수, 안내		●		●	●		
	선별진료소 진료, 간호		●		●	●(선택 사용 가능)		●
이송	이송(구급차 운전자)[2)]		●		●			
	확진/의심환자 이송(검역관, 보건소직원, 응급구조사 등)		●		●	●(선택 사용 가능)		●
	의심환자 동승 보호자	●						
진료	확진/의심환자 병실출입, 진료, 간호 등		●		●	●(선택 사용 가능)		●
	에어로졸 생성 처치[3)]		●(선택 사용 가능)		●	●(선택 사용 가능)		●
	검사(X-ray 등 영상의학검사)		●(선택 사용 가능)		●	●(선택 사용 가능)		●
	호흡기 검체 채취		●(선택 사용 가능)		●	●(선택 사용 가능)		●
검체 관리	검체 취급(실험실, 검사실 등)[4)5)]		●(선택 사용 가능)		●	●(선택 사용 가능)		●
	검체 이송(파손없이 포장된 검체)	●			●			
장례	사체 이송, 안치		●		●	●(선택 사용 가능)		●
청소, 소독	병실 청소·소독[6)]		●		●	●(선택 사용 가능)		●
폐기물	의료폐기물 포장, 취급		●		●	●(선택 사용 가능)		●
	의료폐기물 운반	●			●	●		

* 식품의약품안전처고시 제2019-86호, 의약외품 범위 지정에 따른 수술용 마스크로 제한.

1) 의심·확진환자 구역의 진료, 처치, 간호, 검사, 청소 등을 시행할 경우 장갑 파손 위험, 감염 노출 위험을 고려하여 이중장갑 착용
2) 구급차 운전석이 차폐되어 있지 않거나 의심환자 또는 확진환자 접촉의 기회가 있을 경우 전신보호복(덧신포함), KF94 동급의 호흡기보호구, 장갑(필요 시 고글 또는 안면보호구 추가) 착용
3) 에어로졸이 생성되는 처치는 기관삽관(endotracheal intubation), 심폐소생술, 기관지내시경술, 기도분비물 흡인, 기관관리(tracheostomy care), 사체부검, 비침습적 양압환기(Continuous positive air pressure), 분무요법(nebulizer therapy), 가래배출 유도의 처치, 상황, 행위를 말함
4) 검체 취급 실험실·검사실에서 개인보호구 선택, 사용, 관리에 관한 사항은 실험실 생물안전지침(질병관리청 국립보건연구원 생물안전평가과)에 따름
5) ClassII급의 생물안전작업대 작업 시 가운(긴팔), 일회용 장갑 착용
   Lee H, Ki C-S, Sung H, et al. Guidelines for the Laboratory Diagnosis of Middle East Respiratory Syndrome Coronavirus in Korea. Infection & chemotherapy. 2016;48(1):61-69.)
6) 병실, 구급차 등 청소·소독 시에 해당하며, 상황에 따라 방수성 앞치마 등 착용

표 2.1.2. 코로나바이러스감염증-19 대응 의료기관 상황별 개인보호구 기준(코로나바이러스감염증 대응 지침(지자체용) 제10판, 중앙방역대책본부·중앙사고수습본부, 2021. 5)

장 소(구역)	활동	개인보호구 권장 기준	
		중환자	응급환자
고위험 환자 지역 1. 의료기관 및 응급실 선별진료소 2. 호흡기 환자 클리닉 (일반환자와 구분된 의료기관) 3. 격리실(중환자실과 응급실 등)	일상적 환자 진료와 에어로졸 발생 시술[1)2)]	① 개인보호구 종류 • KF94 동급 이상 마스크* • 고글[4)] • 일회용 방수성 긴팔가운 • 일회용 장갑 • 모자(옵션) ② 또는 레벨 D 개인보호구	① 개인보호구 종류 • KF94 동급 이상 마스크* • 고글[4)] • 일회용 방수성 긴팔가운 • 일회용 장갑 • 모자(옵션) ② 또는 레벨 D 개인보호구
	환자와 접촉하지 않음 (예: 병실외 지역)	• 수술용 마스크	• 수술용 마스크
일반 환자 지역	일상 환자 진료	• 수술용 마스크 • 표준 주의/전파별 주의	• 수술용 마스크 • 표준 주의/전파별 주의
	에어로졸 발생 시술[1)3)5)]	① 개인보호구 종류 • KF94 동급 이상 마스크* • 고글[4)] • 일회용 방수성 긴팔가운 • 일회용 장갑 • 모자(옵션) ② 또는 레벨 D 개인보호구	① 개인보호구 종류 • KF94 동급 이상 마스크* • 고글[4)] • 일회용 방수성 긴팔가운 • 일회용 장갑 • 모자(옵션) ② 또는 레벨 D 개인보호구
	환자와 접촉하지 않음	• 수술용 마스크	• 수술용 마스크
비환자 지역	환자와 접촉하지 않음	• 수술용 마스크	• 수술용 마스크

* PAPR(전동식 호흡보호구, Powered Air Purified Respirator) 포함

1) 에어로졸 발생 시술
   - 호흡기 감염질환의 전염 위험이 증가되는 에어로졸 발생 절차에 해당하는 행위는 기관내 삽관, 심폐소생술, 기관지경 검사, 호흡기의 개방 흡입(기관 절개술 포함), 부검 및 비침습적 양압 환기(BiPAP 및 CPAP)임
   - 호흡기 감염질환의 전염 위험을 평가하는 논란의 여지가 있으나 제한된 연구에서 에어로졸 발생 절차에 해당하는 행위는 고주파 진동 환기, 분무기 요법 및 객담 유도임
   - 비인두 흡인(NPA) 및 고유량 산소는 이론적으로 전염성 비말 분산 위험에 노출되므로 고위험 환자 지역에서 에어로졸 발생 절차에 필요한 조건에서 수행
   - 병원 감염 통제 책임자의 재량에 따라 다른 절차를 평가

2) 고위험 환자 지역에서는 에어로졸 생성 절차를 수행하기 전에 환자를 음압 격리실(AIIR)에 배치

3) 일반 환자 지역에서는 에어로졸 생성 절차를 수행하기 전에 환기가 잘되는 장소에 환자를 배치(예 : 최소 시간당 6회 환기 또는 휴대용 HEPA 필터(예 : IQ Air) 사용)

4) 눈 보호는 전면 안면보호구 또는 고글

5) 환자가 수술 전 검사를 받고 진정제 투여 후 수술대에서 환자의 고려요인을 확인하고, 직원은 계획된 수술을 위해 삽관을 수행할 때 표준주의 또는 전파경로별 주의를 준수하여 수행

5 지역의 보건공무원과 현장 팀의 첫 대면회의

현장 팀은 컨설턴트 또는 협력자로서의 역할을 염두에 두어야 한다. 지도 원칙은 현장 팀이 도움을 제공하지만, 책임을 지는 것은 아니라는 것이다. 똑같이 중요한 것은 조사의 초점과 요청 관할권의 경쟁적인 우선순위 간의 균형을 맞출 필요가 있다는 것이다. 당면한 문제는 팀의 유일한 관심사이지만, 지역의 보건공무원은 다른 수많은 지역의 우선순위와 진행 중인 문제를 계속해서 해결해야 한다. 팀은 조사 초기에 지역의 관점을 이해하고 고맙게 생각하려고 노력해야 한다.

현장에 도착한 후 팀은 지원을 요청한 임원 및 주요 직원과 즉시 만나야 한다. 이 회의에서 필수적인 단계에는 다음의 항목이 포함된다.

- 문제의 상태를 검토하고 업데이트하기
- 주요 접촉지점을 인지하거나 검토하기
- 지역 연락 및 팀 요구를 촉진하고, 조정하기 위해 "수호천사" 역할을 할 수 있는 주요 지역 협력자를 식별하기
- 현지 자원의 가용성을 확인하거나 확증하기(예: 사무실 공간, 사무 지원, 설문조사 지원 및 실험실 지원)
- 팀이 지역 공무원과 홈베이스를 업데이트할 방법과 일정을 만들기
- 조사 중에 발생할 가능성이 있는 기관 및 개인(예: 병원, 관리자, 의사 및 지역 공중보건 직원)의 잠재적인 문제를 포함하여 민감도를 검토하기. 요청한 공무원을 처음에 만나면 나중에 조사 울타리를 수선하는 데 귀중한 시간을 소비하는 것보다는 열쇠 문이 열리도록 해야 한다.

대규모 발병은 언론의 관심을 끌 가능성이 높기 때문에 대중의 질의에 응답하고 정기적으로 언론을 만날 수 있는 경험이 있고, 지식이 풍부한 공중정보관(PIO, Public Information Officer)의 존재는 매우 중요하다. 미국에서는 초청 지역 또는 주 보건부서에 조사를 위한 미디어 담당자 역할을 할 수 있는 자체 공중정보관(PIO)이 있는 경우가 많다. 초기 회의 중에 지역 공중정보관(PIO)을 인지해야 한다. 현장 팀은 뉴스 매체와의 직접적인 접촉을 피하고 지역의 보건공무원에게 맡겨야 한다. 현장 팀은 기본적으로 지역 보건당국의 요청에 따라 작업하고 있다. 지역의 공무원은 현지 상황을 알고 평가할 수 있는 일 뿐만 아니라 조사에 대해 의견을 제시할 적절한 사람이기도 하다.

6 현장 팀의 활동 관리

현장조사의 잠재적인 복잡성과 일반적으로 수행되는 산만한 상황으로 인해 현장 팀 리더는 조사의 체계적이고, 질서 있는 진행을 보장하기 위해 다음 접근방식을 취할 수 있다.

(1) 필요한 작업 목록을 유지하고, 완료된 작업을 확인하고, 최소한 일일 목록을 업데이트한다.
(2) 다른 현장 팀원들과 자주 연락하여 공식 및 지정된 미디어 연락처를 요청하고, 매일 정기적으로 예정된 시간에 팀 회의를 개최하고, 필요에 따라 자주 본부의 고위 직원과 대화 커뮤니케이션한다.
(3) 상황에 따라 주저 없이 추가 도움을 요청한다.
(4) 조사가 완료될 수 있도록 미리 출발 날짜를 정하거나 팀원이 일찍 돌아오라는 압력에 굴복하는 것을 피한다.

크고 복잡한 문제에 대한 조사는 현장 팀에게 특히 어려울 수 있으며, 더욱 엄격한 현장 운영 조직이 필요하다. 다음과 같은 실용적인 지침은 지정된 팀 리더가 조사의 주요 측면을 관리하는 데 도움이 될 수 있다.

(1) 팀의 결정이 내려지면 기록하기. 이는 일관성을 보장하고, 조사를 재현 가능하게 만드는 데 도움이 될 것이다. 이는 사례정의 및 특정 기준이 사용된 이유에 특히 중요한 고려사항이다.
(2) 오류 확인, 독립적인 데이터 검증, 무응답자 및 누락된 기록의 평가를 포함하여 데이터 수집자 및 분석가의 교육훈련과 모니터링과 같은 품질 관리 조치의 필요성을 기억하여야 한다.
(3) 필요한 것보다 더 많은 데이터를 수집하지 말기(예: 과도한 임상적인 세부 사항). 조사 목표 달성에 중점을 둔다.
(4) 조사가 진행되는 동안 그리고 주요 세부사항을 잊기 전에 계속해서 작성하여야 한다.
  • 보고서의 배경 섹션을 작성하기
  • 팀 구성원이 정의하고 개발하는 방법을 작성하기. 의사결정 로그를 보관하면 도움이 되는 데이터 파일의 인벤토리를 유지하기
(5) 데이터를 지속적으로 평가하여 통제 및 예방 조치에 대한 권장사항을 만들거나 업데이트하기에 충분한 시기를 결정한다.
(6) 사기를 유지하고 참여하는 조사관에게 지속적인 격려, 긍정적인 강화 및 감사를 제공하기 위해 특별한 노력을 기울여야 한다. 현장조사는 종종 어렵고, 오랜 시간이 들고 스트레스와 관련이 있기 때문에 생산성을 유지하기 위해 팀 구성원에게 휴식이나 휴식 시간을 제공해야 할 필요성이 발생할 수 있다.

때때로 현장에서 일정 시간이 지난 후, 조사에서 명확한 결과를 얻지 못하거나, 해결하기 위해 하나 이상의 후속조사가 필요한 추가 질문을 발견하는 경우가 있다. 이 시점에서 팀 리더는 본부의 고위 직원과 협의하여 팀의 사기와 인내력을 평가하여 팀이 계속되어야 하는지 아니면 새로운 팀이 조사를 연장할 준비를 해야 하는지를 결정해야 한다.

7 보고 및 출발 회의

발생장소에서의 현장조사를 마친 후, 팀장과 현지의 고위 공무원은 요청자, 현지 협력자, 기타 주요 공무원 및 현장 팀원을 포함하는 보고 또는 출발 회의를 조직해야 한다. 이 회의를 통해 팀은 조사의 예비 결과에 대해 요청하는 공식 및 지역 파트너에게 보고하고, 예비 권장사항을 검토하며, 감사의 말을 전하고, 지역 호스트 및 협력자에게 감사를 표할 수 있다. 팀은 후속 커뮤니케이션을 위해 추가적인 이름, 직함, 거리 및 이메일 주소를 확보해야 한다. 가능하다면 팀은 사전 보고서를 현장에 두고, 합의된 지정된 시간 내에 완전한 서면 보고서를 제공할 것을 약속해야 한다.

또한 출발 회의는 요청하는 공무원 및 기관과 함께 후속 활동을 계획하는 데 가장 적합한 기회일 수 있다. 이러한 활동에는 추가 데이터 수집, 통제 조치의 구현 및 평가, 조사 중에 수집된 데이터의 분석 및 유지 관리, 최종 보고서 및 원고 계획(저자 토론 포함), 각 후속 활동의 책임자 결정이 포함된다.

8 보고서 작성

조사에 대한 서면 요약에는 예비 보고서와 최종 보고서가 모두 포함된다. 예비 보고서는 요청하는 공무원 및 기관에 대한 즉각적인 의무를 이행하는 것이다. 조사를 수행하는데 사용된 방법, 예비적인 역학 및 실험실 결과, 권장사항, 명확하게 설명된 작업 및 완료해야 할 활동, 감사의 말을 요약해야 한다. 출발 또는 그 이전에 요청자에게 최적으로 전달되어야 하는 예비 보고서에 추가하여 팀은 다른 주요 관리자(예: 지역 보건공무원 또는 공동 조사자)에게 후속 이메일 또는 편지를 준비하여 이를 알리고 장기적 지원을 강화해야 한다.

팀 구성원이 다른 현장 역학조사에 호출되기 전에 완전한 최종 보고서와 최종 데이터는 가능한 한 빨리 작성해야 한다. 서면 최종 보고서에 부가하여 현장 팀 구성원은 조사 결과를 전달하기 위한 다른 방법을 고려해야 한다. 옵션으로는 공식적인 프리젠테이션, 전문가 회의에서의 원격 전화회의 또는 화상 회의가 있으며, 공중보건 행사의 영향을 받는 지역사회 또는 일반 대중을 대상으로 한 프레젠테이션 또는 미디어 커뮤니케이션, 공중보건 실무자를 대상으로 하는 공중보건 게시판에 대한 서면 보고서(예: 질병예방통제센터(CDC)의 이환율 및 사망률 주간 보고서) 또는 동료 검토 저널에 대한 포괄적인 기사 등도 포함된다.

9 다른 이슈

1) 인간 대상 및 개인 정보보호 문제

조사관은 데이터 수집이 인간 대상 피험자 보호를 위한 모든 요구사항을 준수하는지 확인해야 한다. 발병 또는 기타 긴급한 공중보건 사건에 대응하여 수행되는 현장조사는 일반적으로 연구가 아닌 공중보건 대응으로 결정된다. 그러나 적절한 인간 피험자 관련 기관연구윤리심의위원회(IRB, Institutional Review Board)는 연구로 결정된 데이터 수집을 승인해야 한다. 조사관은 현장조사의 모든 단계에서 개인 정보보호 요구사항 및 기밀 유지 문제를 준수해야 한다. 정보 프라이버시에 관한 연방 요구사항 외에도 각 주에는 역학조사 중에 얻은 정보의 프라이버시 및 기밀성을 다루는 자체 법률이 있다. 이러한 법률의 엄격성은 주마다 다르다. 보고서는 현장조사 시 관련되었던 그 사람의 신원 공개가 예방되는 방식으로 작성해야 한다(때때로 장소). 조사가 완료된 후, 신원 확인정보가 포함된 모든 기록은 관할권의 법률에 따라 관리를 위해 초청 주 또는 지역 관할권에 제공되어야 한다. 조사 대상자의 개인 정보보호 이익을 보호하는 것이 부가하여, 이러한 접근은 또한 초대된 현장 팀의 구성원이 정상적으로 주 정부나 지방정부에 의해 거절되는 소환 또는 자유 정보요청으로 얻어지는 정보를 갖게 될 가능성을 최소화하여야 한다.

2) 의심되는 생물테러

의심되는 생물테러는 공중보건 및 법 집행기관의 공무원이 참여하는 동시 및 중복 조사의 조정에 대한 일반적인 운영 및 기타 실질적 고려사항을 제기한다. 가장 중요한 운영상 고려사항은 특정 분야를 담당할 수 있는 범위와 사람을 결정하는 것이다. 이는 정보 또는 증거가 현장이 범죄 현장임을 나타내는 정도를 포함하거나, 추가 노출을 방지하거나, 잠재적으로 노출된 사람을 식별하고 관리하는 측면에서 공중보건 개입에 영향을 미치는 정도를 포함하는 등 여러 가지 요소의 기능을 가진다.

현장 책임자를 결정하는 것 외에도 다른 주요한 운영 고려사항은 활동성 질병 또는 노출로 영향을 받을 수 있는 사람 또는 잠재적인 용의자로 범죄 수사의 대상이 될 수 있는 사람을 인터뷰하는 접근방식이다. 그러한 사람으로부터 생물학적 검사물을 수집하고 현장에서 환경 검사물을 수집한다. 의심되는 생물테러에 대한 동시 조사를 위해, 영향을 받은 사람들의 인터뷰는 공중보건 및 법 집행관이 공동으로 수행하는 것이 가장 좋다. 역학자와 범죄 수사관은 공중보건 및 안전에 이익이 되는 절차를 준수하고, 범죄 수사에서 용의자가 되거나 될 수 있는 사람을 포함하여 개인의 권리를 보호하는 법률을 존중해야 한다. 생물학적 검사물과 환경 검사물을 수집할 때, 현장 팀 구성원은 진행 중인 범죄 수사과정에서 법 집행관이 수행한 물리적 정보수집 단계가 증거 보관 체인을 설정하는 프로세스를 엄격하게 준수해야 한다는 점을 인식해야 한다. 이 과정의 주요 목적은 형사 기소 및 재판 과정에서 증거로 제시된 표본과 샘플이 변호인의 도전을 견딜 수 있도록 하는 것이다.

3) 사고지휘체계(Incident Command System, ICS)

마지막으로 갑작스러운 공중보건 문제가 자연적 또는 의도하지 않은 발생으로 인한 것인지 또는 의심되는 생물테러로 인한 것인지 여부와 관계없이 여러 관할권(예: 지역, 주 및 연방)과 여러 정부기관(예: 응급의료, 의료서비스, 법 집행기관, 공중보건 또는 환경보건)이 관여할 만큼 심각할 수 있으므로 공중보건을 넘어서 관할권을 포괄하는 표준화되고 조정된 대응이 필요할 수 있다. 미국에서 사고지휘체계(ICS)는 관할권 경계를 넘어 사건을 관리하기 위한 표준화된 명령 구조이다. 사고지휘체계(ICS)를 사용하면 서로 다른 기관 및 분야의 직원이 명확한 명령 체인 또는 통합 명령을 사용하여 공통의 관리 구조에서 함께 작업할 수 있으며, 운영 직원에게 물류 및 관리 지원을 제공한다. 최근 몇 년 동안 생물테러 대비의 일환으로 지역, 주 및 연방 수준의 공중보건 요원이 비상 대비에 참여했으며, 많은 사람이 사고명령시스템(ICS) 교육을 받았다. 또한 사고지휘체계(ICS)는 모든 수준의 공중보건에서 점점 더 많이 사용되어 대규모 발병이나 기타 심각한 상황에 대한 대응을 상당한 정치적 및 공익을 가지고 조정한다.

2001년 미국에서 탄저병 공격이 발생했을 때, 지역과 주 및 연방의 공중보건 현장조사관은 주 및 연방 수준에서 설정된 사고지휘체계(ICS)에 따라 다른 기관의 조사관과 협력했으며, 긴급상황센터(EOC)는 질병통제예방센터(CDC)에서 활성화되었다. 최근 몇 년 동안 사고지휘체계(ICS)와 긴급상황센터(EOC)는 유행성 인플루엔자 A(H1N1)와 에볼라바이러스 및 지카바이러스 감염의 발생에 대응하여 질병통제예방센터(CDC) 또는 주에서 활성화되었다. 현장조사관은 사고지휘체계(ICS)와 긴급상황센터(EOC)뿐만 아니라 지역의 긴급상황센터(EOC)가 활성화되었을 때의 역할에 익숙해야 한다. 사고지휘체계(ICS)를 사용하면 관련된 모든 사람의 역할 정의를 단순화하고, 비상 사고관리 중에 관할권 전체의 모든 자원 및 전문 지식의 사용을 최적화해야 한다.

10 결론

현장 역학조사는 특정한 주요 운영원칙 및 관행을 고려하고, 준수함으로써 강화할 수 있는 중요한 공중보건 대응이다. 초청자와 초대자 모두 조사 전, 도중 및 후에 운영 측면을 적절하게 해결하면 더 원활하고 생산적으로 진행될 것이다.

참고문헌

대한예방의학회. 예방의학과 공중보건학, 제3판 수정증보판, 계축문화사, 2017.

대한예방의학회, 한국역학회. 예방의학 · 역학 · 공중보건학 용어집, 계축문화사, 2014.

손석준, 이경수, 이무식, 이중정, 이충원, 정인성. 현장역학(Field Epidemiology, 2nd edition 번역본). 계축문화사, 2004.

Breslow NE, Day NE. Statistical methods in cancer research. Vol 1. The analysis of case—control studies. (IAEC scientific publication no. 32). Lyon: International Agency for Research on Cancer; 1980.

CDC. Zika virus. About Zika: what CDC is doing. http://www.cdc.gov/zika/about/whatcdcisdoing.html

Chamberlain AT, Seib K, Wells K, et al. Perspectives of immunization program managers on 2009–10 H1N1 vaccination in the United States: a national survey. Biosecur Bioterror. 2012;10:142–50.

Detels R, Beaglehole R, Lansang MA, Gulliford M. Oxford Textbook of Public Health, Oxford University Press, 2009.

Feinstein AR. Clinical Epidemiology. The architecture of clinical research. Philadelphia: W.B. Saunders Company 1985.

Frieden TR, Damon IK. Ebola in West Africa—CDC's role in epidemic detection, control, and prevention. Emerg Infect Dis. 2015;21:1897–905.

Goodman RA, Munson JW, Dammers K, Lazzarini Z, Barkley JP. Forensic epidemiology: law at the intersection of public health and criminal investigations. J Law Med Ethics. 2003;31: 684–700.

Gordis L. Epidemiology. 5th ed. Philadelphia: Elsevier; 2013.

Hodge JG, Hoffman RE, Tress DW, Neslund VS. Identifiable health information and the public's health: practice, research, and policy. In: Goodman RA, Hoffman RE, Lopez W, Matthews GW, Rothstein MA, Foster KL, eds. Law in public health practice. 2nd ed. New York: Oxford University Press; 2007:238–61.

Kelsey JL, Thompson WD, Evans AS. Methods in observational epidemiology. New York, Oxford: Oxford University Press; 1986.

Last JM. A Dictionary of Epidemiology, 4th Ed, Oxford Uni Press Inc., 2001.

MacMahon B, Pugh TF. Epidemiology: principles and methods, Little, Brown and Company, 1970.

Perkins BA, Popovic T, Yeskey K. Public health in the time of bioterrorism. Emerg Infect Dis. 2002;8:1015–8.

Porta M. A Dictionary of Epidemiology, 5th edition, IEA, Oxford University Press, USA, 2008.

Rasmussen SA, Goodman RA. The CDC Field Epidemiology Manual, Oxford University Press, USA, 2018.

Robert B. Wallace. Maxey-Rosenau-Last Public Health and Preventive Medicine. McGraw-Hill Education, 15 edition, 2008.

Rothman K J. Modern epidemiology. Boston, Toronto: Little, Brown and Com pany; 1986.

Schlesselman JJ. Case—control studies: design, conduct, analysis. New York: Oxford University Press; 1982.

제 2 장

현장 역학조사 수행

1 도입

공중의 건강에 대한 위협이 발생하면 역학자는 문제를 조사하여 원인과 위험요인을 밝히고, 예방 및 통제 조치를 구현하며, 관련된 모든 사람과 소통할 수 있는 준비된 대응자이어야 한다. 현장 역학조사는 역학의 핵심 기능이며, 정보가 공중보건 및 안전을 보장하기 위해 행동으로 전환되는 가장 분명한 방법일 것이다. 이 장에서는 현장 역학조사를 수행하는 데 필요한 단계별 과정을 설명하였다. 여기에서 다루는 10단계는 미국 질병예방통제센터(CDC)의 매년 EIS(epidemic intelligence service) 과정에서 이 매뉴얼의 이전 3개 버전(현장역학 교과서)에서, 그리고 다른 미국 질병예방통제센터(CDC) 교육 프로그램에서 전통적으로 배웠던 단계를 기반으로 하고 더욱 개선한 것이다.

여기서 설명하는 10단계는 다른 역학 교육 출판물에 있는 것과 유사하다. 주요 측면을 명확히 하고 토론의 실질적인 유용성을 개선하기 위해 목록, 요점 및 예제가 제공된다. 이 장에서는 추정되는 급성 감염병 발생에 대한 공중보건 대응의 맥락에서 현장조사를 설명하지만, 이 접근법은 다른 시나리오 및 문제에도 적용된다.

2 배경 고려사항

집단발병(outbreak)은 "특정 기간 동안 주어진 지역 또는 특별한 집단에서 예상보다 더 많은 질병 사례의 발생"으로 정의된다. 더 넓은 지리적 영역에 걸쳐 분포된 사례가 평소보다 훨씬 더 많을 경우에 유행(epidemic)이라는 용어를 사용할 수 있을 것이다. 집단발병(outbreak)은 일반적으로 신속한 공중보건 대응이 필요한 상황이다. 의심되는 집단발병에 대한 보고는 기민한 임상의사, 실험실 과학자, 공중보건 감시 데이터 또는 미디어를 비롯한 다양한 출처에서 올 수 있다.

조사를 시작하기로 결정한 후에는 조사의 목적을 명확하게 정의하는 것이 중요하다. 일반적인 집단발병의 시나리오에 대한 현장조사에는 신속하게 구현할 수 있는 표준적인 목표와 시간 검정(time-tested)을 거친 방법이 있다. 예를 들면, 식품 및 수인성 집단발병과 관련된 전파방식은 잘 알려져 있기 때문에(예: 감염된 사람, 동물 또는 오염된 음식이나 물과의 접촉을 통해 전파됨), 역학자들은 가설 개발을 돕고, 환자로부터 인구학적 특성과 특정 노출에 관한 정보를 수집하기 위하여 표준화된 설문지인 국가가설개발설문(National Hypothesis Generating Questionnaire)을 개발했다. 이와는 반대로 최초 인식 시점에서 많은 집단발병에서 명백하거나 또는 알려진 원인이 없는데, 역학자는 초기에 명확한 목표를 수립하고 가설을 개발하는 도전점이 있다. 즉, 광범위하고 관련된 조사가 수정될 수 있다(표 2.2.1.).

표 2.2.1. 사례정의 및 집단발병 초점이 변경되는 방식 : 지카(Zika) 바이러스 감염

지카는 1947년에 인간이 아닌 경우(nonhuman)에서 처음 확인되었으며, 모기의 전파와 관련이 있었다. 그 이후로 연구자들은 지카의 전파에 대한 새로운 정보를 계속해서 배우고, 적응해 왔다. 2007년 이전에 처음으로 대규모 발병이 발생했을 때, 지카는 영향을 받는 소수의 사람을 고려할 때, 특별히 우려할 질병이 아니었다. 2008년에는 성적인 감염이 전염의 한 형태로 의심되었으나, 소수의 사례로 불가능하다는 것을 확인했다. 그 후 2015년 지카 바이러스 사례가 기하급수적으로 증가했다. 예비조사에서 임산부에서 모자간 감염이 확인되었으며, 성 감염 사례가 확인되었다. 연구자들이 새로운 정보를 배울 때마다 사례정의를 조정하고, 정보 수집의 초점을 확장하여 여러 전파 형태를 설명해야 했다.

마지막으로 현장조사에 대한 어떤 시급함과 신속하게 답을 찾아야 하는 압력은 항상 존재한다. 예를 들면, 집단발병 조사에 사용되는 빠른 조사 또는 기타 연구설계는 전향적으로 계획된 연구에서 종종 가능한 통계적 힘(power) 또는 인과관계 증명의 수준이 부족할 수 있다. 마찬가지로, 모든 실험실 표본이 검사될 때까지 대기함으로써 발생하는 지연은 병원균 또는 확산 모드의 결정을 지연시켜 결과적으로 통제조치의 실행을 지연시킬 수 있다. 그러나 목표는 시기적절하고 정확해야 한다. 이러한 고려사항 때문에 모든 파트너와 조정하고 우선순위를 조기에 설정하는 것이 성공적인 조사의 핵심이다.

3 조사

지금 통제관리 조치를 구현할 수 있는지를 고려해야 한다. 사례 확인과 몇 명인지(예: 사례정의 만들기 및 라인 리스팅(line listing)을 개발)를 파악한다. 현장 작업을 준비한다. 역학자들은 현장조사에 체계적인 다단계 접근방식을 사용한다(표 2.2.2.).

표 2.2.2. 현장조사의 10단계

1. 현장 작업 준비 2. 진단 확정 3. 집단발병 여부 결정 4. 환례 발견과 건수 확인(예: 환례정의를 만들고, 라인 리스팅(line listing)을 개발) 5. 시간, 장소 및 사람(예: 기술역학)의 측면에서 데이터를 표로 만들고 방향을 설정 6. 통제 조치를 지금 구현할 수 있는지 고려(참고: 보다 체계적인 연구가 완료된 후, 관리 조치를 다시 고려해야 함) 7. 가설 개발과 검정 8. 보다 체계적인 연구계획 수립 9. 아직 수행하지 않은 경우 수행하고, 통제 및 예방 조치를 평가 10. 발견점 커뮤니케이션(즉, 권한 요청에 대한 조사를 요약하고 서면 보고서 작성을 준비)

이러한 단계는 여기에 숫자 순서로 표시되어 있지만, 조사 요구사항을 충족하기 위해 순서가 없거나 동시에 수행될 수 있다. 예를 들면, 특정 상황에서 발생을 알리고, 확인한 직후에 통제 조치를 구현하는 것이 가능하고, 권장할 수도 있다. 종종 2단계(진단 확인)와 3단계(집단발병의 존재 여부 확인)가 동시에 수행된다. 이 두 단계는 조사 초기에 공중보건 공무원, 실험실 직원, 임상의사 및 기타 이해관계자들 간의 협력(또는 팀워크) 증가의 필요성이 강조된다.

1) 제1단계 : 현장 작업 준비

현장조사에서 중요한 첫 번째 단계는 현장 작업의 준비와 관련된 운영 측면을 다루는 것이다. 이 준비에는 관련된 모든 사람이 조사 목적에 동의하고, 현장조사에 필요한 공식 승인을 받았는지 확인하는 것이 포함된다. 공식적인 지원 초대는 공인된 공무원으로부터 받아야 한다. 예를 들면, 주에서 조사를 수행하기 위해 질병예방통제센터(CDC)에 지원을 요청하는 경우, 주지사 또는 주 역학자와 같은 적절한 공중보건 담당관은 해당하는 초청을 연장할 권한이 있다. 또한 조사에 참여한 사람들의 역할과 책임을 설명해야 한다. 대부분의 조사에서 실험실 검사가 중요한 역할을 한다. 따라서 현장조사를 시작하기 전에 검사의 유형 및 표본에 대해 실험실 동료와 논의해야 한다. 현장 팀의 안전과 관련된 문제(예: 개인보호 장비가 필요한지 여부)도 첫 번째 단계에서 고려해야 한다. 현장조사를 위한 조기 준비가 완료되도록 보장하면 나중에 오해 및 기타 문제를 방지할 수 있다.

2) 제2단계 : 진단 확정

진단을 확정하거나 확인하게 되면 가능한 한 처음 보고된 문제를 언급하고, 오진 및 잠재적인 실험실 오류를 배제할 수 있다. 예를 들면, 감염병 집단발병에서 가짜 감염의 실제 클러스터링

(오진 및 실험실 오류의 결과)이 유사(類似) 유행(pseudoepidemic)이 될 수 있다. 유사 유행(pseudoepidemic)이라는 용어는 양성검사 결과가 증가하거나, 질병의 실제 증가 이외의 것과 관련된 질병 발생률이 관찰되는 상황을 의미한다. 다음의 활동 중에서 일부 또는 전부를 실행하여 진단을 확인할 수 있다.

- 관련(영향을 받은)된 사람들 인터뷰하기
- 지시되거나 가능한 경우, 의료진이 영향을 받은 사람들에 대한 임상검사
- 의무 기록 및 기타 관련 임상정보 검토(예: 방사선 촬영 및 기타 영상 연구)
- 실험실 검사결과 확인, 만약 역학자가 실험실 결과의 적절성, 정확성 또는 의미를 평가할 전문 지식이 없는 경우에는 실험실 과학자 및 기타 직원과 상의해야 함

실험실 데이터가 추정 원인과 환례 간의 유일한 연결 고리일 수 있지만, 모든 환례가 추가 조치를 취하기 전에 실험실 확인이 필요한 것은 아니다. 진단을 확인하는 관련 단계는 나중의 조사에서 새로운 질문이 발생하는 경우, 추가 분석에 사용할 수 있도록 폐기하기 전에 검체(예: 이미 분리된 미생물 균주)를 확보해야 하는 것이다.

3) 제3단계 : 집단발병 존재여부의 결정

집단발병의 존재를 확인하는 것은 프로그램의 자원을 전면 조사에 투입하기 전에 완료해야 하는 어려운 단계이다. 이 단계는 가짜 문제(예: 유사 집단발병 또는 감시 인공물(artifacts)로 인한 보고 증가)를 배제하는 데도 필요하다. 앞서 언급한 바와 같이, 유사 유행은 거짓 감염의 실제 집락(예: 실험실 표본의 우발적 오염물) 또는 실제 감염의 인공적 집락(예: 보건부서에서 도입한 감시절차의 변경으로 인해 보고된 사례 수의 증가)에서 발생할 수 있다. 의료전달체계에 의해 구현됨. 유사 유행과 잠재적으로 관련된 문제에는 불필요하거나 부적절한 치료 및 불필요한 진단 절차와 관련된 위험이 포함된다.

집단발병의 유무를 확인하기 위해 현장조사 팀은 먼저 발병 의심기간 동안의 환례 수와 발생하지 않는 기간 동안 예상되는 환례 수를 비교해야 한다.

- 예를 들면, 현재의 문제에 앞선 기간(예: 시간, 일, 주 또는 개월)인지 또는 전년도의 해당 기간인지를 고려하여 의심되는 감염병 설정에서 비교 기간을 설정한다.
- 비교 기간을 결정할 때, 잠재적인 문제 또는 제한사항을 고려한다(예: 데이터 부족, 환례 정의의 차이 또는 부족, 불완전한 보고 및 기타 비효율적인 감시 등의 이유).
- 가능한 경우, 현재의 문제 기간과 비교 기간 사이의 발생률을 계산한다.

특정 문제에 있어서, 기존 감시 데이터를 사용하여 신속하게 집단발병 여부를 확인할 수 있다. 그러나 다른 예에서는 발병 여부에 대한 판단을 내리기 전에 상당한 시간 지연이 발생할 수도 있다(표 2.2.3.).

표 2.2.3. 집단발병 확인을 위한 기초기준 수립

1981년 6월 로스앤젤레스의 남성에서 폐포자충 폐렴 환례 집단에 대한 MMWR(이환 및 사망 주간보고서) 보고 이후, 후속 조사는 감시를 확립하는 데 약 6개월이 걸렸고, 결국 인간면역결핍바이러스/후천성면역결핍증후군(HIV/AIDS)의 국내 집단발병으로 알려지게 된 초기단계를 확인하는 기준선이 필요했다.

4) 제4단계 : 사례(또는 환례) 식별 및 계산

이 단계의 목표는 비사례(non-cases)를 포함하지 않고 가능한 한 많은 사례를 식별하거나 확인하는 것이다. 실제적인 문제로서 이는 민감도를 최대화하고(진양성인 환례를 옳게 찾아내는 것), 특이도를 적정화하는(위양성인 환례를 포함하지 않는) 분류 틀의 사용을 통해 폭넓은 검토를 하는 것을 포함한다(표 2.2.4.).

사례(또는 환례)정의는 어떤 사람을 함께 특정하는 세 가지 요소로 구성된 진술이다.

1. (a) 일련의 증상(예: 근육통 또는 두통) 또는 (b) 징후(예: 온도 상승, 황반구진 발진 또는 발진) 또는 (c) 실험실 결과(예: 백혈구증가증 또는 혈액배양 양성)
2. 특정기간 동안 발생하는 상태, 일반적으로 유행기간이라고 함
3. 하나 이상의 특정한 세팅(예: 병원, 학교, 직장, 지역사회 또는 이웃에 있거나, 결혼식이나 회의와 같은 모임에 참여한 사람들 사이에서)에서 발생하는 상태

사례정의는 현장 역학조사가 시작될 때 광범위할 수 있지만, 조사가 진행됨에 따라 종종 수정되고, 축소되는 유연한 분류 틀이다.

확인 바이어스(ascertainment bias)(즉, 데이터 수집방식으로 인한 측정의 체계적인 왜곡)의 가능성을 최소화하기 위해, 최대 수, 대표 표본, 사례를 식별하기 위해 여러 잠재적 소스에 대한 체계적인 검색을 통해 이상적으로 사례를 찾고 계수한다. 데이터 출처의 예는 다음과 같다.

- 공중보건기관 감시 데이터
- 병원, 실험실 또는 외래 진료시설의 의료시스템 기록
- 기관 세팅 기록(예: 학교 및 직장의 출석 기록)
- 특별한 조사

확인된 사례에 대한 정보(예: 코드화된 환자 식별자, 연령, 성, 인종/민족, 질병 발병 또는 진단 일시, 증상, 징후, 실험실 결과 또는 기타 관련 데이터)는 스프레드시트 또는 다른 수단을 통해 체계적으로 기록되어야 한다(예를 들면, 후속 분석 및 추가 조사 연구(예: 가설검정)를 수행하는데 사용하기 위한 라인 리스트 또는 유사한 역학 데이터베이스). 데이터 수집 및 유지 관리에 관여하는 모든 직원은 양식 및 설문지를 사용하고(종이 또는 전자 문서에 관계없이), 양식을 저장하여 개인정보를 보호하고, 신속한 데이터 분석을 촉진하도록 교육을 받아야 한다.

표 2.2.4. 단순한 사례정의와 복잡한 사례정의

단순한 사례정의의 예
Yap에서 2007년 지카(Zika) 바이러스(ZIKV) 발생에서는 아래의 사례정의를 사용했다.

사례정의 : 2007년 4월 1일부터 7월 31일까지의 기간 동안 급성적으로 발병한 전신 황반 또는 구진의 발진, 관절염 또는 관절통 또는 비화농성 결막염을 가지고 있다고 의심되는 질병을 가진 환자

사례 분류 : 지카 바이러스 RNA가 혈청에서 검출되거나 다음 결과가 모두 존재하는 경우 환자가 지카 바이러스 질환을 확인한 것으로 간주했다. 지카 바이러스에 대한 IgM 항체(ELISA에 의해 검출됨), 지카 바이러스 PRNT90 역가 20 이상인데 뎅기 바이러스 PRNT90 역가에 대한 지카 바이러스 PRNT90 역가의 비율은 최소 4이다. 지카 바이러스에 대한 IgM 항체가 ELISA에 의해 검출되면 지카 바이러스 PRNT90 역가가 20 이상인 경우 환자는 지카 바이러스 질환 가능성이 있는 것으로 분류되었다. 지카 바이러스 PRNT90 역가 대비 뎅기 바이러스 PRNT90 역가의 비율은 4 미만이었고, RT-PCR에 의해 지카 바이러스 RNA가 검출되지 않았거나 혈청 샘플이 RT-PCR의 성능에 부적절했다.

복잡한 사례정의의 예
연구원들이 ZIKV 전파에 대해 더 많이 알게 되면서, 2007년부터 사례정의가 어떻게 변경되었는지 주목하였다.

진단을 위한 실험실 기준

최근 ZIKV 감염
- 혈액, 체액 또는 조직에서 ZIKV 배양 또는
- 혈청, 뇌척수액(CSF), 태반, 탯줄, 태아 조직 또는 기타 검체(예: 양수, 소변, 정액, 타액)에서 ZIKV 항원 또는 바이러스 리보핵산(RNA) 검출 또는
- 혈청 또는 CSF에서 양성 ZIKV 면역글로불린 M(IgM) 항체검사에서 양성 ZIKV 중화항체 역가 그리고 노출이 발생한 지역에 고유한 뎅기열 또는 기타 플라비 바이러스에 대한 음성 중화 항체 역가

최근 플라비 바이러스(Flavivirus) 감염, 가능한 ZIKV
- 노출이 발생한 지역에 고유한 ZIKV 및 뎅기 바이러스 또는 기타 플라비 바이러스에 대한 항체 역가가 양성인 혈청 또는 CSF의 양성 ZIKV IgM 항체검사

- 중화 항체검사를 수행하지 않고, 양성 ZIKV IgM 항체검사 및 뎅기 바이러스 IgM 항체 검사 음성

역학적 연관
- 알려진 ZIKV 전파 지역에 거주하거나 최근에 여행한 경우 또는
- ZIKV 감염의 전염 위험범위 내에서 확진되었거나 가능성이 있는 사람과의 성적 접촉 또는 ZIKV 전염이 알려진 지역을 최근에 여행한 사람 또는
- 증상 발병 후 30일 이내에 혈액 또는 혈액 제품 수령 또는
- 증상 발병 후 30일 이내에 장기 또는 조직 이식 수혜자 또는
- 시간과 장소에서 확인된 또는 가능한 사례와의 연관성 또는
- 잠재적인 지역 매개전파에 적합한 계절 및 생태 조건이 있는 지역에서 벡터 노출 가능성이 있음

하위유형 사례정의 참고
- 선천성 지카바이러스 질환(Zika virus disease, congenital)
- 비선천성 지카바이러스 질환(Zika virus disease, noncongenital)
- 선천성 지카바이러스 감염(Zika virus infection, congenital)
- 비선천성 지카바이러스 감염(Zika virus infection, noncongenital)

출처 : Duffy MR, Chen TH, Thane Hancock W, et al. Zika virus outbreak on Yap Island, Federated States of Micronesia. N Engl J Med 2009;360:2536-2543; and Centers for Disease Control and Prevention. National Notifiable Disease Surveillance System (NNDSS). Zika virus disease and Zika virus infection, 2016 case definition. https://wwwn.cdc.gov/nndss/conditions/zika/case-definition/2016/06/.

집단발병의 성격, 범위 및 정도에 따라 예방 및 통제 노력을 지원할 수 있는 충분한 정보가 수집되면 추가적인 능동적 사례 발견 및 감시의 필요성을 고려해야 한다. 특히, 감염병을 억제하고 종식시키기 위한 통제 조치의 효과를 평가하기 위한 후속 노력에서 지속적이거나 강화된 감시가 가장 중요할 수 있다(제9단계 참조).

5) 제5단계 : 시간, 장소 및 사람 측면에서 데이터를 표로 만들고 방향을 설정

이 단계에는 라인 리스팅(line listing)의 데이터를 발병에 대한 기본적인 역학적 기술로 해석하고 변환하는 작업이 포함된다. 이 기술은 시간, 장소 및 사람 측면에서 발생을 특징짓는다(기술역학이라고 함). 라인 리스팅의 데이터에 대한 체계적인 검토를 통해 주요 작업에는 일반적으로

- 유행곡선 그리기
- 점 지도 또는 기타 특별한 공간적 투영 작성
- 사람 집단 간 비교

또한 이러한 주요 조치는 집단발병의 원인체의 잠재적 원인, 원천 및 확산 방식을 설명하기 위한 초기 가설을 개발하는 데 기여한다.

(1) 시간

발병 또는 감염병의 시간을 설정하려면 다음 조치가 필요하다.

① 라인 리스팅을 생성하는 동안 또는 다음을 포함한 기타 문의를 통해 식별된 주요 이벤트에 대한 정보를 수집하고, 주문함으로써 시간적 틀을 개발한다.

② 관련된 사람의 질병 발생시간(증상, 징후 또는 실험실 검사 양성)

③ 위험요인 또는 원인체에 노출 가능성이 있는 기간

④ 치료가 시행되거나 통제 조치가 시행된 시간

⑤ 잠재적으로 관련된 사건 또는 비일상적인 노출 시간

제2부 제5장(역학적 데이터 기술)에는 현장조사를 수행하는 데 도움이 되도록 분석할 수 있는 정보 유형을 표시하는 유행곡선(epidemic curve)의 예가 포함되어 있다.

① x축(예: 시간, 일, 월)에 시간 단위, y축에 사례 수를 그래프로 나타내는 유행곡선을 개발한다. 일반적으로 시간 간격은 알려진 잠복기 또는 의심되는 잠복기보다 작아야 한다(즉, 1/4에서 1/3).

② 유행곡선 구성을 사용하여 의심되는 원인체의 확산 형태(예: 사람 대 사람, 공동 감염원, 연속 점 감염원)에 대한 예비 추론을 한다.

③ 원인체가 알려진 경우, 잠복기에 대한 지식을 이용하여 관련된 사람에서 노출 가능성이 있는 기간을 후향적으로 살펴본다.

④ 원인체가 알려져 있지 않다면, 일반적인 사건이나 노출 기간이 있을 가능성이 있는 경우 가능한 한 잠복기 기간에 기초하여 잠재적 원인체를 고려한다.

⑤ 지시가 있을 경우, 특정 장소(예: 산업장, 병원, 교실 또는 이웃) 또는 기타 잠재적 위험 특성으로 식별된 집단과 관련된 유행곡선을 구성한다.

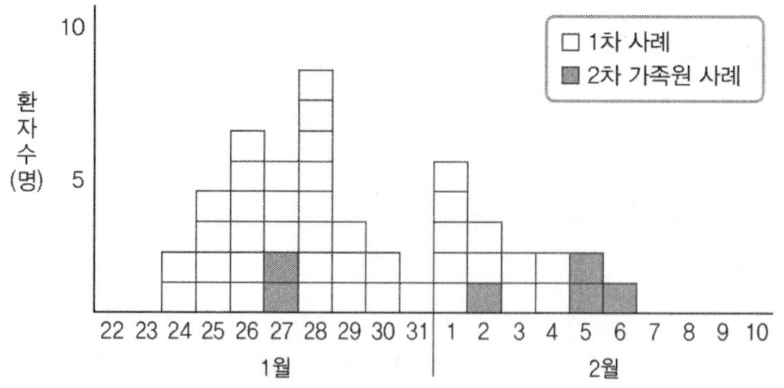

그림 2.2.1. 유행곡선의 예제

출처 : 한국보건복지인력개발원, 질병관리청. 2021년 역학조사관 기본교육교재, 2021.

(2) 장소

라인 리스팅 및 기타 문의를 통해 수집된 정보를 사용하여 다음을 포함하여 위치와 관련된 사례를 파악한다.

① 거주지

② 직업

③ 레크리에이션 활동을 위한 장소

④ 활동 장소(예: 사람이 입원한 방 또는 병동, 컨벤션 또는 회의로 방문한 방, 또는 비행기 또는 유람선과 같은 운송 수단의 좌석 또는 활동 위치)

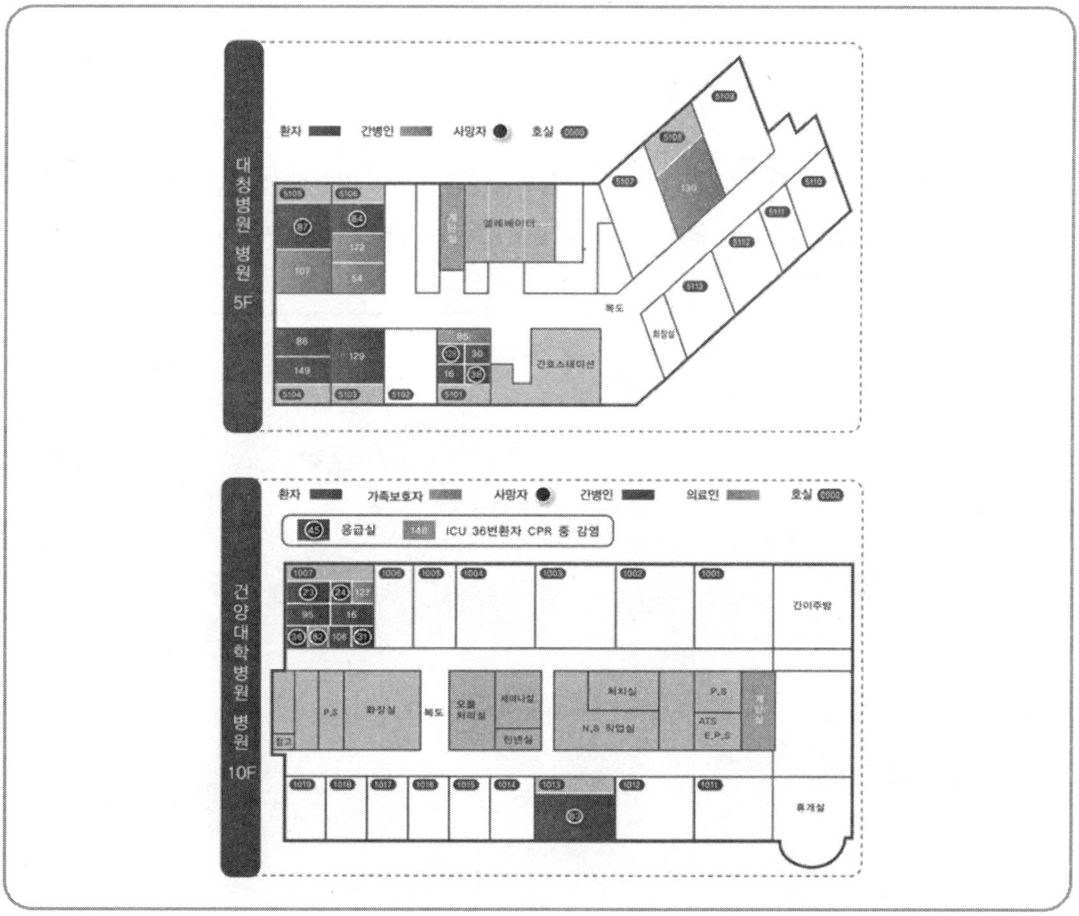

그림 2.2.2. 감염원 및 전파경로 등 공간 작성의 사례

(위 그림 : 16번 환자가 대청병원에 입원해 있는 동안 동일병실을 사용하였던 사람 중에 메르스 확진자는 4명이 발생하였고, 그중 2명의 환자가 사망함; 아래 그림 : 16번 환자가 건양대학교병원에 입원해 있는 동안 동일병실을 사용하였던 사람 중에 메르스 확진자는 8명이 발생하였고, 그중 5명의 환자가 사망하였음)

출처 : 대전광역시. 메르스 백서, 2016.

장소에 대한 정보를 사용하여 점 지도(그림 2.2.3, 2.2.4, 2.2.5.) 또는 기타 시각적인 방법을 구성하여 질병이 시작되거나 병인 또는 요인에 노출될 가능성이 있는 경우, 아래 내용을 포함하여 위치를 묘사한다.

① 건물 내부

② 도시 블록이나 이웃

③ 지리적 또는 지정학적 영역(예: 도시, 카운티, 주 또는 지역)

(3) 사람

라인 리스팅을 위해 수집된 정보를 사용하여 다음과 같은 요인과 관련된 사례를 설명한다.

① 인구학적 특성(예: 연령, 성별 및 인종/민족), 직업 및 진단

② 영향을 받은 사람이 공유하는 특성

가능하고 장소가 표시되는 경우, 분모 데이터(예: 식품매개성 질환의 집단발병에서 모든 요리 참석자)를 확보하여 인구 통계, 노출 및 기타 특성과 관련된 질병 비율의 예비 추정치를 개발한다.

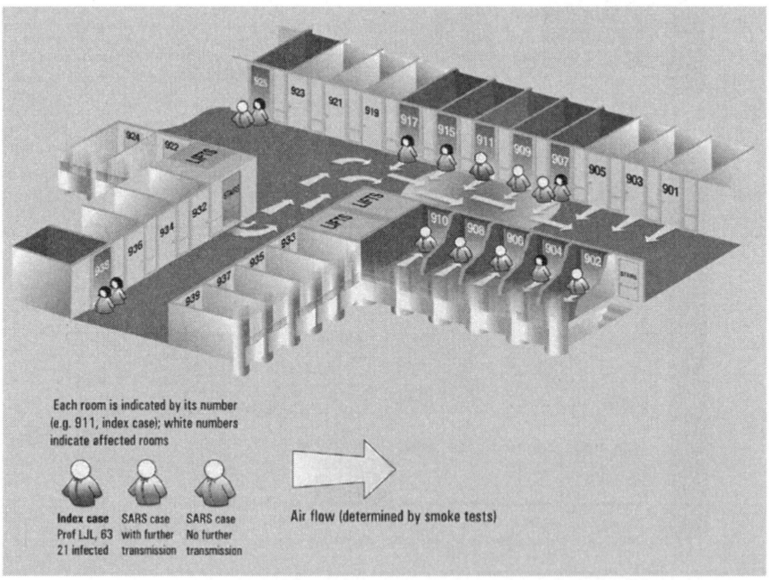

그림 2.2.3. 2003년 2월 21일 홍콩 메트로폴 호텔 9층 투숙객 중 중증급성호흡기증후군 증상자에 대한 점 지도(spot map)(화살표는 공기흐름으로 스모크테스트 결과임)

출처 : World Health Organization. SARS: how a global epidemic was stopped. WHO Regional Officer for the Western Pacific Region. Manila, Philippines: World Health Organization; 2006. http://www.yncdc.cn/newsview.aspx?id=19185

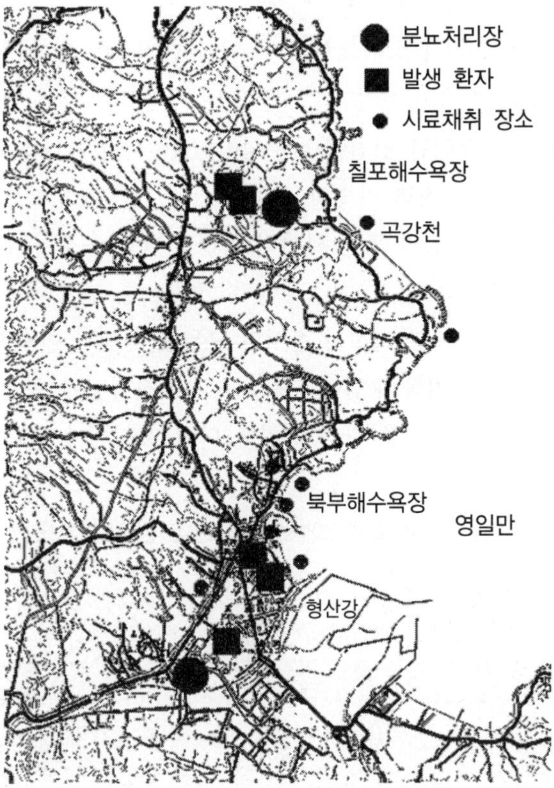

그림 2.2.4. 콜레라 환자 발병 지점도 사례

출처 : 임현술. 유행조사. 역학조사관 교육교재, 한국보건복지인력개발원. 2016.

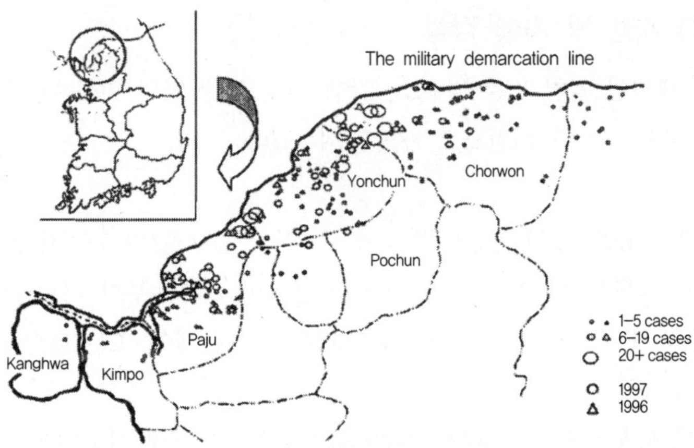

그림 2.2.5. 1996~1997년 한국 국군장병의 삼일열 말라리아 발생 지리적 분포 사례

출처 : 이무식. 최근 5년간(1993~1997년) 국군장병에서 발생한 말라리아의 역학과 그 관리. 계명의대논문집 1998; 17(2): 173-185. http://kumel.medlib.dsmc.or.kr/bitstream/2015.oak/15077/1/17-173.pdf

6) 제6단계 : 통제 조치를 지금 수행할 수 있는지 고려

통제 조치에는 두 가지 범주의 개입이 포함된다. 가장 감염성이 있고 기타 질병을 유발하는 병인의 출처(예: 치료받고 있는 감염된 사람 및 동물 또는 격리된 전염성 있는 감염된 사람)를 대상으로 할 수 있는 중재 조치와 그러한 병인에 감수성이 있는 사람을 대상으로 할 수 있는 것(노출 후 예방접종, 사전 예방접종 또는 장벽 기술의 사용)(표 2.2.5.). 개념적으로 통제 조치는 단지 선행된 이후에 수행되었고, 그리고 원인 또는 확산의 형태에 대한 가설 개발과 가설 검정을 포함하여 그 후에 따른 단계가 수행되었다.

그러나 실제로는 통제 조치에 대한 결정이 순서의 모든 단계에서 필요할 수 있으며, 제한된 초기 정보를 기반으로 예비 통제 조치를 수립한 다음, 조사가 진행됨에 따라 필요에 따라 수정할 수 있다. 보다 체계적인 연구가 완료된 후 관리 조치를 다시 고려해야 한다.

표 2.2.5. 공중보건의 사례 : 어린이 낮 돌봄소에서 A형 간염 집단발병 통제

집단발병이 인식된 시점에 원인과 확산 방식, 중재 방법이 알려지면 즉시 통제 조치를 시작할 수 있다. 예를 들면, 1세부터 어린이에게 A형 간염백신을 일상적으로 투여하기 전에, 어린이 주간보호소에서 A형 간염이 한 건 발생했을 때 노출된 어린이와 직원의 전체 코호트에 면역 글로불린 예방접종이 이루어졌다. 이것은 무증상 사례와 증상이 있는 사례 사이의 알려진 역학적 관련성에 근거하여 수행되었다. 감염된 사람을 구체적으로 식별하기 위한 광범위한 조사의 필요성을 최소화하면서 노출된 사람의 예방을 위한 노력을 지시했다. 대응은 연구와 이전 발병 경험 및 문제의 원인과 확산 방식에 대한 가상의 확실성을 바탕으로 전문가가 개발한 일상적인 정책 및 지침에 근거했다.

출처 : Goodman RA, Buehler JW, Koplan JP. The epidemiologic field investigation: science and judgment in public health practice. Am J Epidemiol. 1990;132:9-16.

7) 제7단계 : 가설 개발 및 가설 검정

질병 유발 병인, 병인의 원천 또는 병원소, 감염 경로 및 질병의 위험요인에 대한 가설은 다음과 같은 다양한 출처의 정보를 기반으로 개발될 수 있다.

현장역학자, 실험실 동료 등의 전문가적인 주제, 지식 등으로 다음의 내용을 포함한다.

- 발견된 관련자의 라인 리스팅(line listing)을 분석한 결과로부터 기술역학적 결과
- 구조화된 설문지 또는 개방형 질문을 사용하여 관련된 개인 또는 집단의 인터뷰에서 얻은 정보
- 관련자 또는 관련 지역에 있는 다른 사람들의 일화, 인상 및 아이디어
- 특이 사례에 대한 고려(즉, 집단발병 기간의 시작 또는 끝에서 발생하는 사례)

어떤 경우에는 기술역학적 결과만으로, 단면조사 데이터 또는 기타 연구가 가설을 개발하는데 충분할 것이다. 그러나 종종 분석 역학적 방법(특히 코호트 또는 환자-대조군 연구)이 가능한 위험과 기타 원인이 되는 요인을 밝히고, 질병과 요인의 관련성의 강도를 검정하기 위해 필요하다. 따라서 가설검정 과정에는 가설 생성 및 검정, 연속 연구, 상당한 추가 데이터 수집, 분석 및 관리의 여러 번의 반복이 수반될 수 있다. 식품매개성 또는 수인성 질병 유행 및 기타 유형의 현장조사에서 코호트 및 환자-대조군 연구를 효과적으로 사용할 수 있는 방법에 대한 내용은 기타 관련된 장에 있다(표 2.2.6.).

표 2.2.6. 공중보건 사례: 가설 형성

전국적인 식중독 집단발병에서 국가가설개발설문지(National Hypothesis Generating Questionnaire)를 기반으로 한 인터뷰의 서술적인 결과는 살모넬라증의 잠재적 원인으로 기관 세팅(예: 병원과 학교), 땅콩버터 그리고 닭고기를 밝히는 데 사용되었다. 기관 세팅(58%)과 땅콩버터(71%) 및 닭고기(86%)에 노출된 응답자의 비율이 높기 때문에 이 세 가지 영역에 대한 추가 조사활동에 집중할 수 있었다. 조사가 계속됨에 따라 기관 세팅의 사례는 일반적인 식품 유통업체로 나타났다. 특정 브랜드의 땅콩버터가 시설에 배포되었고, 이 브랜드의 땅콩버터의 개방된 용기가 살모넬라 검사를 위해 이용 가능했다. 발생 균주는 검사물에서 분리되었다.

출처 : Cavallaro E, Date K, Medus C, et al. Salmonella Typhimurium infections associated with peanut products. N Engl J Med. 2011;365:601-10.

일반적으로 관련성에 대한 통계적으로 유의한(예: 작은 p-값) 결과만으로는 가설의 타당성에 대한 결론을 뒷받침하고, 집단발병을 종결하기 위한 중재를 구현할 적절한 증거가 되지는 않는다. 이보다는 모든 핵심 정보와 조사 결과는 브래드포드 힐(Bradford Hill)(1965)의 원인적 관련성 원칙 표 2.2.7과 같은 기준과 관련하여 전체적으로 살펴보아야 한다.

표 2.2.7. 브래드포드 힐(Bradford Hill)의 기준

- 연관성의 강도(strength of association)
- 다른 연구와의 일관성(consistency)
- 특이성(specificity)
- 시간적 선후관계(노출이 효과[질병]보다 앞섬)(temporality)
- 생물학적 타당성(biologic plausibility)
- 생물학적(용량-반응) 정도(biological gradient, dose-response relationship)
- 기존 학설과 일치(coherence)
- 실험적 입증(experiment)
- 유사성(analogy)

출처 : Hill AB. The environment and disease: association or causation? Proc R Soc Med. 1965;58:295-300.

8) 제8단계 : 하나 이상의 체계적인 연구 계획

대부분 현장 역학조사의 이 단계에서는 체계적 또는 기타 연구의 목적에는 문제에 대한 조사의 결론에 기초한 정보의 품질 향상(예: 분자 또는 분모의 품질 향상)이 포함될 수 있다. 추가적인 사례에는 위험에 처한 사람들의 추정치의 정확성을 개선하고, 기타 관련 문제를 조사하는 것이 포함된다(예: 원인적 요인과 그 역학의 특성화 확대).

9) 제9단계 : 통제 및 예방 조치 수행과 평가

현장 역학조사의 궁극적인 목적은 추가적인 집단발병 관련 이환 또는 사망을 예방하기 위해 과학적이고 합리적으로 권장되는 통제 조치를 수행하는 것이다. 집단발병 시 시행되는 통제 조치는 원인 요인에 따라 달라진다. 즉, 확산 경로, 위험에 처한 인구의 규모와 특성, 환경, 사용 가능한 자원, 정치 및 지역사회의 관심과 같은 기타 고려 사항들이다. 집단발병을 종결하는 데 사용되는 통제 조치의 범주는 이 장의 6단계에 설명되어 있다.

통제 조치의 영향을 평가하는 것은 필수적이다. 따라서 평가 노력은 통제 조치와 동시에 실행되어 집단발병을 완화하고 궁극적으로 종결하는 데 대한 효과를 평가해야 한다. 아직 확립되지 않은 경우, 새로운 사례와 통제 조치의 효과 근거를 모니터링하고 추가 요구에 대한 의사 결정을 안내하기 위해 적극적인 감시를 시작해야 한다(예: 그다음의 조사, 추가적인 연구 또는 통제 조치의 수정).

개입과 관계없이 모든 행동의 윤리적 의미를 고려해야만 한다. 집단발병 조사에는 일반적으로 개인 및 가족, 동료 또는 기타 지인의 개인 식별 정보수집이 포함되므로 역학자는 개인 정보보호에 관한 해당 지역, 주 및 연방법에 익숙해야 한다.

10) 제10단계 : 결과 의사소통

현장역학자는 집단발병 조사기간 내내 그리고 조사 이후에 부지런하고 효과적인 의사소통을 해야 한다. 그들이 제공하는 정보는 대중과 이해 관계자가 발병 중에 정확하게 파악되도록 돕고, 발병을 막기 위한 조치에 대한 결정을 알리고, 조사를 문서화한다.

이 단계에는 다음의 작업이 요구된다.

조사 시작 시 의사소통 계획을 수립한다.

- 조사 팀의 주요 의사소통 역할을 할 대변인 또는 일관된 연락 창구를 찾고 지정한다. 이는 뉴스 미디어와 다른 사람들이 접근할 수 있는 한 사람에게 커뮤니케이션 역할을 집중함으로써

팀의 효율성을 최적화할 것이다. 또한 조사 전체에 걸쳐 메시지의 일관성을 보장하여 혼동이 나 오해 가능성을 최소화한다.

- 지시에 따라 구두 브리핑과 서면 커뮤니케이션을 제공한다.
- 서면 보고서는 공식적으로 권장사항 전달, 문서화에 대한 제도적 요구사항 충족, 향후 참고를 위한 기록 제공, 요청기관, 이해 관계자, 과학계 동료 등에게 조사 결과를 신속하게 배포하는 등 다양한 목적으로 정의할 수 있다.
- 현장을 떠나기 전에 조사 팀은 모든 활동을 문서화하고 결과를 전달하며 권장사항을 전달하는 요청기관 및 지역 이해당사자에게 예비 서면 보고서와 구두 브리핑을 제공해야 한다. 특히, 추가 분석 및 연구가 계획된 경우, 최종적이고 더 자세한 보고서가 나중에 제공될 수 있다.
- 공중보건 게시판(예: 이환 및 사망 주간 보고서, MMWR)에 빠르게 게시되는 간략한 보고서는 동료들에게 문제에 대해 경고하는 데 도움이 될 수 있다.

4 결론

이 장에서는 현장 역학조사를 수행하는 10단계 접근방식을 제시하였다. 단계를 건너뛸 수는 없지만, 조사 상황에 따라 동시에 수행되거나 순서가 맞지 않을 수 있다. 특정 조사에서 공중보건 활동의 시작을 뒷받침하는 데 기술적인 역학조사 결과가 충분하지만, 중재를 위한 과학적이고 합리적인 기반을 제공하기 위해서는 분석연구를 포함한 보다 광범위한 조사가 필요한 경우가 많다. 복잡성과 관계없이 현장 역학조사를 구성하는 단계 목록은 조사 응답 전반에 걸쳐 집중력과 철저함을 보장하는 데 도움이 될 것이다.

참고문헌

대한예방의학회. 예방의학과 공중보건학, 제3판 수정증보판, 계축문화사, 2017.

대한예방의학회, 한국역학회. 예방의학 · 역학 · 공중보건학 용어집, 계축문화사, 2014.

손석준, 이경수, 이무식, 이중정, 이충원, 정인성. 현장역학(Field Epidemiology, 2nd edition 번역본). 계축문화사, 2004.

Breslow NE, Day NE. Statistical methods in cancer research. Vol 1. The analysis of case—control studies. (IAEC scientific publication no. 32). Lyon: International Agency for Research on Cancer; 1980.

Brownson RC. Outbreak and cluster investigations. In: Brownson RC, Petitti DB, eds. Applied epidemiology: theory to practice. New York: Oxford University Press; 1998:71-104.

Cavallaro E, Date K, Medus C, et al. Salmonella Typhimurium infections associated with peanut products. N Engl J Med. 2011;365:601-10.

CDC. Ebola virus disease distribution map. https://www.cdc.gov/vhf/ebola/outbreaks/history/distribution-map.html

CDC. Foodborne disease outbreak investigation and surveillance tools: national hypothesis generating questionnaire. https://www.cdc.gov/foodsafety/outbreaks/surveillance-reporting/investigation-toolkit.html

CDC. Multistate and nationwide foodborne outbreak investigations: a step-by-step guide. https://www.cdc.gov/foodsafety/outbreaks/investigating-outbreaks/investigations/index.html

CDC. Pneumocystis pneumonia—Los Angeles. MMWR. 1981;30:250-2.

CDC. Self-study course SS 1978. Principles of epidemiology in public health practice, third edition. An introduction to applied epidemiology and biostatistics. Lesson six: investigating an outbreak. https://www.cdc.gov/ophss/csels/dsepd/ss1978/lesson6/section2.html

CDC. Task Force on Kaposi's Sarcoma and Opportunistic Infections. Epidemiologic aspects of the current outbreak of Kaposi's sarcoma and opportunistic infections. N Engl J Med. 1982;306:248-52.

Detels R, Beaglehole R, Lansang MA, Gulliford M. Oxford Textbook of Public Health, Oxford University Press, 2009.

Feinstein AR. Clinical Epidemiology. The architecture of clinical research. Philadelphia : W.B. Saunders Company 1985.

Gertsmann BB. Outbreak investigation. In: Gertsman BB, ed. Epidemiology kept simple: an introduction to traditional and modern epidemiology. 2nd ed. Hoboken, NJ: Wiley-Liss, Inc.; 2003:351-64.

Gleason B, Foster S, Wilt G, et al. Geospatial analysis of household spread of Ebola virus in a quarantined village—Sierra Leone, 2014. Epidemiol Infect. 2017;145:2921-9.

Goodman RA, Buehler JW, Koplan JP. The epidemiologic field investigation: science and judgment in public health practice. Am J Epidemiol. 1990;132:9-16.

Gordis L. Epidemiology. 5th ed. Philadelphia: Elsevier; 2013.

Gregg MB. Conducting a field investigation. In: Gregg MB, ed. Field epidemiology. 3rd ed. New York: Oxford University Press; 2008:81-96.

Hill AB. The environment and disease: association or causation? Proc R Soc Med. 1965;58:295-300.

Imperato PJ. The convergence of a virus, mosquitoes, and human travel in globalizing the Zika epidemic. J Community Health. 2016;41:674-9.

Kelsey JL, Thompson WD, Evans AS. Methods in observational epidemiology. New York, Oxford: Oxford University Press; 1986.

Last JM. A Dictionary of Epidemiology, 4th Ed, Oxford Uni Press Inc., 2001.

MacMahon B, Pugh TF. Epidemiology: principles and methods, Little, Brown and Company, 1970.

Porta M. A Dictionary of Epidemiology, 5th edition, IEA, Oxford University Press, USA, 2008.

Rasmussen SA, Goodman RA. The CDC Field Epidemiology Manual, Oxford University Press, USA, 2018.

Reingold AL. Outbreak investigations—a perspective. Emerg Infect Dis. 1998;4:21-7.

Robert B. Wallace. Maxey-Rosenau-Last Public Health and Preventive Medicine. McGraw-Hill Education, 15 edition, 2008.

Rothman K J. Modern epidemiology. Boston, Toronto : Little, Brown and Com pany; 1986.

Schlesselman JJ. Case—control studies: design, conduct, analysis. New York: Oxford University Press; 1982.

Weinstein RA, Stamm WE. Pseudoepidemics in hospital. Lancet. 1977;310:862-4.

World Health Organization. SARS: how a global epidemic was stopped. WHO Regional Officer for the Western Pacific Region. Manila, Philippines: World Health Organization; 2006. http://www.yncdc.cn/newsview.aspx?id=19185external

제 3 장

데이터의 수집

1 도입

역학 데이터는 공중의 건강과 안전을 보호하기 위해 근거 기반 통제 조치를 목표로 하고 실행하는 데 가장 중요하다. 즉각적인 중재가 필요한 긴급 공중보건 문제의 원인을 파악하기 위해 현장 역학조사보다 더 중요한 데이터는 어디에도 없다. 현장조사를 수행하는 많은 단계는 관련 기존 데이터를 식별하거나 주요 조사목표를 해결하는 새로운 데이터를 수집하는데 의존한다.

오늘날의 정보화 시대에서 문제는 데이터 부족이 아니라 의미 있는 결과를 위해 가장 관련성이 높은 데이터를 식별하는 방법과 분석을 가능하게 하기 위해 표준화되거나 상호 운용될 수 없는 다양한 출처의 데이터를 결합하는 방법이다. 역학자들은 조사를 알리기 위해 기존의 데이터를 분석할 수 있는지 또는 추가 데이터를 수집해야 하는지 여부와 이를 가장 효율적이고 신속하게 수행하는 방법을 신속하게 결정해야 한다.

공중보건의 응용 분야에서 일하는 역학자들은 이용할 수 있는 수많은 잠재적 데이터의 출처를 가지고 있다. 현장조사를 수행하기 위해 관련 데이터 출처를 식별할 때 여러 요소를 고려해야 한다. 여기에는 조사 목표 및 범위, 필수 데이터가 존재하고 접근할 수 있는지 여부, 서로 다른 출처의 데이터를 실제로 결합할 수 있는 정도, 일차 데이터 수집방법 및 실행 가능성, 사용 가능한 출처가 포함된다.

데이터 출처와 데이터 수집방식은 주제에 따라 다르다. 공중보건 부서는 제공자 및 실험실의 필수 보고를 통해 신고 가능한 질병 사례 데이터(주로 감염성 질병에 대한)에 접근할 수 있지만, 만성질환과 손상에 대한 데이터는 퇴원 요약과 같은 이차적인 출처를 통해서만 제공될 수 있다. 건강 위험행동에 대한 기존 데이터는 인구 기반 설문조사에서 구할 수 있지만, 이러한 설문조사는 일반적으로 전체 인구의 적은 비율에 대해서만 수행되며 식별되지 않는다. 일부 기존 데이터 출처(예: 사망진단서)는 많은 질병 결과를 다루지만 다른 데이터 출처는 더 구체적이다(예: 보고 질병 등록).

깨끗하고 유효하며 신뢰할 수 있고, 시기적절한 데이터에 접근하거나 수집하는 것은 대부분의 현장 역학조사에서 도전 과제이다. 현장조사의 맥락에서 수집된 새로운 데이터는 품질, 정의, 적시성, 완전성, 단순성, 일반화, 유효성 및 신뢰성과 같은 감시 데이터와 유사한 속성에 대해 평가되어야 한다. 역학자들은 데이터 수집 계획을 설명할 때 GIGO(garbage in, garbage out, 쓰레기가 들어가면 쓰레기가 나온다)를 기억하는 것이 좋다.

2 데이터 수집 활동

현장조사 중에 데이터를 수집하려면 역학자가 여러 활동을 수행해야 한다. 비록 긴급 공중보건 문제의 현장조사가 순차적으로 전개되어야만 한다고 생각하는 논리적이다. 즉, 설문지 개발 다음 연구 목표의 밝힘, 데이터의 수집, 분석 및 해석, 그리고 통제 조치의 실행 등이다. 실제로 이러한 활동 대부분은 조사의 한 부분에서 수집된 정보와 함께 다른 부분에 대한 접근방식을 알리는 동시에 수행되어야 한다. 또한, 전부는 아니지만, 대부분의 현장조사는 더 큰 팀에서 수행된다. 프로토콜 개발, 팀 구성원의 역할 및 책임을 개발하기, 모든 활동 및 과정에서 문서화의 중요성을 과소평가해서는 안된다.

3 통제 조치 실행에 관한 의사결정

역학자는 긴급한 공중보건 문제에 대한 현장조사의 주요 목적이 문제를 통제하고 추가 질병을 예방하는 것임을 명심해야 한다. 공중보건 통제 조치의 범위는 넓다. 오염된 식품의 회수, 사업장 폐쇄, 항생제 예방 또는 예방접종 권고, 감염자 격리 요구, 개인, 기업 또는 지역사회에 상당한 부담을 주는 등이 대부분의 이러한 통제 조치이다. 따라서 어떤 결정을 내릴 필요가 있고, 이러한 결정을 지원하기 위해 어떤 정보가 필요한지 미리 결정하는 것은 역학자들의 책임이다.

4 조사의 목적을 정의하기, 요구되는 데이터 결정하기

긴급한 공중보건 문제가 존재하는지(예를 들면, 예상되는 것 이상으로 관찰된 질병 사례의 초과) 여부를 결정하는 것은 풍토병의 예상된 발생률을 아는 것에 달려 있다. 예상된 발생률(배경 비율)은 일반적으로 보고 가능한 질병등록 또는 중요 통계와 같은 기존 데이터 출처에 접근하여 결정된다. 식중독 발생의 경우 대부분의 주 및 지역 관할구역에서 최소한 매년 데이터를 게시한다. 그러나 만성질환(예: 암) 또는 출생 결과(예: 소두증)의 경우, 이전에 발표된 비율을 우려되는 대상 집단에 적용하여 예상되는 기준 비율을 추정해야 가능할 수 있다. 구체적이지는 않지만 증후군감시시스템(예: 응급실)의 데이터는 발열, 호흡기 질환 또는 설사와 같은 사전 진단 징후 또는 증상의 배경 비율을 결정하는 데 유용할 수 있다.

역학자가 긴급한 공중보건 문제의 존재를 확인한 후, 현장조사에서 다음으로 중요한 작업은 특정 목표를 정의하고 통제조치를 정당화하는 데 필요한 데이터와 충분한 데이터를 결정하는 것이다. 제품을 회수하기 위해 발병의 원인(예: 오염된 식품 항목)을 밝히는 것이 목표인가? 사람들을 위험에 노출시키는 특정 행동(예: 식품 취급 중 교차 오염)을 밝히는 것이 목표인가? 질병을 유발할 수 있는 환경요인(예: 식수의 납 수치 상승)을 밝히는 것이 목표인가?

다른 공중보건기관, 지역사회 파트너, 업계 리더, 영향을 받는 기업, 보건의료 종사자, 고객 및 규제 기관과 같은 이해 관계자의 참여는 조사 초기에 시간이 많이 걸리지만, 이들을 포함하는 것은 필수적이다. 조사의 목적과 데이터 수집 과정에 대해 미리 논의하는 것은 사건 발견, 데이터의 수집, 통제 조치의 구현, 영향을 받는 인구 및 대중과의 의사소통 중에 협력자가 필요할 때 장기적으로 가치 있는 것으로 입증될 것이다.

5 연구 프로토콜 개발

현장 역학조사를 효율적이고 효과적으로 수행할 수 있는 능력은 부분의 상호 연결성을 이해하는 데 달려있다.

많은 조사 활동은 병렬로 수행되어야 하며, 상호 의존적이고 반복적이며 결과는 편집 또는 수정사항을 알려준다. 예를 들면, 사용 가능한 자원은 데이터 수집 노력의 복잡성에 영향을 미친다. 긴급한 통제 조치가 필요한 감염병 발생조사 일정은 빠르고 더러운(quick- and dirty-) 데이터 수집 과정이 필요할 수 있지만, 수년에 걸쳐 전개된 암 집락에 대한 조사는 보다 심층적인 데이터의 수집과 분석이 필요할 수 있다. 따라서 데이터 수집을 시작하기 전에 프로토콜을 작성하는 것이 가장 중요하다.

대부분의 현장조사의 시급성은 역학자가 신속하면서도 신중하게 행동해야 함을 요구한다. 중요하고 잠재적인 시간을 절약하는 단계는 유사한 질병에 대한 이전의 역학조사를 검토하고 가능하면 표준적인 데이터 수집, 접근방식 및 사례(또는 환례)정의를 포함하여 기존 프로토콜을 사용하거나 조정함으로써 가능해진다. 이렇게 하면 확산이 다른 관할권으로 확장되는 경우 다른 시스템과의 데이터 교환이 용이해진다.

현장조사 프로토콜은 길지 않아도 되지만 다음을 포함해야 한다.

- 조사 목표
- 연구설계(예: 코호트 연구, 환자-대조군 연구)
- 연구 모집단, 사례정의, 표본 크기와 선택
- 데이터 수집 절차, 수집할 변수, 참가자 보호 절차
- 데이터 보안, 개인정보 보호, 기밀성, 정보기술의 통제
- 분석 계획
- 예산, 인력 및 일정을 포함한 물자보급관리
- 법령, 규칙 및 규정을 포함하는 법적 고려사항

설문지 개발, 데이터 수집, 데이터 입력 및 분석에 사용할 소프트웨어 패키지를 미리 밝히는 것도 유용하다. 이러한 도구 중 하나인 Epi Info는 미국 질병통제예방센터(CDC)에서 개발했으며, 공중보건 종사자를 위해 설계된 상호 운용 가능한 소프트웨어 도구의 공용 도메인 제품군이다(https://www.cdc.gov/epiinfo/index.html).

처음부터 조사의 모든 다른 요소를 고려하면 결론을 내리지 못할 수 있는 오류를 최소화할 수 있다. 데이터 수집 중에 고려해야 할 주요한 오류 원인은 다음과 같다.

- 선택 바이어스, 참여율의 변이 등으로 인한 일반화의 결여
- 측정 오류, 자기보고 바이어스, 면접관 바이어스와 같은 정보 바이어스
- 제3의 변수로 인한 노출과 결과 간의 연관성에 통제되지 않는 교란 바이어스
- 작은 표본 크기로 인한 집단 간의 차이를 감지하는데 부적절한 검정력 발생

6 가능한 데이터 출처 찾기

조사 목표를 염두에 두고, 역학자는 기존 데이터 출처(예: 생정통계, 신고 질환 등록데이터, 인구 조사, 의료관리 기록, 환경 데이터)이 조사 목표를 해결하는데 유용한지, 이러한 데이터가 정확하고 쉽게 접근할 수 있는지, 분석을 위해 기존 데이터 시스템이 상호 운용 가능한지 여부, 필요할 경우 새로 수집해야 하는 추가 데이터가 무엇인지 등을 평가해야 한다.

1) 사망률 통계

사망률 통계를 수집하고 사망원인을 분류하는 것은 영국 런던의 1500년대로 거슬러 올라간다. 이 시기에 사망보고(Bill of Mortality)가 주기적으로 발표되었다. 1800년대에 윌리엄파(William Farr) 박사는 현대의 생정통계 시대를 여는 질병분류시스템을 개발했다. 같은 기간에 현대 역학의 아버지로 알려진 존 스노우(John Snow) 박사는 런던의 콜레라로 인한 사망을 지도화하고 브로드 스트리트 펌프(Broad Street Pump)를 오염된 물의 원천으로 결정했다. 펌프의 핸들을 제거하는 이야기는 과학적 데이터를 기반으로 한 전형적인 공중보건 개입이다. 생정통계 및 비정상적인 사망 원인(예: 아동기 인플루엔자 관련, 바이러스성 출혈열, 변종 크로이츠 펠트-야콥병)을 이해하기 위한 중요한 데이터 출처로 남아 있으며, 전자적 사망보고 시스템 덕분에 적시성이 개선되고 있고 많은 국가에서 구현되었다.

2) 신고 질병 보고

미국에서 조사 및 통제를 위해 공중보건당국에 감염병을 신고하는 법적인 틀은 의회가 공중보건당국이 미국으로의 유입을 막기 위한 검역조치를 이행하기 위하여 해외 영사로부터 콜레라, 천연두, 페스트 및 황열 보고서를 수집하도록 승인한 1878년으로 거슬러 올라간다.

1951년 주 역학자들의 첫 번째 회의는 어떤 질병을 공중보건서비스 당국에 국가적으로 통보되어야하고 나중에 질병통제예방센터(CDC)에 통보되어야 하는지를 결정했다. 이 과정은 오늘날에도 계속되고 있다. 주 및 준주 역학위원회는 질병통제예방센터(CDC)에 국가적으로 신고할 수 있는 질병 및 상태를 결정하지만, 각 주 및 지방정부는 해당 관할권에서 법적으로 보고를 의무화한다. 목록은 주로 감염성 질환을 포함하였지만, 1995년 비감염성 질환(혈중 납 농도 상승)이 처음으로 추가되었다.

3) 실험실 데이터

실험실의 데이터는 감염성 질병 집단발병을 조사하는 데 중요하다. 법에 따라 대부분의 주에서는 사례 정보를 주 공중보건기관에 전자적 방식으로 전송하기 위해 신고 가능한 질병의 원인을 밝히는 실험실을 요구한다. 또한 대부분의 주에서는 검사실이 주 및 국가 데이터베이스에서 확정, 하위 유형(subtyping)과 목록화 결과를 확인하기 위해 관할권의 공중보건연구소로 문서를 보내도록 요구한다. 이러한 데이터는 명백한 사례의 집락(클러스터)과 연결되어 있고 추가 조사가 필요한지 또는 사건의 무작위 클러스터링으로 인해 발생할 수 있는지 여부를 결정하는 데 매우 중요하다. 주 공중보건연구소에서 생산한 특정 감염원(예: 살모넬라 균주)에 대한 유전형 데이터는 질병통제예방센터(CDC)의 PulseNet 데이터베이스에 저장되어 공통 데이터를 가질 수 있는 관할권 전체의 사례를 식별할 수 있다(표 2.3.1.).

표 2.3.1. 2008~2009년 미국에서 땅콩버터(함유제품)와 관련된 살모넬라 티피뮤리움(*Salmonella typhimurium*) 감염이 다수의 주에 걸쳐 발생한 사례

공중보건 문제 : 2008년 11월 미국 질병통제예방센터(CDC)의 PulseNet 직원은 특이한 DNA 지문(pulsed-field gel electrophoresis, PFGE 패턴)을 가진 *Salmonella enterididis* 혈청형 *Typhimurium* 분리체의 다수의 주에서 발생한 클러스터를 발견했다. 발병은 46개 주에서 714명의 환자를 포함하여 증가했는데 166명(23%)이 입원했고, 9명(1%)이 사망했다.

공중보건 대응 : 광범위한 발병 범위와 질병의 심각성으로 인해 관할권에 걸쳐 데이터 수집을 조정하고 공통 출처를 밝히기 위해 여러 데이터 출처를 사용해야 했다.

- **사례 확인** : 살모넬라는 50개 주 모두에서 보고해야 하는 감염병이다. 분리 주의 실험실 하위 유형(즉, PFGE)은 여러 관할 구역에서 발생 관련 사례를 밝혀냈다.
- **데이터 수집** : 초기 조사에는 세부적이고 가설을 생성하는 개방형 질문; 환자-대조군 연구는 300가지 가능한 식품에 대한 일반적인 설문지를 사용했다. 연구 결과, 땅콩버터 제품이 일반적인 노출로 확인되었다.
- **제품 추적** : 개봉하지 않은 패키지의 환경검사와 미국 식품의약품안전처(FDA)의 추적에서 땅콩 버터 제품의 단일 브랜드를 밝혀냈다.

핵심내용 : 이 집단발병은 많은 관할권을 포함하고, 수개월에 걸쳐 진화했다. 감염병 연구(예: 일반적인 방법, 설문지)의 조정, 발병 관련 분리 균을 식별하기 위한 PFGE 패턴의 국가 데이터베이스, FDA 제품 추적이 원인을 식별하는 데 핵심이 되었으며, 이는 광범위한 제품 리콜(그리고 땅콩버터 생산자의 궁극적인 형사 책임)을 가져왔다.

출처 : Cavallaro E, Date K, Medus C, et al. *Salmonella Typhimurium* infections associated with peanut products. N Engl J Med. 2011;365:601-10.

4) 지속적인 인구 조사

지속적인 인구 조사는 일반 인구에서 건강위험 행동의 유병수준을 이해하는 데 중요하다. 모든 주에서 실시된 주된 조사는 행동위험요인감시시스템(Behavioral Risk Factor Surveillance System, BRFSS)으로 미국 성인에 대한 무작위 숫자 다이얼링 방법(random digit dialing, RDD)의 가구

조사이다.

기타 진행 중인 설문 조사로는 청소년위험행동조사(Youth Risk Behavior Survey, YRBS), 임신위험 평가모니터링시스템(Pregnancy Risk Assessment Monitoring System, PRAMS), 국민건강영양조사(National Health and Nutrition Examination Survey, NHHES)가 있다. 몇몇 주에서는 인구기반 식품 선호도 조사를 실시한다. 이러한 설문 조사는 다양한 식품 항목의 배경 소비율을 평가하는 데 유용하며, 현장역학자가 특정 식품을 먹는 많은 환자가 보고하는 식중독 발생에서 추가 조사가 필요한지 여부를 결정하는 데 도움이 될 수 있다.

5) 환경 노출 데이터

(1) 벡터 분포

많은 신종 감염병의 기원이 동물 감염성이므로 관련 데이터가 필요하다. 예를 들면, 각 감염에 대한 벡터의 분포와 동물의 질병 양상을 이해하는 것이 가장 중요하다. 2016년 지카 바이러스 감염이 유행하는 동안 열성 발진질환의 증가를 조사할 때 숲모기류(Aedes) 모기 벡터의 생태학적 특성을 이해하는 것이 중요했다.

표 2.3.2. 지카 바이러스 감염 사례 : 새로운 벡터 매개 질병

공중보건 문제 : 2015년 초, 숲모기류(Aedes) 모기에 의해 전염된 지카(Zika) 바이러스가 발생했다. 모기는 브라질 북동부에서 발견되었다. 이 지역은 또한 뎅기열 발병의 영향을 받았다. 9월에 소두증을 가진 신생아의 증가가 지카 바이러스에 감염된 지역에서 보고되었다.

공중보건 대응 :

- **실험실 검사 :** 지카 바이러스와 질병 사이의 연관성을 확인하기 위해 소두증을 가진 태아를 가진 두 여성과 사망한 소두증이 있는 신생아의 여러 신체조직에서 얻은 양수 표본을 검정했다. 표본은 지카 바이러스 RNA가 검사에서 양성으로 나타났다.
- **환례 조사 :** 브라질 보건부는 소두증이 있는 신생아와 지카 바이러스에 감염된 임산부를 조사하기 위한 프로토콜을 개발했다. 데이터에는 임신 병력(노출, 증상, 실험실 검사) 및 신체검사가 포함되었다. 소두증에 대한 표준 환례정의가 개발되었다.
- 미주 전역에 모기 벡터가 분포하여 바이러스의 잠재적인 확산 가능성이 인지되었다.

핵심내용 : 비정상적인 증후군(소두증)의 증가로 인해 정부 보건기관은 체계적인 사례 데이터를 수집하고, 관할권에서 사용할 표준 환례정의를 개발하고, 가능한 병인에 대한 일관된 실험실 검사를 수행하기 위한 노력을 조정했다. 이 발병이 확인된 이후 감염병은 전 세계 여러 국가와 대륙으로의 성적 및 주산기 전파뿐만 아니라 모기 매개체를 통해 확산되었다.

출처 : 1. Schuler-Faccini L, Ribeiro EM, Feitosa IML, et al. Possible association between Zika virus infection and microcephaly—Brazil, 2015. MMWR. 2016;65:59-62.
2. França GVA, Schuler-Faccini L, Oliveira WK, et al. Congenital Zika virus syndrome in Brazil: a case series of the first 1501 livebirths with complete investigation. Lancet. 2016;388:891-7.

(2) 환경 오염물질

환경 오염물질 노출로 인한 질병은 감시가 필요한 공중보건의 또 다른 영역이다. 예를 들면, 아동기 혈중 납 수치의 상승은 보고해야 하는 상태로 납의 가능한 환경 출처에 대한 즉각적인 조사를 하여야 한다. 2014~2015년에 미시건 주 플린트에서 혈중 납 농도가 높은 아동의 비율이 급격히 증가했다. 이는 시가 더 높은 수준의 납을 함유한 부식성 수원을 도입한 후 식수에 노출된 결과로 발생한 것이었다(표 2.3.3.).

표 2.3.3. 환경 오염물질 사례: 아동기 납 중독 및 물의 음용

공중보건 문제 : 2014년 4월에서 2015년 10월 동안, 미시간주 플린트 주민들은 디트로이트 수질관리청의 휴런호에서 플린트 강으로부터 공급하는 수도 시스템(FWS)으로 전환된 후 음용수에 높은 납 농도에 노출되었다. 플린트 수도 시스템(FWS) 정수장에서는 부식에 대한 통제가 사용되지 않았기 때문에 플린트 수돗물의 납 수준은 시간이 지나면서 증가했다. 납에 노출되면 특히 뇌가 발달 중에 있는 어린아이들에게 심각한 건강에 부정적인 영향(예: 발달 지연)을 가져온다.

공중보건 대응 :

- 혈중 납 수준(BLLs, blood lead levels)에 대한 오염된 식수의 영향을 평가하기 위해 수원의 변경이 평가 전후와 평가하는 동안에 생후 6년 미만의 어린이에서 5μg/dL 이상 혈중 납 수준의 분포가 평가되었음
- 2013년 4월에서 2016년 3월 동안 실시한 9,422개 혈중 납 시험 중 284(3.0%)개가 BLLs이 5μg/dL 이상이었다. 5μg/dL 이상의 BLLs을 갖는 확률은 FWS로 전환 전보다 전환 후의 기간 동안 46% 더 높아졌다. 플린트 수도 시스템(FWS)이 물 공급원일 때 BLLs이 높아질 확률은 공변량(예: 연령, 인종, 계절)을 통제한 후에도 유지되었다.

핵심내용 : 시간에 걸친 데이터를 수집하고, 환경 노출(예: 다양한 식수 공급원)의 변화를 이해하는 것은 어린이의 지역사회 전체에서 BLLs이 상승하는 원인을 밝히고 권장되는 통제조치(예: 수돗물 필터)를 지원하는 것이 핵심이었다.

출처 : Kennedy C, Yard E, Dignam T, et al. Blood lead levels among children aged 〈6 years—Flint, Michigan, 2013-2016. MMWR. 2016;65:650-4.

6) 추가적인 기존의 데이터 출처

추가적인 기존 데이터 출처는 현장조사에서 사례를 찾아내고, 인간 질병의 배경 율(background rate)을 결정하거나, 질병을 유발하는 요인(예: 병원성 세균, 벡터, 환경 독소)에 대한 노출을 평가하는 데 도움이 될 수 있다. 임상 데이터 출처의 예에는 의무기록 요약, 병원 퇴원 데이터(예: 용혈성 요독 증후군의 경우), 증후군 감시체계(예: 시가 독소 중 혈액성 설사-대장균 발생), 독극물 통제센터콜(예: 탄저병 관련 사건 중 백색 분말 노출), 학교 및 직장의 결석 · 결근 기록(예: 인플루엔자 A가 시작될 때, 멕시코로 여행하는 학생의 뉴욕시 학교 결석[H1N1] 유행성) 등이다.

노출 가능성을 평가하기 위한 데이터 출처의 예에는 판매 영수증(예: 온라인으로 주문한 식사

또는 특정 상점에서 구매한 식품) 및 법 집행 데이터(예: 펜타닐로 인한 오피오이드 과다 복용 사망과 관련된 불법 펜타닐 관련 약물 발작이 포함됨) 등이다.

7) 새로운 데이터 출처

전자건강기록(electronic health records, EHRs)은 공중보건 감시 및 보건의료를 찾는 인구의 질병 또는 행동 위험요인의 유병률을 평가하기 위한 유망한 최신 데이터원인 것으로 보인다. 또한, EHRs는 잠재적으로 유용한 보건의료의 사용, 질병의 치료와 결과에 대한 데이터를 가진다. 이들 요소는 보다 전통적인 공중보건의 데이터 출처에 의해 평가되지 않는다.

대부분의 가정에서 개인용 컴퓨터가 등장하고, 스마트 폰이 많은 주머니에 들어감에 따라, 감염병 학자들은 발병을 식별하거나 발병 조사 중에 사례를 찾기 위한 데이터 출처로 인터넷과 소셜 미디어의 유용성을 평가하고 있다. 이러한 데이터 출처의 대부분은 이론적으로 유망하며, 역학자들은 집단발병의 감지 및 사례 발견에 대한 유용성을 평가하느라 분주하다. 이러한 데이터 출처의 예로는 위장질환이나 인플루엔자(24)의 발생을 감지하기 위한 설사약 또는 해열제에 대한 구글(Google) 조회 수와 성병 환자의 연락처를 찾기 위한 소셜 미디어(예: Facebook, Twitter, 블로그), 사례 환자가 먹었던 레스토랑, 환자가 먹었거나 병에 걸리기 전에 먹은 제품 또는 인플루엔자 시즌 동안의 질병 활동의 수준 등이다. 온라인 주문 양식 또는 전자 식료품 영수증은 질병 상태를 확인하기 위해 연락할 고객의 이름을 밝히는 데 유용할 수 있다.

7 데이터 수집 방법 결정

기존 데이터가 연구목표를 해결할 수 있는지 여부를 평가한 후, 현장역학자는 추가 데이터를 수집해야 하는지 여부와 수집해야 하는 경우 무엇을 어떻게 수집해야 하는지를 결정해야 한다(제2부 제8장). 이 장에서는 정량적 데이터 수집에 중점을 두었다.

현장조사의 일환으로 데이터를 수집하는 중요한 초기 단계는 데이터 수집 방식을 결정하는 것이다(예: 자가관리, 우편, 전화 또는 대면 인터뷰, 온라인 설문조사). 부분적으로 유형은 설문조사 또는 설문지의 형식, 길이 및 스타일을 결정한다.

데이터 수집 방법을 결정할 때 고려해야 할 요소는 다음과 같다.

- 다양한 경로를 통해 참여자에게 다가갈 수 있는 가능성. 어떤 유형의 연락처 정보를 사용할 수 있는가? 참가자가 전화, 우편 주소 또는 컴퓨터에 액세스할 수 있는가?

- 응답률. 우편 및 인터넷 설문조사는 일반적으로 전화 설문조사보다 응답률이 낮다. 그러나 전화 설문조사에 대한 응답률도 지난 10년 동안 감소했다.
- 질문의 민감도. 특정 민감한 주제(예: 성행위)는 전화 설문조사보다 자가관리 설문조사에 더 적합할 수 있다.
- 설문조사의 길이와 복잡성. 예를 들면, 긴 설문조사 또는 복잡한 건너뛰기 패턴이 있는 설문조사의 경우, 면접관이 관리하는 설문조사가 자체 관리 설문조사보다 유리하다.
- 질문의 완전성과 순서를 통제. 면접관이 관리하는 설문조사는 자체 관리하는 설문조사보다 면접관이 더 많은 통제를 제공한다.
- 비용(예: 면접관 시간). 설문조사 관리의 혼합 모드(예: 전화 후속조사가 포함된 우편 설문조사)는 전화 전용 설문조사보다 수행 비용이 저렴할 수 있지만, 연구 복잡성도 증가한다.

표 2.3.4. 노로바이러스 집단발병에서 조사 방법의 비교

공중보건 문제 : 신속한 대응을 지원하기 위해 현장역학자는 발병기간 동안 데이터 수집을 위한 가장 효율적이고 시기적절하며 비용 효율적인 방법을 결정해야 한다. 2009년 9월 미국 오리건주 보건부(Oregon Public Health Division)는 일주일 동안 자전거를 760km 타는 2,000명 이상의 참가자들 사이에서 발생한 위장염 발병을 조사했다. 참가자는 오리건 및 기타 주 전역에서 왔으며, 사회 · 경제적 지위가 높은 기술 전문가들이었다. 노로바이러스(GII) 감염이 원인으로 확인되었다.

공중보건 대응 :
- 가장 효율적인 데이터 수집방법을 결정하기 위해 감염병 학자들은 인터넷 및 전화 기반 인터뷰 방법을 사용하고 설문지를 관리하여 응답률, 발병률 및 질병 위험요인에 관한 데이터를 직접 비교했다.
- 설문조사 시작, 대응 적시성 및 발병률은 비슷했다.
- 참가자들은 인터넷 설문조사를 완료할 가능성이 적었다.
- 인터넷 설문조사는 준비하는데 더 많은 초기 시간과 자원이 소요되었지만, 데이터 수집 및 데이터 입력을 위한 직원 시간은 줄었다.

핵심내용 : 인터넷 기반 설문조사는 효율적인 데이터 수집을 허용하지만, 완전한 응답을 극대화하도록 설계되어야 한다. 현장역학자는 연구 모집단의 특성과 다양한 설문조사 방법(예: 액세스 컴퓨터 및 인터넷 기반 설문조사)에 대한 응답 능력과 의지를 이해해야 한다.

8 설문지 또는 설문조사 도구 개발

설문 조사도구를 개발하기 전에 조사 목표(예: 연구 질문)를 검토하여 질문에 답하기 위해 수집해야 하는 특정 변수를 파악해야 한다. 프로토콜 개발과 유사하게 조사도구를 개발하는 가장 효율적이고, 효과적인 방법은 현재 사용에 맞게 조정할 수 있는 기존 조사 설문지 또는 템플릿을 찾

는 것이다. 확산이 여러 관할권역을 포함하는 경우 여러 사이트에서 설문조사 도구를 사용할 수 있도록 특별히 주의해야 한다.

측정 도구에 포함할 정보 및 변수는 다음과 같다.

- 각 기록에 대한 고유 식별자
- 설문이 완료된 날짜
- 참가자에 대한 조사 목적에 대한 설명
- 참가자 인구 통계
- 결과 측정
- 노출 측정
- 가능한 교란요인 및 효과변경인자
- 참가자가 질문에 대해 누구에게 연락해야 하는지에 대한 정보

면접관이 관리하는 설문조사인 경우 면접관 이름 및 면접 날짜 필드를 포함해야 한다. 접촉 시도, 인터뷰 상태(예: 완료) 및 메모가 포함된 표지가 도움이 될 수 있다.

설문조사 질문을 작성할 때 가능할 때마다 잘 작동한(예: 신뢰할 수 있고 정확한 것으로 입증된) 다른 도구에서 차용한다. 명확하고 연구 대상자가 이해할 수 있고, 하나의 개념만 포함하는 어휘를 사용하는 질문을 작성해야 한다.

세 가지 기본 유형의 질문은

- **폐쇄형 질문**: 이러한 질문은 참가자에게 미리 결정된 응답 범주에서 선택하도록 요청한다. "기타(지정)_____" 필드는 다른 응답을 선택할 수 있게 한다. 참가자가 신속하게 반응하고 분석하기 쉽다.
- **개방형 질문**: 이러한 질문을 통해 참가자는 자신의 말로 답할 수 있으며, 새로운 주제 또는 맥락에 대한 풍부한 정보를 종료된 질문에 제공할 수 있다. 그러나 이러한 질문에 대한 응답은 코딩 및 분석에 많은 시간이 소요될 수 있다.
- **사전 코딩된 개방형 질문**: 이러한 질문은 면접관이 관리하는 설문조사에서 사용할 수 있다. 참가자는 메시지 없이 응답할 수 있지만, 면접관은 미리 코딩된 응답 범주에서 선택할 수 있다.

일반적으로 폐쇄형 질문이 집단발병 조사에 사용된다. 다양한 응답 범주(예: 명목, 숫자, 리커트 척도)를 가질 수 있다. "모름" 및 "거부" 응답 범주를 포함하는 것도 고려해야 한다. 이상적으로

는 데이터 입력 및 분석을 용이하게 하기 위해 사전에 기기에 응답 범주를 코드화한다(예: 예=1, 아니오=0). 폐쇄형 질문에는 계단식 질문이 포함될 수 있으며, 이는 질문의 계층구조를 통해 필터링하여 보다 자세한 정보를 얻을 수 있는 효율적인 방법이 될 수 있다(예: 먼저 참가자의 거주주를 질문한 다음 해당 주의 카운티 메뉴가 드롭다운 됨).

질문을 배치할 때 흐름, 필요한 건너뛰기 패턴 및 순서를 고려한다(예: 끝에 더 민감한 질문 배치). 자가관리 설문조사의 경우, 형식은 명확하고, 명확한 지침과 정의와 함께 친숙하고, 간격이 넓고, 따르기 쉬워야 한다.

콘텐츠 전문가는 설문지 초안을 검토해야 한다. 역학자는 몇 명의 동료 및 연구 모집단 구성원과 함께 설문지를 시험하고 필요에 따라 편집해야 한다. 이것은 장기적으로 시간을 절약할 것이다. 많은 역학자는 설문조사 질문이 명확하지 않거나 하나 이상의 개념에 대해 질문하거나 답변 메뉴에 주요 응답범주가 누락되어 있다는 것을 어렵게 배워 알고 있다.

9 표본크기 계산 및 표본의 선택

좋은 표본의 선택은 결과의 일반화 가능성을 개선하고, 충분한 수의 연구 참가자를 보장하는데 도움이 될 수 있다. 선택할 대상을 결정하는 방법에 대한 정보는 제2부 제6장의 연구설계에서 다룬다. 그러나 표본의 크기는 여기서 간단히 언급할 가치가 있다. 연구가 전체 연구의 모집단을 포함하는 경우 인구 조사이다. 연구 모집단의 하위 집합이 표본이다. 표본은 확률 표본추출 또는 비확률 표본추출(예: 의도적 표본추출 또는 편의추출)을 통해 선택할 수 있다. 확률 표본추출은 통계 검정과 통계적 추론에 더 나은 선택이다. 단순 무작위 표본이 아닌 확률 표본추출 절차(예: 계층화 또는 군집 표본추출)에 대해서는 설문 표본추출 전문가와 상의해야 한다.

선택할 표본의 크기는 출처, 연구 일정(일반적으로 표본이 클수록 비용이 많이 들고, 시간이 많이 소요됨), 수행할 분석 및 탐지하려는 효과크기에 따라 다르다. 예를 들면 카이제곱 검정을 사용하여 두 그룹 간의 비율 차이를 탐지하려면 의미 있는 차이를 탐지해야 하는 정도를 고려한다.

10 데이터 수집에 적용되는 법적 권한, 규칙 및 정책 검토

일반적으로 정부의 공중보건기관은 의료시스템 데이터에 액세스할 수 있는 권한이 있다(정당한 이유 포함). 1996년의 HIPAA(Health Insurance Portability and Accountability Act)에는 정부기관이 공중보건 활동을 수행하기 위해 개인 건강정보를 사용할 수 있도록 허용하는 특정 언급이 있다.

그럼에도 불구하고 공중보건당국에서 특별히 수집 및 유지 · 관리하지 않는 데이터 출처에 액세스하는 것은 어려울 수 있다. 많은 외부 당사자들은 공중보건기관이 공중보건 및 안전에 영향을 미치는 질병 및 노출을 조사하고, 통제해야 하는 법적 권한에 익숙하지 않다. 현장역학자는 특정 공중보건 행사 중 데이터 수집과 관련된 법률 자문을 위해 기관의 변호사와 상담하는 것이 유용할 수 있다.

외부 데이터에 액세스하려는 역학자들에게 도전하는 다른 시나리오에는 입원, 진료소 방문 또는 응급실 방문에 대한 데이터를 요청할 때 의료시스템이 우려하고 보호하고 있는 건강정보의 프라이버시를 침해하는 경우가 있다. 학교 활동과 관련된 발병기간 동안 아동에 관한 정보에 접근하는 것이 가족교육 권리 및 개인정보보호법의 조항을 위반하는 학교 관계자의 우려, 특정 식품 품목 또는 시설과 관련된 발병 사례 환자가 법적 조치 또는 소송을 추구할 수 있다는 기업의 우려 등이다. 법률 고문이 이러한 문제를 해결하는 데 도움을 줄 수 있다.

11 데이터 수집

전체 연구 프로토콜의 일부로 데이터 수집의 장을 작성하는 것이 필수적이다. 설문조사 개발과 마찬가지로 이전 데이터 수집 프로토콜에서 차용하는 것이 도움이 될 수 있다. 이 프로토콜에는 다음이 포함될 수 있다.

- 참가자들에게 보내는 소개 편지
- 면접관을 위한 소개 스크립트
- 참여 동의 획득을 포함하여 설문조사 참여자의 모집 및 등록을 위한 지침. 긴급 공중보건 문제에 대한 현장 역학조사는 법적으로 연구가 아닌 공중보건 관행으로 간주하지만, 사전 동의 요소를 포함하여 참가자가 자신의 권리를 인식하고, 참여는 자발적이며, 그들의 건강정보의 기밀성을 보장하는 데 유용할 수 있다(미국 보건부 사전동의 체크리스트 참조).
- 인터뷰 수행에 대한 지침, 특히 여러 면접관이 있는 경우 질문을 그대로 읽는 것의 중요성, 용어 정의, 인터뷰 속도, 자주 묻는 질문에 대한 답변 및 긴급 상황처리 방법을 포함한다.
- 참가자 보호와 관련된 지침(예: 기밀성 유지, 데이터의 보안).

프로토콜에 대한 데이터를 수집하고 지침을 주의 깊게 검토하고, 필요에 따라 수정하는 직원을 교육한다. 설문조사 도구의 파일럿 테스트에 면접관을 참여시키고, 피드백을 제공한다. 설문조사가 컴퓨터 기반이 아닌 경우, 설문조사를 관리하는 동안 품질검사 계획을 세운다. 처음 몇 개의 완료된 설문조사를 검토하여 필드의 완전성, 응답의 불일치 및 건너뛰기 패턴이 얼마나 잘 작동하는지 확인한다. 또한 면접관이 직면했을 수 있는 문제에 대해 보고한다(예: 참가자가 특정 질문을 이해할 수 없는 경우, 해당 질문에 대한 단어 변경이 필요할 수 있음).

마찬가지로 데이터의 입력에는 품질검사가 있어야 한다. 데이터 입력을 시작할 때 완성된 측정도구에 대해 여러 기록을 확인하여 정확성을 확인하고, 설문조사 표본의 이중 데이터 입력을 고려하여 오류를 확인해야 한다.

다음 장에서는 데이터 분석의 세부 사항에 대해 설명한다. 그러나 데이터 수집이 완료되기 전에도 일부 예비 데이터 분석을 수행하는 것을 고려하는 것이 중요하다. 참가자가 질문을 해석하고 답변하는 방법을 이해하면 너무 늦기 전에 단어를 수정할 수 있다. 많은 역학자가 질문을 잘못 해석하거나, 설문조사 형식을 혼동하거나, 교란변수가 누락되어 의미 있는 결과가 없는 연구 설문으로 인하여 후회하는 경우가 있다.

12 데이터 수집의 문제점과 과제

공중보건 감시 시스템의 중요한 속성은 긴급한 사건에 대응하여 수집한 데이터에 적용할 수 있으며 적용해야 한다. 현장조사에서는 이러한 속성 간에 절충점이 존재한다. 예를 들면, 시기적절한 데이터 수집은 낮은 품질의 데이터로 이어질 수 있고, 적은 데이터 출처는 덜 완전한 데이터를 의미할 수 있으며, 기존의 데이터에 대한 후향적 분석은 더 비용 효율적일 수 있지만, 사례 환자의 전향적 데이터 수집은 특정 노출에 대해 보다 구체적인 질문을 가능하게 할 수 있다.

미디어는 집단발병 중에 중요하고 때로는 상충되는 역할을 할 수 있다. 미디어는 대중에게 발병을 알리고 추가 사례를 찾는 데 유용할 수 있다. 반대로, 대중이 특정 식품을 먹거나 특정 식당에서 식사를 함으로써 발생한다고 생각하는 경우, 이러한 믿음은 자기보고 바이어스(self-report bias)를 유발할 수 있어서 보도 데이터가 발표된 후 연구 참가자들 사이에서 정확한 데이터를 획득하는 현장역학자의 능력을 배제할 수 있다. 또한 현재 정부의 투명성과 책임에 대한 요구로 인해 현장역학자들은 정보를 너무 일찍 공개하는 것을 꺼리게 되고, 의심되는 출처에 대한 추가 노출 위험에 직면할 수도 있다.

또한 기술의 변화는 데이터 수집에 도전적인 내용을 가져온다. 이러한 변화는 실험실에서 전염성 병원체를 분리하기 위한 비배양 진단방법으로 이동하여 공간과 시간에 퍼져 있는 사례를 연결하는 역학자의 능력을 저하시키는 것부터 커뮤니케이션을 위한 소셜 미디어 사용 증가에 이르기까지 다양하다. 반대로 유선 전화와 같은 수집의 많은 새로운 데이터 출처는 개인, 기업 및 의료 시스템에 의한 컴퓨터 기술의 확장된 사용으로 인해 가능해진 기회이다. 긴급한 공중보건 위협을 조사하고 통제할 수 있도록 이러한 변화에 적응하는 것은 현장역학자들의 의무이다.

13 결론

긴급한 공중보건 문제에 신속하게 대응하려면 대응 속도와 통제조치 실행을 지원하기 위한 정확한 데이터와 정보의 균형을 맞춰야 한다. 기존의 프로토콜과 설문지를 조정하면 관할 구역에서 적시에 대응하고 일관성을 유지할 수 있다. 대부분의 역학연구에서 활동은 선형적이고 순차적으로 수행되지 않는다. 오히려 단계는 자주 병렬적으로 수행되고, 반복적이며, 결과적으로 편집 또는 수정 사항을 알려주게 된다. 분석 및 결과는 수집된 데이터의 품질만큼 우수하다(GIGO, "garbage in, garbage out", "쓰레기가 들어가면 쓰레기가 나온다"를 기억하여야 한다!).

참고문헌

대한예방의학회. 예방의학과 공중보건학, 제3판 수정증보판, 계축문화사, 2017.

대한예방의학회, 한국역학회. 예방의학 · 역학 · 공중보건학 용어집, 계축문화사, 2014.

손석준, 이경수, 이무식, 이중정, 이충원, 정인성. 현장역학(Field Epidemiology, 2nd edition 번역본). 계축문화사, 2004.

Birkhead GS, Klompas M, Shah NR. Uses of electronic health records for public health surveillance to advance public health. Ann Rev Public Health. 2015;36:345–9.

Breslow NE, Day NE. Statistical methods in cancer research. Vol 1. The analysis of case—control studies. (IAEC scientific publication no. 32). Lyon: International Agency for Research on Cancer; 1980.

Cameron D, Jones IG. John Snow, the Broad Street pump and modern epidemiology. Int J Epidemiol. 1983;12:393–6.

Cavallaro E, Date K, Medus C, et al. Salmonella Typhimurium infections associated with peanut products. N Engl J Med. 2011;365:601–10.

CDC. HIPAA privacy rule and public health: guidance from CDC and the US Department of Health and Human Services. MMWR. 2003;52:1–12.

CDC. National Notifiable Diseases Surveillance System (NNDSS). 2017 National notifiable conditions (historical). https://wwwn.cdc.gov/nndss/conditions/notifiable/2017/

CDC. National Notifiable Diseases Surveillance System (NNDSS). History. https://wwwn.cdc.gov/nndss/history.html

CDC. Swine-origin influenza A (H1N1) virus infections in a school—New York City, April 2009. MMWR. 2009;58;1–3.

CDC. Updated guidelines for evaluating public health surveillance systems. MMWR. 2001;50 (RR13):1–35.

Chang H-G, Tserenpuntsag B, Kacica M, Smith PF, Morse DL. Hemolytic uremic syndrome incidence in New York. Emerg Infect Dis. 2004;10:928–31.

Czajka JL, Beyler A. Declining response rates in federal surveys: trends and implications. Mathematic Policy Research Report. 2016. https://aspe.hhs.gov/system/files/pdf/255531/Decliningresponserates.pdfpdf

Declich S, Carter AO. Public health surveillance: historical origins, methods, and evaluation. Bull World Health Organ. 1994:72: 285–304.

Detels R, Beaglehole R, Lansang MA, Gulliford M. Oxford Textbook of Public Health, Oxford University Press, 2009.

Dillman DA, Smyth JD, Christian LM. Internet, phone, mail and mixed-mode surveys: the tailored design method. 4th ed. Hoboken, NJ: John Wiley; 2014.

Family Educational Rights and Privacy Act, 20 USC § 1232g; 34 CFR Part 99 (1974).

Feinstein AR. Clinical Epidemiology. The architecture of clinical research. Philadelphia: W.B. Saunders Company 1985.

File T, Ryan C. Computer and internet use in the United States: 2013. American Community Survey Reports. https://www.census.gov/content/dam/Census/library/publications/2014/acs/acs-28.pdf

França GVA, Schuler-Faccini L, Oliveira WK, et al. Congenital Zika virus syndrome in Brazil: a case series of the first 1501 livebirths with complete investigation. Lancet. 2016;388:891–7.

Gardner L, Chen N, Sarkar S. Vector status of Aedes species determines geographical risk of

autochthonous Zika virus establishment. PLoS Negl Trop Dis. 2017;11:e0005487.
Gordis L. Epidemiology. 5th ed. Philadelphia: Elsevier; 2013.
Hanna-Attisha M, LaChance J, Salder RC, Schnepp AC. Elevated blood lead levels in children associated with the Flint drinking water crisis: a spatial analysis of risk and public health response. Am J Public Health. 2016;106:283–90.
Health Insurance Portability and Accountability Act of 1996. Pub. L. 104-191, 110 Stat. 1936 (August 21, 1996).
Herold JM. Surveys and sampling. In: Greg M, ed. Field epidemiology. 3rd ed. New York: Oxford University Press; 2008:97-117.
Hines JA, Bancroft J, Powell M, Hedberg K. Case finding using syndromic surveillance data during an outbreak of Shiga toxin–producing Escherichia coli O26 infections, Oregon, 2015. Public Health Rep. 2017;132:448–50.
Hulley SB, Cummings SR, Browner WS, Grady DG, Newman TB. Designing clinical research. 4th ed. Philadelphia: Lippincott Williams & Wilkins; 2013:277–91.
Kelsey JL, Thompson WD, Evans AS. Methods in observational epidemiology. New York, Oxford: Oxford University Press; 1986.
Kennedy C, Yard E, Dignam T, et al. Blood lead levels among children aged <6 years—Flint, Michigan, 2013–2016. MMWR. 2016;65:650–4.
Last JM. A Dictionary of Epidemiology, 4th Ed, Oxford Uni Press Inc., 2001.
Lilienfeld DE. Celebration: William Farr (1807-1883)—an appreciation on the 200th anniversary of his birth. Int J Epidemiol. 2007;36:985-7.
MacMahon B, Pugh TF. Epidemiology : principles and methods, Little, Brown and Company, 1970.
Oh JY, Bancroft JE, Cunningham MC, et al. Comparison of survey methods in norovirus outbreak investigation, Oregon, USA, 2009. Emerg Infect Dis. 2010;16:1773–6.
Porta M. A Dictionary of Epidemiology, 5th edition, IEA, Oxford University Press, USA, 2008.
Rasmussen SA, Goodman RA. The CDC Field Epidemiology Manual, Oxford University Press, USA, 2018.
Robert B. Wallace. Maxey-Rosenau-Last Public Health and Preventive Medicine. McGraw-Hill Education, 15 edition, 2008.
Rothman K J. Modern epidemiology. Boston, Toronto: Little, Brown and Com pany; 1986.
Rudd RA, Aleshire N, Zibbell JE, Gladden RM. Increases in drug and opioid overdose deaths—United States, 2000–2014. MMWR. 2016;64:1378-82.
Schlesselman JJ. Case—control studies: design, conduct, analysis. New York: Oxford University Press; 1982.
Schuler-Faccini L, Ribeiro EM, Feitosa IML, et al. Possible association between Zika virus infection and microcephaly—Brazil, 2015. MMWR. 2016;65:59–62.
Signorini A, Segre AM, Polgreen PM. The use of Twitter to track levels of disease activity and public concern in the US during the influenza A H1N1 pandemic. PLoS ONE. 2011;6: e19467.
Swaminathan B, Barrett TJ, Hunter SB, et al. PulseNet: the molecular subtyping network for foodborne bacterial disease surveillance, United States. Emerg Infect Dis. 2001;7:382–9.
Thompson LH, Malik MT, Gumel A, Strome T, Mahmud SM. Emergency department and "Google flu trends" data as syndromic surveillance indicators for seasonal influenza. Epidemiol Infect. 2014;42:2397–405.

US Department of Health and Human Services, Office for Human Research Protections. Informed consent checklist (1998). http://www.hhs.gov/ohrp/regulations-and-policy/guidance/checklists/

Wagner MM, Robinson JM, Tsui F-C, Espino JU, Hogan WR. Design of a national retail data monitor for public health surveillance. J Am Med Inform Assoc. 2003;10:409–18.

Watson WA, Litovitz T, Rubin C, et al. Toxic exposure surveillance system. MMWR. 2004;53 (Suppl):262.

Westat. Electronic Death Reporting System online reference manual. 2016. https://www.cdc.gov/nchs/data/dvs/edrs-online-reference-manual.pdfpdf

Yoon PW, Ising AI, Gunn JE. Using syndromic surveillance for all-hazards public health surveillance: successes, challenges, and the future. Public Health Rep. 2017;132 (suppl I):3S–6S.

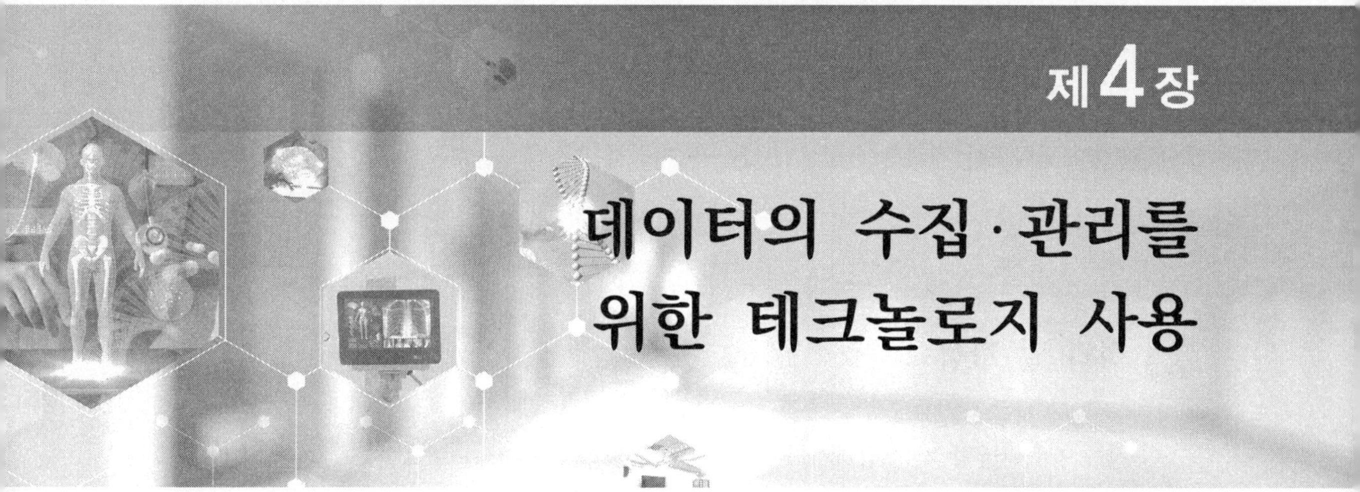

제4장

데이터의 수집·관리를 위한 테크놀로지 사용

1 도입

테크놀로지와 감시체계는 집단발병 또는 기타 긴급한 공중보건 사건에 대한 공중보건 대응을 지원하는데 통합되고 강화된 발전에 주요 역할을 한다. 지원되는 기능에는 사건의 감지, 사건의 특성화, 강화된 감시, 상황 인식, 공식적인 역학조사, 노출된 사람의 식별 및 관리, 대응 자체 및 효과 모니터링이 포함될 수 있다. 모든 현장조사에서 방법, 데이터 출처, 체계 및 테크놀로지와 관련하여 초기에 전략적으로 결정을 내려야 한다. 최적의 도구 및 접근방식의 숙련된 초기 선택은 조사를 향상시킨다.

가능한 한 조사가 낮은 수준의 국지적 조사인지 아니면 상당한 공중보건의 중요성과 공익에 대한 대규모의 다중심적(multicentric) 조사로 이어질 수 있는지 예상해야 한다. 이러한 초기 예측은 체계 및 테크놀로지 선택을 안내한다. 조사 범위 또는 방향이 변경됨에 따라 조사 중에 방법 또는 테크놀로지가 변경되거나 발전할 수 있음을 예상하여야 한다. 사용 중인 방법의 적절성에 대한 정기적인 검토를 계획하고, 필요한 경우 데이터 수집 플랫폼 또는 과정에서 다른 과정으로 전환한다.

이전에는 현장조사의 모든 구성요소가 실제로 현장에서 수행될 가능성이 있었다. 정보 체계의 개발, 데이터의 통합 및 체계 상호운용성은 이제 현장조사의 일부 구성요소(예: 데이터 수집, 데이터 정리, 데이터 분석)가 현장을 벗어나서(예: 중앙 사무실 직원) 가능하고 때로는 바람직하다. 체계적으로 수집된 데이터는 동시 또는 실시간에 모든 사무실과 현장 직원에 의해 접근 가능함으로써 현장조사의 지원을 향상시킨다. 2009년 미국의 회복 및 재투자법의 일부로 제정된「경제 및 임상적 건강을 위한 건강정보 기술에 관한 법률(Health Information Technology for Economic and Clinical Health Act)」에 의해 촉발된 건강정보기술(IT)에 대한 광범위한 투자와 전자건강기록(EHR)의 광범위한 채택은 공중보건 대응을 지원하는데 테크놀로지가 할 수 있는 역할을 확장했다.

2 정의 및 가정

이 장에서 집단발병 및 현장조사라는 용어는 긴급한 역학조사가 필요한 모든 급성적인 공중보건 문제를 말한다.

- 감염병 발생
- 암, 선천적 결함 또는 중독의 집락
- 환경적 노출
- 원인을 알 수 없는 질병 또는 상태
- 자연재해
- 전 세계 어느 곳에서의 사건에서 발생하는 위협

보다 크고 높은 수준의 프로필을 조사하는 동안, 현장 반응은 대부분 비상관리에 대한 국가의 조직적인 접근방법의 맥락에서 발생한다. 예를 들면, 미국의 국가사고관리시스템(https://www.fema.gov/pdf/emergency/nims/nimsfaqs.pdfpdf) 또는 국가의 비상관리 시 접근하는 동일한 방식 등이다.

이 장에서 기술이라는 용어는 광범위하게

- 컴퓨터
- 소프트웨어 애플리케이션
- 모바일 장치
- 개인 건강상태 모니터링 장치
- 실험실 장비
- 환경 모니터 및 센서
- 전자건강기록(EHRs)

기술은 또한 다음과 관련하여 사용된다.

- 공중보건 감시체계
- 지속적인 공중보건 데이터베이스
- 특정 조사를 위해 특별히 구축된 데이터베이스

• 데이터를 저장, 관리 및 쿼리 처리하고 이러한 장치와 데이터베이스 간에 데이터를 공유할 수 있는 기술

3 기술 선택 및 사용을 위한 지침 원칙

비상 상황은 일반적으로 역학 및 실험실 자원에 대한 수요를 증가시킨다. 사건에 대하여 반응하는 동안 데이터의 수집 및 관리에 영향을 미치는 중요한 요인은 시간의 제약을 포함하는데(일반적인 비즈니스와 비교할 때) 일반적으로 24시간 이내에 상당한 양의 데이터를 수집하고, 즉시 요약해야 하는 즉각적인 압력, 제한된 인적 자원, 종종 불충분한 데이터의 준비 인프라, 익숙하지 않은 현장 파견의 위치 및 물류 등이다.

현장 대응 중에서 테크놀로지를 선택하고 사용하기 위한 두 가지 기본원칙은 다음과 같다.

• 데이터의 수집과 관리를 위한 테크놀로지는 역학조사 및 관련 실험실 검사 활동에서 자원과 직원 시간을 방해하거나 분산시키기보다는 현장조사의 업무 흐름을 간소화하고, 직접 지원해야 한다.
• 테크놀로지가 역학자에게 더 많은 시간을 가능하게 하고(즉, 사건을 보다 특징짓는 데이터를 찾고, 획득하고, 정련하고, 활용하고, 진행 상황을 모니터링하거나 수행 또는 통제 조치의 효과를 모니터), 더 많은 시간을 실험실에서 검사를 수행하게 한다.

테크놀로지 플랫폼의 선택은

• 조사의 목표
• 사용 가능한 직원의 교육 및 기술
• 사례 보고서 및 기타 감시 데이터를 수집하고 관리하기 위한 기존 인프라
• 예상되는 지리적으로 구별되는 데이터 수집 사이트 또는 팀의 수와 관련된 관할 구역의 수
• 중간 요약 또는 상황 보고서가 필요한 속도와 빈도
• 예상되는 공식적인 또는 분석역학 조사의 유형(예: 설문조사, 종단 연구 또는 추가되는 인간 또는 환경 실험실 검사)
• 상황에서 분명해질 기타 요인

조사가 계속됨에 따라 선택한 테크놀로지와 체계를 정기적으로 검토해야 한다.

4 현장 파견에서 진화하는 접근방식 및 개념적 전환

테크놀로지 장치(예: 모바일 및 스마트 장치, 개인 모니터링 장치), 전자건강기록(EHR), 소셜 미디어 및 기타 앱, 자동화된 정보시스템 및 개선된 공중보건 정보학의 관행은 보다 효과적이고 효율적인 공중보건 감시를 위한 흥미로운 기회를 열었다. 현장 대응 중에 현장 팀이 데이터 수집, 관리 및 공유에 접근하는 방식을 변화시키고 있다.

전통적으로 현장조사에서 공중보건기관은 조사가 중심이 되는 지역에 인력을 배치하고 조사는 주로 현장에서 주도 및 관리되며, 정기적인 보고서를 본부로 보낸다. 중요한 정보를 식별하고, 조사에 필요한 관계를 설정하기 위해 현장 방문이 필요하지만, 현장 대응 데이터 수집이 기존 인프라와 통합되고 관할구역에 대한 감시 및 정보학 직원을 사용하며, 기존의 감시체계, 도구 및 테크놀로지를 사용하거나 구축하는 새로운 표준으로 전환되고 있다.

현장 데이터의 수집은 현장 외부에서 수행되는 관리 및 분석이나 현장 팀에 속하지 않는 다른 사람이 지원할 수 있다. 데이터의 수집, 관리 및 분석 절차는 종종 고도로 숙련된 직원이 현장에 있도록 추가적인 자원을 사용하지 않고도 수행할 수 있다. 예를 들면, 확립된 신드로믹감시시스템(예: National Syndromic Surveillance Program [https://www.cdc.gov/nssp/news.html#ISDS]의 일부인 ESSENCE)에서 쿼리를 사용하여 능동적 사례 찾기 또는 주(state)의 전자보고 질병감시 시스템에서 사례 및 실험실 데이터를 검토하고 입력하는 작업은 컴퓨터 또는 스마트 장치와 인터넷 연결이 가능한 모든 위치에서 수행할 수 있다. 현장에서 전자적으로 수집된 데이터는 중앙정보시스템에 업로드될 수 있다. 종이 양식을 사용하여 데이터를 수집하면 이러한 양식을 스캔하여 별도의 데이터 입력 위치로 전송하여 디지털화하고 감시정보시스템에 신속하게 통합할 수 있다.

이러한 접근방식을 통해 현장 팀은 역학조사 및 데이터 수집 활동을 지원하는 데 필요한 관계를 설정하거나 현장에서만 수행할 수 있는 실험실 표본수집에 집중할 수 있다. 전문 직원이 팀에 배정될 수 있다. 이 직원들은 현장조사를 지원하기 위해 데이터를 수집, 관리 또는 분석하기 위해 책상에 남아 있다. 이들 직원에는 데이터 입력 운영자, 의무기록 요약자, 데이터 분석가 또는 통계 프로그래머가 포함될 수 있다. 조정된 현장 및 기술 팀을 구현하면 여러 수준(지역, 주 또는 연방)에서 더 많은 고도로 숙련된 직원이 조사에 효과적으로 기여할 수 있다. 여러 위치에서 데이터 활동을 조정하는 방법은 대응 초기에 계획해야 한다.

현장조사는 종종 정보학이나 감시 전략에 필수적인 전문가가 아닌 광범위한 역학, 질병 및 과학적 주제관련 전문지식을 갖춘 인력이 주도하기도 한다. 데이터의 관점에서 이러한 리더십은 비효율적인 데이터의 수집 및 관리 전략을 수립할 수 있다. 효과적인 데이터의 수집 및 관리를 지원

하기 위해 모든 집단발병에 대해 현장조사자는

- 사건 지휘구조에서 고위급 직위자(예: 사건 지휘관 또는 기획부서 책임자)에 보고하는 역할을 찾아야 한다(예: 최고위 데이터 과학자 또는 최고위 감시 및 정보학 책임자).
- 대응을 시작할 때 역할을 찾고 설정한다.

역할에 할당된 직함이 무엇이든 역할을 담당하는 사람은 다음과 같은 의무와 책임을 명확하게 설명해야 한다.

- 대응 중에 사용되는 데이터의 수집 및 관리 과정과 체계의 전체 스펙트럼을 조정한다.
- 기존 감시체계, 과정, 절차 및 인프라와 현재 사용방법에 대해 잘 알고 있어야 한다.
- 대응을 지원하기 위해 기존 체계를 수정할 수 있는 시기와 위치를 식별하거나 임시 체계 또는 과정을 설정해야 하는지 여부를 식별한다.
- 조사 범위 또는 방향이 변경됨에 따라 조사 중에 데이터 수집방법 또는 기술이 발전하거나 변경될 필요가 있음을 예상한다.
- 분산, 일회성 또는 연결이 끊긴 데이터의 수집, 관리 및 저장과 생성을 방지해야 한다.
- 추가적인 체계 요구 또는 수정 사항을 식별하고 데이터의 수집 및 관리 활동이 진행 중인 대응을 지원하는지 확인하기 위해 응답 직원과 정기적으로 회의를 한다.
- 대응하는 동안 사용 중인 감시체계, 방법 및 기술의 적절성을 정기적으로 검토하고 필요한 경우, 데이터 수집 전략 또는 플랫폼에서 다른 플랫폼으로의 전환을 계획하고 구현한다.
- 감시 활동을 지원하기 위한 결정과 적절한 자원을 확보할 수 있도록 감시체계를 사고 지휘관에게 전달해야 한다.

5 장비 준비와 파견 준비

현장 파견배치를 준비하고 장비를 포장할 때, 각 조사자에게는 휴대용 랩톱 스타일의 컴퓨터와 스마트폰(기본적으로 카메라, 비디오, 위치 정보 및 매핑 서비스, 데이터 수집 용량에 대한 접근을 제공하는 포켓 컴퓨터)의 두 가지 테크놀로지 항목이 필요하다. 전원 가용성 및 Wi-Fi 또는 네트워크 연결에 따라 노트북 및 전화와 같은 여러 장치를 충전할 수 있는 추가 배터리 또는 배터리 팩/모바일 충전 스테이션이 중요할 수 있다. 스마트폰과 별도로 무선 액세스 포인트를 생성하는 모바일 핫스팟 장치는 특정 상황에서 유용할 수 있다. 예를 들면, 허리케인 어마가 2017년 9월 플로리다에 상륙한 후 광범위한 전력 손실이 며칠 동안 지속되었다. 배치된 역학조사관은 일관된 전력이 없는 장소에 수용되었고, 하루에 한 번 전화, 노트북 및 충전식 배터리를 충전하기 위해 기존의 지휘센터를 방문해야 했다. 휴대용 프린터 또는 스캐너는 고려해야 할 다른 옵션 항목이다. 가스 부족이 제약이 될 수 있고, 특정 유형의 응답 중에 차량 충전기의 최적화를 떨어뜨릴 수 있지만 랩톱 및 전화용 자동차 충전기도 유용하다.

가능한 한 응답자는 정기적으로 사용하고 있는 것과 유사한 항목을 배치해야 한다. 이렇게 하면 조사자가 장비에 대해 잘 알고 있고, 다른 설정에서 어떻게 작동하는지(예: 인터넷 및 장치 배터리 수명에 액세스하는 방법), 예상되고 필요한 모든 소프트웨어가 설치되어 있는지, 그리고 아마도 가장 중요한 것은 네트워크에 연결될 수 있다(예: 배포기관의 인트라넷에 액세스하는 방법). 이벤트 중에만 사용하기 위해 구입한 랩톱, 태블릿 또는 기타 장치의 장비 캐시는 상당한 배포 문제(예: 특수 장비 사용방법에 대한 교육 부족, 네트워크 호환성 또는 하드웨어 또는 소프트웨어 노후화)로 이어질 수 있다.

관할 밖의 위치에 대응하는 현장조사관은 네트워크 및 소프트웨어의 호환성, 연결 및 관할 보안 요구사항 준수를 보장하기 위해 대응 관할 내에서 임시 노트북을 발급받아야 할 가능성이 높다. 주요 감시시스템 애플리케이션에 대한 임시 액세스(로그인 및 비밀번호) 또는 이러한 애플리케이션에 대한 조사자의 기존 역할 기반 액세스에 대한 업데이트도 고려해야 한다.

6 업무 관계 수립 및 초기 도착

데이터는 종종 신뢰의 속도에 따라 이동한다. 현장 팀은 대응을 시작할 때 역학적 지원을 요청한 사람들과 강력한 작업 관계를 구축해야 한다. 현장 방문시간은 관계가 다른 작업 중에서도 데이터 수집을 용이하게 하고 지방 당국의 요구를 충족하는지 확인하는데 사용되어야 한다. 정기적이고 시기적절한 데이터의 요약 및 보고서를 현지 파트너와 공유하기 위한 계획을 처음부터 만들어야 한다.

초기 도착 때에 현장 팀은 기존 감시체계와 이러한 체계에 데이터를 제출하기 위한 과정을 평가해야 한다. 평가는

- 이미 수집되어 사용 가능한 데이터의 유형
- 데이터의 적시성
- 데이터의 완전성
- 얼마나 쉽고 빠르게 체계 또는 과정을 수정하거나 변경할 수 있는지
- 사용 가능한 장비(예: 노트북 및 전화)
- 사용 가능한 감시체계 인력

• 데이터의 품질, 가용성 및 적시성에 대해 알려진 또는 예상되는 문제 및 우려 사항

팀이 자체 관할권 밖에서 배치하는 경우 팀장은 최고 감시 및 정보 책임자(이전 섹션 참조)와 같은 역할을 수행하는 관할권 수준의 누군가에게 도움과 자문을 구해야 한다.

7 집단발병의 조사 단계에서 테크놀로지의 사용

집단발병에 대한 조사 및 대응에는 단계와 단계가 정의되어 있으며, 각 단계에는 특정 테크놀로지 및 정보 요구사항이 있다. 최근 몇 년 동안, 공중보건기관은 집단발병의 탐지(알려진 또는 알려지지 않은 원인체에 의해 발생되어 있는지 여부)를 지원하는 테크놀로지의 발전으로부터 혜택을 받았다. 예를 들면, 보고 가능한 질병 집락(클러스터)을 효과적으로 감지하기 위해 뉴욕시 보건 및 정신보건부는 매일 SaTScan(Harvard Medical School 및 Harvard Pilgrim Health Care Institute, Boston, MA)을 사용하여 보고 가능한 질병 데이터에 자동화된 시공간 알고리즘을 전향적으로 적용한다. 이 체계는 공중보건 모니터가 이를 발견하기 며칠 전과 의료서비스 제공자가 사례 증가를 인식하기 전에 South Bronx를 중심으로 한 8개의 집락을 식별함으로써 미국에서 두 번째로 큰 지역사회 획득 레지오넬라증 발병을 감지할 수 있게 했다. 발생원(물 냉각탑)을 발견하기 위한 광범위한 역학, 환경 및 실험실이 조사되었고 이후 이를 교정하기 위한 조치를 구현한다.

비록 테크놀로지가 집락 탐지에 대한 접근방식을 혁신하고 있지만, 이 장에서는 알려진 사건이나 확산이 탐지된 후 현장 팀이 대응할 것이라고 가정한다. 따라서 다음의 논의는 초기 특성화, 능동적 사례 발견, 강화된 감시, 통제 조치 지원 및 평가, 상황 인식을 수행하고 대응 및 그 효과를 모니터링하기 위한 테크놀로지의 사용에 중점을 둔다.

1) 초기 특성화, 현성 환자(사례) 찾기 및 모니터링 수행

집단발병 환경에서 일상적인 데이터의 관리는 새로운 스트레스 요인이나 새로운 상황, 특히 거의 즉시 데이터를 수집하고, 보고서를 작성하고, 의사 결정권자와 대중에게 알릴 필요성으로 인해 변경된다. 가장 높은 위험, 지리적 범위 및 확인된 발병기간 동안 질병 발생률의 상승 또는 하향 추세에 있는 인구집단을 평가하기 위해 조사자는 기존 감시 메커니즘을 사용할 수 있다. 그러나 이러한 메커니즘은 향상되어야 한다. 예를 들면, 조사관은

• 새로운 증후군을 창조하거나 기존 증후군의 감시체계에 새로운 쿼리를 추가하고
• 의심되거나 가능성이 있는 사례 그리고 확진사례를 보고토록 의사와 실험실에 요청한다.

- 능동적인 사례 찾기를 수행하고
- 실험실에 진단 지침 또는 시약을 제공하거나 특정 기준을 충족하는 표본을 주 공중보건 실험실에 보내도록 요청한다.

사례 감지가 향상되었는지 여부와 관계없이 사용된 테크놀로지는 조사의 일부인 사례 추적을 위한 라인 리스팅 작성을 지원해야 한다. 또한 체계는 수집되거나 학습된 새로운 정보 또는 역학조사 결과로 인한 변경을 포함하여 개별 사례에 어떤 변경이 이루어졌는지, 언제 변경되었는지 문서화해야 한다. 체계는 실험실 데이터를 쉬운 관계형으로 만들 수 있도록 해야 한다(표 2.4.1.). 조사 데이터의 전체 또는 일부가 종이에 수집되더라도 해당 데이터는 일반적으로 추가분석을 위해 전자 데이터 체계에 키 펀칭되고 종이 양식은 전자적으로 스캔 및 저장된다. 토론토에서 발생한 2003년 중증급성호흡기증후군(SARS) 발병에 대한 검토에서 언급했듯이 원활한 집단발병에 대한 관리를 달성하기 위한 중요한 단계는 "공중보건 정보를 공유하고, 병원으로부터 임상 정보의 캡처를 가능하게 하며, 집단발병 관리 데이터베이스 플랫폼으로 통합하는 매우 유연하고 상호운용 가능한 데이터 플랫폼을 균일하게 채택하는 것"이다.

표 2.4.1. Epi Info 7과 Biomosaic을 사용한 사례: 2014년 플로리다에서 중동호흡기증후군 사례를 확진하는 두 번째 현장조사를 지원함

2014년 5월 9일 미국 오렌지 카운티의 플로리다 보건부는 한 병원 감염예방전문가로부터 중동호흡기증후군(MERS)이 의심되는 남성에 대한 통지를 받았다. 질병통제예방센터(CDC)에서 검사한 표본은 이것이 두 번째로 보고된 미국의 중동호흡기증후군 사례임을 확인했다.

조사 결과, 환자는 네 가지 일반적인 환경에서 다른 사람에게 노출했을 가능성이 있음을 확인했다. 사우디아라비아에서 올랜도까지 여행하는 동안의 비행기, 집(가정 연락처 및 방문 친구), 관련이 없는 의학적 사유로 친척과 동행하는 병원 외래환자 대기실, 그리고 나중에는 그의 병을 치료하기 위한 응급실 대기실이 있었다.

네 가지 노출 설정과 노출 위험(예: 수행된 절차에 따라 위험이 높거나 낮은 의료종사자)에 따라 여러 수준의 접촉이 추적되었다. 생성된 Epi Info 7(CDC, Atlanta, Georgia) 데이터베이스는 접촉자를 추적하고, 관련된 접촉과 실험실 정보(관련된 노출 세팅, 추적한 격리기간, 접촉방법, 시도, 징후 및 증상, 최종결과, 임상 검체를 제공해야 하는 사람, 수집된 검체의 수와 유형(복수 및 시간 경과에 따른), 검체가 검사를 위해 수령되었는지 여부 및 실험실 결과)를 위한 라인 리스팅을 쉽게 생성하는 것을 지원해 주기 위해 만들어졌다. 조사의 새로운 특성으로 인해 조사 범위가 이동함에 따라 추가 데이터 필드를 캡처해야 했다. 현장조사자가 Epi Info 7 데이터베이스 관리를 통제할 수 있기 때문에 이러한 필요한 교대는 기술 지원 없이 신속하게 충족될 수 있었다. 그 결과 접촉자 조사의 진행 상황을 실시간으로 모니터링하여 우선순위를 식별하고, 인력 자원을 최적으로 사용하고, 경영진이 의사결정의 기반이 되는 최신 정보를 보유하고 있는지 확인할 수 있었다. 중동에서 진행 중인 메르스 사례로 인해 질병통제예방센터(CDC)는 빅데이터 분석 애플리케이션인 BioMosaic을 사용하여 국제 항공운송협회 여행량 데이터를 분석하여 미국행을 기준으로 미국의 잠재적인 고노출 지역을 평가했다. 효과적인 데이터베이스 관리와 단일 위치에서 역학 및 실험실 정보의 연결이 조사를 지원했다.

출처: Rasmussen SA, Goodman RA. The CDC Field Epidemiology Manual, Oxford University Press, USA, 2018.

IT는 현장조사에서 얻은 정보의 품질, 완전성 및 속도를 개선하고, 해당 정보에서 개인 또는 집계 수준에서 생성할 수 있는 보고서의 속도와 정교함을 개선하는 데 사용할 수 있다. 이러한 기술의 모든 이점을 실현하려면 조사관은 다음 작업을 수행해야 한다.

- 원하는 출력 유형으로 시작하고, 모의 보고서를 생성하고, 데이터 수집이 시작되기 전에 이상적으로는 처음에 필요한 입력 요소를 정의하기 위해 뒤로 작업한다. 그러나 실제로 이 과정은 종종 반복적이다.
- 데이터 내보내기 기능을 테스트하고 분석 소프트웨어가 필요한 데이터에 쉽게 접근할 수 있는지 확인한다.
- 리더십이 대답해야 할 질문을 신중하게 고려하고, 수집된 데이터 요소가 중요한 질문에 대답하는지 확인한다. 이 단계를 완료하면 데이터베이스의 기본 테이블 구조에 직접적인 영향을 미칠 수 있다.
- 데이터 수집, 정보 공유, 데이터 관리 및 데이터 기술과 관련된 단계를 자세히 설명하는 순서도를 개발한다. 이 순서도는 수동이어야 하거나 수동이어야 하는 과정을 식별하고 데이터 전송 및 입력의 중복을 식별하고 제거하는 데도 도움이 된다(그림 2.4.1.).
- 현장 세팅은 일반적으로 데이터베이스의 신속한 생성 및 수정이 필요하며, 실험실 결과에서 사례 기록을 생성하고 사례 기록에 여러 실험실 결과를 추가할 수 있어야 한다는 점을 인식한다.
- 데이터베이스가 누적 데이터(총 사례)와 일시적 데이터 변경(이전 24시간 또는 지난주에 발생한 사항)을 모두 추적할 수 있는지 확인한다. 우선순위 데이터 요소에 대한 상태 변경(예: 데이터 변경 시 변경내역 상태 및 날짜-시간 스탬프)을 수집하여 변경된 정보와 변경된 시기(예: 새로운 사례 수, 변경된 사례 수)를 정확하게 보고한다(확인 가능성 또는 배제된 의심 사례 수).
- 데이터베이스가 사용자 정의의 데이터 추출 및 쿼리 기능을 지원하는지 확인한다. 데이터의 입력 및 신속한 데이터 요약과 다음 날 현장 운영계획을 위해 현장조사자가 데이터에 쉽게 접근할 수 있어야 하는 필요성을 과소 평가하지 말아야 한다(예: 완료된 인터뷰, 재방문할 집 수, 비영어 인터뷰어 수). 표본을 수집한 사람의 수, 표본 수집 용기 또는 기타 실험실 용품의 수 및 필요). 현장조사자가 관계형 데이터베이스 쿼리를 공식화하는 데 전문가일 필요는 없다.
- 현장 데이터 수집 장비 및 애플리케이션을 테스트할 계획이다(2장 참조). 예를 들면 인터뷰 및 데이터 수집이 방문 샘플링 작업으로 수행되는 경우 랩톱 컴퓨터가 너무 무거워 인터뷰를 완료하는 동안 보유할 수 없는가? 스크린을 직사광선에서 볼 수 있는가? 시스템 화면 탐색이 인터뷰의 흐름과 일치하는가? 인터넷 연결이 가능한가?
- 프로그래밍된 데이터의 품질 및 유효성 검사를 사용하여 데이터 수집 시 불일치를 식별하고 해결한다. 예를 들면 날짜 필드는 지정된 범위 내에서 유효한 날짜만 허용해야 하며, 임신은

여성에게만 유효한 값으로 사용할 수 있어야 한다.

• 일반적으로 데이터 입력 검사 또는 프로그래밍된 건너뛰기 패턴이 더 복잡할수록 양식 자체를 설정하는 데 더 많은 시간이 필요하다. 현장 응답 중에 설정 시간은 조사자의 다른 사용 시간 및 데이터 품질 문제에 대한 중요한 절충안이 될 수 있다.
• 구조화된 데이터 수집 기술과 표준화 과정이 데이터의 품질 문제를 최소화할 수 있음을 인식하여야 한다. 고도로 구조화된 데이터 수집 기술이 데이터의 오류를 제거하지는 못한다. 컴퓨터로 읽을 수 있는 데이터 양식을 용이하게 하는 표준화 과정은 구조화되지 않은 문서(예: 임상의의 메모 또는 현장 관찰)에서 식별된 풍부한 정보를 잃을 위험이 있다. 데이터 요소를 수집하는 방법(예: 구조화된 드롭다운 목록, 자유 텍스트, 다중 선택이 가능한 경우 확인란 또는 단일 선택을 위한 라디오 버튼)은 데이터 저장 형식 및 테이블 구조를 지시하고 데이터 분석 방법을 지시할 수 있다(예: 인터뷰 대상자가 보고한 증상은 쉼표로 구분된 문자열로 저장하거나 각 증상을 별도의 열에 예/아니오 선택으로 저장할 수 있다).

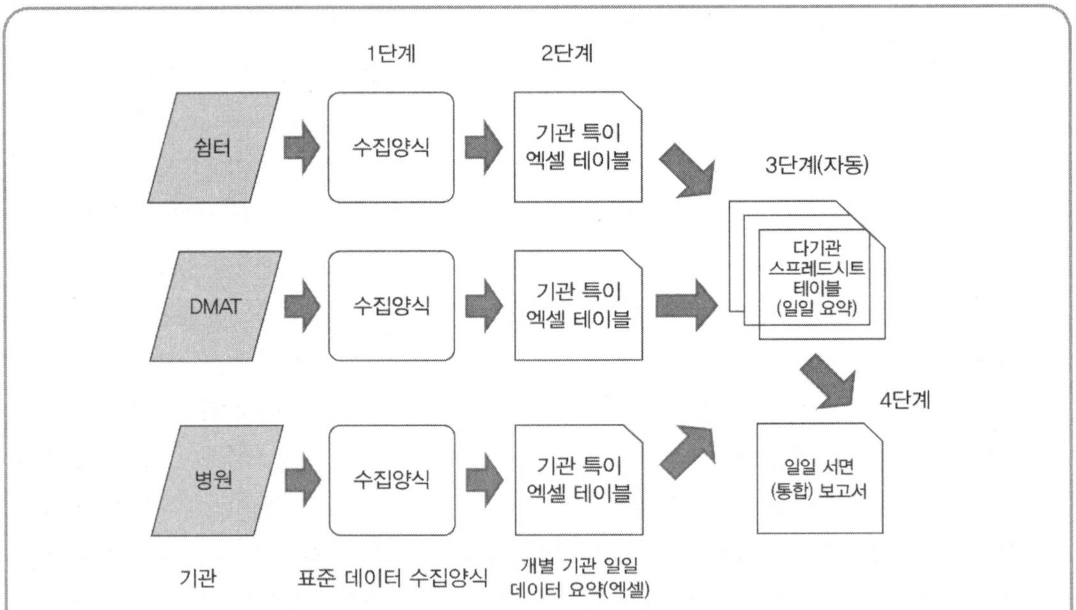

그림 2.4.1. 플로리다 보건부의 보고 기관으로부터 드롭인 증후군 감시를 수행할 때 폭풍 후 수동 데이터 수집을 위한 데이터 모음과 관련된 단계를 자세히 설명하는 순서도(1단계: 다양한 사이트로부터 역학부서에 의해 표준화된 양식을 통하여 데이터를 수집, 2단계: 데이터를 주 스프레드시트의 기관 특이 엑셀 테이블에 입력, 3단계: 데이터가 자동으로 주요 요약 엑셀 테이블에 입력됨, 4단계: 주 워크시트의 데이터는 일일보고서로 활용됨(카피 또는 그래프로)

(DMAT: 재해의료지원팀(Disaster Medical Assistance Team))

출처: Florida Department of Health, Bureau of Epidemiology. County health department epidemiology hurricane response toolkit. Updated April 20, 2015, p. 19.

(1) 일상적인 감시 데이터 및 체계의 활용

일상적인 감시 데이터 체계의 가치와 사용은 바이러스 발생 조사 중에 과소 평가되어서는 안 되며, 이상적으로는 데이터의 준비 틀 내에서 관리되어야 할 것이다. 많은 주의 질병감시체계(모두 상용 또는 주 또는 사내 설계)는 집단발병 관리의 구성요소를 가진다. 중복되는 노력이나 과정을 피하기 위해 현장조사관은 사용할 테크놀로지를 결정하기 전에 발생 관리를 지원하는 기존 감시체계를 이해하고 평가해야 한다(표 2.4.2.).

표 2.4.2. 2016년 미국 플로리다주 보건부에서 기존의 사용하는 것을 지카(Zika) 바이러스 대응기간 동안 질병감시시스템의 집단발병 관리 기능(Outbreak Management Function)을 개발한 사례

플로리다의 지역적인 모기 매개 전염의 가능성이 있는 지카 바이러스 감염의 초기 사례를 확인한 후 플로리다 보건부는 지역적으로 획득한 지카 바이러스 감염을 식별하고 진행 중인 전염이 진행 중인지 여부를 평가하기 위해 주의 일부 지역에서 적극적인 감시를 실시했다.

이러한 현장조사 기간 동안 수집된 데이터는 주 보건부의 개발된 보고 질병감시 응용 프로그램(Merlin)의 집단발병 모듈(Outbreak Module, OM)에서 관리했다. 세 가지 유형의 OM 사건이 사용되었다. 첫째, 발단환자, 사례 그리고 그들의 접촉자, 둘째, 요 조사(urosurvey)(즉, 소변 표본수집과 짝을 이룬 조사 관리), 거주, 비즈니스 또는 클리닉 요 조사 참여자, 셋째, 기타 비발단 사례 등이었다. 거주자 요 조사(지역에서 취득한 발단 사례에서 반경 150m 이내에 있는 사람), 비즈니스 요 조사(사업장 또는 작업 현장의 직원), 클리닉 요 조사(관심 지역에 거주하거나 일한 사람)에 관한 데이터를 수집하고 분석하였다.

OM 사건, 즉 각 요 조사에 대해 사건별 설문조사가 실시간으로 생성되어 수집된 데이터를 캡처하는데 사용되었다. 2016년에는 방문조사 데이터를 간단한 종이 형태로 수집했다. 설문조사는 Tallahassee의 중앙 사무실 직원에게 매일 밤 팩스로 전송되었으며, 여기에서 기존의 보고 가능한 질병데이터 입력 직원이 수집된 모든 설문조사 데이터를 입력했다. 디지털화된 정보는 24시간 이내에 지역 및 주 수준의 조사관에게 제공되었다.

2016년에는 87개의 OM 사건(발단 49례, 요 조사 32개 및 기타 6개)이 시작되었다. 이 사건은 약 2,400명으로 구성되었으며, 이 중 약 2,200명(92%)이 요 조사에 참여했다. Merlin 시스템 OM 내에서 데이터를 관리하는 것은 주의 기존 전자 실험실 보고(ELR, electronic laboratory reporting) 인프라를 통해 주 공중보건 실험실 정보시스템에서 전자적으로 받은 실험실 데이터를 즉시 연결하는데도 유용했다. ELR 피드(feed)에 대한 수정(예: 새로운 Zika 바이러스 테스트 코드 추가)이 이루어졌으며, 이러한 변경 사항은 첫 번째 요 조사가 시작되기 전에 완료될 수 있어서 신속한 데이터 수신을 보장한다. 긍정적인 실험실 결과를 위해 사례 기록이 즉시 생성되고 해당 기록이 사례 기록과 별도의 조사 데이터 수집 영역 간에 연결되었다. Merlin은 일상적인 사례보고를 계속 지원했으며, OM은 유연한 집단별 사건 수준 조사를 용이하게 했다. 사건 설문 조사는 핵심 질문과 현장 또는 설정별 질문으로 구성되었다. 핵심 질문을 사용하면 요 조사 사건 데이터 내에서 그리고 사이의 비교 가능성이 가능해져 임시 분석을 수행하는 능력이 향상되었다. Merlin 및 OM 내에서 데이터를 전자적으로 관리하면 내보내기, 사건별 분석 및 매핑 연결을 위한 데이터에 쉽게 접근할 수 있다. 사례 및 설문조사 데이터의 원활한 관리로 중복 데이터 입력이 제거되었다. 대응하는 동안 ArboNet 데이터베이스의 국가 보고를 위해 Merlin에서 질병통제예방센터(CDC)로 발생보고 질병사례 데이터를 자동으로 전송하도록 수정되었다(이전 수동 데이터 입력과정 대체).

출처 : Rasmussen SA, Goodman RA, The CDC Field Epidemiology Manual, Oxford University Press, USA, 2018.

집단발병 관리의 구성요소를 지원하는 공중보건 전자 질병감시시스템 외에도 전자실험실보고(ELR, electronic laboratory report)는 이제 질병발생 감시의 중심이 되었다. 모든 주의 보건부서에는 운영 ELR 시스템이 있다. ELR은 질병 사건의 개인 식별 및 보고를 지원하기 위해 설계되었지만 발병 대응 활동을 지원하는 데도 사용할 수 있다. ELR 과정을 포함한 기존 감시체계를 사용하면 바이러스 발생 감지, 특성화, 발생 식별 및 제어 측정 평가가 지원된다(표 2.4.3.).

표 2.4.3. 일상적인 전자실험실보고(ELR)를 사용하여 집단발병 발견 및 공중보건 권장사항 평가 지원

인플루엔자 발생을 발견하는 것은 어려울 수 있으며, 종종 의료제공자가 해당 정보를 인식하고 관할 보건부서에 보고해야 한다. 고위험군(예: 노인, 특히 요양원 또는 기타 장기 요양 시설에 있는 사람)의 인플루엔자 감염은 특히 적절한 항바이러스 치료 또는 화학 예방 시행이 지연되는 경우 더 심각한 결과를 초래할 수 있다. 이 환경에서 발생을 보다 효과적으로 식별하기 위해 플로리다 보건부(FDOH)는 전자실험실 보고(ELR)를 통한 인플루엔자 결과 보고를 요구하는 규정을 구현했다.

뉴욕주 보건 및 정신위생부(New York Department of Health and Mental Hygiene)에서 처음 설명한 접근방식에 따라 FDOH는 주 면허기관으로부터 면허가 있는 모든 요양원 및 기타 장기요양 시설 목록을 얻었다. 그런 다음 이 시설들의 주소를 ELR 양식에서 받은 환자 주소와 일치시켜 해당 시설의 사람이 인플루엔자 양성 표본을 가지고 있는지 확인했다. 이러한 고위험 설정 내에서 하나의 양성 결과는 발병 조사를 출발시킨다. 이 접근방식을 통해 이전에 보고되지 않은 발병이 확인되었다.

또 다른 예로, 지역적으로 획득한 Zika 바이러스 감염에 대한 FDOH의 2016년 대응 동안 ELR은 공중보건 권장사항을 평가하는 데 필수적이었다. Miami-Dade 카운티에서 FDOH는 모든 임산부에게 적극적인 국소 전파가 확인된 후 지카 바이러스 감염 검사를 받을 것을 권장했다. 지카 바이러스 검사 능력을 확보한 실험실은 모든 지카 실험실 검사 결과를 FDOH로 보내 달라는 요청을 받았다. FDOH 선천성 결함 프로그램은 Miami-Dade에 거주하는 산모와 임산부의 추정 수를 결정했으며, ELR 데이터(음성과 양성 결과)를 사용하여 실제로 검사를 받은 임산부의 비율과 추가적인 교육과 지원이 필요한 공공 또는 보건의료 제공자를 확인했다. 많은 양의 검사(2016년 약 65,000개 결과)를 수행하면서 테크놀로지(기존 ELR 프로세스 및 고급 분석 소프트웨어)를 사용하여 이러한 접근방식을 실현할 수 있었다.

출처: Rasmussen SA, Goodman RA. The CDC Field Epidemiology Manual, Oxford University Press, USA, 2018.

증후군 감시는 증상 또는 건강행동에 대한 데이터(예: 처방전 없이 구입할 수 있는 의약품 판매의 상당한 증가) 및 통계 도구를 사용하여 추가 공중보건 조사 또는 대응 및 상황 인식을 위해 비정상적인 활동을 감지, 모니터링 및 특성화한다. 가장 잘 알려져 있고 가장 큰 증후군 감시 데이터원은 응급실과 긴급 치료센터의 환자 카운터 데이터이다. 이 데이터는 실시간으로 모니터링할 수 있는데 사건 또는 잠재적인 질병 또는 집단발병의 공중보건학적 중요지표로서 사건을 특성화하거나 초기 감지 이후 모니터링을 가능케 한다. 증후군 감시체계인 ESSENCE는 2016년과 2017년에 지카 바이러스가 미국에 도입되었을 때 적극적인 사례 발견을 신속하게 촉진하기 위해 사용되었다(표 2.4.4).

표 2.4.4. 2016~2017년 플로리다에서 기존의 증후군 감시체계인 Essencefl을 사용하여 지카(Zika) 바이러스 질병에 대한 강화된 감시 및 적극적인 사례찾기 수행

지카 바이러스병(Zika)은 2015년 브라질에서 널리 퍼진 공중보건 문제가 되었으며 다른 중남미 국가와 결국 미국으로 빠르게 확산되었다. 지카는 임신 중에 어머니가 바이러스에 감염되었을 때 아기의 심각한 선천성 결함 가능성을 증가시킨다. 지카는 또한 Guillain-Barré 증후군과 관련이 있다.

지카의 주요 매개체는 플로리다에 있는 이집트 숲모기(*Aedes aegypti*)이다. 지카 발병 국가를 포함하여 매년 많은 관광객이 플로리다를 방문하는 가운데 플로리다는 이 질병이 주에 유입되는 것을 최소화하기 위한 조치를 취했다. 질병 초기에 지카에 감염된 사람을 발견하면 공중보건 개입이 두 가지로 가능하다. 다른 사람에게 전파되는 것을 방지하기 위해 바이러스에 감염되는 동안 모기에 물리는 것을 방지하는 방법에 대한 환자 교육 및 환자가 있었던 지역(예: 집 또는 직장)을 모기 통제 노력의 표적으로 하는 것이다.

플로리다의 증후군 감시체계(ESSENCE-FL)는 응급실이 있는 병원(245/250개 병원)에서 거의 완전한 범위를 제공한다. 관련된 국가로 여행했던 개인에서 지카 용어(지카 및 소두증 단어의 철자 오류 포함) 및 증상 집락(예: 발진, 발열, 결막염 또는 관절통)에 대한 주요 불만, 퇴원 진단 및 분류 메모 필드를 검색하기 위해 쿼리가 작성되었다. 대시 보드는 주 수준의 직원이 생성하고 카운티 역학자들과 공유하여 지카가 의심되는 응급실 방문에 대한 일일 검토를 용이하게 한다.

ESSENCE-FL을 이용하여 총 19건의 지카 사례(2016년 10건, 2017년 7건, 2018년 2건)가 확인되었다. 이들 방문은 전통적인 보고 기전을 사용하여 공중보건에 보고되지 않았으며, 공중보건기관에서 ESSENCE-FL을 사용한 능동적인 사례 발견 없이는 확인되지 않았을 것이다. 이러한 식별은 기존 감시체계를 사용하여 완료되었으며, 플로리다에 지역적으로 확산되는 지카의 유입 가능성을 줄이는 데 도움이 되었다.

출처 : Rasmussen SA, Goodman RA, The CDC Field Epidemiology Manual, Oxford University Press, USA, 2018.

(2) 새로운 감시체계 구축과 기존 체계의 수정

현장조사의 맥락에서 데이터 관리가 더 나은 데이터 체계가 아닌 더 많은 데이터 체계를 생성할 수 있는 위험이 있다. 통합되거나 상호 운용되지 않는 조건별, 사건별 또는 독립형 체계는 불가능하지는 않더라도 어렵고 시간이 오래 걸리는 부담스러운 사후 조정이 필요하다.

새로운 독립형 체계를 설정하는 대신

- 기존 체계를 수정한다. 긴급한 체계의 수정은 일반적이며 체계 수정은 통합되지 않은 별도의 데이터 관리 접근방식을 설계하고 개발하는 것보다 더 지속 가능하다.
- 다른 옵션을 사용할 수 없는 경우에만 독립형 체계를 고려해야 한다. 사용하는 경우 데이터를 검색하고 다른 체계와 공유하는 계획을 즉시 구현해야 한다.
- 사건에 대한 대응이 향후 감시 활동을 강화할 감시체계의 수정을 촉진하는 데 도움이 될 수 있는 기회를 찾는다.

(3) 전자건강기록(EHR, electronic health record) 사용

EHR의 광범위한 구현으로 의료 제공자와 공중보건 부서 간의 연결을 개선할 수 있는 기회가

존재하여 현장조사 중에 데이터를 더 효율적이고 시기 적절하게 수집할 수 있다. 점차적으로 공중보건기관은 일상적인 감시 활동을 위해 EHR에 대한 원격 접근을 지원하기 위해 지역 수준에서 의료시설과 계약을 체결할 수 있게 되었다. EHR에 대한 이러한 접근을 통해 직원은 의무기록을 원격으로 검토하여 다른 채널을 통해 사례 보고서를 받은 사례에 대한 추가 임상, 노출 또는 인구통계 데이터를 수집할 수 있다.

사건 전에 지역 또는 주 보건부 직원이 이러한 접근을 일상적으로 사용하면 사건에 대응하는 중에 EHR에 접근해야 할 때 공중보건 학습 곡선을 줄일 수 있다. 일상적인 접근 없이도 현장조사자들은 2012년 진균성 뇌수막염의 다주 발생에 대한 대응 과정에서 발생한 것처럼 그러한 사건에 대응하는 동안 시간 제한이 있는 체계별 EHR 접근 권한을 얻을 수 있었다(표 2.4.5). 이로 인해 발병 팀은 적극적인 사례 찾기를 수행하고, 사례 식별 후 사례 추출을 완료하고 사례를 특성화함으로써 도움이 되었다. 의무기록 추출은 배치된 현장 팀에 없는 테크놀로지 전문가가 원격으로 수행할 수 있다. EHR 체계에 익숙하고 공급 업체와 직접 연락하는 것이 도움이 될 수 있다. 의료서비스 제공 업체 사무실 직원은 EHR 제품에서 기록 수준의 검색을 수행하는 방법에 대해 잘 알고 있을 수 있다. 그러나 EHR의 임상적 사용자가 다룰 기회가 거의 없는 경우에 체계 추출을 생성하거나 기록(예: 특정 시간 프레임 동안 특정 절차를 받는 모든 사람)을 쿼리하는 데는 덜 능숙할 수 있다.

표 2.4.5. 2012년 테네시주 전자의무기록을 사용하여 진균성 뇌막염의 다주 발생 동안 데이터 수집 지원한 사례

2012년 9월 18일 한 임상의가 경막외 스테로이드 주사 후 진단된 배양으로 확진한 *Aspergillus fumigatus* 수막염 환자에 대해 테네시 보건부에 알렸다. 이 사례는 New England Compounding Center(Framingham, MA)에서 생산한 메틸 프레드니솔론 아세테이트 주사와 관련된 진균 감염의 여러 국가에서 발생한 최초의 사례이다.

23개 주에 있는 75개의 의료시설에 배포된 3개의 메틸프레드니솔론 아세테이트가 관련되었다. 의무기록 추출은 발병 조사 중 일반적인 관행이지만 일반적으로 현장 추출이 필요하다. 테네시 보건부는 EHR(전자건강기록)에 대한 원격 데스크톱 접근을 사용하여 알려진 영향을 받은 환자에 대한 데이터를 검토하고 우려되는 절차에서 부작용의 배경 비율을 식별했다. 원격 EHR 접근을 통해 과거, 현재 및 후속 방문을 추출하고 병력, 질병의 임상 과정, 실험실 검사 결과, 영상 결과 및 치료 데이터를 검토할 수 있다.

이는 지속적으로 변화하는 임상 증상으로 진화한 환자 치료를 위한 질병통제예방센터(CDC) 지침의 실시간 개발 및 보급을 알리는 데 매우 중요했다. 원격 EHR 접근은 보건부서 및 기관 직원의 시간을 절약하고, 직원이 사무실로 돌아와 사례 확인을 완료할 수 있게 했으며, 동시에 작업하는 고도로 숙련된 여러 직원을 지원했다. 원격 데스크톱 접근을 확보하고, EHR 사용에 대한 지침을 제공하려면 특정 상황에서 기관의 정보기술 직원의 지원이 필요했다.

조사하는 동안 공중보건당국은 지속적으로 그리고 여러 이질적인 기관으로부터 신속하게 상당한 양의 정보가 필요했으며, 정보를 얻기 위해 여행하는 것은 비현실적이었다. EHR에 원격으로 접근하는 문제를 해결하기 위해 개선해야 할 영역에는 개인정보 보호정책에 대한 이해 향상, 데이터 공유 기능 향상, 데이터 입력 중복 완화를 위한 관할권 간 연결이 포함된다.

출처 : Rasmussen SA, Goodman RA. The CDC Field Epidemiology Manual, Oxford University Press, USA, 2018.

사건 대응을 지원하는 데이터가 EHR에 있을 수 있는 경우 현장 팀은

- 현장 시간을 사용하여 원격 또는 데스크 EHR 접근을 지원하는 데 필요한 관계 및 계약을 수립한다.
- 원격 EHR 접근 요청에 대한 임계 값이 낮다.
- 관할권 리더십이 직면한 EHR 접근 장벽의 해결을 높이고, 개인정보 보호 및 법률 팀의 지원을 요청한다.
- 원격으로 대응을 지원할 수 있는 보건의료 데이터 추출 전문가를 포함하도록 대응 팀을 확장한다.
- EHR 공급 업체에 연락하거나 보건부 감시 및 정보학 직원을 사용하여 공급업체와의 조정을 용이하게 하고 원격 접근 권한을 얻거나 기록 전체에서 데이터 추출 또는 쿼리를 수행하는 데 도움을 준다.
- 기존 감시체계에 고품질 EHR 데이터 통합을 보장한다.

EHR을 사용하는 것은 일부 공중보건 종사자에게는 새로운 일이며, 문제를 일으킬 수 있다. 예를 들면, 공중보건 사용자는 시스템 접근, 연결 및 탐색 방법을 배우는 데 시간이 필요하다. EHR에서 필요한 데이터가 저장되는 위치는 부분적으로 의료 기관에서 EHR을 사용하는 방법에 따라 다르다. 예를 들면, 코딩된 요소 또는 사용 가능한 시스템 지정 필드에 이상적으로 저장된 데이터는 자유 텍스트 상자에 위치할 수 있다. 시스템 사용자가 많을수록 동일한 데이터 요소가 다른 방식으로 또는 다른 위치에 기록될 가능성이 높다. 응답에 중요한 데이터는 EHR 시스템 외부의 종이에 저장될 수도 있다. 이상적으로는 공중보건 요원이 기관의 전체 EHR 시스템에 접근할 수 있지만 일부 기관에서는 해당 요원이 특정 기록 접근 권한을 할당하는 특정 기록을 요청해야 한다. 후자의 접근방식은 과정을 느리게 한다. 시기적절한 데이터 및 데이터 접근의 이점은 이러한 과제를 극복하기 위한 노력의 가치가 있음이 입증되었다.

2) 분석, 시각화 및 보고 개선

최근 몇 년 동안 집단발병 및 사건 대응 동안 쉽게 소비할 수 있는 정보의 신속한 처리에 대한 수요가 증가했다. 이러한 요구는 부분적으로 문화적 변화와 기대에 의해 주도되고 있다. 사람들은 이제 주머니에 강력한 컴퓨터(스마트폰)가 있고 소셜 미디어, 인터넷 및 24시간 뉴스 주기에 쉽게 접근할 수 있다. 현장 팀은 데이터를 의미 있게 요약하고 보고서를 신속하게 생성하여 수집된 데이터를 공중보건 활동을 추진하는 데 유용한 정보로 바꿔야 한다.

수집 방법과 관계없이 데이터를 디지털화 한 후 분석 및 통계 소프트웨어를 사용하여 데이터 세트를 다양한 방식으로 조작하여 다양한 질문에 답할 수 있다. 또한 고급 분석 소프트웨어를 사

용하면 다른 유형의 데이터(예: 공기 또는 수질에 대한 전자 실시간 데이터 또는 데이터 수집 또는 원격 감지 시스템(예: 연속 또는 자동 수집 및 전송))를 사용할 수 있다. 이러한 데이터를 지리정보시스템 데이터와 결합하면 시간 및 장소별로 환경 및 사람 중심 정보를 쉽게 씌울 수 있다.

다음 원칙은 효과적인 분석 및 시각화를 촉진하는 데 적용된다.

- 데이터는 분석을 위해 다른 체계로 쉽게 내보낼 수 있어야 한다. 종종 이 과정은 자동화될 수 있다. 하나의 기본 데이터베이스에서 데이터 수집이 발생하더라도 데이터 분석을 완료하려면 다른 더 정교한 도구를 사용하거나 발생 데이터를 다른 소스의 데이터와 병합해야 할 수 있다.
- 조사 초기에 보고 일정(예: 매일 오전 9시)을 설정해야 한다. 데이터 입력이 여러 위치 또는 서로 다른 위치에서 관리되는 대규모 확산의 경우, 시스템에 데이터를 입력하거나 분석에 사용할 수 있는 업데이트 해야 하는 시기와 일일 보고서를 실행할 시간을 명시적으로 전달하는 것이 가장 최신 정보를 보장하는 데 필수적이다. 알려진 누적 정보를 요약한 보고서와 매일 또는 하루에 두 번 데이터 요약(즉, 상황 보고서)이 필요할 수 있다.
- 소프트웨어를 사용하여 보고서 작성을 자동화하여 특정 시간에 실행한다. 이 기능은 상황 보고서가 매일 여러 번 필요할 수 있는 대규모 사건에서 유용하다.

3) 현장조사에서 지속적인 감시로 전환

지역, 주 및 연방 수준의 새로운 체계 또는 과정은 종종 확산 대응을 지원하기 위해 개발되었다. 바이러스 발생 설정의 시간 및 리소스의 제약으로 인해 발생 중에 시작된 감시체계 또는 과정은 다른 과정을 부분적으로 복제할 수 있다. 대응하는 동안 수용할 수 있지만 일상적인 체계의 일부가 아닌 방식으로 시간 소모적이거나 인력 집약적일 수 있으며, 발병이 끝났을 때, 통합 문제가 발생할 수 있다. 이러한 가능성을 최소화하기 위해 현장 조사관은 데이터 수집 검토 과정이 발병 기간 동안 엄격하게 준수되는지 확인해야 한다. 현장 조사관은 가능한 한 빨리 기존 메커니즘으로 전환하는 것을 목표로 지속 가능성을 위한 전환 계획을 시작해야 하며, 미래에 필요할 수 있는 관련 데이터 수집 활동, 장기 기록 관리 및 저장, 지속적인 분석을 염두에 두어야 한다.

4) 보안, 표준 및 데이터베이스 백업 결정

데이터 보안은 현장 대응의 모든 테크놀로지 사용에서 가장 중요하다. 현장에 도입된 컴퓨터, 태블릿 및 기타 모바일 장치는 데이터의 손실 및 무단 접근으로부터 보호되어야 한다. 공중보건기관의 내부 네트워크와 상호작용할 수 있는 장비 유형에 대해 결정을 내려야 한다. 로컬 머신에 대한 기밀 데이터 저장은 피해야 하며, 불가피한 경우 공중보건기관의 개인 정보보호 및 보안 표준을 통해 조기에 요구사항을 해결해야 한다.

데이터 수집 또는 장치 선택 전에

- 공중보건기관의 개인 정보보호 및 보안 표준을 높은 수준에서 이해해야 한다.
- 현장의 데이터 보안이 관할 지역의 표준을 충족하는지 여부를 평가해야 한다. 이 경우 보건부서의 IT 책임자와의 회의가 필요할 수 있다.
- 데이터 수집(및 모바일 또는 오프 사이트 데이터 수집)이 잠재적인 방화벽 및 네트워크 문제와 상호 작용하는 방법을 결정한다.
- 인터넷 연결 또는 보건부 네트워크 가용성에 지속적으로 접근할 수 없는 현장 파견의 경우(2017년 허리케인 어마가 플로리다를 강타한 후 파견 동안의 상황 그리고 대형 아파트 건물 내부에서 각 집에 대한 방문조사가 있었던 마이애미 데이드 카운티의 지카 대응 당시의 상황) 엄격한 보안 기준을 준수해야 한다.
- 정기적이고 자동화된 백업 절차를 설정하여 효과적으로 데이터베이스를 관리하고 엄격하게 수행해야 한다.

표 2.4.6. 2016년 플로리다 보건부, 지카 바이러스에 대한 현장 반응의 상황 보고서 예

역학적 활동을 요약한 상황 보고서는 플로리다 보건부에서 매일 작성하여 의사결정 및 자원 우선순위 결정을 목적으로 사고 책임자에게 제공되었다. 데이터는 주의 보고 가능한 질병 감시체계에서 분석 소프트웨어로 추출되어 보고서 작성이 자동화되었다.

지카 열병(Zika Fever) 요약 포인트

- 2016년 5월 12일 오후 2시 30분 현재 플로리다에서 지카 열병 112건이 보고되었다.
- 2016년 11월 5일 오후 2시 30분 이후 새로운 케이스 없음
- 임산부 7건
- 플로리다에서 0건
- 13개의 사례가 입원
- 현재 4건이 현증
- 소두증, 태아 두개 간 석회화 또는 열악한 태아 결과(임신 1기)와 관련이 있는 것은 0건
- 1건은 길랭-바레(Guillain-Barré) 증후군과 관련이 있음
- 1,117명의 사람들이 지카 바이러스에 대해 공중보건 실험청에서 검사를 받았음(634명은 임산부)

표 1. 2016년 5월 12일 오후 2시 30분 현재 플로리다 카운티별 지카열 사례 및 현황 (n=112)

카운티명	현증자 (Currently Ill)	치료완료자 (Illness Resolved)	계 (Total Cases)
Alachua	0	4	4
Brevard	1	1	2
Broward	0	15	15
Clay	0	1	1
Collier	0	1	1
Dade	0	44	44

Hillsborough	0	3	3
Lee	0	4	4
Martin	0	1	1
Orange	2	6	8
Osceola	0	4	4
Palm Beach	0	7	7
Pasco	0	1	1
Pinellas	0	1	1
Polk	0	3	3
Santa Rosa	0	1	1
Seminole	1	1	2
St. Johns	0	1	1
Volusia	0	2	2
Pregnant Women (No County Released)	0	7	7
Total	4	108	112

표 2. 모기 방제활동 이후 새로운 발생에 대한 플로리다 지카열 사례보고

Case ID	카운티	보고일 (Date Case Reported)	모기 방제활동 완료 유무(Mosquito Reduction Activities Complete)
841144	Volusia	5/9/2016	Yes
841176	Volusia	5/9/2016	Yes

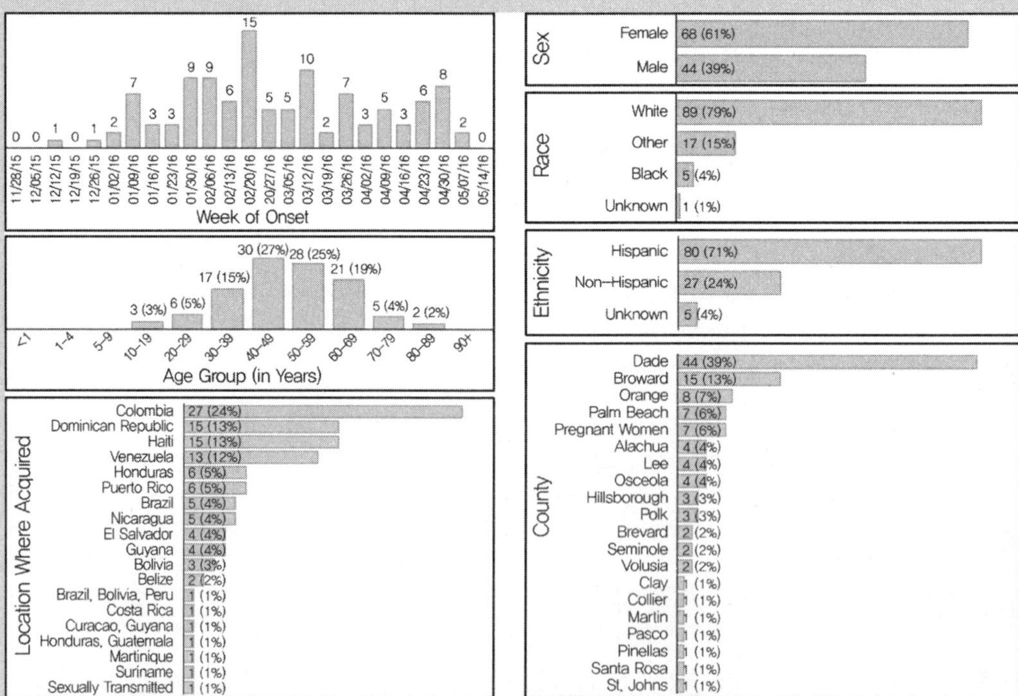

그림 1. 2016년 5월 12일 오후 2시 30분 플로리다 지카열 사례 특성별 분포(112명)

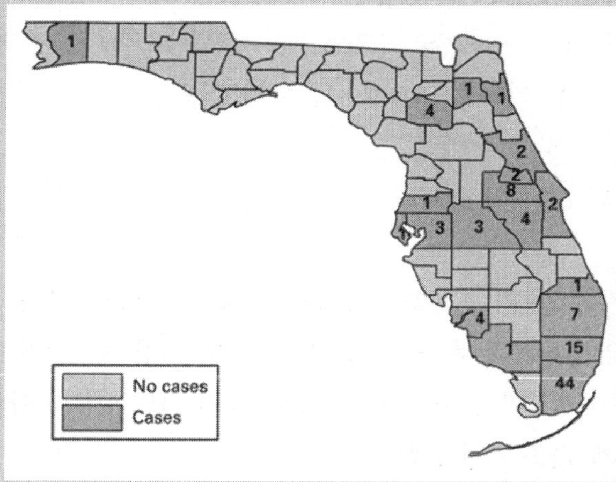

지도 1. 2016년 5월 12일 오후 2시 30분 플로리다 지카열 사례 카운티별 분포(105명)

출처 : Rasmussen SA, Goodman RA. The CDC Field Epidemiology Manual, Oxford University Press, USA, 2018.

8 다른 유형의 정보 추적 및 관리

먼저 사건과 관련된 사례 정보에 중점을 둔다. 대부분의 경우 현장 팀은 다른 많은 데이터도 추적하거나 관리한다(표 2.4.7.). 예를 들면, 2015년 홍역 발병 당시 일리노이에서 사례 추적 외에도 현장 팀은 격리된 사람의 수를 추적해야 했다(표 2.4.8.).

9 테크놀로지 사용에서 인력의 역할 평가

테크놀로지는 불충분한 수준의 물리적 및 인적 자원을 해결하지 못한다. 현장 배치를 지원하기 위한 테크놀로지 결정은 종종 대응을 지원하는 최고의 기술이 아니라 직원 간의 지식과 편안함 수준에 기반한다. 데이터 수집의 위치(예: 책상 전화, 클리닉이나 병원 또는 방문 인터뷰를 통해)는 수용 가능한 테크놀로지를 결정하는 핵심요소이다. 도구나 도구를 직접 사용하라는 요청을 받을 수 있다. 많은 양의 데이터를 수동으로 수집해야 하는 경우 적절한 데이터 입력 직원이 없는 것이 제한이 될 수 있다. 필요한 데이터 입력 인력은 종종 과소 평가되며, 데이터 입력 과정은 병목 현상이 될 수 있다. 고려해야 할 현장 팀 인력 문제는 다음과 같다.

- 데이터를 수집, 입력 또는 디지털화하는 사람의 수, 파견 기간(교대하는 직원으로 인해 여러 교육이 필요함), 파견 장소, 기술적 도구에 지식과 익숙함

- 사용 가능한 교육시간. 일정 수준의 사전 교육이 종종 필요하다. 현장 대응 중 데이터 수집 및 관리를 위한 직원 교육은 신기술 도입을 매우 어렵게 만들 수 있으며, 새로운 도구에 대한 수용 부족 또는 수용 가능성으로 이어질 수 있다.
- 면접 기술, 사용 언어 및 면접 장소
- 팀원의 개인 안전 및 장비 안전

역학, 과학 및 질병 지식 외에도 공중보건 정보학에 대한 확고한 이해를 갖춘 고도로 숙련된 데이터 관리자가 현장 팀의 일원으로 현장에 필요할 수 있다. 가장 효과적이려면 이 사람이 기존 감시체계, 관행 및 절차에 익숙해야 한다. 현장조사관은 초기 팀의 일부가 아닌 경우 그러한 지원을 요청하기 위한 낮은 임계 값을 가져야 한다.

표 2.4.7. 기타 예 : 조사 중에 현장 팀이 관리해야 할 필요가 있는 비사례 데이터

현장 조사관은 다른 체계에 저장된 비사례 데이터를 관리해야 할 수 있어 현장 팀이 정보에 접근하거나 정보를 수집 및 집계해야 한다. 다른 상황에서는 현장 팀이 여러 데이터 출처의 데이터를 추적하는 수단을 만들어야 할 수도 있다. 예를 들면

- 시약 또는 실험실 표본 수집 재료(예: 면봉)의 수, 특정 유형의 운반 매체(예: 기생충과 알의 분석 및 세균학을 위한 대변 캔) 또는 멸균용기를 포함하는 실험실 재료 등에 대한 현재 및 예상되는 수요
- 검사실에서 검체를 수령한 후 결과를 얻을 수 있는 시간(실험실 검사유형, 예: 배양, 중합효소연쇄반응[PCR])
- 현재 및 예상 수요와 관련한 중요한 공급품(예: 항바이러스 약물, 산소 또는 멸균 장갑), 장비(예: 호흡장비) 및 서비스(예: 투석)의 가용성
- 매일 수행된 설문조사의 수, 방문한 가구의 수, 특정 거주지 및 재방문이 필요한 사람
- 백신의 가용성, 백신을 제공하는 장소, 투여된 백신 용량(그리고 백신 접종자의 인구학적 특성)
- 예방적 처치의 가용성 및 접근
- 학교 및 직장 출석(출근) 및 폐쇄
- 병상 유형별 병상 이용 가능 여부 및 이용 가능한 병상 배치 또는 인력 문제
- 시행된 통제조치의 문서화(예: 격리 또는 격리된 사람의 수 및 상태, 예방조치된 사람의 수, 살충제 살포를 한 경우 모기 통제 당국에 대한 보고)
- 노출된 사람의 수와 노출 위치
- 노출된 사람과 격리된 사람을 모니터링하기 위한 직원의 적절성, 제외 상태 및 후속 검사의 날짜
- 방문한 가구 수와 시도 횟수, 접촉자에 노출된 사람 수 그리고 접촉에 응답한 사람 수
- 편지 및 기타 교육데이터 배포
- 식품 또는 의료 제품의 리콜 상태, 소매점 또는 치료 위치에서 제품의 지속적인 가용성, 관련 제품을 받는 시설과의 접촉 상태 그리고 더 이상 사용되지 않는 보장 상품
- 여행 제한

출처 : Rasmussen SA, Goodman RA. The CDC Field Epidemiology Manual, Oxford University Press, USA, 2018.

표 2.4.8. 2015년 일리노이주에서 Redcap을 사용하여 홍역 집단발병 동안 노출된 사람 모니터링 지원 사례

2015년 1월 미국 일리노이주 공중보건부(IDPH)는 15건의 확진자와 많은 노출된 접촉으로 이루어진 대규모 미국 홍역 집단발병을 조사하기 시작했다. REDCap의 사용자 지정 기능을 통해 IDPH는 기존 에볼라 바이러스 질병 모듈을 신속하게 수정하여 홍역 접촉 조사를 지원하기 위한 홍역 관련 설문지를 만들 수 있었다. 72시간 내에 REDCap의 IDPH 홍역 모듈은 여러 지역 보건부서에서 사용할 준비가 되었다. REDCap 조사도구는 체온 및 증상보고를 위한 일일 전화통화 대신 모니터링 옵션으로 63개 연락처 중 33개(52%)가 제공되었으며, 33개 연락처 중 17개(52%)가 하나 이상의 설문조사를 완료했다. 사후평가 결과 REDCap은 감염 발병위험이 낮은 것으로 확인된 연락처를 모니터링하는 직원의 시간과 노력을 줄여 후속 조치를 단순화했다. 더욱이 이 시스템은 매일 증상을 보고하지 않는 접촉자들 사이에서 추가 후속조치가 필요한 사람들의 빠른 우선순위를 지원했다. 향후 사용을 위해 도구를 향상시키기 위해 스페인어 및 폴란드어 번역 옵션, 예방접종 기록 데이터 수집 도구 및 한 가구 내에서 여러 연락처를 관리할 수 있는 기능이 요청되었다.

출처 : Rasmussen SA, Goodman RA. The CDC Field Epidemiology Manual, Oxford University Press, USA, 2018.

10 공중보건 정보학의 사용

새롭게 출현하는 분야로서 정보학은 공중보건 분야의 일부 전문가들에게 막연하게 친숙하다. 공중보건 정보학 전문가는 공중보건 업무에 중요한 데이터를 효율적으로 처리하는 공중보건 관련 체계를 디자인하고 시행한다. 정보학 도구와 접근방식을 잘 적용하면 공중보건 정보학 관행의 이상과 현장 데이터 수집의 현실 사이에서 적절한 균형을 찾을 수 있다.

공중보건 정보학자(informaticians)는 공중보건 프로그램, 그들의 데이터 니즈 뿐만 아니라 정보체계의 디자인을 이해하도록 훈련되었다. 이들은 이중 교육으로 대부분의 공중보건 기관 IT 노동자로부터 구분된다. 보건 IT 서비스 전문가는 종종 공중보건 정보학 전문가와 혼동된다. 보건 IT 서비스 전문가는 네트워크 연결과 같은 인프라 문제를 해결할 수 있어야 하며, 훈련된 공중보건 정보학자는 IT 아키텍처 및 보안, 통계, 데이터 관리 과학 및 시스템 이론을 포함한 광범위한 다학제적인 분야에 대한 정보를 요청하여 시기적절하고 관련성이 높으며, 고품질의 정보를 제공함으로써 공중보건 의사결정을 지원할 수 있어야 한다.

11 전통적 또는 널리 사용된 응용의 사용

현장조사가 빠르게 발전하기 때문에 발생, 감시 및 데이터 수집을 지원하는 특정 기술 또는 프로그램에 대한 설명이 빠르게 구식이 될 수 있다. 이상적으로, 공중보건기관은 공중보건 실행을 촉진하기 위해 현대 기술을 사용해야 한다. 실제로 공중보건기관은 부분적으로는 자원 부족과 현장에 정통한 정보학 직원의 가용성 때문에 새로운 기술을 통합하는 데 어려움을 겪을 수 있다. 많은 보건 부서는 승인된 소프트웨어의 제한적인 목록을 가지고 있지만, 원하는 소프트웨어가 제공할 필요성이나 역할이 입증될 수 있는 경우 예외 또는 새로운 승인이 종종 확산 대응 중에 신속하게 처리될 수 있다.

널리 사용되는 데이터 수집 애플리케이션에는 질병통제예방센터(CDC) Epi Info(CDC, 조지아주 애틀랜타)와 점점 더 REDCap(Research Electronic Data Capture; Vanderbilt University, Nashville, Tennessee)이 포함된다. 많은 주 기반의 질병 감시보고체계에는 발병 관리 모듈이 통합되어 있다. 일부 다른 무료 소프트웨어 패키지(예: SurveyMonkey[San Mateo, CA])는 기밀 데이터를 저장하고 수집하는데 부적절하며 사용을 피해야 한다. 일회성 데이터(예: 일회용 설문 시작)를 처리하기 위해 수많은 설문조사 도구가 설계되었지만 동일한 설문 조사의 저장 및 재사용을 지원하지 않는다.

수집된 데이터의 데이터 관리 및 분석도 마찬가지로 중요하다. SPSS(IBM Corporation, Armonk, NY), SAS(Statistical Analysis System; SAS Institute, Inc., Cary, NC) 및 R(R Foundation, Vienna, Austria)과 같은 소프트웨어는 매우 귀중한 분석 및 데이터 관리 애플리케이션이다. Google Maps(Google Inc., Mountain View, CA) 및 지리정보시스템 데이터는 중요한 매핑 도구이다. 그러나 질병, 노출 또는 손상을 입은 사람들의 포인트 맵을 만들 때 기밀 유지가 심각한 문제가 될 수 있다.

전 세계적으로 인터넷이 채택됨에 따라 사람들이 정보를 제공하고 공유하며 실시간으로 협업할 수 있는 새로운 차원의 참여 체계가 가능해졌다. 소셜 미디어 애플리케이션(예 : Facebook [Facebook, Inc., Menlo Park, CA], Yelp [Yelp, Inc., San Francisco, CA] 및 Twitter [Twitter, Inc., San Francisco, CA])은 점점 더 많이 사용된다. 감시 및 크라우드 소싱을 수행하여 건강관련 정보를 푸시하고 가져오는 역할을 한다. 정보를 밀고 당기는 데 소셜 미디어를 사용하면 확산 중에 공중보건 메시지 배포를 지원하고 적극적인 사례 발견을 지원하는 데 도움이 될 수 있다. 이러한 유형의 데이터는 기존 사례보고 체계보다 빠르고 광범위하게 중요한 건강 추세의 신호를 도출하는 데 사용되었다. 예를 들면, 뉴욕시는 *Neisseria meningitidis* (표 2.4.12.)가 지역사회에서 발생하는 동안 적극적인 사례 발견, 연락처 식별, 교육 및 예방 메시지 평가를 위해 소셜 미디어를 사용했다. 이러한 새로운 데이터 출처에서 파생된 데이터의 재현성, 신뢰성 및 유용성에 대한 엄격한 평가는 활발한 연구 분야이다.

표 2.4.9. 조사 및 설문조사 데이터 수집 지원

신청	코멘트
Epi Info (CDC, Atlanta, GA)	• 공중보건 종사자 및 연구원을 위해 질병통제예방센터(CDC)에서 설계 및 유지 관리하는 무료 공개 소프트웨어 도구 모음 • 간편한 설정: 데이터 수집을 위한 웹 기반 및 클라우드 최적화 구성 요소도 모바일 데이터 수집을 지원하는 데 사용할 수 있음 • 사용자 정의 가능한 데이터 입력 양식 및 데이터베이스 구성 포함 • IT 배경이 없는 공중보건 전문가를 위해 역학 통계, 지도 및 그래프로 데이터 분석 가능 • 집단발병 조사 그리고 작은 규모 및 중간 규모 질병감시체계의 개발에 사용 • 그 기능 때문에 공중보건 현장조사자가 알고 사용하는 데 유용함 • http://www.cdc.gov/epiinfo에서 무료 다운로드 가능
Microsoft Access (Microsoft Corp., Redmond, WA)	• 데이터베이스 관리 시스템 및 Microsoft Office 제품군의 일부 • 데이터를 쉽게 저장하고 조작할 수 있음 • 제한: 단일 사용자 데이터 입력 • 추가 정보는 https://www.microsoft.com/en-us/external icon에서 확인할 수 있음
REDCap (밴더빌트 대학교, 테네시주 내슈빌)	• 온라인 설문 조사 및 데이터베이스 구축 및 관리를 위한 안전한 인터넷 애플리케이션 • 전자 기록법(21 Code of Federal Regulations Part 11), 2002년 연방 정보보안 관리법(44 US Code §3541), Health Insurance Portability and the Health Insurance Portability and 1996년 책임법(공법 104-191, 110 Stat 1936) • 연구 및 운영을 위한 온라인 또는 오프라인 데이터 캡처를 지원하도록 특별히 설계되었음 • 컴퓨터, 태블릿 및 스마트폰을 통해 접근 가능 • http://www.project-redcap.org에서 REDCap Consortium에 가입한 비영리 기관에 무료로 제공됨
발생 관리 보고 가능한 구성 요소 질병감시시스템	• 공중보건기관의 질병감시보고시스템을 통해 통합 발병 관리 구성요소로 사용할 수 있음 • 상용 기성 제품(예: Maven [The Apache Software Foundation, Wakefield, MA; https://maven.apache.org/external]) 또는 보건부서의 설계 및 개발된 제품(예: Florida Department of Health의 Merlin 시스템)

출처: Rasmussen SA, Goodman RA. The CDC Field Epidemiology Manual, Oxford University Press, USA, 2018.

표 2.4.10. 분석, 시각화 및 보고(AVR)용 애플리케이션

신청	코멘트
SAS (통계 분석 시스템, SAS Institute, Inc., 노스 캐롤라이나 주 캐리)	• 고급 분석, 다변량 분석, 비즈니스 인텔리전스, 데이터 관리 및 예측 분석을 위한 통계 분석 소프트웨어 제품군 • 매우 강력한 소프트웨어 응용 프로그램 • 추가 정보는 https://www.sas.com/en_us/home.htmlexternal icon에서 확인할 수 있음
SPSS (IBM Corporation, Armonk, NY)	• 사회과학 연구에서 널리 사용되는 분석 소프트웨어 • 통계 분석 외에도 데이터 관리(예: 사례 선택, 파일 재형성 또는 파생 데이터 생성) 및 데이터 문서(예: 데이터 파일에 저장된 메타데이터 사전)를 제공함 • http://www.ibm.com/spssexternal 아이콘에서 추가 정보를 확인할 수 있음
R (R 재단, 오스트리아 빈)	• 무료 오픈 소스 통계 분석 소프트웨어 • 그래픽 기능을 포함하고 스크립트 파일에 저장된 프로그램을 실행할 수 있음 • R용 통합개발 환경인 R Studio와 연결 • 추가 정보는 http://www.r-project.orgexternal 및 http://www.rstudio.comexternal 아이콘에서 확인할 수 있음
ArcGIS (Esri, Redlands, CA)	• 공간 또는 지리 데이터를 저장, 조작, 분석, 관리 및 표시하도록 설계되었음 • 우수한 매핑 도구 포함 • http://www.esri.comexternal 아이콘에서 추가 정보를 확인할 수 있음
ESSENCE (지역사회 기반 감염병 조기 통보를 위한 전자감시 시스템)	• CDC의 국가 신드로믹 감시 프로그램의 일환으로 많은 관할권에서 전국적으로 운영되는 신드로믹 감시체계 • 관할 지역 버전은 다른 기능 또는 데이터 세트를 가짐 • Johns Hopkins University Applied Physics Laboratory에서 개발 • CDC, 주 및 지역 보건부, Applied Physics Laboratory 간의 협력을 통해 개발된 개선 사항 • National Syndromic Surveillance Program 및 ESSENCE에 대한 추가 정보는 https://www.cdc.gov/nssp/news.html#ISDS에서 확인할 수 있음
SaTScan (매사추세츠주 보스턴 소재 하버드 의과 대학 및 하버드 순례자 건강 관리 연구소)	• 스캔 통계를 사용하여 공간, 시간 및 시공간 데이터 분석 • http://www.statscan.orgexternal에서 무료 다운로드 가능
BioMosaic (CDC, 조지아주 애틀랜타)	• 인구 통계, 마이그레이션 및 건강 데이터를 통합하는 분석 도구 • 지정된 CDC 직원만 이용 가능 • 여행, 질병 패턴 및 다른 국가 출신의 미국 정착지 위치에 대한 정보를 결합함 • 지도 및 기타 유형의 그래픽을 포함하여 여러 소스의 복잡한 데이터를 시각적 형식으로 결합 • 2011년 CDC의 글로벌 마이그레이션 및 검역 부서, 하버드 대학교 및 토론토 대학교 간의 협력을 통해 개발되었음

HealthMap (매사추세츠주 보스턴 보스턴 아동 병원)	• 무료 매핑 유틸리티 • 비공식 인터넷 소스(예 : 온라인 뉴스 애그리게이터, 목격자 보고서, 전문가가 선별한 토론 및 검증된 공식 보고서)를 사용하여 질병 발생 모니터링 및 새로운 공중보건 위협에 대한 실시간 감시를 통해 현재 전 세계의 감염병 상황에 대한 통합되고 포괄적인 시각을 얻음 • http://www.healthmap.orgexternal 아이콘에서 사용 가능

출처 : Rasmussen SA, Goodman RA. The CDC Field Epidemiology Manual, Oxford University Press, USA, 2018.

표 2.4.11. 새롭게 출현하는 또는 크라우드 소싱 애플리케이션

신청	코멘트
EpiCollect (Imperial College London, 영국)	• 양식(예: 설문지) 생성을 위한 인터넷 및 모바일 앱과 데이터 수집을 위한 무료 호스팅 프로젝트 온라인 사이트 • 여러 전화기를 사용하여 글로벌 포지셔닝 시스템 및 미디어를 포함하여 수집된 데이터 • Google 지도, 표 또는 차트를 사용하여 중앙에서 볼 수 있는 모든 데이터 • http://www.epicollect.net/external icon에서 추가 정보를 확인할 수 있음
앱	• 공중보건 감시로 현장조사자를 지원하기 위해 사용 가능하거나 개발 중인 여러 애플리케이션 도구 참고 : 현장조사관은 새로운 응용 프로그램을 사용하기 전에 조사기관의 당국에 확인하고 개인 정보보호 및 기밀유지 요구사항에 대해 극도의 주의를 기울여야 함(13장 참조)
모바일 장치	• 장치 자체에서 얻은 데이터 • 데이터 수집에 사용되는 장치
일회용 온라인 양식	• 예 : SurveyMonkey(캘리포니아주 San Mateo)
소셜 미디어	• 예 : Yelp (Yelp, Inc., 샌프란시스코, CA), Twitter (Twitter, Inc., 샌프란시스코, CA) 및 Facebook (Facebook, Inc., Menlo Park, CA)

출처 : Rasmussen SA, Goodman RA. The CDC Field Epidemiology Manual, Oxford University Press, USA, 2018.

12 현장조사에서 미래 기술 이해

의료 및 일상 생활에서 기술이 널리 사용되면서 현장조사 중에 공중보건 감시 및 데이터 수집 및 관리가 계속 추진되고 변화될 것이다. 모바일 장치는 POC (Point-of-Care) 장치로 사용하고, 노출 모니터링을 수행하고, 건강상태 모니터링을 수행하고, 원격 위치에서 기능을 수행하고, 언제든지 쉽게 휴대하고 사용할 수 있어서 데이터 수집에 대한 특별한 약속이 있다. 앞으로 데이터 상호 운용성 표준의 성숙은 보다 즉각적인 정보 공유를 촉진할 것이다. 공중보건 정보학의 발전과 현장 대응 기술의 사용은 계속해서 독창성과 적응을 요구하고 대응 이벤트 중에 흥미로운 기회를 제공할 것이다.

표 2.4.12. 2010~2013년 뉴욕시의 지역사회 기반 *Neisseria Meningitidis* 발병 중 SAS, 휴대 전화 및 소셜 미디어를 사용하여 적극적인 사례 찾기, 연락처 식별 및 통제 조치 평가

2012년 9월 미국 뉴욕시 보건 및 정신위생국(NYC DOHMH)은 남성과 성관계를 가진 남성(MSM) 사이에서 *Neisseria meningitidis* 혈청군 C 침윤성 수막구균 질환이 발생했음을 확인했다. 2010년 8월에서 2013년 2월 사이에 최종 발생한 사례는 22례(7명 사망)로 단지 7건에서만 남성 동성애자(MSM)가 아닌 사람들이었다. 비록 뉴욕시의 MSM에서 *N. meningitidis*의 공격률이 증가했지만, 환자와 잠재적으로 노출된 사람 사이의 연관성을 밝히는 것은 어려웠다.

조사 중 한 가지 접근방식은 환자의 휴대전화를 사용하여 사례 간의 연락처와 연결을 밝히는 것이었다. NYC DOHMH는 사례 환자가 누구에게 전화했는지, 누가 그들에게 전화했는지, 문자 메시지를 수신 및 발신했는지 확인하기 위해 휴대전화 기록을 확보했다. 전화번호 목록은 공통 번호를 식별하기 위해 SAS 코드로 작성된 짝짓기 프로그램(SAS Institute, Inc., Cary, NC)으로 분석되었다. 한 전화번호는 세 사람이 공통적으로 사용했으며, 조사관은 이들 세 사람이 행사에 함께 참석했다는 사실을 발견했다.

휴대전화 자체를 검토한 결과, 환자 사이에서 일반적인 앱을 찾아내고 그들 사이의 링크(예: 미니 네트워크)를 탐색하는 데 효과적인 것으로 입증되었다. NYC DOHMH는 소셜 미디어 앱을 사용하여 검사 또는 백신접종과 관련된 정보를 대중에게 배포했다. 정보는 Twitter(Twitter, Inc., San Francisco, CA)와 MSM 시청률이 높은 약 100개의 인터넷 사이트 및 블로그를 통해 배포되었으며, NYC DOHMH 후원 배너 및 팝업 온라인 광고 및 MSM을 대상으로 하는 모임 앱을 통해 배포되었다.

이 발병기간 동안 테크놀로지 및 소셜 미디어 사용을 평가하여 교육 및 통제 조치의 효과를 평가했다. "2012년 11월, 488,000개의 팝업 광고 중 총 40,116개(8.2%)와 463,645개의 배너 광고 중 2,782개(0.6%)가 클릭된 반면, 인기 있는 연결 온라인 사이트 사용자에 대한 605건의 폭발적인 이메일 중 87개(14.4%)가 클릭되었다." 설문조사에 참여한 266명의 사용자 중 118명(44%)은 발병에 대한 이메일을 받았다고 회상했다. 77명(29%)의 사용자만이 사이트에서 배너광고 중 하나를 본 적이 있다고 회상했다. 이 발병기간 동안 소셜 미디어를 사용하여 적극적인 사례 찾기, 연락처 추적, 교육 및 예방 메시지 전달을 통해 발병 대응을 지원했다.

출처 : Rasmussen SA, Goodman RA. The CDC Field Epidemiology Manual, Oxford University Press, USA, 2018.

참고문헌

대한예방의학회. 예방의학과 공중보건학, 제3판 수정증보판, 계축문화사, 2017.

대한예방의학회, 한국역학회. 예방의학·역학·공중보건학 용어집, 계축문화사, 2014.

손석준, 이경수, 이무식, 이중정, 이충원, 정인성. 현장역학(Field Epidemiology, 2nd edition 번역본). 계축문화사, 2004.

American Recovery and Reinvestment Act of 2009, Pub. L. No. 111-5, 123 Stat. 226. February 17, 2009.

Bialek MD, Allen D, Alvarado-Ramy F, et al. First confirmed cases of Middle East respiratory syndrome coronavirus (MERS-CoV) infection in the United States, updated information on the epidemiology of MERS-CoV infection, and guidance for the public, clinicians, and public health authorities—May 2014. MMWR. 2014;63;431–6. Erratum in: MMWR. 2014; 63:554.

Breslow NE, Day NE. Statistical methods in cancer research. Vol 1. The analysis of case—control studies. (IAEC scientific publication no. 32). Lyon : International Agency for Research on Cancer; 1980.

Centers for Disease Control and Prevention. CDC's vision for public health surveillance in the 21st century. MMWR Suppl. 2012;61(Suppl):1–44.

Centers for Disease Control and Prevention. Multistate outbreak of fungal infection associated with injection of methylprednisolone acetate solution from a single compounding pharmacy—United States, 2012. MMWR. 2012;61;839–42.

Centers for Disease Control and Prevention. Progress in increasing electronic reporting of laboratory results to public health agencies—United States, 2013. MMWR. 2013;61;797–9.

Detels R, Beaglehole R, Lansang MA, Gulliford M. Oxford Textbook of Public Health, Oxford University Press, 2009.

Eysenbach G. Medicine 2.0: social networking, collaboration, participation, apomediation, and openness. J Med Internet Res. 2008;10:e22.

Feinstein AR. Clinical Epidemiology. The architecture of clinical research. Philadelphia: W.B. Saunders Company 1985.

Florida Department of Health, Bureau of Epidemiology. County health department epidemiology hurricane response toolkit. Updated April 20, 2015, p. 19.

Florida Department of Health, Bureau of Epidemiology. Daily situation report from the field response to Zika virus, 2016. Production Date May 12, 2016, 2:30 PM.

Fond M, Volmert A, Kendall-Taylor N. Making public health informatics visible: communicating an emerging field. A FrameWorks Strategic Map the Gaps Report. Washington, DC: Frame Works Institute; 2015. https://frameworksinstitute.org/toolkits/informatics/elements/pdfs/informatics_phiistrategicmtgfinalseptember2015.pdfpdf

Gerber T, Olazabal V, Brown K, Pablos-Mendez A. An agenda for action on global e-health. Health Aff (Millwood). 2010;29:233–6.

Gordis L. Epidemiology. 5th ed. Philadelphia: Elsevier; 2013.

Greene SK, Peterson ER, Kapell D, Fine AD, Kulldorff M. Daily reportable disease spatiotemporal cluster detection, New York City, New York, USA, 2014–2015. Emerg Infect Dis. 2016; 22:1808–12.

Grounder P, Del Rosso P, Adelson S, Rivera C, Middleton K, Weiss D. Using the Internet to trace contacts of a fatal meningococcemia case—New York City. 2010. J Public Health

Manag Pract. 2012;18:379–81.
Hopkins RS, Tong CC, Burkom HS, et al. A practitioner-driven research agenda for syndromic surveillance. Public Health Rep. 2017;132 Suppl: 116S–26S.
Kelsey JL, Thompson WD, Evans AS. Methods in observational epidemiology. New York, Oxford: Oxford University Press; 1986.
Kratz MM, Weiss D, Ridpath A, et al. Community-based outbreak of Neisseria meningitidis serogroup C infection in men who have sex with men, New York City, New York, USA, 2010–2013. Emerg Infect Dis. 2015;21:1379–86.
Last JM. A Dictionary of Epidemiology, 4th Ed, Oxford Uni Press Inc., 2001.
Levin-Rector A, Nivin B, Yeung A, Fine A, Greene S. Building-level analyses to prospectively detect influenza outbreaks in long-term care facilities: New York City, 2013–2014. Am J Infect Control. 2015;43:839–43.
Likos A, Griffin I, Bingham AM, et al. Local mosquito-borne transmission of Zika virus—Miami–Dade and Broward counties, Florida, June–August 2016. MMWR. 2016;65:1032–8.
MacMahon B, Pugh TF. Epidemiology: principles and methods, Little, Brown and Company, 1970.
Martin SM, Bean NH. Data management issues for emerging diseases and new tools for managing surveillance and laboratory data. Emerg Infect Dis. 1995;1:124–8.
Porta M. A Dictionary of Epidemiology, 5th edition, IEA, Oxford University Press, USA, 2008.
Public Health Agency of Canada. Learning from SARS: Renewal of public health in Canada. http://www.phac-aspc.gc.ca/publicat/sars-sras/naylor/index-eng.phpexternal
Public Health Informatics Institute. Electronic Disease Surveillance System (EDSS) vendor analysis. http://www.phii.org/resources/view/4409/electronic-disease-surveillance-system-edss-vendor-analysis
Rasmussen SA, Goodman RA. The CDC Field Epidemiology Manual, Oxford University Press, USA, 2018.
Robert B. Wallace. Maxey-Rosenau-Last Public Health and Preventive Medicine. McGraw-Hill Education, 15 edition, 2008.
Rothman K J. Modern epidemiology. Boston, Toronto : Little, Brown and Com pany; 1986.
Schlesselman JJ. Case—control studies: design, conduct, analysis. New York: Oxford University Press; 1982.
Vahora, J, Hoferka, S. How Illinois used REDCap to support contact monitoring for the 2015 measles outbreak. June 11, 2015. http://www.cste.org/blogpost/1084057/219374/How-Illinois-Used-REDCap-to-Support-Contact-Monitoring-for-the-2015.Measles-Outbreak
Waegemann CP. mHealth: the next generation of telemedicine? Telemed J E Health. 2010;16: 23–5.

제 5 장

역학 데이터 기술

1 도입

현장역학자는 현장조사, 감시체계, 생정통계 또는 기타 출처에서 데이터를 수집하고 평가한다. 기술역학(descriptive epidemiology)이라고 하는 이 작업은 질병, 손상 또는 환경 위험 발생에 대한 아래의 질문에 답하는 것이다.

- 무엇(what)?
- 얼마나(how much)?
- 언제(when)?
- 어디(where)?
- 누구에게서(among whom)?

첫 번째 질문은 질병 또는 건강 상태에 대한 설명과 함께 답변된다. “얼마나?”는 건수 또는 비율로 표시된다. 마지막 세 가지 질문은 시간, 장소 및 사람 측면에서 이러한 데이터의 패턴으로 평가된다. 데이터가 구성되고 표시되면 기술역학은 종종 예상(예: 역사적인 발생건수, 감시 증가 또는 예방 및 통제 프로그램의 산출물) 패턴 또는 규범과의 비교를 통해 이러한 패턴을 해석하는 것을 포함한다. 이러한 기관조직, 감시, 데이터 해석의 과정을 통해 기술역학은 여러 목적을 달성한다(표 2.5.1.).

표 2.5.1. 기술역학의 목적

기술역학
• 건강(보건) 문제를 구성 부분으로 구분하여 분석하기 위한 체계적인 접근을 제공한다. • 건강(보건) 문제의 기본 차원에 완전히 정통하도록 한다. • 조사 중인 건강(보건) 문제에 대한 위험이 증가한 인구를 밝혀낸다.

- 의사 결정자, 미디어, 대중 및 기타 진행 중인 조사에 대한 정보를 적시에 제공한다.
- 통제 및 예방 조치를 시작하거나 수정하기 위한 결정을 지원한다.
- 통제 및 예방 프로그램의 진행 상황을 측정한다.
- 원인, 노출 유형, 통제방법의 효과 및 기타 건강(보건) 문제 측면에 대한 검정 가능한 가설을 생성할 수 있다.
- 원인 또는 위험요인의 궁극적인 원인임을 확인하는 데 도움이 된다.

출처 : Rasmussen SA, Goodman RA. The CDC Field Epidemiology Manual, Oxford University Press, USA, 2018.

분석 결과는 관찰된 패턴에 대해 시간, 장소 및 사람별로 설명해야 한다.

2 역학 데이터를 구성하기

설명 데이터를 표, 그래프, 다이어그램, 지도 또는 차트로 구성하면 데이터를 빠르고 객관적이며 일관되게 파악할 수 있다. 표나 그래프가 조사자의 데이터를 이해하는 데 도움이 되거나 보고서 또는 청중에게 데이터를 설명하는 데 도움이 되는지 여부와 관계없이 조직은 주요 패턴과 해당 패턴의 예외를 신속하게 밝혀야 한다. 표, 그래프, 지도 및 차트에는 모두 제목, 데이터, 각주 및 텍스트의 네 가지 공통 요소가 있다(표 2.5.2.). 이 장에서는 이러한 데이터 표시를 준비하기 위한 추가 지침이 특정 데이터 표시 유형에 처음 적용되는 것에 응용된다.

표 2.5.2. 통계 데이터 디스플레이의 구성 요소

통계 데이터 디스플레이에는 최소한 다음이 포함되어야 한다.
- 소개하는 데이터를 식별하는 내용, 장소, 시기를 포함하는 제목
- 패턴을 나타내기 위해 데이터가 구성되고 표시되는 데이터 공간
- 사용된 약어, 데이터 소스, 측정 단위 및 기타 필요한 세부 정보 또는 데이터를 설명하는 각주
- 데이터의 기본 패턴을 강조하는 텍스트(이 텍스트는 테이블, 그래픽 또는 보고서 본문에 나타날 수 있음)

출처 : Rasmussen SA, Goodman RA. The CDC Field Epidemiology Manual, Oxford University Press, USA, 2018.

3 사례 특성화(무엇?)

표는 일반적으로 질병 사례 또는 기타 건강 사건을 특성화하는 데 사용되며 숫자 값을 표시하는데 이상적이다. 이전에 언급한 모든 데이터 디스플레이에 공통적으로 적용되는 요소 외에도 테이블에는 데이터 유형을 식별하는 열 및 행 머리글과 해당 열 또는 행의 모든 데이터에 적용되는 측정 단위가 있다. 비교에 초점을 맞추도록 잘 구성된 분석 테이블은 데이터를 이해하고 다른 사

람들에게 데이터를 설명하는 데 도움이 된다. 분석 테이블을 배열할 때는 간단한 지침(표 2.5.3.)에 따라 데이터 공간 배열부터 시작해야 한다.

사례는 일반적으로 라인 리스팅(line listing)이라는 테이블로 구성된다(표 2.5.4.). 이 배열은 관련 특성별로 사례를 재구성하기 위해 정렬을 용이하게 한다. 라인 리스팅(line listing) 표 2.5.4.에 있는 이 중요한 시간과 사건발생의 관련성 패턴을 나타내기 위해 예방접종과 발병 사이의 날짜로 정리된다. 일반적으로 기술역학에서는 임상 결과의 빈도에 따라 사례를 구성한다(표 2.5.5.). 만약 질병의 원인을 알 수 없는 경우, 이 배열은 가능한 노출에 관한 가설을 개발하는데 역학자가 도움을 줄 수 있다. 예를 들면 초기 호흡기 증상은 표 2.5.5.에서와 같이 상기도를 통한 노출을 나타낼 수 있다.

표 2.5.3. 표의 데이터 배열을 위한 지침

- 통계적으로 유의하거나 유효한 두 수로 반올림한다.
- 유효 수치를 3개 이상 사용하면 비교와 이해를 방해한다.
- 일반적으로 역학적 목적에는 더 많은 정밀도가 필요하지 않다.
- 유효한 수치는 열 또는 행 내에서 변하지 않거나(예: 123, 145, 168 또는 177) 약간 변하지 않는(표 6.3의 BMI 열 참조) 0이 아닌 추가 숫자를 포함하는 숫자를 의미한다.
- 가능한 한 행과 열에 대한 한계 평균, 비율, 합계 또는 기타 요약 통계를 제공한다.
- 가장 중요한 데이터 비교에 열을 사용한다.
- 숫자는 행을 가로지르는 것보다 열 아래에서 더 쉽게 비교된다.
- 행과 열 아래로 크기(정렬)별로 데이터를 구성한다.
- 데이터를 정렬할 때 가장 중요한 역학적 특성(양상)을 사용한다.
- 주변 요약 통계의 규모에 따라 데이터 열과 행을 구성하는 것이 도움이 되는 경우가 많다.
- 행 또는 열 머리글이 숫자(예: 연령군)인 경우 데이터 순서를 제어해야 한다.
- 테이블 레이아웃을 사용하여 시각을 안내한다. 예를 들면,
- 소수점(또는 1열)에 숫자 열을 정렬한다.
- 열 머리글에 약어를 사용해야 하는 경우 번호를 서로 가깝게 배치한다.
- 데이터 공간 내에서 구분선, 격자 및 기타 장식을 사용하지 마세요.
- 행을 번갈아 가며 음영을 처리하여 독자가 테이블에서 데이터를 따라갈 수 있도록 한다.

출처 : Ehrenberg AC. The problem of numeracy. Am Stat. 1981;35:67-71.

표 2.5.4. 1998~1999년 기간에 미국에서 4가 rhesus 기반 로타바이러스 백신(tetravalent rhesus-based rotavirus vaccine)a 수혜자 중 장중첩증 보고사례

주	연령	성	일[b]	정량(dose)
뉴욕	2	남성	3	1
캘리포니아	3	남성	3	1
펜실베이니아	6	남성	3	1
펜실베이니아	2	남성	4	1
콜로라도	4	여성	4	1
캘리포니아	7	남성	4	2

캔자스	2	여성	5	1
콜로라도	3	남성	5	1
뉴욕	3	여성	5	1
노스캐롤라이나	4	여성	5	1
미주리	11	남성	5	1
펜실베이니아	3	여성	7	1
캘리포니아	4	여성	14	2
펜실베이니아	2	남성	29	1
캘리포니아	5	남성	59	1
캘리포니아	7	남성	4	2
캔자스	2	여성	5	1
콜로라도	3	남성	5	1
뉴욕	3	여성	5	1
노스캐롤라이나	4	여성	5	1
미주리	11	남성	5	1
펜실베이니아	3	여성	7	1
캘리포니아	4	여성	14	2
펜실베이니아	2	남성	29	1
캘리포니아	5	남성	59	1

[a] RotaShield®, Wyeth-Lederle, Collegeville, Pennsylvania

[b] 백신 접종부터 질병 발병까지의 일수

출처 : Centers for Disease Control and Prevention. Intussusception among recipients of rotavirus vaccine—United States, 1998-1999. MMWR. 1999;48:577-81.

표 2.5.5. 2015년 8~9월 미국 펜실베이니아의 새로운 소독 제품 사용을 보고하는 병원 환경 서비스 직원의 증상 및 업무 관련 증상 유병률(n=68)

증상	건수	업무 관련 수[a]	비율	업무 관련 비율[a]
눈물 안(watery eyes)[b]	31	20	46	29
비강 문제[b]	28	15	41	22
천식과 유사한 증상[c]	19	10	28	15
호흡 곤란	11	5	16	7
피부 자극[b]	10	7	15	10
천명(wheeze)[b]	10	5	15	7
가슴 압박감[b]	9	2	13	3
기침	3	1	4	1
천식 발작[b]	2	1	삼	1

[a] 휴가 또는 휴가 중 시설에서 떨어져 있는 동안 개선된 증상으로 정의함

[b] 지난 12개월 동안

[c] 지난 12개월 동안 천식 치료제의 현재 사용 또는 다음 증상 중 하나 이상으로 정의함: 가슴에서 쌕쌕거림 또는 휘파람, 가슴이 답답함을 느끼며 깨어남, 천식 발작

출처 : Hawley B, Casey ML, Cox-Ganser JM, Edwards N, Fedan KB, Cummings KJ. Notes from the field: respiratory symptoms and skin irritation among hospital workers using a new disinfection product—Pennsylvania, 2015. MMWR. 2016;65:400-1.

4 발생 건(개수) 및 율(얼마나?)

1) 건수(count)

관심 있는 모집단에서 사례 수가 얼마나 되는지를 결정하는 간단한 첫 번째 단계이다. 데이터 출처가 발생(특정 인구에서 새로운 사건) 또는 유병(특정 시점의 기존 사건) 사례를 제공하는지 항상 확인하여야 한다. 사건의 경우 사건이 발생한 기간을 지정하여야 한다. 인구에서 시간에 따른 이러한 사고 사례 수를 발생률이라고 한다. 역학 분석에서 유병 사례와 발생 사례를 혼합하면 안 된다.

유병 사례와 발생 사례의 수는 과거 기준 또는 다른 예상 또는 목표 값과 비교할 수 있다. 이러한 사례 수는 동일하거나 거의 동일한 크기의 모집단에서 나온 경우에만 역학 비교에서 유효하다.

2) 율(Rates), 비(Rations) 및 대안적인 분모(Alternative Denominators)

율은 인구 크기규모 또는 연구기간의 차이에 대한 정확한 갯수이다. 따라서 발생률을 적절한 모집단 추정치로 나누면 여러 버전의 발생률이 산출된다. 유사하게, 유병 사례 수를 발생 인구로 나눈 비율(유병률이라고 함)을 생성한다. 엄밀히 말하면, 율 계산에서 귀하가 계산한 질병 또는 건강 사건은 분모로 사용된 특정 인구에서 파생된 것이어야 한다. 그러나 때로는 인구를 알 수 없거나 결정하는 데 비용이 많이 들거나 부적절하다. 예를 들면, 연도 모성사망비과 영아사망률은 같은 년도 사망을 분모로 사용하지만, 사망은 전년의 출생과 관련이 있을 수 있다. 백신이나 의약품의 부작용을 평가하려면 분모로 분포된 총 용량(dose)을 사용하는 것이 좋다. 또 다른 예는 설상차(snowmobile) 사용으로 인한 손상으로 등록된 차량당 비와 충돌 사고당 비로 계산되었다. 이제 숫자(count)로 돌아가서, 귀하는 예상치(예: 과거 숫자, 증가된 감시 또는 예방 및 통제 프로그램의 산출물) 또는 목표율을 인구 총계로 곱하여 모집단에 대한 예상되는 사례 갯수를 계산할 수 있다. 이 예상 또는 목표 사례 수는 이제 모집단에 대해 수정되며 실제 관찰된 사례 수와 비교할 수 있다.

3) 연속된 척도의 측정

질병 또는 불건강은 직접 계산하기보다는 연속된 척도로 측정할 수도 있다(예: 체질량 지수[BMI], 혈중 납 수준, 혈색소, 혈당 또는 혈압). 경험적인 절단점을 사용할 수 있다(예: 과체중의 경우 BMI ≥ 26). 그런 다음 이를 수로 계산하고 율을 계산할 수 있다. 그러나 사람의 측정값은 이러한 절단점 값보다 높거나 낮게 변동될 수 있다. 따라서 발생률을 계산하려면 절단점 위 또는 아래에서 변동이 발생할 때마다 같은 사람을 세지 않도록 특별한 주의가 필요하다. 유병률의 경우, 이러한 변동은 통계적 오류를 증폭시킨다. 보다 정확한 접근방식은 개별 측정의 평균 및 분산을 계산하는 것이다. 그런 다음 집단 간, 예상값 또는 목표값과 비교할 수 있다. 평균과 분산은 표에 표시되거나 중앙값, 평균, 사분위수 범위 및 이상 치(outlier)를 나타내는 상자 수염 플롯(box-and-whisker plot)으로 시각화할 수 있다(그림 2.5.1.).

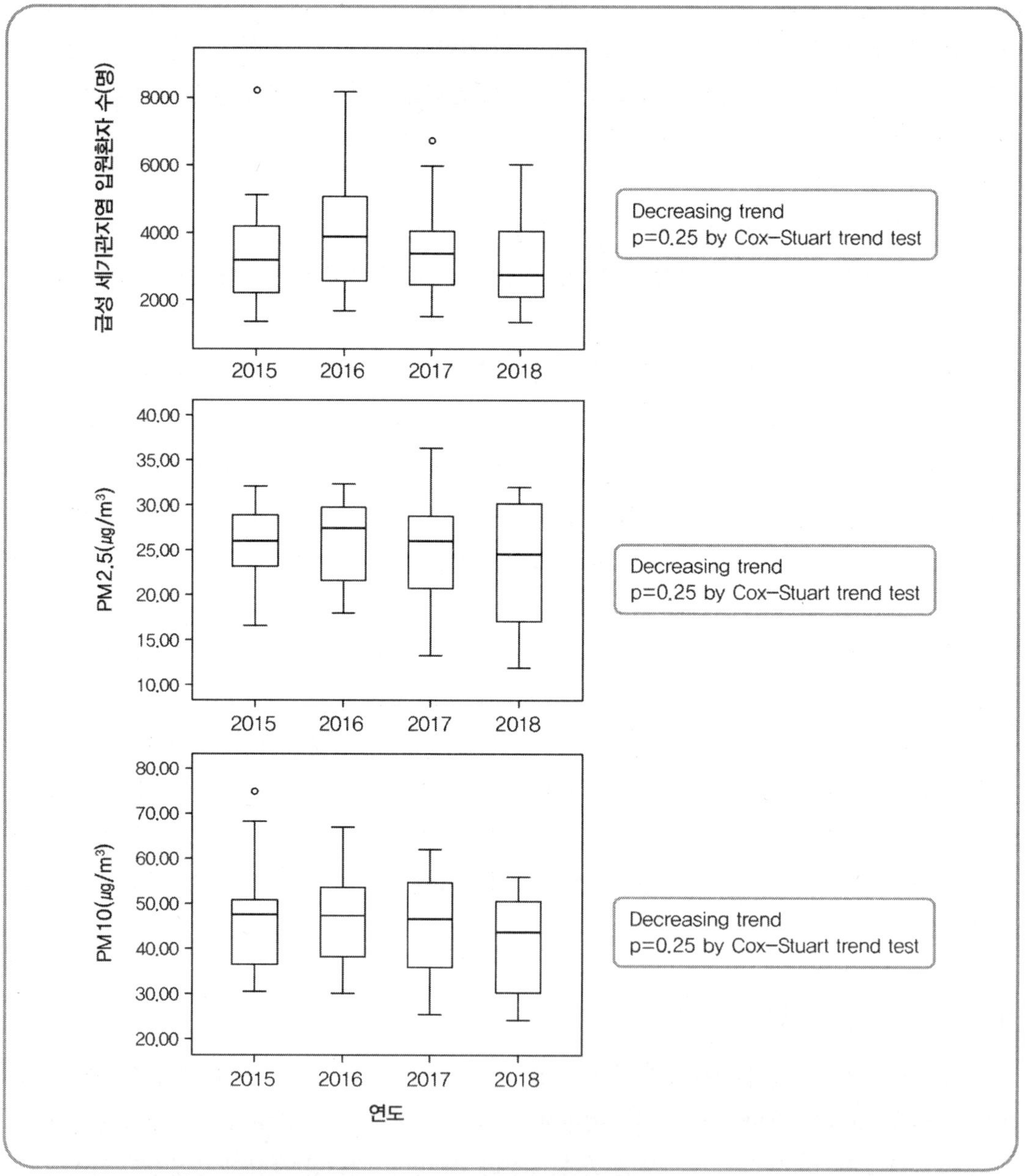

그림 2.5.1. 연도별(2015~2018) 미세먼지 농도와 급성세기관염 환자 수 제시 사례

출처 : 전동욱. 미세먼지 농도에 따른 2세 미만 소아의 급성세기관지염 입원율에 관한 시계열적 분석, 건양대학교 보건복지대학원 보건학 석사학위 논문, 2020.

5 시간(언제?)

시간은 원인 요인에 대한 초기 노출이 질병에 선행해야 한다는 점에서 역학 데이터를 해석하는데 특히 중요하다. 종종 이것은 생물학적으로 결정된 간격을 따른다. 질병 또는 건강 상태 발병 시간은 시간 패턴을 연구하는데 선호되는 통계이다. 발병이 항상 가능한 것은 아니다. 감시 시스템에서는 보고 날짜만 있거나 다른 시작 대리자가 있을 수 있다. 더욱이 서서히 개선하는 건강상태로 인해 식별 가능한 발병이 존재하지 않을 수 있다. 척도의 반대끝 쪽에서 상해와 급성 중독은 즉각적이고 명백한 발병을 보인다.

유사하게 의심되는 노출의 시간은 정밀도가 다르다. 급성 감염, 중독 및 상해에서 의심되는 서로 다른 요인에 대한 정확한 노출 시간을 자주 알게 된다. 이것을 명백한 질병이 발생하기 전에 수십 년 동안 노출될 수 있는 만성 질병과 비교해보라. 건강(보건) 문제의 연대기적 틀을 보완하는 다른 관련 사건에는 기저의 환경적 조건, 건강(보건) 정책의 변화, 통제 및 예방 조치의 적용이 포함된다.

질병을 제때에 이러한 사건과 연관시키는 것은 질병 또는 건강 사건의 주요 특성 계산을 지원할 수 있다. 발병 시간과 추정 노출시간을 모두 알고 있다면 잠복기 또는 잠재기를 추정할 수 있다. 요인이 알려지지 않은 경우, 추정된 노출과 증상 발생 사이의 시간 간격이 원인을 가설하는데 도움이 된다. 예를 들면, 로타바이러스 백신접종과 장중첩증 발병 사이의 일정한 시간 간격(표 2.5.4.)은 백신이 질병을 촉발했다는 가설을 구축하는 데 도움이 되었다. 마찬가지로 잠복기가 알려지면 노출기간을 추정하고, 해당기간 동안 잠재적인 원인체에 대한 노출을 밝힐 수 있다.

1) 시간별 데이터 묘사 : 그래프

그래프는 역학 데이터에서 시간 연관성과 패턴을 표시하는 데 가장 빈번히 사용된다. 이러한 그래프에는 선 그래프, 히스토그램(유행곡선) 및 산포도(역학 그래프 구성에 대한 일반적인 지침은 표 2.5.3. 참조)가 포함될 수 있다.

표 2.5.6. 그래픽 데이터 표시 지침

- 컴퓨터 그래픽 프로그램에서 그래프 유형을 선택할 때 주의하여야 한다. 예를 들면, Microsoft Excel (Microsoft Corporation, Redmond, WA)에서는 숫자로 척도된 선 그래프를 생성하려면 "선(line)"이 아닌 "산점(scatter)"을 사용해야 한다.
- 데이터 플로팅 및 축 척도 조정에서 수학적 원칙을 준수한다.
- 산술 척도에서 축에서 동일한 거리를 갖는 동일한 숫자 단위를 나타낸다.

- 변환된 데이터(예: 로그, 정규화 또는 순위화)를 사용할 때, 축에서 동일한 거리에 대하여 동일한 단위를 나타내어야 한다.
- 수직 척도에서는 종속변수를, 수평 척도에서는 독립변수를 나타낸다.
- 데이터포인트를 선으로 결합하는 대안을 사용한다. 대신에 다음 사항을 고려한다.
    - 선 없음(데이터 표식만 사용)
    - 기존의 데이터마커의 가장 적합한 추세선
    - 데이터 표식 아래에 있는 이동 평균선
- 약 2:1의 종횡비(데이터 공간의 너비 대 높이)가 적합하다. 극단적인 종횡비는 데이터를 왜곡한다.
- 그래프의 크기를 조정하여 데이터 공간을 채우고 해상도를 향상시킨다. 이것이 제로 수준을 제외해야 함을 의미한다면 이를 제외하되 이 작업이 이루어졌음을 독자에게 알려야 한다.
- 데이터의 종합적 양상(예: 종말점)이 아닌 한 0레벨을 고집하지 마라.
- 광범위한 개요에서 세부 사항까지 데이터를 보여주는 그래픽디자인을 사용한다.
- 두 선을 비교하려면 차이를 직접 플로팅한다.
- 시각적으로 눈에 잘 띄는 기호를 사용하여 데이터를 표시하고 강조한다.
- 겹치는 플로팅 기호를 구별할 수 있는지 확인한다.
- 두 개 이상의 데이터세트가 동일한 데이터 공간에 플로팅된 경우
    - 시각적 식별을 위해 포인트마커 및 선을 디자인한다.
    - 레이블(labels), 범례(legends) 또는 키(keys)로 구분한다.
- 혼란을 피하고 왜곡되지 않은 비교를 유지하려면 동일한 그래프의 서로 다른 계층에 대해 두 개 이상의 개별 패널을 사용하는 것이 좋다.
- 동일한 종속변수의 두 그래프를 비교할 때 비교 및 해상도를 향상시키는 척도를 사용한다.
- 눈금 구분과 눈금 단위를 명확하게 표시한다.
- 프레임, 격자선 및 눈금 표시(6-10/축이면 충분함)를 최소화하여 데이터 간섭을 피할 수 있다.
- 축에 6개 이하의 눈금 표시 레이블을 사용한다. 그 이상은 혼란스러워진다.
- 데이터 공간에서 키, 범례, 마커 및 기타 주석을 유지한다. 대신 데이터 영역 밖에 둔다.
- 그래프를 교정한다.

출처 : Rasmussen SA, Goodman RA, The CDC Field Epidemiology Manual, Oxford University Press, USA, 2018.

(1) 접촉 다이어그램(contact diagrams)

접촉 다이어그램은 개별 사례 간의 관계를 적시에 표시하기 위한 다목적 도구이다. 사람 대 사람, 개인 간(person-to-person) 전파를 시각화하는 데 일반적으로 사용되는 접촉 다이어그램(그림 2.5.2, A)에서는 노출되거나 위험에 처한 다른 집단을 나타내는 데 다른 마커가 사용된다.

(2) 유행곡선(epidemic curves)

유행곡선(표 2.5.7.)은 질병 또는 기타 건강 사건의 발생 빈도 분포를 시간 간격으로 표시한 히스토그램이다. 유행곡선에는 종종 가능성 있는 전파 유형을 나타내는 패턴이 있다. 다음 장에서는 유행곡선에 사례를 표시하여 진단할 수 있는 특정 종류의 집단발병 상황을 설명한다.

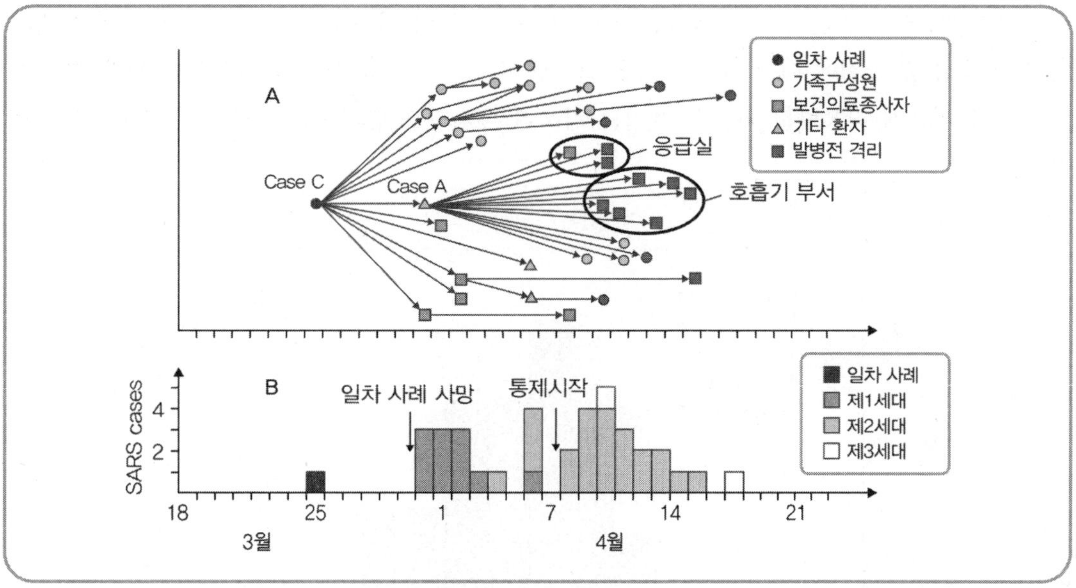

그림 2.5.2. 2003년 중국 베이징에서 친척 및 보건의료종사자 집단 간의 중증 급성호흡기증후군(SARS) 사례 간의 접촉 사례

출처 : Xie S, Zeng G, Lei J, et al. A highly efficient transmission of SARS among extended family and hospital staff in Beijing, China, April 2003. Presented at the 2nd Southeast Asian and Western Pacific Bi-Regional TEPHINET Scientific Conference, November 24-28, 2003, Borocay, Philippines.

표 2.5.7. 유행곡선 히스토그램 작성 지침

- 시간 간격은 x 축에 표시되고 케이스 수는 y 축에 표시된다.
- 각 간격의 수직 막대는 해당 간격 동안의 사례 수를 나타낸다.
- 막대 사이에 간격이 없어야 한다.
- 잠복기의 반 또는 잠재기 이하의 시간 간격을 사용한다.
- 사례 수가 증가하면 시간 간격의 크기를 줄인다.
- 평소부터 집단발병이 증가하기 전, 그리고 평소 수준으로 돌아간 후 1~2 잠복기 간격을 나타낸다.
- 서로 다른 집단을 나타내기 위해 균등하게 조정된 별도의 유행곡선을 사용한다.
- 같은 그래프에서 서로 다른 집단에 대한 열을 쌓지 말아야 한다.
- 중첩된 선 그래프, 레이블, 마커 및 참조선을 사용하여 의심되는 노출, 개입, 특수 사례 또는 기타 주요 기능을 나타낸다.
- 이러한 감염병 전후 기간의 사례와 주요 발병의 연관성을 비교한다.

출처 : Rasmussen SA, Goodman RA. The CDC Field Epidemiology Manual, Oxford University Press, USA, 2018.

(3) 단일 감염원, 점 오염원(point source)

시간에 따른 사례의 밀집한 군집(원인체가 알려진 경우, 잠복기 범위의 1.5배 이하)과 급격한 오르막과 후행 내리막이 있는 유행곡선은 단일감염원(점오염원)과 일치한다(그림 2.5.3.). 경사

면의 변이(예: 이봉(또는 쌍봉)곡선(bimodal) 또는 예상보다 넓은 피크)는 감염원에 대한 노출의 외양, 지속성 및 소실에 대한 다른 생각을 나타낼 수 있다. 특히, 항균제, 면역글로불린, 항독소 또는 기타 빠르게 작용하는 약물의 투여는 감소된 내리막과 함께 예상보다 짧은 집단발병으로 이어질 수 있다.

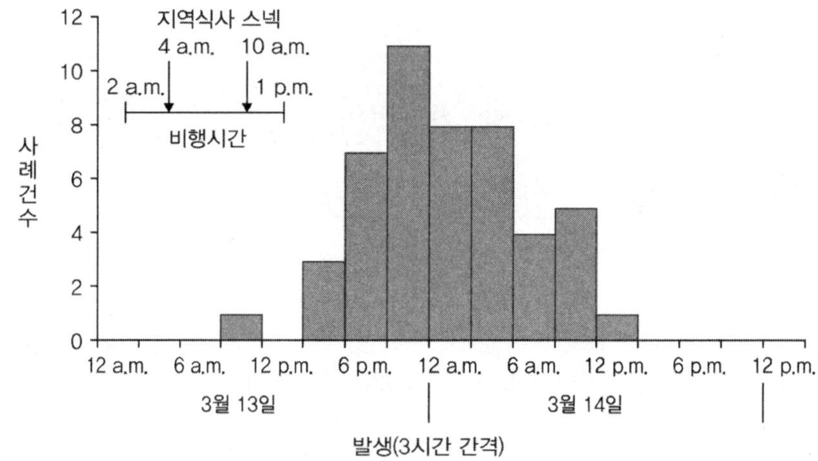

그림 2.5.3. 1984년 3월 13일부터 14일까지 런던에서 미국으로 가는 항공편에 탑승한 승객의 살모넬라증 사례

출처: Tauxe RV, Tormey MP, Mascola L, Hargrett-Bean NT, Blake PA. Salmonellosis outbreak on transatlantic flights; foodborne illness on aircraft: 1947-1984. Am J Epidemiol. 1987;125:150-7.

노출 시간을 대략적으로 계산하려면 피크 이전의 평균 잠복기, 초기 사례의 최소 잠복기, 마지막 사례의 최대 잠복기까지 역순으로 계산한다. 이 세 가지 포인트는 노출 기간을 묶어야 한다(그림 2.5.4). 사례를 예방할 수 있을 만큼 신속하게 조치를 취한 경우 이 추정치에 대한 마지막 사례의 기여도를 할인한다.

원인체를 직접 또는 차량을 통해 다른 사람에게 전달했을 수 있는 감염된 사람에게서 단일 감염원(점 오염원) 발생유행이 생긴다. 이러한 2차 사례는 고장 난 수도관 수리로 인해 발생하는 점 오염원 E형 간염 집단발병 후 관찰된 바와 같이 한 잠복기의 단일 감염원(점 오염원) 후 두드러진 파동으로 나타날 수 있다(그림 2.5.5.). 더 짧은 잠복기의 질병과 더 낮은 2차 확산 비율로 인해 2차 파동은 더 긴 내리막으로만 나타날 수 있다.

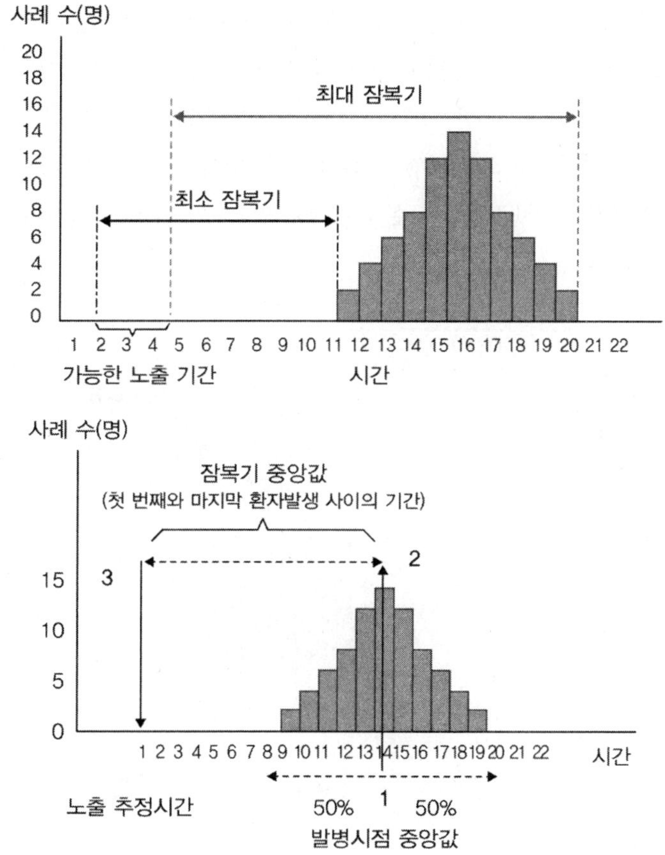

그림 2.5.4. 노출 기간 추정 사례

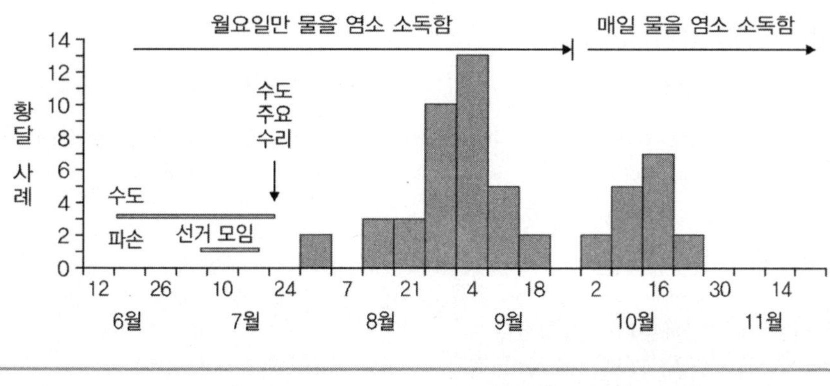

그림 2.5.5. 1999년 6~10월 발병 주별 황달 사례

출처 : Abu-Sbeih A, Fontaine RE. Secondary water-borne hepatitis E outbreak from water storage in a Jordanian town [abstract LB01]. Presented at the TEPHINET 2000 First International Conference, April 17-21, 2000, Ottawa, Canada.

(4) 지속 공통 감염원(continuing common source)

집단발병은 시간이 지나면서 지속되는 공통적인 원인으로부터 발생할 수 있다. 지속되는 공통 원인 유행곡선은 단일 감염원(점 감염원)과 유사하게 급격히 증가할 것이다. 그러나 이러한 유형의 유행곡선은 정점에 도달하는 대신 고원(plateau)을 가지고 있다. 다운 슬로프는 공통원인이 제거되면 가파르거나 자체적으로 고갈되면 점진적일 수 있다. 급격한 증가, 고원 및 급격한 내리막은 여러 레스토랑에 배분된 치즈로부터 살모넬라증 집단발병이 생기고 이후 회수되는 모두에서 함께 나타났다(그림 2.5.6.).

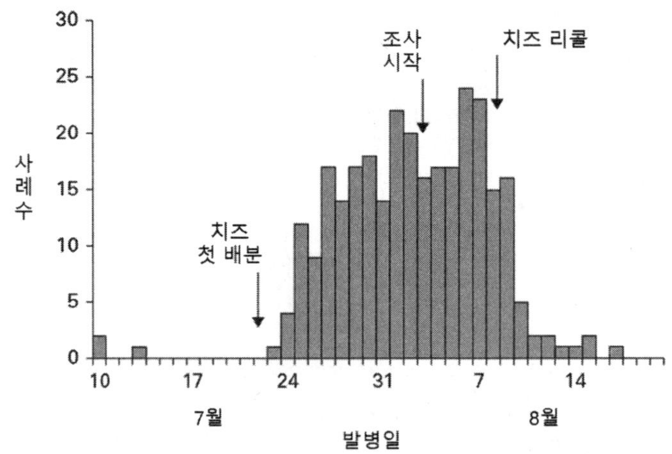

그림 2.5.6. 1976년 7월 10일~8월 17일 미국 콜로라도 *Salmonella enterica* serovar Heidelberg 감염 사례(질병 발병일에 따른)

출처 : Rasmussen SA, Goodman RA. The CDC Field Epidemiology Manual, Oxford University Press, USA, 2018.

(5) 증식형(점진형) 유행(propagated)

증식형 유행 패턴은 사람 간에 전파할 수 있는 원인체로부터 발생하는데 일반적으로 직접적이지만 때로는 중간 매개체를 통해 발생하기도 한다. 이 증식형 유행 패턴에는 네 가지 주요 특성이 있다(표 2.5.8.).

표 2.5.8. 증식형 유행곡선의 특성

- 원인체에 대한 다양한 세대기를 포함한다.
- 단일 또는 제한된 수의 사례로 시작하여 점차 증가하는 오르막으로 증가한다.
- 종종 집단발병 초기단계에서 원인체의 세대기에 해당하는 주기성이 분명할 수 있다.
- 발병이 정점에 도달한 후, 감수성 있는 숙주가 고갈되면 일반적으로 급격한 내리막길이 발생한다.

출처 : Rasmussen SA, Goodman RA. The CDC Field Epidemiology Manual, Oxford University Press, USA, 2018.

중증급성호흡기증후군(SARS) 접촉 다이어그램(그림 2.5.2., 패널 B)에 수반되는 유행곡선은 대략 1주 주기의 파동을 포함하는 이러한 특징을 보여준다. 특정 행동(예: 약물중독 또는 집단 사회성 질병)은 사람 간에 전파될 수 있지만 유행곡선이 반드시 세대 시간을 반영하지는 않는다. 넓은 지역에 대한 유행곡선은 전파된 발병의 초기 주기 또는 특징적인 증가 및 감소를 나타내지 않을 수 있다. 이러한 더 큰 영역의 경우 더 작은 하위 단위로 유행곡선을 계층화하면 근본적인 주기성을 나타낼 수 있다.

2) 인간-벡터-인간(Human-Vector-Human)

매개체감염병은 절지동물 벡터와 척추동물 숙주 사이에서 증식 전파된다. 인간-벡터-인간 번식의 6가지 생물학적 차이는 유행곡선의 크기와 모양에 영향을 미친다(표 2.5.9.). 표에 나열된 마지막 두 가지 요인은 집단발병이 진행되는 동안 불규칙한 정점과 급격한 감소로 이어진다.

표 2.5.9. 시간에 따른 인간-벡터-인간 전파의 패턴에 영향을 미치는 요인

- 절지동물 벡터는 무차별적으로 먹는다. 이것을 사람 대 사람 전달을 지배하는 인간의 사회적 상호작용과 비교해보라. 인간-벡터-인간 전파의 연속적인 파동은 사람 대 사람 전파보다 더 큰 경향이 있다.
- 유행의 파동 사이의 세대기는 일반적으로 단순한 사람 대 사람 전달보다 더 길다. 두 개의 순차적인 잠복기, 벡터의 외적 및 인간의 내재적인 것 등이 관련되기 때문이다.
- 감염된 절지동물 벡터는 감염된 후 멸망할 때까지 그대로 유지된다. 이것은 매개체 발생의 파동을 연장하는 경향이 있다.
- 증가하는 환경 온도는 절지동물에서 감염원의 증식을 가속화한다. 결과적으로 그들은 또한 감염병 발달을 가속화하고 증폭시킨다.
- 일일 평균 기온이 20℃(80℉) 미만인 경우 일반적으로 절지동물에서 감염원의 증식이 억제된다.
- 절지동물 개체 수는 폭발적으로 증가할 수 있으며, 훨씬 더 빠르게 감소할 수 있다. 이것은 유행곡선의 불안정성에 의해 반영될 것이다.

출처 : Rasmussen SA, Goodman RA. The CDC Field Epidemiology Manual, Oxford University Press, USA, 2018.

사우스 차이나타운에서 단일 유입 사례에서 발생한 뎅기열의 발생은 이러한 특징 중 몇 가지를 보여준다(그림 2.5.7.). 초기 사례발생 이후, 새로운 사례의 제1세대가 최고조에 달할 때까지 15일이 경과했다. 모기 벡터 *Aedes aegypti*와 *A. albopictus*의 유충과 성충을 대상으로 한 방제 조치는 제1세대 후반에 시작되었다. 선은 숲모기(Aedes)에 감염된 주택의 급격한 감소를 나타낸다(주택 지수). 뎅기열 사례의 급격한 감소는 이러한 벡터 밀도 감소에 따른 것이다.

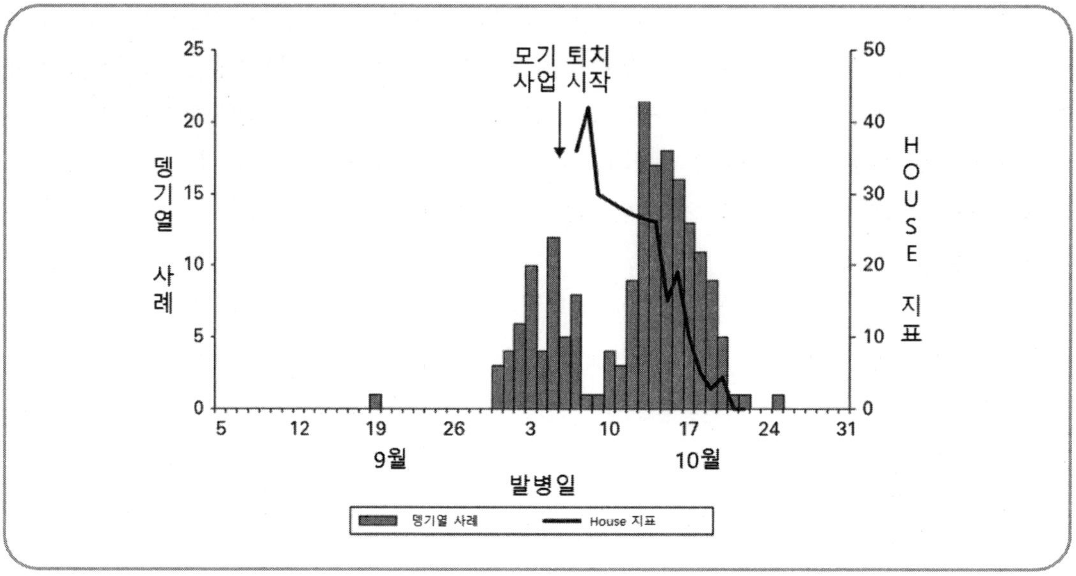

그림 2.5.7. 2007년 중국 광동성 어업 항만에서 뎅기열 185건 발병일

출처: Dou F, Sun H, Wang ZJ. Dengue outbreak at a fishing port: Guangdong Province, China, 2007. Presented at the International Conference on Emerging Infectious Diseases, March 16-19, 2008, Atlanta, Georgia.

(1) 인수공통감염병(zoonotic)

인간에서의 인수공통감염병에 대한 유행곡선은 전형적으로 병원소 동물집단에서의 유병률 변이를 반영한다. 이것은 인간과 병원소 동물 사이의 접촉 가변성에 의해 수정될 것이며, 벡터 매개 인수공통감염병의 경우는 절지동물 벡터와의 접촉에 의해 수정될 것이다.

(2) 환경

환경적으로 확산된 질병으로 인한 유행곡선은 원인과 환경 간의 복잡한 상호 작용과 인간을 환경 출처 원인에 노출시키는 요인을 반영한다. 환경 출처에서 발생하는 집단발병은 일반적으로 원인체의 여러 세대기 또는 잠복기를 포함한다. 유행곡선에 의심되는 환경 요인의 표현을 포함해야 한다(예: 그림 2.5.8.에서 렙토스피라증과 관련된 강우). 이 예에서 거의 모든 강우의 최고점은 렙토스피라증의 최고점에 선행하여 전파에서 물과 진흙의 중요성에 관한 가설을 뒷받침한다.

(3) 상대적인 시간

달력 시간으로 시작을 표시하는 대안으로 의심되는 노출과 시작 사이의 시간을 표시하면 역학적 상황을 이해하는 데 도움이 될 수 있다. 예를 들면, SARS 환자와의 접촉과 접촉한 사람의 SARS 발병 사이의 날짜 플롯은 잠복기의 근사치를 나타낸다(그림 2.5.9.).

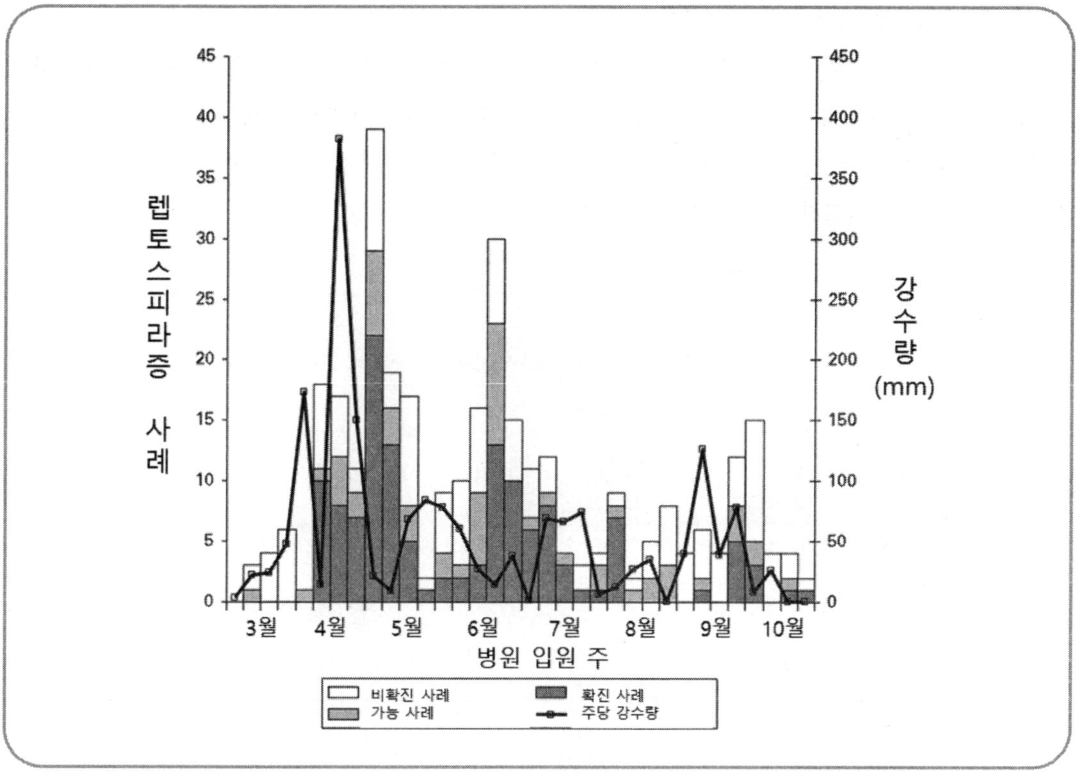

그림 2.5.8. 1996년 3월 10일부터 11월 2일까지 브라질 살바도르의 입원 및 강우 주별 렙토스피라증 사례

출처 : Ko AI, Galvao Reis M, Ribeiro Dourado CM, Johnson WD, Jr., Riley LW. Urban epidemic of severe leptospirosis in Brazil. Salvador Leptospirosis Study Group. Lancet. 1999;354:820-5.

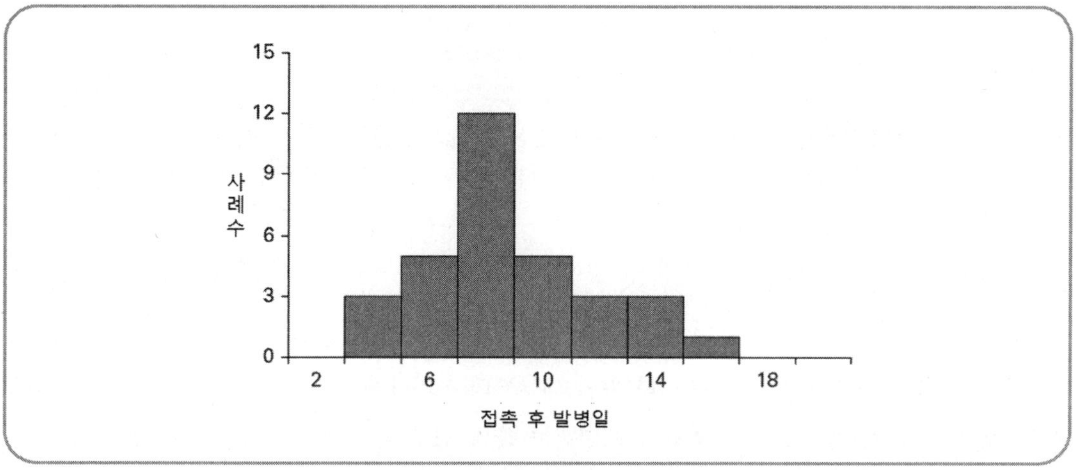

그림 2.5.9. 2003년 3~4월 중국 베이징 중증급성호흡기증후군의 접촉 후 발병일(2일 간격)

출처 : Xie S, Zeng G, Lei J, et al. A highly efficient transmission of SARS among extended family and hospital staff in Beijing, China, April 2003. Presented at the 2nd Southeast Asian and Western Pacific Bi-Regional TEPHINET Scientific Conference, November 24-28, 2003, Borocay, Philippines.

(4) 다중의 층화(Strata) 보여주기

시간 분포에서 고유한 내부 패턴(예: 노출, 사례 탐지 방법, 장소 또는 개인 특성)을 나타내려면 유행곡선을 계층화해야 한다(그림 2.5.10.). 이렇게 하면 각 계층이 평평한 기준선에 배치되어 왜곡되지 않은 비교가 가능하다. 서로 다른 계층을 쌓으면(권장되지 않는 그림 2.5.8. 참조) 집단별로 시간 패턴을 비교하려는 시도가 실패한다.

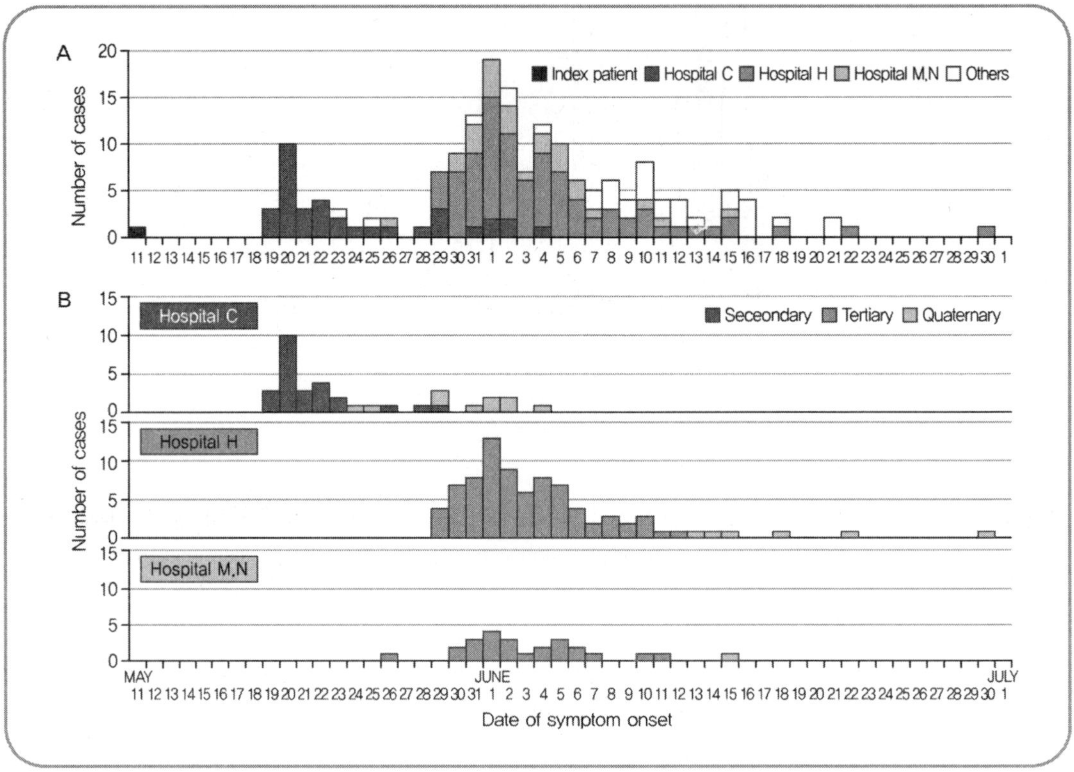

그림 2.5.10. 2015년 한국 메르스 발생 사례(A는 총합계, B는 각 병원)

출처 : 한국보건복지인력개발원, 질병관리청. 역학조사관 기본교육 교재, 2021.

3) 시간에 따른 율 조사

일시적인 질병율은 일반적으로 선 그래프를 사용하여 설명된다. x 축은 관심을 가지는 기간을 나타낸다. y 축은 건강 사건의 율을 나타낸다. 대부분의 조건에서 속도가 1배 또는 2배 이상 변할 경우 산술척도가 권장된다. 더 광범위하게 변하는 율의 경우는 역학적 목적으로 y 축에 대한 로그 척도가 권장된다(그림 2.5.11.). 또한 두 개 이상의 모집단을 비교할 때 로그 척도를 사용해야 한다. 시간에 동일한 변화율(예: 연간 10% 감소)은 산술 플롯에 잘못된 선을 생성한다. 로그 척도는 평행선을 생성할 것이다.

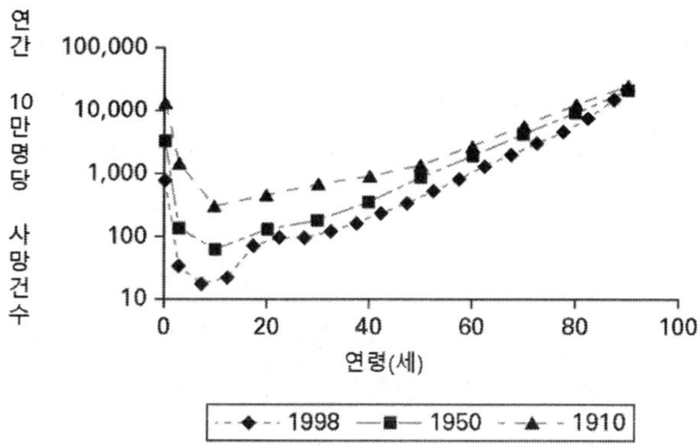

그림 2.5.11. 미국 1910년, 1950년 및 1998년 연간 인구 100,000명당 연령별 사망률

출처 : Centers for Disease Control and Prevention, National Center for Health Statistics, National Vital Statistics System, Death rates for selected causes by 10-year age groups, race, and sex: death registration states, 1900-32, and United States, 1933-98. https://www.cdc.gov/nchs/nvss/mortality/hist290.htm

(1) 장기 추세(secular trend)

대부분의 조건에서 관심 있는 시간 특성은 장기 추세이다. 즉, 수년 또는 수십 년 동안의 질병의 율이다. 침윤성 자궁경부암의 장기 추세(그림 2.5.12.)는 37년 동안 꾸준히 감소했다. 1970년

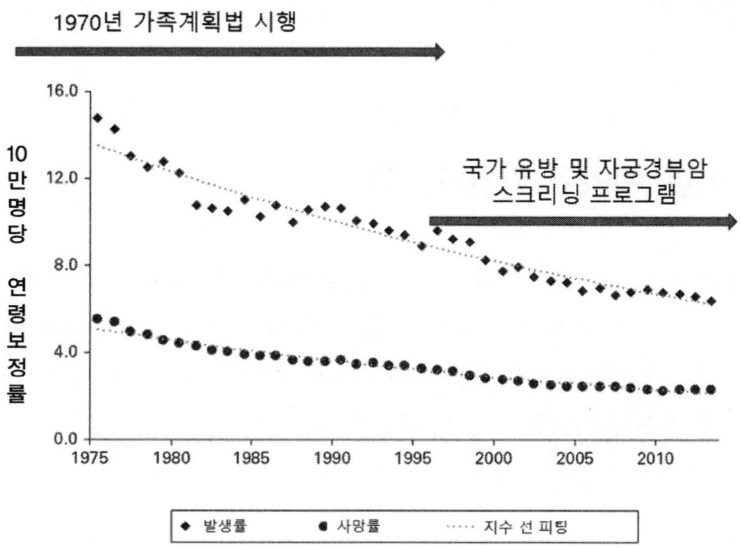

그림 2.5.12. 미국 1999~2013년 자궁경부암(침습성) 감시 역학 및 최종결과(SEER) 프로그램 발생률 및 사망률

출처 : National Institutes of Health, National Cancer Institute, Surveillance Epidemiology, and End Results Program. SEER*Explorer. http://seer.cancer.gov/explorer/

과 1995년에 여성을 위한 파파니콜로우 도말검사(Papanicolaou smear screenings)의 적용 범위를 확대한 새로운 건강 정책은 처음에는 더 가파른 감소와 그에 따른 하향 추세에서 평준화되었다. 이것은 장기 추세에 대한 검토가 어떻게 주요 사건, 통제의 개선, 정책의 변화, 사회학적 현상 또는 질병의 역학을 수정한 기타 요인들에 주목할 수 있는지를 보여준다.

(2) 계절 및 주기적 패턴(seasonal and cyclical patterns)

특정 조건의 경우 계절, 월, 요일 또는 시간별 설명이 표시될 수 있다. 계절 패턴은 계절 곡선으로 요약될 수 있다(표 2.5.10.). 계층화 계절곡선은 장소, 사람 또는 기타 기능에 따라 주요 차이점을 추가로 나타낼 수 있다.

표 2.5.10. 계절 곡선

- 여러 해(≥5년)의 데이터를 사용한다.
- 12개월에 걸쳐 1월, 2월 등 각 월에 대한 평균 율, 평균 개수 또는 합계로 요약한다.
- 다른 간격(예: 주 또는 일)을 사용한다.
- 히스토그램 또는 선 그래프에 각 간격에 대한 율, 평균 또는 합계를 플로팅한다.
- 각 간격으로 표시되는 연도의 합계 율을 플로팅한다. 그러나 총 율을 해석할 때는 주의하여야 한다.
- 중복된 시작 및 끝 지점(그림 2.5.10.~2.5.15. 참조)을 사용하여 주기의 마지막 달과 첫 달 사이의 추세를 시각화한다.
- 이러한 유형의 곡선은 모든 시간주기(예: 시간, 요일 또는 인플루엔자 시즌의 주)에 대해 만들 수 있다.

출처 : Rasmussen SA, Goodman RA, The CDC Field Epidemiology Manual, Oxford University Press, USA, 2018.

6 장소에 따른 데이터 확인(어디?)

그래픽을 만들고 장소별로 질병 분포를 해석할 때 Waldo Tobler의 첫 번째 지리 법칙(first law of geography)을 염두에 두어야 한다. "모든 것은 다른 모든 것과 관련이 있지만 가까운 것은 먼 것보다 더 관련이 있다." 사례 또는 율의 이러한 거리 연관은 지도에서 가장 잘 이해된다. 또한 지도에는 질병 분포와 비교할 수 있는 풍부한 기본 세부정보가 표시된다. 역학 지도를 만들 때 특정한 기본적인 지침을 따라야만 한다(표 2.5.11.).

표 2.5.11. 역학 지도의 데이터 표시 영역에 관한 지침

- 비율(예: 1:100,000), 눈금 막대(예: 1cm 막대 = 50m) 또는 x 및 y 축의 눈금 표시(선형 거리 또는 경도 및 위도 표시)로 배율을 표시한다.
- 육지 지역을 나타내는 지도에서 경도, 위도 및 방향을 표시한다(예: 북쪽을 가리키는 화살표 사용).

- 스케일링이 지도 영역의 모든 기능, 특히 질병발생의 위치 및 잠재적 노출지표에 정확하게 적용되는지 확인한다.
- 질병발생 및 잠재적 노출에 대한 명확한 시야를 방해하는 장식을 줄인다. 여기에는 상세한 행정 경계 또는 경도-위도 그리드가 포함될 수 있다.

출처 : Rasmussen SA, Goodman RA. The CDC Field Epidemiology Manual, Oxford University Press, USA, 2018.

관련된 사람의 장소에 대한 정보에는 거주지, 직장, 학교, 휴양지, 기타 관련 지역 또는 고정된 지리적 지점 간 이동이 포함될 수 있다. 발병 장소, 노출이 알려지거나 의심되는 장소, 사례 식별 장소를 구분해야 한다. 그것들은 종종 다르며 뚜렷한 역학적 의미가 있다. 장소에 대한 정보는 병원의 거주지 또는 침대의 지리적 좌표부터 단순히 거주지 상태에 이르기까지 정밀도가 다양하다. 인구 추정치 또는 인구 조사는 표준 지리적 영역(예: 도시, 인구 조사지역, 카운티, 주 또는 국가)을 따르기 때문에 율의 결정은 동일한 지역으로 제한된다.

1) 점지도(Spot Map)

점지도를 사용하여 사례 간, 사례 및 지리적 특징 간의 공간 연관성을 표시한다. 사례는 기본 지도(그림 2.5.13), 지역에 대한 위성화면, 평면도 또는 기타 정확하게 축척된 다이어그램에 그려서 점지도를 만들 수 있다. 점, 발병 시간, 라인 리스팅(line listing)으로 인덱싱하기 위한 사례 식별 번호 또는 기타 기호는 질병 사례를 나타낼 수 있다(표 2.5.12.). 뎅기열 발병의 점지도 예시에서는 더 큰 점을 사용하여 시간과 공간에 집락(클러스터)된 사례를 나타내고 이러한 클러스터에 번호를 지정하여 테이블(표시되지 않음)을 참조한다. 비즈니스 지역에서 첫 번째 사례의 위치와 이를 둘러싼 대규모 초기 집락(클러스터)을 보여준다(그림 2.5.13). 집락(클러스터)에 포함되지 않은 사례는 더 작은 점으로 표시된다. 이들은 널리 흩어져 있으며, 이는 지역 환경으로부터 그들이 감염되지 않았음을 나타낸다.

지역 지도를 사용하여 관련된 마을, 타운 또는 기타 소규모 인구 단위를 나타낼 수도 있다. 모집단 단위의 분모를 알고 있는 경우 크기나 음영이 다른 지점(표 2.5.12.)은 율 또는 비를 나타낼 수 있다.

사례를 표시하는 점지도에는 일반적인 약점이 있다. 관찰된 패턴은 기본적으로 모집단 분포의 변동성을 나타낼 수 있다. 점지도를 해석할 때 인구가 없는 지역(예: 공원, 공터 또는 버려진 창고)과 인구 밀집지역을 염두에 두고 인구 분포에 특히 주의해야 한다.

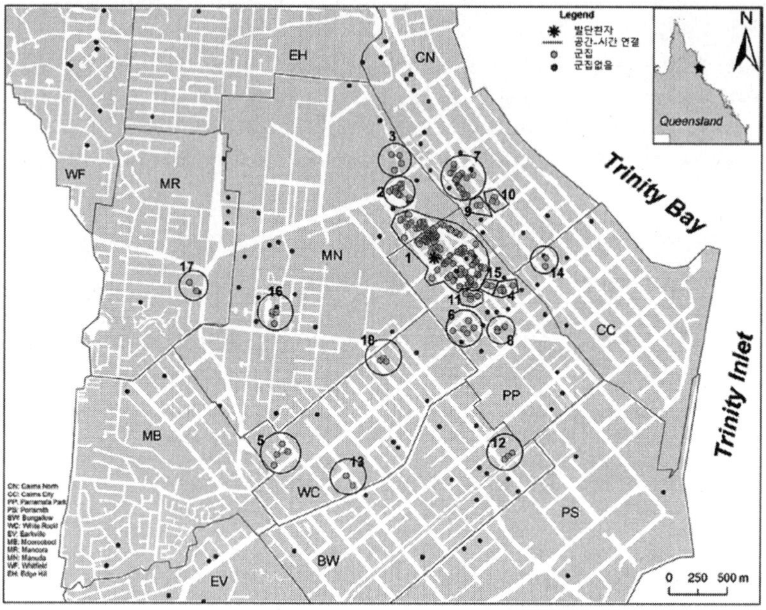

그림 2.5.13. 2003년 1월부터 8월까지 호주 케언즈시에서 발생한 뎅기열 사례에 대한 유의한 공간-시간 클러스터링(Knox 테스트로 평가)

출처 : Vazquez-Prokopec GM, Kitron U, Montgomery B, Horne P, Ritchie SA. Quantifying the spatial dimension of dengue virus epidemic spread within a tropical urban environment. PLoS Negl Trop Dis. 2010;4:e920.

표 2.5.12. 역학 지도에 데이터 묘사 방법

점지도
- 모든 지점을 정확하게 배치한다.
- 겹치는 지점을 구별할 수 있는지 확인한다.
- 잠재적인 노출이 쉽게 식별되고 레이블이 지정되도록 한다.
- 인구 부족 또는 인구 감소 지역을 표시한다.
- 관심이 높은 사례를 강조한다.

영역[패치 또는 등치(단계구분도)] 지도
- 숫자 강도를 나타내려면 흰색에서 검은색으로 회색 강도 증가를 사용한다. 색상을 사용하는 경우 동일한 색상의 강도를 높인다.
- 평균 범위로부터의 발산을 나타내려면 중앙 범위에 흰색을 사용하고 반대 극단의 발산 계층에 대해 두 가지 다른 색조의 강도를 깊게 한다.
- 명목적인(숫자가 아닌) 질을 나타내려면 다른 색상 또는 채우기 패턴을 사용한다.
- 데이터가 없음을 나타내려면 다른 색조 또는 채우기 패턴을 사용한다.
- 지도 영역의 음영 차이가 상세한 내부 경계선을 정의하고 대체하도록 한다.

- 지도의 특성(예: 질병 사례, 율 및 노출)을 명확히 하기 위해 범례 또는 기호를 포함한다.
- 제로 레벨(0-level)을 별도로 표시하는 것을 고려한다.
- 범례에 데이터 범위를 표시한다. 개방형으로 두지 말아야 한다.
- 질병과 노출 사이의 지리적 연관성을 완전히 전달하기 위해 다양한 배경 특성에 대한 사례 연관성을 나타내는 여러 가지 다양한 지도를 만든다.
- 분자와 분모가 허용하는 가장 작은 가능한 행정관리 영역을 사용한다.

출처 : Rasmussen SA, Goodman RA. The CDC Field Epidemiology Manual, Oxford University Press, USA, 2018.

2) 지역 지도 및 율

율은 일반적으로 지역 지도(예: 패치 또는 등치(단계구분도))에 표시된다. 지도는 율 또는 비를 계산할 수 있는 인구 계산 영역으로 나뉜다. 그런 다음 영역은 율에 따라 계층으로 순위가 매겨지고 율의 크기에 따라 계층이 음영 처리된다.

가능한 가장 작은 영역에 대한 속도를 계산하고 플로팅한다. 예를 들면, 미국의 홍반열 리케차 지도는 인체 감염에 대한 여러 수준의 위험을 효과적으로 표시한다(그림 2.5.14.). 사례 수를 표시하기 위해 영역 지도를 사용하지 말아야 한다. 분자만 플로팅하면 점지도(정확한 위치와 자세한 배경 기능을 나타냄)와 영역 지도(율을 나타냄)의 이점을 잃게 된다.

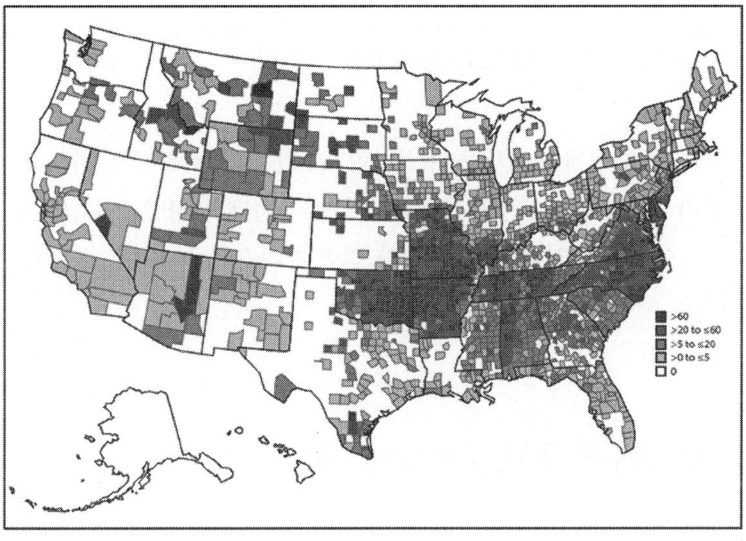

그림 2.5.14. 2000~2013년 미국 카운티별로 보고된 홍반열 리케차증 발생률

출처 : Vazquez-Prokopec GM, Kitron U, Montgomery B, Horne P, Ritchie SA. Quantifying the spatial dimension of dengue virus epidemic spread within a tropical urban environment. PLoS Negl Trop Dis. 2010; 4:e920.

3) 산점도

산점도는 데이터를 탐색하고 전달하기 위한 다목적 도구이다. 이것은 수치적으로 척도화된 두 변수 간의 연관성을 나타낸다(그림 2.5.15). 플로팅 영역의 각 지점은 두 변수의 결합 크기를 나타낸다. 역학 또는 지리적 연관성을 표시하는 관례로 설명 변수(노출, 환경 또는 지리)가 x 축에 표시되고, 결과(속도 또는 개인 건강측정[예: BMI])가 y 축에 표시된다.

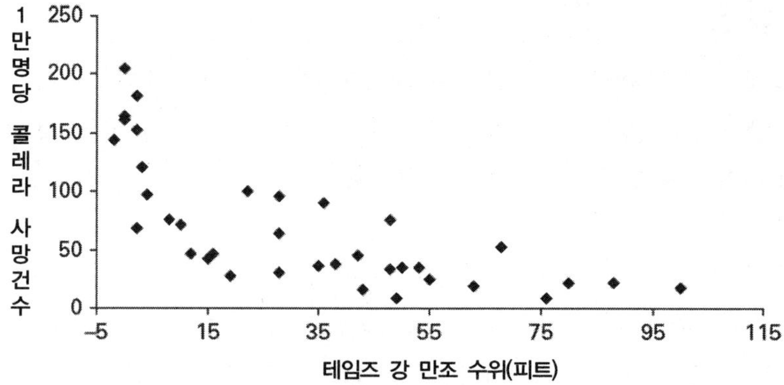

그림 2.5.15. 1849년 영국 런던의 평균 만조 수준 이상의 고도에 거주하는 지역별 인구 10,000명당 콜레라 사망자 수

출처: Biggs HM, Behravesh CB, Bradley KK, et al. Diagnosis and management of tickborne rickettsial diseases: Rocky Mountain spotted fever and other spotted fever group rickettsioses, ehrlichioses, and anaplasmosis—United States. MMWR Recomm Rep. 2016;65(No. RR-2):1-44.

점의 패턴이 간결하고 선형적인 패턴을 형성하면 두 변수 간의 강한 연관성이 의심된다. 그림 2.5.15.에서는 고도가 테임즈 강 수위에 가까워짐에 따라 콜레라 사망률이 급격히 증가하는 독특한 패턴이 분명하다. 이것은 요인과 낮은 고도와 관련된 환경적 노출(예: 하수의 배수불량)이 콜레라 발병에 기여했을 수 있음을 보여준다.

7 사람(Person)(누구에서, Among Whom?)

개인의 속성(예: 연령, 성, 교육, 소득 또는 예방접종 상태)으로 질병 패턴을 인식하는 것은 기술역학에서 다섯 번째 요소를 구성한다. 개인 데이터 평가에는 두 가지 중요한 질적 기준이 적용된다. 첫째, 율의 결정은 시간과 장소보다 더 자주 필요하다. 둘째, 연령은 이환율과 사망률의 여러 원인에 대한 강력한 독립적인 결정요인이다.

1) 사회집단 및 개인 연락처

사회 집단은 가정만큼 간결하거나 공통 관심사로 연결된 소셜 네트워크만큼 확산될 수 있다. 근본적인 역학적 과정은 강력한 응집에서 무작위성 또는 균일성에 이르기까지 사회집단 내에서 그리고 사회집단 간에 질병 분포를 생성할 수 있다. 군집된 분포는 집단 구성원의 공통 노출, 개인 접촉을 통해 전염되는 원인체, 생활 또는 만남의 영역에서의 환경적 노출, 위험이 높은 환경영역 근처 또는 내부의 주택 지역화로 인해 발생할 수 있다. 무작위 또는 균일한 분포는 노출이 집단 외부에 있음을 나타낸다.

개인적 접촉이나 연관을 통해 확산되는 질병이나 행동의 경우, 접촉 다이어그램은 확산 패턴과 발단(또는 지표) 사례(index case) 및 특이치(outlier)와 같은 주요 세부 정보를 보여준다. 예제 다이어그램에서 친밀감과 관계의 질, 발병 사이의 타이밍, 접촉 장소는 모두 다른 기호와 음영을 통해 표시되었다(그림 2.5.2.). 일대일 전염을 지원하기 위해 환자 발병 사이의 타이밍이 질병에 대해 알려진 잠복기(그림 2.5.9.)에 근접함을 확인해야 한다.

2) 연령

대부분의 기술 분석(descriptive analysis)에서 역학자는 연령별로 질병률을 결정한다. 이것은 건강 사건이 제한된 연령군에만 영향을 미치는 것을 발견하는 것만큼 간단하거나 여러 집단 간의 연령별 율을 비교하는 것처럼 복잡할 수 있다. 연령은 질병 위험을 결정하는 세 가지 범주를 나타낸다(표 2.5.13.). 연령은 질병의 골고루 영향을 미치는 결정요인이고 인구집단은 종종 연령 구조가 다르기 때문에 연령 보정(표준화)은 인구집단 간의 비율을 비교하는 데 유용한 도구이다. 연령 보정률은 다른 지역, 다른 시간에 같은 지역의 인구를 비교하는 데 사용할 수 있으며 다른 특성(예: 민족성 또는 사회 · 경제적 지위) 간에도 사용할 수 있다.

표 2.5.13. 연령 분포에 대한 세 가지 일반적인 해석

- 숙주의 상태와 질병에 대한 감수성. 연령대가 다른 사람들은 종종 질병에 대한 감수성 또는 소인이 다르다. 연령은 만성 질환, 많은 감염병 및 사망률을 결정하는 가장 중요한 요소 중 하나이다.
- 원인체에 대한 노출 강도가 다르다.
- 시간의 흐름. 노인들은 전체 노출 시간이 더 길거나 특정 물질에 대한 배경 노출이 더 많은 다른 기간에 노출되었을 수 있다. 잠복기가 긴 질병(예: 결핵)은 과거 수십 년의 노출을 반영할 수 있다.

출처 : Rasmussen SA, Goodman RA. The CDC Field Epidemiology Manual, Oxford University Press, USA, 2018.

요르단의 아질룬과 제라시 관할지역에서 연령에 따른 BMI 분석은 18~75세에서 BMI가 증가하고 과체중 유병률이 축적됨에 관심을 가졌다(표 2.5.14.). 표를 사용하는 대신에 차트(예: 점 차트)(그림 2.5.16., 패널 A) 또는 수평 군집 막대차트(그림 2.5.16, 패널 B)는 테이블과 비교하여 데이터의 패턴에 대한 인식을 향상시킨다. 클러스터당 막대가 3개 이상인 클러스터 막대차트(예: 그림 2.5.16., 패널 B)는 권장되지 않는다.

표 2.5.14. 2012년 요르단 Ajloun 지역의 설문조사 결과 연령대 및 성별에 따른 성인 1,800명의 체질량 지수(BMI) 및 과체중 비율

연령(세)	남성	여성	합계	남성 BMI(SD)	여성 BMI(SD)	총인원 BMI(SD)	남성 BMI≥26 (%)	여성 BMI≥26 (%)	합계 BMI≥26 (%)
18~29	189	251	440	24.7(4.9)	24.6(5.2)	24.6(5.1)	30	32	31
30~39	242	249	491	27.2(4.7)	29.1(6.2)	28.2(5.6)	54	70	62
40~49	198	182	380	28.4(4.9)	30.8(7.6)	29.6(6.5)	66	77	72
50~59	84	119	203	28.5(6.4)	30.7(5.7)	29.8(6.1)	67	82	76
60~74	90	110	200	29.0(6.1)	30.9(7.2)	30.1(6.8)	71	78	75
75~99	43	43	86	26.9(3.6)	29.6(5.7)	28.3(4.9)	58	70	64
계	846	954	1,800	27.2(5.3)	28.7(6.8)	28.0(6.2)	55	64	60

BMI, 체질량지수; SD, 표준편차.
출처 : Rasmussen SA, Goodman RA. The CDC Field Epidemiology Manual, Oxford University Press, USA, 2018.

표 2.5.15. 차트 준비에 관한 지침

- 차트는 다수의 목적 특성 또는 그룹화된 숫자 특성 집합에 대한 숫자 값을 비교하는 통계 정보를 제공한다.
- 데이터 표현은 표와 교환할 수 있다. 표와 차트 사이의 선택은 목적, 대상 및 데이터의 복잡성에 따라 다르다.
- 빠르고 정확한 이해를 위한 최상의 차트는 점 플롯, 상자 및 수염 플롯 및 간단한 막대 차트이다.
- 원형 차트, 군집 막대 차트, 누적 막대 차트 및 이 장에 나와 있지 않은 기타 유형은 피하기 바란다.
- 점 도표, 상자 도표 및 막대 도표는 수평으로 정렬하면(숫자 축을 수평으로) 이해하고 읽기가 더 쉽다.
- 숫자 값의 크기를 기준으로 명목 범주를 정렬하면 독자가 이해하는 데 도움이 된다. 분류 변수가 숫자(예: 연령대)인 경우 숫자 범주별로 정렬한다.
- 도트 차트는 특히 범주 수가 증가함에 따라 가장 다양하고 이해하기 쉽다.
- 점 및 상자-수염 차트는 숫자 척도에 대해 플로팅되므로 0수준이 필요하지 않다.
- 막대 차트는 시청자가 막대의 길이로 크기를 판단하기 때문에 일반적으로 0수준이 필요하다.

출처 : Rasmussen SA, Goodman RA. The CDC Field Epidemiology Manual, Oxford University Press, USA, 2018.

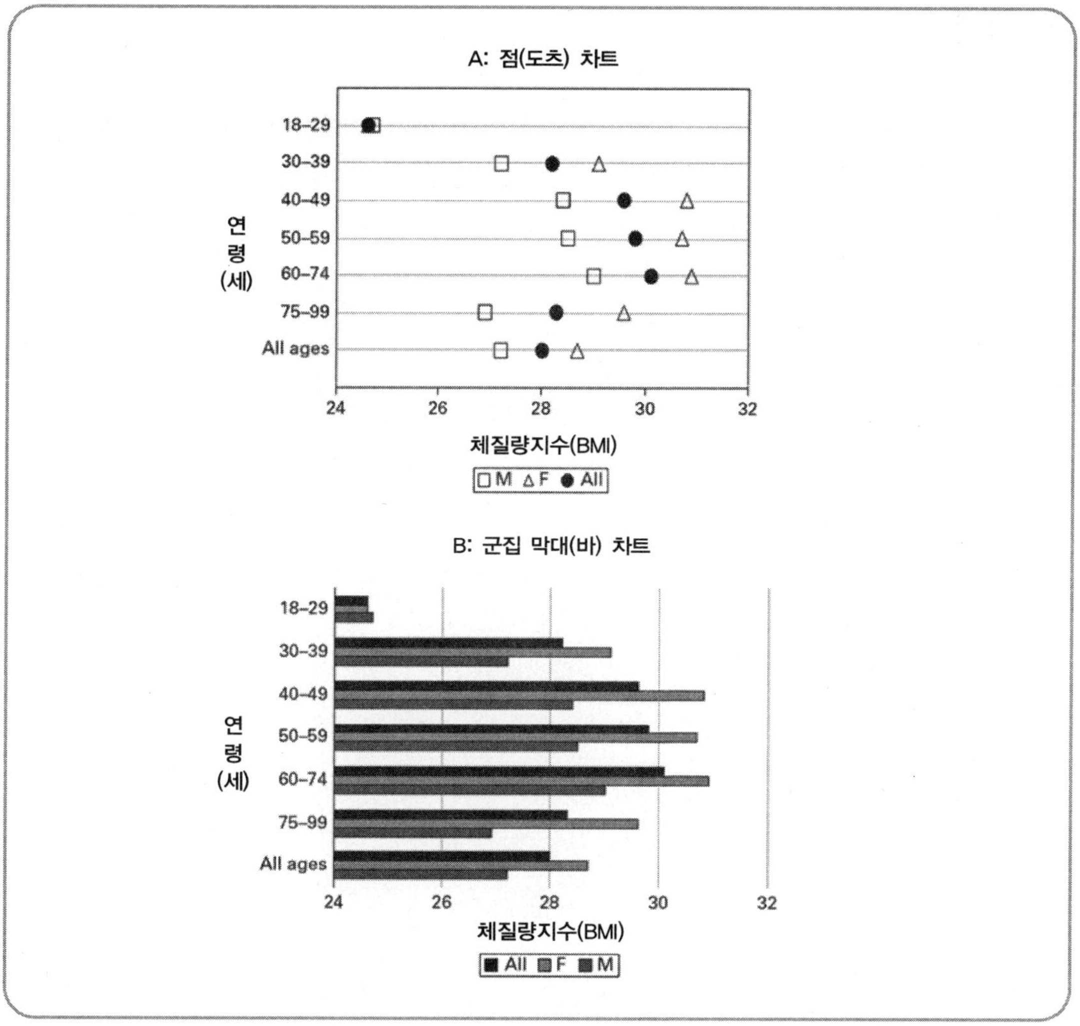

그림 2.5.16. 연령대 및 성별에 따른 성인의 평균 체질량 지수의 점 차트(A) 및 막대 차트(B) 비교
출처 : Rasmussen SA, Goodman RA. The CDC Field Epidemiology Manual, Oxford University Press, USA, 2018.

3) 기타 개인적인 속성

기술역학에서 다른 개인 속성에 의한 분석에는 속성이 다른 클래스별로 율 또는 기타 숫자 데이터를 비교하는 것이 포함된다. 예를 들면, Ajloun 데이터의 과체중 유병률은 다양한 교육 수준을 사용하여 비교할 수 있다. 이 장의 앞부분에서 논의한 연속 척도에서 측정값을 추정하는 보다 정확한 접근방식은 상자 및 수염 플롯(그림 2.5.1.)에 표시된 것처럼 개별 BMI 측정의 평균 및 분산을 계산하는 것이다.

8 결론

이 장에 제시된 표, 그래프 및 차트는 귀하와 다른 사람에게 정보와 데이터 패턴을 가장 잘 전달하기 위해 실험적으로 제시되었다. 따라서 일반적이기는 하지만 덜 효율적이고 부정확한 디스플레이는 피하거나 권장되지 않는다.

참고문헌

대한예방의학회. 예방의학과 공중보건학, 제3판 수정증보판, 계축문화사, 2017.

대한예방의학회, 한국역학회. 예방의학 · 역학 · 공중보건학 용어집, 계축문화사, 2014.

손석준, 이경수, 이무식, 이중정, 이충원, 정인성. 현장역학(Field Epidemiology, 2nd edition 번역본). 계축문화사, 2004.

Abu-Sbeih A, Fontaine RE. Secondary water-borne hepatitis E outbreak from water storage in a Jordanian town [abstract LB01]. Presented at the TEPHINET 2000 First International Conference, April 17-21, 2000, Ottawa, Canada.

Biggs HM, Behravesh CB, Bradley KK, et al. Diagnosis and management of tickborne rickettsial diseases: Rocky Mountain spotted fever and other spotted fever group rickettsioses, ehrlichioses, and anaplasmosis—United States. MMWR Recomm Rep. 2016;65(No. RR-2):1-44.

Breslow NE, Day NE. Statistical methods in cancer research. Vol 1. The analysis of case—control studies. (IAEC scientific publication no. 32). Lyon : International Agency for Research on Cancer; 1980.

Centers for Disease Control and Prevention, National Center for Health Statistics. National Vital Statistics System. Death rates for selected causes by 10-year age groups, race, and sex: death registration states, 1900-32, and United States, 1933-98. https://www.cdc.gov/nchs/nvss/mortality/hist290.htm

Centers for Disease Control and Prevention. Injuries and deaths associated with use of snowmobiles—Maine, 1991-1996. MMWR. 1997;46:1-4.

Centers for Disease Control and Prevention. Intussusception among recipients of rotavirus vaccine—United States, 1998-1999. MMWR. 1999;48:577-81.

Detels R, Beaglehole R, Lansang MA, Gulliford M. Oxford Textbook of Public Health, Oxford University Press, 2009.

Dou F, Sun H, Wang ZJ. Dengue outbreak at a fishing port: Guangdong Province, China, 2007. Presented at the International Conference on Emerging Infectious Diseases, March 16-19, 2008, Atlanta, Georgia.

Ehrenberg AC. The problem of numeracy. Am Stat. 1981;35:67-71.

Feinstein AR. Clinical Epidemiology. The architecture of clinical research. Philadelphia : W.B. Saunders Company 1985.

Fleiss JC. Statistical methods for rates and proportions. New York: John Wiley & Sons; 1981.

Fontaine RE, van Severin M, Houng A. The stratification of malaria in El Salvador using available malaria surveillance data [Abstract 184]. Presented at the XI International Congress for Tropical Medicine and Malaria, September 16-22, 1984, Calgary, Alberta, Canada.

Gordis L. Epidemiology. 5th ed. Philadelphia: Elsevier; 2013.

Hawley B, Casey ML, Cox-Ganser JM, Edwards N, Fedan KB, Cummings KJ. Notes from the field: respiratory symptoms and skin irritation among hospital workers using a new disinfection product—Pennsylvania, 2015. MMWR. 2016;65:400-1.

Kelsey JL, Thompson WD, Evans AS. Methods in observational epidemiology. New York, Oxford: Oxford University Press; 1986.

Ko AI, Galvao Reis M, Ribeiro Dourado CM, Johnson WD, Jr., Riley LW. Urban epidemic of severe leptospirosis in Brazil. Salvador Leptospirosis Study Group. Lancet. 1999;354:820-5.

Last JM. A Dictionary of Epidemiology, 4th Ed, Oxford Uni Press Inc., 2001.

MacMahon B, Pugh TF. Epidemiology: principles and methods, Little, Brown and Company, 1970.

National Institutes of Health, National Cancer Institute, Surveillance Epidemiology, and End Results Program. SEER*Explorer. http://seer.cancer.gov/explorer/

Porta M. A Dictionary of Epidemiology, 5th edition, IEA, Oxford University Press, USA, 2008.

Rasmussen SA, Goodman RA. The CDC Field Epidemiology Manual, Oxford University Press, USA, 2018.

Registrar-General. Report on the mortality of cholera in England 1848-49. London, UK: Her Majesty's Stationery Office; 1852.

Robert B. Wallace. Maxey-Rosenau-Last Public Health and Preventive Medicine. McGraw-Hill Education, 15 edition, 2008.

Rothman K J. Modern epidemiology. Boston, Toronto: Little, Brown and Com pany; 1986.

Schlesselman JJ. Case—control studies: design, conduct, analysis. New York: Oxford University Press; 1982.

Tauxe RV, Tormey MP, Mascola L, Hargrett-Bean NT, Blake PA. Salmonellosis outbreak on transatlantic flights; foodborne illness on aircraft: 1947-1984. Am J Epidemiol. 1987;125: 150-7.

Tobler W. A computer movie simulating urban growth in the Detroit region. Econ Geogr. 1970;46(Suppl):234-40.

Vazquez-Prokopec GM, Kitron U, Montgomery B, Horne P, Ritchie SA. Quantifying the spatial dimension of dengue virus epidemic spread within a tropical urban environment. PLoS Negl Trop Dis. 2010;4:e920.

Xie S, Zeng G, Lei J, et al. A highly efficient transmission of SARS among extended family and hospital staff in Beijing, China, April 2003. Presented at the 2nd Southeast Asian and Western Pacific Bi-Regional TEPHINET Scientific Conference, November 24-28, 2003, Borocay, Philippines.

제 6 장

현장에서 분석연구의 설계와 수행

1 도입

분석연구는 현장조사의 핵심 요소가 될 수 있지만, 너무 빨리 시작하려는 충동에 주의해야 한다. 연구는 시간과 자원 집약적일 수 있으며, 성급하게 구성된 연구는 올바른 질문에 답하지 못할 수 있다. 예를 들면, 식품매개성질병의 집단발병 조사에서 원인 식품이 연구 설문지에 없으면 해당 식품을 연루할 수 없을 것이다. 일반적으로 분석연구는 가설을 생성하는 것이 아니라 검정하는데 사용해야 한다. 그러나 특정 상황에서는 환자와 비교군에 대한 데이터를 빠르게 수집하는 것이 여러 가설을 탐색하는 방법이 될 수 있다. 거의 모든 상황에서 연구를 설계하기 전에 가설을 생성하면 연구 목표를 명확히 하고 더 나은 질문을 하는 데 도움이 된다.

2 가설 생성(Generating Hypotheses)

조사의 초기 단계는 가설의 가장 좋은 출처 중의 일부분이다. 주요 활동은 다음과 같다.

(1) 시간, 장소 및 사람에 대하여 기술하라. 기술역학은 가설 개발에 도움이 될 수 있다. 예를 들면,

① 미국의 소화기질환 연구자들은 발병 당시 사람들의 성별 분포를 조사함으로써 대부분의 환자가 여성일 때 채소를 근원으로 의심하는 법을 배웠다(물론 일반화가 항상 사실은 아니다!).

② 비경구 영양(정맥 카테터를 통해 투여되는 영양제공)을 투여받은 환자들 사이에서 *Serratia marcescens*에 의한 혈류 감염이 발생했을 때, 조사자들은 19건 중 어린이 중 아무도 없다는 사실을 발견할 때까지 출처를 찾는 데 어려움을 겪었다. 성인에게 투여된 비경구 영양에 대한 추가 조사에서는 오염된 아미노산 용액이 공급원으로 확인되었다.

(2) 특이치(outlier)에 중점을 둔다. 유행곡선에 대한 초기 및 최신 사례와 최근에 발병이 발생한

지역을 방문한 사람들에게 특히 주의를 기울여야 한다. 이러한 환자와의 인터뷰는 중요한 단서를 제공할 수 있다(예: 발단 사례, 이차 사례 또는 일반적인 노출 목록을 좁혀 밝혀내기).

(3) 유사한 집단발병의 원인을 파악한다. 보건부 기록을 참조하고 문헌을 검토하고 전문가와 상담하여 이전 출처에 대해 알아보아야 한다. 끊임없이 변화하는 사회적, 행동적, 상업적 경향을 감안할 때 새로운 출처가 자주 발생한다는 점에 유의해야 한다.

(4) 소수의 심층 개방형 인터뷰를 실시한다. 가능성 있는 원인처가 신속하게 확인되지 않는 경우, 환자 하위 집합(일반적으로 5~10명) 또는 간병인과의 심층(종종 1시간 이상) 인터뷰를 실시하는 것이 가능한 출처를 밝히는 가장 좋은 방법이 될 수 있다. 환자가 잠복기 동안 매일의 사건과 노출을 회상할 수 있도록 설계된 반구조화된 질문 목록으로 시작하는 것이 좋다. 인터뷰는 "샷건(shotgun)" 설문지로 끝날 수 있다(표 2.6.1.). 이 기술의 핵심 구성요소는 다른 사람의 인터뷰에서 메모를 읽는 것이 직접 정보를 요청하고 듣는 것을 대체할 수 없기 때문에 한 조사자가 가능한 한 많은 인터뷰(5회 이상)를 이상적으로 수행하거나 최소한 참여하는 것이다. 예를 들면, 2009년 대장균 O157 발병에서 조사자들은 처음에 일반 및 표적 설문지를 통해 출처를 찾을 수 없었다. 5명의 환자와의 개방형 인터뷰에서 면접관은 대부분이 딸기, 특정 종류의 사탕, 조리되지 않은 미리 포장된 쿠키 반죽을 먹었다고 보고했다. 그런 다음 이러한 노출에 대한 질문을 포함하는 분석연구가 수행되었으며, 쿠키 반죽을 소스로 확인하게 되었다.

(5) 환자에게 어떻게 생각하는지 물어보라. 환자는 질병의 원인에 대해 도움이 되는 생각을 할 수 있다. 그러나 환자는 종종 가장 최근의 음식 노출(예: 식사)을 질병과 연관시키는 반면, 자극적인 노출은 오래전에 있었다고 말할 수 있다.

(6) 샷건(shotgun) 설문지 관리를 고려하라. 일반적으로 수백 번의 노출 가능성을 묻는 이러한 설문지는 가설 생성 인터뷰의 일부로 제한된 수의 환자에게 가장 잘 사용된다. 가설을 생성한 후 조사자는 해당 조사를 대상으로 하는 설문지를 작성할 수 있다. 이상적인 방법은 아니지만 여러 면접관이 샷건(shotgun) 설문지를 사용하여 많은 수의 환자에 대한 데이터를 얻을 수 있다(표 2.6.1.).

표 2.6.1. 캐러멜 사과와 관련된 리스테리아증 발생의 가설 생성

2014년 11월 미국 식품매개성질병감시시스템(PulseNet)은 분리물에 대한 펄스필드겔전기영동에 의해 분리된 유사하게 보이는 *Listeria monocytogenes* 분리를 기반으로 한 리스테리아증 사례의 클러스터(즉, 가능한 집단발병)를 감지했다. 리스테리아증의 40개 일반적인 식품 공급원(예: 부드러운 치즈 및 델리 고기)이 포함된 리스테리아 특정 설문지를 사용한 일상적인 환자 인터뷰를 통해 의심되는 식품을 확인하지 못하였다. 집단발병의 기술적 역학은 분명한 단서를 제공하지 않았다. 성별 분포가 거의 고르고, 연령 범위가 넓고, 약 20%의 사망률이 일반적이었다. 그러나 특히 35건 중 3건은 이전에 건강한 학령기 아동에게서 발생했으며, 이는 리스테리아증에 매우 드문 경우였다. 대부분의 경우는 10월 말과 11월 초에 발생했다.

조사관들은 500개 이상의 음식에 대한 가설 생성 샷건(shotgun) 설문지를 사용하여 환자를 재인터뷰하기 시작했지만 캐러멜 사과는 포함하지 않았다. 처음 9명의 환자 응답을 식품 소비에 대한 발표된 설문 조사의 데이터와 비교함으로써 딸기와 아이스크림이 가설로 등장했다. 그러나 인터뷰에 응한 몇몇 환자들은 질병 전 달 동안 이러한 음식을 먹지 않았다고 부인했다. 그런 다음 조사관은 환자 및 가족 구성원과 긴 개방형 인터뷰를 수행했다. 한 인터뷰에서 그는 최근 휴일 동안 먹은 특별한 음식에 대해 물었고 환자의 아내는 남편이 핼러윈 즈음에 미리 포장된 캐러멜 사과를 먹었다고 답했다. 농산물 품목이 과거의 리스테리아증 발병과 관련이 있었지만 캐러멜 사과는 가능성이 희박한 것으로 보였다. 그러나 면접관은 이전에 캐러멜 사과를 먹었다고 보고한 다른 환자를 인터뷰했기 때문에 이러한 연관성을 주목했다.

이 행사는 한 사람이 다른 면접관의 메모를 검토할 때 놓칠 수 있는 미묘한 정신적 연결을 만들 수 있기 때문에 여러 면접을 수행하는 사람의 중요성을 강조한다. 사실, 인터뷰를 듣고 많은 다른 연구자들은 이 노출을 언급했으나 그것에 대하여 거의 생각하지 못했다.

이 조사에서 환자들 사이에서 딸기와 아이스크림을 많이 섭취한다는 사실과 휴일 기간 동안 발병 시기가 결합되어 단 음식(예: 카라멜 사과)이 가능한 원인처로 더 그럴듯하게 보이게 했다.

캐러멜 사과 가설을 탐구하기 위해 연구자들은 5명의 다른 환자에게 이 노출에 대해 물었고 4명이 그들을 먹었다고 보고했다. 이러한 초기 결과를 바탕으로 연구자들은 발병과 관련 있는 환자와 관련 없는 *L. monocytogenes* 균주에 감염된 환자(즉, 사례-사례 연구)에 대한 표적 설문지를 설계하고 관리했다. 이 연구는 사과 및 사과 포장시설 검사와 결합하여 캐러멜 사과가 공급원임을 확인했다. 한 명의 면접관이 샷건(shotgun) 설문조사 전에 가설을 생성하기 위해 여러 개의 개방형 인터뷰를 수행했다면 발병은 더 빨리 해결되었을 수 있었다.

출처: Rasmussen SA, Goodman RA. The CDC Field Epidemiology Manual, Oxford University Press, USA, 2018.

표 2.6.2. Mill의 4가지 가설설정 방법

법칙	내용	사례
공통성의 법칙 (Method of agreement)	조사하는 현상의 2개 혹은 그 이상의 예에서 어떤 단일 상황이 공통적으로 존재할 때 이 상황이 원인일 수 있는 가능성이 있음	식중독에 걸린 사람들이 공통적으로 오징어 회를 먹었다면 오징어 회가 식중독의 원인이라고 가설을 세운다.
차이성의 법칙 (Method of difference)	연구대상 사건이 발생한 집단과 발생하지 않은 집단을 비교할 때 모든 다른 상황은 공통적으로 존재하고 한 가지 상황만 다를 때 이 한 가지 다른 상황을 그 발생의 원인이라고 추정하는 방법	오징어 회를 먹은 사람과 그렇지 않은 사람 간에 식중독 발생률에 차이를 보인다면 오징어회가 식중독의 원인이라고 가설을 세운다.
동시변화성의 법칙(Method of concomitant variation)	어떤 사상이 다른 사상의 변동에 따라 변화할 때 이들은 서로 인과관계를 가지고 있다는 가정	오징어회를 적게 먹은 사람에 비해서 많이 먹은 사람에게서 더 식중독 발생률이 높다면 오징어회가 식중독의 원인이라고 가설을 세운다.
동류성의 법칙 (Method of analogy)	원인이 알려지지 않은 어떤 질병의 자연사와 그 질병의 병리학적 소견 그리고 역학적 특성이 이미 잘 알려진 질병과 비슷할 때는 이 질병의 원인도 잘 알려진 질병의 원인과 비슷할 것이라는 논법	오징어 회를 먹은 식중독 유행에서 기존에 해산물로 인한 비브리오 식중독과 유사한 증상 및 역학적 특성을 보인다면, 비브리오가 식중독의 원인이라고 가설을 세운다.

출처: JS Mill's Methods of Hypothesis Formulation, A system of logic, 1856.; 천병철. 감염병 역학연구방법론. 역학조사관 기본교육과정 교재, 2015.

3 가설검정을 위한 연구설계

공중보건 및 임상 지침에서 명백한 바와 같이, 무작위 통제시험(예: 약물, 백신 및 지역사회 수준의 개입 시험)은 역학에 대한 참조 표준이며, 최고 수준의 증거를 제공한다. 그러나 이러한 연구는 발병 조사를 포함한 특정 상황에서 불가능하다. 대신 조사관은 공중보건 활동에 대한 충분한 증거를 제공 할 수 있는 관찰 연구에 의존해야 한다. 관찰 연구에 역학자는 노출을 결정하기보다는 노출과 질병 사이의 통계적 연관성을 정량화하는 문서를 문서화한다. 여기서도 이러한 연구를 설계할 때 핵심은 환자에 대한 관련 비교 집단을 확보하는 것이다(표 2.6.3.).

표 2.6.3. 노출 및 질병 정의

현장 분석연구는 노출과 질병 사이의 연관성을 정량화하는 데 사용되기 때문에 노출과 질병이 의미하는 바를 정의하는 것이 필수적이다. 노출은 광범위하게 사용되며, 인구통계학적 특성, 유전적 또는 면역학적 특성, 행동, 환경적 노출 및 사람의 질병 위험에 영향을 미칠 수 있는 기타 요인을 의미한다. 정확한 정보는 질병에 대한 노출의 영향을 정확하게 추정하는 데 도움이 될 수 있기 때문에 노출 측정은 가능한 한 객관적이고 표준이어야 한다. 노출의 척도를 개발하는 것은 개념적이고 상대적으로 이산적 사건(discret event) 또는 특성이 있는 노출로 똑바로 나아가는 것이다. 예를 들면 국제여행 전 한 해 동안에 특정 약국 이용이나 장티푸스 예방접종을 받았는지 복합 스테로이드 약물치료와 척추 주사를 받았는지 여부 등이다.

이러한 노출은 이론상 간단할 수 있지만, 실제로는 해석의 대상이 될 수 있다. 알 수 없는 약국의 약물을 주사한 환자는 노출된 것으로 간주해야 합니까? 어떤 결정을 내리든 문서화하고 일관성 있게 적용해야 한다. 또한 노출은 종종 기억력의 영향을 받는다. 메모리 보조 도구(예: 레스토랑 메뉴, 예방접종 카드, 신용카드 영수증 및 쇼핑 카드)가 도움이 될 수 있다. 단순히 '예' 또는 '아니오'라는 바이너리 이상으로 노출의 선량도 깨달을 수 있다. 예를 들면, 종양 클리닉에서 투여한 오염된 정맥내 식염수 홍조와 관련된 진균 혈류 감염의 발생에서 영향을 받은 환자는 영향을 받지 않은 환자보다 더 많은 홍조가 있었다. 유사하게 *Listeria monocytogenes* 감염이 발생했을 때, 델리미트와의 연관성은 평가된 노출이 일주일에 두 번 이상 델리미트 소비일 때만 분명해졌다.

질병을 정의하는 것(예: 보툴리누스 중독이 있습니까?)은 간단하게 들릴 수 있지만, 종종 그렇지 않다. 질병 사례정의를 만들고 적용하는 방법에 대해 충분히 이해해야 한다.

출처 : Rasmussen SA, Goodman RA. The CDC Field Epidemiology Manual, Oxford University Press, USA, 2018.

4 가설검정을 위한 관찰 연구 유형

이 분야에서는 세 가지 유형의 관찰 연구가 일반적으로 사용된다. 모든 조사는 가설 생성 인터뷰를 기반으로 개발된 해당 조사에 특화된 표준 설문지를 사용하여 가장 잘 수행된다.

1) 관찰연구 유형 1: 코호트

개념적으로 실험 연구와 같은 코호트 연구는 연구 중인 질병이 없는 사람들 집단으로 시작하지만, 노출 경험이 다르며, 시간이 지남에 따라 추적하여 관심 있는 질병 또는 건강 상태를 경험하는지 확인한다. 그러나 코호트 연구에서 각 개인의 노출은 조사자가 무작위로 할당하는 것이 아니라 단순히 기록된다. 그런 다음 노출이 다른 사람에서의 질병 발생을 비교하여 노출이 질병의 위험 증가와 관련이 있는지 평가한다. 코호트 연구는 전향적 또는 후향적일 수 있다.

(1) 전향적 코호트 연구

전향적 코호트 연구는 관심 있는 질병이나 상태를 경험하기 전에 참가자를 등록한다. 그런 다음 등록자는 질병 또는 상태의 발생에 대해 시간이 지남에 따라 추적된다. 노출되지 않거나 가장 낮은 노출 집단은 기준선 또는 예상되는 질병 양의 추정치를 제공하는 비교군의 역할을 한다. 전향적 코호트 연구의 예는 프레밍험 심장연구(Framingham Heart Study)이다. 1948년부터 심혈관 질환이 없는 성인 5,000명 이상의 원래 코호트의 노출을 평가하였는데, 이 연구는 일반적인 심혈관질환의 위험요인을 식별한 최초의 연구였다. 등록 후 확인된 각 심혈관질환의 사례는 사고 사례로 계산되었다. 발생률은 사례 수를 각 사람이 추적한 시간의 합계로 나눈 값(발생률) 또는 사례 수를 따라가는 참가자 수(발생률 또는 위험 또는 발생률)로 나눈 값으로 정량화되었다. 현장역학에서 전향적 코호트 연구는 종종 알려진 노출(예: 2001년 9월 11일에 세계무역센터 공격에서 살아남음)을 경험한 사람 집단을 포함하고 긴 잠복기 또는 잠재기의 후속 질병의 위험을 조사하기 위해 추적한다.

(2) 후향적 코호트 연구

후향적 코호트 연구는 관심 질환 또는 상태가 발생한 후 정의된 참여자 집단을 등록한다. 현장역학에서 이러한 연구는 전향적 연구보다 더 일반적이다. 관련된 인구는 종종 잘 정의되어 있다(예: 연회 참석자, 특정 학교의 학생 또는 특정 산업의 종사자). 조사관은 노출 이력을 도출하고 노출 또는 노출 수준이 다른 사람들 간의 질병 발생률을 비교한다.

2) 관찰 연구 유형 2: 환자(사례)-대조군

환자-대조군 연구에서 조사자는 사례 환자와 유사한 노출 기회를 가진 대조 집단의 비교군을 구분해야 한다. 환자-대조군 연구는 일반적으로 코호트 연구가 비실용적일 때(예: 정의된 코호트가 없거나 인터뷰할 집단에 질병이 없는 사람이 너무 많음) 현장역학에서 수행된다. 코호트 연구는 질병이나 상태에 대한 노출에서 개념적으로 진행되는 반면, 환자-대조군 연구는 질병이나 상태로 개념적으로 시작하여 노출을 되돌아본다. 증상만으로 통제를 제외한다고 해서 조사 중인 질병의 경미한 사례가 없다는 것을 보장할 수는 없다. 표 2.6.4.는 환자-대조군 및 후향적 코호트 연구 간의 선택된 주요 차이점을 보여준다.

표 2.6.4. 현장조사에 일반적으로 사용되는 세 가지 관찰 연구 유형의 장·단점

특색	후향적 코호트 연구	환자(사례)-대조군 연구	환자(사례)-환자(사례) 연구
표본 크기	큼	작음	작음
비용	더 많이 듦(크기 때문에)	적게 듦	적게 듦
연구 시간	짧음	짧음	짧음
질병이 드문 경우	비효율적	효율적	효율적(비교 사례가 이미 밝혀진 경우)
노출이 드문 경우	효율적	비효율적	비효율적
다중 노출이 관련된 경우	종종 검정	검정 가능	검정 가능
환자가 여러 가지 결과를 보이는 경우	검정 가능	검정 불가능	검정 불가능
자연사	확인할 수 있음	확인할 수 없음	확인할 수 없음
질병 위험	측정 가능	측정 불가	측정 불가
회상 바이어스	잠재적인 문제	잠재적인 문제	일반적으로 문제가 적음
선택 바이어스	잠재적인 문제	잠재적인 문제	잠재적인 문제
인구가 잘 정의되지 않은 경우	어려움	유리함	유리함

출처 : Rasmussen SA, Goodman RA. The CDC Field Epidemiology Manual, Oxford University Press, USA, 2018.

3) 관찰 연구 유형 3 : 환자(사례)-환자(사례)

환자(사례)-환자(사례) 연구에서는 동일하거나 유사한 질병을 가진 환자 집단이 비교 집단으로 사용된다. 이 방법은 발병과 관련된 사례를 다른 사례와 구별하기 위해 의심되는 병원체의 분자 하위 유형(molecular subtyping)을 요구할 수 있으며, 관련 통제를 식별하기 어려운 경우 특히 유용하다. 예를 들면, 리스테리아 질병 조사를 위한 대조군은 일반적으로 일반 집단에서 식별하기 어려울 수 있는 면역저하 상태(예: 암 또는 코르티코스테로이드 사용)가 있는 환자이다. 발병 균주와 다른 아형의 리스테리아 분리균을 가진 환자는 음식 노출을 비교할 때 바이어스를 줄이는 데 도움이 되는 비교 역할을 할 수 있다. 그러나 유사한 질병을 가진 환자는 유사한 노출을 가질 수 있으며, 이로 인해 바이어스가 생겨 원인을 식별하기가 더 어려워진다. 또한 다른 고려 사항이 비교 집단의 선택에 영향을 미쳐야 한다. 대부분의 발병 관련 환자가 단일 지역 출신이거나 특정 인종/민족인 경우 전국의 다른 리스테리아증 환자는 부적절한 비교 집단으로 작용한다.

5 환자-대조군 연구에서 대조군 선택

1) 대조군 선택을 위한 고려사항

관련된 대조군을 선택하는 것은 환자-대조군 연구를 설계할 때 가장 중요한 고려사항 중 하나이다. 여기에는 몇 가지 주요 고려사항을 제시하였다. 이상적으로는 대조군이

- 사례 환자가 발생한 출처 인구를 철저히 반영하고
- 해당 집단에서 기대할 수 있는 노출 수준에 대한 좋은 추정치를 제공한다. 때때로 출처 집단이 그다지 명확하지 않으며, 일반 집단의 대조군을 사용하는 환자-대조군 연구가 일반적인 노출을 암시하기 위해 필요할 수 있다(예: 특정 클리닉, 식당 또는 박람회 방문). 그런 다음 조사는 일반 피폭을 가진 사람 간의 특정 피폭에 초점을 맞출 수 있다.

대조군은 평가 중인 특정 노출과 독립적으로 선택되어야 한다. 노출 부족을 기준으로 대조군을 선택하면 질병이 존재하는지 여부와 관계없이 질병과 해당 노출 사이의 연관성을 찾을 수 있다. 또한 노출 및 질병과 관련하여 연관성에 영향을 미칠 수 있는 요인(예: 연간 소득)의 존재인 교란(confounding)을 최소화하는 방식으로 출처 집단에서 대조군을 선택하는 것도 중요하다.

출처 인구를 반영하여 대조군을 등록하려고 할 때 과도한 짝짓기(overmatching)는 피하도록 노력해야 한다(즉, 사례 환자와 너무 유사한 대조군의 등록은 존재하는 사례환자와 대조군에서 적은 차이를 가져오고 노출과 질병의 관련성을 밝히는 능력이 감소된다). 병원과 기타 보건의료 세팅에서 환자-대조군 연구를 수행할 때 대조군에 연구 중인 노출과 관련된 다른 질병이 없도록 확인해야 한다.

2) 일반적으로 사용되는 대조군 선택 방법

집단발병이 정의된 인구와 관련되지 않고(예: 포틀럭(potluck) 저녁식사 참석자) 지역사회 전체에 영향을 미치는 경우 다양한 옵션을 사용하여 대규모 집단의 대조군를 선택하는 방법을 결정할 수 있다.

- 임의(무작위)전화걸기(random-digit dialing, RDD). 디렉터리에서 전화번호를 무작위로 선택하는 시스템을 사용하여 대조군을 선택하는 이 방법은 미국에서 유행조사의 필수 요소였다. 그러나 최근 몇 년 동안 발신자 식별 및 휴대전화 사용이 증가하고 지리적 영역별로 휴대전화 번호를 쉽게 확인할 수 있는 디렉터리 목록이 없기 때문에 응답률이 감소하면서 이 방법이 점점 더 어려워졌다. 이 방법이 가장 유용 했음에도 불구하고 한 가정이나 사례 환자

에게 사용 가능한 일치 항목을 제공한 사람에게 전화를 걸려면 종종 50개 이상의 번호로 전화를 걸어야 했다. 휴대폰 번호를 포함하는 상용 데이터베이스는 이 문제를 부분적으로 해결하는 데 성공적으로 사용되었지만, 여전히 시간이 많이 걸린다.

- 목록에서 무작위 또는 체계적인 표본추출. 명단을 사용할 수 있는 설정(예: 특정 날짜의 리조트 참석자)에 대한 조사를 위해 무작위 또는 체계적 샘플링으로 대조군을 선택할 수 있다. 정부 기록(예: 자동차, 유권자 또는 세금 기록)은 가능한 대조 목록을 제공할 수 있지만 연구 대상 인구를 대표하지 않을 수 있다. 무작위 표본추출의 경우, 테이블 또는 컴퓨터 생성 난수 목록을 사용하여 연락할 n번째 사람(예: 12일 또는 13일마다)을 선택할 수 있다.
- 이웃. 사례 환자와 같은 이웃에서 대조군(즉, 이웃 짝짓기)을 모집하는 것은 일반적으로 환자-대조군 연구, 특히 저소득 및 중간 소득 국가에서 사용되었다. 예를 들면, 타지키스탄에서 장티푸스가 발생했을 때, 조사관들은 환자의 집에서 시작하여 거리를 방문하여 대조 수단을 모집했다. 아이티의 콜레라 연구에서도 비슷한 방법이 사용되었다. 일반적으로 바로 인접한 가구는 과도한 짝짓기를 방지하기 위해 건너뛰었다.
- 환자의 친구 또는 친척. 친구와 친척을 대조군으로 사용하는 것은 사례 환자(예: 아주 어린 아이들)의 특성으로 인해 무작위 방법으로 대조군을 찾기가 어려울 때 효과적인 기술이 될 수 있다. 일반적으로 조사자는 환자나 부모를 면담한 다음 대조가 필요한 더 많은 친구나 친척의 이름과 연락처 정보를 요청한다. 한 가지 장점은 아픈 사람의 친구가 협력하여 퍼즐을 푸는 데 도움이 될 수 있다는 사실을 알고 일반적으로 기꺼이 참여할 수 있다는 것이다. 그러나 환자와 유사한 개인적인 습관과 선호도를 가질 수 있기 때문에 노출도 비슷할 수 있다. 이러한 과도한 짝짓기는 질병이나 상태의 원인을 찾을 가능성을 낮출 수 있다.
- 노출 정보가 있는 사람의 데이터베이스. 노출 정보가 있는 사람에 대한 데이터 출처에는 설문조사 데이터(예: FoodNet 인구 조사), 다른 질병을 앓고 있는 환자 또는 동일한 질병의 다른 하위 유형에 대한 공중보건 데이터베이스 및 이전 연구가 포함된다.

외부 데이터 출처를 고려할 때, 조사자는 해당 데이터가 적절한 비교 집단을 제공하는지 확인해야 한다. 예를 들면, 설문조사에 참여한 사람은 결정이 불가능한 방식으로 사례 환자와 다를 수 있다. 다른 환자는 사례 환자와 매우 유사하여 위험한 노출을 식별할 수 없거나 위험으로 식별된 노출이 실제 위험이 아닐 수 있다.

6 환자-대조군에서 짝짓기(matching)

교란(confounding)에 대한 통제를 돕기 위해 연령군, 성별, 인종/민족 및 이웃을 포함하여 조사자가 지정한 특성에 대한 사례 환자와 일치시킬 수 있다. 이러한 짝짓기는 그 자체로 혼동을 줄이지는 않지만 짝짓기 분석을 수행할 때 효율성을 높일 수 있다. 그러나 일치하기로 결정할 때는 신중해야 한다. 너무 많은 특성을 일치시키면 컨트롤을 찾기 어려울 수 있다(어려운 과정이 더 어려워짐). 당신의 질문에 답변해줄 50~54세 특정 인종의 사람을 찾기 위해 임의의 전화번호를 수백 번 호출하는 것을 상상해 보라. 또한 관심을 두고 있는 노출이나 조사하려는 다른 특성과 일치하지 않는 것을 기억하시오. 짝짓기 된 환자-대조군 연구의 데이터는 전형적으로 짝짓기 된 분석(예: 조건부 로지스틱 회귀)이 필요하다.

1) 짝짓기 유형

짝짓기의 두 가지 주요 유형은 쌍 짝짓기(pair matching)와 도수대응 짝짓기(frequency matching)이다.

(1) 쌍 짝짓기

쌍 짝짓기에서 각 대조군은 특정 사례 환자와 짝짓기 된다. 이 방법은 친구나 친척, 이웃 또는 전화 교환에 의해 짝짓기가 가능하기 때문에 논리적으로 유용할 수 있지만, 특정 기준을 충족하는 대조군을 찾는 것은 부담이 될 수 있다.

(2) 도수대응 짝짓기

범주 짝짓기라고도 하는 빈도 짝짓기에서 대조군은 사례-환자 간의 특성 분포와 비례하여 사례-환자에 짝짓기 된다. 예를 들면, 사례 환자의 20%가 만약 5~18세 어린이이고, 50%는 19~49세 성인이고, 30%가 50세 이상 성인이라면, 대조군이 비슷한 분율로 등록해야 한다. 이 방법은 대조군 선택이 시작되기 전에 대부분의 사례 환자가 확인되었을 때 가장 잘 작동한다.

특정 사례 환자를 짝짓기시키는 기준을 충족하지 않을 수 있는 가능한 대조군으로 식별된 사람이 사례 환자군 중 하나에 대한 기준을 충족할 수 있기 때문에 쌍 일치보다 효율적이다.

2) 대조군 수

대부분의 현장 환자-대조군 연구는 1:1, 2:1 또는 3:1의 사례 환자에 대한 대조군 비를 사용한다. 사례 환자당 하나 이상의 대조군을 등록하면 연구력이 증가할 수 있으며, 이는 특히 발병이 제한된 수의 사례를 포함하는 경우 사례 환자와 대조군 간의 노출에서 통계적으로 유의한 차이를 감지하는 데 필요할 수 있다. 연구 능력이 정체되기 시작하기 때문에 3개 또는 4개 이상의 대조군을 추가하는 점증적 이득은 작다. 모든 환자가 동일한 수의 대조군을 가질 필요는 없다. 특정 현장조사의 표본 크기는 시간 및 자원의 제약에 의해 더 제한되지만, 표본 크기의 계산은 등록할 대조군의 대상 수를 추정하는 데 도움이 될 수 있다. 하지만 통계적으로 유의한 연관성을 탐지할 가능성이 거의 없는 경우 분석연구가 가치가 없을 수 있기 때문에 다양한 시나리오에서 연구 능력을 추정하는 것이 현명하다. 비짝짓기 환자-대조군 연구를 위한 표본 크기 계산기는 http://www.openepi.comexternal 및 Epi Info의 StatCalc 기능(https://www.cdc.gov/epiinfo)에서 제공된다.

3) 둘 이상의 대조군

가끔 대조군의 선택이 너무 짜증 나서 조사자들이 여러 유형의 대조군(예: 병원기반 집단 및 지역사회 집단)을 사용하기로 결정한다. 두 대조군이 질병의 위험 인자에 대해 유사한 결과와 결론을 제공하면 결과의 신뢰성이 높아진다. 반대로 두 대조군이 상충되는 결과를 산출하면 해석이 더 어려워진다.

예 : 분석연구를 사용하여 교회 포틀럭(Potluck) 만찬에서 발생 문제 해결[그러나 그 교회 포틀럭(Church Potluck)은 아님]

1940년대부터 현장역학 학생들은 뉴욕 오스웨고에서 열린 교회 포틀럭 만찬에서 전형적인 위장병 발병을 연구했다. 그러나 여기에 제시된 사례 연구는 연구설계를 설명하는 데 사용되며 다른 포틀럭 저녁식사이다.

2015년 4월, 오하이오주 랭커스터의 기민한 신경과 전문의가 보툴리누스 중독이 의심되는 응급실 환자에 대해 지역 보건부에 연락했다. 2시간 이내에 4명의 환자가 시야 흐림, 숨 가쁨 등 유사한 증상을 보이며 도착했다. 보건당국은 이를 보툴리누스 중독으로 즉시 인식했다.

- 질문 : 보툴리눔 독소가 일반적으로 음식을 통해 전파되지만 생물테러 원인이 될 수 있다는 점을 감안할 때 이 발생 가능한 원인처 인구집단(예: 위험에 처한 사람)은 무엇입니까? 독소원에 대한 이러한 각각의 가능한 시나리오가 연구 대상인구에 어떻게 영향을 미칠 수 있는지 생각해 보라.
  - 출처가 널리 배포된 상용 제품인 경우 연구 대상인구는 미국 전역 및 해외에 거주하는 사람이다.
  - 원인처가 공기 전파일 경우 연구할 인구는 단일 도시 또는 지역의 거주자이다.
  - 원인처가 식당의 음식인 경우 연구 대상인구는 주로 지역 주민과 일부 여행자이다.
  - 원인처가 직장 또는 사회적 환경에서의 식사인 경우 연구 대상인구는 식사 참석자이다.
  - 원인처가 집에서 식사인 경우 조사할 인구는 가족 구성원과 모든 손님이다.

기술역학과 사례 환자에 대한 질문을 통해 모든 사람이 같은 교회 포틀럭 저녁을 먹었고 다른 일반적인 노출이 없었기 때문에 포틀럭이 노출 가능성이 있는 장소가 되었고 참석자들이 원인처 인구가 될 가능성이 있는 것으로 나타났다. 따라서 조사자는 비참석자 사이에서 사례 환자에게 주의를 기울여야 하지만, 분석연구는 포틀럭 참석자를 대상으로 한다. 초기 인터뷰가 진행되면서 더 많은 보툴리누스 중독 사례가 진단되어 25명 이상으로 빠르게 증가했다. 발병 원인을 신속하게 파악하여 추가 노출과 질병을 막아야 했다.

- **질문**: 연구를 설계하는 데 필요한 정보는 무엇인가?
  - 포틀럭에서 제공되는 음식 목록
  - 대략적인 참석자 수
  - 사례정의
  - 소수의 사례 환자 또는 그들의 가족 구성원과의 5~10가지 연구 가설을 생성하는 인터뷰로부터 정보

- **질문**: 약 75명이 포틀럭에 참석하고 거의 모든 손님을 식별할 수 있다면 어떤 유형의 연구를 수행할 수 있는가?
  - 코호트 연구는 합리적인 시간 내에 인터뷰할 수 있는 노출된 사람들의 정의된 집단(즉, 코호트)이 존재하기 때문에 합리적인 선택이 될 것이다. 이 연구는 결과(즉, 보툴리누스 중독)가 이미 발생했기 때문에 후향적일 것이며, 조사자들은 참석자들을 인터뷰하여 후향적으로 노출을 평가할 수 있다(즉, 포틀럭에서 먹는 음식).
  - 코호트 연구에서 조사관은 각 음식을 먹었다고 보고한 참가자와 먹지 않은 참가자의 보툴리누스 중독 발병률을 계산할 수 있다. 예를 들면, 특정 음식(예: 감자 샐러드)을 먹은 30명의 참석자 중 20명이 보툴리누스 중독에 걸렸다면 20(유인물 7.1의 셀 a에 해당)을 30(총 노출 또는 a + b)으로 나누어 발병률을 계산하면 약 67%를 산출한다. 감자 샐러드를 먹지 않았던 45명 참석자 중에서 5명이 보툴리누스 중독이 있다면, 노출되지 않은 사람 중에서 발병률은 5/45, C/(C+D)는 약 11%가 될 것이다. 위험비는 6으로, 노출된 사람(67%)의 발병률을 노출되지 않은 사람(11%)의 발병률로 나누어 계산한다.

- **질문**: 200명 이상이 포틀럭에 참석했고, 조사관이 포괄적인 참석자 목록을 가지고 있지 않은 경우 어떤 유형의 연구를 수행할 수 있을까?
  - 환자-대조군 연구는 전체 코호트를 식별할 수 없고 많은 수의 참석자가 인터뷰를 모두 어렵게 만들 수 있기 때문에 가장 실행 가능한 옵션이 될 것이다. 질병이 없는 모든 사람을 인터뷰하는 대신 일부를 대조군 대상으로 인터뷰할 수 있다.

◦ 대조군 대상자 선정 방법은 신중히 고려되어야 한다. 모든 참석자가 인터뷰를 하지 않으면 조사관이 질병이 없는 모든 참석자의 노출을 알지 못하기 때문에 노출된 사람과 노출되지 않은 사람 사이에서 보툴리누스 중독 위험을 판단하는 것은 불가능하다. 위험(risk) 대신 조사자들은 위험에 가까운 노출 오즈(대응비, odds)를 계산한다. 예를 들면 25명의 사례 환자 중 20명(80%)이 감자 샐러드를 먹었다면 사례 환자에서의 감자 샐러드 노출 오즈는 20/5=4(노출/비노출 또는 표 2.6.5.의 a/c)가 된다. 선택된 대조군 50명 중 10명(20%)이 감자 샐러드를 먹었다면 대조군에서의 노출 오즈(odds)는 10/40=0.25(또는 유인물 7.2의 b/d)이다. 환자 간 노출 오즈(a/c)를 대조군의 노출 오즈(b/d)로 나누면 16(4/0.25)의 오즈비(교차비, 이응위험도, odds ratio)가 산출된다. 오즈비는 실제 위험의 척도가 아니지만 식품을 연루시키는 데 사용할 수 있다. 오즈비는 결과나 질병이 드문 경우(예: 인구의 대략 〈 5%) 위험 비율에 근접할 수 있다. 이러한 경우 a/b는 a/(a+b)와 유사하다. 오즈비는 일반적으로 분석에서 노출된 사람의 5% 초과에서 질병에 걸렸을 때 위험비(risk ratio)보다 높다.

실제 집단발병 시에는 77명의 포틀럭 참석자 중 29명(38%)이 보툴리누스 중독에 걸렸다. 연구자들은 참가자 77명 중 75명을 대상으로 52개의 음식이 제공되는 코호트 연구를 수행했다. 감자 샐러드를 먹은 사람의 발병률은 그렇지 않은 사람의 발병률보다 훨씬 높았으며, 위험 비율은 14(95% 신뢰구간 5-42)였다. 제공되는 감자 샐러드 중 하나는 집에서 잘못 만든 감자(보툴리눔 독소의 알려진 공급원)로 만들어졌고, 폐기된 감자 샐러드 표본은 보툴리눔 독소 양성으로 검정되어 분석연구 결과를 뒷받침했다(참고로, 사람들은 감자 샐러드가 실제로 거의 원인이 되지 않는데도 질병을 일으킨다고 비난하는 경우가 많다. 발병은 주목할 만한 예외였다).

현장역학에서 노출과 질병 사이의 연관성은 종종 너무 강해서 작은 표본 크기 및 노출 오분류와 같은 고유한 연구의 한계에도 불구하고 분명하다. 이번 발병에서 보툴리누스 중독 환자 중 일부는 감자 샐러드를 먹지 않았다고 보고했으며 보툴리누스 중독이 없는 참석자 중 일부는 먹었다고 보고했다. 역학 연구에서 섭취한 모든 것을 기억하는 것이 어렵기 때문에 불완전하거나 잘못된 회상을 포함하여 다양한 이유로 노출과 결과가 100% 일치하는 경우는 거의 없다. 여기에서 감자 샐러드와 다른 음식의 교차 오염은 질병을 일으키기 위해 소량의 보툴리눔 독소만 필요하기 때문에 감자 샐러드를 먹지 않은 환자의 사례를 설명하는 데 도움이 되었을 수 있다.

표 2.6.5. 코호트 연구의 상대위험도와 환자-대조군 연구의 오즈비

<table>
<tr><td colspan="3">코호트 연구에서 상대위험도(relative risk) 또는 위험비(risk ratio)를 계산하기 위한 2×2 표</td><td colspan="3">환자-대조군 연구에서 오즈비(교차비, 대응위험도, odds ratio)를 계산하기 위한 2×2 표
환자-대조군 연구에서는 위험비(risk ratio)를 계산할 수 없는데 왜냐하면 진정한 발생률이 계산되지 않기 때문임</td></tr>
<tr><td colspan="3">코호트 연구 접근</td><td colspan="3">환자-대조군 연구 접근</td></tr>
<tr><td></td><td>질병군</td><td>비질병군</td><td></td><td>질병군(환자군)</td><td>비질병군(대조군)</td></tr>
<tr><td>노출</td><td>a</td><td>b</td><td>노출</td><td>a</td><td>b</td></tr>
<tr><td>비노출</td><td>c</td><td>d</td><td>비노출</td><td>c</td><td>d</td></tr>
<tr><td colspan="3">위험비(risk ratio)
$= \frac{\text{노출군에서 발생률}}{\text{비노출군에서 발생률}}$
$= \frac{\frac{a}{a+b}}{\frac{c}{c+d}}$</td><td colspan="3">오즈비(odds ratio)
$= \frac{\text{환자군에서 노출 오즈}}{\text{대조군에서 노출 오즈}}$
$= \frac{\frac{a}{c}}{\frac{b}{d}} = \frac{ad}{bc}$</td></tr>
</table>

출처 : Rasmussen SA, Goodman RA. The CDC Field Epidemiology Manual, Oxford University Press, USA, 2018.

7 보편적인 노출로 인한 집단발병

가설을 생성하는 인터뷰를 통해 모든 사람 또는 거의 모든 사람이 동일한 의심이 되는 감염원에 노출되었다고 믿게 된다면 어떤 종류의 연구를 설계하겠습니까? 아프거나 아프지 않은 모든 바비큐 참석자들이 닭고기를 먹었거나 모든 마을 주민들이 도시의 수돗물을 마셨고 비교를 위해 노출되지 않은 그룹이 존재하지 않는 경우 가설을 어떻게 검정하겠습니까? 도움이 될 수 있는 몇 가지 요인은 노출시기(예: 특히 덜 익힌 바비큐 배치), 노출 장소(예: 다른 곳보다 더 오염된 수도 시스템 섹션) 및 노출 용량(예: 먹은 닭 조각 또는 취한 물잔), 의심되는 노출 시간, 장소 및 빈도에 대한 질문을 설문지에 포함하면 차이를 감지할 가능성을 높일 수 있다.

8 결론

코호트, 환자-대조군 그리고 환자(사례)-환자(사례) 연구는 현장역학자가 가장 자주 사용하는 분석연구 유형이다. 그들은 조사의 초기 단계에서 밝혀진 가설을 평가(정량화 및 검정)하기 위한 메커니즘으로 사용된다. 질병에 대한 노출을 개념적으로 지향하는 코호트 연구는 전체 인구가 잘

정의되어 있고 등록할 수 있는 환경(예: 결혼식 피로연에 참석하는 손님)에 적합하다. 코호트 연구는 노출 상태에 따라 잘 정의된 집단이 등록될 수 있는 경우에도 적합하다(예: 제조 공장의 다른 부분에서 일하는 직원). 환자-대조군 연구는 인구가 덜 명확하게 정의될 때 대조적으로 유용하다. 환자-대조군 연구는 질병에서 노출에 이르는 대조 연구를 통해 질병이 있는 사람과 질병이 없는 비슷한 집단(대조군)을 식별한다. 그런 다음 두 집단의 노출 경험을 비교한다. 환자(사례)-환자(사례) 연구는 환자-대조군 연구와 유사하지만, 대조군에는 발병과 관련이 없는 질병이 있다는 점이 다르다. 환자-대조군 연구는 아마도 현장조사에 가장 적합한 유형일 것이다. 개념적으로는 간단하지만 효과적인 역학 연구를 설계하려면 많은 신중한 결정이 필요하다. 좋은 가설을 개발하는 데 필요한 시간을 투자하면 위험요인을 식별하는 데 유용한 설문지가 나올 수 있다. 적절한 비교 집단을 선정하고, 등록하기 위한 사례 환자에 대한 대조군을 얼마나 선정할 것인지, 짝짓기 여부 및 잠재적 바이어스를 피하는 최선의 방법 등은 모두 성공적인 연구를 위한 중요한 결정이다.

참고문헌

대한예방의학회. 예방의학과 공중보건학, 제3판 수정증보판, 계축문화사, 2017.

대한예방의학회, 한국역학회. 예방의학 · 역학 · 공중보건학 용어집, 계축문화사, 2014.

손석준, 이경수, 이무식, 이중정, 이충원, 정인성. 현장역학(Field Epidemiology, 2nd edition 번역본). 계축문화사, 2004.

Angelo K, Conrad A, Saupe A, et al. Multistate outbreak of Listeria monocytogenes infections linked to whole apples used in commercially produced, prepackaged caramel apples: United States, 2014–2015. Epidemiol Infect. 2017;145:848–56.

Breslow NE, Day NE. Statistical methods in cancer research. Vol 1. The analysis of case—control studies. (IAEC scientific publication no. 32). Lyon : International Agency for Research on Cancer; 1980.

Centers for Disease Control and Prevention. Case studies in applied epidemiology: Oswego: an outbreak of gastrointestinal illness following a church supper. http://www.cdc.gov/eis/casestudies.html

Centers for Disease Control and Prevention. Epidemiologic case studies: typhoid in Tajikistan. http://www.cdc.gov/epicasestudies/classroom_typhoid.html

Centers for Disease Control and Prevention. Foodborne Diseases Active Surveillance Network (FoodNet): population survey. http://www.cdc.gov/foodnet/surveys/population.html

Chintapalli S, Goodman M, Allen M, et al. Assessment of a commercial searchable population directory as a means of selecting controls for case-control studies. Public Health Rep. 2009; 124:378–83.

Detels R, Beaglehole R, Lansang MA, Gulliford M. Oxford Textbook of Public Health, Oxford University Press, 2009.

Dunkle SE, Mba-Jonas A, Loharikar A, Fouche B, Peck M, Ayers T. Epidemic cholera in a crowded urban environment, Port-au-Prince, Haiti. Emerg Infect Dis. 2011;17:2143–6.

Feinstein AR. Clinical Epidemiology. The architecture of clinical research. Philadelphia : W.B. Saunders Company 1985.

Framingham Heart Study: A Project of the National Heart, Lung, and Blood Institute and Boston University. Framingham, MA: Framingham Heart Study; 2017. https://www.framinghamheartstudy.org/external

Gordis L. Epidemiology. 5th ed. Philadelphia: Elsevier; 2013.

Gottlieb SL, Newbern EC, Griffin PM, et al. Multistate outbreak of listeriosis linked to turkey deli meat and subsequent changes in US regulatory policy. Clin Infect Dis. 2006;42:29–36.

Gupta N, Hocevar SN, Moulton-Meissner HA, et al. Outbreak of Serratia marcescens bloodstream infections in patients receiving parenteral nutrition prepared by a compounding pharmacy. Clin Infect Dis. 2014;59:1–8.

Jordan HT, Brackbill RM, Cone JE, et al. Mortality among survivors of the Sept 11, 2001, World Trade Center disaster: results from the World Trade Center Health Registry cohort. Lancet. 2011;378:879–87.

Kelsey JL, Thompson WD, Evans AS. Methods in observational epidemiology. New York, Oxford: Oxford University Press; 1986.

Last JM. A Dictionary of Epidemiology, 4th Ed, Oxford Uni Press Inc., 2001.

MacMahon B, Pugh TF. Epidemiology: principles and methods, Little, Brown and Company, 1970.

McCarthy N, Giesecke J. Case–case comparisons to study causation of common infectious diseases. Int J Epidemiol. 1999;28:764–8.

McCarty CL, Angelo K, Beer KD, et al. Notes from the field.: large outbreak of botulism associated with a church potluck meal—Ohio, 2015. MMWR. 2015:64:802–3.

Neil KP, Biggerstaff G, MacDonald JK, et al. A novel vehicle for transmission of Escherichia coli O157: H7 to humans: multistate outbreak of E. coli O157: H7 infections associated with consumption of ready-to-bake commercial prepackaged cookie dough—United States, 2009. Clin Infect Dis. 2012;54:511–8.

Pearce N. Analysis of matched case–control studies. BMJ. 2016;352:1969.

Porta M. A Dictionary of Epidemiology, 5th edition, IEA, Oxford University Press, USA, 2008.

Rasmussen SA, Goodman RA. The CDC Field Epidemiology Manual, Oxford University Press, USA, 2018.

Robert B. Wallace. Maxey-Rosenau-Last Public Health and Preventive Medicine. McGraw-Hill Education, 15 edition, 2008.

Rothman K J. Modern epidemiology. Boston, Toronto: Little, Brown and Com pany; 1986.

Rothman KJ, Greenland S. Modern epidemiology. 3rd ed. Philadelphia: Lippincott Williams & Wilkins; 2008.

Schlesselman JJ. Case—control studies: design, conduct, analysis. New York: Oxford University Press; 1982.

Tostmann A, Bousema JT, Oliver I. Investigation of outbreaks complicated by universal exposure. Emerg Infect Dis. 2012;18:1717–22.

Vasquez AM, Lake J, Ngai S, et al. Notes from the field: fungal bloodstream infections associated with a compounded intravenous medication at an outpatient oncology clinic—New York City, 2016. MMWR. 2016;65:1274–5.

Wacholder S, McLaughlin JK, Silverman DT, Mandel JS. Selection of controls in case–control studies. I. Principles. Am J Epidemiol. 1992;135:1019–28.

제 7 장 데이터의 분석과 해석

1 도입

현장조사는 대개 사람이 병에 걸릴 가능성 또는 건강상 위험이 증가했을 때 이에 대한 원인을 파악하기 위해 수행된다. 현장조사에서는 원인 파악이 충분히 이루어질 수 있는데, 즉 원인을 제거함으로써 문제를 해결하는 것이다. 한편, 어떤 조사는 건강 문제가 발생하는 원인의 노출상황 및 발생한 건강 문제 사이의 관계에서 그 관계를 정량화하기 위해 수행된다. 이를 통하여 조처 방법을 이끌어내거나 건강 문제에 관한 관련 지식을 배양하려는 것이다. 그런데 이러한 두 가지 현장조사에는 적절한 분석 방법이 필요하다. 그러나 그 방법이 꼭 정교해야만 하는 것은 아니다. 이 장에서는 이와 관련한 분석 계획에 대한 전략과 분석 수행의 방법 그리고 결과 해석에 대한 지침을 설명하고자 한다.

2 분석 계획

신중하게 계획하고 주의 깊게 실행하는 분석은 프로토콜 기반의 연구와 마찬가지로 현장조사에서 중요하다. 계획은 적절한 가설을 세우고 가설에 필요한 데이터를 수집, 기록, 관리, 분석, 그리고 해석하기 위해 필요하다. 그러므로 어떠한 데이터를 수집하고 그 수집된 데이터를 어떻게 분석할 것인지를 결정하는 것은 당신이 설문지를 작성하는 것보다 이전에 실행해야 한다. 계획은 데이터를 수집한 이후에 결정되는 사항이 아니다.

분석 계획서는 가공하지 않은 데이터를 이용해 최종 보고서를 만들기까지의 안내 문서이다. 이 문서는 당신이 어느 곳에서 시작해야 하는지(데이터 원천들과 데이터 세트), 어떻게 그 데이터를 분석해야 하는지, 그리고 최종 보고서를 완성하기까지 어디에서 그 데이터를 필요로 하는지를 설명한다. 또한 이 문서는 분석에 필요한 핵심 구성요소들을 논리적인 순서로 배열하고 있으며 실제적으로 분석하는 동안 따라야 할 지침을 제공한다.

분석 계획서는 표 2.7.1.에 표시된 내용의 일부 혹은 대부분을 포함하고 있다. 열거된 요소 중 일부는 프로토콜 기반의 계획 연구를 위한 분석 계획서에서 더 자주 나타날 것이다. 그러나 시행하려는 조사가 개시 조사일지라도 좀 더 함축된 계획서를 구비하여 핵심 구성요소들은 포함되어야 한다. 함축된 계획서가 없는 경우에는 일련의 테이블 뼈대 정도라도 구비해야 할 것이다.

표 2.7.1. 분석 계획서의 구성요소

- 연구 설문지나 가설 목록
- 원천 데이터
- 인구 또는 집단에 대한 설명(포함 혹은 배제 기준)
- 데이터나 데이터 세트의 원천, 특히 이차 데이터 분석이나 인구 분모를 위한 것
- 연구의 유형
- 데이터가 조작될 방법
- 사용되거나 합병될 데이터 세트
- 새로운 변수들
- 핵심변수(모든 변수들의 데이터 사전을 첨부)
- 인구통계 혹은 노출 변수
- 결과 혹은 종단점 변수
- 층화변수(예: 잠재적 교란요인 혹은 효과수정자)
- 데이터의 분석 방식(예: 연속 변수 혹은 그룹으로 분류화)
- 소실값을 다루는 방식
- 분석의 순서(예: 빈도 분포, 이원 표, 층화 분석, 선량 반응 혹은 그룹 분석)
- 발생 및 연관성 측도, 유의성 검정, 신뢰구간 측정
- 분석에 사용될 테이블 뼈대
- 최종 보고서에 포함될 테이블 뼈대

출처 : Rasmussen SA, Goodman RA. The CDC Field Epidemiology Manual, Oxford University Press, USA, 2018.

1) 연구 질문 혹은 가설

분석 계획은 종종 다루고자 하는 연구 질문이나 가설과 함께 시작된다. 잘 제시된 연구 질문이나 가설은 분석할 필요가 있는 변수를 쉽게 다루게 하며 분석 방법에도 잘 호응한다. 예를 들면, 다음과 같은 질문이 있다고 하자. “무엇 때문에 위장염이 발생하였는가?”라는 질문은 현장조사에서는 적절한 질문일 수도 있다. 그러나 그것은 특화된 연구 질문이 아니다. 더 특화된 질문의 예를 들면 다음과 같은 것이다. “환자가 대조군 사람들보다 더 많이 섭취할 확률이 있는 음식은 무엇인가?”와 같은 질문이다. 이러한 질문의 핵심 변수는 섭취한 음식 항목과 더불어 해당 환자의 상태라는 것을 의미한다. 그리고 이러한 분석 방법은 각 음식에 대해 2×2 테이블씩 변수를 제공할 것이다.

2) 분석 전략

다양한 유형의 연구들(예: 코호트 연구, 환자-대조군 연구, 혹은 횡단면 연구)에서 다양한 측정과 방법이 분석에 사용된다. 그러므로 분석 전략은 어떻게 데이터가 수집될 것인가와 일치하여야 한다. 예를 들면, 단순한 후향적 코호트 연구로부터 수집된 데이터는 노출 그룹들 사이의 발병률을 계산하고 비교함으로써 분석되어야 한다. 그리고 환자-대조군 연구로부터의 데이터는 해당 사례 환자와 대조군 사이의 노출을 비교함으로써 분석되어야 하며, 짝짓기 여부를 계획에 사용하였다면 데이터는 분석에서의 짝짓기를 설명할 수 있어야 한다. 한편 횡단면 연구의 데이터는 분석에서 가중치나 계획 효과를 통합할 필요가 있다. 분석 계획에서는 관심 노출과 결과, 알려진 다른 위험 요인, 연구설계 요인(예: 짝짓기 변수), 잠재적 교란요인 및 잠재적 효과 수정자 등 어떤 변수가 가장 중요한지 지정해야 한다.

3) 데이터 사전

데이터 사전은 개별 변수에 대한 핵심 정보를 제공하는 문서이다. 일반적으로 데이터 사전에는 각 변수의 이름, 간단한 설명, 변수의 유형(예: 숫자, 텍스트 또는 날짜), 허용되는 값 및 설명(선택 사항)이 나열된다. 데이터 사전은 다양한 방법으로 구성할 수 있지만, 변수당 하나의 행으로 구성된 표 형식이다. 그리고 이름, 설명, 유형, 값 및 주석에 대한 열이 쉽게 구성될 수 있다(구강인두 튤라레미아의 발생 조사에 관한 표 2.7.2. 참조). 데이터 사전에 대한 추가 데이터에는 개별 질문 옆에 쓰인 변수 이름과 함께 설문지의 복사본이 포함된다.

4) 데이터에 대해 알아보기

(1) 각 변수에 대한 반응 빈도 및 기술 통계량, (2) 각 변수에 대한 최솟값, 최댓값 및 평균값, (3) 모든 레코드에 대해 동일한 반응을 하고 있는지 여부, (4) 변수에 결손값이 많거나 모두 결손값을 가지는지 여부를 검토하여 데이터를 파악하라. 이러한 패턴은 당신이 어떻게 변수를 분석하며 혹은 분석에서 제외시키는지에 대해 영향을 줄 것이다.

5) 테이블의 뼈대

분석 계획에서 다음 단계는 테이블의 뼈대를 계획하는 일이다. 테이블 뼈대(table shell) 또는 더미 테이블(dummy table)은 제목과 완전한 라벨이 붙어 있지만, 데이터를 포함하지 않는 테이블(예를 들면, 주파수 분포 또는 2×2 테이블)이다. 그러나 분석이 진행되면서 숫자가 채워질 것이다. 테이블 뼈대는 분석에 대한 지침을 제공하므로 단순한(예: 기술역학) 것에서 보다 복잡한(예: 분석 역학) 것에 이르는 논리적 순서로 시퀀스를 진행해야 한다(표 2.7.3.). 각 테이블 뼈대는 표와 동반해야 하는 측정치(예: 발병률, 위험비/상대위험도(risk ratio, RR) 또는 오즈비/교차비/대응위험도(odds ratio, OR), 95% 신뢰구간[CI]) 및 통계량(예: 카이제곱 및 p-값)을 표시해야 한다. 구강인두 튤라레미아에 대한 현장조사를 위해 만들어진 테이블 뼈대의 보기를 보려면 표 2.7.2.를 참조하라.

3 현장조사에서 데이터 분석하기

현장조사에서 데이터 분석의 일부로 생성되는 처음 두 개의 테이블은 사례에 해당하는 환자의 임상적 특징을 설명하고 있으며 기술역학(descriptive epidemiology)을 제시하는 표이다. 기술역학에 대해서는 앞선 장에서 언급하였기 때문에, 이 장의 나머지에서는 현장조사에서 가장 빈번하게 이용되는 기술역학적 도구에 대해서 설명하였다.

표 2.7.2.는 Epi Info 7의 전통적인 분석 모듈의 출력을 보여준다. 이 표는 일반적인 현장조사 데이터에 대한 TABLE 명령의 출력을 보여준다. (1) 결과를 요약한 교차 표, (2) 연관성 측도의 점 추정치, (3) 각 점 추정치의 95% 신뢰구간, (4) 통계적 시험 결과 등을 참조하라. 이러한 요소들의 각각은 다음 섹션에서 설명된다.

표 2.7.2. 구강인두 튤라레미아 집단발생 조사의 데이터 사전 일부

변수 이름	설명	변수 유형	공식 값	비고
ID	참가자 확인 숫자	숫자		할당되는 숫자
HH_size	가정 내에 사는 사람의 수	숫자		
출생일	출생일	날짜		dd/mm/yy
실험실 튤라레미아	미세 응집 시험 결과	숫자	1= 양성 2= 음성	
나이	나이	숫자		
성별	성별	텍스트	M= 남성 F= 여성	
발열	발열	숫자	1= 예 2= 아니오	
오한	오한	숫자	1= 예 2= 아니오	
목 쓰림	목 쓰림	숫자	1= 예 2= 아니오	
부은 림프절	부은 림프절	숫자	1= 예 2= 아니오	
림프절의 위치	부은 림프절의 위치	텍스트		

의심 사례	의심 사례정의를 만족	숫자	1= 예 2= 아니오	생성된 변수: 목이나 귀 주변의 부은 림프 노드, 목 쓰림, 결막염, 혹은 2일 이상의 발열, 오한, 근육통, 두통
확률 사례	가능 사례정의를 만족	숫자	1= 예 2= 아니오	생성된 변수: 부은 림프절 그리고 (목 쓰림 혹은 발열)
확진 사례	확진 사례정의를 만족	숫자	1= 예 2= 아니오	생성된 변수: 실험실 시험 양성
가능 혹은 확진 사례	가능 혹은 확진 사례정의를 만족	숫자	1= 예 2= 아니오	생성된 변수: 가능 혹은 확진 사례 = 1
수돗물 라마단	라마단 기간 동안 수돗물을 마심	숫자	1= 예 2= 아니오	

출처: Aktas D, Celebi B, Isik ME, et al. Oropharyngeal tularemia outbreak associated with drinking contaminated tap water, Turkey, July-September 2013. Emerg Infect Dis. 2015;21:2194-6.

표 2.7.3. 데이터 분석 제안 순서

표 2.7.2. 질병 발생 날짜별 시간(표에 포함될 수 있지만, 집단발병의 경우 유행곡선으로 표시하는 것이 좋음).
표 1. 임상적 특징(예: 징후 및 증상, 검사실 감염 사례 비율, 입원 환자 비율 및 사망 환자 비율)
표 2. 인구통계학적 특징(예: 연령 및 성별), 사례 통제 연구의 경우 사례 통제 상태에 따른 연구 참가자의 기타 주요 특성, 장소(표 2 또는 점 또는 음영 지도에서 발생하는 거주지 또는 발생 지역)
표 3. 노출-결과 연관성 일차 테이블
표 4. 층화(별도 효과와 교란 및 효과 수정에 대한 평가의 표 3)
표 5. 개선 사항(예: 용량-반응, 지연 시간 및 보다 민감함 혹은 구체적 사례정의를 사용한 표 3)
표 6. 특정 그룹 분석

출처 : Rasmussen SA, Goodman RA. The CDC Field Epidemiology Manual, Oxford University Press, USA, 2018.

1) 2×2 테이블

2×2 테이블은 노출(exposure)과 건강 결과(health outcome)라는 두 가지 변수로 이루어진 교차 테이블이라는 의미로 그 명칭이 지정되었다. 이 두 변수는 각각 두 범주("예"와 "아니오")로 구성된다. 2×2 테이블은 특수한 노출(예: 특별한 음식의 섭취)과 그에 따른 건강 결과(예: 위장염) 사이에 있어서의 연관성을 반영하는 데 최고의 수단이 된다. 이와 같은 연관성은 2×2 테이블 내의 데이터로부터 연관성을 계산(예: RR 혹은 OR)하여 정량화된다.

- 역학 분야에서 전형적으로 사용되는 2×2 테이블에서, 질병 상태(예: 아프거나 건강함, 사례 해당 환자 혹은 대조군)는 테이블의 상단을 따라 표시되며, 노출 상태(예: 노출 혹은 비노출)는 측면을 따라 표시된다.
- 노출 상황에 따라 횡 방향은 표 2.7.4.에서 보이는 대로 라벨링 될 수 있다. 예를 들면, 노출

혹은 비노출 그리고 항상 혹은 전혀 아님으로 표시될 수 있다. 관습적으로 노출 그룹이 상단 줄에 위치한다.

- 질병이나 건강 결과에 따라, 열 방향은 표 2.7.4.에 보이는 대로 라벨링 될 수 있다. 예를 들면 아프거나 건강하거나 사례나 대조군 그리고 사망 혹은 생존 등이 그것이다. 관습적으로 질병 그룹이나 사례 그룹이 왼쪽 열에 위치한다.
- 횡과 열의 교차 지점에는 숫자 하나가 기록되는데, 이는 셀로 알려져 있다. 네 개의 셀 내에 쓰인 a, b, c, d 네 문자는 질병 상태(열의 상단에 표시된 대로)와 노출 상태(횡의 왼쪽에 표시된 대로)를 가진 사람들의 수를 나타낸다. 예를 들면, c 셀은 아프지만 노출되지 않은 사람의 수를 포함한다. 행 총계는 H1 및 H0(또는 H2 [수평의 경우 H])로 표시되고 열에는 V1 및 V0(또는 V2 [수직의 경우 V])로 레이블이 지정된다. 2×2 테이블에 포함된 사람들의 총수는 아래 오른쪽 구석에 쓰이며, 이는 문자 T나 N으로 표시된다(그림 2.7.1.).

		질병		계
		+	−	
노출	+	a	b	H1
	−	c	d	H0
계		V1	V2	T

그림 2.7.1. 2X2 테이블 도식표

- 코호트 연구에서 나온 데이터인 경우, 때때로 발병률(즉, 관심 기간 동안 병에 걸린 사람의 비율)이 행 총계의 오른쪽에 제공된다. RRs(위험비, 상대위험도) 혹은 ORs(오즈비, 교차비, 대응위험도), Cls(신뢰구간), 혹은 p-값은 테이블의 오른쪽 혹은 아래쪽에 위치하게 된다.

수돗물 소비량(노출)과 구강인두 튤라레미아에 의한 질병 상태(결과)의 설명적 교차표는 표 2.7.4.에 표시되어 있다.

표 2.7.4. 테이블 뼈대: 다양한 공급원의 식수와 구강인두 튤라레미아와의 연관성(터키 베이부트주 산카크테페 마을, 2013년 7월~8월)

	노출된 사람의 수			
노출	질병	건강	총계	발병률(%)
수돗물	____	____	____	____
우물물	____	____	____	____
샘물	____	____	____	____
병	____	____	____	____
기타	____	____	____	____

노출되지 않은 사람의 수

질병	건강	총계	발병률(%)	상대위험도(95% CI)
수돗물	_______	_______	_______	___(-)
우물물	_______	_______	_______	___(-)
샘물	_______	_______	_______	___(-)
병	_______	_______	_______	___(-)
기타	_______	_______	_______	___(-)

약어 : CI, 신뢰구간

출처 : Aktas D, Celebi B, Isik ME, et al. Oropharyngeal tularemia outbreak associated with drinking contaminated tap water, Turkey, July–September 2013. Emerg Infect Dis. 2015;21:2194–6.

표 2.7.5. Epi Info 버전 7의 클래식 분석 모듈의 일반적인 출력, Tables 명령 사용

바닐라 질병 테이블

바닐라 아이스크림	질병 Yes	질병 No	총계
예	43	11	54
횡(%)	79.63%	20.37%	100.00%
열(%)	93.48%	37.93%	72.00%
아니오	3	18	21
횡(%)	14.29%	85.71%	100.00%
열(%)	6.52%	62.07%	28.00%
총계	46	29	75
횡(%)	61.33%	38.67%	100.00%
열(%)	100.00%	100.00%	100.00%

단일 테이블 분석

	점 추정치	95% 신뢰구간	
		낮음	높음
인자: 오즈(교차, Odds) 기반			
교차비(교차값)	23.4545	5.8410	94.1811 (T)
교차비(MLE)	22.1490	5.9280	109.1473 (M)
		5.2153	138.3935 (F)
인자: 위험(Risk) 기반			
위험비(Risk Ratio)	5.5741	1.9383	16.0296 (T)
위험 차이(Risk Difference, %)	65.3439	46.9212	83.7666 (T)

통계학적 검정	카이제곱 (chi-square)	1-tailed(단측) p	2-tailed(양측) p
카이제곱(chi-square)-비보정	27.2225		0.0000013505
카이제곱(chi-square)-Mantel-Haenszel	26.8596		0.0000013880
카이제곱(chi-square)-비보정(Yates)	24.5370		0.0000018982
Mid-p exact		0.0000001349	
Fisher exact		0.0000002597	0.0000002597

T=Taylor series; MLE= Maximum Likelihood Estimate; M=Mid- P; F=Fisher Exact

출처 : Centers for Disease Control and Prevention. Epi Info. https://www.cdc.gov/epiinfo/index.html

표 2.7.6. 테이블 뼈대: 다양한 원천으로부터의 식수 음용과 구강인두 툴라레미아와의 연관성

노출자 수

노출	질병	건강	총계	발병률(%)
수돗물	____	____	____	____
우물물	____	____	____	____
샘물	____	____	____	____
병	____	____	____	____
기타	____	____	____	____

비노출자 수

질병	건강	총계	발병률(%)	상대위험도(95% CI)
수돗물	____	____	____	___(-)
우물물	____	____	____	___(-)
샘물	____	____	____	___(-)
병	____	____	____	___(-)
기타	____	____	____	___(-)

약어 : CI, 신뢰구간
출처 : Aktas D, Celebi B, Isik ME, et al. Oropharyngeal tularemia outbreak associated with drinking contaminated tap water, Turkey, July-September 2013. Emerg Infect Dis. 2015;21:2194-6.

표 2.7.7. 수돗물 음용과 구강인두 툴라레미아 집단발병 위험

수돗물 음용	질병	건강	총계	발병률(%)
예	46	127	173	26.6
아니요	9	76	85	10.6
총계	55	203	258	21.3

위험비(Risk ratio) = 26.59/10.59 = 2.5
95% 신뢰구간(confidence interval) = (1.3-4.9)
카이제곱(chi-square)(비보정, uncorrected) = 8.7 (p = 0.003).
출처 : Aktas D, Celebi B, Isik ME, et al. Oropharyngeal tularemia outbreak associated with drinking contaminated tap water, Turkey, July-September 2013. Emerg Infect Dis. 2015;21:2194-6.

2) 연관성(관련성, association) 측정

연관성 측정이란 노출과 결과 사이의 통계적 연관성 강도 혹은 양을 의미한다. 연관성 측정은 때로는 효과 측정으로 불린다. 그것은 노출이 건강 결과와 인과적으로 연관되었다면, 측정을 통해 노출이 건강 결과를 불러올 확률을 정량화할 수 있기 때문이다. 현장역학에서 통상적으로 사용되는 연관성 측정값은 모두 비율을 나타낸다. 즉, RRs(위험비, 상대위험도), ORs(오즈비, 교차비, 대응위험도), 유병비(PRs) 등이 그것이다. 이러한 비율들은 기대되는 값에 대한 관찰 값을 비교한 것으로 생각할 수 있다. 즉, 노출이 일어난 사람들 사이에서 관찰된 질병의 양과 노출을 겪지 않은 사람 사이에서의 기대되는 양(기저 양)을 의미하는 것이다. 이러한 측정을 통해 노출 그룹

사이에서의 질병 발생량이 기저 그룹에서의 질병 발생량보다 적은지 많은지 혹은 유사한지를 명확히 알 수 있다.

- 질병 발생의 양이 노출 그룹과 비노출 그룹 사이에서 동일할 때 각 연관성 측정값은 1.0이 된다.
- 노출 그룹에서 발생한 질병 총량이 비노출 그룹의 것보다 클 때, 측정값은 1.0 이상이 된다. 이는 해로운 영향이 발생했음을 의미한다.
- 노출 그룹에서 발생한 질병 총량이 비노출 그룹의 것보다 작을 때 측정값은 1.0 이하가 된다. 이는 노출을 통해 질병의 발생이 억제되었음을 의미한다(예: 백신 투여).

연구 유형이 달라지면서 서로 다른 연관성 측정 방법이 사용된다. 일반적인 집단발병 조사 소급 코호트 연구에서 가장 일반적으로 사용되는 척도는 단순히 발병률을 나타내는 RR(위험비, 상대위험도)이다. 대부분의 환자-대조군 연구에서는, 발병률이 계산될 수 없으므로, 많이 사용되는 방법은 OR(오즈비, 교차비, 대응위험도)이다.

단면 연구 또는 조사는 일반적으로 건강 상태의 발생(새로운 사례)보다는 유병률(기존 사례)을 측정한다. 일반적으로 RR(위험비, 상대위험도) 및 OR(오즈비, 교차비, 대응위험도)(각각 PR 및 POR)과 유사한 연관성 측정이 사용된다.

(1) 위험비(risk ratio), 상대위험도(relative risk)

코호트 연구에서 선호하는 측정 방법인 RR은 노출 그룹 중 발병률(위험)이 노출되지 않은 그룹 중 발병률(위험)로 나눈 값으로 계산된다. 표 2.6.5.를 참고하면,

$$RR = \frac{\text{노출군에서 발생률}}{\text{비노출군에서 발생률}} = \frac{\frac{a}{a+b}}{\frac{c}{c+d}}$$ 로 계산된다.

표 2.7.7.로부터 연회장에서 수돗물을 마신 사람의 구강인두 튤라레미아에 걸릴 수 있는 발병률(즉, 위험)은 26.6%였음을 알 수 있다. 수돗물을 마시지 않은 사람의 발병률(즉, 위험)은 10.6%였다. 그러므로 RR은 0.266/ 0.106 = 2.5로 계산된다. 즉, 수돗물을 마신 사람이 병에 걸릴 확률은 마시지 않은 사람의 것보다 2.5배라는 의미가 된다.

(2) 오즈비(교차비, 대응위험도, Odds ratio)

OR은 환자-대조군 연구의 데이터를 위해 더 많이 사용되는 연관성 측정수단이다. 개념적으로 OR은 사례 환자 사이의 노출 확률을 대조군 사이에서의 노출 확률로 나누어 계산한다. 그러나 실제적으로 이 값은 교차 생성 비율로 계산된다. 표 2.6.5.를 참고하면,

$$OR = \frac{\text{환자군에서 노출오즈}}{\text{대조군에서 노출오즈}} = \frac{\frac{a}{c}}{\frac{b}{d}} = \frac{ad}{bc} \text{ 이다.}$$

표 2.7.8.의 도식적 데이터는 2006년도 파나마에서의 급성 신부전에 대한 환자-대조군 연구로부터 비롯된 것이다. 이 데이터는 환자-대조군 연구로부터 온 것이기 때문에, 발병률(위험)과 RR 모두 계산될 수 없다. 그런데 37 × 110 / (29 × 4) = 35.1 로 계산되는 OR 값이 예외적으로 높게 나타난다. 이것은 액체 기침약을 복용한 것과 급성 신부전 집단발병 사이의 강한 연관성을 나타낸다.

OR은 RR이 계산되지 못하는 상황에서 환자-대조군 데이터로부터 노출과 질병 사이의 연관성 측도를 가능하게 해주기 때문에 유용한 연관성 측정 수단이 된다. 또한, 모집단에서 결과가 상대적으로 드문 경우(예: 〈 5%)에, 환자-대조군 연구의 OR은 코호트 연구에서 도출되었을 RR에 근사치가 된다. 그러나 결과가 더 일반적인 경우의 OR은 RR을 과대평가한다.

(3) 유병비와 유병 교차비(Prevalence ratio & Prevalence odds ratio)

횡단면 연구 혹은 조사는 보통 건강상태(예: 백신접종 상태) 또는 상황(예: 고혈압)의 발생 빈도보다는 유병률을 측정한다. RR과 OR과 각각 유사한 PR과 POR은 유병률 연관성 측도이다.

PR은 지침 그룹 간의 유병률을 비교 그룹 간의 유병률로 나눈 값으로 계산된다.

$$PR = \frac{Prevalence_{index}}{Prevalence_{comparison}} = \frac{\frac{a}{H_1}}{\frac{c}{H_0}} \text{ 이다.}$$

그리고 POR은 OR처럼 계산된다.

$$POR = \frac{ad}{bc}$$

크랙 코카인 사용자들과 비사용자들 사이의 HIV 혈청 유병률에 대한 연구에서, 780명의 사용자들 중 165명이 HIV 양성을 나타냈다. 이는 464명의 비사용자들 중 40명이 HIV 양성을 나타낸 것과 비교된다(유병률 = 8.6 %). 이때 PR과 POR은 각각 2.5와 2.8을 나타내어 유사했다. 그러나 PR이 설명하기에 더 용이하다.

표 2.7.8. 직접적인 질문에 대한 처방 액체 기침약 복용: 급성 신부전 환자-대조군 연구(파나마, 2006)

액체 기침약을 사용했는가?	환자군	대조군	총계
예	37	29	81
아니오	4	110	35
총계	41	139	116

교차비=35.1
95% 신뢰구간 = (11.6-106.4)
카이제곱(chi-square)(비보정) = 65.6 ($p<0.001$).
출처 : Rentz ED, Lewis L, Mujica OJ, et al. Outbreak of acute renal failure in Panama in 2006: a case-control study. Bull World Health Organ. 2008;86:749-56.

3) 공중보건 영향력의 측정

공중보건 영향력을 측정한다는 것은 공중보건 관점에서 노출-질병의 연관성을 알고자 하는 것이다. 이러한 영향력 측정은 인구집단 사이에서 건강 결과를 일으키는 노출의 명백한 인과관계를 반영한다. 예를 들면, 어떤 노출이 질병 위험 증가와 연관되었을 때(예: 흡연과 폐암), 귀속 위험 비율은 흡연자들 사이에서 집단발병한 폐암의 양을 대표하며, 이것은 폐암의 원인을 흡연으로 귀속시킨다. 이것은 또한 노출을 제거하거나 아예 노출이 없었다면 질병의 감소가 기대되는 것으로 간주하기도 한다.

질병의 위험을 낮추는 노출(예: 백신 접종)에 대해서, 예방 비율은 인구집단에서의 현재 수준 노출로 인한 질병의 감소를 나타낸다. 귀속이나 예방이라는 용어는 더 단순한 통계학적 연관성을 가진다는 것에 주의하라. 이 용어들은 노출과 질병 사이의 직접적인 원인-효과 관계를 의미한다. 그러므로 이러한 측정값은 원인 제공에 대해 깊이 생각한 후에 제시해야 한다.

(1) 기여위험백분율(Attributable risk percent)

기여위험백분율(노출 그룹에서의 기여 비율, 원인 비율)은 노출에 기여할 것으로 추정되는 노출 그룹 사이에서의 사례 비율이다. 이 측정값은 비노출 그룹(질병에 대해 기저 수준 혹은 배경적 수준의 위험을 가진 그룹) 사이에서의 위험 수준이 노출 그룹에도 적용된다는 것을 가정한다. 그러므로 여분의 위험만이 노출로 기여되어야 한다. 기여위험백분율은 다음의 대수적 등식 중 하나로 계산된다.

$$\text{Attributable risk percent} = \frac{\left(\dfrac{\text{Risk}_{\text{exposed}}}{\text{Risk}_{\text{unexposed}}}\right)}{\text{Risk}_{\text{exposed}}} = \frac{\text{RR}-1}{\text{RR}}$$

환자(사례)-대조군 연구에서, 만일 OR이 RR에 합리적으로 근접한 값이라면, 위험도는 다음과 같이 OR로부터 계산될 수 있다.

$$\text{Attributable risk percent} = \frac{\text{OR}-1}{\text{OR}}$$

초기의 설정에서, 기여위험백분율은 얼마나 많은 질병 부하가 특정한 노출로 귀속되는지를 정량화하기 위해 사용된다.

(2) 노출 그룹 사이에서의 예방 비율(백신 효능)(Prevented fraction among the exposed group, vaccine efficacy)

노출 그룹 사이에서의 예방 비율은 RR이나 OR이 1.0보다 작을 때 계산될 수 있다. 이 측정값은 유익한 노출로 생기는 잠재적 사례의 비율이다(예: 밤 시간에 모기에 물리는 것을 방지하는 침실의 그물망이 결과적으로 말라리아를 예방하는 것). 한편, 이 값은 유익한 노출이 없을 때 발생할 수 있는 새로운 질환사례의 비율로도 생각할 수 있다. 대수적으로 노출 그룹 사이에서의 예방 비율은 백신 효능과 동일하다.

$$\text{Prevented fraction among the exposed group} = \text{vaccine efficacy}$$
$$= \frac{(\text{Risk}_{\text{unexposed}} - \text{Risk}_{\text{exposed}})}{\text{Risk}_{\text{unexposed}}}$$
$$= \left(\frac{\text{Risk}_{\text{unexposed}}}{\text{Risk}_{\text{unexposed}}}\right) - \left(\frac{\text{Risk}_{\text{exposed}}}{\text{Risk}_{\text{unexposed}}}\right)$$
$$= 1 - \text{RR}$$

표 2.7.9.의 데이터는 2004(5)년 네브래스카의 초등학교에서 발생한 수두 질환 발생 데이터이다. 백신 접종 어린이들 사이에서의 수두의 위험은 13.6%였고 백신 미접종 어린이들 사이에서의 수두의 위험은 66.7%였다. 백신 효능은 이 데이터로부터 계산될 수 있는데, (0.667 - 0.130)/ 0.667 = 0.805 혹은 85%이다. 백신 효능이 80.5%라는 것은 백신 접종한 어린이들이 백신을 접종하지 않았을 때보다 대략 80% 예방됨을 의미한다.

표 2.7.9. 백신 접종 상황과 수두의 발생: 초등학교에서의 집단발병(네브래스카, 2004)

	질병(Ill)	건강(Well)	총계	수두 위험
백신 접종	15	100	115	13.0%
백신 미접종	18	9	27	66.7%
총계	33	109	142	23.2%

위험 비율 = 13.0 / 66.7 = 0.195,
백신 효율 = (66.7 − 13.0) / 66.7 = 80.5%.
출처 : Centers for Disease Control and Prevention. Varicella outbreak among vaccinated children—Nebraska, 2004. MMWR. 2006;55;749-52.

4) 통계적 유의성 검정

통계적 유의성 검정은 만일 노출이 건강 결과와 관련이 없다면, 관찰된 결과가 우연에 의해서만 어떻게 발생할 것인가를 결정하는 데 사용된다. 이 섹션은 통계적 테스트를 2×2 테이블로부터 데이터에 적용할 때 고려해야 할 핵심요인을 설명한다.

- 통계적 테스트는 모집단 사이에서 노출이 질병과 무관하다는 가정과 함께 출발한다. 이 가정은 귀무가설로 알려져 있다. 만일 귀무가설을 받아들일 수 없는 상황이라면 채택될 대체 가설은 노출이 질병과 관련이 있다는 것이 된다.
- 다음으로 연관성 측도를 계산한다(예: RR 혹은 OR).
- 다음에 통계적 유의성을 선택하고 계산한다(예: 카이제곱). Epi Info나 기타 컴퓨터 프로그램은 이러한 테스트를 자동으로 수행한다. 이러한 테스트를 통해, 귀무가설이 참이라는 상황보다 더 강하거나 동등하게 강한 연관성 발견이 제공된다. 이 확률은 p-값으로 불린다. 만일 귀무가설이 참이라면, 작은 p-값은 당신이 그러한 연관성을 관찰할 확률이 낮을 것이라는 것을 의미한다. 다시 말해, 작은 p-값은 주어진 데이터로서는 귀무가설을 받아들이기 어렵다는 것을 의미한다.
- 만일 p-값이 알파로 불리는(보통 0.05 혹은 5%) 이미 결정된 임계치보다 작다면, 당신은 대체 가설을 선택함으로써 귀무가설을 버리게 된다. 이때의 연관성은 통계적으로 유의하다고 일컬어진다(그림 2.7.2.).

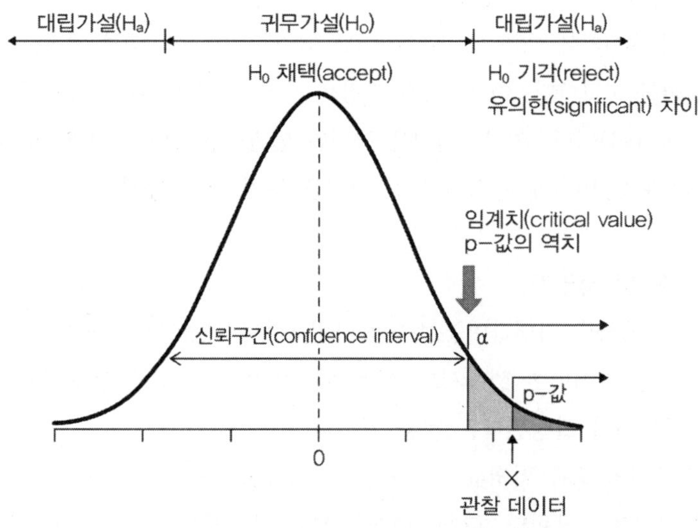

그림 2.7.2. 통계적 가설검정의 개요도

출처 : 한국보건복지인력개발원, 질병관리청. 2021년 역학조사관 기본교육 교육교재, 2021.

- 만일 p-값이 임계치보다 크다면(예 : p-값〉0.06), 귀무가설을 버리지 말라. 즉, 명백한 연관성이 발견될 확률이 있다.
- 귀무가설에 대한 결정에 도달하면서, 한두 가지 유형의 오류(error)를 만들 수도 있다.
- 제 I 형 오류(Type I error)(알파 에러, α-error로 불림)는 귀무가설이 사실(참)일 때, 귀무가설을 기각할 때 발생한다.
- 제 II 형 오류(Type II error)(베타 에러, β-error로 불림)는 귀무가설이 거짓일 때, 귀무가설을 기각하지 않을 때 발생한다(그림 2.7.3).

실제상황 / 검정결과	귀무가설이 사실 (차이가 없음)	귀무가설이 거짓 (차이가 있음) (대립가설이 사실)
귀무가설을 기각 안 함 (차이가 없음)	옳은 결정(1−α)	제2종 오류(β−error)
귀무가설을 기각함 (차이가 있음)	제1종 오류(α−error)	옳은 결정(1−β)

그림 2.7.3. 제1종 오류와 제2종 오류

출처 : 한국보건복지인력개발원, 질병관리청. 2021년 역학조사관 기본교육 교육교재, 2021.

(1) 2×2 테이블에서의 데이터 검정과 해석

2×2 테이블에서의 데이터에 대하여, Epi Info는 두 가지의 서로 다른 검정(각각은 변형 검정을 갖는다)로부터의 결과를 보고한다. 이 두 가지 검정은 카이제곱검정(chi-square test)과 피셔의 정확검정(Fisher exact test)이다. 이 두 검정은 특정한 연관성 측정에 특화된 것이 아니다. 당신이 RR, OR, 혹은 귀속 위험 비율에 관심을 두건 관심을 두지 않건 동일한 검정이 사용될 수 있다.

① 어떤 검정을 사용할 것인가?

- 만일 어떠한 셀에서도 기댓값이 5보다 작다면, 피셔의 정확검정(Fisher exact test)이 보편적으로 사용된다(어떠한 셀에서도 기댓값은 총 횡값에 총 열값을 곱한 후 이를 총 테이블 값으로 나누어서 결정된다는 것을 기억하라).
- 2×2 테이블에서의 모든 기댓값이 5 혹은 그 이상이라면, 카이제곱검정(chi-square test)들 중의 한 가지를 선택한다. 다행스럽게도 모든 분석에서 세 개의 카이제곱(chi- square) 공식은 p-값을 충분하게 제공한다. 이것은 모든 세 p-값에 기반한 귀무가설과 관련하여 동일한 결론을 내릴 수 있는 것과 유사하다. 그러나 서로 다른 공식으로 서로 다른 결정을 내릴 때(보통 모든 세 개의 p-값은 대략 0.05이다), 역학적 판단이 요구된다. 어떤 현장

역학자는 예츠의 보정공식(Yates-corrected formula)을 선호한다. 왜냐하면, 그 공식이 제Ⅰ형 오류를 일으킬 확률이 가장 낮기 때문이다(그러나 제Ⅱ형 오류를 일으킬 확률은 가장 높다). 다른 과학자들은 예츠(Yates)의 보정이 종종 과도하게 보정된다는 것을 인정한다. 그러한 이유로, 그들은 보정되지 않은 공식을 더 선호한다. 층화 분석을 자주 실행하는 역학자들은 Mantel-Haenszel 공식을 사용하는 데 익숙하다. 그러므로 그들은 이 공식을 단순한 2 X 2 테이블에서조차 이용하는 경향이 있다.

② 연관성 측정과 유의성 검정

- 연관성 측정. 연관성 측정(예. RR 및 OR)은 노출과 질병 간의 연관성 강도를 반영한다. 이 측정은 보통 연구의 규모와 무관하며 모집단 사이에서 진정한 연관성 정도를 가장 잘 추측할 수 있다. 그러나, 이 측정은 그 신뢰도에서 아무런 확신을 주지 못한다(즉, 얼마나 신뢰할 수 있는가에 대해서).
- 유의성 검정. 반면에 유의성 검정은 관찰된 연관성이 얼마나 우연의 결과인지를 나타낸다. 비록 카이제곱(chi-square) 검정 통계학이 연관성의 양과 연구 규모 모두에 영향을 받지만, 이 유의성 검정은 어느 것의 영향도 받지 않는다. 그러므로 연관성 측정과 유의성 검정(혹은 신뢰구간. 연관성 측정에 대한 신뢰구간을 참조하라)은 보충적 정보를 제공한다.

③ **통계학적 검정 결과 해석.** 유의하지 않다는 의미가 반드시 연관성이 없음을 의미하지는 않는다. 연관성 측도(RR 혹은 OR)는 연관성의 방향과 강도를 나타낸다. 통계학적 검정은 관찰된 연관성이 얼마나 우연에 의해서만 발생할 것인가를 나타낸다. 비유의성은 모집단 사이에서 연관성이 없다는 것을 반영할 수 있다. 그러나 그것은 연구 규모가 너무 작아서 모집단 사이에서 진정한 연관성을 찾지 못해서 나타날 수도 있다.

- 통계적 유의성의 역할. 통계적 유의성은 그 자체만으로 원인-결과의 연관성을 나타내지는 않는다. 연관성이 관찰되었음은 정말로 원인 연관이 있음을 나타낼지도 모른다. 그러나 그것은 연구의 계획과 실행 그리고 분석에서 우연, 선택적 바이어스, 정보 왜곡, 교란 등과 같은 에러에서 나타난 것일 수도 있다. 통계적 시험은 관찰된 연관성을 설명하는 데 있어서 우연의 역할에만 관련된다. 그리고 통계적 유의성은 우연성이 불가능하지는 않지만 연관성에 대한 설명이 불가능하지는 않다는 것을 나타낸다. 원인을 설명하는 이러한 점들과 기타 기준을 고려할 때는 역학적 판단이 필요하다(예: 다른 연구에서 나타나는 결과의 일관성, 원인과 질병의 일시적인 연관성, 혹은 생물학적 신뢰성).

5) 연관성 측정에 대한 신뢰구간

많은 의학 및 공중보건 관련 잡지들은 이제 연관성이 p-값이나 기타 통계적 검정보다는 연관성 측도와 신뢰구간으로 설명되어야 한다고 주장한다. RR이나 OR과 같은 연관성 측도는 노출과 건강 결과 사이의 연관성을 가장 잘 정량화하는 단일 값(점 측정값)이다. 또한 신뢰구간은 단일한 숫자로 된 점 추정치, 특히 모집단의 표본에 기초한 추정치의 불확실성을 인정하는 간격 추정치 또는 값의 범위를 제공한다.

(1) 95% 신뢰구간

통계학자들은 95%의 신뢰구간이 모집단의 반복되는 표본 작업에서 95%의 연관성 값을 포함한다고 규정한다. 95% 신뢰구간을 가진 역학적 개념은 이 구간이 연구 데이터와 일치하는 값의 범위를 포함하는 것이다.

(2) 카이제곱검정(chi-square test)과 신뢰구간과의 관계

카이제곱검정과 신뢰구간은 밀접하게 관련되어 있다. 카이제곱검정은 귀무가설의 입장에서 확률(p-값)을 결정하기 위해 관찰된 데이터를 이용한다. 그리고 어떤 경우에는 만일 확률이 알파보다 작다면(예: 0.05) 귀무가설을 따르지 않는다. 한편 신뢰구간은 구간의 한계(1 - 알파 = 0.95)를 결정짓기 위해 미리 설정된 확률인 알파(예: 0.05)를 이용한다. 그리고 어떤 경우에는 만일 구간이 무효 연관성 값을 포함하지 않는다면, 귀무가설을 따르지 않는다. 카이제곱검정과 신뢰구간은 모두 관찰된 연관성의 정밀함을 나타낸다. 그리고 이 둘은 모두 연관성의 양과 연구 그룹의 규모에 의해 영향을 받는다. 비록 이 두 가지가 모두 정밀성을 측정하지만, 이 둘 중 어느 것도 타당성을 나타내지는 않는다(바이어스가 없음).

(3) 신뢰구간의 해석

① **신뢰구간의 의미.** 신뢰구간은 한 연구에서의 데이터와 일치하는 값들의 범위로 간주된다. 여기 정맥 하 약물 사용과 질병 X 사이의 연관성에 대한 4.0의 RR 값을 산출한 한 연구를 가정해 보자. 이 연구에서 95% 신뢰구간은 3.0에서 5.3 사이에 분포해 있으며, 정맥 하 약물 사용과 질병 X 사이에 연관성 추정치는 4.0이다. 그러나 이 데이터는 3.0에서 5.3 사이의 어떤 값과도 일치한다. 3.2 또는 5.2의 RR을 산출한 다른 곳에서 수행된 동일한 연관성에 대한 연구는 호환성이 있다고 간주하지만, 1.2 또는 6.2의 RR을 산출한 연구는 호환성이 없다고 간주한다. 이제 1.0의 RR, 0.9에서 1.1까지의 신뢰구간, 그리고 p-값 = 0.9의 RR을 산출하는 다른 연구를 고려해 보자. 이러한 결과를 유의하지 않은 것으로 해석하기보다는, 노출이 질병의 위험을 증가시키거나 감소시키지 않는다고 결론내릴 수 있을 것이다. 즉, 이 결과는 이 노출을 걱정스럽게 생각하는 대중에게 안심을 줄 수 있을 것이다. 따라서 신뢰구간에 포함되는 값과 신뢰구간에 의해 제외되는 값 모두 중요한 정보를 제공한다.

② **신뢰구간의 폭.** 신뢰구간의 폭(즉, 포함된 값)은 연구에 의해서 연관성이 얼마나 정확히 발

견될 수 있는가 하는 정밀도를 반영한다. 신뢰구간이 넓다는 것은 변동이나 부정확함이 크다는 것을 반영한다. 반면에 신뢰구간의 폭이 좁다는 것은 변동이 적으며 더 높은 정밀도를 갖는다는 것을 의미한다. 통상적으로, 연구에서의 피실험자의 수가 많을수록 정밀도는 커지고 신뢰구간은 작아진다.

③ **신뢰구간과 귀무가설과의 관계.** 신뢰구간은 한 연구에서의 데이터와 일치하는 값들의 범위로 간주되기 때문에, 통계학적 테스트에 대한 대체 수단으로 사용될 수 있다(즉, 데이터가 귀무가설과 일치하는지의 여부를 결정한다). 귀무가설은 RR이나 OR이 1.0과 같다는 것을 의미함을 기억하라. 그러므로 1.0을 포함하는 신뢰구간은 귀무가설에 상응하는 것이다. 이를 통해 귀무가설은 폐기될 수 없다는 결론을 내릴 수 있다. 반면에, 1.0을 포함하지 않는 신뢰구간은 귀무가설이 폐기되어야 함을 나타낸다. 왜냐하면 그것은 연구결과와 일치하지 않기 때문이다. 그러므로 신뢰구간은 통계적 유의성을 대체하는 검정으로 사용될 수 있다.

(4) 식품매개질병 유행의 설정에 있어서의 신뢰구간

식품매개질병의 설정에 있어서의 목표는 질병을 일으키는 음식이나 기타 물질을 확인하는 것이다. 이 설정에서, 연관성 측정(예: RR 혹은 OR)은 질병을 일으킬 수 있는 고농도의 식품이나 기타 소비재를 확인하기 위해 계산된다. 연구자는 일반적으로 특정 식품 품목에 대한 RR 값이 5.7 또는 9.3인지 여부에 상관하지 않는다. 다만 RR이 높고 우연에 의해 발생할 가능성이 낮으므로 품목을 추가로 평가해야 한다. 그러한 목적을 위해서, 점 추정치(RR 혹은 OR)에 p-값을 더한 값은 적절하며 이때 신뢰구간은 불필요하다.

4 노출 테이블 요약

질병을 일으키는 하나 혹은 그 이상의 물질을 확인할 의도로 수행하는 현장조사에서, 관심의 대상이 되는 다양한 노출들의 연관성을 요약할 수 있는 한 개의 테이블을 만드는 것을 고려하라. 이때 식품 매개 질병 연구에서, 테이블은 각 식품 항목에 대해 한 개의 횡과 식품의 이름에 대해 한 개의 열을 포함한다. 그리고 식품 소비 이력에 따른 환자와 건강한 사람의 숫자, 식품 특화 발병률(만일 코호트 연구가 수행되었다면), RR 혹은 OR, 카이제곱(chi-square) 혹은 p-값, 그리고 때때로 95% 신뢰구간이 필요하다. 보통 질병을 일으킬 가능성이 가장 큰 식품은 다음의 두 가지 특징이 모두 있다.

1. 그러한 식품을 소비했거나 소비하지 않았던 사람들 사이의 발병률에서의 근본적 차이를 반영하는 상승된 RR, OR, 혹은 카이제곱(chi-square)(작은 p-값)값
2. 질병 발생 환자의 대다수는 그러한 식품을 소비했다. 그러므로 모든 경우에 해당되지는 않

더라도 노출이 대부분의 질병 발생을 설명한다.

표 2.7.10.의 도식에서, 수돗물 섭취가 가장 높은 RR 값(그리고 p-값 〈0.05, 1.0을 제외한 95% 신뢰구간에 기반하여)을 가지며 질병 발생 사례 55건 중 46건을 설명한다.

표 2.7.10. 식수원에 따라 나타나는 구강인두 튤라레미아의 발병률과 상대위험도

	노출 사례의 숫자				비노출 사례의 숫자				
노출	질병	건강	총수	발병률 (%)	질병	건강	총수	발병률 (%)	상대위험도 (95% 신뢰구간)
수돗물	46	127	173	27	9	76	85	11	2.5 (1.3~4.9)
우물	2	6	8	25	53	198	250	21	1.2 (0.4~4.0)
샘	25	111	136	18	30	92	122	25	0.7 (0.5~1.2)
병	5	26	31	16	50	177	227	22	0.7 (0.3~1.7)
기타	2	6	8	25	53	198	250	21	1.2 (0.4~4.0)

약어: CI, 신뢰구간

출처: Aktas D, Celebi B, Isik ME, et al. Oropharyngeal tularemia outbreak associated with drinking contaminated tap water, Turkey, July-September 2013. Emerg Infect Dis. 2015;21:2194-6.

1) 층화 분석

층화는 하나의 제3변수(예: 연령)에 대해 두 개 혹은 그 이상의 범주에서 노출-질병 연관성을 조사하는 것이다. 층화는 교란(confounding)이 존재하는지의 여부를 판단하는 유용한 도구이다. 그리고 교란이 존재한다면, 그 교란을 통제한다. 또한 층화는 효과 수정을 파악하는 가장 좋은 방법이다. 교란과 효과 수정은 모두 다음의 섹션에서 언급할 것이다.

층화는 또한 한 질병에 대한 두 개의 서로 다른 노출들의 효과를 검사하는 효과적인 방법이다. 예를 들면, 식품 매개 질병에서, 두 개의 식품들이 증가된 RRs 혹은 ORs 하에서 질병과 연관된 것처럼 보일 수 있다. 두 식품이 모두 오염되었거나 동일한 오염 성분을 포함할 수 있다. 대신에, 두 가지 음식(예: 땅콩버터와 젤리 또는 도넛과 우유)을 함께 먹었을 수 있으며, 한 가지 식품만 오염되었고 나머지 다른 한 가지 식품은 연관성에 의해 오염된 것으로 판단할 수 있다. 층화는 두 가지 식품의 효과를 분리해주는 수단이 된다.

1. 상승된 RR, OR, 혹은 카이제곱(chi-square)(작은 p-값)은 그 식품을 먹은 사람과 먹지 않은 사람 사이에서 발병률의 실질적인 차이를 반영한다.
2. 질병에 걸린 사람들의 대다수가 그 식품을 먹었다. 그러므로 모든 경우는 아니더라도 노출은 대부분의 경우를 설명한다.

도식화된 표 2.7.10.에서, 수돗물이 가장 높은 RR 값(그리고 p-값은 단지 〈0.05, 1.0을 포함하는 95% 신뢰구간을 바탕으로)을 나타냈으며, 55건의 질병 중 46건을 설명한다.

(1) 2×2 테이블의 층 생성

- 첫째, 제3 변수의 카테고리를 고려하라.
  - 성별에 의해서 층화를 하기 위해서는, 남성들의 2×2 테이블을 한 개 만들고 여성들의 2×2 테이블을 한 개 만든다.
  - 연령에 의해 층화를 하기 위해서는, 연령이 겹치지 않는지 확인하면서 연령 그룹화를 결정한다. 그리고 각 연령 그룹에 대해 2×2 테이블을 만든다.
  - 예를 들면, 표 2.7.7.의 데이터는 표 2.7.11.과 표 2.7.12.에서 성별에 의해 층화된다. 구강인두 튤라레미아를 일으키는 수돗물 음용에 대한 RR은 여성들 사이에서 2.3이고 남성들 사이에서 3.6이다. 그러나, 층화를 하게 되면, 수돗물 음용 여부와 상관없이 여성이 남성보다 높은 위험률을 가짐을 알 수 있다.

(2) 2×4 테이블

층화 테이블(예: 표 2.7.11., 표 2.7.12.)은 층화 변수가 일차적인 관심(즉, 집단발병의 원인으로 조사되지 않고 있는 경우) 밖에 있는 경우에 유용하다. 그러나, 두 가지의 노출들 각각이 원인이 되는 경우, 2×4 테이블이 두 변수의 영향을 해제하는 데 더 적합하다.

여기 한 환자-대조군 연구를 가정해보자. 도넛(OR = 6.0)과 우유(OR = 3.9) 두 가지에 대해 높은 ORs를 만들어낸 가정적인 A형 간염의 경우이다. 2×4 테이블(표 2.7.13)에서 구성된 데이터는 두 식품의 효과를 해제시켰다. 즉, 도넛에의 노출만이 질병과 강한 연관을 나타냈으며(OR = 6.0), 우유에의 노출은 그렇지 않았다(OR = 1.0).

표 2.7.11. 여성들 사이에서의 수돗물 소비와 구강인두 튤라레미아 집단발병 간의 위험 관계

수돗물 음용 여부	질병	건강	총계	발병률(%)	상대위험도
예	30	60	90	33.3	2.3
아니오	7	41	48	14.6	
총계	37	101	138	37.9	

출처 : Aktas D, Celebi B, Isik ME, et al. Oropharyngeal tularemia outbreak associated with drinking contaminated tap water, Turkey, July–September 2013. Emerg Infect Dis. 2015;21:2194–6.

표 2.7.12. 남성들 사이에서의 수돗물 소비와 구강인두 튤라레미아 집단발병 간의 위험 관계

수돗물 음용 여부	질병	건강	총계	발병률(%)	상대위험도
예	16	67	83	19.3	3.6
아니오	2	35	37	5.4	
총계	18	102	120	15.0	

출처 : Aktas D, Celebi B, Isik ME, et al. Oropharyngeal tularemia outbreak associated with drinking contaminated tap water, Turkey, July–September 2013. Emerg Infect Dis. 2015;21:2194–6.

표 2.7.13. 도넛 및 우유 섭취와 A형 간염 간의 연관성을 보여주는 2X4 테이블 가상적 발생으로부터 얻은 환자-대조군 연구

도넛	우유	사례군	통제군	교차비
예	예	36	18	6.0
아니오	예	1	3	1.0
예	아니오	4	2	6.0
아니오	아니오	9	27	1.0(참조)
총계		50	50	

도넛에 대한 대략적인 교차비 = 6.0
우유에 대한 대략적인 교차비 = 3.9

두 식품이 모두 질병을 일으킨다면(예를 들면, 두 식품이 모두 오염되었거나 두 식품 모두 공통 성분으로 포함된 경우), 2X4 테이블은 이 두 식품의 개별적인 그리고 합동적인 효과를 알게 해주는 가장 좋은 수단이다.

2) 교란, 혼란(Confounding)

교란은 제3요인(교란요인)의 효과에 의해 발생하는 노출-결과 연관성의 왜곡이다. 제3요인은 다음과 같은 경우에 교란요인이 될 수 있다(그림 2.7.4.).

- 노출 여부와 상관없이 결과와 연관된 경우. 즉, 독립적인 위험 인자인 경우이다.
- 노출과 연관은 있으나, 노출의 결과로서 나타나는 것이 아닌 경우

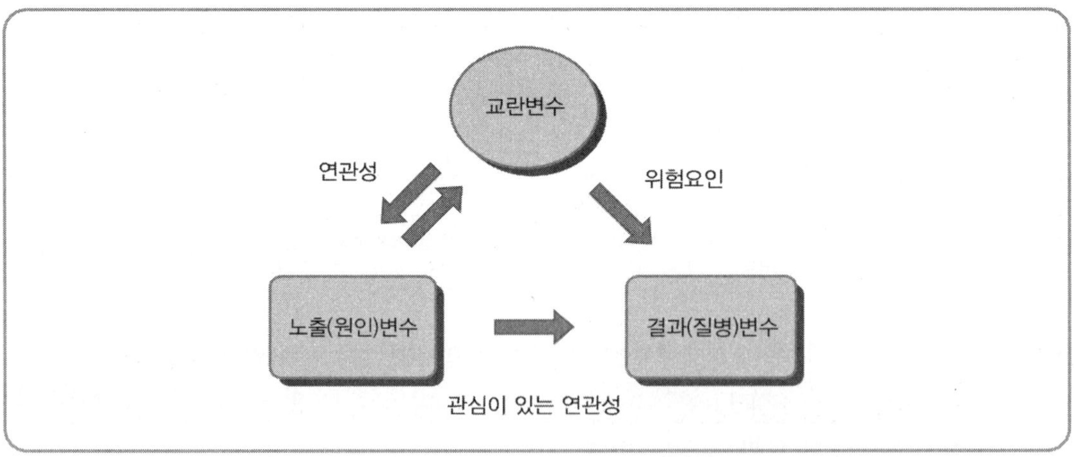

그림 2.7.4. 교란변수의 정의 및 관계도

출처 : 한국보건복지인력개발원, 질병관리청. 2021년 역학조사관 기본교육 교육교재, 2021.

여기 한 가상의 소급적 코호트 연구를 생각해 보자. 이 코호트 연구는 제조업에 종사하는 근로자가 동일한 업종의 사무직 근로자나 판매원보다 후속 기간에 사망할 확률이 더 높은 것으로 판단한 것이다.

- 제조업 종사 근로자의 사망률이 증가한 것은 제조 공정상의 한 가지 혹은 그 이상의 노출에 의한 것일 수 있다.
- 그러나, 만약에 제조업 종사자의 평균 연령이 다른 직종의 근로자보다 15세 이상 많다면, 사망률은 그 높은 연령 때문이라고 확실히 추정할 수 있다.
- 그러한 상황에서, 연령은 증가한 사망률을 설명하는 교란요인이 될 수 있다(연령이라는 요인은 앞서 설명한 두 가지 기준을 충족한다는 점에 유의하라. 즉, 직업과 관계없이 연령이 증가한다는 것과 해당 산업에서는 특히 제조업 근로자가 다른 직종 근로자보다 연령이 더 높다는 것을 의미한다).

불운하게도 교란은 흔히 있는 일이다. 교란을 다루는 첫 번째 단계는 그것을 관찰하는 것이다. 만약 교란 현상이 확인되면, 두 번째 단계는 가능한 통계학적 방법을 이용해 교란의 왜곡 효과를 조정하거나 통제하는 것이다.

(1) 교란의 관찰

교란을 관찰하는 보편적인 방법은 교란요인으로 의심되는 제3변수에 의해 노출-결과 연관성을 층화하는 것이다.

① 층화를 하기 위해서는 각 카테고리별로 혹은 각 교란요인별로 의심되는 층별로 분리된 2×2 테이블을 만드는 것이다. 그리고 의심되는 교란요인을 평가할 때 다음 사항을 따른다. 교란변수 두 가지 중 한 가지가 결과와 연관되어야 하기 때문에 잠재적 교란요인의 목록은 질병에 대한 알려진 위험 인자를 포함해야 한다. 또한 목록에는 짝짓기 변수도 포함되어야 한다. 연령이 빈번히 나타나는 교란요인이기 때문에, 어떠한 데이터 세트에 대해서도 연령은 잠재적인 교란요인으로 간주해야 한다.

② 각 층에 대하여 층에 특화된 연관성 측도를 시행하라. 만일 층화 변수가 성별이라면, 한 층에는 여성만이 존재할 것이고 다른 층에는 남성만이 존재할 것이다. 그리고 노출-결과 연관은 여성과 남성에 대해서 분리하여 계산된다. 그렇다면 여성은 남성과 비교되고 남성은 여성과 비교되기 때문에 이 층들에서 성별은 더 이상 교란요인이 되지 않는다.

③ 교란을 조사하기 위해서, 첫째로 층에 특화된 가장 작은 연관성 측도 값과 가장 큰 값을 조사하라. 그리고 그 값들을 병합된 테이블의 값(대략적인 값으로 불림)과 비교하라. 만일 대략적인 값이 가장 작은 층 특화 값과 가장 큰 값 사이의 바깥쪽에 있다면 교란이 존재하는 것이다.

④ 종종 교란은 명백하게 나타나는 현상이 아니다. 교란을 평가할 수 있는 가장 정밀한 방법은 층 특화 값들의 가중치 평균으로서 연관성 측도에 조정된 요약값을 이용하는 것이다(교란의 통제에 대한 다음 섹션을 보라). 요약값을 계산한 후에, 그 요약값을 대략적인 값과 비교하여 이 두 값이 현저하게 다른지 조사하는 것이다. 불행하게도, "현저하게 다른" 값을 결정하는 보편적인 규칙이나 통계적 테스트는 존재하지 않는다. 실제로, 그 요약된 조정값이 더 정확하다고 가정하라. 그러면 다음과 같은 질문이 나온다. "그 대략적인 값이 조정된 값과 적절히 근접해 있는가 혹은 그 대략적인 값이 잘못 읽힌 것은 아닌가?" 만일 대략적인 값과 조정된 값이 비슷하다면, 대략적인 값을 이용하라. 왜냐하면 그것은 잘못 읽힌 값이 아니며 설명하기에 더 쉽기 때문이다. 만일 두 값이 현저하게 다르다면(어떤 역학자들은 10%의 차이를 사용하고, 어떤 역학자들은 20%를 사용한다), 조정된 값을 사용해야 한다.

표 2.7.14. 교란이 존재하는지를 결정하는 방법

1. 대략적인 위험비나 교차비가 층 특화 값의 범위 밖에 있는 경우
2. 대략적인 위험비나 교차비가 Mantel-Haenszel의 조정값과 10% 이상 혹은 20% 이상 차이가 나는 경우

(2) 교란의 통제

① 교란을 통제하는 한 가지 방법은 층 특화 데이터의 가중치 평균에 근거하여 RR 혹은 OR의 요약 값에 의해 계산하는 것이다. Mantel-Haenszel 기술은 이러한 작업을 수행하는 인기 있는 방법이다.

② 두 번째 방법은 관심 있는 노출 및 한 개 혹은 그 이상의 교란변수를 포함하는 로지스틱 회귀모델을 이용하는 것이다. 이 모델은 OR의 추정값을 생성하여 교란변수의 영향을 통제해 준다.

3) 효과수정(effect modification)

효과수정 혹은 효과 측정 변경은 노출과 결과 사이의 연관성의 정도가 서로 다른 인구 그룹 사이에서 다르게 나타나는 것을 의미한다. 예를 들면, 홍역 백신은 12개월 혹은 그 이상의 어린이들에게 투여할 때 예방 효과가 높게 나타난다. 그러나 12개월 이전의 어린이에게 투여했을 때는 효과가 작게 나타난다. 이와 유사하게, 테트라사이클린은 어린이들에게 치아 반점을 유발할 수 있으나, 어른들에게는 그렇지 않다. 이 두 예에서, 노출(홍역 백신 혹은 테트라사이클린)의 연관성(혹은 효과)은 하나의 함수이다. 그런데, 제3 변수(두 예에서 모두 연령)에 의해서 변경되는 것이다.

효과수정이란 서로 다른 그룹 사이에서 다른 효과를 나타내는 것을 의미하기 때문에, 효과수정을 조사하는 첫 번째 단계는 효과수정자로 의심되는 제3변수에 의해 노출-결과 연관성을 층화하는 것이다. 다음으로, 각 층에 대해서 연관성 측도(예: RR 혹은 OR)를 계산한다. 마지막으로, 층 특화 연관성 측도가 다음 두 가지 방법 중 하나에 의해 실제로 차이가 나는지 평가하는 것이다.

1. 층 특화 연관성 측도를 조사한다. 그 연관성이 공공 건강이나 과학적 중요성을 가질 만큼 충분히 차이가 나는가?
2. 교차비의 동질성에 대한 Breslow-Day 검정을 사용하거나 로지스틱 회귀분석에서 상호작용을 테스트하여 연관성의 크기 변동이 통계적으로 유의한지 여부를 확인한다.

효과수정이 존재한다면, 각 층화 특화 결과를 개별적으로 제시하라.

4) 용량-반응(dose-response)

역학에서 용량-반응이란 노출의 양이 증가하면서 건강 결과의 위험도 증가하는 것을 의미한다. 노출 용량의 변화는 노출 양(예: 엽산의 복용량 변화 혹은 아이스크림 소비량 변화)이 변화하는 것과 노출 기간(노출되는 개월 수 혹은 연수의 변화)이 변화하는 것, 혹은 둘 다를 의미한다.

용량-반응 효과는 원인의 추론을 위해 잘 알려진 기준 중의 하나이다. 그러므로, 증가된 RR 혹은 OR에 기반하여 노출과 건강 결과 사이에 연관성이 확인되었다면, 용량-반응 효과의 평가를 고려하라.

항상 그러하듯이, 첫 번째 단계는 데이터를 조직화하는 것이다. 한 가지 편리한 포맷은 2×H 테이블인데, 여기서 H는 카테고리 혹은 노출 용량을 의미한다. 코호트 연구를 위한 RR이나 환자-대조군 연구를 위한 OR이 가장 적은 용량 혹은 비노출 그룹에 상대적으로 각 용량별로 계산된다(표 2.7.15.). 신뢰구간도 각 용량에 대해 계산될 수 있다. 데이터와 연관성 측도를 검토하는 것 및 측정값을 그래프화하여 표시하는 것을 통해 용량-반응 연관이 존재하는지를 알 수 있다. 부가적으로, 교란을 고려해야 할 때라도, 통계학적 기술이 그러한 연관을 평가하는 데 이용될 수 있다.

5) 짝짓기(matching)

역학에서 용량-반응은 노출의 양이 증가하면서 건강 결과의 위험도 증가하는 것을 의미한다. 노출 용량의 변화는 노출 양(예: 엽산의 복용량 변화 혹은 아이스크림 소비량 변화)이 변화하는 것과 노출 기간(노출되는 개월 수 혹은 연수의 변화)이 변화하는 것, 혹은 둘 다를 의미한다.

쌍 짝짓기 분석에서 사용되는 기본적인 배열은 2×2 테이블이다. 이는 이 장의 초기에 제시한 짝짓기 되지 않은 단순한 2×2 테이블과 유사한 것처럼 보인다. 그러나 이들은 서로 다르다(표 2.7.16.). 짝짓기 된 한 쌍의 2×2 테이블에서, 각 셀은 횡과 열의 기준을 만족하는 짝짓기 된 쌍의 숫자를 대표한다. 한편, 짝짓기되지 않은 2×2 테이블에서, 각 셀은 기준을 만족하는 사람의 수를 대표한다.

표 2.7.15. 용량-반응 테이블에 대한 데이터 배열과 표기법

용량	질병 혹은 환자군	건강 혹은 대조군	총계	위험	위험비 (Risk ratio)	교차비 (Odds ratio)
Dose 3	a_3	b_3	H_3	a_3/H_3	$Risk_3/Risk_0$	a_3d/b_3c
Dose 2	a_2	b_2	H_2	a_2/H_2	$Risk_2/Risk_0$	a_2d/b_2c
Dose 1	a_1	b_1	H_1	a_1/H_1	$Risk_1/Risk_0$	a_1d/b_1c
Dose 0	a_0	b_0	H_0	c/H_0	1.0(참조)	1.0(참조)
총계	V_1	V_0				

출처 : Rasmussen SA, Goodman RA. The CDC Field Epidemiology Manual, Oxford University Press, USA, 2018.

표 2.7.16.에서 셀 e는 사례-환자가 노출되고 대조군 환자도 노출된 쌍의 숫자를 포함한다. 그리고 셀 f는 노출된 사례-환자와 노출되지 않은 대조군 환자의 수를 포함한다. 셀 g는 노출되지 않은 사례-환자와 노출된 대조군 환자를 포함하며, 셀 h는 사례-환자와 대조군 환자 모두 노출되지 않은 경우의 수를 포함한다. 셀 e와 h는 사례-환자와 대조군이 모두 노출 카테고리에 있어 짝짓기 쌍으로 불린다. 반면에 셀 f와 g는 비짝짓기 쌍으로 불린다.

표 2.7.16. 쌍 짝짓기 2X2 테이블의 데이터 배열과 표기법

사례	노출된 대조군	노출되지 않은 대조군	총계
노출	e	f	e + f
비노출	g	h	g + h
총계	e + g	f + h	e + f + g + h 쌍

출처 : Rasmussen SA, Goodman RA. The CDC Field Epidemiology Manual, Oxford University Press, USA, 2018.

$$\text{교차비, 오즈비(Odds ratio)} = \frac{f}{g}$$

쌍짝짓기 분석에서, 오직 비짝짓기 쌍만이 OR을 계산하기 위해 사용된다. 즉, OR은 비짝짓기 쌍의 비율을 계산하기 위해 사용되는 것이다.

$$OR = \frac{f}{g}$$

쌍짝짓기 분석에 대한 유의성 검정은 McNemar 카이제곱(chi-square) 검정이다.

표 2.7.17.은 고전적인 짝짓기 된 쌍 환자-대조군 연구로부터의 데이터를 보여준다. 이 연구는 1980년에 탐폰 사용과 독성쇼크증후군 사이의 연관성을 평가하기 위해 수행되었다.

표 2.7.17. 월경 기간 중의 지속적인 탐폰 사용: 1980년, 질병 통제 센터의 독성 쇼크 증후군(짝짓기-쌍) 환자-대조군 연구

사례	노출 대조군	비노출 대조군	총계
노출	33	9	42
비노출	1	1	4
총계	34	10	44쌍

교차비 = 9/1 = 9.0
비보정 McNemar 카이제곱(chi-square) 검정 = 6.40 (p = 0.01).
출처: Shands KN, Schmid GP, Dan BB, et al. Toxic-shock syndrome in menstruating women: association with tampon use and Staphylococcus aureus and clinical features in 52 women. N Engl J Med. 1980; 303:1436-42.

더 큰 짝짓기 세트 및 다양한 짝짓기. 어떤 연구에서는 둘, 셋, 넷, 혹은 다양한 수의 대조군들이 사례-환자와 짝짓기 된다. 이와 같이 더 크거나 다양한 수의 짝짓기 집합을 분석하는 가장 좋은 방법은 각 집합(예: 3중 또는 4중)을 고유한 층으로 간주한 다음, Mantel-Haenszel 방법 또는 로지스틱 회귀분석을 사용하여 층을 요약하여 데이터를 분석하는 것이다(교란 통제 참조).

- 짝짓기 된 계획은 짝짓기 된 분석을 필요로 하는가? 통상적으로는 그렇다가 답이 된다. 쌍-짝짓기 연구에서 그 쌍이 독특한 것이라면(예: 형제자매 혹은 친구), 쌍-짝짓기 분석이 필요하다. 만일 그 쌍이 보편적인 특성(예: 성별 혹은 학교에서의 학년)을 보인 것이라면, 동일한 층으로부터(성별 혹은 학년) 모든 사례-환자들과 모든 대조군이 함께 그룹을 지을 수 있다. 그 후에 층화 분석이 수행된다.

  실제로, 어떤 역학자들은 짝짓기 분석을 수행한다. 그러나 동시에 동일한 데이터에 대해 비짝짓기 분석도 수행한다. 그러나 그 결과가 유사한 것이라면 그들은 비짝짓기 분석을 선택한다. 대부분의 경우에 비짝짓기 OR은 짝짓기 분석으로부터 나온 OR보다 1.0에 더 근접한다(0쪽으로 치우침). 교란과 관련된 이 치우침은 사소한 것이거나 중요한 것일 수 있다. 비짝짓기 데이터로부터 구한 카이제곱(chi-square) 검정 결과는 특별히 오류가 있는 것일 수 있다. 왜냐하면, 그것은 보통 짝짓기 데이터로부터 구한 McNemar test의 결과보다 크기 때문이다. 짝짓기 분석을 할 것인가 비짝짓기 분석을 할 것인가를 결정하는 것은 원본 결과를 제공할 것인가 조정된 결과를 제공할 것인가를 결정하는 것과 유사하다. 오류를 갖고 있는 비짝짓기 결과를 회피하기 위해 역학적 판단이 꼭 필요하다.

(1) 로지스틱 회귀분석

최근에 로지스틱 회귀분석 방법이 역학자의 현장조사에서 사용하는 표준적인 도구가 되었다. 왜냐하면 사용자 친화적 소프트웨어가 널리 상용화되었고, 이 방법은 다양한 변수들의 효과를 평가하는 능력을 갖고 있기 때문이다. 로지스틱 회귀는 선형 회귀와 유사한 통계적 모델링 방법이다. 그러나 이 로지스틱 회귀분석은 이분 결과에만 사용된다(예: 질병/건강 혹은 환자/대조). 여타의 다른 회귀분석과 더불어 결과(종속변수)는 하나 혹은 그 이상의 독립변수의 함수로써 모델링된다. 독립변수에는 관심 있는 노출 변수, 그리고 종종 교란요인 및 상호작용 변수가 포함된다.

- 소프트웨어 패키지는 로지스틱 모델의 데이터에 적합화되어 있으며, 각 독립적 용어에 대해 베타 계수와 함께 결과를 제공한다.
- 주어진 베타 계수의 지수화(eβ)는 모형의 다른 모든 변수의 효과를 제어하면서 동시에 해당 변수에 대한 OR과 같다.
- 만약 이 모델이 오직 (0, 1)로써 부호화된 결과 변수와 일차 노출 변수만을 포함하고 있다면, eβ는 2×2 테이블로부터 계산될 수 있는 OR과 동일해야 한다. 예를 들면, 수돗물을 유일한 독립변수로써 갖는 구강인두 튤라레미아의 로지스틱 회귀 모델은 3.06의 OR을 산출하는데, 이 값은 개략적인 OR로서 제2소수점에서 정확히 동일한 값이다. 유사하게, 수돗물과 성별 양자를 모두 독립변수로 포함하는 모델을 수돗물에 대해 3.24의 OR을 산출하는데, 이 값은 성별에 대한 OR 값을 3.26으로 통제했을 때의 수돗물에 대한 Mantel-Haenszel OR과 거의 동일하다(로지스틱 회귀분석 모델은 현장역학 코호트 연구에 적합하지 않은 RR 대신 OR을 제공한다는 점에 유의하라).
- 또한 로지스틱 회귀분석은 용량-반응 연관성, 효과수정, 그리고 더 복잡한 연관성을 평가하는 데 사용된다. 로지스틱 회귀분석을 변경한 조건부 로지스틱 회귀분석은 특히 쌍-짝짓기 데이터에 적합하다.
- 정교한 분석 기법은 대충의 데이터를 허용하지 않는다. 이 장에서 설명된 것과 같은 분석 기술은 그 적용에서 더할 나위 없이 훌륭하다.

단순 기법이건 층화 기법이나 모델링 기법이건 분석 기술들은 당면한 정보를 사용한다. 이 기술은 적절한 비교 그룹을 선택하였는지, 반응률이 적절한지, 노출과 결과를 정확히 정의하였는지, 혹은 데이터 부호화와 입력에 에러가 없는지의 여부를 인지하지 못한다. 그러므로 데이터의 질을 아는 것과 결과를 적절하게 해석하는 것은 분석자의 책임이다.

6) 현장조사로부터의 데이터 해석

컴퓨터를 이용하면 조사자가 수동으로 수행하는 것보다 숫자를 더 빠르고 정확히 다룰 수 있다. 그러나 컴퓨터는 그 결과를 해석하지 못한다. 2×2 테이블에 대해서, Epi Info는 RR과 OR

을 모두 제공한다. 그러나 수행할 연구에 어떤 값을 선택할지는 조사자의 몫이 된다. 그 테이블에 대해서, RR 및 OR은 높게 나타날 수 있다. 또한, p-값은 0.05보다 작을 수도 있고, 95% 신뢰구간이 1.0을 포함하지 않을 수도 있다. 그러나, 그러한 통계학적 결과가 노출이 질병의 원인이라는 사실을 보증할 수 있는가? 반드시 그런 것만은 아니다. 비록 연관성이 인과 관계를 초래한 것일 수 있지만 연구설계, 실행 및 분석의 결함이 실제의 명백한 연관성을 초래할 수도 있는 것이다. 우연, 선택바이어스, 정보바이어스, 교란, 그리고 조사자의 실수 등이 관찰된 연관성에 대한 설명으로 가능한 것으로 평가되어야 한다. 명백한 연관성이 실제적이며 원인 결과를 초래한 것인지를 평가하는 첫 번째 단계는 역학 해석 점검 테이블(표 2.7.18.)에 열거된 것과 같이 허위 연관성을 유발할 수 있는 요인 목록을 검토하는 것이다.

표 2.7.18. 역학적 해석에서의 체크리스트 1

- 우연(chance)
- 선택바이어스(selection bias)
- 정보바이어스(information bias)
- 교란(confounding)
- 조사자의 실수(investigator error)
- 참 연관(true association)

출처 : Rasmussen SA, Goodman RA, The CDC Field Epidemiology Manual, Oxford University Press, USA, 2018.

(1) 역학적 해석상의 체크리스트 1

우연은 노출과 결과 사이에 관찰된 연관성에 대한 가능한 설명이다. 귀무가설하에서는, 조사자는 연구 집단이 노출과 질병이 무관한 모집단으로부터의 표본이라고 가정한다. 즉, RR과 OR이 모두 1과 같은 것이다. 그렇다면, OR값이 증가한 것은(감소한 것은) 단순히 우연에 의한 것일 수 있을까? 우연의 역할은 유의성 검정을 사용하여 평가된다(혹은 이미 언급한 바와 같이 신뢰구간을 해석함으로써 평가된다). 우연은 다음과 같은 상황에서 설명될 수 없는 것이다.

- p-값이 알파보다 작은 경우(종종 0.05로 설정됨) 혹은
- RR이나 OR에 대한 신뢰구간이 1.0을 포함하지 않은 경우(배제한 경우)

그러나 우연이 전적으로 배제되는 것은 아니다. p-값이 0.01만큼 작을지라도, 그 연구는 귀무가설이 참이면서 우연히 설명되는 100분의 1의 연구일 수 있다.

선택바이어스는 질병 위험에 대한 노출의 영향을 잘못 추정하는 연구 그룹 지정 또는 연구 참가자 등록 시에 발생하는 체계적인 오류이다. 선택바이어스는 누가 어떻게 연구에 참여할 것인가의 문제로부터 생기는 것으로 생각할 수 있다. 또한 선택바이어스는 환자-대조군 연구의 계획을

잘못해서 생길 수 있다. 예를 들면, 지나치게 광범위한 사례정의의 사용(사례 그룹의 일부 사람들이 실제로 연구 중인 질병을 가지지 않도록 함) 또는 부적절한 통제 그룹 또는 통제 사이에서 무증상 사례가 감지되지 않는 경우 등을 들 수 있다. 조사의 실행 단계에서, 특정 노출 및 질병 특성을 가진 적격자가 참여를 거부하거나 찾을 수 없는 경우 선택바이어스가 발생할 수 있다. 예를 들면, 관심의 노출을 가진 환자가 연구의 가설을 알고 다른 환자보다 참여 의사가 더 높은 경우, 2×2 테이블의 셀은 셀 c에 비해 인위적으로 상승하고 OR도 상승한다. 선택바이어스의 가능한 역할을 평가하려면 환자 및 대조군이 어떻게 명시되고 등록되었는지 검토해야 한다.

정보바이어스는 연구 참가자로부터의 데이터에 발생한 체계적인 오류이다. 이 정보바이어스로 인해 노출의 질병 위험에 대한 잘못된 추정이 발생한다. 정보바이어스는 설문지의 질문에 대해 잘못 기록하거나 이해했을 때 생길 수 있다. 그 외에도 잘못된 회상, 일관성 없는 인터뷰 기술로도 발생한다. 혹은 어떤 사람이 진실을 은폐하거나 인터뷰를 즐겁게 하려는 의도로 잘못된 정보를 제공할 때도 생긴다.

앞서 논의했듯이 교란은 제3인자에 의한 노출–질병 연관성의 왜곡 현상이다. 교란의 역할을 평가하려면, 잠재적인 교란요인이 확인, 평가, 조정되었는지 확인해야 한다.

조사자 실수는 현장조사의 어떤 단계에서도 발생할 수 있다. 여기에는 조사 계획, 실행, 분석, 그리고 해석 과정이 포함된다. 분석에서 컴퓨터 프로그램에서 잘못 배치된 세미콜론, 값의 잘못된 전사, 잘못된 수식 사용 또는 결과의 오독은 모두 인공적인 연관성을 산출할 수 있다. 이러한 유형의 오류를 예방하려면, 작업을 열심히 점검해야 하고 동료에게 작업과 결론을 조심스럽게 검토할 것을 요청해야 한다.

재강조하는 말이지만, 어떤 연관성이 원인에 의해 발생한 것인지 고려하기 전에 그 연관성이 우연, 선택바이어스, 정보바이어스, 교란, 혹은 조사자 실수로 설명될 수 있는지를 고려하라. 이제 상승된 RR 또는 OR이 작은 p–값을 갖고 1.0을 포함하지 않는 좁은 신뢰구간을 갖는다고 가정해 보자. 그러므로 우연은 설명될 가능성이 없다. 사례–환자와 대조군이 바람직하고 참가자들이 문제가 없다고 가정해 보자. 선택바이어스도 설명될 가능성은 없다. 경험이 많고 잘 훈련된 진행자가 표준 설문지를 이용해 정보를 수집하였다고 가정해 보자. 또한, 다른 위험요인에 의한 교란요인은 존재하지 않거나 통제되지 않은 것으로 평가되고 결정되었다. 데이터 입력과 계산은 검

표 2.7.19. 역학적 해석상에서의 체크리스트 2

- 연관성의 강도(strength of the association)
- 생물학적 타당성(biologic plausibility)
- 다른 연구와의 일치 여부(consistency with other studies)
- 노출이 질병보다 우선함(exposure precedes disease)
- 용량–반응 효과(dose–response effect)

출처 : Rasmussen SA, Goodman RA. The CDC Field Epidemiology Manual, Oxford University Press, USA, 2018.

증되었다. 그러나 그 연관성이 원인이 있는 것으로 결론짓기 전에 연관성의 강도와 연관성의 생물학적 신뢰성, 다른 연구 결과와의 일치성, 일시적 순서, 그리고 용량-반응 연관성을 고려해야 할 필요가 있다(표 2.7.19.)

(2) 역학적 해석상에서의 체크리스트 2

연관성의 강도란 더 강한 연관성을 가질수록 약한 것보다 원인이 될 가능성이 더 많음을 의미한다. 참 RR이 1.0이라면, 약간의 선택바이어스나 정보바이어스, 혹은 교란이 RR을 1.5로 만들 수 있다. 그러나 그 바이어스는 9.0의 RR을 설명할 경우에는 조사자에게 극적이고 희망적으로 명백했을 수 있다.

생물학적 타당성이란 알려진 병리학, 알려진 차량, 건강 결과의 자연사, 동물 모델 및 기타 관련된 생물학적 요소와 일치하는 경우 연관성이 인과적 신뢰성을 갖는 것을 의미한다. 감염병 발생에서 의미를 갖는 차량에 대해서, 그 식품이 이전의 집단발병에서 의미를 가졌는가 혹은 더 나아가 음식에서 감염병에 대한 확인 물질이 확인되었는가? 어떤 질병의 발생은 이전에 인식되지 않았던 병원체, 차량 또는 위험 요인에 의해 발생하지만, 대부분은 이전에 인식된 병원체, 차량 또는 위험 요인에 의해 발생한다.

다른 연구와의 일치성 여부를 고려하라. 산출된 결과가 이전의 연구의 것과 일치하는가? 기존의 조사자가 다른 모집단에 대해 같은 의견을 제시했다면, 산출된 결과는 더 타당하다.

노출이 질병에 선행한다는 것은 타당해 보인다. 그러나 한 회귀 코호트 연구에서, 노출이 질병에 선행한다고 문서화하는 것은 어려울 수 있다고 전한다. 예를 들면, 특별한 유형의 백혈병을 가진 사람이 대조군보다 특수한 바이러스에 대해 항체를 가질 가능성이 더 높다고 가정해 보자. 이때 바이러스가 백혈병을 유발시켰다고 결론지을 수 있지만, 바이러스 감염은 백혈병 변화의 개시 이후에 발생하기 때문에, 그러한 결론은 조심해서 내려야 한다.

용량-반응 효과의 증거는 원인 확인에 증거를 더 많이 제공한다. 용량-반응 효과는 원인 연관성에 반드시 필요한 특징이 아니다. 예를 들면, 몇 가지의 원인 연관성이 역치 효과를 나타낼 수 있다. 그럼에도 불구하고, 이 용량-반응 효과는 연관성에 신뢰성을 더해 준다.

많은 현장조사에서 이 장에서 설명한 모든 기준을 충족시키는 그럴듯한 원인 물질이 없을 수 있다. 아마도 반응률이 이상적인 값보다 작았을 수 있다. 또는 원인균이 의심 가는 식품에서 분리될 수 없었거나, 용량-반응이 확인되지 않았을 수 있다. 그럼에도 불구하고, 대중의 건강이 위험한 상황이라면, 모든 기준을 만족시키는 원인 물질을 못 찾았다고 행동을 취하지 않을 수는 없다. 이는 조지 컴스톡이 다음과 같이 말한 것에서 나타난다. "역학의 기술은 불완전한 데이터로부터 의미 있는 결론을 이끌어내는 것이다." 결국, 현장역학은 과학(건전한 역학방법), 인과추론 및 건강한 양의 실제 상식에 기초하여 공중의 건강을 증진하고 보호하기 위한 공중보건 조치의 도구이다.

참고문헌

대한예방의학회. 예방의학과 공중보건학, 제3판 수정증보판, 계축문화사, 2017.
대한예방의학회, 한국역학회. 예방의학 · 역학 · 공중보건학 용어집, 계축문화사, 2014.
손석준, 이경수, 이무식, 이중정, 이충원, 정인성. 현장역학(Field Epidemiology, 2nd edition 번역본). 계축문화사, 2004.
Aktas D, Celebi B, Isik ME, et al. Oropharyngeal tularemia outbreak associated with drinking contaminated tap water, Turkey, July–September 2013. Emerg Infect Dis. 2015;21:2194–6.
Breslow NE, Day NE. Statistical methods in cancer research. Vol 1. The analysis of case—control studies. (IAEC scientific publication no. 32). Lyon : International Agency for Research on Cancer; 1980.
Centers for Disease Control and Prevention. Epi Info. https://www.cdc.gov/epiinfo/index.html
Centers for Disease Control and Prevention. Varicella outbreak among vaccinated children—Nebraska, 2004. MMWR. 2006;55;749–52.
Comstock GW. Vaccine evaluation by case–control or prospective studies. Am J Epidemiol. 1990;131:205–7.
Detels R, Beaglehole R, Lansang MA, Gulliford M. Oxford Textbook of Public Health, Oxford University Press, 2009.
Edlin BR, Irwin KL, Faruque S, et al. Intersecting epidemics—crack cocaine use and HIV infection among inner-city young adults. N Eng J Med. 1994;331:1422–7.
Feinstein AR. Clinical Epidemiology. The architecture of clinical research. Philadelphia: W.B. Saunders Company 1985.
Gordis L. Epidemiology. 5th ed. Philadelphia: Elsevier; 2013.
Hill AB. The environment and disease: association or causation? Proc R Soc Med. 1965;58:295–300.
Kelsey JL, Thompson WD, Evans AS. Methods in observational epidemiology. New York, Oxford: Oxford University Press; 1986.
Last JM. A Dictionary of Epidemiology, 4th Ed, Oxford Uni Press Inc., 2001
MacMahon B, Pugh TF. Epidemiology : principles and methods, Little, Brown and Company, 1970.
Porta M. A Dictionary of Epidemiology, 5th edition, IEA, Oxford University Press, USA, 2008.
Rasmussen SA, Goodman RA. The CDC Field Epidemiology Manual, Oxford University Press, USA, 2018.
Rentz ED, Lewis L, Mujica OJ, et al. Outbreak of acute renal failure in Panama in 2006: a case–control study. Bull World Health Organ. 2008;86:749–56.
Robert B. Wallace. Maxey-Rosenau-Last Public Health and Preventive Medicine. McGraw-Hill Education, 15 edition, 2008.
Rothman K J. Modern epidemiology. Boston, Toronto : Little, Brown and Com pany; 1986.
Rothman KJ. Epidemiology: an introduction. New York: Oxford University Press; 2002: p. 113–29.
Schlesselman JJ. Case—control studies: design, conduct, analysis. New York: Oxford University Press; 1982.
Shands KN, Schmid GP, Dan BB, et al. Toxic-shock syndrome in menstruating women: association with tampon use and Staphylococcus aureus and clinical features in 52 women. N Engl J Med. 1980;303:1436–42.

제 8 장 정성적·질적 데이터의 수집 및 분석

1 도입

정성적·질적 연구방법은 조사를 행하는 인식, 가치, 의견, 공동체 규범에 대한 통찰력을 제공할 수 있어 현장 역학조사의 핵심 구성요소가 된다. 질적 인터뷰 기법의 주축이 되는 개방적 조사방법은 사전 정의된 범주에 해당하지 않는 상황적 요인 및 위험 행동에 대한 이유의 탐색 연구에 필수적이다. 예를 들면, 2014~2015년에 서아프리카 일부 지역에서 에볼라바이러스가 집단발병하는 동안, 다른 지역사회에서 매몰 관행이 갖는 문화적 영향을 이해하는 것은 안전한 매몰을 위한 설계와 모니터링에 매우 중요했다(표 2.8.1.). 그런데 프로그램 평가에서 정성적 방법은 조사자가 프로세스 평가의 일부로서 무엇이 옳고 그른지를 진단하거나 프로그램이 예상만큼 잘 작동하지 않는 이유를 알아내는 데 도움이 될 수 있다. 중재 방법을 설계함에 있어서, 질적 방법은 개입 수용성과 성공 가능성을 높이기 위해 수용성의 차원(dimensions)을 탐색하는 데 유용할 수 있다. 정성적 방법은, 정량적 연구와 함께 수행할 때 단독으로 실행할 때 보다 결론의 타당성을 확인, 도전 또는 심화시키는 데 더 도움이 될 수 있다.

표 2.8.1. 서아프리카 일부 지역에서 발생한 에볼라바이러스 발생 기간 동안의 질적 연구(2014)

서아프리카 일부 지역에서 발생한 에볼라바이러스 발생에 대한 질적 연구는 매장 관행을 이해하고 안전한 매장 확보를 위해 문화적으로 적절한 전략을 설계하기 위해 광범위하게 사용되었다. 또한 이 질적 연구는 반응의 핵심적 측면을 모니터링하는 데 사용되었다.

2014년 10월, 리베리아는 환자 수 증가에 따른 예측 질병 모델과 대조적으로 환자 수와 사망률이 갑자기 지속적으로 감소하였다. 당시 지역사회는 에볼라 치료센터 입원에 거부감을 갖고 있어서 환자들이 진료를 받지 않아 지역사회가 오컬트 장례를 치를 가능성도 제기되고 있었다.

지역사회 수준에서 무슨 일이 일어나고 있는지 평가하기 위해, 리베리아 비상 운영센터는 미국 질병통제예방센터(CDC)와 아프리카 연합의 역학자들을 고용하여 문제를 조사하였다.

조사 팀들은 지역사회 지도자, 지역 장의사, 관 제작자들과 함께 심층 인터뷰를 하고 집중 그룹 토론을 진행한 결과, 지역사회가 오컬트 장례식을 치르지 않고 있으며, 전체 매장 수요가 예년보다 적다는 사실을 알게 되었다. 이 외에도 질병 대응노력에 협조하겠다는 장의사의 의도와 장례식장 종사자들의 훈련 필요성, 화장 관행에 대한 지역사회의 상당한 저항성 등이 핵심 조사결과로 꼽혔다. 이러한 발견으로 인해 비상 운영센터는 에볼라 퇴역군인들을 위한 매몰 장을 개설하고 민간 부문의 매장 검사를 강화하고 안전한 매몰 관행에 대한 민간부문 장례 종사자들의 훈련을 시행했다.

출처 : Rasmussen SA, Goodman RA. The CDC Field Epidemiology Manual, Oxford University Press, USA, 2018.

2 질적 연구방법을 언제 적용할 것인가의 선택

정량적 접근법과 유사하게, 정성적 연구는 정보를 수집 및 취합하고 연구 모집단을 넘어 적용할 수 있는 소견을 생성하는 데 엄격한 접근방식을 사용하여 특정 질문에 대한 답을 찾는다. 정량적 접근법과의 접근방식에서 근본적인 차이는 초기 관찰의 실제 복잡성을 분석 단위로 변환하는 방법에 있다. 정성적 연구에서 수집된 데이터는 일반적으로 텍스트 또는 시각적 이미지의 형태로, 풍부한 통찰력을 제공하지만, 부피가 크고 코드화하고 분석하는 데 시간이 많이 걸리는 경향이 있다. 실질적으로 말하면, 정성적 연구설계는 사례 연구 또는 심층 분석에 이상적이며 목적에 맞게 선택한 소규모 표본을 선호하는 경향이 있다. 그러나 목적적 샘플링과 개방형 질문 형식을 이용함으로써 이 질적 접근법은 결론을 정량화하고 일반화하는 능력이 부족하다.

그러나 정성적 과학자들은, 확률적 표본 추출 및 범주형 결과를 통해 달성할 수 있는 일반화 가능성과 정밀도는 향상된 유효성, 뉘앙스 및 자연주의의 비용으로 달성할 수 있다고 주장할지 모른다. 특히 개방형 기술은 행동의 기초가 되는 주관적 의미와 동기를 이해하는 데 유용하다. 이 개방형 기술을 통해, 조사자는 관찰되지 않은 요인, 의도뿐만 아니라 의도, 내부 의미, 외부 결과, 고려하였지만 취하지 않은 옵션, 측정 불가능한 결과 및 측정 불가능한 결과를 능숙하게 탐색할 수 있다. 이러한 방법은 공중보건 문제의 근원이나 해결책이 외부 관찰자가 선택한 객관적으로 측정할 수 있는 특성이 아니라 지역 인식에 뿌리를 두고 있을 때 중요하다. 궁극적으로, 이러한 접근방식은 연구 주체 자체의 관점에서 어떻게 그리고 왜 그 문제에 대해 얼마나 많이 받아들여야 하는지에 대한 질문을 정량화하는 것을 넘어설 수 있다.

현장조사에서 질적 방법이 갖는 또 다른 핵심적 장점은 유연성이다. 질적 설계는 문제의 내용과 흐름을 유연하게 한다. 뿐만 아니라 문제의 보다 깊은 의미를 탐색하거나 문제에 대한 더 깊은 이해로 이어질 경우, 새로운 단서를 따를 수 있도록 한다. 그런데 현장 작업 과정에서 주제를 조정하여 원래 연구 질문과 관련된 새로운 주제를 조사하는 것은 드문 일이 아니다. 여기서 논의한 바와 같이, 질적 연구설계는 문제의 근본 원인을 결정하면서 특정 그룹 간의 인터뷰 필요성을 위해 표본 크기를 유연하게 할 수 있다. 현장조사의 맥락에서, 그러한 방법은 분석의 치수를 완전히 예측할 수 없도록 복잡하거나 빠르게 움직이는 상황을 조사하는 데 매우 유용할 수 있다.

궁극적으로, 질적 연구를 특정 현장조사에 포함시킬지의 여부는 주로 연구 질문 자체의 특성에 달려 있다. 특정 유형의 연구 주제는 다른 접근방식보다 질적인 측면에서 더 자연스럽게 나타난다(표 2.8.2.). 여기에는 가설을 공식화하거나 고정된 질문 및 답변을 개발하는 문제에 대해 충분히 알려지지 않은 탐색적 조사가 포함된다. 여기에는 행동만큼 의도가 중요한 연구 질문과 "왜?" 또는 "왜 그렇지 않은가?"가 포함된다. 한편 질문은 측정된 결과의 정확한 추정만큼이나 중요하다. 그리고 질적 접근방식은 상황적 영향, 주관적 의미, 낙인 또는 강한 사회적 만족 편향에서 상대적으로 비인격적인 설문지 인터뷰 응답의 타당성에 대한 신뢰가 낮을 때도 잘 작동한다.

표 2.8.2. 현장조사에서 질적 방법을 고려해야 할 연구 주제의 보기들

연구 주제	언제 이용할 것인가	실제 사례
탐색적 연구	관련 질문 또는 답변 옵션은 사전에 알 수 없음	심층사례 연구의 여러 관점에서 문제를 보는 상황분석 가설 생성
맥락의 역할 이해	특정 사회적 또는 물리적 환경에 위험 노출 또는 관리 추구 행동이 내재되어 있음	효과적인 대응을 위한 주요 장벽 또는 가능자 상호 간 간섭을 일으킬 수 있는 경쟁적 우려와 환경 행동 상호작용
인식 및 주관적 의미가 갖는 역할의 이해	동일한 관측 가능한 사실에 대한 다른 인식 또는 의미는 위험 노출 또는 행동 반응에 영향을 미침	왜 혹은 왜 아닌가에 대한 질문: 개인의 건강 결정방법에 대한 이해가 고려되었지만 취하지 않은 옵션 탐색
숨겨지고 민감하며 비합법적인 행동의 맥락과 의미의 이해	법적 장벽 또는 사회적 만족도 편향은 기존의 인터뷰 방법을 사용하여 솔직한 보고를 방지함	위험한 성적 또는 약물 사용 행동에 유효한 답변을 얻기 위해 응답자와 인터뷰어 사이에 높은 신뢰도를 요구하는 주의 수준 질문
실무에서 중재 작동의 평가	공공의료 결과 평가에서 무엇이 옳았는지 또는 더 일반적으로 무엇이 잘못되었는지를 평가 실무에서 어떤 변화를 인식했는지를 통해 누가 이익을 얻었는지 평가함	"방법" 질문, 개입이 실패하는 이유, 프로그램의 의도하지 않은 결과 환자-제공자 상호작용

출처 : Rasmussen SA, Goodman RA. The CDC Field Epidemiology Manual, Oxford University Press, USA, 2018.

질적 인터뷰나 관찰에 대한 경험을 갖춘 인력은 최상의 품질 데이터를 얻는 데 중요하지만, 현장 환경에서 신속한 평가를 위해 반드시 필요한 것은 아니다. 질적 인터뷰를 시행하는 데는 설문조사 인터뷰보다 더 넓은 범위의 기술이 요구된다. 설문지와 같이 주제 안내서를 처음부터 끝까지 순서대로 따라가는 것만으로는 충분하지 않다. 질적 인터뷰를 수행하는 면접관은 주제 가이드에 기재되지 않았더라도 언제 조사해야 하는지, 언제 진행해야 하는지, 언제 격려하거나 도전하거나 관련 단서를 따라야 하는지 판단해야 한다. 제보자와 교제하고, 면접 중에 아이디어를 연결하며, 자립적으로 생각하는 능력을 갖추는 것은 훌륭한 질적 면접관의 공통된 특징이다. 다시 말해, 질적 현장 연구를 수행하는 데 있어 단연코 가장 중요한 자질은 연구 목표를 확실히 파악하는 것이다. 이러한 자질이 있다면, 호기심으로 무장한 연구 팀원의 구성원은 성공적인 결과를 양산할 수 있다.

3 현장조사에서 보편적으로 사용되는 질적 방법들

1) 준구조 인터뷰(Semi-Structured Interviews)

준구조 인터뷰는 단일 참가자(심층 또는 개별 주요 정보 제공자) 또는 그룹(포커스 그룹 토론[FGD, focus group discussion] 또는 주요 정보제공자 그룹)과 함께 수행할 수 있다. 이 인터뷰는 고정된 설문지 형식이 아닌 제안된 주제를 따라 수행된다. 주제는 일반적으로 제한된 수(10~15개)의 넓은 개방형 질문 뒤에 선택적 탐구를 용이하게 하기 위한 글머리 기호로 구성된다. 이 인터뷰는 준구조화된 형식의 대화 전후 특성이 있어서 연구자와 인터뷰 참가자가 더 동등한 위치에 있게 한다. 응답자는 개별 준구조 심층 인터뷰(IDI, in-depth interview)의 경우 정보원이 되고, FGD의 경우 참가자가 된다. 초기 응답을 넘어 자유롭게 조사할 수 있는 자유가 있어서, 정보 제공자가 자기표현을 자유롭게 하도록 함으로써 면접관이 인터뷰 대상자와 적극적으로 참여하여 명확성, 개방성 및 깊이를 추구할 수 있다. 이런 점에서, 인터뷰는 때때로 양파 껍질을 벗기는 것과 비교된다. 즉, 공감대를 형성하고 신뢰를 얻기 위해 시간과 노력을 투자하는 사람들이 접근할 수 있는 더 깊은 내부적 인터뷰와 비교되는 것이다(활성적 인터뷰 이론은 모든 인터뷰가 인터뷰 진행자의 의도를 지속적으로 평가하고 그에 따라 반응을 조정하는 단계적 사회적 만남을 포함한다는 것을 시사한다. 결과적으로 어떤 유형의 인터뷰든 좋은 친분이 중요하다. 이와 반대로 설문 조사 형식의 인터뷰는 면접관이 미리 설정된 질문 및 공식 조사 스크립트에서 벗어날 수 있게 하는 자유를 줄인다).

(1) 개별 심층 인터뷰 및 핵심 정보원 인터뷰

개별적 준구조 인터뷰의 가장 보편적인 형태는 개별 심층 인터뷰(IDIs) 및 핵심 정보원 인터뷰(KIIs, Key informant interview)이다. IDIs는 전형적으로 연구 주제와 관련된 직접적 체험을 가진 정보원(예: 서비스 사용자, 참가자, 생존자)들 사이에서 시행된다. 이 인터뷰는 일반적으로 친분을 쌓고 기밀성을 최대화하기 위해 일대일(혹은 이대일) 그리고 면대면 인터뷰로 시행된다.

KIIs는 IDIs와 유사하지만, 특별한 지식이나 영향력을 가진 개인(예: 공동체 리더 혹은 건강 분야 권위자)에 초점을 맞춘다. 그리하여 그들로부터 주제 영역에 관한 넓은 지식과 깊은 통찰력을 얻고자 한다(표 2.8.3). IDIs가 사적인 경험이나 맥락 혹은 사적인 의미 그리고 개인적 함축 등에 초점을 두는 반면에, KIIs는 전문가적 통찰력이나 관점을 더 추구하여 사적인 질문들은 피하는 경향이 있다. IDIs는 유연한 전략 추구가 가능해서 기밀성이나 대화의 사적인 맥락 등을 대표한다. 그러나, IDIs는 수집하고 분석하는 데 시간과 노동이 광범위하게 요구된다. KIIs에서 기밀성은 관심사가 아니기 때문에, 이러한 인터뷰는 주제 영역에 맞게 개인적이거나 집단적인 인터뷰로서 시행할 수 있다.

(2) 포커스 그룹 토론(Focus Group Discussions) 및 그룹 핵심 정보원 인터뷰(Group Key Informant Interviews)

포커스 그룹 토론은 경험이나 행동 혹은 인구학적 특성을 공유하는 동질적인 6~8명의 참가자가 훈련된 진행자의 주제 안내를 통해서 진행하는 준구조 그룹 인터뷰이다. 이상적인 그룹 인터뷰의 규모는 다양하다. 주제에 관해 개방되고 활발한 토론을 위해서는 더욱 대규모의 인원을 소집하며, 인터뷰 과정에 완전히 전 참가자가 집중할 때는 좀 더 소규모로 진행한다. 토론을 진행하는 동안, 진행자는 질문을 제시하고 그룹 참가자들을 독려하며, 명확함과 깊이 있는 진행을 추구하도록 기대된다. 시장 조사에서 오랫동안 이용해온, 포커스 그룹을 통한 토론은 공중보건 분야에서 폭넓은 응용을 통해 널리 사용되는 사회과학 기법이며, 특히 지역사회 규범과 공유된 인식을 평가하는 빠른 방법으로 인기가 높다.

현장조사를 진행하는 동안 포커스 그룹 토론은 유용한 장점을 갖고 있다. 이 토론은 적응력이 좋고 수행하기에 비싸지 않으며 때로는 참가자들에게 즐거움을 제공한다. 그룹 역학은 집단의 지식과 경험을 효과적으로 활용하게 하여 공동체 전체의 대리 정보 제공자로서의 역할을 한다. 이것들은 또한 사회 규범의 소우주를 재창조함으로써 사회적, 도덕적, 그리고 감정적 차원의 주제를 등장할 수 있게 한다. 또한 숙련된 진행자는 참가자들이 더 깊은 이해를 하도록 하기 위해 소규모 그룹의 의견 차이를 이끌어낼 수 있다. 그러나 또한 포커스 그룹 토론은 제한점을 갖기도 한다. 그룹 인터뷰를 진행하는 동안 기밀성이 보장되지 않아, 참가자들은 윤리적 배경에서의 민감한 속성에 대한 개인적인 경험을 알고자 해서는 안 된다. 참가자는 스스로 자원하여 이러한 정보를 공개할 수도 있으나, 진행자는 대화의 관심을 일반적인 사항으로 돌려 다른 참가자들이 정보 공개 압박을 받지 않도록 한다. 유사하게, 포커스 그룹 토론은 사회적 욕망에 대한 강한 바이어스를 갖도록 하기 쉽다. 그리고 포커스 그룹을 이용한 질적 연구 계획은 종종 개인적 인터뷰를 정밀하게 추가한다. 그러면서 참가자들이 그룹 토론 상황에서는 공유하기 부적절하거나 어려운 개인적 경험 및 의견을 묘사할 수 있게 한다. 만일 그룹이 편안하지만 피상적인 동의에 도달한다면, 포커스 그룹 토론은 주제에 관해 넓지만 얕은 분석만을 가능하게 한다. 이와 같은 약점은 진행자가 이전 지식과 모순되거나 너무 단순한 모든 합의에 대해 조사하고 도전하도록 훈련받게 하여 해결할 수 있다. 그러나 포커스 그룹 토론은 의견을 강력히 피력하는 참가자에 대항하여 놀랍도록 강한 적응력을 갖고 있으며, 서로 다른 그룹에 걸친 체계적 비교를 요구하는 연구설계에 매우 적합하다. 포커스 그룹 토론과 유사하게, 그룹 핵심 정보원 인터뷰(group KIIs)는 그룹 토론의 긍정적 성향과 자극적 영향에 의존한다. 그러나 이는 무명인의 생생한 사적 경험보다는 오히려 전문가 지식이나 특정 주제에 관한 통찰력을 얻으려는 목표로 사용된다. 그룹 핵심 정보원 인터뷰(group KIIs)는 최소 규모에 대한 제한이 없으며, 두세 사람 정도의 참가자들만으로도 진행할 수 있다.

표 2.8.3. 이집트의 의료 종사자 관행 개선에서의 장벽 및 해결책 확인

이집트의 국립 감염병 예방 및 통제(IPC, infection prevention and control) 프로그램은 의료 종사자들이 IPC의 가이드라인을 준수하는 데 있어 행동 및 동기를 이해하기 위한 질적 연구에 착수하였다. 이 연구는 IPC에 대한 준수 정도를 향상시키기 위해 의료 상황에서의 효과적인 행동 변화를 개발하기 위하여 착수하였던 것이다.

서로 다른 의료 시설에 종사하는 청소원, 간호진, 그리고 의사에 대한 핵심 정보원 인터뷰와 집중 그룹 토론이 두 곳의 주지사(governorates)에서 수행되었다. 이 인터뷰와 토론의 초점은 IPC에 대한 준수에서의 사회적·문화적 장벽에 맞추어졌다. 그리하여 이에 대한 대응을 IPC 프로그램이 할 수 있게 했다. 예를 들면, 다음과 같은 것이다.

- 정보원들은 고질적인 병원 문화에서 자신들의 정상적인 역할 밖에 있는 행동을 강요하는 IPC 규정을 준수하는 데 어려움을 표현했다.
  대응책 : 변화를 촉진하기 위한 역할 모델을 소개하였다.
- 정보원들은 행동 수정에서의 열정과 관심을 훼손하는 운명론적 태도를 설명했다.
  대응책 : 따라서, 운명론적 가설에 대한 기관의 변화를 약속하는 중재안을 개발하였다.
- 정보원들은 IPC를 효과적인 것으로 인식하지 않았다.
  대응책 : IPC의 관행을 정당화하는 과학적 증거를 알리기 위해 훈련 방법을 개선하였다.
- 정보원들은 위생을 자신들에게 자부심을 부여하는 중요한 것으로 인식하였다.
  대응책 : 최적의 IPC 관행에 대한 공공적인 인식이 작업 환경에서의 위생 유지에 대한 긍정적인 사회적 만족과 전문적 자부심으로 활용하기 위해 도입하였다.

질적 연구를 통해 이집트의 의료 환경에서 양질의 임상적 관행에 대한 저항의 원천과 그 저항을 극복하기 위해 문화적으로 적절한 대응책을 실행하였다.

출처 : Rasmussen SA, Goodman RA. The CDC Field Epidemiology Manual, Oxford University Press, USA, 2018.

2) 시각화 방법

시각화 방법은 그룹의 데이터를 수집하는 동안, 참가자들을 독려하고 연구자에 대해 상대적으로 인터뷰 대상자를 권면하는 수단으로 개발되었다. 시각화 방법은 지도, 다이어그램, 기타 이미지 등의 집단적 생성을 통해 참가자들에게 문제 해결 방책에 참여하도록 요청하는 것이다. 예를 들면, 지역사회의 참가자들은 자신의 지역에 대한 지도를 스케치한 후 주제와 연관된 곳을 강조

하라는 요청을 받는다(예: 의료시설의 위치 접근 혹은 위험이 집중된 장소). 신체 도식화는 지역사회 구성원이 건강 위협이 어떻게, 어디서, 신체에 영향을 미치는지 설명하도록 요청하는 방법이다. 이를 통하여 민중의 건강, 질병, 치료, 그리고 예방에 대한 개념을 이해할 수 있다. 영상 구성과 관련하여 후속 토론과 대화는 시각적 영상 그 자체와 함께 기록 및 분석할 수 있다. 시각화 운동은 처음에 지역사회 전체 규모를 다룰 수 있도록 고안되었다. 그러나 이 시각화 운동은 FGDs 혹은 그룹 KIIs에 해당하는 더 작은 그룹에서도 잘 작동한다.

4 질적 연구를 위한 표본 추출 및 모집

1) 연구 참가자 표본의 선별

질적 접근법과 양적 접근법의 근본적인 차이는 연구 참가자 표본 추출 및 모집 실행에서 명확히 나타난다. 질적 표본은 전형적으로 규모가 작으며 목적 지향적이다. 심층 인터뷰의 정보원들은 연구에 본보기가 될 수 있을 정도의 특유한 특성 및 개인적 경험을 가졌는지에 따라 그리고 연구 영역에서의 특출난 지식이나 영향력에 따라 선별된다. 포커스 그룹 토론은 공동체 내에서 비슷한 노출이나 지식을 공유하는 타인들과 비교하여 전형적인 참가자를 찾는다. 그러나 종종, 질적 연구의 참가자들은 단순히 타인을 대표한다기보다는 그들이 예외적이기 때문에 선별된다. 이러한 참가자들의 가치는 그들의 일반성에 있지 않다. 반면에, 연구를 진행하는 데 있어 핵심 질문에 통찰력을 제공할 수 있다는 점에 있다.

2) 표본 크기의 결정

질적 연구를 위한 표본 크기의 결정은 확률 표본 조사에 사용하던 것과는 다른 논리를 따라야 한다. 예를 들면, 일부 질적 방법은 이상적인 참가자 범위(예: 포커스 그룹)를 명시하여 유효한 관찰을 한다. 그러나 유효한 결과를 얻기 위해 얼마나 많은 관찰이 필요할 것인가에 대한 규칙은 없다. 이론적으로 질적 연구에서의 표본 크기는 포화 원칙에 의해 결정되어야 한다. 즉, 추가적인 인터뷰에서 추가적인 통찰이 얻어지지 않을 때까지, 인터뷰가 수행되는 것이다. 실제로 명확한 결론에 도달하기 위해 추가 인터뷰가 필요한 경우, 면접 횟수의 범위로 연구를 설계하는 것이 바람직하다.

(1) 연구 참가자의 모집

질적 연구를 위한 모집 전략은 전형적으로 어느 정도 참가자의 자기 선택(예: 관심 있는 참가자를 위해 대중 공간에서 광고하는 것)과 목적적 선택(예: 핵심 정보원의 확인)을 포함한다. 지역사회에서의 목적적 선택은 공지한 동의 과정이 시작되기 전에 종종 지방 당국의 허가와 지방 거주자의 도움이 필요하다. 적격성 기준을 명확히 지정하는 것은 공동체를 가장 잘 반영하는 사람과 관련하여 연구 이동자가 자신의 경험을 적용하는 경향을 최소화하는 데 중요하다. 공식적인 적격성 기준에 추가하여, 참가자 특성(예: 참여에 명료한 관심이 있는 것), 그리고 편의성(예: 너무 멀리 떨어진 곳에 거주하지 않음)은 표본에 누구를 참가시킬 것인가에 대한 적절한 고려사항이다. 개인적 특성과 거주지 등이 적절한 사람은 전형적인 질적 연구에서 작은 숫자로 최소한의 투자로 최대의 가치를 보장해준다. 이러한 이유로, 질적 정보원을 무작위로 표본화하는 것은 불필요할 뿐 아니라 잠재적으로 비생산적인 것이 된다.

5 질적 데이터의 관리, 응축, 표시 및 해석

질적 데이터의 분석은 다음과 같은 네 단계로 나눌 수 있다. 즉, 데이터 관리, 데이터 응축, 데이터 표시, 그리고 결론의 도출과 확인이다.

1) 질적 데이터의 관리

처음부터 질적인 데이터를 위한 명확한 조직 시스템을 개발하는 것이 중요하다. 원본 데이터 파일과 그에 대한 후속 분석의 명명 규칙을 날짜, 위치, 개별 또는 그룹 특성 정의, 참가자 특성 및 기타 정의 기능을 포함하는 데이터 사전 파일에 기록해야 한다. 인터뷰에 대한 디지털 기록화 혹은 시각화 산물은 원래의 관찰에 대해 분석한 데이터의 충실성을 확인하기 위해 검토해야 한다. 윤리 협약으로 이름 같은 개별적 특성을 기록하지 않도록 요구하는 경우, 분석을 시작하기 전에 모든 개별 이름을 최종 기록에서 삭제해야 한다. 만일 텍스트 데이터 분석 소프트웨어를 이용하여 데이터를 분석한다면, 그 데이터 파일에 대한 소프트웨어의 버전을 주의 깊게 조정하는 일이 중요하다. 그 소프트웨어 작업에 다수가 포함되었다면 더욱 그러하다.

2) 질적 데이터의 응축

응축이란 초기 관찰 시점에 이용하는 데이터를 선별, 집중, 단순화, 그리고 요약한 후 그 응축된 데이터를 분석할 수 있는 데이터 세트로 변환하는 과정이다. 질적 연구에서 대부분의 연구 완수에 요구되는 대부분의 시간 투자는 현장 작업이 완료된 후에 배정된다. 한 시간의 개인 인터뷰는 전사하는 데 하루 종일의 시간이 걸리며 번역이 필요하다면 시간이 더 필요하다. 그룹 인터뷰는 전사의 어려움으로 더 많은 시간이 걸린다. 데이터 응축의 각 단계에는 명확한 규칙과 밀접한 감독이 필요한 다중 결정을 포함한다. 전형적인 과제는 분석 언어에서 원래 언어의 리듬과 질감에 대한 충실도와 번역된 버전의 명확성 사이의 적절한 균형을 찾는 것이다. 교육을 덜 받았거나 교육을 전혀 받지 못한 참가자들의 토론은 전사(혹은 번역) 후에 등장해서는 안 된다. 영어에는 그 토론 속 언어의 풍부함을 표현할 적절한 용어가 없어, 어떤 용어를 번역해야 할지 혹은 어떤 용어를 방언으로 유지해야 할지에 대한 판단에는 많은 연습이 필요하다.

3) 질적 데이터의 표시

초기의 응축 단계가 끝나면, 질적 연구는 어떻게 데이터를 표시해야 할지에 의존한다. 어떻게 데이터를 요약하고 구현할 것인가에 대한 결정은 연구 결론의 깊이와 상세함에 대해 영향을 준다. 전체 인터뷰 내용으로부터 글머리, 표 요약 또는 인터뷰 노트의 요약에 이르기까지 표시 범위가 다양할 수 있다. 현장의 설정에 있어서, 유용하고 가장 보편적으로 사용하는 표시 형태는 개괄적 차트가 된다. 이 차트에서는 핵심 주제와 연구 질문이 워드 프로세서 테이블이나 스프레드시트에서 횡으로 열거되며 개별 정보원이나 그룹 특성은 열을 따라 열거된다. 개괄 차트는 쉽고 체계적이며 비교할 수 있는 결과를 제공하므로 유용한 도구가 된다.

4) 결론 도출 및 검증

질적 데이터 분석은 텍스트 또는 시각적 데이터의 엄격하고 체계적인 해석을 유도하는 반복적이고 이상적인 상호 작용 프로세스이다. 적어도 네 가지의 통상적인 단계들이 포함된다.

(1) **읽기 및 다시 읽기.** 질적 분석의 핵심은 텍스트를 주의 깊고 체계적으로 그리고 반복해서 읽는 일이다. 그러면서 데이터로부터 도출되는 일관된 주제와 상호연결을 확인할 수 있다. 반복해서 읽는 것은 최초의 읽기로부터 새로운 주제, 연관성, 그리고 깊은 의미를 반드시 파악할 수 있게 해준다. 코드화된 주제에 따라 세분화하기 전에 인터뷰 전문을 여러 번 읽는 것은 개별 분석을 위해 텍스트의 코드화된 섹션을 세분화하고 추출하기 전에 각 인터뷰의 전체 컨텍스트와 흐름을 인식하는 데 핵심적이다.

(2) **부호화.** 질적 연구에서 통상적으로 사용하는 기술은 텍스트의 섹션을 라벨링하기 위한 코드를 개발하는 일이다. 그러면서 분석과 검증의 나중 단계에서 선택적으로 검색할 수 있기 때문이다. 서로 다른 접근법들이 텍스트의 부호화에 사용될 수 있다. 이 중 하나의 접근법인 구조적 부호화는 인터뷰 가이드의 구조에 따라 행해진다. 또 다른 접근법인 주제 부호화는 전체 인터뷰에 걸쳐서 나타나는 공통의 주제들을 라벨링한다. 이는 주제 가이드나 추후의 분석에 할당된 주제들을 설계함으로써 행해진다. 여러 코드에서 코드가 이동하는 문제를 피하기 위해 질적 조사자는 부호화가 언제 시작되고 중단되어야 하는지에 대한 정의와 규칙을 갖춘 표준 부호화 북(code book)을 개발해야 한다. 부호화는 기존의 코드의 상단에 반복되는 읽기로부터 생성된 새로운 코드가 쌓이는 반복적인 과정이다. 부호화 북의 개발과

갱신은 분석에서 반드시 포함해야 할 사항이다.

(3) **분석 및 메모 작성.** 코드를 개발하고 갱신하고 있어 원래의 연구 질문에 대한 해답이 나타나기 시작해야 한다. 부호화는 부호화 범주 내 혹은 부호화 범주 간 유사성을 추출하고 체계적으로 비교할 수 있는 선택적 텍스트 검색을 통해 그러한 과정을 촉진할 수 있다. 질적 분석에서는, 잠정적인 결론으로부터 공고한 것으로의 이동을 표시할 수 있는 p-값이 도출될 수 없어서, 표준화된 관례는 데이터에서의 진화하는 통찰과 패턴을 기록하기 위해 메모를 작성한다. 그러면서 원래의 연구 질문과 어떻게 관련되는지를 알 수 있기 때문이다. 메모 작성은 데이터에 대한 차후의 사고를 촉진하기 위한 것이다. 그러므로 추후의 부호화와 더 깊은 이해로 이끄는 새로운 연관을 시작할 수 있다.

(4) **결론 검증.** 분석의 정밀도는 교차 검토가 얼마나 철저하느냐에 따라 달라진다. 그리고 교차 검토는 원래의 결론의 질에 따라 대체적인 결론을 찾으려 한다. 이러한 교차 검토에 의한 결론은 여러 가지 방법으로 발생할 수 있다. 한 가지 방법은 분석가들이 정기적으로 상호작용하여 결론에 새로운 도전을 하고 동일한 데이터에 대한 대체 설명을 제시하는 것이다. 또 다른 방법은 데이터에 질문을 제기하는 것이다(즉, 다른 코드나 정보원 특성과 겹치는 코드 내용을 체계적으로 비교하기 위해 부울 논리를 사용하여 부호화된 세그먼트를 검색한다). 만약, 초기의 결론에 대한 대체 설명이 더 정당성을 얻지 못한다면, 그러한 결론에 대한 확실함은 강화된다.

6 부호화 및 분석의 요구사항

무엇보다도 질적 연구 분석에는 데이터에 대한 충분한 시간과 집중이 요구된다. 컴퓨터 텍스트 소프트웨어는 선택적인 텍스트 검색과 데이터의 지식 시험(quizzing)을 촉진한다. 그러나, 패턴을 분석하고 결론에 도달하는 것은 분석에 의해서만 가능하다. 이와 같은 요구사항에는 데이터로부터 명확한 패턴이 도출될 때까지 광범위한 읽기와 다시 읽기, 코드북과 부호화의 개발, 토론과 논의, 코드북의 개선, 필요한 경우 재부호화하는 것을 포함한다. 비록 분석의 질과 깊이는 투자한 시간에 비례하지만, 이미 언급한 사항을 포함하여 여러 가지 기술은 분석을 더 잘하는 데 사용되고 있다.

1) **완전한 전사 대신의 상세화된 메모.** 전체 전사 및 번역에 필요한 시간이 충분하지 않은 경우, 한 명 또는 두 명의 메모 기록자를 인터뷰에 할당하는 것을 고려할 수 있다. 현장조사 후 전체 전사계획이 수립되어 있더라도 메모 기록자에게 정리된 요약노트 제출을 요청하는 것은 면접 내용에 대한 실시간 피드백을 받고 필요에 따라 주제안내나 면접교육을 조정할 수 있는 유용한 기법이다.

2) **주제 부호화에 대한 개괄적인 요약 차트**("데이터의 표시"를 참조). 현장에서 텍스트 분석 소프트웨어를 사용하여 텍스트 인터뷰를 완전히 전사하거나 체계적으로 부호화하는 데 시간을 제한한 경우 개요 차트는 신속한 수동 부호화에 유용한 기법이다.
3) **주제 추출 파일**. 이것은 수동 주제 부호화의 약간 확장된 버전으로, 인터뷰의 전체 전사가 가능할 때 유용하다. 워드 프로세싱 프로그램을 사용하면 테마에 따라 파일을 분할하거나 각 테마에 대해 별도의 파일을 만들 수 있다. 스크립트 또는 분석가 노트의 관련 추출물을 복사하여 각 테마에 해당하는 파일 또는 파일 섹션에 붙여 넣을 수 있다. 이는 최종 보고서나 원고에서 주제 결론을 설명하는 데 사용할 수 있는 적절한 인용문을 저장하는 데 특히 유용하다.
4) **팀워크**. 질적 분석은 단일한 분석에 의해서도 수행될 수 있다. 그러나 한 가지 이상의 분석을 포함하는 것이 유익하다. 또한 질적 결론에는 주관적인 판단 요청이 있을 수 있다. 프로젝트에서 한 사람 이상의 코더나 분석가가 함께 일하는 것은 토론을 더 깊이 있게 하며 결론에 대한 의견 일치에 도달하기 전에 많은 논의를 할 수 있게 해준다.
5) **컴퓨터 텍스트 분석 소프트웨어**. 질적 분석에서 컴퓨터의 도움을 받는 것은 많은 장점이 있다. 이러한 장점에는 다음과 같은 것들이 포함된다.
   ① 체계적인 부호화
   ② 부호화된 세그먼트의 선택적 검색
   ③ 결론 검증
   ④ 여러 개의 분리된 파일에 의한 더 큰 데이터 세트로 작업하기
   ⑤ 많은 코더가 팀을 이루어 작업하여 코더 간 신뢰감을 측정하고 모니터링할 수 있음

가장 널리 사용되는 소프트웨어 패키지(예: NVivo[QSR International Pty. Ltd., Melbourne, VIC, Australia], ATLAS.ti[Scientific Software Development GmbH, Berlin, Germany])는 다양한 애플리케이션을 포괄하는 정교한 분석 기능을 포함하도록 진화하였지만, 라이선스 비용과 시간 그리고 교육에 대한 초기 투자 측면에서 상대적으로 비용이 많이 든다. 유망한 개발은 보다 저렴한 가입 기반에 동일한 분석 기능을 많이 가지고 있고 지역 연구 상대방이 분석 단계를 통해 계속 참여할 수 있도록 하는 무료 또는 저가 웹 기반 서비스(예 : Dedoose[Sociocultural Research Consultants LLC, Manhattan Beach, CA])의 출현이다(팀워크에 관한 기준을 참조하라). 한편 컴퓨터 보조 분석의 창업 비용은 분석할 데이터의 양과 복잡성에 따라 감소하는 경향이 있는 분석 편익과 비교하여 따져볼 필요가 있다. 신속한 상황 분석을 위해서 또는 소규모 질적 연구(예: 비공식적인 대략의 관측치 30개 미만)에 있어서, 워드 프로세싱 또는 스프레드시트 프로그램을 사용한 수동 부호화 및 분석이 더 빠르고 충분하여 엄격한 결론 분석과 검증을 가능하게 한다.

7 결론

질적 방법은 인간의 행동 패턴을 이해하면서 맥락의 중요성, 주관적인 의미, 그리고 동기를 강조하는 사회과학 질의의 한 분야에 속한다. 질적 접근법은 질문을 제시하고 반응을 기록하면서 단정적으로 종결이 개방되고 준구조적이며 수치가 아닌 전략에 의존한다. 이 방법의 결론은 구조적인 주제에 대한 반복적인 읽기, 부호화, 그리고 정보 구성을 포함한 체계적인 시각적 및 텍스트에 의한 분석으로부터 도출된다. 텍스트 분석이 상대적으로 시간과 기술 집약적이기 때문에, 질적 표본들은 작은 규모를 갖는 경향이 있으며 최소한도의 데이터 수집으로부터 최대한의 정보를 산출하기 위해 의도적으로 선별된다. 질적 접근방식은 통계적 의미에서 대표적이거나 일반 가능한 발견을 제공할 수는 없지만, 선택된 연구 주제에 대한 높은 수준의 세부사항, 뉘앙스 및 자연주의적 통찰력을 제공할 수 있다. 질적 방법은 조사자가 연구 대상의 "목소리 듣기"를 가능하게 한다. 이는 설문지 방법, 심지어는 때때로의 개방 종결형 반응 옵션 상황에서도 할 수 없는 일이다.

현장역학적 연구에서 질적 방법을 사용해야 할지 혹은 언제 사용할지 하는 것은 궁극적으로 답해져야 할 공중보건 질문의 속성에 달려 있다. 행동 패턴이나 프로그램 수행에 관한 연구 질문이 왜 그런가, 왜 그렇지 않은가, 어떻게 할 것인가라는 질문과 함께 진행될 때 질적 접근법은 합리적인 방법이 된다. 마찬가지로, 연구 질문에 대한 대답이 실제 환경에서 사회적 행위자의 관점에서 문제를 이해하는 데 달려 있거나 연구 대상이 폐쇄형 조사 질문의 배터리를 통해 적절하게 포착, 정량화 또는 분류할 수 없는 경우에 적절하다. 질적 방법에 대한 또 다른 정당성은 주제가 특히 민감하거나 제보자와의 신뢰를 개발하고 진실에 도달하기 위해 지속적인 조사를 필요로 하는 강한 사회적 만족도 편향에 노출될 때 발생한다. 마지막으로, 질적 방법은 연구 질문이 본질적으로 탐구적일 때 타당하며, 여기서 이 접근방식은 조사자가 원래의 주제 가이드를 넘어 주제 가이드와 탐구를 조정할 자유와 유연성을 가능하게 한다.

위에서 설명한 조건이 일상적인 현장역학에 적용되지 않는 것보다 더 자주 적용된다는 점을 고려할 때, 그러한 접근법이 표준 역학 훈련에 더 일상적으로 통합되지 않는다는 것은 놀라운 일일 수 있다. 일부의 답변은 객관성의 핵심 과학적 값과 상충하는 것으로 보이는 질적 샘플링 및 분석의 주관적 요소와 관련이 있을 수 있다. 그것의 일부는 좋은 질적 면접에 대한 기술 요건과 관련이 있을 수 있는데, 이는 통상적인 평가 면접에 필요한 기술 요건보다 더 찾기 어려운 것이다.

질적 연구설계에 익숙하지 않은 현장역학자의 경우에는 숙련된 질적 연구자 팀이 직접 작업을 수행하지 않아도 기본적인 접근방식을 적용함으로써 중요한 통찰력을 얻는 것이 중요하다. 또한, 질적 연구는 유연하여 그들이 연습하고 인내심을 갖게 하는 경향이 있다. 연구의 승인과 윤리적 올바름을 넘어서서 현장에서 질적 데이터를 수집하기 위한 필수적인 요구사항은 진행자로부터 시작된다. 이 진행자는 연구 질문을 잘 이해하고 있어야 하며, 기본적인 언어 기술과 건강한 호기심, 그리고 단순한 개방 종결형 주제 가이드로 무장해야 한다. 여기에는 토론의 핵심 포인트를 잘 집어낼 수 있는 테이프 기록자와 노트 소유자도 필요하다. 데이터 수집과 분석의 질을 향상시키기 위해 질적 연구방법, 계획, 그리고 분석에 관한 간편한 매뉴얼을 이용할 수 있으면 좋다.

참고문헌

대한예방의학회. 예방의학과 공중보건학, 제3판 수정증보판, 계축문화사, 2017.
대한예방의학회, 한국역학회. 예방의학 · 역학 · 공중보건학 용어집, 계축문화사, 2014.
손석준, 이경수, 이무식, 이중정, 이충원, 정인성. 현장역학(Field Epidemiology, 2nd edition 번역본). 계축문화사, 2004.
Breslow NE, Day NE. Statistical methods in cancer research. Vol 1. The analysis of case—control studies. (IAEC scientific publication no. 32). Lyon : International Agency for Research on Cancer; 1980.
Detels R, Beaglehole R, Lansang MA, Gulliford M. Oxford Textbook of Public Health, Oxford University Press, 2009.
Feinstein AR. Clinical Epidemiology. The architecture of clinical research. Philadelphia: W.B. Saunders Company 1985.
Gordis L. Epidemiology. 5th ed. Philadelphia: Elsevier; 2013.
Hennink M, Hutter I, Bailey A. Qualitative research methods. Thousand Oaks, CA: Sage; 2010.
Kelsey JL, Thompson WD, Evans AS. Methods in observational epidemiology. New York, Oxford: Oxford University Press; 1986.
Krueger RA, Casey MA. Focus groups: a practical guide for applied research. Thousand Oaks, CA: Sage; 2014.
Kvale S, Brinkmann S. Interviews: learning the craft of qualitative research. Thousand Oaks, CA: Sage; 2009:230–43.
Last JM. A Dictionary of Epidemiology, 4th Ed, Oxford Uni Press Inc., 2001.
Lincoln YS, Guba EG. The constructivist credo. Walnut Creek, CA: Left Coast Press; 2013.
Mack N, Woodsong C, MacQueen KM, Guest G, Namey E. Qualitative research methods: a data collectors field guide. https://www.fhi360.org/sites/default/files/media/documents/Qualitative%20Research%20Methods%20-%20A%20Data%20Collector%27s%20Field%20Guide.pdfpdf
MacMahon B, Pugh TF. Epidemiology : principles and methods, Little, Brown and Company, 1970.
Margolis E, Pauwels L. The Sage handbook of visual research methods. Thousand Oaks, CA: Sage; 2011.
Mason M. Sample size and saturation in PhD studies using qualitative interviews. Forum: Qualitative Social Research/Sozialforschung. 2010;11(3).
Miles MB, Huberman AM, Saldana J. Qualitative data analysis: a methods sourcebook. 3rd ed. Thousand Oaks, CA: Sage; 2014.
Patton MQ. Qualitative research and evaluation methods: integrating theory and practice. 4th ed. Thousand Oaks, CA: Sage; 2015.
Porta M. A Dictionary of Epidemiology, 5th edition, IEA, Oxford University Press, USA, 2008.
Rasmussen SA, Goodman RA. The CDC Field Epidemiology Manual, Oxford University Press, USA, 2018.
Robert B. Wallace. Maxey-Rosenau-Last Public Health and Preventive Medicine. McGraw-Hill Education, 15 edition, 2008.
Rothman K J. Modern epidemiology. Boston, Toronto: Little, Brown and Com pany; 1986.
Schlesselman JJ. Case—control studies: design, conduct, analysis. New York: Oxford University Press; 1982.
Silver C, Lewins A. Using software in qualitative research: a step-by-step guide. Thousand Oaks, CA; Sage: 2014.

제 9 장

지리정보시스템 데이터

1 도입

장소는 현장조사의 기본 원칙 중의 하나이다. 질병과 관련된 사람(who)과 시간(when)은 장소(where)에 상대적이고, 때로는 종속적이다. 지리정보 과학(geographic information science), 시스템(system), 소프트웨어(software)(이하 GIS라고 함) 및 방법은 역학자가 위치를 정의하고 평가하는 데 사용하는 도구 중 하나이다. 이 장에서는 현장조사의 10단계와 관련된 GIS 애플리케이션을 소개하고자 한다.

2 제1단계: 현장 작업 준비

1) 상황 인식을 위한 맵 생성

표준 매핑 기술은 시각적으로 유익한 정보를 생성하고 위치, 조사 지역의 물리적 특성 및 관심 모집단의 특성을 연구하기 위한 방향을 제공한다. 현장 직원은 일반 참조 맵을 작성하는 것으로 시작해야 한다. Google Maps(Google, Inc., Mountain View, CA), OpenStreetMap(OpenStreetMap Foundation의 오픈 소스 위키 소프트웨어) 또는 카운티 지리 파일은 합리적인 출발점 역할을 한다. 이러한 지도에는 도로 네트워크, 호텔, 공항 및 기타 관심 지점에 대한 정보를 포함하여 현장팀이 질병 또는 손상 발생을 조사할 지역에 익숙해질 수 있다. 참고지도는 특히 익숙하지 않은 지역에서 국내 및 국제 환경 모두에서 유용할 수 있다.

또한 이러한 지도는 조사 지역의 경계 설정에 편리하다. 지리정보 과학, 시스템 또는 소프트웨어를 사용하여 관심 영역에 대한 경계를 그리고 세이프 파일로 알려진 특정 GIS 데이터 파일을 만들 수 있다. 그런 다음 이러한 경계 파일을 사용하여 관심 변수를 평가할 수 있다(예: 특정 지역에 거주하는 사람 수 추정 또는 유해 노출로 인한 오염 정도 조사)(그림 2.9.1.).

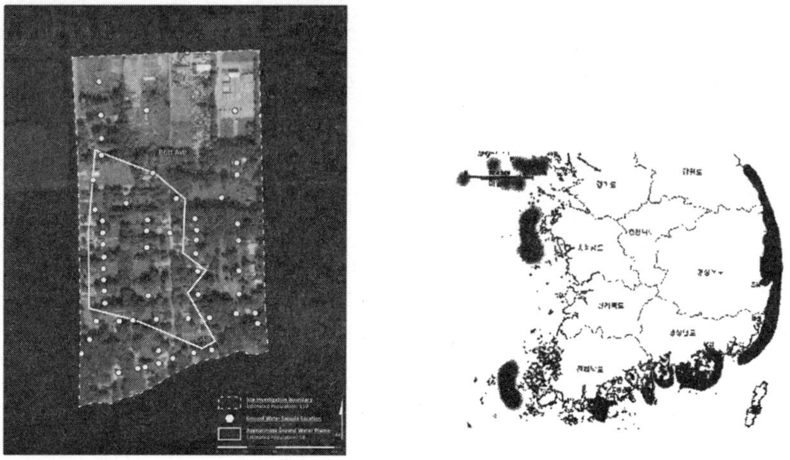

그림 2.9.1. 일반 사이트 프로필 맵 사례 : 조사지역과 지표수 및 표본지점, 우리나라 주요 적조현상 발생지역

(이는 연구 지역의 위치 및 다른 일반 참조 지점에 대한 공간적 연관성에 대한 개요를 제공할 뿐만 아니라 영향을 받는 인구의 일반적인 특성에 대한 추정치를 제공한다)

출처 : Rasmussen SA, Goodman RA. The CDC Field Epidemiology Manual, Oxford University Press, USA, 2018; 임현술. 한국에서 발생한 콜레라의 역학적 특성 및 발생원인. 동국의학 2002; 9(2): 1-24.

2) 관련 보충 데이터 식별 및 수집

시간이 허락한다면 현장 팀은 일반적인 참조 데이터를 넘어서 유용한 관련 데이터 세트를 수집하는 것을 고려할 수 있다. 예를 들면 인구수, 연령, 성별, 인종/민족, 민감한 인구, 언어/번역 요구, 특정 주, 카운티 또는 기타 인구조사 경계별 빈곤 척도와 같은 사회·인구학적 특성 데이터를 통합하는 것은 인구조사 센서스 데이터에 의해서 가능하다(그림 2.9.2.). 미국의 경우, 인구조사국은 고유한 지리적 식별자로 이러한 데이터를 사용할 수 있도록 하여 인구 센서스 데이터와 GIS의 위치 데이터를 쉽게 연결할 수 있다.

자연 및 건축 환경의 영향을 이해하는 것은 GIS(1-3)로 가능하다. 예를 들면, 지역사회와 이웃, 학교 위치, 보육 시설 또는 산업 위치와 관련된 노인 생활시설의 사람 분포를 조사하는 것이 조사의 핵심이 될 수 있다. 자연재해 또는 화학물질이 방출되는 동안 이미지는 피해 정도를 이해하고 인구 이동을 추적하며 현장 작업을 위한 여행 계획 및 물류를 안내하는 데 유용할 수 있다. 또한 교통 경로와 공공시설의 위치를 식별하는 것은 잠재적인 전송 모드를 이해하는 데 적합할 수 있다(그림 2.9.3.).

그림 2.9.2. 인구 및 인구 특성 결정: 인구 수 및 경기도 빈곤지도 사례

(지리정보시스템은 특정 관심 인구에 대한 특정 지리적 영역 내에서 인구 추정치를 결정하는 수단을 제공한다. 왼쪽 그림 지도에서 인구 수, 65세 인구 비율 및 2014년 미국 지역사회 조사 추정치에 근거한 빈곤층 비율은 인구 조사로 표시된다. 우측 그림은 경기도 시·군지역별 빈곤율을 명암으로 표현하였다)

출처 : Rasmussen SA, Goodman RA. The CDC Field Epidemiology Manual, Oxford University Press, USA, 2018; 경기복지재단. 지도로 보는 경기도 빈곤, 2012.

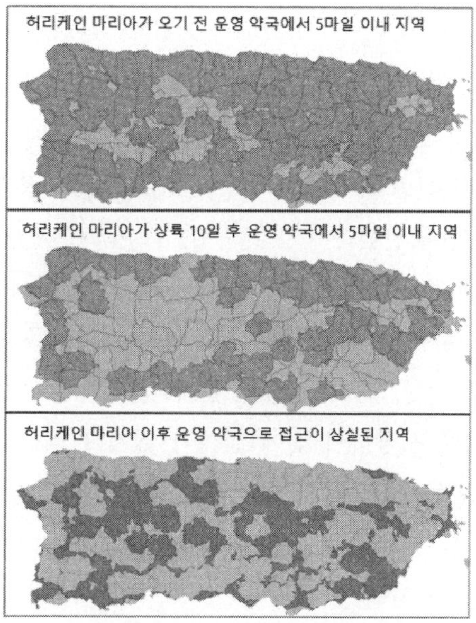

그림 2.9.3. 네트워크 분석

(도로 또는 대중교통 네트워크를 사용하면 기존의 버퍼 방법에 비해 이동 시간, 거리 및 연결을 보다 정확하게 분석할 수 있다. 네트워크 분석을 통해 이 일련의 지도는 허리케인 마리아가 푸에르토리코 섬에 미치는 영향으로 인한 운영 약국 접근성의 변화를 보여준다)

출처 : Rasmussen SA, Goodman RA. The CDC Field Epidemiology Manual, Oxford University Press, USA, 2018.

GIS는 샘플링 계획을 생성하기 위한 주요 리소스가 될 수 있다. GIS를 사용하여 조사관은 샘플링 활동을 위해 집이나 지역사회 내의 지역을 선택할 수 있다(그림 2.9.4.).

그림 2.9.4. 샘플링을 위한 지리정보시스템 사용

(여기에 표시된 대로 주택 데이터, 도로 및 인근 정보를 사용하여 현장조사를 수행할 때 샘플링 계획을 개발할 수 있다)
출처 : Rasmussen SA, Goodman RA. The CDC Field Epidemiology Manual, Oxford University Press, USA, 2018.

마찬가지로 조사관은 도로 네트워크 데이터를 사용하여 데이터 수집을 위한 최적화된 경로를 개발할 수 있다. 예를 들면 파나마에서 현장조사를 하기 전에 연구자들은 연구 장소 선택을 위해 마을에 인접한 다양한 수준의 산림을 특성화하기 위해 GIS를 사용했다. 또한 연구원들은 지도를 사용하여 각 마을의 접근성을 확인했다.

연구 지역의 위치(예: 국내 vs. 국제)에 따라 다른 수준의 데이터를 사용할 수 있다. 국내 상황에서는 미국 인구 조사국의 현재 및 과거 데이터와 위성 이미지를 쉽게 사용할 수 있다. 이는 특정 국제 환경에서도 마찬가지이다. 그러나 배포 전에 이 정보를 얻는 것이 어려울 수 있다. 이러한 경우 조사자는 현장 작업을 시작하기 전에 날짜가 있거나 최소한의 세부 정보에 의존해야 할 수 있다. 이러한 상황에서 팀은 해당 지역에 도착한 후 관련 데이터 수집을 고려해야 한다.

3) GIS 소프트웨어 및 장비 선택

상용 및 오픈 소스 GIS 패키지 모두 유용한 소프트웨어 옵션을 제공한다. 또한 공간분석 기능이 있는 통계 소프트웨어 패키지가 있다. GIS 패키지를 선택할 때 사용자는 가장 실행 가능한 패키지를 결정할 때 데이터 수집, 분석 및 시각화 요구사항과 사용 가능한 기술 및 재정 자원을 고려해야 한다.

4) GIS 역량 개발

조사의 시작은 종종 GIS 주제 전문가(subject matter expert, SME)와 협력하기 가장 좋은 시기이다. 그 사람은 관련지도, 데이터 및 분석 계획에 대한 조언을 제공할 수 있기 때문이다. 처음부터 GIS 직무전문가(SME)를 참여시키면 현장 팀 간에 GIS 역량을 구축할 수 있다. 예를 들면 2017년에 미국질병통제예방센터(CDC)의 글로벌 보건센터 팀은 지리공간 연구, 분석 및 서비스 프로그램에서 GIS SME와 협력하여 수집, 저장 및 수집을 위한 최상의 방법을 결정했는데 뉴기니 파푸아에서 성 노동자가 활동한 위치를 분석하였다. 이러한 협력을 통해 조사를 수행할 위치를 결정하고, 위치 데이터를 수집하는 방법을 구현하고, 공간 데이터 분석을 가능하게 하는 계획을 수립하여 대화형 매핑 도구를 개발하였다. 완료 후 관련 데이터를 수집하였을 뿐만 아니라, 팀은 내부 GIS 역량을 개발하기 시작했다.

요약

- 일반 참조 맵은 상황 인식을 제공할 수 있다.
- 지도는 조사 지역의 경계를 설정하는 데 유용할 수 있다.
- 지도는 샘플링 계획을 개발하는 데 중요한 역할을 한다.
- 공개적으로 사용 가능한 데이터(예: 인구 및 건강결과 데이터 등)를 특정 관심 영역에 대해 매핑하고 평가할 수 있다.
- 이미지 데이터는 특히 자연재해로 인한 피해를 평가할 때 유용할 수 있다.
- 계획 프로세스에 GIS SME를 초대하면 현장 팀 역량을 구축할 수 있다.

3 제2단계: 진단 확인

현장조사자는 실험실 보고서에서 직접 제공된 위치 정보를 추출할 수 있다. 진단 당시 환자의 거주지 주소는 종종 실험실 검사를 위해 표본과 함께 수집된다. 따라서 이러한 데이터는 실험실이나 병원에서 결과를 보고할 때 쉽게 사용할 수 있어야 한다. 실험실 보고서 또는 기타 전자 기록을 통해 이 정보를 사용할 수 없는 경우 현장 팀은 위치 정보가 분석에 중요한지 여부를 고려하고 해당 데이터를 수집하는 방법을 결정해야 한다.

4 제3단계: 감염병의 존재 여부 확인

1) 위험에 처한 인구를 결정하기 위한 GIS

특정 건강 결과가 예상보다 더 많이 발생하는지 여부를 결정할 때, 위험에 처한 정확한 인구를 결정해야 한다. 여기에는 종종 지정된 지리적 영역 내의 인구 추정이 포함된다. 인구조사 데이터는 GIS에서 쉽게 처리되는 파일의 다양한 지리적 단위(예: 블록, 인구 조사 지역, 카운티 및 주)에서 쉽게 사용할 수 있다. 마찬가지로 GIS로 인구조사 데이터를 평가하면 관련 비교 모집단을 식별하는 데 도움이 될 수 있다. 종종 이러한 기존 지정학적 경계는 인구 특성을 추정하는 데 충분하다. 그러나 항상 그런 것은 아니다. 예를 들면, 바람 패턴은 카운티의 일부 또는 여러 인구조사 지역에 오염물질을 운반하여 비표준적인 모양을 만들 수 있다. GIS는 관심 영역을 계산하고

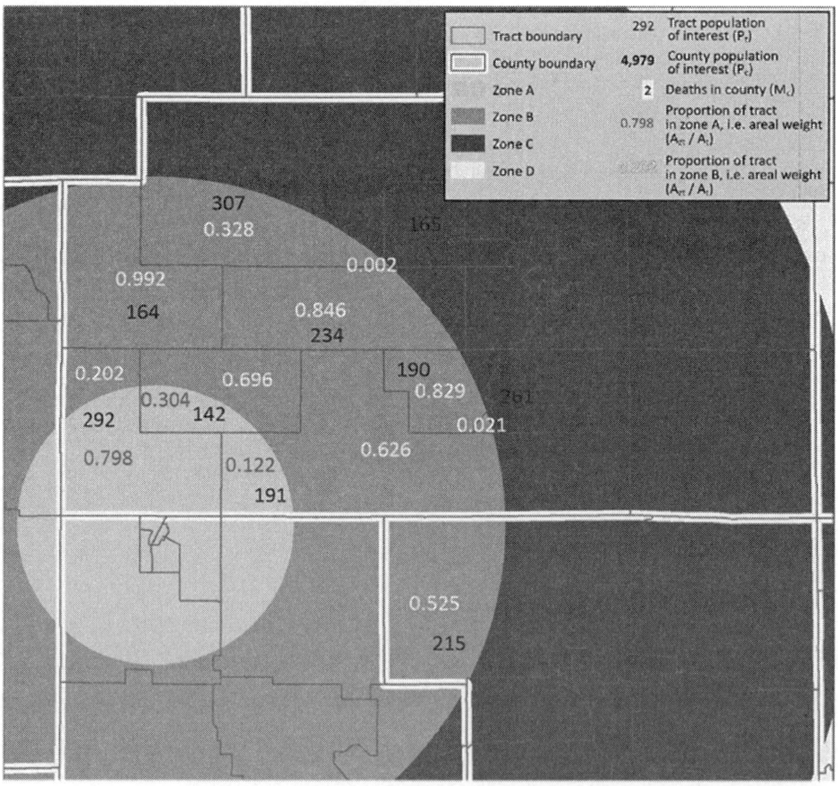

그림 2.9.5. 지리정보시스템(GIS)을 적용하여 특정 지역 내 관심 인구의 추정

(GIS를 통해 관심의 경계가 표준적인 경계와 일치하지 않을 때 사회·인구학적 특성을 추정할 수 있다. 이러한 추정치는 관심 경계에 포함된 지리적 영역의 동일한 비율을 사회·인구학적 특성에 할당하여 계산할 수 있다)

출처 : Hallisey E, Tai E, Berens A, et. al. Transforming geographic scale: a comparison of combined population and areal weighting to other interpolation methods. Int J Health Geogr. 2017;16:29.

알려진 지정학적 경계에 대한 관심 영역의 비율을 추정하는 데 사용할 수 있다. 그런 다음이 비율을 인구 데이터에 적용하여 관심 인구를 추정할 수 있다(그림 2.9.5.).

2) 공간과 시간에 따른 율 탐색

초기 비율에 대한 예비적인 공간 및 시간 분석은 발병의 존재를 확인하기 위한 초기 조사 단계에서 유용할 수 있다. 공간적·시간적 방법을 통해 시간에 따른 질병 또는 손상의 변화율 추정이 명확해질 수 있다. 일련의 정적 지도는 질병 분포의 시간적 경향을 나타낼 수 있다(그림 2.9.6.).

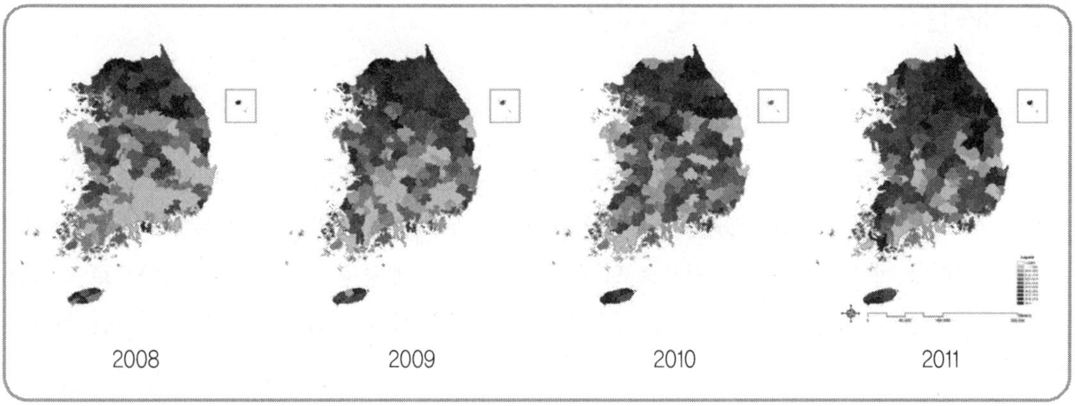

그림 2.9.6. 연속 지도의 사례

(지리정보시스템(GIS)을 적용하여 특정 지역내 관심 인구를 추정한다. GIS를 통해 관심의 경계가 표준 정치적 경계와 일치하지 않을 때 사회·인구학적 특성을 추정할 수 있다. 이러한 추정치는 관심 경계에 포함된 지리적 영역의 동일한 비율을 사회·인구학적 특성에 할당하여 계산할 수 있다. 연속된 맵은 동일한 데이터의 여러 측면을 동시에 표시하는 효율적인 수단을 제공한다. 이 시리즈는 사회·인구학적 특성이 다른 인구 간의 비율을 나타내거나 시간에 따른 변화를 탐색하는 데 사용할 수 있다)

출처 : 질병관리청. 지역사회건강조사, 2008~2011.

다른 유형의 맵 시리즈인 연결된 마이크로 맵은 시간 또는 다른 인구집단에 걸쳐 동일한 지역의 질병 비율을 표시할 수 있다. 또한 대화형 소프트웨어를 사용하여 시간에 따른 질병 분포를 애니메이션할 수 있다.

3) 위험요인 발견

환경 위험요인(예: 풍향, 풍속 또는 식수 공급원) 분석은 일반적인 노출 경로를 밝히는 데 도움이 될 수 있다. GIS는 또한 질병 확산을 이해하는 데 중요한 소셜 네트워크를 탐색하고 정의하는 데 사용할 수 있다. 전송 소스를 결정하면 공통 위치도 공개할 수 있다. 최소한 현장조사자는 환자의 위치 정보와 감염이 발생할 수 있는 의심되는 위치를 파악하여 노출 및 전파 요인에 대한 가설을 생성하는 방법을 생각할 수 있다.

요약

- 지리적 경계는 특정 연구 영역에 맞게 사용자 정의를 할 수 있으며 기본 인구수 및 특성을 추정하는 데 사용할 수 있다.
- 예비 공간 및 시간 분석은 시간에 따른 비정상적인 질병 비율의 증거를 제공할 수 있다.
- 시각화는 팀에게 잠재적인 전파 요인과 다양한 장소와 시간에 걸쳐 변화하는 질병 패턴을 알려줄 수 있다.

5 제4단계: 사례 식별 및 계산

1) 위치 데이터 수집 및 지오 코딩

질병 진단 당시의 주소는 거주지이든 공동 시설이든 일반적으로 일상적인 데이터 수집 노력의 일부이다. 그러나 위치 정보는 표준화된 형식으로 수집해야 한다는 점을 기억하는 것이 중요하다. 수집 후 이러한 데이터는 지오 코딩으로 알려진 프로세스인 매핑을 위해 점이나 모양으로 변환될 수 있다. 완전하고 정확한 주소 정보를 수집하기 위한 구체적인 지침을 제공하면 정확한 위치의 배치에 영향을 미칠 수 있다.

현장 팀은 현장에서 데이터를 수집하는 동안 지리적 좌표를 수집하기 위해 선호하는 방법을 조기에 결정할 수 있다. 완전하고 정확한 주소 데이터 가용성의 불일치, 지오 코딩 소프트웨어 정확도의 가변성 및 휴대용 GPS(Global Positioning System) 장치의 광범위한 가용성을 고려할 때 GPS 좌표를 수집하는 것이 주소 데이터보다 낫다는 것이 증명될 수 있다. 또한, 국제 설정에서 분석을 위해 주소 수준 데이터를 얻는 것이 어려울 수 있다. 특히 데이터 수집이나 지오 코딩 프로세스에 표준화된 주소를 사용할 수 없는 원격 위치에서는 더욱 그렇다. 예를 들면 2014년부터 2016년까지 에볼라바이러스 질병이 유행하는 동안 감염이 빠르게 확산되었다. 특히 외딴 마을에서는 감염자의 신속한 식별과 격리가 전염을 제한하는 데 필수적이었다. 현장조사 동안 조사자는 GPS 장치를 사용하여 각 가구 위치의 위도와 경도를 수집하고 인터뷰 데이터를 수집할 수 있었다. 이러한 가정 위치를 통해 전파 위험요소의 시공간 분석이 가능해졌다. 포인트 위치가 없으면 가구 수준에서 위험요인을 조사하는 것이 불가능했을 수 있다.

GPS 데이터 외에도 셀룰러 장치의 네트워크 위치 정보를 사용하여 위치를 식별할 수 있다. 오늘날 거의 모든 표준 셀룰러 장치에서 지리 데이터를 생성할 수 있다. 아프리카 현장조사의 한 사례에서 현장조사관은 휴대폰의 위치 정보 태그 기능을 사용하여 주머니 속 사진을 찍어 위치를 기록했다.

2) 지도상의 포인트를 넘어서

일반적인 오해는 위치가 단일 위치만을 나타낼 수 있다는 것이다. 포인트(예컨대, 선 또는 다각형) 이외의 다른 포맷으로 공간 데이터를 수집하는 것은 추가적인 정보가 된다. 또한 특정 공간 데이터는 추상적인 아이디어(예: 활동 공간)를 나타낼 수 있다.

활동 공간에는 고용 장소, 예배당, 거주지, 레스토랑, 음식 구매 장소, 레크리에이션 공간, 친구의 거주지 및 관심 있는 사람들이 자주 방문했을 수 있는 모든 곳을 포함할 수 있다. 따라서 현장에서 조사관은 거리 주소를 기록하거나 단일 지리 참조 지점을 지정하는데 국한해서는 안 된다.

도로망 데이터를 통해 오염된 제품의 유통 지점을 시각화하는 것은 사례 식별 프로세스 중에 유익할 수 있다. 관심이 있을 수 있는 다른 공간 데이터는 시설 간의 물질 이동과 영향을 받는 인

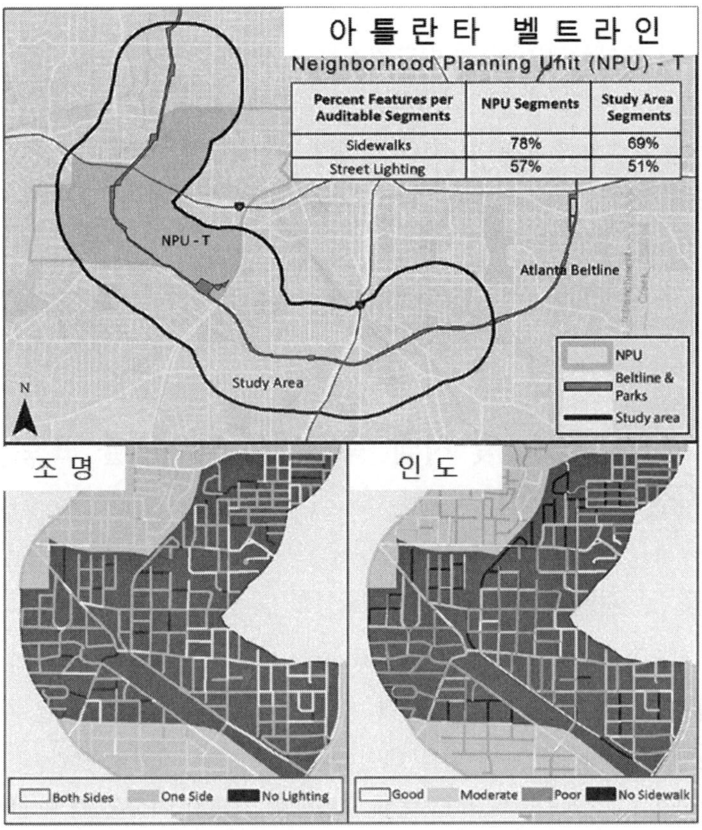

그림 2.9.7. 자연 또는 건축 환경에 관한 데이터 수집

(자연 또는 건축 환경에 대한 지리정보시스템 데이터를 현장에서 수집, 매핑하고 공간적으로 분석할 수 있다. 이 지도는 Atlanta BeltLine 주변의 연구 영역에서 보행성에 대한 데이터를 특성화한다)

출처 : Rasmussen SA, Goodman RA. The CDC Field Epidemiology Manual, Oxford University Press, USA, 2018.

구와의 상호작용 지점을 반영한다. 식품은 생산 또는 수확에서 소비자와 경로에 따라 모든 위치까지 오랜 시간이 걸릴 수 있다. 경로 자체도 위험의 원인이 될 수 있다. 처리 위치(예: 수처리 공장 또는 난방, 환기 및 공조 처리기)도 위험의 원인이 될 수 있다. 이러한 네트워크의 위치 및 연결에 대한 데이터를 수집하면 팀이 위험요인를 이해하는 데 도움이 될 수 있다.

또한 GIS 및 위치 정보는 자연 또는 건축 환경에서 특정 개입 또는 변경의 영향을 이해하는 데 유용할 수 있다. 예를 들면, 조지아주 애틀랜타에서는 GIS와 위치 정보를 사용하여 도시의 보행 가능성을 개선하고 통근을 강화하기 위해 도시 "벨트 라인" 개발이 주민들에게 미칠 수 있는 건강 영향을 연구했다. 현장 데이터 수집 노력에는 보도 특성, 보 행성 및 미학의 위치 및 측정이 포함되었다(그림 2.9.7.). 특정 도로 구간에 대한 데이터를 수집하고 매핑하고 공간적으로 분석하여 "벨트라인"이 지역 주민들의 건강에 미칠 수 있는 영향을 조사했다.

요약

- GIS를 사용하여 케이스 정의와 관련된 장소를 지정할 수 있다.
- GIS는 현장 데이터 수집 방법을 계획하는 데 유용할 수 있다.
- 분석 유형은 공간 데이터 요구 및 공간 데이터 수집도구에 영향을 미친다.
- 현장 작업 중에 수집된 지리적 수준 데이터는 시각화의 특이성 및 분석 중 공간 통계 방법에 영향을 미친다.
- 현장조사자는 위도와 경도, 포인트 레벨 데이터의 수집 이상을 생각해야 한다.

6 제5단계: 시간, 장소 및 사람 측면에서 데이터를 표로 만들고 방향을 지정(기술역학)

1) 질병의 지리적 및 사회 인구학적 분포 특성화

종종 데이터를 처음 보는 것은 질병 분포를 시각화하는 지도를 만드는 것이다. 지도는 각 사례의 위치를 나타내는 점으로 구성되거나 요율의 지리적 분포 또는 시간에 따른 개수 또는 요율 분포의 변화를 표시할 수 있다. 개수 및 비율 데이터는 서로 다른 지리적 단위(예: 인구 조사 지역, 카운티 또는 우편번호)로 집계될 수 있다. 등치 매핑으로 알려진 기술은 경계 집계를 사용하여 개수 또는 비율의 강도를 시각화한다(그림 2.9.8.). 분류 중단점과 색 구성표를 선택하는 것이 주요 고려 사항이다.

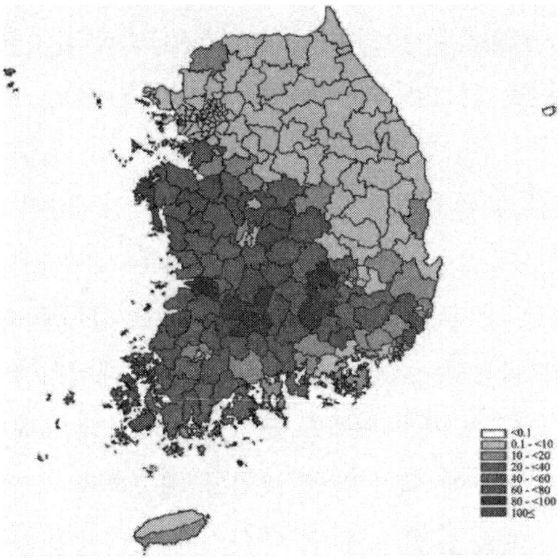

그림 2.9.8. 코로플레스 맵(choropleth map)(Geographic distribution of scrub typhus in South Korea during 2008~2012(annual incidence rates per 100,000 residents).

(이는 색상을 사용하여 값 차이를 표시함으로써 질병 분포의 변화에 대한 개요를 제공한다. 더 어두운 색상은 종종 더 큰 값과 관련이 있다)

출처 : Park JH, Kin SJ, Youn SK, Park K, Gwack J. Epidemiology of scrub typhus and the eschars patterns in South Korea from 2008 to 2012. Jpn J Infect Dis 2015;68:1-4.

분석은 일반적으로 사용하는 지정학적 경계로 제한할 필요가 없다. 예를 들면, 한마을 내 가정 간의 사례 축적을 매핑하는 것이 유용할 수 있다. 이 정보를 사용하여 각 가정 내 사례 수 또는 비율에 대한 등치 맵을 연구 영역 내 다른 가정의 수량과 비교할 수 있다. 또 다른 가능성은 지도가 건물의 방(예: 병원 또는 요양원)에서 사례의 위치를 나타내는 것이다.

2) GIS 운영 및 유틸리티

사례에 대한 포인트 레벨 분석은 질병 분포 범위에 대한 개요를 제공할 수 있다. 질병의 공간 군집을 평가하기 위해서는 포인트 수준 데이터도 필요하다. 또는 서비스 지역 또는 활동 공간분석은 보다 상대적이고 시간적인 규모로 질병 분포의 범위를 특성화하는 데 도움이 될 수 있다. 앞서 언급했듯이 GIS의 또 다른 장점은 공간적으로 관련된 다른 정보를 분석에 통합하여 질병 패턴에 대한 컨텍스트와 장소 기반 위험요인에 대한 통찰력을 제공한다는 것이다. 예를 들면 2016년 미시간주 플린트에서 세균성 이질이 발생했을 때 보고 및 시각화를 위해 인구조사 영역별로 사례를 집계했다. 그렇게 함으로써 팀은 보고된 수질 사건과 관련하여 사례 비율을 조사할 수 있었으며 더 심층적인 공간분석으로 이어졌다.

3) 보충 데이터로 컨텍스트 제공

보충 데이터(예: 환경 또는 인프라 데이터)를 분석하면 공중보건 문제를 더욱 맥락화할 수 있다. 예를 들면 미시간주 플린트에서 납 수치 상승을 조사하는 동안 상수도 시스템 데이터는 일반적인 오염원을 이해하고, 특히 취약한 인구(즉, 아동 거주자)를 식별하는 데 중요했다. 유사하게 수도 노선정보는 같은 지역에서 나중에 발생하는 이질균을 이해하기 위해 잔류 염소를 모델링하는 데 사용하였다.

또 다른 리소스는 원격으로 감지된 데이터이다. 원격으로 감지된 데이터에는 항공 및 위성 이미지가 포함되거나 우주 궤도를 도는 위성의 센서가 수집한 데이터일 수 있다. 원격 감지 기술은 주요 지리적 특징을 찾거나 시간에 따른 변화를 모니터링하는 데 도움이 될 수 있다. 이미지는 환경 및 인프라 손상과 좌초된 인구에 대한 항공 보기를 제공하여 자연재해에 대한 대응을 준비하는 데 특히 유용할 수 있다. 예를 들면 2017년 텍사스에 허리케인 하비가 상륙한 후 현장조사관은 곰팡이 노출을 예측하고 방지하기 위해 위성 이미지를 분석했다. 2010년 아이티 지진 이후 위성 이미지를 사용하여 좌초된 인구를 찾고 피해를 입은 주민들이 은신처를 찾기 위해 이동하는 위치를 식별했다. 2016~2017년 푸에르토리코에서 지카(Zika)바이러스 감염 대응 기간 동안, 스펙트럼 시그니처 원격 감지 기술을 사용하여 지카바이러스를 옮길 가능성이 있는 고여 있는 물(웅덩이)(그림 2.9.9.)을 찾는 데 사용되었으며, 이는 잠재적 지카바이러스를 운반하는 egypti 모기의 번식지 역할을 했다.

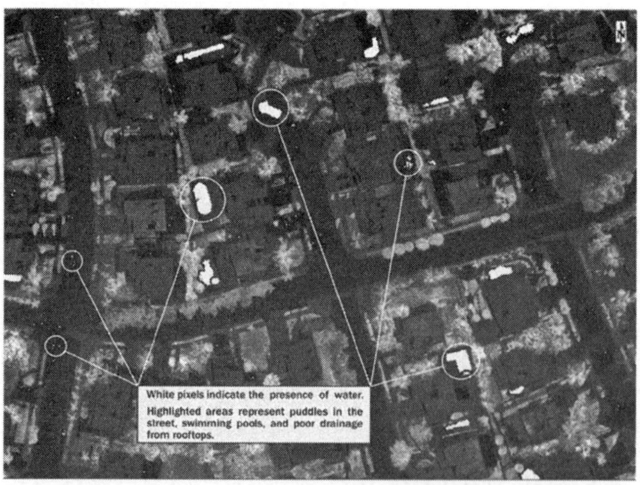

그림 2.9.9. 이미지 분석

(항공 사진 및 위성 이미지는 환경의 주요 특징을 추출하기 위한 데이터를 제공할 수 있다. 이 예에서 항공 이미지의 이미지 분류는 물이 있을 때 잠재적인 모기 서식지를 식별하는 데 사용되었다)

출처 : Rasmussen SA, Goodman RA. The CDC Field Epidemiology Manual, Oxford University Press, USA, 2018.

4) 시간에 따른 질병 시각화

GIS는 질병 진행, 농도 변화 또는 시간에 따른 위험요인 분포를 시각화하는 데 사용할 수 있다. 정적 지도 시리즈, 연결된 대화형 마이크로 맵 및 애니메이션은 이러한 시각화를 위한 방법이다. 가구 간 에볼라바이러스 감염의 확산 애니메이션과 시에라리온의 가구 전체 및 마을 전체 격리 및 격리 노력 기관은 발병의 유행곡선을 이해하는 데 특히 도움이 되었다. 연구 영역 내의 모든 지리적 단위에 대한 유행곡선의 기울기를 시각화하기 위한 새로운 도구도 개발되고 있다. 이 기울기의 방향과 규모가 매핑되면 발병 단계, 규모 및 지리적 분포를 시각화할 수 있다.

요약

- 매핑 수 및 비율 데이터는 카운티, 가정 또는 방 수준에서 질병 분포 및 잠재적 위험요소를 설명한다.
- 보충 데이터는 분석에 또 다른 차원을 추가하여 공중보건 문제의 맥락화를 가능하게 한다.
- 환경, 인프라, 교통 네트워크, 수도 시스템 및 위성 이미지는 일반적인 보충 자원이다.
- 연결된 마이크로 맵 및 애니메이션은 질병 분포를 설명하는 데 유용하다.

7 제6단계: 통제 조치 고려

1) 통제 및 예방 위치 선택

지도 및 지리 통계적 결과는 통제, 예방 및 감시 조치를 구현할 시기와 위치에 대한 결정을 안내할 수 있다. 환경 노출 또는 매개체 매개질병과 관련된 발병기간 동안 결과는 가장 많이 필요한 영역을 묘사하거나 잠재적으로 새로운 질병 확산 저장소를 발견할 수 있다. 2016~2017년 중 지카바이러스 감염 유행 기간 동안, 푸에르토리코의 벡터 제어 장치는 모기 트랩을 배치하기 위한 인구 기반의 지역에 GIS 기술을 사용했다. 이러한 트랩에서 수집된 데이터를 시각화하고 결과 지도를 사용하여 푸에르토리코의 영향이 심한 지역에서 지카바이러스를 추정했다. 동일한 대응 과정에서 역학 부서는 GIS를 사용하여 가임기 여성을 특성화하는 데이터와 카운티별 지카바이러스 감염 발생률의 주간 변화를 교차시켜 교육적 개입을 집중하고, 지카바이러스 감염 예방 키트를 배포할 위치를 결정했다.

요약

- 매핑을 통한 요금 시각화를 통해 제어 및 예방 조치를 구현하기 위한 가능한 위치를 식별할 수 있다.
- 지리공간 분석의 결과는 가장 필요한 영역을 결정하고, 향후 우려할 위치를 예측하며 위험에

처한 특정 인구를 식별하는 데 유용하다.

8 제7단계와 제8단계: 가설 개발 및 검정 그리고 연구 계획

1) 지리 공간 설명 결과를 사용하여 가설 생성

기술적 결과에서 생성된 지도는 위험요인과 취약한 집단 간의 가능한 노출 경로 및 상호작용에 대한 이론을 생성하는 데 도움이 될 수 있다. 지도와 기술역학적 분석의 결과를 사용하면 질병 유발 요인, 전파 모드 및 노출 위치에 관한 가설 개발을 안내할 수 있다. 이 정보를 사용하여 현장 팀은 의심되는 위험과 질병 사이의 공간적·시간적 연관성을 추가로 이해하기 위해 다른 고급 지리공간 통계를 적용하여 추가 분석의 필요성을 결정할 수 있다.

2) 연구설계를 위한 지리 공간 분석 방법

공간 오버레이(spatial overlays)를 사용하고 보간 방법(interpolation methods)을 사용하여 샘플링되지 않은 위치의 값을 추정하거나 공간 회귀 기술을 사용하여 위험 맵을 생성하면 잠재적 위험요인 또는 질병 프로세스의 지리적 분포를 더 자세히 이해할 수 있다. 군집(집락)(cluster) 분석은 유사한 값이 서로 근처에서 발생하는지와 이러한 발생이 무작위가 아닌지를 평가할 수 있는 정량화 가능한 통계적 추정치를 연구원에게 제공한다. 군집 분석은 장소와 시간에 대한 가설 생성 및 위험요인 평가에 매우 유용할 수 있다. 가설 설정 및 추가 연구개발에 유용할 수 있는 높은 수준의 추론 공간 기술에 대한 개요가 제공된다(표 2.9.1.).

요약

- 매핑 및 공간 분석 결과는 연구 가설 생성과 관련한 정보를 제공한다.
- 지리공간적 방법은 제한된 데이터만 사용할 수 있는 지역에 대한 추정치를 생성하여 추가 조사 생성을 지원한다.
- 군집 분석은 무작위가 아닌 질병 과정의 통계적 증거를 제공하는 데 유용하다.

9 제9단계: 통제 및 예방 조치 구현 및 평가

1) 평가를 위한 단기 및 장기적인 지리공간 접근

지금까지 설명한 지리공간적 방법은 통제 및 예방 노력의 영향을 이해하는 데도 유용하다. 특히 위치별 율의 시각화는 통제 조치가 어느 정도 효과적일 수 있는 지역을 강조할 수 있다. 이러한 장소를 식별하고 그러한 조치의 효과에 영향을 미치는 요인을 발견하는 것은 통제 조치의 변경이 필요한지 여부와 변경이 필요한 경우를 결정하는 데 유용할 수 있다. 예를 들면, 연구자들은 다른 지역에서 오피오이드 관련 사망률의 변화를 추적하여 노력이 효과가 있는지 여부를 확인할 수 있다.

시공간 분석은 질병 위험 요인과 예방 활동 간의 복잡한 연관성을 조사하고 정량화하기 위한 연구원 도구를 제공한다. 오피오이드 과다 복용 집단발생 사례를 사용하여 지리공간적 방법은 예방 조치(예: 치료 위치, 복구 자원 또는 처방전 드롭박스) 배치의 영향을 보여 주었다. 연구원은 시계열 애니메이션, 지도 시리즈, 연결된 마이크로 맵 및 시공간 모델링을 사용하여 이러한 유형의 추세를 평가할 수 있다. 운송 시간 및 의료서비스 지역 분석은 예방을 위해 놓친 기회를 드러내거나 특정 개입이 성공적인 지역을 강조할 수 있다. 이러한 정보는 추가 리소스 및 제어 조치가 필요한 위치를 결정하는 데 유용할 수 있다.

표 2.9.1. 현장역학을 위한 지리 공간 운영

연구 질문	지리 공간 운영	기술
연구 영역에서 데이터의 지리적 분포는 무엇인가?	평균/중앙값 중심의 방향 분포, 표준 편차적인 타원, 선형 방향 평균	지리적 중심의 식별, 방향 추세의 요약
연구 영역 어디에나 클러스터링 또는 균일성이 존재하는가? 즉, 공간 자기 상관이 존재하는가?	글로벌 모란(Global Moran)의 I (다각형), 리플리(Ripley)의 K 함수(점), 가중(weighted) K(개수, 발생률)	영역 전체에 클러스터링(clustering) 또는 균일성(uniformity)이 존재하는지 감지
연구 영역에서 특히 핫스팟(또는 콜드 스팟)은 어디에 있는가?	공간적 연관성의 지역 지표(LISA 통계), Getis Gi-Ord	정의된 영역 내에서 클러스터된 높은 값과 클러스터된 낮은 값의 영역을 표시함
주변 데이터가 거의 동시에 발생하는 경향이 있는가? 즉, 데이터가 공간과 시간에 클러스터되어 있는가?	시공간 통계(space-time statistics), k 최근 접 이웃(k nearest neighbor), Kulldorf의 공간 스캔(Kulldorf's spatial scan), Knox 테스트(Knox test)	데이터가 공간과 시간에 클러스터 되었는지 여부를 표시함(공간 또는 시간에 개별적으로 클러스터되지 않은 경우에도)
샘플링되지 않은 위치에서 변수의 가능성이 가장 높은 값은 얼마인가?	평균 또는 중앙값 통계 또는 Voronoi 다이어그램	입력 데이터 포인트를 사용하여 연구 영역을 폴리곤으로 분할하여 각 폴리곤 내의 영역이 다른 포인트보다 제어점에 더 가깝도록 함
	커널 밀도 추정(Kernel density estimation), 역 거리 가중치(inverse distance weighting)	단위 면적당 이벤트 밀도 또는 값 추정
	크리깅(Kriging)	모델을 경험적으로 계산하고 적합한 예측 및 오류의 표면을 생성함

서로 다른 위치에서 서로 다른 값을 가지고 있다는 점을 고려할 때 특정 위치에서 관찰된 값은 다양한 다른 요인에 의해 어떻게 설명되는가?	공간 회귀 모델(spatial regression models), 일반 최소 제곱(ordinary least squares), 일반화 선형 혼합 모델(generalized linear mixed models), 지리적 가중치 회귀 베이지안 통계(geographically weighted regression Bayesian statistics), 조건부 및 동시 자기 회귀 모델(conditional and simultaneously autoregressive models)	회귀 모델을 공간 데이터에 적용하여 어떤 독립변수가 공간 의존적 결과를 설명할 수 있는지 결정할 수 있음. 가중 거리 행렬을 사용하여 모델의 공간을 설명하는 공간 인식 모델

출처 : Rasmussen SA, Goodman RA. The CDC Field Epidemiology Manual, Oxford University Press, USA, 2018.

요약

- 제어 조치가 효과적인 것으로 입증된 지역은 매핑을 통해 식별할 수 있다.
- 매핑 및 공간 분석을 통해 제어 조치의 효율성에 영향을 미치는 요인을 발견할 수 있어 연구원이 그에 따른 프로그램을 수정할 수 있다.
- 네트워크 분석, 시계열 애니메이션, 맵 시리즈, 연결된 마이크로 맵 및 시공간 모델링은 장기 추세를 평가하는 방법이다.

10 제10단계: 결과 전달

1) 매핑을 통한 효율적이고 효과적인 커뮤니케이션

지도는 상황 인식을 신속하게 안내하고 발생률, 유병률, 환경 또는 인프라 노출 및 기타 관련 공간 정보에 대한 장소 관련 정보를 전달하는 가장 효율적인 방법 중 하나이다. 주요 질병이 발생(예: 지카 및 에볼라 바이러스 감염 발생)하는 동안 주간 지도를 통해 질병 발생률과 지리적 변화를 시각화했다. 2017년 허리케인 마리아가 푸에르토리코를 황폐화시킨 후, 질병통제예방센터(CDC)의 의료 및 대응 대책 태스크 포스는 대화형 인터넷 기반지도를 사용하여 약국, 병원 및 기타 의료 인프라의 위치와 상태에 관한 오픈 소스 데이터에 액세스했다. 이 지도가 제공한 정보는 의료 자원을 가장 잘 지시할 수 있는 위치를 결정하는 데 필수적이었다.

지도는 필수적인 상황 인식을 제공하고 결과를 대응 기관 및 지역 당국에 전달한다. 또한 영향을 받는 사람들과 정보를 쉽게 공유하는 데 사용할 수 있다. 예를 들면 푸에르토 리코에서 2016~2017년 지카바이러스 감염이 발생하는 동안 섬의 보건부는 매주 인터넷 기반 사례수 및 발생률 지도를 게시하여 유행이 어떻게 변화했는지에 대한 최신 정보를 대중에게 제공했다.

요약

- 지도는 질병 분포 및 질병 과정에 대한 장소 관련 정보를 신속하게 표시하고 전달한다.
- 지도는 의료 자원을 지시하고 예방 및 통제 조치에 초점을 맞추는 데 필수적인 정보를 제공한다.
- 맵은 여러 이해 관계자와 의사소통하는 데 유용하다.

11 결론

이 장에서는 현장조사 프로세스의 10단계에 필수적인 GIS 기술, 리소스 및 방법을 강조했다. GIS는 현장조사 장소를 추가로 식별하고 정의하는 도구를 제공할 수 있다. 신속하면서도 완전하고 정확한 공간 데이터로 상황 인식의 필요성 사이의 균형을 맞추는 것은 기술이다. 데이터 수집 도구의 강점과 한계, 위치 데이터 수집 시설, 위치 데이터의 정확성 및 질병 위험을 이해하기 위한 적절한 속성을 고려해야 한다.

궁극적으로 관련 위치 데이터 수집은 현장조사의 일부일 뿐이지만 위치 데이터는 중요한 부분이므로 조사 초기부터 고려해야 한다. 하나의 솔루션이 모든 현장조사에 적합하지는 않다. 모든 현장조사 시나리오에 가장 적합한 단일 공간 데이터 수집 방법이나 분석은 없다. 따라서 GIS는 현장조사자가 간과해서는 안 되는 도구 중 하나이다.

참고문헌

대한예방의학회. 예방의학과 공중보건학, 제3판 수정증보판, 계축문화사, 2017.

대한예방의학회, 한국역학회. 예방의학 · 역학 · 공중보건학 용어집, 계축문화사, 2014.

손석준, 이경수, 이무식, 이중정, 이충원, 정인성. 현장역학(Field Epidemiology, 2nd edition 번역본). 계축문화사, 2004.

Breslow NE, Day NE. Statistical methods in cancer research. Vol 1. The analysis of case—control studies. (IAEC scientific publication no. 32). Lyon : International Agency for Research on Cancer; 1980.

Brewer CA. Designing better maps: a guide for GIS users. Redlands, CA: ESRI Press; 2005.

Campbell J, Shin M. Essentials of geographic information systems. https://open.umn.edu/opentextbooks/BookDetail.aspx?bookId=67

Cromley EK, McLafferty SL. GIS and Public Health. 2nd ed. New York: The Guilford Press; 2012.

de Smith MJ, Goodchild MF, Longley PA. Geospatial analysis: a comprehensive guide to principles, techniques and software tools. 5th ed. http://www.spatialanalysisonline.com/HTML/index.html

Dent BD, Torguson JS, Hodler TW. Cartography: Thematic Map Design. 6th ed. New York: McGraw-Hill Higher Education; 2008.

Detels R, Beaglehole R, Lansang MA, Gulliford M. Oxford Textbook of Public Health, Oxford University Press, 2009.

Dyer J, Tanner S, Runk J, Mertzlufft C, Gottdenker N. Deforestation, dogs, and zoonotic disease. Anthropology News. 2016;57:344–7.

Feinstein AR. Clinical Epidemiology. The architecture of clinical research. Philadelphia: W.B. Saunders Company 1985.

Geography and Geospatial Science Working Group. Cartographic guidelines for public health. https://www.cdc.gov/dhdsp/maps/gisx/resources/cartographic_guidelines.pdf

Gleason BL, Foster S, Wilt GE, et al. Geospatial analysis of household spread of Ebola virus in a quarantined village—Sierra Leone, 2014. Epidemiol Infect. 2017:145:2921–9. 15. Lewin K. Field Theory in Social Science. Cartwright D, ed. New York: Harper and Row; 1951.

Gobierno de Puerto Rico, Departamento de Salud. Informe semanal de enfermedades arbovirales [in Spanish]. http://www.salud.gov.pr/Estadisticas-Registros-y-Publicaciones/Pages/VigilanciadeZika.aspx

Goldberg D. A geocoding best practice guide. https://20tqtx36s1la18rvn82wcmpn-wpengine.netdna-ssl.com/wp-content/uploads/2016/11/Geocoding_Best_Practices.pdf

Gordis L. Epidemiology. 5th ed. Philadelphia: Elsevier; 2013.

Hallisey E, Tai E, Berens A, et. al. Transforming geographic scale: a comparison of combined population and areal weighting to other interpolation methods. Int J Health Geogr. 2017; 16:29.

Kanchik M. A Secondary Analysis of walkability data for the Atlanta BeltLine communities. https://scholarworks.gsu.edu/iph_capstone/79/

Kelsey JL, Thompson WD, Evans AS. Methods in observational epidemiology. New York, Oxford: Oxford University Press; 1986.

Last JM. A Dictionary of Epidemiology, 4th Ed, Oxford Uni Press Inc., 2001.

Lewin K. Field Theory in Social Science. Cartwright D, ed. New York: Harper and Row; 1951.

Lindemann J. Oakland County, Michigan using data and maps to help understand and combat the opioid epidemic. New America Public Interest Technology blog. https://www.newamerica.

org/public-interest-technology/blog/oakland-county-michigan-using-data-and-maps-help-understand-and-combat-opioid-epidemic

MacMahon B, Pugh TF. Epidemiology : principles and methods, Little, Brown and Company, 1970.

McClung RP, Castillo C, Miller A, et al. Shigella sonnei outbreak investigation in the setting of a municipal water crisis—Genesee and Saginaw Counties, Michigan, 2016. Presented at the 66th Annual EIS Conference, April 24– 27, 2017, Atlanta, Georgia. https://www.cdc.gov/eis/downloads/eis-conference-2017.pdf

Mitchell A. The ESRI guide to GIS analysis. Volume 1: geographic patterns & relationships. Redlands, CA: ESRI Press; 1999.

Pickle L, Carr D. Visualizing health data with micromaps. Spat Spatiotemporal Epidemiol. 2010; 1:143–50.

Porta M. A Dictionary of Epidemiology, 5th edition, IEA, Oxford University Press, USA, 2008.

Rasmussen SA, Goodman RA. The CDC Field Epidemiology Manual, Oxford University Press, USA, 2018.

Robert B. Wallace. Maxey-Rosenau-Last Public Health and Preventive Medicine. McGraw-Hill Education, 15 edition, 2008.

Rothman K J. Modern epidemiology. Boston, Toronto : Little, Brown and Com pany; 1986.

Rushton G, Armstrong MP, Gittler J, et al. Geocoding Health Data: The Use of Geographic Codes in Cancer Prevention and Control, Research and Practice. Boca Raton, FL: CRC Press; 2008.

Schlesselman JJ. Case—control studies: design, conduct, analysis. New York: Oxford University Press; 1982.

Schönfelder S, Axhausen KW. Urban Rhythms and Travel Behaviour: Spatial and Temporal Phenomena of Daily Travel. Burlington, VT: Ashgate; 2010.

US Census Bureau. TIGER products. https://www.census.gov/geo/maps-data/data/tiger.html

Waller LA, Gotway CA. Applied Spatial Statistics for Public Health Data. Hoboken, NJ: John Wiley and Sons; 2004.

White RG, Hakim AJ, Salganik MJ, et al. Strengthening the reporting of observational studies in epidemiology for respondent-driven sampling studies: "STROBE-RDS" statement. J Clin Epidemiol. 2015;68:1463–71.

Wilkin HA, Gallashaw C, Gayman M, Mingo C, Steward J, Kolling J. Community engagement and inclusion in research about the potential impact of changes in the built environment on the community. Presented at the American Public Health Association Annual Meeting and Exposition, November 7, 2017, Atlanta, Georgia. https://apha.confex.com/apha/2017/meetingapp.cgi/Paper/385571

제3부

현장 활동 및 기획관리

제 1 장

역학과 실험실 간의 협력 최적화

> 실험실이 없다면 과학자들은 총을 갖지 않은 군인과 같을 것이다(Sans laboratoires les savants sont des soldats sans armes).
>
> 루이 파스퇴르(1923)

> 알렉산드르 랭뮤어(Alexander Langmuir)는 1960년대 초 감염병정보국(Epidemic Intelligence Service, EIS)의 신임 역학조사관들에게 질병의 발생과 관련된 조사에서 실험실이 유일하게 필요한 것은 "그들의 결론이 옳았음을 증명하는 것"이라고 말하였다.
>
> 월터 R. 다우들(2011)

1 도입

비록 위의 두 인용문은 루이스 파스퇴르와 알렉산드르 랭뮤어가 집단발병 조사에서의 실험실의 역할에 대해 반대 의견을 갖는 것처럼 보이게 하지만, 각각의 인용문은 어느 정도의 타당성을 갖는다. 19세기 후반, 파스퇴르의 병균 이론을 뒷받침하는 실험실 데이터들은 백신 접종으로 이어졌을 뿐만 아니라, 미생물이 질병의 원인이라는 이론에 대한 증거를 제공했다. 과학적 초점이 이렇게 변화했다는 것은 당시 비교적 알려지지 않았던 제임스 린드 박사(Dr. James Lind), 이그나즈 셈멜바이스 박사(Dr. Ignaz Semmelweiss), 그리고 존 스노 박사(Dr. John Snow)의 지도와 통계적 증거로 역학이 과학으로 소개되었음을 밝혀주었다. 거의 한 세기 후 랭뮤어 박사의 논평 당시에, 역학 도구만 사용하는 현장조사 팀이 미시간주 폰티악에 도착해 새로운 전염방식으로 저수지에서 자라는 미지의 미생물체와 관련된 질병 발생의 감염 연쇄를 알아냈다. 중요한 것은, 질병통제예방센터(CDC)의 실험실에서 레지오넬라 종이 원인체라는 것을 알아내기 8년 전에 역학 결과는 폰티악 발열 발생을 억제하였다는 것이다. 이러한 예들은 역학 및 실험실 과학의 상대적 중요성을 현장조사에서 비교하는 것이 닭이나 달걀의 출현 순서에 대한 오래된 논쟁과 유사하다는 것을 보여준다. 그것은 단순히 반복되는 근본적으로 모호한 논쟁이다. 파스퇴르와 랭무이르가 믿었던 것, 그리고 역사가 보여준 것은 역학자와 실험실 과학자들 모두 과학적으로 중요한 영향을 미치는 독립적인 발견을 할 수 있지만, 이러한 분야 간의 협력은 시너지 효과를 가져 어느 분야보다 강력한 공중보건 데이터를 산출할 수 있다는 것이다.

1) 현장조사에서 공중보건 실험실의 현대적 역할

1980년대 초반에 분자생물학과 컴퓨터 과학에서 혁명적 발전이 일어나 실험실 과학에서도 기술적 진보가 나타나게 되었다. 그 결과, 이제 연구자들은 검사물 수집, 전자 검사물 수령 및 추적, 검사물 처리, 환자 진단, 화학적 식별 및 정량화, 미생물 식별 및 항균 민감도 테스트를 이전보다 더 빠르고 안전하며 정확하게 수행할 수 있게 되었다. 전체 게놈 서열화, 바이오 정보학 및 고급 분자 검출과 관련하여 실험실 기술은 놀라운 속도로 계속 발전하고 있다.

시간이 지날수록, 실험실 기술이 발전했듯이 현장조사에서 실험실의 역할도 커져 왔다. 인과관계자와 포인트 소스 식별 및 환례 확인 제공의 전통적인 역할 외에도, 현재는 실험실 결과를 활용하여 발생 조사의 모든 측면을 공포할 수 있다. 실험실 데이터로 알게 된 중요한 현장조사 목표에는 병인 요원 식별 및 특성화가 포함된다.

- 환례 결정 및 발견
- 포인트 소스 식별
- 임상간호 안내 및 사례 관리
- 근원적인 원인 분석 및 중재 계획
- 집단발병 통제
- 감염 사슬 정의

이처럼 역학 요구사항에 대해 다학제적 관심과 첨단 진단 실험실적 기능을 개선하면, 향후 발생 조사 팀의 성과를 지속적으로 강화할 수 있다.

2) 이 장의 목표

이 장은 현장조사 팀에게 일반적인 안내와 권고 사항들을 제공한다. 이 장의 일차적인 초점은 감염병의 발생에 있는 반면에, 비생물학적 노출에 대한 실험실 관련 정보 또한 포함된다. 이러한 지침이 반드시 보편적인 것은 아니지만, 발생 조사과정 전반에 걸쳐 실험실의 전문지식을 통합하는 방법을 검토하는 데 도움이 된다. 또한 현장조사와 관련된 특정 실험실 관련 작업에 대해 온라인 리소스 링크가 포함되어 가장 최근에 업데이트된 정보에 액세스할 수 있다.

2 효과적인 역학-실험실 협력의 다섯 단계

지금 여기서 제시하는 다섯 단계의 권장사항은 최상의 시나리오를 나타낸다. 그런데 실험실과 관련하여 계획을 변경하는 것은 리소스나 시간이 제약될 때, 응급상황에서, 그리고 국지적인 요인으로 인하여 변경이 필요할 때 요구된다. 국지적인 고려요인들은 정책, 규정, 기후, 문화, 기반구조, 그리고 사회·경제적 상황을 포함할 수 있다. 그리고 현장조사 팀은 안전과 환자진료 그리고 집단발병 관리에 미치는 영향을 신중하게 고려한 후에야 이러한 권고사항을 현지 고유의 상황에 맞게 조정하는 경우가 많다. 이러한 분석에는 현장역학자, 실험실 전문가 및 지역 이해관계자와의 협력이 포함된다.

1) 1단계 : 빠른 시간 내에 그리고 자주 실험실과 협력한다.

새로운 기술이 실험실 검사에 계속해서 정기적으로 추가되기 때문에 그 새로운 기술을 나열하는 것은 의미가 별로 없을 것이다. 이와 같이 검사 카탈로그가 진화한다는 것은 최적화된 검사물 유형을 변경할 수 있음을 의미한다. 그러므로 이러한 사항으로 인해 수집 프로토콜 변경이 필요할 것이다. 따라서 가급적 현장조사 현장에 배치하기 전에 가능한 한 빨리 관련 연구소에 연락하는 것이 중요하다. 지역 보건부, 주 공중보건 및 계약 실험실은 시험의 일부만을 수행할 수 있다. 반면에, 질병통제예방센터(CDC) 전문가 및 실험실은 협의, 검사 및 협업을 통해 필요에 따라 많은 조사를 지원할 수 있다.

질병통제예방센터(CDC)가 수행하는 일반적인 유형의 실험실 활동은 다음과 같다.

- 집단발병 조사
- 응급비상 대응
- 인구보건 연구
- 문화 기반의 병원체 탐지 및 특성화
- 분자 기반의 병원체 탐지 및 특성화
- 고농축 병원체의 탐지
- 유전학 연구
- 생물학적 모니터링
- 백신 개발
- 병원체 발견
- 신생아 선별검사
- 직업보건

- 화학 노출 검사
- 환경 노출 평가

발생 조사를 수행하는 공중보건 전문가는 다음의 체크리스트를 사용하여 실험실과의 초기 커뮤니케이션 효과를 높여야 한다. 이러한 초기 커뮤니케이션은 다양한 잠재적 · 원인적 가설을 신속하게 실험실에서 시험할 수 있는 방식으로 수행해야 한다. 이러한 목적을 위해 검사물을 수집하는 것은 알려지지 않은 원인에 의한 집단발병에 특히 중요하다. 한편 임상 징후와 증상에 기초한 원인적 가설에는 여러 요인(생물학적 및 비생물학적 요인 모두)에 대한 고려를 포함해야 한다는 점도 유념해야 한다.

- 만일 조사에 병리 작용 요인으로서 의심 병원체(예: 세균, 바이러스, 기생충, 진균류)나 생물학적 독소가 포함된다면 지역의 실험실과 상담하거나 적절한 임상실험 안내서를 참조한다. 질병통제예방센터(CDC) 자원에 대한 병원체별 검사를 위한 연락처는 질병통제예방센터(CDC) 실험실 검사 디렉터리(https://www.cdc.gov/laboratory/specimen-submission/list.html)에서도 확인할 수 있다.
- 의심되는 화학물질이나 방사선 요인을 인위적으로 포함하거나 집단발병 원인이 비감염성 질환이거나 생물학적, 화학적, 방사선 테러에 의한 것일 수 있는 경우 지역 또는 주 공중보건부서에 연락한다. 질병통제예방센터(CDC)의 국립환경보건센터, 실험실 서비스 부서[(NCEH-DLS) https://www.cdc.gov/nceh/dls/]는 또한 시험과 역학 데이터, 지역 실험실 자원 및 관련 연구에 대한 옵션에 대한 지침을 제공할 수 있으며, 조사 중에 시험을 안내해야 한다.
- 의심되는 병원균과 관련된 검사 설명을 참조하도록 하고, 현장조사의 필요에 근거한 검사를 수행하기 위해 적절히 실험실과 협력해서 작업하라.
- 실험실에 검사물의 목적을 통보하여 자원에 우선순위를 부여할 수 있도록 한다. 검사물 제출의 다양한 목표에는 환자 간호관리, 집단발병 원인 확인, 감시, 연구, 그리고 사례의 정의 등이 포함된다.
- 현장조사 중에 기대치를 관리하기 위해 선택한 검사의 소요 시간에 대한 정보를 수집한다. 일부 검사에서는 데이터를 생성하는 데 최대 2개월이 걸릴 수 있다.

(1) 특별 고려사항: 검사 선택

어떤 검사를 선택할 것인가 하는 문제는 조사에서 가장 빨리 완수해야 하는 중요한 작업이다. 미생물을 식별하고 특성화하기 위해 많은 검사를 사용할 수 있으며, 잠재적 노출에 대한 더 나은 이해와 치료 및 감염관리 결정을 제공하기 위해 혈청학 및 항균 민감성 검사를 사용할 수 있다. 지역, 주 및 연방 공중보건 실험실뿐만 아니라 민간 병원 및 계약 실험실에도 사용할 수 있는 시험 자원이 있다. 그러나 현장 조사관은 각 현장조사에 가장 적합하게 자원을 사용하기 위해 실험실의 인가나 품질관리 프로그램에 대해 문의하는 것이 중요하다. 그런데 질병통제예방센터(CDC) 실험실은 다양한 미생물에 대해 300개 이상의 감염병 검사를 수행할 수 있다. 즉, 현재 사용 가능한 검사 목록은 https://www.cdc.gov/laboratory/specimen-submission/list.html에서 확인할 수 있다. 이 목록은 현장조사 중에 의심되는 유기체에 대한 적절한 검사를 선택하거나 특정 유기체에 대한 주제별 전문가의 질병통제예방센터(CDC) 연락처 정보를 찾는 데 사용될 수 있다.

모든 현장조사가 감염성 미생물을 다루는 것은 아니다. 비감염원에 대한 조사를 위해 일부 지역 및 주 보건 부서와 NCEH-DLS는 만성 질병 표시자, 화학 및 방사선 위협 제, 환경 화학물질, 신생아 선별 및 질병의 영양 표시자 영역에서 시험을 수행한다. NCEH-DLS는 또한 현장조사 팀에 외부 소스로부터의 검사물 오염을 최소화하기 위한 적절한 샘플링 용기 및 프로토콜을 제공할 수 있고 현장 팀을 지원할 수 있는 인력도 제공할 수 있다. NCEH-DLS 웹사이트(https://www.cdc.gov/nceh/dls/)를 통해 직접 연락할 수 있다.

가장 빨리, 정확하게 검사를 수행하기 위해, 실험실은 공급품을 주문하고 작업 부하를 재정렬하거나 프로토콜을 구현 또는 수정하고 직원을 훈련시키기 위한 시간이 필요하다. 실험실 전문가들은 또한 시험 선택의 더 어려운 측면을 도울 수도 있다. 예를 들면, 특정 증상(예: 비정형 폐렴)은 여러 생물학적 및 비생물학적 물질에 대한 노출과 연관될 수 있다. 왜냐하면, 유사한 미생물(예: 클라미디아 종)이 다른 증상을 일으킬 수 있기 때문이다. 또한, 대부분의 유기체에 대해 여러 종류의 검사가 가능하다. 그러나 모든 검사가 동일한 방식으로 해석되지는 않는다(즉, RT-PCR은 핵산의 존재 여부를 검사하고 실행 가능한 유기체에 대한 배양검사를 수행하기 때문에, 이 양성 역전사중합효소연쇄반응[RT-PCR]은 양성배지와 동일한 결과를 만들어내지는 않는다). 현장조사 현장의 풍토병도 특정 유기체(예: 뎅기열, 치쿤군야, 지카 바이러스)의 검사에 영향을 미칠 수 있으며, 일부 감염병은 다른 검사물 채취 및 제출 요건을 가진 여러 연구소에서 검사가 필요할 수 있다(예: 의료 관련 곰팡이 감염은 환경 실험실 및 미생물 실험실의 검사가 필요할 수 있다). 그 외에 환경(예: 병원), 지리적 상황(예: 구 한타바이러스와 신 한타바이러스), 질병 상황(예: 생식기 궤양 질환), 생물학적 상황(예: 생물방어), 병인의 그룹화(예: 호흡기 병인), 검사물 유형(예: 전체 혈액), 또는 검사물 사용의 목적(예: 감시)도 검사를 선택하는 데 영향을 줄 수 있다. 마지막으로, 일부 검사(특히 화학, 방사선 및 분자 검사)는 정교하게 민감한 경우가 많으며, 적절한 샘플링을 보장하기 위해 이러한 검사를 선택할 때는 세심한 주의를 기울여야 한다.

(2) 특별 고려사항 : 고전적 검사와 분자 검사

생명정보학의 발전으로 인한 첨단 분자기술을 통해, 공중보건기관은 병원균 식별, 발생 인식, 병원균 전송 추적, 항균 저항 감지 및 질병 예방을 할 수 있는 강력하고 새로운 분자 탐지 시스템을 제공한다. 또한 유전체학은 진보된 분자탐지 시스템의 중심이며, 단백질학 및 전사학은 공중보건의 중요한 도구가 되고 있다. 그리고 분자검사를 통해 종종 고전적 미생물학 또는 혈청학/면역학에 기초한 검사보다 더 빠르게 결과를 산출할 수 있어, 현장조사 시 매력적인 대안이 될 수 있다. 이러한 검사는 하나의 검사물 내에서 여러 병원체를 빠르고 동시에 검사할 수 있는 장점이 있어서 점점 더 중요한 역할을 하고 있다. 그러나 PCR을 통해 유기체의 DNA/RNA의 존재를 탐지하는 것은 일반적 유기체를 탐지하는 것과 동일하지 않아 질병 유발 유기체와 숙주 반응을 완전히 특성화하고 새로운 병원균 및 항균 저항의 새로운 방법을 식별하는 데 있어 고전적인 검사는 여전히 중요하다. 따라서 조사 계획에는 수령 실험실과의 협의 후 가장 효과적이라고 판단하는 시험에 적합한 표본추출 수집 프로토콜을 포함해야 한다.

실시간 PCR과 같은 신속한 분자검사는 실험실에서 검사물 수령 후 몇 시간 이내에 결정적인 결과를 산출할 수 있다. 그러나 이러한 검사에서는 특정 병원균을 탐지하도록 고안된 primers와 probes를 사용하기 때문에 의심하지 않았거나 새로운 병원체를 놓칠 수도 있다. 마찬가지로 질량 분석(예: 매트릭스 지원 레이저 탈색 이온화)에 기초한 기술도 신호가 병원균의 참조 라이브러리와 비교된다는 점에서 제한적이다. 대조적으로, 표적화되지 않은 핵산 염기서열 분석(예: microbiome sequence analysis)은 이론적으로 검사물의 모든 유기체를 식별할 수 있지만, 호스트 게놈과 양성 대응 유기체의 무관한 신호를 필터링하는 데 필요한 계산 자원을 사용하기 때문에 상당한 분석과제를 제시하기도 한다. 그리고 신속한 분자검사로 병원체를 식별할 경우에도 역학 상황의 전체 그림을 제시하기 위해 고전적 프로토콜을 이용한 추가적인 특성화가 필요한 경우가 많다. 예를 들면, 실시간 PCR은 뇌막염 발생 시 원인 병원체를 *Neisseria meningitides*로 식별할 수 있지만, 혈청형(serotype)을 결정하지 않고서는 정확한 식별을 할 수 없기 때문에 고전적인 배양 기술이 필요하다.

조사에 착수하기 전에 검사물에 대해 수행할 시험을 결정해야 한다. 유전형(순서 또는 PCR 방법)이나 물리적 특성(질량분광법)에 초점을 둔 배양 독립 진단검사에 적합한 검사물 유형은 고전적 표본 유형과는 다를 수 있다. 그런데 배양 독립 진단검사를 위한 프로토콜은 종종 핵산이나 다른 표적 추출 중에 검사물을 파괴하여 배양할 수 있는 유기체를 남겨두지 않는다. 이상적으로 분자검사 및 고전적 검사가 모두 가능하도록 여러 개의 검사물을 수집해야 한다. 그러나 검사물이 부족하거나 포장 및 배송이 제한될 경우, 어떤 분자 또는 고전적 검사가 가장 유용할지를 결정하기 위해 실험실과 협력하여 검사 및 검사물 수집 결정을 미리 내려야 한다.

모든 시험에서 적절한 시험을 위한 다음의 기준을 고려하여 가능한 한 조사 초기에 실험실과 협의해야 한다.

- 사전 승인
- 보충 정보
- 보충 양식

- 본 유형
- 허용 검사물
- 필요한 최소 볼륨
- 검사물의 저장과 보존
- 검사물 수송 매체
- 검사물 라벨링
- 운송 지침
- 검사물 처리 요구사항
- 시험 방법
- 시험 소요시간
- 시험 간섭요인 및 제한사항
- 부가적 정보
- 실험실 연락처

2) 2단계: 현장 검사물 수집의 계획과 실행에서 협력하라.

검사물이 안전하게 수집되었는지 그리고 검사에 적절한지 확인하기 위해 검사물 수집 이전에 실험실과 협력을 유지해야 한다. 검사물 수집을 하는 동안 사고로 노출이 되면 심각한 질환이 발생할 수 있다. 그리고 검사물 수집이 잘못되면 검사 기회를 놓칠 수 있다. 예를 들면, 알려지지 않은 병원균에 노출되었을 가능성을 가진 20명의 사람에게서 혈액을 수집하거나 잘못된 항응고제를 사용하게 되면 원인균의 확인이 지연될 수 있으며, 치료가 지연될 수 있다. 이 같은 상황은 심각한 결과를 가져올 수 있다. 한편 실험실 과학자들은 생태적 이론, 병원균의 성장, 전파, 그리고 병인론에 대한 전문지식을 제공할 수 있다. 뿐만 아니라, 화학이나 방사선학의 전문지식도 제공할 수 있다. 이러한 전문지식은 여러 방식으로 조사를 지원해줄 수 있다. 이러한 전문지식에는 다음과 같은 것들이 포함된다.

- 안전한 작업환경을 만들기 위해 계획된 검사물 추출에 대한 위험도평가. 최소한 위험도평가는 잠재적인 생물학적, 화학적, 방사선학적, 그리고 물리적 위험을 확인할 수 있어야 하며 개인보호장비(PPE, personal protection equipment)의 사용을 포함하여 적절한 위험 완화를 계획하여 위험에의 노출을 최소화할 수 있어야 한다.
- 검사물 수집 계획. 여기에는 실험실이 목표 검사물 추출을 통해 가설의 시험을 도울 수 있는 예비 가설과 방법이 포함된다.
- 검사물 수집 방법. 이를 통해 특수한 검사를 적절하고 충분히 보조할 수 있어야 한다(예: 면역학적 분석에는 진단 검사를 위한 검사물 수집에 적절한 시간이 요구된다).
- 검사물 수집 훈련. 여기에는 모든 현장조사자들이 적절한 검사물 관련 경험을 갖고 훈련(개

인보호장비(PPE) 사용에 대한 훈련을 포함하여)을 받았는지 혹은 실험실 인력이 검사물 수집 분야에 배치되어야 하는지 평가가 필요하다.

- 표본 수송. 이상적으로, 검사물 관련 활동은 검사물이 실험실에 주중에 수송되어 도착할 수 있는지 맞추어 계획해야 한다. 어떤 검사물은 주말에는 수송이 불가능할 수 있다.

집단발병 조사를 수행하는 공중보건 전문가는 검사물 작업을 하는 동안 다음과 같은 일반화된 권고사항을 따라야 한다.

- 현장에 배치되기 전에 적절한 개인보호장비(PPE)를 충분히 확보했는지 확인한다. 그리고 표본 수집 장소에서 완벽한 준비를 위해 이중으로 이 사항을 체크한다. 팀이 지정된 개인보호장비(PPE)의 착용, 제거, 세척/소독, 보관 및 적절한 폐기에 대한 교육을 받았는지 확인한다.
- 모든 안전사항, 감염통제, 그리고 환자관리 안내를 사전에 검토하고 검사물을 수집하는 동안에는 이 사항에 집중한다. 예를 들면, 지정된 개인보호장비(PPE)를 착용하고 벗는 데 필요한 영역을 확인하고 유지한다. 그리고 검사물 수집 폐기물을 관리할 계획을 세운다.
- 적절한 양의 검사물을 수집한다.
- 개인 확인정보가 도용되지 않도록 환자와 해당 검사물을 연결하는 적어도 두 개의 확인표시를 각 임상 검사물에 대해 라벨을 붙인다.
- 각 비임상적 검사물(예: 환경, 동물)에 적어도 두 개의 확인 표시를 하여 검사물을 가장 적절한 유기체 및 장소 그리고 사물에 붙인다(예: 유기체 ID, 위치 ID, 표본 유형 ID, 의료기기 ID).
- 검사물 획득을 위해 지방 및 주립 실험실과 협력한다. 이 장에서 일반화된 안내 지침은 특수목적의 검사에는 적절하지 않기 때문에 수집과정에 특수한 훈련이 필요한 경우에는 표본을 수집하지 않는다.
- 차후에 논의할 특별한 고려사항을 검토하고, 검사물 작업에 대해 특수한 안내가 필요하다면 실험실과 연락한다.

(1) 특별 고려 : 위험도 평가

위험은 바라지 않는 사건이 일어날 가능성이다(즉, 특별히 바라지 않는 사건의 개연성 및 결과에 대한 함수). 현장조사를 수행하거나 실험실 활동을 하기 전에, 그 활동과 관련된 위험을 평가하라. 역학자와 실험실 과학자는 현장조사에 대한 위험도평가를 수행해야 한다. 이 위험도평가 수행에는 특정 주제 관련 전문가(여기에는 지방 및 주립 공중보건 실험실 과학자와 역학자, 의사, 적절한 시설 관계자, 그리고 적절한 응급요원 등이 포함된다)의 도움이 필요하다. 조사 팀 구성원들 사이에 위험도평가 결과를 공유해야 한다. 그래야만 모든 사람이 관련된 위험을 알 수 있다. 위험도평가의 결과를 어떻게 위험을 줄일 수 있을지에 대한 방법의 기초적 데이터로 이용하여야 한다. 추가적인 위험을 확인하고 경감하며 특정 활동과 연관된 새로운 정보나 환경을 설명하기 위해 조사 활동을 하는 동안에 정기적으로 활동을 모니터링하고 재평가해야 한다. 현장조사가 끝난 뒤에는 차후 현장조사 위험도평가를 위한 방법을 확인하기 위해 조사 활동을 검토해야 한다.

위험관리의 원리에 의하면, 위험도평가는 다음의 세 단계를 따라야 한다고 한다.

1. 상황을 정의한다. 어떤 일이 일어날 것인가?
2. 그 상황에서의 위험을 규정한다. 무엇이 나빠질 것인가?
3. 각 위험을 특징짓는다. 각 위험은 어떻게 일어날 것인가? 각 위험이 가져올 결과는 무엇인가?

상황과 활동을 철저히 규정지어 위험도 평가를 시작하라. 특히 중요한 것은 작업을 어디서 할 것인가, 누가 작업을 수행할 것인가(작업자의 지식과 기술 그리고 능력을 포함하여), 작업자가 어떤 장비를 사용할 것인가(표본 추출과 개인보호장비(PPE)를 포함하여), 그리고 작업자가 어떤 위험을 만날 것인가 하는 것이다. 위험은 날카로운 물체나 위험을 가진 생물체와 같이 잠재적으로 해를 끼칠 수 있는 것이다. 위험을 고려할 때는 현장조사에서 가장 명백한 원인 관련 위험을 생각해야 한다(예: 비의도적 노출, 물리적 상해). 그러나 위험도 평가에는 부정적 결과를 가져올 수 있는 덜 명확한 위험들도 포함해야 한다. 각각의 현장 조사에서 원인균 관련 위험 이외에도 부정적인 결과를 가져올 수 있는 모든 조사 활동 관련 위험도를 고려해야 한다(예: 부정확하거나 모호한 실험 결과를 만드는 조잡한 검사물 수집, 부정확한 사례 관리를 가져오는 운송상의 위험, 환자의 프라이버시나 동의와 연관된 데이터 관리 문제, 지방이나 주 그리고 연방의 규정 그리고 시설물 규정을 의도치 않게 어기는 것, 동료 관계에서의 의사소통 오류 등).

현장 조사에서 위험은 다양한 요인으로부터 생길 수 있다. 그리고 다양하고 독특하며 잠재적으로 주요 결과를 만들 수 있다. 위험을 완화시키기 위해서 조사에 관여하는 모든 사람은 그 조사활동의 다양한 단계 동안에 잘못될 수 있는 모든 사항을 고려해야 한다. 그리고 그러한 결과를 발생시킬 수 있는 가능성의 관점에서 각 위험을 평가해야 한다. 그러한 위험을 높은 가능성을 가진 것에서부터 낮은 것까지 등급을 매긴 후에, 그렇게 확인된 위험을 경감시킬 수 있는 특별한 완화 대책의 사용을 고려해야 한다. 그 위험이 적절히 완화되지 않고 여전히 수용할 수 없는 것으로 남아 있다면 표본추출에 착수하지 않아야 한다.

(2) 특별 고려: 질병 증후군의 원인체

동일한 질병 증후군(예: 호흡기 질환)이 하나 혹은 그 이상의 병원체(예: 인플루엔자바이러스, 레지오넬라, 혹은 한타바이러스)에 의해서 혹은 비생물, 화학적, 방사선학적 노출(예: 화학물질, 급성호흡기질환 증후군)에 의해서 야기될 수 있다. 또한 임상 프레젠테이션이 비정형적일 수 있는데, 이는 현장조사를 복잡하게 할 수 있다. 알려지지 않은 병인에 의한 집단발병 연구의 효율을 최대화하기 위해서 연구자는 다양한 잠재적 원인물질에 대한 충분한 지식이 있는 실험실이나 역학의 주제 관련 전문가와 협력할 필요가 있다. 표 3.1.1.은 다양한 질병 증후군의 병리적 원인체에 대한 가설을 수립하고 시험을 위해 수집해야 할 적절한 검사물을 결정하는 데 도움이 될 수 있다. 알려지지 않은 병인론에 의해 발생한 질병의 연구를 위한 추가적인 온라인 데이터들을 또한 확인할 수 있다.

표 3.1.1. 감염성 질환[a] 증후군과 임상 검사물의 유형

증후군 및 온라인 출처	몇몇 가능한 원인	검사물 유형	의심되는 원인체
피부과학적	수두(chickenpox), 원두(monkeypox), 두창(variola), 우두(vaccinia), 홍역(measles), 피부탄저(cutaneous anthrax), 헤르페스(herpes)	수포액, 딱지, 혈청, 수포 삼출물	바이러스, 세균
설사 (http://cifor.us/products/guidelines)	수성(watery)(콜레라), 이질(dysentery)(쉬겔로시스), 열성 위장염(장티푸스), 구토(노로바이러스, 세균 중독)	대변, 혈액, 구토물	세균, 바이러스, 기생충, 독소, 화학물질
충혈성 열 (Hemorrhagic fever)	아르보바이러스(뎅기열), 아레나바이러스(라사열), 필로비랄(에볼라바이러스 질환), 말라리아	혈액, 혈액도말, 혈청, 사후 조직 생검	바이러스, 기생충
황달 (Jaundice)	A-E 간염, 스피로헤타(렙토스피라증), 황열	혈청, 사후 간조직 생검, 혈액배양, 요	바이러스, 세균
신경학적	길랑-바레 증후군, 폴리오, 뇌수막염, 광견병, 수막염	대변, 뇌척수액, 혈액, 혈액도말, 혈청, 목 면봉(throat swab), 사후 조직 표본	바이러스, 세균
안과학적	트라코마(trachoma), 각결막염, 결막염	결막 면봉/도말(conjunctival swab/smear), 혈청, 목 면봉(throat swab)	바이러스, 세균
호흡기 (https://www.cdc.gov/urdo/index.html)	인플루엔자, 한타바이러스, 천식해, 레지오넬라증, 폐렴, 결핵, SARS(severe acute respiratory syndrome), 코로나바이러스	목 면봉(throat swab), 혈청, 비인두 면봉(nasopharyngeal swab), 혈액, 담(sputum), 요	바이러스, 세균, 독소
계통적 (Systemic)	다른 증후군으로 같은 요인에 의해 다양하게 가끔 발생	사후 조직생검, 혈청, 뇌척수액, 요, 혈액배양, 흡인물, 혈액도말	바이러스, 기생충, 세균

[a] For definition and review of syndromes for chemical or radiologic agents, see the CDC Emergency Preparedness and Response website for chemical(https://emergency.cdc.gov/chemical/) and radiologic(https://emergency.cdc.gov/radiation/index.asp) emergencies.

(3) 특별 고려: 검사물 수집

표 3.1.2.는 감염병 검사를 위한 다양한 임상 검사물 유형에 대한 검사물 수집 공급, 기본 수집

절차 및 검사물 추출에서의 고려사항을 보여준다. 환경독소 검사에 관한 유사한 정보를 위해서는 표 3.1.3.을 참조하라. 이러한 안내사항들은 현장에서 검사물을 수집하는 데 있어서 계획에 도움이 될 수 있다. 그러나 검사물 수집을 시작하기 전에 항상 실험실과 상의하여야 한다.

표 3.1.2. 의심되는 감염 원인체 노출에 대한 검사물 수집

검사물 유형	공급기자재 및 소모품 등	고려 사항
혈액	멸균 수집용 튜브, 바늘과 주사기	환자 연령 및 기타 인구학적 특성은 검사실에서 참조 범위를 선택하는 데 유용할 수 있음
	지혈대(tourniquet)	필요한 혈청 1mL마다 2.5mL의 혈액을 수집함
	피부 소독액, 거즈 패드	실험실에서 다른 지시가 없는 한 즉시 얼음에 혈액을 보관하시오. 얼리지 마시오.
	붕대	항응고제로 EDTA가 선호됨
	라벨, 필요한 양식(necessary forms), 샤프 용기(sharps container)	첨가물이 있는 진공관에 모으는 경우, 혈액과 첨가물의 유효 농도를 유지하기 위해 진공이 멈출 때까지 튜브를 채우고 튜브를 8~10회 부드럽게 뒤집어 혼합함
	감염성 폐기물 봉투	가능하면 플라스틱 튜브를 사용함
	손 위생용품, 라텍스 또는 나이트릴 장갑	샘플 수집 위치, 방법 및 바늘 게이지에 대해 실험실과 상의하여 용혈을 피함
	실험실 가운, 안면보호구 또는 고글	공복 요건에 대해 실험실과 상의하여 고빌리루빈혈증 및 지방혈증을 예방함
	만약 호흡기 증상이 있을 경우 마스크 착용	가능하면 치료 전에 샘플을 확보하시오. 치료가 이미 시작된 경우 샘플 라인 목록에 치료 정보를 기록함
가래	소독한 넓은 입구의 용기	침이나 후비루(postnasal discharge) 수집을 피함
	라텍스 또는 나이트릴 장갑, 실험실 가운	바이러스 및 세균 샘플은 보관 및 운송 조건이 다를 수 있음
	라벨(labels)	
	필요한 양식(necessary forms)	
	감염성 폐기물 봉투	
	손 위생용품	
대변	소독한 용기, 라텍스 또는 나이트릴 장갑, 실험실 가운	가능하면 치료 전에 샘플을 확보하시오. 치료가 이미 시작된 경우 샘플 라인 목록에 치료 정보를 기록함
	라벨(labels)	설사가 시작된 후에 가능한 한 빨리 수집함
	필요 양식(necessary forms)	4~8°C 유지
	감염병 폐기물 봉투	기생충 검사에는 고정제(fixative)가 필요할 수 있음
	손 위생용품	
면봉 (Swabs)	소독한 면봉(sterile swabs)	식염수로 미리 면봉을 적심
	소독한 식염수, 소독한 이송 튜브	플라스틱 샤프트(plastic shafts)가 있는 멸균 Dacron 또는 Rayon 면봉 또는 가능한 경우 무리지어진 면봉(flocked swabs)만 사용함
	라텍스 또는 나이트릴 장갑, 안면보호구 또는 고글(face shield or goggles)	알긴산 칼슘 면봉(calcium alginate swabs), 면봉(cotton swabs) 또는 나무 막대기가 있는 면봉(swabs with wooden sticks)을 사용하지 마시오.

	실험실 가운	이송을 위해 원인체에 맞는 미디어(agent-specific media)에 면봉을 놓음
	라벨(labels)	
	필요 양식(necessary forms)	
	감염성 폐기물 봉투	
	손 위생용품	
요	소독한 용기	가능하면 치료 전에 샘플을 확보하시오. 치료가 이미 시작된 경우 샘플 라인 목록에 치료 정보를 기록함
	소독 물티슈(antiseptic wipes)	
	라텍스 또는 나이트릴 장갑	
	실험실 가운, 라벨	쇠약해진 환자로부터 채취하는 경우 채취 전에 외부 생식기를 깨끗히 하는 것은 도움을 줌
	필요한 모든 양식 (any necessary forms)	신생아에게서 수집하는 경우 필요하다면 소변 수집백(urine collection bag)을 사용함
	감염병 폐기물 봉투	화학물질과 생물 검사는 수집에서 저장, 이송 조건이 다를 수 있음
	손 위생용품	
	안면보호구 또는 고글	표본은 4°C에서 유지함
수포액, 딱지, 흡인물	소독한 면봉, 소독한 식염수, 소독한 이송용 튜브, 소독한 란셋 또는 바늘, 주사기 및 넓은 구멍 바늘, 소독한 포셉(sterile forceps), 피부소독액, 라텍스 또는 나이트릴 장갑, 안면보호구 또는 고글, 실험실 가운, 라벨, 필요 양식, 감염병 폐기물 봉투, 손 위생용품	천연두(smallpox) 의심 사례는 즉시 주 공중보건연구소와 질병통제예방센터(CDC)에 보고해야 함. 바이러스 및 세균 샘플은 보관 및 운송이 다를 수 있음

표 3.1.3. 의심되는 환경성 독물 노출에 대한 검사물 수집

의심되는 독물	선호되는 검사물 수집	성인 및 10세 이상 어린이	10세 미만 어린이
유기물	1. 혈청	1. 항응고제 없는 10mL 튜브 2개	1. 항응고제 없는 5mL 튜브 1개
	2. 요	2. 50mL	2. 10~20mL
	3. 전혈(헤파린)	3. 7mL 튜브 1개 또는 4mL 튜브 3개 또는 3mL 튜브 4개	3. 3mL 튜브 2개
무기물	1. 요	1. 50mL	1. 10~20mL
	2. 전혈(EDTA)	2. 3mL 튜브 1개	2. 3mL 튜브 1개
	3. 혈청	3. 7mL 미량금속 없는 튜브 1개	3. 7mL 미량금속 없는 튜브 1개
모름	1. 혈청	1. 항응고제 없는 10mL 튜브 2개	1. 항응고제 없는 5mL 튜브 1개
	2. 요	2. 50mL	2. 10~20mL
	3. 전혈(EDTA)	3. 2mL 튜브 1개	3. 2mL 튜브 1개
	4. 전혈(헤파린)	4. 7mL 튜브 1개 또는 4mL 튜브 3개 또는 3mL 튜브 4개	4. 3mL 튜브 2개

(4) 특별 고려: 잠재적인 샘플링(sampling) 사고(pitfalls)

표본추출 전에 실험실과 연락해야 할 한 가지 이유는 검사물에 발생하는 사고 때문이다. 이러한 검사물 사고는 검사물 작업도구(예: 면봉 물질에 의한 검사의 방해), 검사물 수집 기술(예: 혈액 표본의 용혈), 검사물 저장(예: RNA의 분해), 혹은 표본 타이밍(예: 일치된 혈청) 등에서 발생한다. 표 3.1.4.는 피해야 할 특정한 사고를 설명하고 있다. 그러나 그 목록은 정확한 것이 아니다. 그러므로 검사물을 수집할 때 실험실과 미리 상담해야 한다.

표 3.1.4. 실험검사 종류에 따른 특이한 샘플링 사고(sampling pitfalls)

검사 유형	고려사항
항미생물 감수성검사	배양 생존력을 유지하는데 가장 적합한 조건에서 보관해야 한다. 낮은 바이러스 부하와 유전적 변이는 분석에 영향을 미칠 수 있다. 환자의 치료 병력을 포함한다.
배양	치료제는 유기체의 검출에 영향을 미칠 수 있다. 보존제(포르말린 또는 알코올)는 유기체 생존에 영향을 미칠 수 있다. 소독제(염소, 리졸, 알코올)가 검사에 영향을 미칠 수 있다. 일부 유기체의 배양에는 더 엄격한 배송 규칙이 필요할 수 있다. 2~8℃ 이외의 온도에서 혈액을 보관하면 검사에 영향을 미칠 수 있다. 여러 번의 동결과 해동(특히 〉 3회)은 검사 성능에 영향을 미칠 수 있다.
분자 (Molecular)	용혈은 검사 결과에 영향을 미칠 수 있다. 헤파린은 분자 분석을 방해할 수 있다. 샘플의 양이 충분하지 않으면 검사가 무효화될 수 있다. 치료제는 유기체의 검출에 영향을 미칠 수 있다. 동시 감염 또는 오염은 검사 결과에 영향을 미칠 수 있다. 알긴산 칼슘 면봉 또는 나무 막대기가 있는 면봉에는 일부 분자 분석을 억제하는 물질이 포함될 수 있다. 혈액 샘플의 세포에서 혈청을 분리하지 않으면 RNA가 분해될 수 있다. 여러 번의 동결과 해동(특히 〉 3회)은 검사 성능에 영향을 미칠 수 있다.
병리 (Pathology)	장기간 고정(〉 2주)은 일부 분석을 방해할 수 있다. 조직의 분해는 검사 성능에 영향을 미칠 수 있다. 조직과 10% 포르말린의 비율이 1:10 미만이면 고정을 방해할 수 있다.
혈청학 (Serology)	쌍을 이룬 샘플(급성 및 회복기)을 수집하지 않으면 해석할 수 없는 결과가 발생할 수 있다. 오염은 검사를 방해할 수 있다. 빌리루빈, 지질 및 헤모글로빈은 혈청 분석을 방해할 수 있다. 혈액 샘플의 세포에서 혈청을 분리 및 동결하지 않으면 항체가 분해될 수 있다. 플라스틱 튜브를 사용하지 않으면 배송이 어렵게 할 수 있으며 실험실에서 샘플을 받지 못할 수 있다. 풀링된 샘플은 실험실 결과 해석에 어려움을 줄 수 있다.

(5) 특별 고려: 개인보호장비(Personal Protective Equipment, PPE)

개인보호장비(PPE)는 심각한 손상이나 질환을 야기할 수 있는 위험물질에의 노출로부터 보호하기 위해 사용하는 의복이나 장비이다. 화학적, 방사선학적, 물리적, 전기적, 기계적 혹은 기타 위험에 대한 접촉으로부터 노출이 생길 수 있다. 이러한 개인보호장비(PPE)에는 장갑, 보안경 및 보안 신발, 귀마개나 머프, 단단한 모자, 호흡기, 혹은 상하 작업복, 조끼, 그리고 전신용 의복 등이 포함될 수 있다. 개인보호장비(PPE)의 선택은 각각의 개별적 조사와 연관된 특수한 위험에 맞추어 행해져야 한다. 산업안전보건청은 적절한 개인보호장비(PPE)를 선택하고 특정 위험에 대한 추가 안전 관련 정보를 식별하는 데 사용할 수 있는 여러 온라인 정보를 제공한다(https://www.osha.gov/dts/osta/oshasoft/index.htmlexternal icon). 또한 산업안전보건청(https://www.osha.gov/Publications/osha3151.pdf)과 국립산업안전보건원(https://www.cdc.gov/niosh/docs/2005100/pdfs/2005-100.pdf) 안내도 이용할 수 있다.

일반적으로 개인보호장비(PPE)를 선택할 때 고려해야 할 세 가지의 질문이 있다. 첫째는, 예상되는 노출의 유형(튐, 쏟음, 뿌림), 노출의 양(대량 혹은 소량), 노출의 원천(생물학적, 화학적, 방사선학적 물질)이 무엇인가 하는 것이다. 두 번째는, 어떠한 개인보호장비(PPE)가 작업 활동(액체, 분말, 가스에 대항하여)하는 동안에 충분하고 적절하게 내구성이 있는가 하는 것이다. 셋째로, 개인보호장비(PPE)가 어떻게 활동과 작업(적절한 사이즈인지, 너무 뜨겁지는 않은지)에 영향을 줄 것인가 하는 것이다. 표 3.1.5.에 몇 가지 개인보호장비(PPE)에 대한 고려 사항이 나타나고 있다. 그러나 조사 팀은 생물학적, 화학적, 방사선 위험으로서 특정 현장조사에 가장 효과적인 개인보호장비(PPE)의 유형에 대해 해당 실험실 과학자들과 상의해야 한다.

표 3.1.5. 감염성 검사물[a] 수집에서 고려되어야 하는 개인보호장비(personal protective equipment, PPE)

개인보호장비의 예	착용 상황	고려사항
앞치마(Apron), 실험실 가운(lab coat, gown) 등	튀는 위험(splash hazards)으로부터 피부와 의복을 보호하기 위하여	몸통을 덮고 편안하게 맞으며 손목에 꼭 맞는 긴 소매가 있는 깨끗하고 일회용, 액체내성 격리 가운(fluid-resistant isolation gown)을 권장한다. 적용범위(예: 제한된 잠재적 오염을 위한 가운 대신 앞치마), 청결(예: 가운의 세탁 및 재사용), 체액 투과성 및 환자 위험(예: 침습적 시술을 위한 멸균 가운)을 고려하여야 한다.
라텍스 또는 나이트릴 장갑 (Latex or nitrile gloves)	접촉 위험으로부터 손을 보호하기 위하여	환자와 검체 사이에 또는 찢어지거나 더러워진 경우 교체할 수 있는 비멸균 일회용 비닐, 라텍스 또는 나이트릴 장갑 한 쌍을 권장한다. 장갑을 선택하거나 사용할 때 장갑의 착용감, 작업 시간, 작업의 "젖음", 장갑에서 환자로의 전파 가능성, 환경 표면에 닿을 가능성을 고려하여야 한다.
외과용 마스크 (Surgical masks)	스프레이와 튀는 위험으로부터 입과 코를 보호하기 위하여	코와 입을 가리고 유연한 코 부분과 신축성 있는 스트랩(elastic straps)으로 체액 침투를 방지하는 마스크를 권장한다. 에어로졸이 우려되는 경우에는 대신 인공호흡기를 착용한다.

N95 마스크 (respirator), **탄성 마스크** (elastomeric respirator), **전동식 공기정화 호흡보호구**(PAPR)	흡입 가능한 미립자 위험으로부터 호흡기를 보호하기 위하여	직경 5μ 미만의 흡입 가능한 입자로부터 보호하려면 N95를 권장한다. 큰 물방울이나 많은 에어로졸을 유발할 수 있는 침습적 절차의 경우 더 높은 수준의 호흡기(예: PAPR, powered air purifying respirator)를 고려하여야 한다. 인공호흡기를 사용하려면 매번 사용하기 전에 의학적 평가, 핏 검사(fit testing), 교육 및 핏 체크(fit checking)가 필요하다.
고글(Goggles), **보안경**(safety glasses), **안면 쉬일드**(face shield)	튀는 위험으로부터 눈을 보호하려면	이마와 턱 아래를 덮고 얼굴 측면을 감싸는 꼭 맞는 핏, 김 서림 방지 고글 또는 보안경 또는 안면 보호대를 권장한다. 개인용 안경은 고글 대신 사용할 수 없다. 처방 렌즈에 맞는 고글을 착용한다.

[a] For definition and review of PPE for chemical or radiologic agents, please see the CDC Emergency Preparedness and Response website for chemical (https://emergency.cdc.gov/chemical/) and radiologic (https://emergency.cdc.gov/radiation/index.asp) emergencies. PAPR, powered air purifying respirator; PPE, personal protective equipment.

3) 3단계: 검사물의 저장과 수송에 대해 실험실과 협력하라.

검사물의 송부자는 검사물이 적절한 상태에서 저장되고 수송되는지 확인할 책임이 있다. 진단 혹은 조사 목적으로 보낸 감염성 혹은 잠재적으로 해로운 검사물은 적절한 규정을 준수하여 포장하고 배송해야 한다. 현장조사로부터 생긴 어떠한 검사물을 송부하기 전에 관련 규정과 관행에 맞는지 확인하기 위해 검사물을 수령하는 실험실 및 적절한 배송 전문가와 상담해야 한다. 여기에서 제시하는 정보와 링크들은 검사물의 저장, 송부, 그리고 수송 요구사항을 파악하는 출발점을 제공한다.

- 감염성 질환 테스트를 위해 질병통제예방센터(CDC)로 보내는 검사물
  - 저장 요구사항: 각 테스트에 대한 특수한 저장 요구사항은 https://www.cdc.gov/laboratory/specimen-submission/list.html를 확인하라.
  - 송부 양식: https://www.cdc.gov/laboratory/specimen-submission/form.html
  - 수송 지시사항: https://www.cdc.gov/laboratory/specimen-submission/shipping-packing.html

- 화학물 또는 방사선 검정을 위해 질병통제예방센터(CDC)로 보내는 검사물
  - 방사선(Radiologic): https://emergency.cdc.gov/radiation/labinfo.asp
  - 화학물(Chemical): https://emergency.cdc.gov/chemical/lab.asp

- 주립, 지방, 혹은 지역 실험실로 보내는 검사물
  - 적절한 실험실과 연락을 위해 주립, 지방, 지역, 혹은 시설 대표자와 함께 작업하라.
  - 현장에서 응급상황을 만나면, 주립 공중보건 실험실과 연락해야 한다. 주립 공중보건 실험실에 대한 응급 연락처의 리스트는 http://www.aphl.org/programs/preparedness/Crisis-Management/Pages/Emergency-Lab-Contacts.aspxexternal icon에서 찾을 수 있다.

다음에 제시하는 체크리스트는 검사물의 포장과 수송에 대한 몇 가지 실용적인 조언을 제공한다.

- 모든 검사물 용기들이 단단히 밀폐되었는지 이중 점검하라.
- 검사물을 송부, 저장, 수송하기 전에 검사물 용기의 외부를 멸균하라. 라벨링이 견고하게 유지되었는지 확인하라.
- 검사물의 일차 용기(예: 튜브, 병, 표본 용기)를 외부 용기(수송 봉투, 수송 상자)에 옮기기 전에 먼저 누출이 없는 이차 용기(플라스틱 가방, 플라스틱 용기)에 옮긴다.
- 검사물의 파손을 방지하기 위해 쿠션이 잘 되었는지 확인하라.
- 모든 적절한 정보(예: 검사물을 만든 장소, 검사물 유형, 환자 확인서, 장비 확인서, 검사물 작업 환경 위치, 의심되는 원천 표본)와 함께 검사물의 리스트를 작성하라.
- 어떤 조사에서는(예: 범죄 활동이 의심되는 경우), 공식적인 관리 양식이 필요할 수도 있다. 적절한 양식을 확보하기 위해, 지방의 공중보건공무원, 수송 전문가, 그리고 검사물 수령 실험실과 상담하라.
- 검사물의 특수한 수송 요구사항을 결정하라(https://www.iata.org/whatwedo/cargo/dgr/Documents/infectious-substance-classific ation-DGR56-en.pdfpdf icon external icon).
- 실험실로 송부되는 검사물의 추적 번호를 제공하라.

4) 4단계 : 실험실 검사 결과를 협력하여 해석하라.

실험실 검사는 그 어느 경우보다 해석하기 복잡한 특성이 있다. 그리고 현장조사로부터 얻은 실험실 데이터와 그 사용을 통해 결론을 내리는 것은 다음 사람들 사이에서의 협력이 공고할 때 가장 효과적이고 믿을 만한 것이 된다.

- 실험실 과학자. 이들은 실험실 보고서 및 검사의 특성을 설명할 수 있는 사람이다.
- 역학자. 이들은 현장조사의 맥락에서 검사를 해석한다.
- 임상의사. 이들은 환자 관리의 맥락에서 검사를 해석한다.

이와 같은 전문가들은 서로 다른 지식을 갖고 있으며 서로 다른 목적을 위해 작업하기 때문에, 실험실 데이터는 이들의 협력하에서 해석될 때 가장 효과적이다. 그러한 협력이 있을 때 데이터의 한계 및 기능을 이해할 수 있고 부적절한 검사물 수집이나 충분하지 못한 양의 검사물로 인하여 나타날 수 있는 부정적이거나 결정되지 않은 결과의 잠재적 발생과 결과를 최소화할 수 있다. 또한 검사하는 동안에 탐지 한계 밖의 값이나 교란으로 인한 보고되지 않은 결과도 나타날 수 있다. 실험실 결과를 해석하면서 고려해야 할 이슈에는 다음과 같은 것들이 포함된다.

- 현장조사에 대한 실험실 검사는 적절하게 구조화된 역학적 가설의 맥락에서 해석되어야 한다. 조사자들은 항상 왜 검사를 선택했는지 그리고 주어진 질문이 무엇인지를 항상 고려해야 한다.
- 검사 결과의 해석은 선택된 검사의 민감도와 특수성에 따라 달라진다. 질병의 유병률이 어떻게 검사의 예견적 가치에 영향을 주는지를 고려하라.
- 검사의 특성이 어떤 집단에서 유래되었는지 그리고 검사하고 있는 집단과는 어떤 차이가 있는지를 고려하라.
- 검사물이 비특이적인 미디어에 대해 부정적일지라도, 그 검사물이 또한 의심되는 인자 특화 미디어에 부정적이지 않다면 검사물은 부정적인 것으로 해석할 수 없다.
- 현장조사가 활성화 중인 병원체를 포함하고 있다면, 활성화되는 병원균이 병의 원인균이라는 코흐(Koch)의 가설이 기본을 형성한다. 그러므로 해석에는 코흐(Koch) 가설의 각 사항을 고려해야 한다. 어떤 병원체를 발견하였다고 하더라도 그것이 반드시 질병을 일으키지는 않는다.
- 병원체는 서로 다른 숙주에서 달리 행동하기 때문에 환자의 상태를 고려하라. 고려해야 할 환자의 상태는 면역학적 상태, 받고 있는 치료, 연령, 생리학적 상태, 성별, 그리고 인종을 포함한다.
- 분자형 결정과 다른 연관 연구는 현장조사에서 파생된 역학적 가설을 지지하는 독립체를 확신할 수 있다. 연관성 해석은 사용되는 형 결정분석에 특화된다.
- 참조 범위는 정확하지 않으며 검사에 따라 실험실마다 다양하다. 그리고 건강한 성인을 95% 포함하도록 선택하라. 그러나 범위를 벗어난 값과 질병 사이의 상관관계가 항상 명확한 것은 아니다. 기준 범위를 설정한 값, 모집단의 기록 정보 및 기준 범위 표본 모집단을 수집하는데 사용되는 표본 크기를 고려해야 한다.

실험실과 협력하여 검사를 해석하는 것은 가장 좋은 실전이다. 표 3.1.6.에는 실험실 결과의 해석에서 몇 가지 고려해야 할 사항을 나타내고 있다. 이 고려사항은 임상의사, 역학자, 그리고 실험실 과학자들 사이의 협력을 촉진하는 안내로써 사용될 수 있다.

표 3.1.6. 실험검사 유형별 해석 지침

검사유형	진양성 (True positive)	위양성 (False positive)	진음성 (True negative)	위음성 (False negative)
분자 (Molecular)	샘플에 의심되는 생물체 존재: "양성"	프라이머 또는 프로브의 비특이적 결합 시료의 교차 오염	샘플에 의심되는 생물체 없음: "음성"	증폭 반응 실패 프라이머 또는 프로브 결합 실패
배양 (Culture)	샘플에 의심되는 생물체 존재: "양성"	수집 중 오염 실험실에서 다른 샘플과 교차 오염	샘플에 의심되는 생물체 없음: "음성"	항균제 치료시작 후 수집된 샘플 성장에 사용된 배지가 의심되는 생물체를 지원하지 않음 감염원 제거
혈청학 (Serology)	의심되는 병원체에 특이적인 항체의 존재: "노출"	교차 반응성 비특이적 억제제 및 응집소	의심되는 병원체에 특이적인 항체 부재: "노출 없음"	내성 시료의 부적절한 타이밍 비특이적 억제제 독성물질 항생제 유발 억제 불완전 또는 차단 항체
항미생물 내용검사 (Antimicro-bial resistance testing)	정상적인 용량의 항균제(들)가 미생물을 억제함: "감수성"	검사 중인 생물체 또는 약물에 대해 잘못된 분석을 선택 검사 중인 생물체의 성장에 충분하지 않은 배지 추가된 생물체 수가 충분하지 않습니다. 잘못된 표준 표를 사용	미생물은 정상적인 용량의 항균제에 의해 억제되지 않음: "내성"	Wrong assay selected for organism or drug being tested Insufficient antimicrobial added Wrong standard tables used 검사 중인 생물체 또는 약물에 대해 잘못된 분석을 선택 불충분한 항생제 추가 잘못된 표준 표를 사용
병리학 (Pathology)	병리 샘플에서 의심되는 생물체의 존재: "양성"	교차 반응성 비특이적 상호작용	병리 샘플에서 의심되는 생물체의 부재: "음성"	샘플 유형 또는 생물체에 대해 잘못된 검사분석 선택 염색 또는 특정 항체 실패 잘못된 샘플 유형

5) 5단계 : 결과 출판을 통해 실험실과의 협력을 지속하라.

현장조사를 통해 새로운 대규모 감염 병원체의 발견, 제품이나 장비 위험의 확인, 오래된 병원체를 새로운 장소에서 발견, 공중보건에 대한 새로운 위험의 확인, 혹은 심지어 범죄인의 체포를 할 수 있다. 현장조사의 중요성을 감안하면 정확성과 완성도가 중요하다. 역사를 통해서 공중보건 권고사항들이 오직 역학적 데이터에만 의존한다면(정치적인 이유로 혹은 응급 상황에서), 의도치 않은 결과가 발생할 수 있다고 밝혀졌다. 유사하게, 실험실의 능숙하지 못한 진단 능력 또한 환자 치료에서 불필요한 어려움을 일으킬 수 있다. 그러므로 가장 효율적이고 신뢰감을 주는 현장조사팀은 역학과 실험실 과학 사이의 굳건한 협력하에 구성되어야 한다. 데이터의 분석, 결론의 형성, 결과의 공표 혹은 출판을 포함하여 모든 과학적 과정 단계에서 협력을 유지하는 것이 필요하다. 그러한 협력 관계를 돕는 몇 가지 일반적인 고려사항은 다음과 같다.

- 조사자는 검사를 이해해야 하며 검사의 한계에 대한 인지, 가정적 맥락으로부터 그 한계를 고려하여 검사 결과를 해석할 수 있어야 한다.
- 현장조사자는 실험실 결과가 역학적 가정을 지지하는지 혹은 위배하는지를 결정하기 위해 실험실 요원들과 협력해야 한다.
- 현장조사자(역학자와 실험실 과학자 모두)는 공중보건 지침에 대한 현장조사 결과를 추가로 개발할 수 있는 실험실 또는 역학 연구를 설계하기 위해 협력해야 한다.
- 현장조사자와 실험실 요원은 모든 작성자 지침에 따라 조사 결과 적절하다고 판단되는 결과 발표를 공동으로 추진해야 한다.

3 결론

역학은 공중보건의 과학적인 기초를 제공한다. 그러나 어떠한 기초와 마찬가지로, 그 기초는 굳건한 바탕 위에서 성립되어야 한다. 이 경우에는 과학적 훈련의 복합적 양상을 말한다. 지역 및 주립, 연방 공중보건연구소는 미생물학, 기생충학, 미생물학, 통계학, 생물 정보학, 분자생물학, 독성학, 생태학, 화학, 직업 보건학, 미생물 생태학, 실험실 과학, 환경보건, 생물안전, 생물보안, 임상관리, 의학적 기술을 포함한 다양한 기술 분야의 전문가를 보유하고 있다. 그러므로 실험실과의 안전하고 지속적인 협력 관계를 유지하는 것은 역학의 실제 적용을 향상시킬 것이다. 그리고 순서대로 공중보건에도 기여할 것이다.

참고문헌

대한예방의학회. 예방의학과 공중보건학, 제3판 수정증보판, 계축문화사, 2017.

대한예방의학회, 한국역학회. 예방의학 · 역학 · 공중보건학 용어집, 계축문화사, 2014.

손석준, 이경수, 이무식, 이중정, 이충원, 정인성. 현장역학(Field Epidemiology, 2nd edition 번역본). 계축문화사, 2004.

Balestri R, Bellino M, Landini L, et al. Atypical presentation of enterovirus infection in adults: outbreak of 'hand, foot, mouth and scalp disease' in northern Italy. J Eur Acad Dermatol Venereol. 2017;32:e60–e61.

Baron EJ, Miller JM, Weinstein MP, et al. A guide to utilization of the microbiology laboratory for diagnosis of infectious diseases: 2013 recommendations by the Infectious Diseases Society of America (IDSA) and the American Society for Microbiology (ASM)(a). Clin Infect Dis. 2013;57:e22–e121.

Berche, P., Louis Pasteur, from crystals of life to vaccination. Clin Microbiol Infect. 2012;18 Suppl 5:1–6.

Breslow NE, Day NE. Statistical methods in cancer research. Vol 1. The analysis of case—control studies. (IAEC scientific publication no. 32). Lyon: International Agency for Research on Cancer; 1980.

CDC. Pneumocystis pneumonia—Los Angeles. MMWR. 1981;30:250–2.

CDC. Recognition of illness associated with exposure to chemical agents—United States, 2003. MMWR. 2003;52:938–40.

CDC. Severe acute respiratory syndrome (SARS) and coronavirus testing—United States, 2003. MMWR. 2003;52:297–302.

CDC.Spinal and paraspinal infections associated with contaminated methylprednisolone acetate injections—Michigan, 2012–2013. MMWR. 2013;62:377–81.

de Oliveira AM, Skarbinski J, Ouma PO, et al. Performance of malaria rapid diagnostic tests as part of routine malaria case management in Kenya. Am J Trop Med Hyg. 2009;80:470–4.

Detels R, Beaglehole R, Lansang MA, Gulliford M. Oxford Textbook of Public Health, Oxford University Press, 2009.

Chen L, Brueck SE, Niemeier MT. Evaluation of potential noise exposures in hospital operating rooms. AORN J. 2012;96:412–8.

Cherry C, Leong K, Wallen R, Buttke D. Notes from the field: injuries associated with bison encounters—Yellowstone National Park, 2015. MMWR. 2016;65:293–4.

Dickerson AS, Rahbar MH, Han I, et al. Autism spectrum disorder prevalence and proximity to industrial facilities releasing arsenic, lead or mercury. Sci Total Environ. 2015;536:245–51.

Dowdle WR, Mayer LW, Steinberg KK, Ghiya ND, Popovic T; CDC. Laboratory contributions to public health. MMWR Suppl. 2011;60:27–34.

Crump JA1, Corder JR, Henshaw NG, Reller LB. Development, implementation, and impact of acceptability criteria for serologic tests for infectious diseases. J Clin Microbiol. 2004;42: 881–3.

Duffy MR, Chen TH, Hancock WT, et al. Zika virus outbreak on Yap Island, Federated States of Micronesia. N Engl J Med. 2009;360:2536–43.

Empson MB. Statistics in the pathology laboratory: diagnostic test interpretation. Pathology. 2002; 34:365–9.

Erck Lambert AB, Parks SE, Camperlengo L, et al. Death scene investigation and autopsy

practices in sudden unexpected infant deaths. J Pediatr. 2016;174:84–90 e1.
Feinstein AR. Clinical Epidemiology. The architecture of clinical research. Philadelphia: W.B. Saunders Company 1985.
Flint M, Goodman CH, Bearden S, et al. Ebola virus diagnostics: the US Centers for Disease Control and Prevention laboratory in Sierra Leone, August 2014 to March 2015. J Infect Dis. 2015;212 Suppl 2:S350–8.
Folster JP, Grass JE, Bicknese A, Taylor J, Friedman CR, Whichard JM. Characterization of resistance genes and plasmids from outbreaks and illness clusters caused by Salmonella resistant to ceftriaxone in the United States, 2011–2012. Microb Drug Resist. 2017;23:188–93.
Gieraltowski L, Higa J, Peralta V, et al. National outbreak of multidrug resistant Salmonella Heidelberg infections linked to a single poultry company. PLoS One. 2016;11:e0162369.
Glick TH, Gregg MB, Berman B, Mallison G, Rhodes WW Jr, Kassanoff I. Pontiac fever. An epidemic of unknown etiology in a health department: I. Clinical and epidemiologic aspects. Am J Epidemiol. 1978;107:149–60.
Gordis L. Epidemiology. 5th ed. Philadelphia: Elsevier; 2013.
Hawley B, Casey ML, Cox-Ganser JM, Edwards N, Fedan KB, Cummings KJ. Notes from the field: respiratory symptoms and skin irritation among hospital workers using a new disinfection product—Pennsylvania, 2015. MMWR. 2016;65:400–1.
Hoffmaster AR, Fitzgerald CC, Ribot E, Mayer LW. Molecular subtyping of Bacillus anthracis and the 2001 bioterrorism-associated anthrax outbreak, United States. Emerg Infect Dis. 2002;8:1111–6.
Istre GR, Gustafson TL, Baron RC, Martin DL, Orlowski JP. A mysterious cluster of deaths and cardiopulmonary arrests in a pediatric intensive care unit. N Engl J Med. 1985;313:205–11.
Jelden KC, Iwen PC, Herstein JJ, et al. U.S. Ebola treatment center clinical laboratory support. J Clin Microbiol. 2016;54:1031–5.
Jernigan DB, Raghunathan PL, Bell BP, et al. Investigation of bioterrorism-related anthrax, United States, 2001: epidemiologic findings. Emerg Infect Dis. 2002;8:1019–28.
Jorgensen JH, Ferraro MJ. Antimicrobial susceptibility testing: a review of general principles and contemporary practices. Clin Infect Dis. 2009;49:1749–55.
Kaufmann AF, McDade JE, Patton CM, et al. Pontiac fever: isolation of the etiologic agent (Legionella pneumophilia) and demonstration of its mode of transmission. Am J Epidemiol. 1981;114:337–47.
Kelsey JL, Thompson WD, Evans AS. Methods in observational epidemiology. New York, Oxford: Oxford University Press; 1986.
Kennedy C, Lordo R, Sucosky MS, Boehm R, Brown MJ. Evaluating the effectiveness of state specific lead-based paint hazard risk reduction laws in preventing recurring incidences of lead poisoning in children. Int J Hyg Environ Health. 2016;219:110–7.
Last JM. A Dictionary of Epidemiology, 4th Ed, Oxford Uni Press Inc., 2001.
Lockhart SR, Pham CD, Gade L, et al. Preliminary laboratory report of fungal infections associated with contaminated methylprednisolone injections. J Clin Microbiol. 2013;51:2654–61.
McCarty CL, Basler C, Karwowski M, et al. Response to importation of a case of Ebola virus disease—Ohio, October 2014. MMWR. 2014;63:1089–91.
MacMahon B, Pugh TF. Epidemiology : principles and methods, Little, Brown and Company,

1970.

Majumdar R, Jana CK, Ghosh S, Biswas U. Clinical spectrum of dengue fever in a tertiary care centre with particular reference to atypical presentation in the 2012 outbreak in Kolkata. J Indian Med Assoc. 2012;110:904–6.

Miller CW1, Ansari A, Martin C, Chang A, Buzzell J, Whitcomb RC Jr. Use of epidemiological emergency. Health Phys. 2011;101:209–15.

Moore A, Nelson C, Molins C, Mead P, Schriefer M. Current guidelines, common clinical pitfalls, and future directions for laboratory diagnosis of Lyme disease, United States. Emerg Infect Dis. 2016;22.

Moturi E, Mahmud A, Kamadjeu R, et al. Contribution of contact sampling in increasing sensitivity of poliovirus detection during a polio outbreak—Somalia, 2013. Open Forum Infect Dis. 2016;3:ofw111.

Nakao JH, Talkington D, Bopp CA, et al. Unusually high illness severity and short incubation periods in two foodborne outbreaks of Salmonella Heidelberg infections with potential coincident Staphylococcus aureus intoxication. Epidemiol Infect. 2018;146:19–27.

Porta M. A Dictionary of Epidemiology, 5th edition, IEA, Oxford University Press, USA, 2008.

Rasmussen SA, Goodman RA. The CDC Field Epidemiology Manual, Oxford University Press, USA, 2018.

Renn O, Graham P. Risk governance: towards an integrative approach. Geneva: International Risk Governance Council; 2005:157.

Robert B. Wallace. Maxey-Rosenau-Last Public Health and Preventive Medicine. McGraw-Hill Education, 15 edition, 2008.

Rothman K J. Modern epidemiology. Boston, Toronto: Little, Brown and Com pany; 1986.

Salerno RM, Gaudioso J. Laboratory biorisk management: biosafety and biosecurity. Boca Raton, FL: CRC Press; 2015.

Schlesselman JJ. Case—control studies: design, conduct, analysis. New York: Oxford University Press; 1982.

Sencer D. How should the federal government respond to the influenza problem caused by a new virus? In: Neustadt RE, Fineberg HV. The swine flu affair: decision-making on a slippery disease. Washington, DC: National Academies Press; 1978. https://www.ncbi.nlm.nih.gov/books/NBK219607/external icon

Sejvar J, Lutterloh E, Naiene J, et al. Neurologic manifestations associated with an outbreak of typhoid fever, Malawi–Mozambique, 2009: an epidemiologic investigation. PLoS One. 2012;7:e46099.

Tyndall JA, Gerona R, De Portu G, et al. An outbreak of acute delirium from exposure to the synthetic cannabinoid AB-CHMINACA. Clin Toxicol (Phila). 2015;53:950–6.

World Health Organization. Guidelines for the collection of clinical specimens during field investigation of outbreaks. Geneva: World Health Organization; 2000.

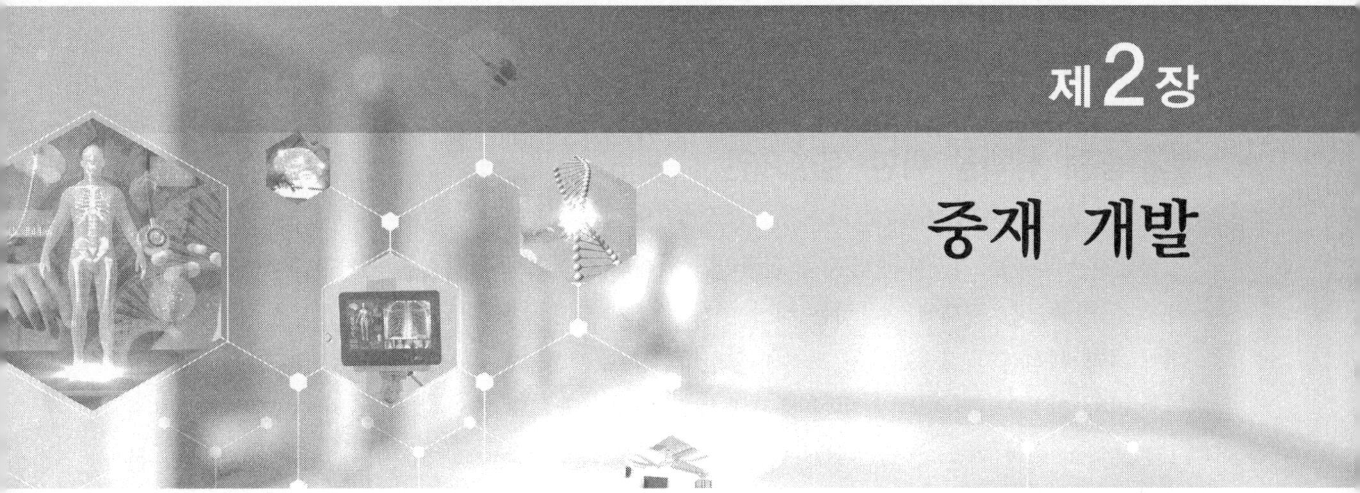

제2장

중재 개발

> 모든 과학 연구는 관찰이든 실험이든 간에 미완이다. 모든 과학적 연구는 발전하는 지식에 의해 수정되거나 기각될 수 있다. 이는 우리가 이미 가지고 있는 지식을 무시하거나 지금 순간의 지식을 바탕으로 취해야 할 행동을 미룰 자유를 부여하지는 않는다.
>
> — 오스틴 브래드퍼드 힐 경(卿), 영국 역학자(1897~1991)

1 중재를 위한 지침 원칙

중재에 대한 결정을 위한 책임과 법적 권한을 가진 공중보건 공무원은 다음과 같은 몇 가지 핵심 원칙을 고려해야 한다. 즉, 적절한 중재를 선택, 중재의 이행 촉진, 중재의 효과성 평가 등이다(표 3.2.1.).

표 3.2.1. 심각한 공중보건 문제의 현장 역학조사 중 활용된 중재에 대한 지침 원칙

- 심각한 공중보건 문제가 확인되자마자 예방할 수 있는 질병과 사망률을 최소화하기 위해, 가능한 빠르게 공중보건에 대한 책임과 사회적 기대치가 있다.
- 공중보건 중재는 확립된 사실과 데이터, 현재 조사 결과 및 이전의 조사와 연구에서 얻은 지식의 기초에 과학적으로 추진되어야 한다. 핵심적인 사회정치 세력(예: 대중의 두려움 또는 정치적 반응)은 신속하게 공중보건 중재에 대한 압박을 가할 수 있지만, 증거에 근거하여 중재되어야 한다. 하지만 특정 중재 구성 요소에 대한 선택은 영향을 받는 공동체, 잠재적으로 영향을 받는 사람, 선출된 공무원 및 미디어의 요구에 대한 보다 수용적이면서 반응을 이끌기 위해 필요할 수 있다.
- 주어진 문제에서는 구현될 중재의 유형과 수는 그 원인, 확산 방식 및 기타 요인을 포함한 급성 문제의 본질에 따라 달라진다.
- 사용된 중재의 유형과 횟수는 조사 중 개발된 정보에서 점차적인 이득의 기능으로써 발전할 수 있다.
- 대부분의 공중보건 중재는 관련 정부 기관과 대중 간의 개방된 양방향 커뮤니케이션을 요구하거나 심지어는 이에 의해 강화될 수 있다.

2 중재 선택을 위한 결정요인

현장에서 일하는 역학자는 중재를 결정하기 위해 과학적으로 합리적인 근거가 존재하는지 여부와 특정 공중보건 문제에 대응하는 하나 이상의 중재 방법을 선택하기 위한 결정을 내리는 과정에서 여러 핵심적인 결정요인을 고려해야 한다. 상호 관련되면서 상호 배타적이지 않을 수도 있는 이러한 결정요인들은 특정 병인 물질에 대한 지식, 전파 및 감염 경로 등 여러 요인과 부분적으로 조사의 인과 기준 확립 능력을 평가하면서 반영되는 기타 인과 요인의 인지를 포함한다. 본 장에서는 문제의 심각성, 주요 역학 요인에 대한 확실성, 그리고 인과 기준의 세 가지 주요 결정요인을 살펴본다. 추가로 중재를 결정하는 데 있어 사회 · 정치학적 맥락과 이의 가능한 역할을 고려한다.

1) 문제의 심각성

특정 문제의 심각성은 현장조사의 긴급성과 과정 및 조기 중재의 주요 결정요인이다. 심각성이 높을수록 공중보건 중재가 더 빨리 이루어질 것으로 예상된다. 심각성의 주요 결정요인은 사건의 결과 발생 확률이다. 고려 대상인 결과로 가장 일반적인 증상과 증후군, 질병의 지속 시간, 입원 또는 사망률 등의 합병증, 치료 필요성, 그리고 경제적 영향 등이 있다. 사건의 결과가 심지어 사건 발생 확률보다도 중재의 중요성을 일깨우는 경향성이 있다.

일례로 보툴리즘을 들 수 있는데 보툴리즘은 발병 확률은 낮지만 발병했을 시 그 결과가 매우 심각하다. 사실상 미국에서 발생하는 어떤 사례든 광범위한 역학조사를 촉발하게 되는데, 이는 식음료의 근원을 밝히면 추가적인 중독 사례를 막을 수 있고, 노출되거나 병든 사람을 찾아내어 항독소 투여가 가능하기 때문이다. 마찬가지로 헬스케어 관련 감염 집락(클러스터)–특히 수술 후 또는 면역이 손상된 환자들 사이에서 발병하는 경우–은 잠재적인 중증 합병증과 장기 입원, 의원성 질환의 가능성, 그리고 환자들을 계속해서 병원에 입원시켜도 되는지에 대한 즉각적인 문제 해결의 필요성 때문에 조사로 이어지는 경우가 많다.

2) 병원체, 감염원 및 전파 방법의 확실성 정도

심각도 외에도 다양한 다른 요소들이 현장 역학조사의 적극성, 범위 및 과학적 정확성에 영향을 미친다. 초기 조사에서는 다른 단계가 구현된 후에만 관리 조치를 마련하게 된다. 그러나 실제로는 어떤 단계에서든 관리 조치를 취할 수 있다. 대부분의 급성 질환 발생의 경우, 조사 범위는 문제의 병인관계(예: 특정 병원체 또는 독성 물질)와 감염원 또는 전파 방법(예: 수인, 공중 또는 매개체 감염)에 대한 확실성의 정도에 따라 결정된다. 초기에 문제가 확인되었을 때, 병인론, 감염원 및 전파 방식에 대한 확실성의 수준은 알려진 것부터 알려지지 않은 것까지 포함한다(표

3.2.2.). 이러한 기본적인 이분법은 표 3.2.2.에 각각의 극단을 나타내는 네 가지 예시로 설명된다. 어떤 상황에서는 관리 조치가 정책이나 실천 지침을 따르기도 하고, 어떤 경우에는 철저한 역학조사가 끝난 후에만 중재가 적절하다. 예비 관리 조치는 종종 제한된 초기 정보에 기초하여 시작하다가 조사가 진행됨에 따라 수정될 수 있다.

표 3.2.2. 원인과 전파에 대한 인지 유무에 따른 조사와 통제 사례

구분		출처/전파	
		알려짐	모름
원인	알려짐	조사 + 통제 +++ 예: 레스토랑에서 노로바이러스 의심사례와 기타 음식물 관련	조사 ++++ 통제 + 예: 땅콩에서 살모넬라 감염사례
	모름	조사 +++ 통제 +++ 예: 호산구증가증 근육통 증후군 (Eosinophilia myalgia syndrome)	조사 +++ 통제 + 예: 레지오넬라병

병인과 전파 방식의 확실성에 의해 영향받는, 집단발병 시 조사 및 통제 노력의 상대적 강조. 조사는 조사의 범위를 의미하며, 통제는 문제가 처음 확인된 시점에 신속한 통제 및 중재를 위한 기반을 의미한다. + 기호는 답변의 강도를 + (낮음)부터 +++ (높음)까지

출처: Goodman RA, Buehler JW, Koplan JP. The epidemiologic field investigation: science and judgment in public health practice. Am J Epidemiol. 1990;132:91-6.

예를 들면, 식당이나 식품 준비 시설과 관련된 노로바이러스 감염 의심 사례는 다음을 포함한 일련의 중재가 필요할 수 있다.

- 구토 또는 설사로 증상이 나타나는 식품 서비스 종사자의 즉시 배제
- 식당 임시 폐쇄
- 모든 식품 품목 교체
- 모든 표면 및 장비 소독
- 역학조사를 통해 보다 구체적인 정보 획득 전까지 식품 취급 과정 모니터링
- 식품 취급 인력 대상 노로바이러스 확산 방지 교육
- 식당 주인 대상 음식 코드 교육

이 경우의 대응방식은 노로바이러스나 기타 장내 병원균의 잠재적인 지속 감염원, 식당에서의 노출 및 해당 감염원 제거와 관련된 지식에 기반을 둔다. 위와 같은 신속하고 적절한 대응은 이미 알려진 병원체 특이적인 사실과 경험에 기초하여 지속적인 전파 가능성을 염두에 두고 있지만, 역학자는 때때로 상황과 필요에 따라 조사를 확장할 필요가 있다(예: 감염원 추적 결과 재배 전 오염된 배추나

조개와 같이 식당 관련 집단 발병의 일차 감염원이 지속해서 문제를 일으킬 수 있는 경우).

조금 더 일반적으로, 어느 정도의 불확실성은 병인관계, 감염원, 그리고 전파 방식에서 모두 나타난다(표 3.2.2.). 대부분의 소화기계 집단 발병의 경우, 관리 방식을 선택하기 위해서는 질병의 전파가 사람 대 사람 전파인지, 음식 매개 전파인지, 수인 매개 전파인지에 따라 달라지고, 후자에 속하는 두 가지 전파 방식인 경우 감염원을 파악하는 것이 중요하다. 예를 들면 2008년 여러 주에서 발병한 *Salmonella enterica serovar Typhimurium* 균의 경우, 땅콩버터와 땅콩버터를 함유한 제품이 전파 수단으로 지목되기 전에 광범위한 현장 역학조사 및 분석(환자-대조군) 연구가 필요했다. 반대의 경우는 (예상되는 감염원은 알려졌지만 병인관계는 알려지지 않은 경우) 1989년 미국 전 지역에서 발생한 호산구증가증근육통증후군(eosinophilia myalgia syndrome)에서 잘 나타난다. 발병기간 동안, 처음에는 비처방성 식이 보충제인 L-트립토판(L-tryptopan)이 질병의 감염원으로 지목되었고, 실험실 분석을 통해 오염물질을 포함한 브랜드를 특정할 수 있었다. 그 사이에 역학자들은 추가 노출과 발병을 막을 수 있는 권고안을 발표했다. 마지막으로, 1976년 레지오넬라 집단발병에서 알 수 있듯이, 광범위한 현장조사는 단기적인 문제 해결을 위한 발병의 원인, 감염원 및 전파 방식 식별에는 실패할 수 있지만, 궁극적으로는 예방 조치의 발전으로 이어질 수 있는 지식의 진보를 가능하게 할 수 있다.

3) 원인 및 현장조사

역학적 인과관계를 평가하기 위한 기준에 대한 그의 대표적인 글에서 오스틴 브래드퍼드 힐은 역학적 증거를 바탕으로 지연 대응하는 경우와 조기 대응하는 경우에 비추어 결과의 심각성을 판단한 후 행동을 취하자고 결론내렸다.

위와 같은 우려는 현장조사 중에 일반적으로 역학자들이 직면하는 바이다. 힐이 정한 기준(시간적 선후관계, 연관성의 강도, 양-반응 관련성, 일관성, 개연성, 합리성, 실험적 근거, 유사성)은 현장조사 중에 생겨나는 역학 증거의 강도를 평가하기 위해 유용한 기반을 제공한다.

조사의 각 단계에서 인과성을 평가하는 것은 해당 단계까지의 증거의 강도를 평가하는 것 뿐만 아니라 증거를 누락했거나 해당 증거를 더 주의 깊게 봐야 하는지 식별하는 데 도움이 되며, 중재 여부를 결정하기 위해 필수적인 추가 접근방법(예: 데이터 수집 및 분석)을 계획하는 데에도 중요하다.

연관성 강도, 양-반응 관련성 및 시간적 선후 관계와 같은 기준은 행동을 개시할 때 신뢰도를 높일 수 있다. 더욱이, 조사의 어떤 단계에서든 특정 기준을 만족하는 증거는 없을 수도 있다. 그럼에도 불구하고 현장조사관은 가능한 한 많은 기준을 사용하여 인과성을 조사하기 위한 데이터를 수집해야 한다. 하나의 기준이 주어진 맥락에서 설득력이 없거나, 해당 기준을 해석하는 조사관의 관점에서 완전히 수용되지 않을 수도 있지만, 공통적으로 노출을 가리키는, 유의미한 기준들의 조합은 신뢰성을 높이고 해당 방향으로 중재하는 결정을 강화해준다.

역학, 특히 현장역학은 의학계에서 비교적 젊은 과학 분야로, 학문적, 그리고 이후 대중적으로 지난 50~60년간 비로소 점진적으로 받아들여졌다. 예를 들면 법률 기관, 민간 기업, 심지어 규제 기관 등 특정 부문에서는 부분적으로 역학에서 인과관계의 특성 때문에 역학 결론의 수용이 더 더디게 진행되었다. 역학 근거는 뚜렷하고 반박 불가능한 증거가 아닌 연관성을 확립하는 역할을 맡는다. 한편, 역학 근거는 중재에 대한 의사 결정을 지원하기 위해 더 심층적이고 긴 과학적 조사 결과가 나오기 전에 원인 또는 전파 방법을 암시하는 첫 번째 근거가 된다. 더욱이, 그리고 유감스럽게도, 역학자가 신속한 조치를 취하도록 하는 역학 근거는 행동 개시를 위해 협조가 필요한 다른 이들을 쉽게 설득하지 못할 수 있다. 예를 들면, 산업계와 식품의약품안전청이 아스피린 사용을 라이(Reye) 증후군의 위험요인으로 포함시키고 관련된 경고조치를 취한 것은 현장조사 결과가 그 연관성을 확연히 보여준 이후 수년이 지난 후에서나 이루어졌다. 더 나아가 독성쇼크증후군(toxic shock syndrome)의 이야기는 전국적인 감염병 규모의 심각한 공중보건 문제에 직면했을 때 일부 사람들이 역학 증거를 받아들이기를 꺼리는 점을 더욱 잘 나타내준다. 이러한 예는 과학적 조사 과정을 통해 인과 관계를 평가해야 하는 필요성과 대중의 건강을 보호하기 위한 신속한 중재의 필요성 간의 균형을 맞추는 과정에서 실제적인 어려움을 강조한다.

어떤 집단 발병 중에서든 다수 그룹의 사람들이 노출되거나 영향을 받거나 어떤 방식으로든 연루될 수 있다. 지식, 신념, 그리고 집단 발병의 인식 정도의 차이 때문에 각 그룹은 동일한 정보로부터 인과성에 대해 서로 다른 결론을 도출할 수 있다. 예를 들면, 식당과 관련된 식품매개 질병이 의심되는 경우, 식당 고객, 대중, 주인 및 관리자, 언론, 변호사, 그리고 공중보건공무원들은 식당에서의 식사와 질병 사이 연관성을 평가할 때 각각 다른 역치를 가질 가능성이 있다. 이 상황에서 공중보건 현장역학자는 특히 특정 식품에 대한 노출과 질병 사이의 연관성 강도 기준과 양-반응 관련성에 초점을 둘 수 있는 반면, 식당 이용객의 주된 관심사는 단순히 신뢰성일 뿐이다. 이와는 대조적으로, 식당에서 감염원에 노출된 결과로 질병을 앓았다고 추정되는 원고를 변호하거나 식품 매개 감염병과 연루된 식당을 변호하는 변호사는 역학적인 인과관계에 따라 다르게 나타나는 법률 체계를 사용하여 해당 문제에 접근할 것이다. 민사 소송에서 특히 원고의 변호사는 증거의 우선적 기준을 충족해야 한다. 즉, 사실을 확인하는 사람(즉, 판사 또는 배심원)이 원고가 주장하는 사건의 전말에 대한 가능성이 그렇지 않을 가능성보다 높아야 설득력을 가진다. 이때 기준은 0.51 이상의 확률로 유추되었다.

4) 사회정치적 맥락

많은 경우, 현장조사는 의도적이든 아니든 대중의 관심 속에서 발생한다. 문제가 심각하고(예: 사망자가 발생한 경우) 현재 진행 중일 수 있는 경우, 대중은 정보와 적절한 조치를 요구할 수 있다. 또한, 행정부 각 부처의 대표들(예를 들면 주지사 혹은 시장)을 포함한 정치인들 사이에 관심이 집중될 때, 해당 리더들은 사람들의 이목을 끌고 대중을 보호하는 데 있어 그들의 관심을 보여주고 싶을 수 있다. 예를 들면, 수막염으로 인한 학생의 사망은 학교를 폐쇄하도록 정치적 압력으로 이어질 수 있다. 또한 레지오넬라병으로 인한 병원 환자의 사망은 병원 폐쇄를 고려해야 한다는 정치적 압력으로 이어질 수 있다.

언제 그리고 어떻게 중재할 것 인가에 대한 토의의 일환으로, 관련된 모든 주체와의 효과적이고 지속적인 의사소통이 필수적이다. 이들 주체는 가능한 경우의 수, 만약 존재한다면 현재 진행 중인 리스크 요인, 그리고 주어진 정보를 바탕으로 한 최선의 대응 방법에 대해 인지할 수 있어야 한다. 어떤 중재든 필수적인 요소는 정치 지도부 및 대중과의 효과적인 소통이다. 이와 같은 의사소통은 질병으로부터 대중을 보호하기 위한 중재를 선택하는 결정요인으로 과학적 요인을 사용할 수 있도록 하고, 불필요하고 비용이 많이 들며 잘못된 방향으로 가는 중재의 가능성을 최소화하는 데 도움이 될 것이다. 그럼에도 불구하고, 근거기반 관점은 결국 중재를 선택하는 데 있어 고려되는 유일한 관점이 아닐 수 있다.

2014~2015년 서아프리카 일부 지역에서 발생한 에볼라바이러스가 발병하는 동안, 여러 미국 관할 당국은 많은 경우 정치적인 이유로 에볼라바이러스 감염자와의 접촉 이력이 없음에도 불구하고, 에볼라에 영향을 받은 국가에 다녀온 사람들을 대상으로 엄격한 검역과 모니터링을 시행한 바 있다.

5) 중재 옵션

감염성 질병의 집단 발병과 비감염성 질병, 손상 및 장애를 포함한 공중보건 문제를 예방하고 관리하기 위한 중재는 서로 다른 분류 체계를 통해 접근할 수 있다. 이러한 접근방식의 예는 다음과 같다.

- 숙주, 환경, 그리고 질병 또는 손상 유발 병인 간의 관계에 대한 특정 측면을 대상으로 하는 중재
- 1차, 2차 및 3차 예방 옵션
- 사건 발생 전, 발생 도중 및 발생 후 단계별 중재 전략을 골자로 하는 하돈 매트릭스(Haddon matrix) 모델(표 3.2.3.)

표 3.2.3. 하돈 매트릭스(Haddon matrix) 틀 사례

요인 / 단계	병인(Agent)	숙주(Host)	물리적 환경 (Physical Environment)	사회적 환경 (Social Environment)
사전(Pre-event)				
사건 동안(During the event)				
사후(Post-event)				

의사 결정권자는 해당 병인의 특성과 더불어 다음을 포함한 다른 요인도 고려해야 할 수 있다.

- 병인체의 병원소 혹은 감염원
- 확산 또는 전파 방식
- 숙주 관련 위험요인
- 환경 및 기타 매개 요인
- 중재의 효과성에 대한 사전 증거
- 운영 및 로지스틱 측면의 실현 가능성
- 조치를 취하기 위한 법적 권한

집단발병 및 기타 직면한 보건문제에 대한 중재 경우의 수의 스펙트럼을 체계적으로 식별하고 규정하는 데 사용되는 모델은 두 가지 기본적인 생물학적 및 환경적 차원에 초점을 맞춘다, 대부분의 감염 및 기타 질병 유발 요인의 근원을 향할 수 있는 중재와 해당 병인 요소에 취약한 사람을 직접적으로 대상으로 할 수 있는 중재이다.

감염원에 집중하는 첫 번째 카테고리에서는 감염에 취약한 인구에 대한 위험 요인으로서 질병 유발 인자의 존재를 제거하는 조치를 포함하는데, 그 예시로 오염된 식품을 수거 및 파괴하거나 감염자의 음식 준비 혹은 제공 행위를 일시적으로 금지하는 것 등을 들 수 있다. 두 가지 방식 모두 공통된 옵션을 가지고 있으며 완전히 상호 배타적인 것은 아니다. 예를 들면 2016~2017년 지카바이러스 집단 발병 시, 유행 지역에 다녀온 남성들은 질병에 취약한 임신부 또는 임신 가능성이 있는 여성과 성관계를 가질 때 콘돔을 사용할 것을 권고받았으며, 임산부 또는 임신 가능성이 있는 여성은 바이러스에 노출되었을 수 있는 남성과 성관계를 가질 때 콘돔을 사용하여 노출의 위험성을 낮출 수 있도록 권고받았다.

2014~2015년 에볼라바이러스 유행 당시, 미국의 공중보건 관계자들은 에볼라바이러스 감염 진단을 받은 사람(격리), 이들과 가까운 접촉자(능동 모니터링, 검역 또는 여행 제한), 그리고 이들에게 의료 서비스를 제공하는 사람들(특수 보호기구의 올바른 사용법 교육 및 능동 모니터링)을 대상으로 한 여러 중재 조치를 취한 바 있다.

표 3.2.4.에 열거된 조치 방법 및 기타 대안 중 선택은 현장조사의 어느 단계에서든 고려될 수 있다. 초기 단계에는 질병 통제에 대한 확립된 지침에 기초한 개입이 적용될 수 있다. 예를 들면, 이 장 앞부분에서 언급한 바와 같이, 증상을 보이는 종업원을 배제하고 노로바이러스와 같은 장내 병원균의 가능한 모든 감염원을 식품 준비 시설에서 제거할 수 있다. 이후 감염 위험의 성격이 보다 명확하게 규명된 경우, 추가로 상황에 맞는 조치를 감염원 혹은 전파 방식을 대상으로 취할 수 있다.

표 3.2.4. 집단발병 및 기타 심각한 보건 위협에 대해 선택한 공중보건 중재 옵션

이러한 개입은 감염병 및 기타 질병 원인 물질을 향한 개입과 해당 물질에 민감한 사람들을 향한 개입으로 분류할 수 있다.

감염원을 향한 중재
- 감염된 사람 및 동물 치료
- 필요한 경우 코호트를 포함하여 감염된 사람 격리
- 마스크, 콘돔 등 차단 방법을 사용
- 노출된 사람의 질병 징후를 모니터링
- 오염된 현장 또는 원천 격리
- 방역선(防疫線) 설치, 공공 장소 폐쇄, 집회 동결 및 이동 제한을 통한 노출 또는 감염 상태에 따른 서로 다른 그룹 간 섞임을 최소화
- 연락처 추적, 파트너 알림 및 치료
- 오염된 식품, 재산, 동물 또는 기타 소스 압수 및 파괴
- 오염된 표면 및 기타 환경 저장소 청소 및 살균
- 벡터 제어를 통한 환경 변화
- 위험한 약물이나 오염물질의 제한 또는 제어를 통해 영향받은 환경 변화
- 행동 수정을 통한 자신 또는 타인의 위험 감소
- 민사 소송 또는 형사 기소를 통한 억제

민감군 인구 또는 동물을 대상으로 한 중재
- 노출 후 예방
- 사전 예방접종
- 백신 접종자 코호트로부터 미접종자 제외
- 마스크, 콘돔 등 차단 방법을 사용
- 방역선 설치, 공공장소 폐쇄, 집회 동결 및 이동 제한을 통한 노출 또는 감염 상태에 따른 서로 다른 그룹 간 섞임을 최소화
- 행동 수정을 통한 자신 또는 타인의 위험 감소
- 역격리 등 자택 대기명령 활용
- 보도 데이터, 건강 경고 및 위험 감소에 관한 기타 정보 발행

(1) 중재의 과제 및 접근방식 진화

비록 이 장에서 공중보건 중재의 식별, 선택 및 실행을 위한 과학 기반 기초를 탐구했지만, 조사관들은 또한 중재에 대한 의사결정에 도전하는 새롭고 진화하는 스펙트럼과 경쟁해야 한다. 이 절에서는 이러한 세 가지 문제를 간략히 설명한다.

1. 보건당국이 중재 정보를 선택하고 구현하는 과정에서 직면하는 딜레마는 적절성 또는 효과성에 대해 제한될 수 있음

   어떤 감염병과 다른 공중보건 문제의 경우, 이익 대 사회적 비용에 대한 과학기반 정보의 이용 가능성의 제한 때문에, 다른 중재를 선택하고 사용하기 위한 최근의 노력은 논란이나 다

른 도전에 직면하게 되었다. 예를 들면, 인플루엔자 A(H5N1) 감염병에 대응하는 가장 효과적인 조치가 무엇인지에 대한 신중함 속에, 많은 사람은 일부 비교적 엄격한 사회적 거리 두기 조치의 광범위한 사용을 지지하기에 충분한 과학 기반 증거가 존재하는지 의문을 품었다.

2. **영향을 받은 지역사회의 해당 공중보건 문제의 본질과 권고된 중재의 근본적 이유에 대한 이해도를 높이는 것의 중요성**
   중재를 선택하고 실행하는 데 유력한 경향은 증가하는 지역사회의 참여이다. 예를 들면, 지난 수십 년 동안 공중보건 기관은 다수 항생제-내성 결핵 집단 발병, HIV 감염 사례 클러스터, 항생제 내성 성병의 재발, 동성 성관계를 가진 남성 사이의 수막염 발병 등의 문제에 대한 대응 방식을 혁신적으로 수정해야 했다. 일부 공중보건 문제의 경우, 조사와 대면 평가를 위한 전통적인 방법은 새로운 소셜 네트워크 접근방식, 즉 지역사회 대표자의 보다 확대된 참여를 요구하는 중재 방식으로 대체되었다. 이러한 환경에서 지역사회의 지지는 성공적인 조사와 장기적인 예방 및 관리 조치를 위해 필수적이다. 반대로, 지역사회 신뢰와 지원을 얻지 못하면 조사의 영향이 무력화되거나 제한될 수 있다. 이는 특히 해당 문제가 소외된 지역을 중점으로 불균형적인 영향을 미치고, 해당 지역 사람들이 공중보건공무원에 협조하길 꺼릴 때 나타날 수 있다. 지역사회의 신뢰를 얻는 것의 필요성은 또한 보건 및 위해도 소통의 중요한 역할, 그리고 중재의 근거와 잠재적 한계(예: 중재가 제대로 작동하지 않거나 100% 효과적일 수 없는 이유)를 지역사회에 설명하는 것의 중요성을 포함한다. 지역사회 대표들은 또한 블로그, 소셜 미디어, 핸드폰 애플리케이션 또는 다른 비전통적인 채널을 통해 위험에 가장 노출된 이들에게 정보를 전파하는 것을 도울 수 있다. 점차 증가하는 공중보건 중재에 대한 지역사회 참여 및 지지의 역할은 감염성 질병뿐만 아니라 약물 남용, 손상 및 기타 비감염성 질병 문제를 포함한 환경적 위해성의 예방과 관리에도 적용된다.

3. **초기 중재를 언제 종료할지 또는 어떻게 제도화하거나 장기적으로 지속할지에 대한 결정의 복잡성**
   마지막 과제에서는 각 중재 방식의 효과를 평가하고, 중재의 지속 및 종료 여부와 시기에 대한 결정의 필요성을 포함한다. 가능한 한 빨리 역학조사에 의해 생성되는 데이터를 사용하여 각 중재의 효과를 평가해야 한다. 또한, 이러한 정보는 이미 구현된 중재 방식의 수정 또는 종료와 함께 추가되는, 혹은 새로운 조치의 선택 및 사용의 의사결정 과정을 돕는다. 장기적 또는 영구적으로 중재를 유지하는 결정은 공중보건 위험요인을 제거할 수 없고 지속적인 위협으로 남아 있는 상황에서 이루어질 수 있다(예: 납 포함 페인트의 사용 금지 혹은 고위험 상황이 통제되어 집단 발병이 끝난 이후에도 동성 성관계 남성을 대상으로 수막염 백신 접종의 권고).

3 결론

역학조사는 보통 감염병이나 다른 급성 질병, 손상 또는 환경보건 문제 발생에 대응하여 시작된다. 이러한 상황에서 현장조사의 주된 목적은 역학의 과학적 원리를 이용하여 문제를 해결하거나 관리하는 합리적이고 적절한 대응 방식을 결정하는 것이다. 공중보건 중재의 시기 및 선택에 관한 의사 결정에 영향을 미치는 주요 요인에는 다음과 같은 요인들이 균형을 이루고 있다.

- 문제의 심각성
- 연구결과의 과학적 확실성
- 인과적 기준의 확립 범위
- 중재의 운영 및 로지스틱 실현 가능성
- 최선의 행동 방침에 대한 대중적, 정치적 인식
- 법적 고려 사항

이 장에서는 현장 역학조사 중 공중보건 중재의 선택 및 구현에 대한 결정을 내릴 때 역학자와 공중보건 관계자가 반드시 고려해야 하는 필수 요소를 검토했다. 이러한 요인을 고려하여 현장조사의 각 진행 단계에서 다음 행동들을 재고해야 한다.

- 이용할 수 있는 정보를 바탕으로 한 평가를 통해 공중보건 문제 범위 정의
  - 질병, 상해, 또는 환경 위해의 심각성이 의심되는 원인체의 특성
  - 감염 민감군 숫자 및 노출 범위집단 발병의 잠재적 이유
- 집단 발병의 잠재적인 이유가 현재 진행 중인지 판단하고, 중재를 고려할 수 있는 모든 진행 중인 잠재적 이유와 노출을 대상으로 노출 혹은 질병의 리스크를 제거하거나 감소시킬 수 있는 어떤 경험적 중재가 사용될 수 있는지 판단
- 각 잠재적 중재에 대해 추가 정보가 없는 경우 해당 조사 단계에서 중재할 때 비용과 편익을 고려
- 가능한 모든 합리적이고 경험적인 방법으로 중재
- 노출되거나 영향을 받은 지역사회 내 사람뿐만 아니라 알아야 할 필요가 있는 사람들에게 어떤 시점에서든, 중재하거나 개입하지 않는 근거에 대해 소통
- 조사 결과 새로운 정보를 이용할 수 있게 될 때마다 중재하는 것의 효과를 지속적으로 평가하고 수정

현장 역학조사 중에 위 단계 및 기타 단계를 준수하는 것은 상황을 통제하거나 종료하기 위한 공중보건 중재 방식을 선택하고 실행하는 과정에서 과학적으로 합리적인 기반을 다지고 최적화하는 데 핵심적이다.

참고문헌

대한예방의학회. 예방의학과 공중보건학, 제3판 수정증보판, 계축문화사, 2017.

대한예방의학회, 한국역학회. 예방의학·역학·공중보건학 용어집, 계축문화사, 2014.

손석준, 이경수, 이무식, 이중정, 이충원, 정인성. 현장역학(Field Epidemiology, 2nd edition 번역본). 계축문화사, 2004.

American Civil Liberties Union and Yale Global Health Justice Partnership. Fear, politics, and Ebola: how quarantines hurt the fight against Ebola and violate the Constitution. https://www.law.yale.edu/system/files/documents/pdf/Intellectual_Life/aclu_yale_ghjp_-_fear_politics_and_ebola-december_2015.pdfpdf external

Breslow NE, Day NE. Statistical methods in cancer research. Vol 1. The analysis of case—control studies. (IAEC scientific publication no. 32). Lyon: International Agency for Research on Cancer; 1980.

Centers for Disease Control and Prevention. Vital signs: foodborne norovirus outbreaks—United States, 2009–2012. MMWR. 2014;63:491–5.

Centers for Disease Control and Prevention. Multistate outbreak of Salmonella infections associated with peanut butter and peanut butter-containing products—United States, 2008–2009. MMWR. 2009;58:85–90.

Centers for Disease Control and Prevention. Eosinophilia-myalgia syndrome—New Mexico. MMWR. 1989;38:765–7.

Centers for Disease Control and Prevention. Eosinophilia-myalgia syndrome and L-tryptophan-containing products—New Mexico, Minnesota, Oregon, and New York, 1989. MMWR. 1989;38:785–8.

Centers for Disease Control and Prevention. Interim U.S. guidance for monitoring and movement of persons with potential Ebola virus exposure. http://www.cdc.gov/vhf/ebola/exposure/monitoring-and-movement-of-persons-with-exposure.html

Centers for Disease Control and Prevention. Outbreak of syphilis among men who have sex with men—southern California, 2000. MMWR. 2001;50:117–20.

Centers for Disease Control and Prevention. HIV-related tuberculosis in a transgender network—Baltimore, Maryland, and New York City area, 1998–2000. MMWR. 2000;49:317–20.

Conrad C, Bradley HM, Boiz D, et al. Community outbreak of HIV infection linked to injection drug use of oxymorphone—Indiana, 2015. MMWR. 2015;64:443–4.

Detels R, Beaglehole R, Lansang MA, Gulliford M. Oxford Textbook of Public Health, Oxford University Press, 2009.

Dowell SF, Groves C, Kirkland KB, et al. A multistate outbreak of oyster-associated gastroenteritis: implications for interstate tracing of contaminated shellfish. J Infect Dis. 1995;171:1497–503.

Feinstein AR. Clinical Epidemiology. The architecture of clinical research. Philadelphia: W.B. Saunders Company 1985.

Ferguson NM, Cummings DAT, Fraser C, Cajka JC, Cooley PC, Burke DS. Strategies for mitigating an influenza pandemic. Nature. 2006;442:448–52.

Fraser DW, Tsai TR, Orenstein W, et al. Legionnaires' disease: description of an epidemic of pneumonia. N Engl J Med. 1977;297:1189–97.

Freer RD, Perdue WC, eds. Civil procedure: cases, materials, and questions. 2nd ed. Cincinnati, OH: Anderson Publishing Co.; 1997.

Gaynes R, Richards C, Edwards J, et al. Feeding back surveillance data to prevent hospital-acquired infections. Emerg Infect Dis. 2001;7:295–8.

Goodman RA, Buehler JW, Koplan JP. The epidemiologic field investigation: science and judgment in public health practice. Am J Epidemiol. 1990;132:91–6.

Goodman RA, Loue S, Shaw FE. Law in epidemiology. In: Bownson R, Petiti D, eds. Applied epidemiology. 2nd ed. New York: Oxford University Press; 2006:289–326.

Gordis L. Epidemiology. 5th ed. Philadelphia: Elsevier; 2013.

Hill AB. The environment and disease: association or causation? Proc R Soc Med. 1965;58:295–300.

Hurwitz ES, Schonberger LB. Reye syndrome—Ohio, Michigan. MMWR. 1997;46:750–5.

Kelsey JL, Thompson WD, Evans AS. Methods in observational epidemiology. New York, Oxford: Oxford University Press; 1986.

Kim-Farley RJ. Global strategies for control of communicable diseases. In: Detels R, McEwen J, Beaglehole R, Tanaka H, eds. Oxford textbook of public health. 4th ed. New York: Oxford University Press; 2002:839–59.

Kratz MM, Weiss D, Ridpath A, et al. Community-based outbreak of Neisseria meningitidis serogroup C infection in men who have sex with men, New York City, New York, USA, 2010–2013. Emerg Infect Dis. 2015;21:1379–86.

Last JM. A Dictionary of Epidemiology, 4th Ed, Oxford Uni Press Inc., 2001.

Lazzarini Z, Goodman RA, Dammers K. Criminal law and public health practice. In: Goodman RA, Hoffman RE, Lopez W, Matthews GW, Rothstein MA, Foster KL, eds. Law in public health practice. 2nd ed. New York: Oxford University Press; 2007:136–67.

MacMahon B, Pugh TF. Epidemiology: principles and methods, Little, Brown and Company, 1970.

Olsen J. Disease prevention and control of non-communicable diseases. In: Detels R, McEwen J, Beaglehole R, Tanaka H, eds. Oxford textbook of public health. 4th ed. New York: Oxford University Press; 2002:1811–22.

Osterholm MT, Davis JP, Gibson RW, et al. Tri-state toxic-shock syndrome study. I. Epidemiologic findings. J Infect Dis. 1982;145:431–40.

Oster AM, Russell K, Stryker JE, et al. Update: interim guidance for prevention of sexual transmission of Zika virus—United States, 2016. MMWR. 2016;65:323–5.

Porta M. A Dictionary of Epidemiology, 5th edition, IEA, Oxford University Press, USA, 2008.

Rasmussen SA, Goodman RA. The CDC Field Epidemiology Manual, Oxford University Press, USA, 2018.

Robert B. Wallace. Maxey-Rosenau-Last Public Health and Preventive Medicine. McGraw-Hill Education, 15 edition, 2008.

Rothman K J. Modern epidemiology. Boston, Toronto: Little, Brown and Com pany; 1986.

Schlesselman JJ. Case—control studies: design, conduct, analysis. New York: Oxford University Press; 1982.

Wenzel RP. Overview: control of communicable diseases. In: Wallace RB, Kohatsu N, Brownson R, Schecter AJ, Scutchfield FD, eds. Maxcy-Rosenau-Last public health & preventive medicine. 15th ed. New York: McGraw-Hill Education; 2008:77–100.

제 3 장

집단발병 또는 공중보건 조사 과정에서의 커뮤니케이션

1 도입

1) 진화하는 집단 발병 및 커뮤니케이션

집단발병 사실이 확인되고 조사가 시작되기 전에 제한된 수의 사람들이 질병에 걸리지 않으면서 건강 위험에 노출될 수 있다. 점점 더 많은 수의 사람들이 위험에 노출되거나 질병에 걸리기 때문에 의료 서비스 제공자 등은 예상보다 더 많은 수의 사례를 인지하고 비정상적으로 높은 발생 빈도를 지역 및 주 보건당국에 보고하기 시작한다. 이러한 상황은 종종 집단발병 조사를 촉발하는 원인이 되며, 집단발병이 진화함에 따라 이에 대한 커뮤니케이션 또한 진화해야 한다.

현대의 24시간 뉴스 및 디지털 미디어 환경에서 사람들은 인쇄 매체와 TV, 모바일 소셜 미디어에 이르기까지 많은 소스에서 정보를 지속적으로 정보를 얻는다. 뉴스 매체나 지역사회는 공중보건 관련 집단발병 조사에 대해 알게 된 직후에 무슨 일이 일어나고 있는지, 누가 영향을 받는지 알고 싶어 한다. 드문 원인이지만 이로 인해 상당한 피해를 줄 수 있는 경우, 뉴스 매체들은 종종 그 사건을 속보로 취급하고 지속적으로 보도하기 시작한다. 사건 발생부터 사건 해결과 후속 조치까지 공중보건 당국은 집단발병의 결과에 대한 정확한 정보와 답변을 뉴스 매체에 적시에 제공할 것으로 기대된다.

뉴스를 수신하는 방식이 진화하고 있어 공중보건 당국이 언론과 대중과 소통하는 방식도 비슷한 방식으로 적응할 필요가 있다. Pew 리서치센터는 2016년 미국 거주자 10명 중 4명이 온라인 소스로부터 뉴스를 접했고, 10명 중 6명은 소셜 미디어 채널을 통해 소식을 접했다고 응답했다. 오늘날 집단발병 대응 중 커뮤니케이션 전략에는 미디어 홍보, 파트너 및 이해 관계자 홍보, 그리고 소셜 미디어 참여 또한 포함되어야 한다.

2) 위험 인식 및 커뮤니케이션

대중 또는 영향을 받는 그룹의 구성원이 위험을 어떻게 인식하는지 아는 것은 현장조사관으로서 의사소통할 내용과 메시지를 프레임하는 방식에 영향을 줄 수 있다. 집단발병이나 건강 위협의 영향을 가장 많이 받는 사람은 위험을 완화하거나 예방하는 전문가와 다르게 해당 위험을 인식하는 경우가 많다. 또한, 사람들은 실제 위험이 개인적으로 미칠 영향과 위험의 심각성에 대한 믿음에 따라 자신의 위험을 다르게 인식한다. 건강 위험에 대한 인식은 또한 사람들이 경각심을 느끼거나 분노하는 정도에 따라 결정되는데, 해당 위험이 높은 수준의 걱정이나 불안을 야기하는 경우, 위험은 비슷하게 높은 수준으로 인식된다. 사람들은 위험을 자발적으로 감수할 때, 위험이 통제하에 놓일 때, 위험이 명확한 장점이 있을 때, 자연스럽게 발생할 때, 신뢰할 수 있는 소스로부터 위험이 파생될 때, 혹은 익숙할 때 위험을 더 수용하거나 덜 분노하는 경향이 있다. 반대로 위험이 타인에 의해 만들어지거나 부과될 때, 타인에 의해 통제될 때, 명확한 장점이 없을 때, 인간에 의한 위험일 때, 신뢰할 수 없는 소스로부터 비롯되었을 때, 혹은 낯설 때 사람들은 위험을 덜 수용하거나 더 걱정하고 불안해한다. 예를 들면, 미국에서는 매년 비행기 추락보다 자동차 사고가 더 많이 발생함에도 불구하고, 많은 사람이 자동차를 운전하는 것보다 비행기를 타는 것을 더 걱정하고 있다. 비행기에서 비행하는 것은 다른 사람들에 의해 통제되는 사건으로 덜 수용 가능한 위험에 해당하는 것이다. 집단발병과 공중보건 위기에서도 마찬가지다. 집단발병 중 커뮤니케이션 이전에, 위험 인식이 영향을 받는 집단에 어떤 영향을 미칠 수 있는지, 따라서 그러한 위험에 대해 어떻게 의사소통해야 하는지 생각해 봐야 한다. 또한 개인은 공중보건 권고안을 채택할지 여부에 영향을 미치는 동일한 요인을 바탕으로 위험-편익 렌즈를 통해 공중보건 권고안과 조언을 바라볼 것이라는 점을 명심해야 한다.

표 3.3.1. 위험 인식에 영향을 미치는 요인

수용되는 위험은 다음과 같이 인지	수용되기 어려운 위험은 다음과 같이 인지
자발적 혹은 선택에 의한 경우	비자발적인 경우
통제 가능한 경우	타인에 의해 통제되는
명확한 이익이 있는 경우	이익이 무형이거나 바로 보이지 않을 때
자연 발생 시	인위적일 때
신뢰 가능한 소스로부터 출현 시	신뢰 가능하지 않은 소스로부터 출현 시
낯익을 때	새롭거나 낯설 때
주로 어른에게 영향을 줄 때	주로 어린이에게 영향을 줄 때

출처: Sandman P. Hazard versus outrage in the public perception of risk. In: Covello VT, McCallum DB, Pavlova MT, eds. Effective risk communications. Vol. 4, Contemporary issues in risk analysis. New York: Plenum Press; 1989:45-9. Covello V. Communicating radiation risks: crisis communications for emergency responders. https://go.usa.gov/xnM8X

2 신뢰와 신용

신뢰와 신용은 집단발병이나 공중보건 대응 중 공중보건 당국의 권고를 따르도록 영향을 받는 사람들을 설득하는 능력에 크게 영향을 미칠 수 있다. 집단발병을 억제하고 막을 수 있는 능력은 주요 파트너와 이해당사자 간의 관계에 따라 좌우될 수 있다.

위험 커뮤니케이션에 관련된 연구는 언론인을 포함한 청중들이 메신저를 신뢰할 수 있는지 결정하는데 네 가지 요소가 있다고 한다.

- 공감과 배려
- 정직함과 솔직함
- 헌신
- 역량과 전문성

이러한 네 가지 요소를 전달하는 메시지와 정보를 발표하는 조직 및 그 대변인은 위기 상황에서도 신뢰를 유지할 가능성이 더 높다. 집단발병 대응 또는 공중보건 조사에 사용되는 메시지의 예는 표 3.3.2.에 나와 있다. 이 인용문들은 신뢰와 신용을 높이는 네 가지 요소를 포함한다.

표 3.3.2. 집단발병 대응 시 신뢰를 얻기 위한 메시지의 예시

우리는 여러분이 더 건강해지기 위해서 저희 의료기관을 믿는 것으로 알고 있습니다. 이 사건은 우리에게도 견딜 수 없는 일이며, 우리는 여러분과 함께 상황을 해결하고 여러분의 안전과 행복을 보장하고 싶습니다. 우리는 이러한 사건이 다시는 우리 시설에서 일어나지 않도록 조치를 취하고 있습니다. – Broward Health Medical Center 환자에게 보내는 편지(2009년 10월)

우리는 위험에 처할 수 있는 모든 환자가 검사를 받고 있다고 확실하게 말씀드립니다. 우리 팀의 부지런한 노력 덕분에… 우리는 위험에 처한 대부분의 환자를 알아냈다고 확신합니다. 메이요 클리닉(Mayo Clinic)은 환자의 필요 사항을 지원하기 위해 필요한 모든 조치를 취할 것입니다. 환자 안전은 환자와 우리 기관이 공유하는 신뢰의 중추적인 부분입니다. 메이요 클리닉은 이러한 일이 다시는 발생하지 않도록 노력하고 있습니다. — 메이요 클리닉 CEO (Jacksonville, FL, 2010년 9월) 미디어 인용

불확실성의 중요성을 인정해야 한다. 집단발병 초기에는 사람들의 기대보다 더 많은 불확실성이 존재한다. 우리의 지침과 조언은 상황을 더 배울수록 변경될 수 있으며, 유동적일 것이다. 우리는 최대한 배우기 위해 신속하게 움직이고 있으며, 이를 위해 지역, 주, 그리고 국제적으로 협력하고 있습니다.
우리가 신속하게 움직이면서도, 단거리 경주보다는 마라톤에 가깝게 행동해야 할 가능성이 매우 높다는 점을 인지하고 싶습니다. 변화를 인정하고 싶습니다. 바이러스에 대해 더 배우고 바이러스 전파 방식에 대해 더 알게 되면서 우리의 권고, 조언, 그리고 접근방식이 바뀔 것입니다.
우리가 이 바이러스의 확산을 통제하기 위한 지역적 접근방식을 살펴보면 도움이 되고, 전국 각지에서 사용될 수 있으며 다른 지역에서 유용할 수 있음을 인정하고자 합니다. 상황이 점차 변하고 있고, 독감 바이러스는 예측할 수 없으며, 그리고 지역별로 상이한 대응 방식이 있을 것이기 때문에 어

떤 순간에는 혼란스럽거나 상충되는 정보가 있을 수 있습니다. 우리는 이러한 혼동이 발생하는 것을 최소화하고, 잘못된 인식을 해소하기 위해 최대한으로 노력하고 있습니다. *—Press briefing by the Centers for Disease Control and Prevention's Acting Director Richard Besser, MD, during the early stages of the influenza A(H1N1) outbreak (April 2009)*

출처 : Rasmussen SA, Goodman RA. The CDC Field Epidemiology Manual, Oxford University Press, USA, 2018.

3 집단발병 대응 시작

집단발병 조사의 초기 단계는 많은 장애물과 긴 시간, 그리고 많은 고려 사항을 포함하기 때문에 어려워 보인다. 과연 현재 상황이 더 큰 공중보건 사태로 발전할 것인가? 집단발병 사태가 장기화될 것인가? 어떤 집단이 가장 위험에 놓여 있는가? 이렇게 불확실한 상황에서 효과적인 커뮤니케이션을 위해서는 여러 요소가 자리잡아야 한다.

1) 역할과 책임 결정

공중보건 조사 초기에 관련 인력과 조직의 역할 및 책임을 명확하게 정의해야 한다. 특히 조사 과정의 각 측면을 의료 서비스 제공자, 미디어 및 일반 대중에게 전달하는 데 있어 일차적인 책임과 권한을 가진 사람을 결정하는 것이 중요하다. 각 주제에 대해 대중 및 뉴스 매체와 누가 얘기할지를 포함해 각 주체의 전문 분야를 규정해야 한다. 집단발병 대응이 국내에 국한된 경우 연방, 주, 그리고 지역 등 연관된 기관들 간의 역할과 책임을 명확히 해야 한다. 국제적 대응의 경우, 해당 국가의 보건부는 커뮤니케이션 계획과 책임을 결정하고 해당 국가 내의 커뮤니케이션을 주도할 것이다. 현장조사관과 조사 팀의 일부인 경우 보건 커뮤니케이션 전문가는 관련된 모든 기관 및 조직 간의 효과적인 협업을 증진할 수 있어야 한다.

2) 상황 인식

조사를 시작할 때 상황을 평가해야 한다. 다음 단계는 이 작업을 신속하게 수행하는 데 도움이 된다.

(1) 영향을 받았거나 잠재적으로 영향을 받을 수 있는 집단, 예를 들면 대상 집단을 확인한다. "집단발병 혹은 공중보건 위협으로 가장 위험한 집단이 어디인가?", "어떤 집단이 가장 취약하거나 가장 큰 위험에 처해 있으며 먼저 행동을 취해야 하는가?"와 같은 질문을 스스로 해야 한다.

(2) 위험에 처하게 할 수 있는 행동 요인을 확인한다. "행동 요인이 사람들을 위험에 처하게 하는가?", "그렇다면 해당 행동 요인에는 무엇이 있는가?", "백신을 맞는 것이나 자주 손을 씻는 것처럼 일반 사람들과 의료 서비스 제공자들이 해당 행동 요인을 다루어 위험도를 낮출 수 있도록 행동을 권고할 수 있는가?" 만약 위험 요인이 알려지지 않을 때, 어떻게 조사가 진행되고 있는지, 그리고 어떤 사람들이 위험에 노출되어 있는지 정보를 대중과 미디어에 제공할 수 있는가?

(3) 영향을 받는 개인이나 집단과 연락할 수 있는 파트너를 확인한다. 이상적인 상황에서는 강한 관계가 존재할 것이다. 그러나 이러한 관계가 아직 존재하지 않는 경우, 집단발병을 억제하고 멈추게 하기 위해 중요한 관계가 무엇인지 신속하게 파악해야 한다.
"영향을 받은 개인이나 집단과 신속하게 연락할 수 있는 의료 서비스 제공자가 있는가?"
"영향받은 이들 혹은 집단과 연락이 닿을 수 있도록 도울 수 있는 지역사회의 리더는 누구인가?"
"대중들은 특정한 파트너나 사람(예: 종교 지도자 또는 지역의 사상적 지도자)에게 조언이나 나아가야 할 방향을 모색할 것인가?" 이렇게 영향력 있는 사람들과 대화해야 할 사람과 그 시기를 결정해야 한다.

(4) 지역사회에서 커뮤니케이션에 영향을 미칠 수 있는 인식을 확인한다. 커뮤니티 구성원의 말을 들어본다. 지역 당국, 영향을 받은 사람 및 지역사회 지도자들이 상황을 어떻게 인지하는지 더 잘 이해하기 위해 노력한다. 우려 사항, 비판 내용 및 두려움에 귀를 기울인다. 가능하면, 지시 사항을 발표하기 전에 토론을 거치고 지역사회 구성원들이 질병과 잠재적 원인에 대해 가지고 있는 지식과 믿음을 이해한다. 또한 고려해야 할 지역사회의 언어, 문화, 사회 · 경제적 요소들을 이해하기 위해 노력해야 한다. 이 정보를 사용하여 커뮤니케이션 작업을 구체화할 수 있다.

① 보건 관련 권고사항 또는 지침을 상황에 맞게 설정하고, 영향을 받는 집단과 공중보건 또는 건강관리 기관이 더 쉽게 채택하거나 준수할 수 있도록 일반적인 언어로 작성하도록 한다.

② 집단발병을 억제하거나 예방할 수 있도록 돕고 진행 중인 상황에서의 인사이트를 제공할 수 있는 지역사회의 주요 인사들과 긴밀한 관계를 구축한다.

③ 미디어와 대중에 보내는 메시지가 제대로 알려지고 있는지 확인한다. 커뮤니케이션 팀은 소셜 미디어 모니터링과 같이 지역사회가 현재 가지는 인식에 대해서 평가를 제공할 수 있는 신뢰 가능한 정보의 소스를 확인해야 할 것이다. 이 피드백 루프를 사용할 경우, 찾아낸 정보를 진행 중인 의사 결정 단계에 병합할 수 있도록 해야 한다.

3) 커뮤니케이션 전략 강화

집단발병 대응 중에 공공 업무(미디어) 전문가, 위험 커뮤니케이션 전문가, 디지털 또는 소셜 미디어 전문가 및 기타 보건 커뮤니케이션 담당자를 포함한 커뮤니케이션 전문가 팀과 협력할 수도 있다. 커뮤니케이션 팀은 영향받는 대상 집단과 의료서비스 제공자 또는 지역사회 리더들처럼 집단에 영향을 줄 수 있는 사람들에게 다가갈 수 있는 커뮤니케이션 전략을 공고히 하고 관련 자원을 개발해야 한다. 이러한 건강 관련 메시지는 집단발병을 통제하거나 끝낼 수 있는 행동에 초점을 맞춰야 한다. 표 3.3.3.에는 집단발병 대응 중에 자주 사용되는 커뮤니케이션 자원들이 나열되어 있다. 집단발병 장소와 영향을 받는 집단에 따라 커뮤니케이션 팀은 조사 필요에 따라 글을 잘 읽지 못하는 사람들을 위한 포스터 혹은 문자 경고와 같이 추가적으로 자원을 사용할 수 있다. 커뮤니케이션 전략은 상황이 진화하고 대상 집단과 집단발병의 범위의 인식에 대해 더 많이 알게 되면서 진화하고 적응할 가능성이 크다.

표 3.3.3. 집단발병 대응에 자주 사용되는 커뮤니케이션 자원 및 도구

- 인터넷 사이트. 집단발병 대응을 위해 집단 발병에 대한 관련성 있고 수시로 변화하는 정보를 전달하기 위한 인터넷 사이트가 필요할 수 있다. 해당 사이트는 과학적 사실, 데이터 및 리소스의 주요 저장소이어야 한다. 다른 모든 커뮤니케이션은 해당 사이트의 내용에 기초해야 한다. 사이트에 대한 주요 정보에는 다음이 포함될 수 있다.
  - 데이터 또는 사례 수
  - 영향받은 지역의 지도
  - 영향을 받은 집단, 대중, 해당 지역으로 들어오는 혹은 해당 지역에서 나가는 여행자들, 그리고 영향받은 사람들을 치료하고 있는 의료서비스 제공자들을 위한 가이던스
  - 최신 정보를 강조하는 섹션
  - 미디어 및 일반 대중을 위한 멀티미디어 섹션
- 콜 센터. 영향받은 집단, 건강염려증 환자들, 그리고 정보를 얻고자 하는 의료서비스 제공자들의 문의에 다할 수 있는 콜 센터를 구축하는 것이 대응 과정에서 좋을 수 있다. 집단 발병 대응 중에 콜 센터를 구축하고자 하는 주체에 대한 가이던스가 제공된다.
- 소셜 미디어 메시지. 인터넷 사이트 콘텐츠로부터 소셜 미디어 메시지를 만든다. 커뮤니케이션 담당자는 정기적으로 소셜 미디어를 모니터링하여 근거 없고 잘못된 정보를 식별하고 제거해야 한다.
- 임상의 대상 리소스. 대응 과정에서 의료서비스 제공자들과의 상당한 커뮤니케이션이 필요할 수 있다. 웹 세미나, 협력 조직과의 전화회담, 온라인 임상 커뮤니티를 위한 비디오, 또는 기타 포럼을 통해 의료서비스 제공자가 최신 정보에 접근하고 문의하며 대응과 관련된 다른 의사의 조언을 얻을 수 있도록 하는 것이 고려될 수 있다.
- 뉴스 미디어를 위한 디지털 프레스 키트. 사진, 비디오, 대변인 인용, 최신 데이터 또는 정보(예: 그래픽, 차트 또는 지도) 및 인터뷰를 얻는 방법에 대한 정보가 포함된 디지털 프레스 키트는 집단발병 조사 단계에서 항상 기자들에게 도움이 된다.
- 맞춤화된 커뮤니케이션 리소스. 대응 과정에서는 특성 대상을 위한 번역이 필요할 수 있으며, 커뮤니케이션 데이터는 영향을 받는 집단을 위해 맞춤화되어야 할 수 있다. 일부 대응에서는 특정

집단에 중요한 정보를 전달하기 위해 사진 양식, 간단한 라인아트, 문자 메시지 또는 커뮤니티 이벤트를 사용한다.

출처 : Centers for Disease Control and Prevention. Injection safety: patient notification toolkit. https://www.cdc.gov/injectionsafety/pntoolkit/section3.html

4) 집단발병에 대해 대응하는 동안 효과적인 메시지 전달

사람들이 예방 권고안을 따르려면 먼저 해당 메시지가 영향을 받는 집단이 공감할 수 있어야 한다. 표 3.3.4.는 주요 메시지 전달의 요소들을 7단계로 정리한다.

1. **공감으로 시작한다.** 영향받는 집단이든, 지역사회 단체이든, 또는 언론과 대화하고 있든 간에 공감을 표현하는 것으로 시작한다. 우려를 인정하고 질병이나 상해로 영향을 받은 사람들이 어떻게 느끼고 있을지 이해한다는 표현을 한다. 구두로 그리고 서면으로 사람들이 불안해하거나 걱정하고 있으며, 자신 역시 걱정하고 있다는 것을 인식한다. 고객의 관점을 이해하려고 노력하고 있음을 증명한다.

2. **공중보건 위협이 무엇인지 확인하고 설명한다.** 상황에 대해 알고 있는 내용(예: 문제의 원인이 무엇인지, 누가 위험에 처해 있는지, 어떻게 하면 위험에 처하는지)을 자세히 설명한다. 피해를 예방하거나 도움을 받기 위한 행동 단계를 포함하는 조언을 제공한다. 해당 상황에 영향을 받는 사람들은 두려움, 신뢰의 상실, 그리고 통제력의 부족을 느낄지도 모른다. 불확실성을 인정하고 지나치게 안심하거나 지나친 약속을 하면 안 된다.

3. **현재 알려진 것과 알려지지 않은 것을 설명한다.** 구체적인 세부 정보와 일정을 제시한다. 정보가 아직 알려지지 않은 경우 이를 인정한다. 상황에 대해 자세히 알기 위해 무엇을 하고 있는지 설명하고 다시 정보를 전달할 수 있거나 확인된 결과가 나올 때까지의 시간 프레임을 제공한다. 집단발병 혹은 조사 초기에는 제공할 수 있는 정보가 제한적일 수 있는데, 이는 예를 들면 “아직 공유할 정보가 충분하지 않지만, 필요한 답변을 찾기 위해 노력하고 있습니다.”라고 말하면서 인정할 수 있다. 영향을 받고 있거나 잠재적으로 영향을 받을 수 있는 집단에 대한 위험과 위해를 최소화하기 위해 어떤 조치를 취하고 있는지 설명한다.

4. **어떤 공중보건 조치를 취하고 있는지, 그 이유는 무엇인지 설명한다.** 대응 과정에 관여하는 기관과 이들의 역할과 책임을 설명할 수 있도록 준비한다. 또한 조사 단계, 수행 중인 작업 또는 수행되고 있지 않은 작업과 그 이유를 말한다. 예를 들면, “우리는 사람들이 현재 제자리에서 안전하게 지낼 수 있기 때문에 대피령을 내리지 않는 것입니다”라고 말한다. 공중보

건 조치를 논의할 때 의사 결정 시 딜레마를 공유하고 집단발병 시 발생할 수 있는 가능한 시나리오를 공유한다.

- 딜레마를 공유한다. 특정한 경우에 공중보건 결정은 원하지 않는 결과를 초래할 수 있고, 절충안을 수반하거나, 권고안을 효과적으로 이행하는 데 장벽을 극복해야 할 수 있음을 표현한다. 불완전하거나 완벽하지 않은 정보로 의사 결정을 내리는 것에 대해 열린 자세를 취한다.
- 가능한 시나리오를 예시한다. 대중과 미디어가 특히 앞으로 더 많은 정보를 얻게 되면서 생길 권고사항과 행동의 변화 가능성을 포함하여 지금까지 의사 결정에 들어간 가정, 요인 및 고려사항을 알도록 한다. 대중이 공중 의료 조치와 권고안이 앞으로 바뀔 수 있음을 알린다.

5. **상황에 대한 의지를 강조한다.** 상황을 통제하기 위한 긴박감을 전달한다. 청중에게 더 많은 정보(예: 인터넷 사이트 또는 콜 센터)에 접근할 수 있는 방법과 더 많은 정보가 제공될 시기를 알려준다. 예를 들면, "다음 업데이트는 내일 정오에 있을 것입니다"라는 방식으로 전달한다.

표 3.3.4. 집단발병 관련 메시지 작성 과정에서 포함 사항

- 공감의 표현
- 육하원칙을 포함한 지금까지 알려진 내용 및 행동에 대한 요구
- 알려진 것과 알려지지 않은 것, 그리고 아직 알려지지 않은 것에 대한 해답을 얻는 방법
- 어떤 공중보건 조치를 취하고 있는지, 그리고 그 이유에 대한 설명
- 헌신을 위한 약속
- 추가 정보 제공 시기
- 그동안 더 많은 정보를 찾을 수 있는 곳

출처: Centers for Disease Control and Prevention. Emergency preparedness and response: manual and tools. http://emergency.cdc.gov/cerc/resources/index.asp

앞에서 설명한 대로 위험 커뮤니케이션을 다루는 모범 사례를 따라야 한다(예: 영향을 받는 집단이 우려할 수 있고, 도움을 청한다는 점을 인지). 표 3.3.5.는 집단발병에 대해 대중과 이야기할 때 위험 커뮤니케이션 메시지를 전달하는 방법의 예를 제공한다.

표 3.3.5. 위험 커뮤니케이션 메시지 전달 팁 및 예시

- 공감과 이해의 표현: "우리는 이 상황이 무섭다는 것을 압니다."
- 지나치게 안심시키지 않는다: "확실하게 말하자면, 현재 어려운 상황입니다."
- 불확실성 인정: "우리가 아직 알지 못하는 것은 다음과 같습니다."
- 딜레마 공유: "우리는 [X] 또는 [Y]를 할 수 있습니다. [X]를 실행하면 다음과 같은 장단점이 있습니다. [Y]를 하면 장단점은…"

- 가능한 시나리오 예시: "다음 며칠 동안 (…) 때문에 더 많은 사례가 발생할 수 있습니다."
- 아직 알려지지 않은 것에 대한 답을 찾고자 하는 열망을 표현: "우리는 (…)에 대한 답을 알 수 있기를 바랍니다."
- 해당 답을 찾기 위해 현재 진행 중인 과정에 대해 설명: "더 많이 알기 위해서 다음과 같은 일들을 하고 있습니다."
- 대중이 할 수 있는 일 설명: "여러분이 해주셔야 할 일은 다음과 같습니다."

출처 : Centers for Disease Control and Prevention. Emergency preparedness and response: manual and tools. http://emergency.cdc.gov/cerc/resources/index.asp

4 뉴스 미디어와 협력

1) 미디어 인터뷰 또는 공개 석상 준비

대변인 역할은 특히 조사 도중이나 언론의 상당한 관심을 수반하는 대응 과정에서 어려운 일이다. 만약 여러분이 대변인이 되라는 요청을 받는다면, 충분한 준비와 연습 기간이 필요하다. 언론 인터뷰는 기자가 각 분야의 전문가 및 다른 소스로부터 정보를 얻는 주된 방법이다. 인터뷰를 잘 헤쳐나가는 방법을 배우는 것은 매우 중요하다.

다음 두 가지 질문에 답함으로써 전반적인 커뮤니케이션 목표를 결정할 수 있는 경우가 많다.

1. "우리가 원하는 헤드라인은 무엇인가?" 원하는 헤드라인을 포함하는 짧은 목록과 메시지 전달 시 피해야 할 헤드라인을 포함하는 짧은 목록 두 개를 작성한다. 원하는 헤드라인을 알려주는 데 도움이 되는 부차적인 메시지에 대해 생각해 본다.
2. "영향받은 집단이 알아야 할 가장 중요한 정보는 무엇인가?" 여러분이 영향을 받는 집단이 취했으면 하는 행동 단계를 확인하고 인터뷰 혹은 공개 석상에서의 메시지에 포함한다. 대부분의 뉴스 리포트의 경우 직접 인용을 하나만 허용하기 때문에 신중하게 선택해야 한다. 보통 단일우선 보건커뮤니케이션 목표(single overriding health communication objective), 또는 SOHCO라고 불리는 주요메시지 포인트를 정한다. 여러분은 대중들이 이 한 가지 핵심 포인트가 해당 주제에 대한 가장 중요한 메시지이기 때문에 기억하기를 원한다. 커뮤니케이션 전문가는 SOHCO를 다듬고 해당 SOHCO가 사람들 사이에서 공감을 불러일으킬 수 있는지 확인할 수 있도록 도와준다. 인터뷰 시작 시 SOHCO를 말한다. 인터뷰가 끝날 때 기자가 다루지 않은 다른 내용이 있는지 물어볼 가능성이 높다. 이때 SOHCO를 반복한다. 예를 들면, "이 주제에 관심을 가져주셔서 감사합니다. 여러분이 기억해야 할 가장 중요한 것은 [SOHCO 반복]입니다"라는 식으로 말한다.

미디어가 처음 접촉할 때 절대 바로 인터뷰를 하지 않는다. 기자가 직접 전화를 걸면, 이름, 연락처, 토의를 위해 계획된 주제 목록, 인터뷰 진행 방법 및 마감일의 다섯 가지 정보를 물어본다. 기자에게 특정 시간대를 정한 후 전화하겠다고 말한다. 기자가 긴급하게 정보가 필요하다고 말하더라도 5~10분 정도 뒤 금방 다시 전화하겠다고 말한다. 5~10분 정도 지연되면 여러분의 생각을 모으고, 유용하거나 필요한 정보를 찾고, 주요 메시지를 확인할 수 있는 시간이 주어진다. 미디어 인터뷰 중에 자주 묻는 질문을 검토하면 답변을 준비하는 데 도움이 된다.

어떤 매체와 직접 대화하기 전에 집단발병이 일어난 관할 지역 보건당국의 허가를 받아야 한다. 해당 권한이 없다면, 인터뷰를 요청하는 모든 사람을 담당 보건당국에 안내해야 한다. 또한 미디어와의 커뮤니케이션과 관련된 조직의 방침(예: 조직의 방침 또는 공식 권장사항과 관련되도록 성명의 기틀을 짜는 방법)을 알고 있으며, 기자와 대화할 때 본인의 책임 범위 내에 있어야 한다. 필요한 방침 및 사전 허가 내용에 대해 집단발병 조사에 배정된 커뮤니케이션 전문가와 상담한다. 본인의 한계를 알아야 한다. 인터뷰 도중 다른 기관이나 당국의 책임 또는 권한에 해당하는 질문이 제기되면 해당 기관이나 대변인에게 리퍼럴을 한다. 인터뷰 중에 커뮤니케이션 팀의 일원을 포함하면 미디어 매체가 후속 정보를 얻는 데 도움이 될 수 있다.

2) 커뮤니케이션 함정 피하기

어려운 상황 및 질문은 종종 집단발병 대응 또는 공중보건 조사에 관한 뉴스 미디어 또는 대중과의 상호작용 중에 발생한다. 표 3.3.6.은 미디어 대변인이 가능한 커뮤니케이션 함정을 피하기 위해 해야 할 일과 하지 말아야 할 일을 알려준다.

표 3.3.6. 대변인으로서 해야 할 일과 하지 말아야 할 일

주제	해야 할 것	하지 말아야 할 것
기대치	알려진 내용, 현재 진행 중인 상황, 그리고 노력의 효과에 대해 현실적인 기대치를 가질 수 있도록 유도	과도한 약속을 하거나 비현실적인 기대 형성, 특히 상황 또는 해결책의 확실성에 대한 과한 기대 형성
과학적 용어 및 약어	명확한 커뮤니케이션, 기술 용어를 쉬운 언어로 정의, 약어는 필요할 때만 사용, 약어 사용이 필요한 경우, 처음 사용할 때 뜻 명시	청중 중 일부라도 이해하지 못할 언어 사용
부정적 의혹	의혹을 반복해서 말하지 않으면서 반박	제기된 의혹을 언급하거나 반복
기질	항상 차분한 태도 유지, 질문이나 의혹을 항상 긍정적인 내용을 말하기 위한 발판으로 사용	감정이 긍정적인 메시지를 전달하는 데 방해하도록 놔둠
명료함	정보 전달이 확실하게 됐는지 질문	(청중이) 이해했다고 가정
추상	모든 사람이 이해할 수 있도록 예시나 비유를 활용	청중이 상황의 복잡함을 이해했다고 가정

가정의 함정	현재 사실인 것에 집중	가정적 상황에 대해 추측
약속	가능한 것만 약속하고, 철저한 데드라인을 설정하고 지킴	지킬 수 없는 약속을 하거나 약속을 어김
위험	과학적 근거에 기반한 최선의 위험 평가	절대적 언어를 사용하고 대중이 위험 수치를 이해할 것으로 가정
책임	문제에 대한 기관의 책임 부분을 수용, 공감 활용	다른 주체를 비난 및 책임 전가
데이터	성과, 경향 등을 강조, 개선하기 위해 들이는 노력 설명, 특히 수치가 좋지 않은 경우	다른 주체를 비난하거나 수치/시스템을 공격하는 방향으로 대화 수정

출처 : Reynolds B, Seeger, M. Crisis and emergency risk communications manual. 2014 edition. https://emergency.cdc.gov/cerc/manual/index.asp; Agency for Toxic Substances and Disease Registry. A primer on health risk communication principles and practices. http://www.atsdr.cdc.gov/ risk/riskprimer/index.html

여러 가지 기술을 통해 어려운 질문을 처리할 수 있다. 가장 도움이 될 만한 두 가지 방법은 브릿징(bridging, 다리놓기), 후킹(hooking, 가로채기)과 플래깅(flagging, 표식하기)이다.

- 브릿징. 이 경우 기자의 질문을 인지하고 브릿징 문구를 사용하여 전달해야 할 중요한 정보로 전환해야 한다. 예를 들면
- 기자를 다른 방향으로 유도한다: "제 생각에 기자님이 물어보는 것은…"
- 우려를 인정하고 공중 의료 인력이 수행하는 일을 홍보: "우리는 이 우려 사항에 대해 들었으며, 이를 해결하기 위해 다음과 같은 조치를 취하고 있습니다."
- 부정 후 다른 방향으로 유도: "그런 것은 아닙니다. 명확하게 설명하겠습니다…"
- 시간: "역사적으로는 그랬지만, 지금은 (…)임을 알고 있기 때문에 이렇게 문제를 해결하고 있습니다."
- 답변이 없을 경우: "이것은 진행 중인 조사이므로, 모든 답을 알고 있지는 않지만, 제가 말씀드릴 수 있는 것은…."
- 후킹 및 플래그 지정. 이러한 기법은 핵심적인 공중보건 정보(또는 SOHCO)를 인상적인 형식으로 언급하는 데 도움이 될 수 있다. 후킹할 때, 대중이 더 많은 정보를 기억할 수 있도록 메시지를 토막별로 제공한다. 예를 들면 다음과 같이 단계적으로 메시지를 제공할 수 있다.
- 우리는 사람들이 세 가지를 기억하기를 원한다. 첫째, [공중보건 권장사항 1] 둘째, [공중보건 권장사항 2] 셋째, [공중보건 권장사항 3]이다."

메시지를 플래깅할 때, 기자와 대중에게 기억해야 할 중요한 공중보건 정보를 구두로 알려준다. 예를 들면,

- "오늘 많은 이야기를 했지만, 기억해야 할 가장 중요한 점으로는…"
- "전체적인 우려 사항은…"
- "기억해야 할 가장 중요한 점은…"

미디어 인터뷰를 관리하기 위한 추가적인 팁은 다음과 같다. 이러한 팁은 매체 유형과 인터뷰 형식에 따라 달라질 수 있다(표 3.3.7.).

표 3.3.7. 미디어 인터뷰를 마스터하기 위한 팁

매체 종류	인터뷰 형식틀	
인쇄매체 (신문 또는 정기발행)	전화	대면
기록 여부	모두 기록되고 있다고 간주해야 한다. 기자가 오프 더 레코드라고 약속할지라도 모든 전화나 이메일 메시지가 기록에 남는다고 생각한다.	모든 것이 기록된다고 고려한다. 기자들은 종종 집단발병 중에 기관이나 보건부서의 응급수술센터에 있거나 현장조사 중에 같은 호텔에 머물게 된다. 공식적으로 인터뷰가 종료됐더라도 지나가는 언급이 기록에 남을 수 있다고 고려해야 한다.
어조 및 바디 랭귀지	어조와 억양에 유의한다. 전화 인터뷰를 하는 동안 서 있으면 여러분이 움직이거나 손 동작을 사용할 수 있어 더 편안하게 느끼고 어조가 자연스럽게 느껴질 수 있도록 할 것이다.	바디 랭귀지에 유의한다. 기자 앞에 앉아 있다면, 현재의 바디 랭귀지가 어떤 의미를 내포하는지 유의한다. 슬픈 일에 대해서 얘기하고 있다면, 얼굴 및 바디 랭귀지가 상황의 심각성을 반영하는지 확인해야 한다.
인터뷰 도중 침묵	침묵을 깨려고 하지 않는다. 기자들은 아마 인터뷰 중간중간 타이핑을 할 것이기 때문에 계속해서 타자를 칠 시간을 주고, 침묵을 깨려고 할 필요는 없다.	침묵을 깨려고 하지 않는다. 노련한 기자는 대면 인터뷰 도중 침묵이 발생하면 "흠!"과 같은 감탄사로 흥미를 나타내어 인터뷰 당사자가 계속해서 얘기를 이어나갈 수 있도록 하지만, 인터뷰 도중 대화에서 헤매는 것은 본래 말하고자 하는 취지에서 벗어날 수 있다.
라디오	녹취된 라디오 인터뷰	청취자 실시간 질문을 포함한 대면 라디오 인터뷰
어휘 선택	청취자가 이해하기 쉽고 발음하기 쉬운 어휘를 선택한다. 일부 단어를 말하기 어려운 경우, 청중이 이해하기 어려운 단어 사용을 자제; 인터뷰 전 예행연습	
억양	말할 때 억양 인지; 음색, 볼륨, 속도 조절 카리스마 있으면서 공감하는 어조 활용; 슬픈 상황을 전달하면서 활기찬 목소리 사용 자제	

	기억에 남으려고 노력: 질문에 답할 시 기자 또는 질문자의 이름을 사용하려고 노력; 예) "좋은 질문입니다. 낸시"	
기억해야 할 전략	라디오 인터뷰 녹화 시 침묵을 깨려고 하지 않기 인터뷰 시 다수 인용될 수 있기 때문에 3~5개의 SOHCO를 작성하여 주요 메시지를 여러 번 전달. 말한 내용이 마음에 들지 않는 경우, 다시 발언할 수 있는지 기자와 확인. 예를 들면 "방금 말했던 내용을 더 명확하게 말해보겠습니다."	라이브 라디오 인터뷰 도중 공백 메우기 메시지에 우선순위를 두고, 가능한 많은 메시지 사용 브릿징, 후킹, 혹은 플래깅 방법 사용
TV 인터뷰	녹화 인터뷰	생중계
용모	어떻게 보이는지 중요 호감을 살 수 있도록 한다; 적절한 때에만 미소를 보인다. 차분한 태도 유지, 표정 관리; 기자가 어려운 질문을 하는 경우 놀란 것처럼 보여서는 안 됨 적절한 복장; 무채색 복장이 제일 좋음	
메시지 전달	사운드바이트가 중요 라디오 인터뷰 녹화 시 침묵을 깨려고 하지 않기 인터뷰 시 다수 인용될 수 있기 때문에 3~5개의 SOHCO를 작성하여 주요 메시지를 여러 번 전달. 말한 내용이 마음에 들지 않는 경우, 다시 발언할 수 있는지 기자와 확인. 예를 들면 "방금 말했던 내용을 더 명확하게 말해보겠습니다."	사운드바이트가 중요. SOHCO가 최우선 순위이도록 함. 브릿징, 후킹, 혹은 플래깅 방법 사용

브릿징 : 기자의 질문을 인정하고 브릿징 문구를 사용하여 전달해야 할 중요한 정보로 전환한다. 후킹 및 플래깅: 후크는 대중이 더 많은 정보를 기억할 수 있도록 메시지를 토막별로 제공하고, 플래깅은 기자와 대중이 기억해야 할 중요한 공중보건 정보를 구두로 알려준다.

SOHCO, Single Overriding Health Communication Objective(단일 우선 보건커뮤니케이션 목표).

출처 : Reynolds B, Seeger, M. Crisis and emergency risk communications manual. 2014 edition. https://emergency.cdc.gov/cerc/manual/index.asp; Agency for Toxic Substances and Disease Registry. A primer on health risk communication principles and practices. http://www.atsdr.cdc.gov/ risk/riskprimer/index.html

3) 인터뷰 후

가능한 대로 미디어와의 상호작용 효과를 평가한다. 뉴스 기사 및 언론 보도를 검토하여 기자가 제공된 정보를 어떻게 활용하고 있는지 알아본다. 주요 메시지(SOHCO)가 사용되고 있는지, 어떻게 사용되고 있는지, 헤드라인이 전달하려고 한 내용과 유사한지 평가한다. 모든 인터뷰는 이로부터 배우고 개선할 수 있는 기회이다.

기자가 부정확한 정보를 내보내거나 기자들에게 제공한 정보가 수정되면, 커뮤니케이션 혹은 미디어 전문가와 협력하여 기자에게 다시 전화를 걸어 새로운 또는 수정된 정보로 업데이트한다. 이상적인 상황에서는 수정 사항을 내보내고, 헤드라인과 전달된 메시지에 만족하게 될 것이다.

5 결론

기술과 미디어가 발전함에 따라 대중은 계속해서 새로운 방식으로 적응하고 정보를 얻을 것이다. 위험에 대해 소통하는 공중보건공무원은 대중이 선호하는 커뮤니케이션 메커니즘을 사용하여 중요하고 시기적절한 건강 관련 정보를 전달할 수 있도록 역시 진화해야 한다. 이 장에 요약된 커뮤니케이션 전략은 집단발병 대응 및 위험 커뮤니케이션에 효과적이었으며 어떤 공중보건 사건에도 적합하도록 조정될 수 있다. 집단발병 중 공중보건 공무원은 커뮤니케이션 목적, 정보와 지침이 가장 필요한 개인과 집단, 뉴스 미디어 및 대중과 소통하는 방법, 메시지 및 데이터의 영향력을 측정하는 방법을 신속하게 결정해야 한다. 뉴스 미디어와 언론인이 일하는 방식과 위험 커뮤니케이션의 원칙 및 모범 사례를 사용하는 능력에 대한 지식은 공중보건 사건 중 성공 가능성을 높인다.

참고문헌

대한예방의학회. 예방의학과 공중보건학, 제3판 수정증보판, 계축문화사, 2017.

대한예방의학회, 한국역학회. 예방의학 · 역학 · 공중보건학 용어집, 계축문화사, 2014.

손석준, 이경수, 이무식, 이중정, 이충원, 정인성. 현장역학(Field Epidemiology, 2nd edition 번역본). 계축문화사, 2004.

Agency for Toxic Substances and Disease Registry. A primer on health risk communication principles and practices. http://www.atsdr.cdc.gov/risk/riskprimer/index.html

Breslow NE, Day NE. Statistical methods in cancer research. Vol 1. The analysis of case—control studies. (IAEC scientific publication no. 32). Lyon: International Agency for Research on Cancer; 1980.

Centers for Disease Control and Prevention. Safe healthcare blog. What to tell patients when things go wrong (Part 2 of 2). https://blogs.cdc.gov/safehealthcare/what-to-tell- patients-when-things-go-wrong-part-2-of-2/

Centers for Disease Control and Prevention. Injection safety: patient notification toolkit. https://www.cdc.gov/injectionsafety/pntoolkit/section3.html

Centers for Disease Control and Prevention. Emergency preparedness and response: manual and tools. http://emergency.cdc.gov/cerc/resources/index.asp

Centers for Disease Control and Prevention. Press briefing transcripts: CDC briefing on public health investigation of human cases of swine influenza. https://www.cdc.gov/media/transcripts/2009/t090424.htm

Covello V. Communicating radiation risks: crisis communications for emergency responders. https://go.usa.gov/xnM8X

Covello V. Risk and crisis communication: 77 questions commonly asked by journalists during a crisis. New York: Center for Risk Communication; 2002. http://www.nwcphp.org/docs/pdf/journalist.pdf

Detels R, Beaglehole R, Lansang MA, Gulliford M. Oxford Textbook of Public Health, Oxford University Press, 2009.

Feinstein AR. Clinical Epidemiology. The architecture of clinical research. Philadelphia: W.B. Saunders Company 1985.

Gordis L. Epidemiology. 5th ed. Philadelphia: Elsevier; 2013.

Kelsey JL, Thompson WD, Evans AS. Methods in observational epidemiology. New York, Oxford: Oxford University Press; 1986.

Last JM. A Dictionary of Epidemiology, 4th Ed, Oxford Uni Press Inc., 2001.

MacMahon B, Pugh TF. Epidemiology: principles and methods, Little, Brown and Company, 1970.

Mitchell A, Gottfried J, Barthel M, Shearer E. The modern news consumer: news attitudes and practices in the digital era. Washington, DC: The Pew Research Center; 2016. http://www.journalism.org/2016/07/07/the-modern-news-consumer/external

Porta M. A Dictionary of Epidemiology, 5th edition, IEA, Oxford University Press, USA, 2008.

Rasmussen SA, Goodman RA. The CDC Field Epidemiology Manual, Oxford University Press, USA, 2018.

Reynolds B, Quinn Crouse S. Effective communication during an influenza pandemic: the value of using a crisis and emergency risk communication framework. Health Promot Pract. 2008;9(4 Suppl):13S–17S.

Reynolds B, Seeger, M. Crisis and emergency risk communications manual. 2014 edition. https://emergency.cdc.gov/cerc/manual/index.asp

Robert B. Wallace. Maxey-Rosenau-Last Public Health and Preventive Medicine. McGraw-Hill Education, 15 edition, 2008.

Rothman K J. Modern epidemiology. Boston, Toronto : Little, Brown and Com pany; 1986.

Sandman P. Hazard versus outrage in the public perception of risk. In: Covello VT, McCallum DB, Pavlova MT, eds. Effective risk communications. Vol. 4, Contemporary issues in risk analysis. New York: Plenum Press; 1989:45–9.

Schlesselman JJ. Case—control studies: design, conduct, analysis. New York: Oxford University Press; 1982.

The Legal Examiner. New York City, New York. 5,000 Mayo Clinic and St. Luke's patients at risk for hepatitis C from hospital employee. http://newyorkcity.legalexaminer.com /miscellaneous/ 5000-mayo-clinic-and-st-lukes-patients-at-risk-for-hepatitis-c-from-hospital-employee/ external

Vijaykumar S, Nowak G, Himelboim I, Jin Y. Virtual Zika transmission after the first U.S. case: who said what and how it spread on Twitter. Am J Infect Control. 2018;pii:S0196–6553(17) 31211–7.

World Health Organization. Communicating risk in public health emergencies: a WHO guideline for emergency risk communication (ERC) policy and practice. http://www.who.int/risk-communication/guidance/download/en/external icon

World Health Organization. Outbreak communication planning guide. 2008 ed. http://www.who.int/ihr/elibrary/WHOOutbreakCommsPlanngGuide.pdfpdf

제 4 장 법적인 고려사항

1 도입

모든 정부의 핵심 의무이자 주요 기능은 국민의 건강과 안전을 보호하는 것이다. 미국에서 집단발병 및 집단 조사를 포함한 현장역학은 주 및 연방 수준에서 공중보건기관이 수행하는 중요한 기본 정부 기능이다. 공중보건과 안전을 보호할 연방정부의 권한은 미국 헌법에 있다. 그리고 각 주는 각자의 헌법에서 공중보건과 안전의 보호를 다루고 있지만, 각 주는 또한 "경찰권", 즉 공공복지, 질서, 안전을 위해 사적 권리에 제한을 가할 수 있는 고유한 권한을 부여받는다. 연방 당국과 주 당국 모두 미국 헌법의 제한을 받는다. 이러한 법률 당국은 공중보건 공무원이 집단발병 조사 중에 특정 조치를 취할 수 있도록 한다. 예를 들면, 감염으로 인해 피해를 입은 사람으로부터 임상 검체 및 데이터 입수, 의료시설로부터 데이터 수집, 환경 샘플 수집, 개인 정보의 프라이버시 보호, 그리고 백신 접종, 화학적 예방, 격리, 혹은 심지어 사유 재산의 압수나 파괴까지의 관리 적용 등을 포함한다.

이 장에서는 현장역학, 그리고 보다 구체적으로 역학조사와 관련된 법적 고려 사항의 개요를 제공한다. 이는 연방법과 주법의 상호 작용, 데이터 수집, 분석 및 배포와 관련된 법적 이슈, 특수 및 고유 관할권, 그리고 테러와 관련된 집단발병 조사를 포함한 비상 대응에 대한 주 및 연방의 협력을 논의하였다.

2 일반적인 법률 당국

미국 헌법 제1조 제8항은 의회의 "미국의 일반적인 복지를 제공 및 주 간 상거래를 규제하기 위한 세금 부과"를 허가한다[c]. 미국 질병통제예방센터(CDC)와 공중보건서비스(Public Health Service)의 구성원이 수행하는 역학조사는 이러한 당국이 일반적으로 지원하는 연방 활동의 예이다. 미국 헌법의 상업 조항의 권한에 따라 연방정부는 또한 육류, 가금류 및 기타 식품의 검사, 의약품, 생물학적 제품 및 의료 기기의 규제, 공공에 심각한 위협을 줄 수 있는 생물학적 물질의 규제와 같은 건강 관련 활동을 감독한다. 건강과 안전과 관련된 미국 헌법의 조항은 광범위하지만, 그럼에도 불구하고 보건 및 복지와 관련된 연방정부의 활동은 열거된 권한에 적합해야 한다. 또한, 권리 장전은 연방 권한의 행사를 제한할 수 있다.

이와는 대조적으로, 공중보건(흔히 "경찰권"이라고 불리는 주의 권한에 포함됨)을 보호하는 주의 권한은 광범위하다. "경찰권은 사익을 규제하는 주권 정부의 당연한 권한입니다. 우리는 경찰권을 국가의, 그리고 위임을 통한 지역 정부의, 고유 권한으로 정의하여 법률을 제정하고 국민의 건강, 안전, 도덕 및 일반 복지를 보호, 보존 및 증진하기 위한 규정을 공포한다. 이러한 공동 이익을 달성하기 위해, 국가는 연방 및 주 헌법의 한계 내에서, 사적 이익, 자율성, 프라이버시, 연관성, 자유에 대한 개인적 이익, 계약 및 재산 사용에 대한 경제적 이익을 제한할 권한을 보유한다. 주의 경찰권은… 공중보건, 안전 또는 도덕, 공적 불법 방해의 감소를 위해 합법적으로 주어지며, 공공의 이익이 요구하는 사항뿐만 아니라 그러한 이익을 보호하기 위해 필요한 조치가 무엇인지 결정할 때 입법부에 많은 재량권이 부여되어야 한다." (주석 생략) 많은 경우, 주는 공중보건 권한을 시, 군 정부에 위임하여 공중보건을 보호하기 위해 감염병 검사, 치료, 그리고 특수한 경우에는 격리까지 할 수 있도록 한다.

연방정부와 주 정부의 공중보건 보호를 위한 법 제정 권한은 보건당국의 규제 공포, 행정 명령, 그리고 법적 효력을 가지는 보건당국의 지시 공표까지 확대된다(표 3.4.1.).

표 3.4.1. 보건당국

- 법령(또는 법률)은 대통령이 서명하고 의회 또는 주지사가 서명하고 주 의회가 제정한다.
- 규제(또는 규칙)는 법령의 권한으로 공포되고 법적 효력을 가지며, 일반적으로 행정기관이 공포한다.
- 행정 명령은 일반적으로 대통령 또는 주지사가 행정부에 내리는 지시 사항이지만 위기 대응 권한의 확대를 위한 법적 필요조건을 충족시키기 위해 사용할 경우 법적 효력을 가질 수 있다.

주의 공중보건 경찰권 행사에는 한계가 있다. 미국 헌법은 이러한 권한이 과도하게 혹은 제한 없이 사용되는 것을 막기 위한 보호 수단을 제공한다. 예를 들면, 수정헌법 제4조는 불합리한 압수수색으로부터 시민들을 보호한다. 수정헌법 제5조는 연방정부가 정당한 법 절차 없이는 어떠한 사람의 생명, 자유 또는 재산도 박탈하는 것을 금지하고 있는 반면, 수정헌법 제14조는 개별 주에 대해서도 법의 적법한 집행 과정과 관련하여 보호하고 있다.

"적법한 절차의 보증…은 법률이 불합리, 자의적, 혹은 변덕스럽지 않아야 하고 수단이 달성하고자 하는 목적과 실질적이고 중대하게 합치할 것만을 요구한다. 적법한 절차의 기본 요소는 연루되는 사람에게 통지하는 것과 청문회 혹은 유사 절차를 위한 기회를 주는 것이다.

공중보건 경찰권을 행사할 때, 특히 개인의 자유에 대한 제한이 수반되는 경우, 국가의 이익을 달성하기 위해 최소한의 제한을 가하는 대안을 사용해야 한다. 정부의 공중보건 경찰권 행사가 적절하다고 판단하기 위해 사용되는 기준은 정부 조치의 필요성, 합리적인 수단, 중대성, 그리고 피해 예방 여부이다.

3 주 및 연방 법률 당국

현장역학은 일반적으로 역학조사가 필요할 때 예기치 않은 보건 문제에 역학 방법을 적용하는 것으로 정의된다. 현장역학자가 이러한 조사를 수행함에 따라 그들은 조사 수행의 이익을 최대화하고 잠재적인 법적 위험을 최소화하기 위해 법률 당국과 조사를 둘러싼 잠재적인 법적 변수들을 인식해야 한다.

1) 주 법률 당국

주 고유의 "경찰권"은 주 및 지역 보건공무원에게 현장 역학조사를 수행할 수 있는 광범위한 권한을 제공한다. 실질적으로는 일반적으로 기관과 개인은 자발적으로 협조한다. 하지만 많은 현장조사가 유능한 실험실 직원의 지원이 필요한 것처럼, 현장조사는 자발적인 협력이 이루어지지 않을 때 유능한 법조인의 지원이 필요할 수도 있다. 조사관이 저항에 직면하게 되면, 주 및 지역 공중보건공무원은 기업(또는 개인)에게 자택 또는 기록에 대한 접근 권한을 부여하는 법원 명령 신청 등 조치를 위해 자문 변호사 또는 주 검사장의 도움이 필요할 수 있다. 법률 변호사의 도움이 아예 필요하지 않을 수도 있지만, 역학조사가 시작되기 전에 법률 자문과 지원을 제공할 수 있는 변호사나 법률 사무소를 알아보는 것이 좋다.

보건기관이 역학조사를 수행할 수 있도록 하는 법적 권한 외에도, 조사의 개별 요소에 대한 책임과 권한에 관한 수많은 고려 사항이 존재한다. 이러한 고려 사항은 다음과 같은 일을 하기 위한 권한을 포함한다.

- 병원 및 민간 실험실에서 미생물 및 기타 실험실 표본 확보
- 의사, 치과의사 및 기타 의료 서비스 제공자가 보관하고 있는 환자의 의무기록을 검토
- 집단발병 시 영향받은 인구의 설문 조사 및 샘플 채취
- 분석연구에서 대조군 역할 및 정보의 중요한 소스가 될 수 있는, 영향받지 않은 인구의 설문 조사
- 병력 및 검사 결과에 관한 정보 유지

- 기밀 보호
- 당면한 문제를 통제하기 위한 여러 조치, 재발 방지 및 중재의 효과 평가
- 현재 진행형 추가 정보 수집
- 연루 제품군 회수
- 감염원 관련 활동 제한 및 관련 사업장 폐쇄
- 영향받은 인구의 활동 제한 및 격리
- 노출된 인구 격리
- 노출된 집단의 예방 접종 혹은 항생제 투여

미국의 공중보건 감시체계는 미국의 경찰권 행사의 일부로 확립되어 있다. 이러한 주 기반 시스템은 의료 전문가와 연구소가 공중보건의 관점에서 유의미한 질병 및 상황을 보고하기 위해서 설계되었다. 모든 주는 질병 및 상황을 보고하도록 의무화하는 법률 및 규정을 가지고 있으며, 보고해야 할 정보의 시기 및 성격, 그리고 보고하지 않을 시 페널티에 대한 법률 및 규정 또한 가지고 있다. 필요한 질병 보고는 주와 지역에 따라 크게 나뉜다. 일부 주에서는 보건위원 또는 주 보건위원회가 보고 가능한 질병 및 상태 리스트 작성, 모니터링 및 수정할 수 있는 권한을 부여하는 일반 법령을 가지고 있다. 일부 주에서는 법령 및 보건부 규정에 따른 보고를 모두 요구한다. 의사 및 기타 의료 서비스 제공자, 진단 연구소, 임상 시설, 학교와 어린이집을 포함한 다양한 전문가와 조직은 보고의 책임이 부여될 수 있다.

보고 요건의 범위와 특성은 주 별로 크게 다르며, 그 예로 보고에 필요한 조건 수, 보고해야 하는 기간, 보고서를 제출해야 하는 기관 및 보고해야 하는 개인 또는 출처를 들 수 있다. 또한, 보고를 위한 법적 요건에도 불구하고, 보고의 준수와 완결성은 감염병 원인균에 따라 크게 다른데, 일반적인 감염병들에 대해서도 6%에서 90%까지 다양하다. 의사 보고 사항의 부족함은 의사들의 보고 요건과 과정에 대한 이해 부족 및 연구소에서 감염병 사례를 보고했다는 가정을 토대로 참작된다.

2) 연방 법률 당국

연방 공중보건 공무원들은 독립적인 역학조사를 개시하기에는 제한적인 법적 권한을 가지고 있다. 연방 역학조사에 적용되는 일반적인 법적 권한 중 하나는 공중보건서비스법(PHSA, Public Health Service Act) 섹션 301(a)(42 USC § 241인데, 여기서 미국 보건부(HHS, Health and Human Service)의 장관은 공중보건 서비스를 수행하며, 다른 적합한 공공기관, 과학기관 및 과학자들의 신체적, 정신적 질병과 장애의 원인, 진단, 치료, 관리, 및 예방에 관련된 연구, 조사, 실험, 그리고 시연을 격려하고 이에 협력하며 지원한다.

또한 PHSA 섹션 301의 세부조항 6에서는 HHS 장관이 “보건 및 의료 분야의 실험, 연구 및

조사에 대한 통계적 방법 적용에 대한 보건 관계자, 과학자 및 기타 비영리 기관 및 단체에 대한 기술 조언 및 지원을 제공할 수 있도록" 권한을 부여한다.

위 조항은 광범위하게 서술되어 있고, 강제성보다는 재량성을 의미하지만, 그럼에도 불구하고 해당 조항은 집단발병과 기타 필요 상황에서 연방 역학자들의 지원을 위한 법적 권한을 제공한다. 실제로 지역 및 주 공중보건 공무원은 역학조사 과정에서 연방 지원을 요청하는 경우가 많다. 이러한 조사에서 주 및 지방 공중보건 당국과 협력하는 연방 공중보건 직원은 일반적으로 주 정부 권한에 따라 주 또는 지방 조사를 보조한다.

4 공중보건 데이터 수집, 분석 및 배포와 관련된 법적 문제

현장 역학조사를 시작하기 전에 조사관은 자신의 조사 작업이 포함할 수 있는 데이터 수집, 분석 및 배포와 관련된 특정 법적 문제를 알고 있어야 한다. 고려해야 할 몇 가지 중요한 질문은

- 누가 이러한 데이터를 수집, 분석 및/또는 배포할 것을 요청하는가?
- 이러한 데이터가 수집, 분석 및/또는 배포되는 이유는 무엇인가?
- 어떤 유형의 데이터(예: 주, 카운티, 지리적 코드, 성명, 사회 보장 번호 또는 기타 개인 식별 가능 코드)가 수집, 분석, 배포되고 있는가?
- 어떤 법적 권한에 따라 데이터를 수집, 분석 및/또는 배포하고 있는가?
- 데이터의 저장, 보안 및 관리는 어떻게 이뤄지는가?
- 누가, 어떤 목적으로 데이터에 접근할 수 있는가?

이러한 질문에 대한 답변은 작업을 수행하는 현장조사관, 수집 중인 데이터 및 결과 응답에 적용될 수 있는 법률(연방 및/또는 주)을 식별할 수 있다. 예를 들면 주 공중보건 공무원이 주 내의 발병 상황에 대해 질병통제예방센터(CDC) 현장조사관에게 지원을 요청할 경우, 연방 및 주 법률이 다양한 조사 측면에 적용될 수 있다. 때때로 이러한 법률은 서로 충돌하는 것처럼 보일 수 있고, 특히 각 관할권이 조정되었지만 역할과 책임이 분리된 경우 발생한다. 조사의 각 주체(연방 및 주 단위)는 주어진 상황에서 각 주체 혹은 주체의 행동에 적용되는 모든 법률을 준수해야 한다. 이 장의 나머지 부분에서는 현장조사의 일환으로 수집된 데이터와 관련된 몇 가지 주요 법률 문제와 법률을 다룬다.

1) 공중보건 데이터 수집, 보호 및 배포와 관련된 개념

- "건강정보 프라이버시"는 일반적으로 식별 가능한 건강 데이터의 취득, 사용 또는 공개를 통

제할 수 있는 개인의 권리를 의미한다.

- 밀접하게 관련된 "기밀성" 개념은 정보를 수신하는 사람이 데이터 수집 대상인 개인의 프라이버시 이익을 존중해야 하는 의무를 의미한다.
- "보안"은 인증되지 않았거나 보증되지 않은 접근 또는 공개로부터 식별 가능한 건강 데이터를 보호하기 위한 기술적 또는 관리적 안전장치 및 도구를 의미한다.

2) 공중보건 데이터 수집, 보호 및 배포와 관련된 연방법

연방 공무원은 역학조사를 시작할 수 있는 권한이 제한되어 있다. 사실, 많은 질병통제예방센터(CDC) 권한은 강제적이기보다는 허용적이다. 따라서 질병통제예방센터(CDC)가 주 및 지방 공중보건 조사에 참여하는 것은 보통 특정 연방 권한을 행사하기보다는 주 또는 지방 조사관을 지원하기 위한 것이다. 현장조사관은 다음 법률, 규정 및 법률 조항을 숙지해야 한다.

- 연방규정집(CFR) 45장의 part 46에서 발견된 규정에는 연구로 간주되는 데이터 수집은 기관 검토 위원회의 승인과 연구 참가자의 사전 동의가 필요하다. 이러한 규정은 연구 참가자의 권리, 복지 및 웰빙을 보호한다. 그러나 대부분의 역학조사는 일반적으로 이러한 규정의 적용 범위를 벗어난다.
- 질병통제예방센터(CDC)를 포함한 연방기관이 12개월 동안 10명 이상의 응답자가 포함된 데이터 수집을 수행하거나 후원하는 경우, 1995년의 문서감축법(PRA, The Paperwork Reduction Act)과 그 시행규정을 적용할 수 있다. 이 법의 목적은 연방 기관이 연방이 후원하는 데이터 수집, 중복 데이터 수집 및/또는 정부 사업을 수행하는 데 필요하지 않은 데이터 수집으로 대중들에게 과도한 부담을 주지 않도록 하는 것이다. PRA의 적용을 받는 데이터 수집은 백악관 관리예산실의 승인을 받아야 한다.
- 1974년 개인정보보호법은 개인의 성명, 식별 번호 또는 기타 고유 식별 방식에 의해 정보가 검색되는 기록 시스템을 통해 연방 기관이 기록을 유지하는 경우 개인을 특정 가능한 기밀성을 보호하는 연방법이다. 개인정보보호법에는 4가지 기본 방침이 있다.
  - 기관이 유지 및 관리하는 개인 식별 가능한 기록물의 공개 제한
  - 개인에게 자신이 관리하는 기관 기록에 대한 접근 권한 확대
  - 기록이 부정확하거나, 시기적절하지 않거나, 불완전할 때 기관 기록의 수정할 권리를 개인에게 부여
  - 기록물의 수집 · 유지 · 보급에 관한 법령 규범을 준수하도록 하는 "공정 정보 조치" 규정 확립
- 정보의 자유법(FOIA, The Freedom of Information Act)은 "모든 개인에게 9개의 예외 중 하나 또는 3개의 특별법집행 기록 제외 중 하나를 제외하고는 연방 기록에 대한 법적으로 보장되는 접근 권한을 부여한다." 따라서 FOIA는 연방정부의 행정부 정보에 대한 법적 접근권

을 설정했다. "FOIA 예외 규정 3"은 다른 연방 법령에 의해 공개가 금지된 정보를 보호하는데, 이에 해당하기 위해서는 해당 법령이 특정 이슈에 대해 자의적 판단 없는 방식으로 정보를 공개하지 않거나, 정보를 공개하지 않기 위한 구체적인 기준을 가리키거나, 공개하지 않는 정보의 종류를 명시해야 한다. 위 예외 규정의 예시로는 영업비밀법, PHSA 308, 그리고 새롭게 개정된 PHSA 301가 있다.

◦ FOIA 예외 규정 5는 해당 기관과 소송 중인 기관이 아닌 한, 다른 주체로부터 기관 간 또는 기관 내 메모/서신의 공개를 법적으로 보호한다. 법원은 보통 민사 소송에서 공개하지 않아도 되는 문서들을, 그리고 오직 그런 문서들만, 예외로 두기 위해서 이와 같은 표현을 포함했다.

◦ FOIA 예외 규정 6은 개인정보의 공개가 명백히 부당한 개인 사생활 침해에 해당될 경우, 개인적 그리고 의무기록 및 유사한 기록의 공개 의무를 면제함으로써 개인 사생활의 이익을 보호한다.

- 1950년 연방기록법은 모든 연방기관이 자신의 조직도, 기능, 정책, 의사 결정, 절차 및 필수적인 거래에 대한 적절하고 형식에 맞는 문서를 포함하는 기록을 만들고 보존하도록 한다.
- 부분적으로는 보호된 건강정보(PHI, Protected Health Information)라고 하는, 개인 식별이 가능한 특정 건강정보를 법적으로 보호받기 위해 1996년 건강보험 정보의 이전 및 그 책임에 관한 법률(HIPAA, Health Insurance Portability and Accountability Act)이 제정되었다.

  구체적으로, HIPAA는 흔히 HIPAA 개인정보 보호규칙으로 알려진 개인 식별 가능 건강정보 보호에 관한 표준을 제정했다. HIPAA 개인정보 보호규칙은 건강정보의 사생활을 보호하기 위한 국가 표준을 제공하고, 특정 "당사자"(건강보험, 의료정보센터 및 특정 전자거래에 연관된 의료서비스 제공자 등)가 보호받고 있는 보건정보를 어떻게 사용하고 공개하는지를 규제한다. HIPAA 개인정보 보호규칙에 따르면, 해당 법률의 적용을 받는 기관들은 환자기록 보안에 대한 확실한 보장과 안전장치를 제공해야 한다. 그러나 공중보건 관점에서 대중의 건강을 확인, 대응 및 모니터링하기 위해 PHI를 사용해야 하는 필요성에 공감하기 때문에 HIPAA 개인정보 보호규칙은 특정 공중보건 목적을 위해서는 PHI를 공유할 수 있도록 명시적으로 허용하고 있다. 예를 들면, 법령 적용 대상 기업은 질병, 상해, 혹은 장애를 예방하거나 통제할 목적으로 정보 수집 또는 수신의 법적 권한을 가진 공중보건 당국에 개인 허가 없이 PHI를 공개할 수 있다. 이에 대해 더 알아보기 위해서는 45 CFR § 164.512(b)를 참조. 또한 HIPAA 개인정보보호규칙은 공중보건 목적상 공시를 요구하는 법률을 포함하여 기타 법률에서 공시를 요구하는 경우 이를 허용한다.
- 또한, HIPAA는 일명 HIPAA 보안 규칙으로 알려진 전산 보호 건강정보의 보호를 위한 보안 표준을 제정하였다. HIPAA 보안 규칙은 인증된 사용자에 의한 전산 보호 건강정보에 적절

한 접근을 보장하기 위한 기술 표준을 설정하고 포괄적인 보안 구현 요건과 규격을 제공한다. HIPAA 적용 데이터를 전송하는 주체는 전송, 저장 및 처리 방법이 보안 규칙을 준수하는지 확인해야 한다.

- PHSA 301(d)에 의하면, 신원 가능하고 민감한 정보가 수집되는 특정 연구에 종사하는 사람은 해당 연구가 미국 정부에 의해 전부 또는 부분적으로 펀딩 받는 경우 해당 연구에 참여하는 개인의 프라이버시를 보호하기 위해 HHS로부터 기밀성 인증서를 받아야 하고, 기타 단체에 의해 펀딩을 받는 경우 해당 인증서를 받을 수 있다고 규정되어 있다. 이 조항의 적용을 받기 위해서는 펀딩을 하는 해당 HHS 기관
- PHSA 308(d)와 924(c)에 따라 CDC와 HHS의 보건의료연구소에 의해 수집된 식별 가능한 정보에 대한 보호를 제공한다. 308 (d)에 따른 "비밀 보장"은 정보를 제공하는 개인 및 기관을 보호하기 위해 사용할 수 있으며, "정보 제공 목적 이외의 목적으로는 해당 시설 또는 당사자가 동의하지 않는 한 [신원 가능한] 정보를 사용할 수 없다"고 규정되어 있다. 이 조항을 적용받기 위해서는 해당 HHS 기관 산하의 적절한 부서와의 상담이 필요할 수 있다.
- 2002년 제정된 전자정부법은 부분적으로 건강정보를 포함한 신원 가능한 정보의 연방정부 통계 수집의 기밀성을 보호한다. 이 법은 통계 목적으로 수집된 정보의 사용을 해당 수집 목적으로 제한하고, 무단 공개를 처벌한다. 또한 연방 기관은 신원 가능한 정보를 수집, 유지 또는 배포하는 정보 기술을 개발 또는 조달하기 전에 "개인정보 보호 평가"를 수행해야 한다.
- 2002년 전자정부법 제2장 및 3장에서는 기관이 개인 신원 가능 정보를 수집하는 시스템을 평가하여 해당 정보의 프라이버시가 적절히 보호되고 있는지 평가하도록 의무화한다. 관리예산실 각서 M-07-16은 연방 행정부에 지침이 되는 각서로, 개인 신원 가능 정보를 "성명, 사회 보장 번호, 생체 기록 등 독자적으로 혹은 출생 시기, 장소, 어머니의 결혼 전 성 등 다른 개인적인 정보와 결합했을 때 개인을 신원 또는 추적 가능한 정보"로 정의한다. 각 연방 기관은 개인 신원 가능 정보 침해 사례 혹은 의심 사례를 확인, 관리 및 대응하기 위한 확립된 정책을 보유한다.
- 42 CFR Part 2의 규제 내용은 PHSA의 section 543(42 USC §290dd-2)을 적용하고 알코올 및 약물 남용 환자 기록 규정의 기밀성, 보다 구체적으로는 모든 연방 약물 중독 교육, 예방 교육, 치료, 재활 및 연구의 성과와 관련된 환자의 신원, 진단, 예후, 치료 기록의 기밀성을 명시한다.
- 2008년 유전자 정보차별금지법(Pub. L. 110-233, 122 Stat. 881)은 건강 보장(Title I)과 고용(Title II) 단계에서 유전자 정보에 기반한 차별로부터 개인을 보호하는 연방법이다. 유전정보 차별금지법은 다양한 규제 조항을 통해 실현된다(노동부(29 CFR Part 2590) 재무부(26 CFR Part 54), HHS/메디케어 메이케이드 서비스센터(45 CFR Part 144, 146, 148 HHS), 고용평등기회위원회(29 CFR Part 1635)).

3) 공중보건 데이터 수집, 보호 및 배포와 관련된 주 법

주 공무원은 일반적으로 관할 구역 내 역학조사 수행, 특히 각 주 및 지방 공무원의 역할과 책임, 관할 구역 내 시민들에게 제공되는 권리와 보호와 관련하여 연방 공무원보다 광범위한 권한을 가지고 있다. 하지만 이러한 권한은 주마다, 때로는 주 내에서조차 다르며, 연방, 주 및 지역 법률, 규정 및 정책에서 그 근거를 찾는다. 예를 들면, 많은 주가 연방 개인정보보호법 및 FOIA와 유사한 법령이 있고, 몇몇 주들은 추가적인 개인정보 보호 방침을 도입했지만, 대부분의 주는 개별 건강 데이터의 취득, 사용 및 공개를 규제하는 포괄적인 법령을 가지고 있지 않다. 오히려 주 개인정보보호법은 데이터의 특정 수신자(예: 공공 의료기관, 의료보험 회사), 특정 의료 검사, 질병 또는 상태(예: 유전검사, HIV 여부, 정신 질환) 또는 특정 데이터 소스(예: 간호 또는 의료 시설)를 규제하는 경향이 있다.

또한 데이터를 제공하거나 다른 방법으로 집단발병 조사에 참여하는 많은 의료 단체와 기관들은 HIPAA 개인정보 보호규칙에 의해 적용대상("covered entities")으로 고려될 수 있다. HIPAA 개인정보 보호규칙이 공중보건 활동 과정에서 법에 의해 승인된 공중보건 당국에 개인 허가 없이 보호되고 있는 건강정보를 공개하는 것을 허용하고 있지만, 이는 허용 사항이지 공개가 의무라는 것을 의미하지 않는다. 또한 적용대상(covered entities)으로서, 그리고 공유될 데이터의 수준, 공유되는 대상 및 관련 주의 법률에 따라, 해당 주체는 조사 과정일지라도 데이터 공유 또는 기타 유형의 계약을 체결해야 데이터를 제공할 수 있다.

5 특별 관할에 대한 고려 사항

집단발병을 조사하기 위한 중요한 단계 중 하나는 적절한 당국으로부터 조사 개시를 위한 허가와 협조를 얻는 것이다. 관련된 지역, 주, 연방 및 국제 보건기관을 확인하는 것 이외에도 특별 관할권이 있는 기관도 고려해야 한다. 다음 정부 기관은 각각 특별한 관할권을 가지지만, 기간들의 관할권은 중첩되어 복잡해지는 경우가 많다. 이러한 특별 관할권은 자율성을 가지고 있으며, 집단발병에 대응할 수 있는 자체적인 공중보건 프로그램을 관리한다. 하지만 가용 가능한 자원을 늘리고 집단발병 억제를 위한 시간을 줄이기 위해 타 기관에 도움을 요청할 수도 있다.

1) **미국 국방부(DoD, Department of Defense)**. 군 지휘관들은 해당 기지와 시설을 관할한다. 공중보건 책임은 국방부 및 육군부 등 군 산하에 있다. 군 기지에서 집단 발병 조사를 하는 동안 현장조사관은 군 기지의 사령관과 의사소통하고 협력해야 한다. DoD는 공중보건 위기 장교(PHEO, Public Health Emergency Officer)라는 직책을 설립했다. PHEO는 장교 또는 국방부 근무 민간인으로서 군 의료부서의 구성원이자 임상의사이어야 한다. PHEO는 위

기관리 및 공중보건 분야 관련 교육을 받는다. PHEO는 지휘관의 자문을 담당할 뿐만 아니라 공중보건 위기관리의 모든 단계에서의 설치 및 의료 시설 응급 관리자와 협력한다. PHEO는 지역 및 주 보건당국과 의사소통하고, 공중보건 위기 도중 설치/지역/지리적 전투 지휘관의 자문역할을 한다.

2) **부족 정부.** 부족 정부는 일반적으로 보호 구역에 대한 완전한 주권과 자율권을 가지고 있다. 부족에 속하지 않는 단체는 부족의 요청에 의해서만 조사에 참여할 수 있다. 집단발병 조사는 부족 보건직원, 인디안 보건서비스(IHS), 또는 주 보건부서에서 주도한다. IHS는 부족 정부의 허가를 받아야만 조사를 진행하고 통제할 수 있다.

3) **주 및 연방 교정부서.** 주 및 연방 교도소 시스템은 수감자 건강을 유지할 책임이 있는 보건 정책과 보건부서가 있다. 교도소 시스템은 각각 독립적으로 유지되고, 개별 교정부서는 집단발병 조사 시 공중보건 지원을 요청할 수 있다. 어떤 교정시설의 경우에는 주의 교정 시스템으로 운영하지만, 연방교도국은 연방 교정시설에 대한 관할권이 있으며 보건 서비스 부서를 운영한다.

4) **미국 내무부.** 내무부는 연방 토지 및 천연자원에 대한 관할권을 가지고 있다. 내무부는 공중보건부에서 과학자들을 고용하고 있으며, 공중보건국 직원들이 조사를 위해 국립공원관리청에 파견되어 있다. 해당 직원은 그들의 관할권에 대해 잘 알고 있으며 집단발병 조사에 연방 토지가 연루될 때 이들과 협력해야 한다.

6 테러 관련 수사

2001년 9월 18일부터 몇 주 동안 탄저균 포자를 담은 편지가 몇몇 뉴스 매체 사무실과 두 명의 미국 상원의원에게 우편으로 발송되었다. 이로 인해 5명이 사망하고 17명이 감염되었다. 이러한 탄저병 공격은 집단발병을 일으키기 위한 범죄 행위 혹은 기타 의도적 행위의 잠재성을 더 인지하는 계기가 되었고 "범죄역학"의 개념을 정리하였다. 범죄역학은 "기여 요인으로 의도적 행동이나 범죄행위가 의심되거나 관련 증거가 있는 건강 문제에 대한 조사의 일환으로 역학적 방법을 사용"한다는 특징이 있다. 공중보건과 법 집행이 동시에 일어나면서 발생하는 운영상의 어려움은 학제간 협력을 유도해 법 집행기관과 공중보건 당국 간 공동 합의를 이끌어내고 연방수사국(FBI) 합동 범죄 및 역학조사 안내서를 발간하는 결과로 이어졌다. 질병통제예방센터(CDC)의 공중보건법 프로그램은 지역 공동 합의를 돕기 위해 두 가지 양해각서(MOU)가 있다. 이 중 하나는 공동 공중보건/법 집행 조사를 위한 모델 MOU(2008)로 이 양해각서는 분야 간 및 관할구역 간 위기 대응 계획의 주요 격차와 문제를 설명하고, 이를 해결하기 위한 주요 기회를 확인한다. 양해각서의 사본은 주 및 지방 공중보건공무원이나 FBI 현장사무소의 대량살상무기 코디네이터에게 연락하거나 phlawprogram@cdc.gov에 이메일 요청을 하면 얻을 수 있다. 또 다른 것은 부서 간 협력 개선을 위한 프레임워크이다. 이 문서는 분야 간 및 관할 구역 간 비상 대비 계획의 주요 격차와 문제뿐만 아니라 이를 해결하기 위한 주요 기회를 개괄한다.

공중보건 조사를 수행하는 공무원은 또한 HHS 장관에 의해 지정된 공중보건 및 안전에 심각한 위협을 가할 가능성을 확인받은 특정 생물학적 물질 및 독소의 보유는 연방 규제 코드 title 42 하 part 73에 의해 규제됨을 알아야 한다. 이러한 "생물학적 물질 및 독소" 목록(BSAT, Biological Select Agent and Toxin)은 42 CFR § 73.3, 73.4에서 찾을 수 있다. BSAT를 소유하고 있거나 이에 접근할 수 있는 사람은 연방정부에 등록되어야 하며, FBI의 보안 위험평가를 받아야 한다. BSAT를 소지하고 있는 미등록 또는 미승인자는 민사상 벌금과/혹은 형사상 기소의 대상이 될 수 있다. 단, 특정 규제 조건이 충족된다면 진단 또는 검증을 위한 표본에 포함된 BSAT를 보유한 임상 또는 진단 연구소 및 기타 기관의 경우에는 예외가 적용된다. HHS 장관은 국내 또는 외국의 공중보건 비상사태에 대응하여 개인이나 기업이 적시에 대응에 참여를 위해 예외가 필요하다는 판단의 경우, 해당 개인이나 기업을 일시적으로 BSAT 규정으로부터 면제할 수 있다. 또한 연방 법 집행기관이 압수한 BSAT는 특정 조건이 충족될 경우 BSAT 규정에서 제외된다. Federal Select Agent Program에 대한 정보는 http://www.selectagents.gov/에서 확인할 수 있다.

7 결론

현장 업무에 임하는 역학자는 공중보건공무원의 질병조사 관련 법적 권한 범위를 이해해야 한다. 연방법과 주 법은 연방 및 주 공무원이 공중보건 조사를 목적으로 의료 및 기타 기록에 접근할 수 있는 권한을 부여한다. 이와 동시에 의료, 병원 및 공공 의무기록에 대한 접근을 엄격하게 제한함으로써 개인 사생활에 대한 사람들의 관심을 보호한다. 공중보건 조사는 대개 개인과 기관의 자발적인 협력에 의존하지만, 연방법과 주법은 공중보건과 안전을 보호하기 위해 필요할 때 강제 조치를 취할 수 있는 권한을 부여한다.

역학자는 공중보건의료법의 모든 측면을 알 것으로는 기대되지 않는다. 그러나 조사 현장을 지원하는 법적 자원의 사용은 감시, 의무기록 개인 정보 및 관련 관할 구역의 법적 책임 등과 관련된 법적 문제의 이해가 필요하다.

참고문헌

대한예방의학회. 예방의학과 공중보건학, 제3판 수정증보판, 계축문화사, 2017.

대한예방의학회, 한국역학회. 예방의학 · 역학 · 공중보건학 용어집, 계축문화사, 2014.

손석준, 이경수, 이무식, 이중정, 이충원, 정인성. 현장역학(Field Epidemiology, 2nd edition 번역본). 계축문화사, 2004.

Bond v. United States, 134 S. Ct. 2077, 189 L. Ed. 2d 1 (US 2014).

Breslow NE, Day NE. Statistical methods in cancer research. Vol 1. The analysis of case—control studies. (IAEC scientific publication no. 32). Lyon : International Agency for Research on Cancer; 1980.

CDC. HIPAA Privacy Rule and public health. Guidance from CDC and the U.S. Department of Health and Human Services. MMWR. 2003;52:1-12. CDC. Model memoranda of understanding. https://www.cdc.gov/phlp/publications/type/mmou.html

CDC. Outbreaks and investigations. https://www.cdc.gov/fungal/outbreaks/

Chorba TL, Berkelman RL, Safford SK, et al. The reportable diseases: I. Mandatory reporting of infectious diseases by clinicians. JAMA. 1989;262:3018-26.

Confidentiality of Alcohol and Drug Abuse Patient Records, 42 CFR Part 2.

Controlling Paperwork Burdens on the Public, 5 CFR Part 1320 (2017).

Detels R, Beaglehole R, Lansang MA, Gulliford M. Oxford Textbook of Public Health, Oxford University Press, 2009.

Department of Defense Instruction, Number 6200.03, October 2, 2013, SUBJECT: Public Health Emergency Management within the Department of Defense, http://www.dtic.mil/whs/directives/corres/pdf/620003p.pdf

Disposal of Records, 44 USC Chapter 33.

E-Government Act of 2002, Pub. L. No. 107-347, 116 Stat. 2899 (Dec. 17, 2002).

Feinstein AR. Clinical Epidemiology. The architecture of clinical research. Philadelphia: W.B. Saunders Company 1985.

Federal Bureau of Investigation and CDC. Joint criminal and epidemiological investigation handbook. https://www.fbi.gov/external iconfile-repository/criminal-and-epidemiological-investigation-handbook.pdf/view

Federal Information Policy, 44 USC Sect. 3501 et seq.

Federal Bureau of Prisons. Health Services Division. https://www.bop.gov/about/agency/org_hsd.jsp

General Administrative Requirements, 45 CFR Part 160.

General Administrative Requirements, 45 CFR Part 160 (2017).

Genetic Information Nondiscrimination Act of 2008, 29 CFR Part 1635.

General Provisions Respecting Effectiveness, Efficiency, and Quality of Health Services, 42 USC Sect. 242m.

General Provisions Respecting Effectiveness, Efficiency, and Quality of Health Services, 42 USC Sect. 242m (d).

Gen Stat of Conn (revised to January 1, 2005), § 19a-2a, Powers and duties, Vol 6, 787.

Goodman RA, Munson JW, Dammers K, Lazzarini Z, Barkley JP. Forensic epidemiology law at the intersection of public health and criminal investigations. J Law Med Ethics. 2003;31:684-700.

Gordis L. Epidemiology. 5th ed. Philadelphia: Elsevier; 2013.

Gostin LO, Wiley LF. Public health law in the constitutional design. In: Public health law: power, duty, restraint. 3rd ed. Oakland: University of California Press; 2016:73–112.
Gregg MB. Field epidemiology. 3rd ed. New York: Oxford University Press; 2008.
Health Insurance Portability and Accountability Act of 1996, Pub. L No 104-191, 110 Stat. 1936 (1996).
HIPAA Privacy Rule. https://www.hhs.gov/hipaa/for-professionals/privacy/external
Holden v. Hardy, 169 US 366, 392 (1898).
Jacobson v. Massachusetts, 197 US 11; 25 S. Ct. 358 (1905).
Kelsey JL, Thompson WD, Evans AS. Methods in observational epidemiology. New York, Oxford: Oxford University Press; 1986.
Konowitz PM, Petrossian GA, Rose DN. The underreporting of disease and physicians' knowledge of reporting requirements. Public Health Rep. 1984;99:31–5.
Last JM. A Dictionary of Epidemiology, 4th Ed, Oxford Uni Press Inc., 2001.
MacMahon B, Pugh TF. Epidemiology: principles and methods, Little, Brown and Company, 1970.
National Archives and Records Administration, 44 USC Chapter 21.
Nebbia v. New York, 291 US 502, 525, 54 S. Ct. 505, 510 (1934) (footnotes omitted).
NLRB v. Sears, Roebuck & Co., 421 US 132, 149 (1975).
Northwest Center for Public Health Practice, University of Washington. Outbreak investigation. http://www.nwcphp.org/training/tools-resources/uw-epidemiology-competencies/outbreak-investigationexternal
Office of Management and Budget, Memorandum for the Heads of Executive Departments and Agencies, M-07-16, Subject: Safeguarding Against and Responding to the Breach of Personally Identifiable Information (May 22, 2007). https://www.whitehouse.gov/sites/whitehouse.gov/files/omb/memoranda/2007/m07-16.pdfpdf
Patient Safety Organization Certification and Listing, 42 USC 299c-3.
Patient Safety Organization Certification and Listing, 42 USC Sect. 299b-24.
Pension Excise Taxes, 26 CFR Part 54.
Porta M. A Dictionary of Epidemiology, 5th edition, IEA, Oxford University Press, USA, 2008.
Possession by Restricted Persons, 18 USC Sec. 175b (October 26, 2001).
Protection of Human Subjects, 45 CFR Part 46 (2017).
Public Health Code (revised through Sept. 1, 2009). Reportable diseases, § 19a–36, p. 633. https://www.ct.gov/dph/lib/dph/agency_regulations/dph_regulations-9.1.2009.pdfpdf
Public Health Service Act, as amended through Pub. L. 114–255 (December 13, 2016).
Public Information; Agency Rules, Opinions, Orders, Records, and Proceedings 5 USC Sect. 552.
Public Health Service Act, as amended through Pub. L. 114–255 (December 13, 2016).
Rasmussen SA, Goodman RA. The CDC Field Epidemiology Manual, Oxford University Press, USA, 2018.
Records Maintained on Individuals, 5 USC Sect. 552a.
Records Management by the Archivist of the United States, 44 USC Chapter 29.
Records Management by Federal Agencies, 44 USC Chapter 31.
Regulation of Certain Biological Agents and Toxins, 42 USC Sec. 262a (i) (June 2, 2002).
Requirements Relating to Health Insurance Coverage, 45 CFR Part 144.
Requirements for the Group Health Insurance Market, 45 CFR Part 146.

Requirements for the Individual Health Insurance Market, 45 CFR Part 148.

Robert B. Wallace. Maxey-Rosenau-Last Public Health and Preventive Medicine. McGraw-Hill Education, 15 edition, 2008.

Rothman K J. Modern epidemiology. Boston, Toronto : Little, Brown and Com pany; 1986.

Rousch S, Birkhead GS, Koo D. Mandatory reporting of diseases and conditions by healthcare professionals and laboratorians. JAMA. 1999;282:164-70.

Rules and Regulations for Group Health Plans, 29 CFR Part 2590.

Schlesselman JJ. Case—control studies: design, conduct, analysis. New York: Oxford University Press; 1982.

Security and Privacy, 45 CFR Part 164 (2017).

Security and Privacy, 45 CFR Part 164.

Security and Privacy, 45 CFR Part 164, Subparts A and C (2017).

Select Agents and Toxins, 42 CFR Part 73 (2017).

Select Agents and Toxins, 42 CFR Sec. 73.5 (Exemptions for HHS select agents and toxins), 73.6 (Exemptions for overlap select agents and toxins) (2017).

Select Agents and Toxins, 42 CFR Sections 73.3 (HHS select agents and toxins), 73.4 (Overlap select agents and toxins).

Thacker SB, Berkelman RL. (1988). Public health surveillance in the United States. Epidemiol Rev. 1988;10:164-90.

Thacker SB. Surveillance. In: Gregg MB, Dicker RC, Goodman RA, editors. Field epidemiology. New York: Oxford University Press; 1996:16-32.

The Genetic Information Nondiscrimination Act of 2008, Pub. L. 110-233, 122 Stat. 881 (May 21, 2008).

US Department of Justice. Guide to the Freedom of Information Act. https://www.justice.gov/oip/doj-guide-freedom-information-actexternal icon

Wadl M, Scherer K, Nielsen S, et al. Food-borne norovirus-outbreak at a military base, Germany, 2009. BMC Infect Dis. 2010;10:30.

제 5 장

행정기관 간의 조정 (미국에서 연방기관과 각 주 간의 조정)

1 도입

다중의 관할권에서 집단발생이 점점 더 많이 확인되고 있다. 질병 감시를 위한 연구소의 과학기술의 발전과 기관 간 의사소통을 위한 데이터 공유 도구가 향상되면서 광범위하게 분산된 사례 간 잠재적 연결이 보다 효과적으로 식별된다. 식품매개질환 발생 중 2010~2015년 동안 총 157건의 다주 발병이 보고되었으며, 이는 약 10,000건의 질병과 77건의 사망을 차지한다. 그러나 여러 발병은 식품매개질환에 국한되지 않으며, 다양한 원인 및 출처와 관련이 있다. 예를 들면, 오염된 메틸프레드니솔론 주사와 관련된 곰팡이 감염은 테네시에서 처음 발생되고, 나중에 20개 주에서 보고되었고, 17개 주로 퍼진 캘리포니아의 한 놀이 공원에서 노출과 관련된 홍역 발생, 주요 대도시를 여행하는 여행자들 사이에 널리 퍼진 결핵 발생, 26개 주에 거주하고 애틀랜타의 한 호텔에 노출된 내방객들 사이에서 복합 레지오넬라증 폰티악열이 발생한 사례 등이다. 이러한 조사에는 지역, 주 및 연방 수준의 역학자, 실험실 직원, 환경 운동가 및 규제 기관 간의 협력이 필요하다. 이러한 확산에 성공적으로 대응하려면 효율적이고 효과적인 다중 관할권 조정을 준비하는 것이 중요하다. 이러한 노력의 성공 여부는 병인을 식별하고 즉각적인 공중보건 개입을 유도하며 발병을 효과적으로 통제하는 능력으로 측정되어야 한다.

발병의 원인을 확인하고 진행 상황을 모니터링하기 위한 모든 발병 조사에 포함된 단계 외에도 다중 관할 지역에서 발생하는 특정 고려사항은 다음과 같다.

- 발생이 다중 관할권인 경우 신속하게 결정한다.
- 잠재적으로 관련된 관할 구역 및 기관을 식별한다.
- 관할권 간에 효과적이고 효율적인 조정을 구축한다.
- 발생 조사의 담당 책임자를 명확히 지정한다.
- 다른 관할 구역에서 역할과 활동을 모니터링한다.
- 발병이 진행되면서 조사 책임자 또는 관련 당사자의 전환을 관리한다.

• 관할권 간 공공통신을 조정한다.
• 모든 관련 관할권 및 기관의 입력 및 데이터를 포함하는 발생 조사 및 최종 보고서 작성에 대해 평가 및 조정한다.

2 다중 관할지역의 집단발병 신속 파악

대부분의 발병은 지역 및 주 수준에서 식별 및 조사되며, 여러 관할구역이나 외부 기관이 관여하지 않는다. 지역 또는 주 보건부서는 지역주민이 직접 질병에 대한 민원을 제기하거나 또는 시설과 관련된 질병군을 알고 있는 의료 담당자가 식품매개질환 발생의 약 75%를 감지한다. 이것은 노로바이러스, 클로스트리디움 퍼프린젠스 및 병원체별 감시가 존재하지 않는 기타 약제의 집단발병에 대한 일차적인 탐지 시스템이다. 비교적 적은 수의 이러한 집단발병으로 대규모의 복잡한 조사가 이루어진다. 예를 들면, 식당에서 감염된 요리사에 의해 발생하는 노로바이러스의 발병은 지역 보건부서에서 효과적으로 조사하고 통제할 수 있다. 그러나 식당에서 살모넬라증이 발생하면 감염된 농산물 품목이 여러 주에 유통될 수 있으며, 이는 집단감염의 원인을 추적하기 위해 여러 공중보건 및 식품관리 기관의 노력이 필요하다. 집단감염의 원인과 감염환자의 노출은 여러 관할 구역에 걸쳐 있을 수 있다(표 3.5.1.). 식품과 물 관련 다양하고 복잡한 유통은 단순한 발병이라도 복잡한 조사를 초래할 수 있다는 것을 의미한다. 따라서 다중 관할 지역의 집단감염은 한 지역 또는 한 기관에서 발생하지만, 이후 조사는 여러 지역 감염자의 발생으로 이어진다.

감시 범위의 다른 곳에서 살모넬라, 시가 독소 생성 대장균 및 리스테리아 감염 병원체가 특정 감시를 통해 검출되고, 점차 질병통제예방센터(CDC)에서 감지된다(https://www.cdc.gov/pulsenet).

표 3.5.1. 2010~2014년 미국의 다중 관할 지역에서 식품매개질환 발생 현황

원인(병원체)	총 발생	여러 주 노출 안 됨	거주지(%)	여러 카운티 노출 안 됨	거주지(%)
확인	2,150	124 (6)	281 (13)	145 (7)	540 (25)
살모넬라	632	65 (10)	86 (14)	77 (12)	184 (29)
노로바이러스	834	3 (0)	120 (14)	11 (1)	229 (27)
황색 포도상구균	26	2 (8)	0	8 (31)	8 (31)
의증	803	3 (0)	70 (9)	9 (1)	146 (18)
원인 미상	1,170	0	108 (9)	27 (2)	204 (17)
다양한 원인	55	0	7 (13)	2 (4)	15 (27)
합계	4,178	127 (3)	466 (11)	183 (4)	905 (22)

• 노출 : 환자의 거주 지역 또는 오염된 음식을 먹은 위치를 기준으로 함.
출처 : Rasmussen SA, Goodman RA, The CDC Field Epidemiology Manual, Oxford University Press, USA, 2018.

다중의 여러 주 발생은 오염된 식품 또는 성분의 광범위한 분포를 의미한다. 이러한 집단에 대한 조사는 시작부터 다중의 관할 지역적으로 진행한다.

3 잠재적으로 관련된 관할 구역 및 기관 식별

"관할 구역"은 다양한 기준으로 정의할 수 있다. 여기에는 지역(예: 다른 주), 규제 책임(예: 미국 식품의약청(FDA) 및 농무부(USDA)는 전국적인 권한이 있지만 다른 식품에 대한 권한이 있음), 행정기관(예: FDA 규제업무국), 지역 현장 및 발생 특성(예: 범죄가 의심되는 경우 연방수사국 참여) 등이 포함된다.

많은 기관이 중복되는 관할권을 가지고 있으며, 한 기관 내에서도 여러 사무실 또는 그룹이 다른 책임이나 권한을 가질 수 있으므로 여러 책임자 간의 의사소통 조정이 매우 복잡하다. 마찬가지로 다른 기관도 발병의 다른 측면에 대해 "관할권"을 가질 수 있다(표 3.5.2.).

예를 들면, 결혼식 파티에서 여러 주에서 온 사람들은 다른 주에서 생산된 음식으로 한 주에서 음식을 먹음으로써 병에 걸렸을 수 있다. 이러한 경우, 환자가 있는 개별 주(또는 카운티)는 해당 관할권에서 영향을 받은 사람들의 역학 인터뷰를 수행할 책임이 있다. 지역 보건부서는 음식을 준비하고 제공하는 음식업체를 관할할 수 있다. 지역 농업부는 관련 성분을 구매한 소매점을 규제할 수 있다. FDA는 제품을 생산한 시설(다른 국가에서 온 경우를 제외하고 제품을 재배한 농장뿐만 아니라 해당 시설을 규제하는 외국기관과의 국제 통신을 조정할 책임이 있는 경우)에 대한 관할권을 가질 수 있다.

표 3.5.2. 발생에 대응하는 정부기관의 역할

관할권, 기관		책임
주	보건부 역학부서	신고 가능한 질병에 대한 감시를 수행하고, 해당 카운티/주에서 식품매개성, 수인성 및 기타 발생에 대한 조사를 수행한다. 지방 기관과 주 기관의 상대적 자율성/권한은 주마다 다르다.
	규제 기관	해당 카운티/주에 있는 수영장, 식품 서비스 및 기타 규제기관의 발생에 대한 라이선스, 검사 및 환경 조사를 수행한다.
	농무부 (USDA)	농장, 식품 생산시설 및 창고, 우유 생산시설, 물병 시설, 식료품점 및 많은 소매 식품시설에 대한 라이센스, 검사 및 환경 조사 등을 수행한다.
	물 규제 기관	종종 지표수, 우물, 원천수 보호 및 공공 수도 시스템을 포함한 식수 공급을 규제한다.
연방	질병통제 예방센터 (CDC)	감시 및 발병 조사에서 주 및 지방 당국을 지원한다. 초청에 의해 실험실 및 역학 지원을 제공한다. 여러 주 및 국제적인 유행발병에 참여한다.

	식품의약청 (FDA)	인간 및 동물 식품, 생수, 의약품 및 의료 기기, 식이 보조제, 담배, 수혈 제품의 제조업체, 가공 업체 및 유통 업체를 규제한다. 지역 및 주 당국이 규제하는 제품과 관련된 조사를 지원하고 제품 추적을 수행하며 실험실 및 규제 지원을 제공한다.
	미 농무부 식품안전 및 검사서비스 (USDA-FSIS)	국내 및 수입 육류, 가금류 및 달걀 제품 등을 규제한다.
	연방수사국 (FBI)	테러를 포함한 범죄 행위와 관련된 발생에 대한 조사를 주도한다.
국제	세계보건기구 (WHO)	국제적 집단발병 경보 및 대응 네트워크, 인도주의적 응급 상황에서의 질병 통제, 국제보건규정에 따라 보고된 질병을 통해 기술 지원을 제공한다.

• 유행발병 조사에 자주 관여하는 정부기관에 대한 일반적인 책임의 예. 모든 주에는 조사에 영향을 미치는 고유
출처 : Rasmussen SA, Goodman RA. The CDC Field Epidemiology Manual, Oxford University Press, USA, 2018.

4 관할권 간 효과적이고 효율적인 조정 구축

유행조사에 참여해야 하는 관할권 및 기관을 신속하게 결정하는 것은 조사의 즉각적인 통보 및 조정을 위해 중요하다(표 3.5.3.). 유행을 감지한 기관은 관할권 간의 조정에 대한 초기 책임을 질 수 있다. 조사는 관련 조사 단계가 가장 효과적으로 구현될 수 있는 수준에서 조정되어야 한다. 이를 위해서는 기관이 조사에서 데이터를 수집, 구성, 분석 및 배포할 수 있는 충분한 자원, 전문성 및 법적 권한이 있어야 한다.

관할권 전체에서 발생 조사를 조정하려면 효과적인 기관 간의 소통이 필요하다. 중요한 작업에는 초기 알림 작성, 각 관할구역에 대한 역할 및 책임 설정, 조사 진행 상황에 대한 업데이트 제공, 조사 우선순위 수정 및 다음 단계 설정이 포함된다. 협력기관 간의 전화 회의는 다주 발병조사의 공통 기능이 되었다. 이러한 방법이 모든 담당자 간에 정보를 공유하는 효과적인 방법이 될 수 있지만, 이 요청의 목적은 발병에 대한 신속한 조사를 촉진하고, 여러 기관에 수입 문제에 집중하는 것이다. 대규모의 장기간 발생 대응에서 전화 회의의 수와 길이는 조사의 효율성을 방해할 수 있으며, 발생사고 책임자(일반적으로 수석 조정 기관에서 공식적으로 지정된 공무원)는 다중 관할지역 토론의 빈도와 의제를 적절하게 관리해야 한다.

다주의 유행조사에서 중요한 고려 사항에는 데이터 공유에 대한 법적 장벽이 포함되며, 이는 기관 간에 통신할 수 있는 내용을 제한할 수 있다. 개인 식별이 가능한 건강정보는 주 질병보고법에 따라 보호되며 종종 관할권 간에 공유할 수 없다. 그러나 대부분의 인구통계학적 데이터, 중요한 임상 세부사항 및 노출 정보는 사례-환자 인터뷰에서 추출하여 집계 형식으로 또는 익명화된 데이터 세트로 공유할 수 있다. 많은 발병조사에서 역학자는 노출 평가의 특이성을 개선하기 위해 조사 추적을 수행할 목적으로 환경보건 전문가 및 규제기관과 노출 정보를 공유한다. 경우

에 따라 규제기관은 주법 내의 특정 제한 또는 산업 영업 비밀에 대한 연방 보호로 인해 조사 결과를 역학자와 공유하는 것이 배제된다. FDA는 주 차원에서 공식적으로 지정된 사람과 정보(예: 독점 또는 개인 식별 데이터)를 공유할 수 있는 조항을 가지고 있지만, 이러한 사람은 다른 동료와 특정 정보를 공유할 수 없다. 관할 구역 간에 조사 활동 결과를 공유하는데 장애가 되는 것은 효과적이고 효율적인 대응을 위한 주요 과제이다. 또한 영리기관도 보호되며, 영리 이익의 기밀성을 보호하기 위해 신원을 공개할 수 없는 경우가 많다. 이러한 장벽 중 일부는 조사 초기에 기관 변호사를 참여시켜 인지된 법적 장벽과 실제 법적 장벽을 식별하고, 기밀 유지법을 위반하지 않고 원하는 목적을 달성하기 위한 면제 또는 익명화 방법을 개발함으로써 해결할 수 있다.

표 3.5.3. 식품매개성 질병 발생의 주요 지표 및 필수 알림 단계의 예

발생 감지	주요 지표	알림 단계
지역 수준	발병 매개체로 의심되거나 연루된 서비스 시점 이전에 오염된 상업적으로 유통, 가공 또는 바로 먹을 수 있는 식품	주 보건부, 관련 주 식품규제기관, 질병통제예방센터(CDC) 및 식품의약청(FDA) 또는 농무부 식품안전 및 검사서비스(USDA-FSIS)에 즉시 알림(제품 및 지역 및 주 보고 요건에 따라 다름)
지역 수준	서비스 시점 이전에 오염된 신선한 농산물 품목이 발병 매개체로 의심되거나 관련됨	주 및 지역보고 요건에 따라 주 보건부, 관련 주 식품규제기관, 질병통제예방센터(CDC) 및 식품의약청(FDA)에 즉시 알림
지역 수준	갈은 쇠고기는 *Escherichia coli* O157 : H7 감염의 발생과 관련이 있음	주 및 지역보고 요건에 따라 주 보건부, 관련 주 식품규제기관, 질병통제예방센터(CDC) 및 농무부 식품안전 및 검사서비스(USDA-FSIS)에 즉시 알림
지역 수준	병인의 분자 아형 특성은 다른 식품매개성 질병 발생과 독립적으로 관련된 약제의 패턴과 일치함	제품 및 주 및 지역보고 요건에 따라 주 보건부, 관련 주 식품규제기관, 질병통제예방센터(CDC) 및 식품의약청(FDA) 또는 USDA-FSIS에 즉시 알림
지역 수준	식품의 의도적 오염이 의심되거나 관련됨	주 보건부, 관련 주 식품규제기관, 질병통제예방센터(CDC) 및 식품의약청(FDA) 또는 USDA-FSIS(제품에 따라 다름), 현지 법집행기관 및 FBI에 즉시 알림
지역 수준	질병은 여러 레스토랑 또는 식품 서비스 시설과 관련이 있으며, 특히 해당 시설이 동일한 체인의 일부인 경우 더욱 그러함	지역 및 주 보고 요건에 따라 주 보건부, 관련 주 식품규제기관 및 질병통제예방센터(CDC)에 즉시 알림
주 수준	여러 관할권에서 확인된 공통 하위 유형 특성을 가진 산발성 감염의 증가	영향을 받는 지역 기관, 질병통제예방센터(CDC), 주 및 연방 식품규제기관에 즉시 알림
주 수준	공통 작용제, 음식 또는 물에 의해 연결된 여러 공통 소스 발생	영향을 받는 지역 기관, 질병통제예방센터(CDC) 및 관련 주 및 연방 식품규제기관에 즉시 알림

주 수준	주 식품규제기관의 미생물 식품 검사는 리콜을 촉구함	영향을 받는 주 및 지역 공중보건기관, 질병통제예방센터(CDC), 관련 연방 식품규제기관에 즉시 알림
주 수준	질병은 여러 레스토랑 또는 식품 서비스 시설과 관련이 있으며, 특히 해당 시설이 동일한 체인에 속하는 경우 더욱 그러함	제품 및 지역 및 주 보고 요구사항에 따라 관련 주 식품규제기관 및 질병통제예방센터(CDC)에 즉시 알림
주 수준	식품의 의도적 오염이 의심되거나 관련됨	주 식품규제기관, 질병통제예방센터(CDC) 및 식품의약청(FDA) 또는 농무부 식품안전 및 검사서비스(USDA-FSIS)(제품에 따라 다름), 현지 법 집행기관 및 연방수사국(FBI)에 즉시 알림
연방 수준	여러 주에서 확인된 공통 하위 유형 특성을 가진 산발성 감염의 증가	영향을 받는 주 및 지역 공중보건기관, 연방 식품 규제 기관에 즉시 알림
연방 수준	공통 작용제, 음식 또는 물에 의해 연결된 여러 공통 소스 발생	영향을 받는 주 및 지역 공중보건기관, 질병통제예방센터(CDC), 관련 주 및 연방식품규제 기관에 즉시 알림
연방 수준	식품의약청(FDA) 또는 미국 농무부, 식품안전 및 검사서비스(USDA-FSIS)에 의해 또는 보고된 미생물 식품 검사는 리콜을 촉구함	영향을 받는 주 및 지역 공중보건기관, 질병통제예방센터(CDC), 관련 주 및 연방식품규제 기관에 즉시 알림

출처: Council to Improve Foodborne Outbreak Response. Investigation of clusters and outbreaks. In: CIFOR guidelines for foodborne disease outbreak response. 2nd ed. Atlanta: Council of State and Territorial Epidemiologists; 2014:139-65.

5 집단발생 조사 조정담당자를 명확하게 지정

모든 관련 담당자의 의사소통 및 활동을 조정하는 데 궁극적으로 책임이 있는 기관(및 해당 기관의 대표자)을 설정하는 것이 중요하다. 여기에는 사고지휘체계(ICS, Incident Command System) 또는 이와 동등한 관리구조(제3부 제6장 참조)에서 전체 사건 책임자(Incident Commander)를 명확하게 한다. 사건 최고 책임자는 일반적으로 전체 조사를 주도하는 기관 내에서 공식적으로 지정된 직위로, 전체 대응활동을 조정하는 책임이 있다. 여러 주에서 발생하더라도 사건 최고책임자나 중앙 조정관이 반드시 연방기관 출신일 필요는 없다. 예를 들면, 어떤 경우에는 상대적으로 작은 발병이라도 지역 또는 주 기관이 질병통제예방센터(CDC)를 초대하여 조사를 진행할 수 있다. 다른 상황에서, 예를 들면 한 주가 상당한 비율의 사례와 조사할 수 있는 강력한 능력을 가지고 있는 경우, 그 주가 여러 다른 주 및 연방기관에 걸쳐 활동 조정을 주도할 수 있다. 종종 중앙 확산 코디네이터는 확산 대응이 발전하면서 변경되지만, 이러한 전환은 공식적이고 모든 참여기관에 명확하게 전달되어야 한다.

다중 관할권의 확산 대응 동안 기관 간의 효과적인 조정을 구축할 때 각 기관과의 의사소통을 위한 단일(또는 제한된 수의) 연락 창구를 식별하는 것도 중요하다. 많은 사람이 전화 회의, 회의 및 이메일 통신에 참여할 수 있지만, 중앙 사고 최고책임자 또는 발생 코디네이터가 필요한 모든 정보가 여러 기관의 적절한 사람에게 전달되도록 하는 것은 불가능하다. 각 기관 내의 한 담당자가 해당 기관 내의 "커뮤니케이션 트리(communication tree)"를 담당해야 한다. 가장 단순한 확산을 제외한 모든 경우에 ICS 구조는 신속하게 구현되어야 한다. 이러한 시스템하에서 커뮤니케이션은 기능별로 추가로 조정될 수 있다(예: 각 기관 내의 공공정보 책임자는 ICS 공공정보 책임자를 통해 커뮤니케이션).

6 다른 관할권의 역할 및 활동 모니터링

기술역학 및 예비 노출평가를 수집하는 것은 발병의 근원 및 전파 경로에 대한 가설을 생성하는 데 중요하다. 데이터를 효율적으로 수집하려면 영향을 받는 주 간의 역학 연구를 조기에 조정하는 것이 중요하다. 대부분의 주 보건부서는 보고 가능한 질병이 있는 것으로 확인된 사람들의 일상적인 인터뷰를 위해 자체 표준 설문지를 개발했지만, 관할권에 걸쳐 일관된 사례정의를 명확하게 정의하는 것은 중요한 단계이다. 발병이 의심되는 경우, 더 복잡한 가설 생성 설문지 또는 분석연구 설문지가 필요하다. 발병에 여러 주가 관련되는 경우, 모든 관할 구역에서 동일한 질문을 사용하기 위한 조기 조정을 통해 전체 분석을 위해 데이터를 결합할 수 있으며, 추가 세부정보가 필요하므로 사례 환자의 반복적인 인터뷰 필요성을 최소화할 수 있다. 일반적으로 대부분의 주에서는 관할구역에 거주하는 환자를 조사하는 것을 선호(또는 필수)한다. 앞서 언급했듯이 법적 개인정보 보호 요구사항은 개인 식별 데이터를 다른 관할 구역과 공유하는 것을 방지할 수 있으며, 이는 관할구역 간 인터뷰를 금지하고 전체 분석을 위해 익명화된 데이터만 공유해야 한다. 이를 위해서는 모든 관할권의 데이터를 조정기관이 중앙에서 분석할 수 있는 하나의 데이터베이스로 신속하게 캡처하기 위한 균일한 데이터 수집도구와 메커니즘(가급적이면 전자식)의 신속한 개발이 필요하다. 사례-환자 인터뷰를 수행하는 것은 종종 유행조사에서 속도를 제한하는 단계이기 때문에 인터뷰 완료 진행상황은 사건 최고책임자가 정기적으로 모니터링해야 한다. 기관이나 개인이 적시에 인터뷰를 완료할 수 없는 경우 대안을 마련해야 한다.

인터뷰 결과를 수집하는 것 외에도 인터뷰 피드백은 (1) 평가해야 하지만 설문지에 포함되지 않은 특정 노출을 식별하고, (2) 시설을 조사하는 환경보건 전문가를 안내하고, (3) 식별하는 데 유용할 수 있다. 후속 분석에 통합될 수 있는 공통 전파경로를 식별하기 위해 추적해야 하는 오염원 및 전파 메커니즘, 발병 조사가 기술역학 및 가설 생성에서 분석연구 및 개입으로 발전함에 따라 조사의 리더십이 초점을 반영하도록 변경될 수 있다. 앞서 언급했듯이 이러한 전환은 모든 참여 당사자에게 공식적이고 명확하게 정의되어야 한다. 일반적으로 보고된 사례에 대한 조사는 적절한 공중보건기관(예: 주 및 지역 보건부, 질병통제예방센터(CDC)) 내에서 조정되어야 한다. 마찬가지로 의심되는 식품 항목 또는 오염원에 대한 조사는 관련 규제기관(예: 식품의약청(FDA), 농무부(USDA), 현지 식품안전규제기관) 내에서 조정되어야 하며, 이는 발병의 근본 원인을 파악하고 효과적인 통제를 구현하기 위한 행정적 지원을 보장하는 데 도움이 될 것이다. 그러나 종종 역학 및 규제 활동이 상당히 겹치기 때문에 공중보건과 규제기관 간의 정보 공유는 이러한 다중 관할적 조사의 효율성에 중요하다.

7 여러 관할권에 걸친 공공 커뮤니케이션 조정

다중 관할 구역에서 발생하는 동안 공개 메시징은 어려울 수 있다. 광범위한 혼란을 방지하기 위해 미디어 메시지 또는 기타 공개 커뮤니케이션을 일관성 있게 조정하는 것이 필수적이다. 다양한 지역 및 기관별 정책과 법적 제한은 이러한 메시지를 복잡하게 만들 수 있다. 예를 들면, 일부 주에서는 공공안전에 대한 설득력 있는 이유가 없는 한 유행에 따라 식당이나 관련 시설의 이름을 정기적으로 공개하지 않는다. 다른 주에서는 그러한 정보가 법적으로 기밀이 아니다. 특정 기관의 법적 환경과 초점도 메시징에 영향을 미칠 수 있다. 예를 들면 공중보건 역학자들은 지속적인 노출을 방지하기 위해 과학적 분석이 예비적이라 할지라도 발병에 대한 조기 공개 통지를 종종 고려한다. 반대로 규제기관은 특정 정보를 공개하기 전에 추가 조사와 증거를 요구하는 정책 및 법적 제약이 있는 경우가 많다. 이러한 상황에서 공공 메시지의 시기와 세부 사항과 메시지가 공개되는 청중을 결정하기 위해서는 기관과 관할권 간의 신속한 조정 협상이 필요하다.

8 집단발병 조사에 대한 평가 및 보고 조정

모든 집단발병 조사는 주요 결과를 요약하는 서면 보고서와 함께 문서화되어야 한다. 이러한 문서는 교육 및 확산 대응절차에 대한 보다 광범위한 평가를 위한 데이터로 사용할 수 있다. 또한, 다중 관할구역 조사는 질병통제예방센터(CDC)에 보고되어야 하며, 이는 조사가 다중 관할구역이었음을 나타낸다. 개별 주 보고서는 다중 주 발생 보고서의 일부로 통합되어야 하며, 규제기관이 작성한 요약 보고서와 연결되어야 한다. 조사가 일반화 가능하고 더 많은 청중이 관심을 가질 수 있는 새로운 정보로 이어지는 경우, 동료 심사를 거친 전문 저널에 결과를 게시하는 것을 고려해야 한다.

조사를 마무리하기 위해 협력기관은 발견 사항과 취해진 조치를 검토하기 위해 회의를 하거나 회의를 개최해야 한다. 특히, 발병 조사방법에 대해 배운 교훈을 논의하고 전파해야 한다. 회의 또는 전화회의 후 주요 기관은 사후 보고서(AAR, After Action Report)에 결과를 요약해야 한다. 모든 협력자는 AAR을 검토하여 결과에 대한 합의와 공통된 이해를 보장해야 한다. AAR은 다른 발병 조사 보고서와 마찬가지로 다중관할 조사 중에 발생하는 일반적인 문제를 식별하기 위해 평가할 수 있어야 한다.

과거 사건에 대한 다음 사례 연구는 여러 주, 해당 주 내의 지역 보건기관, 연방 공중보건 및 식품규제기관의 조사 활동을 조정하는 동안 해결해야 할 많은 문제를 강조한다.

1) 사례 연구 1

다양한 제품에 포함된 오염된 성분과 관련된 대규모 다주 발생은 식품매개성 질병 발생 조사에 대한 상당한 도전이 있었다. 이러한 발병은 빠르게 진화하는 분자 아형 검사 실험실 기술을 통해 점점 더 많이 발견된다. 발생의 유형이 잘 문서화된 예는 2008년 땅콩 버터와 땅콩 버터와 관련된 살모넬라 엔테리디티스 혈청형 타이피무리움의 감염의 사례이다.

2008년 11월 10일 질병통제예방센터(CDC) PulseNet(식품매개성 병원균의 분자 아형 분석을 위한 식품 실험실 네트워크)은 12개 주에서 구별할 수 없는 살모넬라 타이피무리움 분리 집단을 확인했다. 2주 후 두 번째 DNA 지문을 가진 14개 주에서 27개의 살모넬라 타이피무리움 사례가 확인되었다. 집락(클러스터)의 역학 평가는 첫 번째 집락(클러스터)의 경우 11월 25일, 두 번째 집락(클러스터)의 경우 12월 2일에 시작되었다. 질병통제예방센터(CDC)는 관련 주에 통보하고 주 및 지역 보건부에서 실시한 정기 인터뷰에서 잠재적으로 일반적인 출처를 식별하도록 요청했다. 12월 4일 두 군집의 기술역학이 유사한 것으로 확인되었고, 조사 목적으로 집락(클러스터)이 효과적으로 결합되었다.

표준화된 설문지를 사용한 가설 생성 인터뷰는 11월 25일에 시작되었다. 다음 6주 동안 주 및 지역 보건부 직원은 26개 주에서 86명의 환자 환자를 인터뷰했다. 지역 환경보건 전문가, 주 농무부, 식품의약청(FDA) 및 농부무의 식품안전 및 검사서비스는 모두 추적 및 관찰 활동에 참여하여 의심되는 식품에 대한 가설을 탐색했다.

조사의 전환점이 12월 28일 미네소타 보건부가 요양원과 학교를 포함한 기관 환경과 관련된 여러 사례 집락(클러스터)을 인정했을 때 발생했다. 2009년 1월 4일까지 미네소타 농무부 수사관은 기관에 땅콩 버터를 공급하는 공통 공급업체를 확인했다. 1월 9일, 미네소타 농무부 미생물학 실험실은 땅콩 버터에서 살모넬라를 분리했고, 식품의약청(FDA)는 살모넬라가 생산된 시설에 대한 조사를 시작했다. 1월 10일 유통 회사는 제품을 반품했다.

동시에 질병통제예방센터(CDC)의 비상운영센터(CDC's Emergency Operations Center)의 직원들은 땅콩 버터를 포함하는 제품에 대한 다주의 환자-대조군 연구를 실시했다. 땅콩버터 생산 시설의 식품의약청(FDA) 조사관은 회사가 크래커에 사용되는 재료인 땅콩 반죽도 생산했다는 사실을 알게 되었다. 1월 18일 캐나다 식품검사국은 땅콩버터 크래커의 손상되지 않은 포장에서 살모넬라를 분리했다고 보고했다. 이후 몇 주 동안 여러 번의 리콜 및 후속 조사가 수행되었다. 궁극적으로 단일 시설에서 생산된 땅콩버터를 함유한 거의 4,000개의 제품이 반품되었다. 46개

주와 2개국에서 총 714건의 사례와 9명이 사망했다. AAR은 2009년 5월 18일에 발행되었다. 질병통제예방센터(CDC)(주요 기관) 내의 최소 190명이 다른 연방 및 주 기관의 수많은 직원과 함께 127일 동안 응답에 참여했다. 이 발병은 2011년에 국가 식품안전현대화법이 통과된 정치적 과정에 상당한 영향을 미쳤다.

2) 사례 연구 2

2008년 플로리다의 한 지역 보건국은 급성 셀레늄 중독 증상(탈모 및 손발톱 변화 포함)이 있는 환자군을 확인했다. 보건부가 현지 조사를 시작하면서 FDA는 안전 정보 및 이상 반응보고 시스템(MedWatch)을 통해 접수된 불만 사항의 결과로 동시에 독립적인 조사를 시작했다. 지역 보건부 조사에서는 A사가 판매하는 특정 비타민 보충제를 발병 원인으로 빠르게 확인했다. 사례조사에서는 주로 남동부 주에서 소매 유통을 통해 전국 고객에 대한 인터넷 및 전화 주문 판매를 확인했다. 주 보건부, 질병통제예방센터(CDC), 식품의약청(FDA) 및 독극물통제센터에 통보되었다. 질병통제예방센터(CDC)는 모든 관련 기관과 일일 컨퍼런스 콜을 조정했다.

궁극적으로 플로리다와 테네시의 주 보건부가 공동 개발한 설문지를 사용하여 9개 주에 있는 227명의 영향을 받은 사람들에게 역학 설문조사를 시행했다. A사에서 수집한 연락처 정보, 보건부로의 공개 전화, 지역 독극물통제센터에 전화하는 사람은 주 보건부로 제공되었으며, 환자는 직접 인터뷰했다. MedWatch에 전화한 사람의 신원 정보를 주에 공개할 수 없어서 식품의약청(FDA)은 환자에게 연락하여 의료 부서에 직접 전화하도록 요청해야 했다. 식품의약청(FDA)은 관련 제품에 대한 추적 조사를 실시했다. 이 제품은 조지아의 A회사에서 배포했으며, 아칸소의 제조업체로부터 완제품을 받았으며, 루이지애나의 공급 업체로부터 재료를 받았다. 후자의 주에서는 아픈 사람이 확인되지 않았다. 제품에 대한 전국적인 리콜이 진행되었다. 조사 결과, 10개 주에서 셀레늄 노출로 인한 중독 사례 201건이 확인되었다.

이러한 집단발병 조사에는 여러 지역, 주 및 연방기관의 역학, 실험실, 환경 및 규제 조사관이 참여했다. 그들은 신속하고 효과적인 대응을 보장하기 위해 복잡하고 종종 겹치는 활동의 다중 관할적 조정의 중요성을 강조한다.

9 결론

공중보건 감시의 개선으로 인해 다주 발병이 점점 더 인식되고 있다. 병원균별 감시 또는 소비자 불만 시스템을 통해 탐지되든, 모든 발병조사를 시작할 때 지속적인 다국적 의사소통 및 조정의 필요성이 예상되어야 한다. 이러한 확산에 성공적으로 대응하려면 효율적이고 효과적인 다중 관할 지역 조정계획을 개발하고 실행해야 한다.

참고문헌

대한예방의학회. 예방의학과 공중보건학, 제3판 수정증보판, 계축문화사, 2017.

대한예방의학회, 한국역학회. 예방의학 · 역학 · 공중보건학 용어집, 계축문화사, 2014.

손석준, 이경수, 이무식, 이중정, 이충원, 정인성. 현장역학(Field Epidemiology, 2nd edition 번역본). 계축문화사, 2004.

Association of State and Territorial Health Officials. Address patient privacy, authority and security concerns. http://astho.org/Toolkit/Improving-Access-to-EHRs-During-Outbreaks/Address-Patient-Privacy-Concerns/external

Association of State and Territorial Health Officials. Improving your access to electronic health records during outbreaks of healthcare-associated infections. A toolkit for health departments. http://www.astho.org/Toolkit/Improving-Access-to-EHRs-During-Outbreaks/external

Benin AL, Benson RF, Arnold KE, et al. An outbreak of travel-associated Legionnaires disease and Pontiac fever: the need for enhanced surveillance of travel-associated legionellosis in the United States. J Infect Dis. 2002;185:237–43.

Breslow NE, Day NE. Statistical methods in cancer research. Vol 1. The analysis of case—control studies. (IAEC scientific publication no. 32). Lyon : International Agency for Research on Cancer; 1980.

Cavallaro E, Date K, Medus C, et al. Salmonella Typhimurium infections associated with peanut products. N Engl J Med. 2011; 65:601–10.

CDC. 2008–2009 Salmonella Typhimurium outbreak response, Nov 2008–March 2009: After action report. May 18, 2009. https://www.cdc.gov/salmonella/typhimurium/SalmonellaTyphimuriumAAR.pdfpdf

CDC. Foodborne Outbreak Online Database (FOOD). https://wwwn.cdc.gov/foodborneoutbreaks/

CDC. Multistate outbreak of Salmonella infections associated with peanut butter and peanut butter–containing products—United States, 2008–2009. MMWR. 2009;58:85–90.

Council to Improve Foodborne Outbreak Response. Investigation of clusters and outbreaks. In: CIFOR guidelines for foodborne disease outbreak response. 2nd ed. Atlanta: Council of State and Territorial Epidemiologists; 2014:139–65.

Council to Improve Foodborne Outbreak Response. Special considerations for multijurisdictional outbreaks. In: CIFOR guidelines for foodborne disease outbreak response. 2nd ed. Atlanta: Council of State and Territorial Epidemiologists; 2014:191–204.

Detels R, Beaglehole R, Lansang MA, Gulliford M. Oxford Textbook of Public Health, Oxford University Press, 2009.

Feinstein AR. Clinical Epidemiology. The architecture of clinical research. Philadelphia : W.B. Saunders Company 1985.

Gordis L. Epidemiology. 5th ed. Philadelphia: Elsevier; 2013.

Kainer MA, Reagan DR, Nguyen DB, et al. Fungal infections associated with contaminated methylprednisolone in Tennessee. N Engl J Med. 2012;367:2194–203.

Kelsey JL, Thompson WD, Evans AS. Methods in observational epidemiology. New York, Oxford: Oxford University Press; 1986.

Last JM. A Dictionary of Epidemiology, 4th Ed, Oxford Uni Press Inc., 2001.

Li J, Shah GH, Hedberg C. Complaint-based surveillance for foodborne illness in the United States: a survey of local health departments. J Food Prot. 2011;74:432–7.

MacFarquhar JK, Melstrom P, Hutchison R, et al. Acute selenium toxicity associated with a dietary supplement. Arch Int Med. 2010;170:256–261.

MacMahon B, Pugh TF. Epidemiology: principles and methods, Little, Brown and Company, 1970

Porta M. A Dictionary of Epidemiology, 5th edition, IEA, Oxford University Press, USA, 2008.

Rasmussen SA, Goodman RA. The CDC Field Epidemiology Manual, Oxford University Press, USA, 2018.

Robert B. Wallace. Maxey-Rosenau-Last Public Health and Preventive Medicine. McGraw-Hill Education, 15 edition, 2008.

Rothman K J. Modern epidemiology. Boston, Toronto : Little, Brown and Com pany; 1986.

Schlesselman JJ. Case—control studies: design, conduct, analysis. New York: Oxford University Press; 1982.

Sterling TM, Thompson D, Stanley RL, et al. A multistate outbreak of tuberculosis among members of a highly mobile social network: implications for tuberculosis elimination. Int J Tuberc Lung Dis. 2000;4:1066–73.

US Food & Drug Administration. US Department of Health and Human Services. https://www.fda.gov/food/guidanceregulation/fsma/ucm247546.htmexternal

Zipprich J, Winter K, Hacker J, Xia D, Watt J, Harriman K. Measles outbreak—California, December 2014–February 2015. MMWR. 2015; 64:153–4.

제 6 장

긴급상황센터와 사고관리 조직구조

1 도입

공중보건 응급 상황은 종종 복잡하고 오랜 시간이 걸리며, 일상적인 작업을 위해 일반적으로 인력을 배치하고 장비를 갖춘 공중보건 시스템을 무력화할 수 있다. 소아마비 박멸(2011~현재), 서아프리카의 에볼라바이러스 발병(2014~2016년), 미주 지역의 지카바이러스(2016~2017년)에 대한 최근 미국 및 국제적 대응에는 파트너를 확보하기 위해 확장된 현장 운영 및 대응 구조가 필요했으며 함께 노력했다. 긴급상황센터(EOC, Emergency Operation Centers) 및 사고관리시스템(IMS, Incident Management Systems)의 사용을 포함한 비상 관리 개념을 적용하면 국가 및 지역의 공중보건 시스템이 공중보건 위협의 영향을 받는 인구를 보호하는 데 도움이 될 수 있다. 미국의 경우, 국가 대응틀(NRF, National Response Framework)은 국가, 주 및 지방 정부가 자연재해, 공중보건, 의료 및 기타 비상 상황에 대응하는 데 사용하는 공통 구조를 설명한다. NRF에는 대응하는 동안 미국 정부 내 여러 기관에서 사용하는 역할, 책임 및 법적 권한이 포함되며 국가, 주 및 지방 정부에 적용된다.

질병통제예방센터(CDC)와 같은 미국의 국가 수준 조직은 전통적인 감염성 질병 발생조사에서 화학물질에 이르는 다양한 대응 활동에 역학 전문지식이 필요하기 때문에 대비 및 대응에 "모든 위험" 접근방식을 고려한다. 유출 및 자연재해 대응. 모든 공중보건 대응에는 고유한 고려 사항이 있지만, 비상관리 원칙에 대한 기능적 지식은 현장역학자가 국가 및 지역 비상 대응 구조에 효과적으로 통합하는 데 도움이 될 수 있다.

2 비상관리프로그램

조직의 비상관리프로그램(EMP, emergency management program)은 준비 및 대응 활동으로 구성된다. 연습 및 훈련과 같은 대비 활동은 대응 작업을 위해 현장역학자를 준비하는 데 도움이 될 수 있다. EMP는 대응 기간에 효율적이고 조정된 공중보건 활동을 촉진한다. 대부분의 EMP는 계층화된 활성화 수준을 사용한다. 미국에서는 일반적으로 3 수준(가장 낮은 활성화 수준)에서 1 수준(가장 높은 활성화 수준)까지 다양하다. 이러한 유연성을 통해 조직은 변화하는 대응 요구사항을 충족하도록 대응 작업의 규모를 조정할 수 있다. 미국의 대부분의 국가 수준 기관은 다음 활성화 수준을 사용한다.

- 1 **수준**(가장 높은 수준) : 이 수준에는 기관 전체의 응답이 필요하며, 종종 국내 및 국제 파트너가 포함된다. 예를 들면, 질병통제예방센터(CDC)는 허리케인 카트리나(2005년), 인플루엔자 A(H1N1) 대유행(2009~2010년), 에볼라바이러스 발생(2014~2016년), 지카바이러스 발생(2016~2017년)의 네 가지 사건 및 유행에서 1 수준의 활성화를 기록했다.
- 2 **수준**(중급 수준) : 이 수준은 주요 기관 또는 프로그램이 대응 요구사항을 충족하기 위해 상당한 보강이 필요함을 의미한다. 질병통제예방센터(CDC)의 경우 2011년 일본 지진, 쓰나미 및 원자력 재해에 대한 대응이 2 수준으로 활성화였다.
- 3 **수준**(최하위 수준) : 이 수준은 중간 정도의 확대를 통해 주요 기관 또는 프로그램이 대응의 주요 요구사항을 해결할 수 있음을 의미한다. 미국에서는 많은 소규모 자연재해 또는 환경 대응이 활성화 수준에 속한다. 예를 들면 2016년 미시간의 수질 오염 위기에 대한 질병통제예방센터(CDC) 대응이 있다.

표 3.6.1. 국가 비상관리 구성요소 및 원칙

- 확장 가능하고 유연한 정의된 모듈식 관리 구조
- 공통 용어를 포함한 표준화된 국가 대응 원칙
- 커뮤니케이션, 정보 관리 및 리소스 관리에 중점을 둠
- 하나의 목표 및 우선순위 집합에서 운영하는 것의 중요성
- 멀티 파트너 환경에서 공동 제한 사항 이해
- 대응 작업 수행을 위한 기관의 법적 권한 보호
- 단일 계획으로 파트너 간의 노력 통합 최적화

대응의 요구와 복잡성은 레벨 간의 전환에 영향을 미친다. 작업이 확대 및 축소되면서 레벨 간 전환에 대한 대응이 일반적이다. 예를 들면 2016년 지카바이러스 반응은 활동의 규모, 범위 및 복잡성으로 인해 2016년 1월 말 3 수준에서 EOC 활성화에서 2월 첫 주까지 2 수준으로, 그리고 일주일 후 1 수준으로 진화했다. 2014년 에볼라 발발의 경우 EOC는 2014년 7월 3 수준에서 활

성화되었고, 그해 8월에는 1 수준의 대응으로 바로 이동했다.

미국에서 정부 기관은 NRF의 구조와 지침을 사용하여 공중보건 응급 상황에 대응하며, 이는 설계상 모든 비상 대응 범위에 맞게 확장 가능하고 유연하다. NRF(표 3.6.1.)에 설명된 기본 비상관리 구성요소 및 원칙에 익숙하면 현장역학자가 국가, 주 및 지역 수준의 대응 구조에 통합하는 데 도움이 될 수 있다.

개별 대책본부는 모든 사고관리 시스템 구조에 속하지 않을 수도 있다. EMP는 다양한 방식으로 대응 구조를 구성한다. 미국에서 대부분의 국가 및 주 시스템은 주요 시스템에 따라 필요한 대응 기능을 특성화하는 NRF의 공통 조직 지정을 사용한다. 예를 들면, 국가 교통, 통신 또는 공중보건 및 의료 시스템은 모두 전체 구조에서 자리를 차지합니다. 공중보건 조직의 경우, 대응의 공통 요소는 역학조사, 실험실 서비스, 의료, 의료 대책(백신, 항바이러스 및 항균 약물 등), 공공 메시지와 위험 신호를 포함할 수 있다. 모든 구성을 IMS(Incident Management Systems) 내의 일련의 대책본부 또는 유사한 구조의 예를 들면, 질병통제예방센터(CDC)는 과학적 대응 섹션(표 3.6.2.)에서 이러한 대응 요소를 구성하고 대책본부 또는 구조 간의 관계를 이해하면 현장역학자에게 도움이 될 수 있다. 질병통제예방센터(CDC) 대응 구조 내에서 대책본부에는 주제 전문가, 운영 코디네이터 및 평가자가 포함된다. 감염병 학자가 현장조사를 수행하기 위해 전진 배치된 애틀랜타 기반 EOC에서 일하든, 그들은 지침, 지원 및 지시를 위해 주어진 대책본부에 배정된다. 그뿐만 아니라 주도 대책본부, 기타 주요 위치, 그리고 팀은 사건 관리자와 질병통제예방센터(CDC) IMS 구조(표 3.6.3.)에 해당한다.

표 3.6.2. 과학적 대응 대책본부

- 역학조사 및 감시
- 국가수준에서의 조정
- 백신
- 모델링
- 환경 건강
- 실험실
- 의료 및 대책
- 국제적 운영
- 세계적 확산 및 격리
- 감염병

표 3.6.3. 질병예방통제센터(CDC) 사고관리시스템(Incident Management Systems, IMS) 대응 위치 및 팀

- 공동 정보센터
- 배포 위험 완화부서
- 안전
- 연락 담당관

- 윤리
- 최고 과학/보건 책임자
- 정책
- 의료 수사 팀
- 보안
- 법률 고문실
- 과학부 부국장
- 부대변인

국가 및 하위 국가 EMP에는 일반적으로 준비 활동(예 : 훈련 및 운동)을 수행하고 계획, 물류, 운영, 상황 인식, 자원 관리 및 커뮤니케이션의 고위 직책을 포함하여 대응 리더십 역할을 수행하는 비상 관리자의 전문 간부가 있다. 미국 비상관리시스템에서 이러한 간부는 총괄적으로 일반 직원이라고 한다.

3 긴급상황센터 활성화

전 세계의 EOC는 일상적인 시스템과 구조가 무력화될 때 공중보건 대응을 위해 활성화된다(표 3.6.4.). 예를 들면, 2014~2016년 에볼라 발생 기간 동안 라이베리아는 대응 활동을 관리하기 위해 EOC에서 운영되는 사고 관리 구조를 개발했다. EOC의 활성화는 확립된 구조, 기능 및 절차를 통해 대응 직원을 지원하는 작업 플랫폼과 자원을 제공함으로써 전반적인 대응 운영을 용이하게 합니다. EOC는 또한 관련 대응 파트너를 한데 모아 공동의 목표와 전략을 수립함으로써 노력의 통일성을 창출할 수 있는 기회를 제공한다. 미국에서는 매년 많은 공중보건 비상 대응이 국가 지원 없이 주 및 지역 자원을 사용하여 효율적으로 처리된다. 국가 지원이 필요한 경우 확장 가능하고 유연하며 원격 역학 상담에서 현장역학 작업에 이르기까지 다른 대응 능력 외에도 다양한 형태로 제공될 수 있다.

표 3.6.4. 긴급센터 운영을 위한 일반적인 활성화 계기

- 도시, 주 또는 국가의 적극적 지원 요청
- 중요한 외부 파트너의 조정 신청
- 높은 정치적 또는 언론의 관심이 예상됨
- 다양한 대응 파트너와 위험 커뮤니케이션 메시지 조정
- 중요한 내부 조정의 필요(여러 기관 프로그램 관련)
- 다른 특성을 나타내는 새로운 에이전트 또는 기존 에이전트
- 외부 대응 파트너에 의한 기타 긴급상황센터 활성화

현장역학자는 EOC 환경에서의 작업이 일상적인 프로그램 조건과 어떻게 다른지 이해함으로써 국가, 주 및 지역 대응 작업으로의 통합을 가속화할 수 있다. 대부분의 공중보건기관에서 일상적인 생활과 활동으로는 비상 대응을 성공적으로 관리하는 데 충분하지 않다.

비상 대응 환경에서

- 대응 직원은 오랜 시간 동안 빠른 속도로 작업해야 한다.
- 모호하고 불완전한 정보의 맥락에서 신속하게 의사 결정이 필요하다.
- 채용, 인수, 계약 및 기타 비즈니스 프로세스를 신속하게 처리해야 한다.
- 작업 관계가 확장되어 신규 및 외부 대응 파트너가 포함되어야 한다.
- 대응 요구사항과 일상적인 의무 사이에 긴장이 발생할 수 있다.

4 주 정부 기대 충족

미국의 대응 체계에서 국가 대응 체계와 지방(주 및 지방) 대응 체계 사이에는 매우 강한 관계가 있다. 대부분의 주 및 지역 공중보건기관이 표준 NRF 조직 구조를 사용하지만, 주 및 지역 시스템은 활성화 트리거, 권한 및 자율성과 관련하여 크게 다르다. 성공적인 대응은 개별 주 시스템에서 사용되는 사고 관리 접근방식에 대한 강력한 이해, 이러한 주 및 지역 시스템과 현장역학자와의 관계, 이러한 관할 구역에서 현장역학자의 역할에 대한 동의에 달려 있다.

1) 주 및 지역 사고 관리 환경

미국에서 대부분(76%)의 주 보건공무원은 주 주지사가 임명한다. 나머지는 다른 주 정부 기관장, 주 입법부 또는 위원회가 임명한다. 이러한 거버넌스 관계는 주 보건 부서의 일상적인 비상 운영에 영향을 미친다. 주 공중보건 사고 관리자는 각각의 관리 및 정책 기관으로부터 권한을 받고 이 권한은 각주의 특정 시스템 기능에 영향을 줍니다. 국가는 지역 공중보건의 자율성과 위임된 권한과 관련하여 다양하다. 주의 약 30%에서 지역 공중보건 부서는 주 보건부서의 중앙에 고도로 종속되고 나머지는 분산되어 있다. 중앙 집중식 구조와 분산형 구조 간의 이러한 조직적 차이는 주 및 지역 공중보건 관할 구역 간의 조정에 영향을 미치고 결과적으로 공중보건 비상 대응을 관리하기 위해 IMS 구조를 설정하는 방법에 영향을 미친다. 현장역학자가 배치되면 영향을 받는 현장에 도착하기 전에 그리고 현장에서 작업하는 동안 주요 고려사항에 주의를 기울여 운영 성능을 최적화할 수 있다. 다음 두 섹션에서는 국가 및 주 정부 간의 미국 모델을 사용하여 국가 지역 역학자가 지역 관할 구역에 배치할 때 고려해야 하는 문제를 설명한다.

2) 현장에 도착하기 전에

- 주 또는 지역 관할권의 IMS가 작동되고 활성화되었는지 확인한다.
  - 작동된 경우 사고 관리 및 연락 담당자를 식별하고 국가 및 주 대응 구조 내에 존재하는 보고 요구사항 및 운영 권한(명령 체계)에 동의한다.
  - 작동되지 않은 경우, 주 대응에 대한 리더십 있는 책임자를 선정하고 국가 및 주 대응 구조 내에 있는 보고 요구사항 및 운영 권한(명령 체계)을 검토한다.
- 주 및 국가 공중보건 시스템이 현장에서 달성하고자 하는 목표를 명확하게 정의한다.
- 진행률 보고서 및 업데이트를 위한 빈도, 통신 채널, 위치 및 형식을 설정한다.
- 수집된 데이터에 대한 의사 결정 권한과 관리 권한을 가진 사람을 설정한다. 대응이 국가 또는 주 정보 기술 시스템 및 파일을 사용할 것인지 결정한다.
- 필요한 공급품, 장비, 작업 공간, 정보 기술 및 운송 자산을 검토하고 이러한 요구사항을 충족할 사람(국가 또는 주)을 식별한다.
- 공개 정보 메시지를 개발하고 승인하기 위한 프로세스를 정의한다.
- 정보 및 데이터를 공개할 권한이 있는 사람을 결정하고 데이터 공개에 사용되는 방법에 동의한다.
- 도착 날짜, 위치 및 근무 시간을 검토한다.
- 현장역학 위치가 주 또는 지역 대응 작업에 어떻게 적합한지 결정한다. 이러한 직책은 주 팀에 포함되거나 독립적으로 운영될 수 있다. 포함된 경우 역할, 팀 구성원 역할, 보고 시스템 및 명령 체계를 이해한다.
- 대응자와 대응에 영향을 미칠 수 있는 환경 및 안전 조건을 식별한다(예 : 날씨, 의복 및 교통수단).

3) 현장 운영 중

- 도착 후 가능한 한 빨리 주 사건 관리자 또는 IMS가 실행되지 않은 경우 다른 주 지도부와 브리핑을 확보해야 한다.
  - 사고 브리핑, 결과 요약 및 작업 계획 권장사항을 요청한다. 이 정보에 대해 개방적이고 편파적이지 않은 상태를 유지해야 한다.
  - 도착 전 토론에서 다룬 문제를 검토하고 수정하여 진화하는 상황에 적합한 최신 문제인지 확인한다.
  - 진행률 보고서 및 업데이트의 빈도, 통신 채널, 위치 및 형식을 확인한다.
- 상황 인식 및 진행 상황 업데이트 회의에 참여한다. 참석할 수 없는 경우 가능한 한 그룹을 업데이트하기 위해 활동 또는 정보에 대한 서면 요약을 리더십에 알리고 제공한다.

- 국가 정책 또는 절차와 충돌하지 않는 경우 주 운영 제안을 고려한다. 주 공무원은 관할권 내에서 대응에 대한 한계와 과제를 근본적으로 이해하여 대응 작업을 최적화하는 데 도움이 될 것이다.
- 국가의 권위와 지도력을 존중해야 한다. 주 정부는 특정 사유로 만장일치로 승인되지 않은 행동 방침을 선택할 수 있다.
- 출발 직전에 출구 브리핑을 실시한다.
  - 수행한 작업과 수행해야 할 작업을 검토한다.
  - 향후 통신을 위한 주파수 및 채널을 설정한다.
  - 사후 언론 보도, 학술 출판물 및 포스터 발표의 승인 및 출판 절차를 수립한다.

5 공중보건 비상 대응의 국가 및 국제적 복잡성

미국은 비상 대응 작업을 수행하기 위해 국가 정부의 법적 권한과 책임을 설정하는 법률이 있다. 1988년에 제정되어 2013년에 마지막으로 개정된 로버트 스태퍼드(Robert T. Stafford) 재해 구호 및 긴급 지원법은 연방 비상관리국이 주 정부에 국가 차원의 지원을 제공하기 위해 사용하는 권한이다. 이러한 당국은 모든 국가에 존재하지 않을 수 있으며, 현장역학자는 보건부 또는 세계보건기구와 같은 국제 파트너와 협력하여 대응 작업이 국가 정부 또는 국제 구조에 어떻게 적합한지 이해해야 한다. 여기에는 데이터 수집, 데이터 분석, 정보 공유 및 잠재적 출판과 관련된 고려 사항이 포함된다. 또한 검사실 표본의 보관, 표본 운송, 의료 대책 배송 또는 수령에 대한 세관 및 국경 관련 문제를 포함할 수 있다. 여러 수준의 정부가 관여하는 특정 대응 작업의 맥락에서 현장역학자의 역할을 이해하는 데 시간을 투자하면 이와 같은 복잡한 문제를 해결하는 데 도움이 될 수 있다. 또한 현장역학자들은 복잡한 국내 또는 국제 상황을 해결하는 데 도움이 되는 또 다른 자원으로서 중앙 정부에 대한 복귀 메커니즘을 이해해야 한다.

현장역학의 또 다른 측면은 배치된 위치에 이미 어떤 자원이 있는지 아는 것이다. 미국 국내에서는 국가 공중보건 요원이 주 및 지역 공중보건기관에 포함되어 있다. 이러한 다른 현장 직원에 대한 지식과 지원을 통해 현지 대응 작업으로의 통합을 가속화할 수 있다. 유사하게 현장역학자가 다른 국가에 배치될 때 대응에 똑같이 통합을 가속화할 수 있는 특정 위치에 영구적으로 배치된 대응 파트너가 있을 수 있다.

6 비상대응 시 역학조사의 특이사항

IMS는 발병 대응이나 공중보건 응급 상황을 위해 특별히 설계되지 않았지만, 발생 대응조사 작업을 보고하고 조직하기 위한 명확한 프레임 워크를 제공한다. 대규모 공중보건 응급 상황 및 소규모 프로그램 대응 이벤트에서 수행되는 현장 역학조사의 기본 목적과 방법은 동일하다. 더 큰 공중보건 비상 대응의 일환으로 현장 역학조사가 수행될 때, 상황과 상황은 특히 조사의 긴급성, 속도 및 규모에서 일상적인 조사의 상황과 다르다(표 3.6.5.).

표 3.6.5. 비상대응시 역학조사의 특이사항

- 신속한 정보 수집으로 거의 실시간에 가까운 의사 결정 및 개입이 가능하다.
- 대응 활동의 규모와 속도가 가장 중요하다.
- 병행 및 동시 조사는 더 큰 대응 노력과 기존 사고관리시스템 구조 내에서 조정되어 노력의 중복을 방지해야 한다.
- 광범위한 언론 보도와 정치적 압력은 대응을 위해 숙련된 대변인/팀에 의해 효과적으로 관리되어야 한다.
- 책임자의 관심이 증가하면 재원에 대한 접근성이 높아져 잠재적으로 보고 및 조정 요구사항에 대한 요구가 증가할 수 있다.
- 조사 결과 또는 중간 결과는 고위 지도자의 결정에 즉시 영향을 미칠 수 있다.

비상대응 중 현장조사는 거의 실시간 의사 결정 및 개입을 알리기에 충분한 시간 내에 질문에 답하도록 설계되어야 하므로 표준 데이터 수집 및 정보 분석 절차의 적절성을 제한할 수 있다. 팀장 또는 선임 현장역학자는 어떤 초기 운영 질문이 가장 중요한지 결정하고 이러한 질문에 먼저 대답하기 위한 조사 노력의 우선순위를 지정해야 한다. 대부분의 응답에는 또한 관리자의 중요 정보 요구사항 또는 이에 상응하는 내용이 포함되어 있으며, 이는 응답 작업 초기에 결정되며 응답이 진행되면서 변경될 수 있다. 관리자의 주요 정보 요구사항은 즉시 고위기관 책임자에게 알려진다(표 3.6.6.).

표 3.6.6. 질병통제예방센터(CDC) 책임자의 중요 정보 요구사항 예제

- 배치된 질병통제예방센터(CDC) 직원의 심각한 질병 또는 손상
- 감염성 질병요인에 대한 새로운 전파 경로 식별
- 예상치 못한 감염병 사례 또는 감염 군집
- 새로운 지역의 감염병 사례 또는 감염 군집
- 감염성 질환 요인에 대한 주요 유전적 염기서열 변경
- 질병통제예방센터(CDC) 자산 배포에 대한 초기 요청
- 질병통제예방센터(CDC) 직원이 배치된 영역에 대한 새로운 보안 위협
- 임시 수용시설 인구에서 감염성 질병 발생

크고 복잡한 비상 대응에는 많은 국가 및 지방 기관이 포함될 수 있다. 이러한 상황에서 역학조사는 더 큰 대응 구조에 통합되어야 한다. 여러 장소에서 동시에 발생하는 응급 상황과 조사의 경우, 활동에는 때때로 현장 및 역학자의 모 기관 본부와의 추가 조정 및 의사소통이 필요하다. 또한 복잡한 응답은 진행 보고서를 준비하고 책임 당국에 제출하는 데 추가 시간이 필요하며, 모 기관 본부와 대화하고 지침을 받는 데 시간이 필요하다.

비상대응시 현장 역학조사도 언론의 강한 관심을 끌 수 있다. 준비는 매우 중요하며 다음에 대한 계획이 수반되어야 한다.

- 미리 결정되고 경험이 풍부한 언론 대변인
- 다른 기관, 주 및 지역 공무원과의 조정
- 정보에 대한 공개 전략을 계획 제시하고 건전한 전달자의 도움
- 모든 개인 식별 정보가 관련 법률에 따라 보호된다는 보장

언론, 지역 공무원 및 기타 사람들의 관심이 높아지면 조정 및 정보의 부담이 가중될 수 있지만 작은 프로필 사건보다 더 많은 재원을 관리할 기회를 만들 수 있다. 대응 리더십은 더 많은 역학자를 배치하고, 더 많은 데이터 관리 전문가에게 접근하고, 통신 전문가를 조사 팀에 추가하고, 조사를 지원할 물류 전문가를 제공할 수 있다.

마지막으로, 응급 상황에서 수행된 현장 역학조사는 종종 공중보건 대응에 즉각적인 영향을 미치는 실행 가능한 결과를 가져온다. 예를 들면 2009~2010년 인플루엔자 A(H1N1) 팬데믹 대응 때 학교 폐쇄 및 대형 사교 모임의 취소, 2014~2016년 에볼라 대응으로 생성된 권장사항으로 접촉 추적, 능동적 사례 발견 그리고 안전한 매장 관행 등을 포함한다.

7 결론

미국에서는 EOC 및 사고 관리 구조를 포함한 국가 비상관리 프로그램이 지난 40년 동안 개선되었으며 오늘날 공중보건 비상 상황에 대응하기 위한 효율적이고 효과적인 시스템을 제공한다. 국가, 주 및 지역 관할 구역에서 비상관리 구성요소 및 원칙의 표준화는 공중보건 및 비상 관리 전문가 모두를 위한 공통 기반을 만든다. 현장역학자는 다음과 같은 기본 사항을 이해함으로써 공중보건 대응 작업에 대한 준비 및 통합을 가속화할 수 있다.

- 국가 정부는 고유한 대응 시스템을 보유할 수 있으며, 현장역학자는 유연하게 유지하고 국가 또는 지역 운영에 신속하게 통합되도록 노력해야 한다.
- 비상관리 원칙에 대한 기능적 지식은 현장역학자가 국가, 주, 지역 및 국제 비상 대응 구조에

효과적으로 통합하는 데 도움이 될 수 있다.

- 비상 대응 환경에서 일상적인 시스템 및 프로세스는 다음과 같은 이유로 종종 부적절하다.
  - 대응 직원은 장기간 빠른 속도로 작업해야 한다.
  - 모호하고 불완전한 정보의 맥락에서 신속하게 의사 결정이 필요하다.
  - 채용, 인수, 계약 및 기타 비즈니스 프로세스를 신속하게 처리해야 한다.
  - 작업 관계가 확장되어 신규 및 외부 대응 파트너가 포함되어야 한다.
  - 대응 요구사항과 일상적인 의무 사이에 긴장이 발생할 수 있다.
- 주, 지역 및 국제 대응 환경은 크게 다를 수 있으며 배치 준비에는 특정 관할권의 구조 및 권한에 대한 이해가 포함되어야 한다.
- 공중보건 비상 대응은 복잡할 수 있으며 자연재해에 대응하도록 설계된 국가 시스템은 공중보건 비상 상황에서 성공적으로 사용하기 위해 수정이 필요할 수 있다.
- 국가 수준의 직원은 역학자가 배치하는 관할 지역에서 거주하고 일할 수 있기 때문에 이러한 직원은 해당 커뮤니티의 고유한 고려 사항을 이해하고 대응 작업을 도울 수 있다.
- IMS는 발병 대응 또는 공중보건 긴급 상황을 위해 특별히 고안된 것은 아니지만 발생 대응 조사 작업을 보고하고 조직하기 위한 명확성과 프레임 워크를 제공한다.
- 대규모 공중보건 비상 대응의 일환으로 현장 역학조사를 수행할 때 상황은 특히 조사의 긴급성, 속도 및 규모에서 일상적인 작업과 다르다.
- 응급 상황에서 수행되는 현장 역학조사는 종종 결과가 공중보건 대응에 즉시 영향을 미칠 수 있는 기회를 제공한다.

참고문헌

대한예방의학회. 예방의학과 공중보건학, 제3판 수정증보판, 계축문화사, 2017.
대한예방의학회, 한국역학회. 예방의학 · 역학 · 공중보건학 용어집, 계축문화사, 2014.
손석준, 이경수, 이무식, 이중정, 이충원, 정인성. 현장역학(Field Epidemiology, 2nd edition 번역본). 계축문화사, 2004.
Association of State and Territorial Health Officials. State health agency structure, governance, and priorities. In: ASTHO profile of state public health, volume 3. Washington, DC: Association of State and Territorial Health Officials; 2014:17–28.
Breslow NE, Day NE. Statistical methods in cancer research. Vol 1. The analysis of case—control studies. (IAEC scientific publication no. 32). Lyon : International Agency for Research on Cancer; 1980.
CDC. CDC's Emergency Management Program activities—worldwide, 2003–2012. MMWR. 2013; 62:709–13.
Detels R, Beaglehole R, Lansang MA, Gulliford M. Oxford Textbook of Public Health, Oxford University Press, 2009.
Federal Emergency Management Agency. National Response Framework, third edition. http://www.fema.gov/media-library/assets/documents/117791
Feinstein AR. Clinical Epidemiology. The architecture of clinical research. Philadelphia: W.B. Saunders Company 1985.
Gordis L. Epidemiology. 5th ed. Philadelphia: Elsevier; 2013.
Kelsey JL, Thompson WD, Evans AS. Methods in observational epidemiology. New York, Oxford: Oxford University Press; 1986.
Last JM. A Dictionary of Epidemiology, 4th Ed, Oxford Uni Press Inc., 2001.
MacMahon B, Pugh TF. Epidemiology: principles and methods, Little, Brown and Company, 1970.
Pillai SK, Nyenswah T, Rouse E, et al. Developing an incident management system to support Ebola response—Liberia, July–August 2014. MMWR. 2014;63:930–33.
Porta M. A Dictionary of Epidemiology, 5th edition, IEA, Oxford University Press, USA, 2008.
Rasmussen SA, Goodman RA. The CDC Field Epidemiology Manual, Oxford University Press, USA, 2018.
Robert B. Wallace. Maxey-Rosenau-Last Public Health and Preventive Medicine. McGraw-Hill Education, 15 edition, 2008.
Robert T. Stafford Disaster Relief and Eme.
Rothman K J. Modern epidemiology. Boston, Toronto: Little, Brown and Com pany; 1986.
Schlesselman JJ. Case—control studies: design, conduct, analysis. New York: Oxford University Press; 1982.

제 4 부

현장별 역학조사

제 1 장 보건의료 현장 역학조사

1 도입

보건의료 세팅이라는 용어는 급성기 병원, 긴급 치료센터, 재활센터, 요양원 및 기타 장기 요양 시설, 전문 외래환자 서비스(예: 혈액 투석, 치과, 족부 치료, 화학 요법, 내시경 및 통증 관리 클리닉) 및 외래환자 수술센터 등을 포함한다. 또한 일부 의료서비스는 개인 사무실이나 가정에서도 제공된다.

각 유형의 설정 내에서 특정 위치 또는 서비스가 역학조사의 초점이 될 수 있다. 급성 치료병원은 분류 및 응급 치료, 입원 및 외래 환자 수술 절차, 면역 억제 집단(예: 종양학 또는 이식 수혜자) 관리, 재활 서비스 및 중환자실을 위한 여러 전문 영역을 보유할 수 있는 복잡한 조직도 해당된다. 특정 환경에서 제공되는 환자 유형 및 임상 서비스에 대한 이해는 감염성 질환 전파 위험을 인식하는 데 중요하다. 의료 환경 내에서 확인된 문제는 제조 시점 또는 관심 환경 밖의 다른 위치에서 오염된 약물 또는 장치의 사용과 관련될 수도 있다.

이 장은 보건의료 환경에서의 발병 조사에 대한 개요이다. 보건의료 시설에서 보고된 대부분의 발병은 감염에 의해 발생하지만, 발병은 비감염성 화학 물질 및 기타 독성물질에 대한 노출과도 관련이 있을 수 있다. 이 장은 주로 감염의 역학조사를 다루지만 일부 비감염성 질병의 예도 포함한다.

2 보건의료 세팅과 관련된 감염에 대한 컨텍스트

1) 보건의료관련감염(Healthcare-Associated Infections, HAI) 정의

보건의료관련감염(HAI, Healthcare-Associated Infections)은 보건의료 서비스를 받는 환자

에게 불필요한 사망 및 피할 수 있는 피해의 주요 원인 중 하나이다. 이는 공중보건에 심각한 위협이며, 매년 전 세계적으로 수백만 명의 환자가 보건의료관련감염(HAI)의 영향을 받는다.

HAI는 모든 환경에서 의료 전달과 관련된 감염이다. 이 용어는 환자가 집락(군집)화(예: 질병을 일으키지 않는 사람의 위 또는 안에 있는 미생물)하거나 의료환경 외부에 노출될 수 있고 환자가 병원 내에서 다른 환경 사이를 자주 이동하기 때문에 병원균이 어디에서 획득되었는지 항상 확실하게 결정할 수 없음을 반영한다. HAI는 퇴원 후 나타날 수 있으며, HAI 전파에는 환자뿐 아니라 방문자와 의료진도 포함될 수 있다.

2) HAI 원인

진료를 받는 과정에서 환자는 다양한 미생물에 노출되며 감염원은

- 감염되었거나 집락(군집)화된 보건의료인력 또는 다른 환자(교차 감염)
- 환자 자신의 미생물 군집(내인성 감염)
- 다른 사람으로부터 오염된 환경 표면 또는 물체(예: 침대 레일, 정맥주사 기둥, 조리대 또는 욕실 표면)
- 오염된 의료기기(예: 중심정맥 카테터, 요도 카테터, 내시경, 수술기구 또는 인공호흡기)
- 오염된 약물
- 오염된 수원
- 난방, 환기 또는 공조 시스템에서 나오는 공기

수많은 병원체가 HAI의 전파 시나리오와 관련되어 있다. 여기에는 지속적으로 진화하는 박테리아, 곰팡이, 바이러스, 기생충 및 프리온 목록이 포함된다. HAI 발병은 지역사회에서 흔히 볼 수 있는 병원체 또는 의료 환경 및 특정 환자 집단 외부에서 거의 관찰되지 않는 병원균에 의해 발생할 수 있다. 노출 후 감염 가능성은 (1) 항균제에 대한 내성, 고유 독성 및 감염 물질의 양을 포함한 미생물의 특성, (2) 면역 상태, 상처, 기타 기저 동반질환, 치료 기간, 이전 항균 노출 및 치료가 수술 또는 기타 침습적 절차 또는 장치를 포함하는지 여부를 포함한 환자 요인, (3) 개인 또는 환경 위생에 대한 부주의, 혼잡, 효과적인 감염 관리 프로그램의 부족, 훈련된 감염 관리 실무자의 부족 등 시설 수준의 요인 등과 관련이 있다.

3) HAI 유병률

지난 10년 동안 개선된 감시 및 감염 예방 및 통제 관행을 통해 특정 유형의 HAI를 예방하는 진전에도 불구하고 HAI는 여전히 흔하다. 미국 질병통제예방센터(CDC)의 2014년 미국 병원의 HAI 부담에 관한 조사에서는 2011년에 미국 급성 치료병원에서 약 722,000건의 HAI가 발생했다고 보고했다(표 4.1.1.). 또한 HAI 환자 약 75,000명이 입원 중에 사망했다. 전체 HAI의 절반

이상이 중환자실 밖에서 발생했다.

표 4.1.1. 2011년 미국 급성 치료병원의 보건의료관련감염(HAIs) 추정치

주요 감염 부위	추정 건수
폐	157,500
위장관	123,100
요로	93,300
일차적 혈류	71,900
모든 입원환자 수술	157,500
기타	118,500
전체 병원에서 추정 감염건수	721,800

출처 : Magill SS, Edwards JR, Bamberg W, et al. Multistate point-prevalence survey of healthcare- associated infections. N Engl J Med. 2014;370:1198-208.

3 HAI 조사와 관련된 일련의 단계 개요

일반적으로 주 및 지역 공중보건 당국은 실험실 또는 기타 HAI 감시 데이터를 기반으로 또는 비정상적인 감염 집락을 인식한 결과 의료 제공자 또는 시설에서 잠재적인 HAI 발생에 대해 알림을 받는다. 보건부서는 감시를 통하거나 영향을 받은 환자를 직접 접촉한 후에 잠재적인 발병을 감지할 수도 있다. 공중보건 부서는 추가 기술지원을 위해 질병통제예방센터(CDC)에 연락할 수 있다. 그러나 어떤 경우에는 의료시설의 관리자가 질병통제예방센터(CDC)에 직접 연락한다. 이 경우 질병통제예방센터(CDC) 주제 전문가는 기술자문을 제공할 수 있지만, 현장조사에 참여하기 전에 주 또는 지역 공중보건 부서와 협력해야 한다. 시나리오에 따라 공중보건당국이 취한 초기 단계에는 다음이 포함될 수 있다.

1. 공중보건 부서의 역학자들이 정보를 수집하고 잠재적 발병을 신고하는 보건의료 시설에 상담을 제공한다.
2. 공중보건부 직원이 현장조사를 시작하고 질병통제예방센터(CDC)의 도움을 요청하는 것을 고려한다.
3. 공중보건 요원과 의료시설 직원은 인터뷰, 차트 검토, 관찰 및 환경 샘플링을 통해 정보를 수집하고 분석하여 발병을 유발했을 수 있는 오염원을 식별한다.
4. 공중보건 요원은 발병을 막고 추가 HAI를 예방하기 위해 새롭거나 수정된 조치를 권장한다.

4 현장조사

현장 역학조사의 기본 단계는 여기 보건의료환경 조사에도 적용된다.

- 제1단계 : 진단을 확인한다.
- 제2단계 : HAI 발생 여부를 확인한다.
- 제3단계 : 주요 파트너에게 조사에 대해 알린다.
- 제4단계 : 사례(환례)정의를 설정한다.
- 제5단계 : 사례를 식별하고 계산한다.
- 제6단계 : 사람, 장소, 시간 및 크기에 따라 데이터를 구성한다.
- 제7단계 : 표적 관찰을 수행하고, 의료 제공자를 설정하여 주요 우려 사항을 검토하고, 요약 양식을 개발한다.
- 제8단계 : 가설을 수립하고 검정한다.
- 제9단계 : 감염관리 평가 및 통제 조치 실행한다.
- 제10단계 : 후속 조치를 취하고 결과를 전달하고 환자에게 알린다.

1) 제1단계 : 진단 확인

조사 초기에 다음을 통해 질병의 특정 특성을 가능한 한 정확하게 식별한다.

- 진단이 정확한지 확인한다.
- 진단 증가의 기초로 가능한 실험실 오류를 평가한다.
- 감시 및 사례정의에서 가능한 변경을 평가한다.
- 임상 결과 및 미생물 검사 결과를 검토한다.

2) 제2단계 : HAI 발생 유무 확인

- 조사의 초기 주요단계는 의심되는 발병이 실제인지 아닌지 확인하는 것이다. 과거 또는 예측 수준을 초과하는 사례가 반드시 발병을 나타내는 것은 아니다.
  - 일부 사례는 일반적인 원인이 있는 실제 발병의 일부일 수 있지만, 다른 사례는 관련이 없을 수 있다.
  - 지역 보고 절차의 변경, 사례정의의 변경, 지역 또는 국가 인식을 반영한 관심 증가, 진단 절차의 개선 또는 기타 변경으로 인해 보고가 증가할 수 있다.
- 의료와 관련이 없는 질병에 대한 지역사회 관련 또는 기타 설명을 조사해야 한다. 공중보건 감시 데이터는 때때로 의료 환경에서 처음 인식되지만, 실제로는 더 광범위한 지역사회 발생의 일부인 감염 증가에 대해 조사관에게 알릴 수 있다.

• 유사(類似) 집단발병(Pseudo-outbreaks)(예: 기관지경 검사와 같은 임상 진단장비의 실험실 처리 오류 또는 오염으로 인한 발생)은 불필요한 항생제 처방, 진단 절차 및 기타 잠재적으로 유해한 결과를 초래할 수 있기 때문에 조사 및 통제에 중요하다. 또한 의사발생의 경우, 부적절한 감염 통제 프로세스(예: 기기 재처리)를 인식하고 수정할 기회를 갖게 한다.

3) 제3단계 : 주요 파트너에게 조사에 대해 알리기

HAI 발생을 확인한 후 조사관은 주요 파트너에게 알려야 한다.

• 관련 시설 직원(예: 병원 역학자, 감염관리 실무자, 환경 서비스 부서 직원, 의료 직원, 행정 리더, 미디어 관계 책임자 및 영향을 받는 시설 지역의 부서장)을 포함한다.
• 임상 실험실 책임자에게 발병과 관련이 있을 수 있는 모든 분리 균을 저장하도록 요청하시오.
• 필요에 따라 지역, 주, 국가 및 국제 공중보건공무원에게 알린다.
• 조사에 규제 의료기기 또는 제품이 관련된 경우 규제 파트너(예: 식품의 약국, 환경 보호국)에게 알린다.
• 필요에 따라 전문 감독기관에 알린다(예: 약사기관, 임상의사 면허기관).

4) 제4단계 : 사례(환례)정의 설정

사례정의는 감염되었거나 감염되었을 가능성이 있는 사람을 식별하고, 질병, 노출 시간 및 위치 또는 질병 발병 위치 및 기타 영향을 받는 사람과 관련하여 이들을 특성화하는 데 사용된다. 사례정의에는 일반적으로 다음의 것들이 포함된다.

• 질병에 대한 임상 정보(예: 실험실 검사 결과, 증상 및 징후)
• 영향을 받은 환자의 인구통계학적 특성(예: 연령, 인종·민족, 성별 및 직업)
• 노출 가능성이 있는 장소 또는 발병시간에 대한 정보(예: 중환자실, 방사선실, 수술실, 병동 또는 기타 병동의 어느 부분)
• 노출 또는 집단발병이 발생한 정의된 시간

이상적으로, 사례정의는 처음에는 모든 사례는 아니지만, 대부분을 포함할 수 있을 만큼 충분히 넓어야 한다. 그런 다음 조사가 진행되고, 더 많은 관련 정보가 축적되면서 수정할 수 있다.

사례정의는 또한 알려진 경우, 병인을 기반으로 해야 하며, 임상적으로 감염된 환자와 군집화된 환자를 포함할 수 있다. 사례정의의 특이성은 차이가 있을 수 있다.

• 특정 진단의 불확실성을 설명하기 위해 계층화된 사례정의(e.g., confirmed vs. probable vs. possible[i.e., suspected], or confirmed vs. probable)를 적용할 수 있다.
• **확진**(confirmed): 일반적으로 검사실 확인이 있어야 한다.
• **개연성 있음**(probable): 일반적으로 전형적인 임상적 특징과 확진 사례에 대한 역학적 관계가 있지만 실험실 확인이 부족하다.
• **가능성 있음**(possible): 일반적으로 전형적인 임상 특징이 적거나 확진 사례에 대한 역학적 관계가 약하다.

다음은 사례정의의 예이다.

• 1월 1일에서 12월 31일 기간 동안, 병원 A의 신생아 중환자실의 환자에서 메티실린 내성 황색포도상구균의 혈류 감염
• 1월 1일에서 6월 30일 기간 동안, 약물 A를 투여받은 입원환자에서 버크홀데리아(*Burk-holderia cepacia* complex matching the outbreak strain) 분리
• 증상 발생 21일 이전에 에볼라바이러스에 감염된 지역 환자에서 발열(온도 〉 38.5 ℃) 및 일치하는 증상

5) 제5단계: 사례 식별 및 계산

발병은 종종 보건의료인력이 처음 인식하여 보고하거나 감시 활동 중에 식별된다. 예를 들면, 여러 유형의 데이터 및 기록을 통해 발병과 관련된 추가 사례를 식별할 수 있다.

• 중앙 서비스 또는 공급 기록
• 직업 건강 기록
• 병원 청구 기록
• 수술 메모
• 감염 관리 평가
• 병리 보고서
• 의사와의 인터뷰
• 약국 보고서
• 일지
• 구매 기록
• 의무기록
• 방사선과 보고서
• 미생물학 데이터
• 감시 기록

6) 제6단계 : 사람, 장소, 시간 및 크기에 따라 데이터 구성

(1) 제6.1단계: 라인 리스팅(line listing) 생성

일반적으로 데이터 분석 중에 데이터를 쉽게 정렬할 수 있도록 스프레드시트 프로그램을 사용하는 라인 리스팅은 발병 조사를 안내하고 노출에 대한 신속한 조사를 허용한다. 각 사례에 대해 사례정의에 포함된 다음 유형의 정보를 수집하고 배열한다.

- 위치 정보. 시설 내 위치(예: 객실 번호, 침대 번호 및 인접한 객실)
- 인구통계학적 정보. 일반적으로 연령, 성별, 인종/민족, 직업 및 영향을 받는 인구 또는 위험에 처한 다른 사람들의 기타 관련 특성
- 임상 정보. 증상, 징후 및 실험실 검사(예: 배양, 혈청학 또는 중합 효소 연쇄 반응 결과)
- 위험요인 정보. 문제의 특정 질병에 대한 조사를 조정

환자에게 연락하고 면담을 해야 하는 경우 표준 설문지를 개발하라. 표 4.1.2.는 HAI 조사에서 라인 리스팅을 얻기 위해 얻어야 하는 데이터를 요약한다.

표 4.1.2. 라인 리스팅을 위해 얻을 수 있는 예제 데이터

- 환자 특성(예: 연령, 성별, 인종/민족, 동반 질환, 출생 체중)
- 입학일
- 질병 발병 날짜
- 퇴원일
- 시설 위치/단위(예: 방 번호, 침대 및 인접한 방 번호)
- 약물
- 절차
- 상담(예: 실험실 또는 간호)
- 의료진 방문(예: 특정 간호직원, 호흡기 치료사 및 의사)

출처 : Rasmussen SA, Goodman RA. The CDC Field Epidemiology Manual, Oxford University Press, USA, 2018.

표준 사례보고서 양식, 설문지 또는 데이터 요약 양식(표 4.1.2.)에 앞서 설명한 정보를 수집한다.

- 선택한 주요 항목을 요약하여 테이블을 만든다. 각 열은 변수를 나타내고 각 행은 사례를 나타낸다.
- 식별된 새 사례를 추가한다. 이 간단한 형식을 통해 조사자는 모든 사례에 대한 주요 정보를 스캔하고 쉽게 업데이트할 수 있다.

HAI 집단발병 요약 양식(HAI outbreak abstraction form) 및 사용자 가이드(user guide)는 Healthcare-Associated Infection Outbreak Investigation Toolkit로 활용 가능하다.

표 4.1.3. 의료관련감염 조사를 위한 라인 리스팅(line listing) 예

환자	나이(세)	성	질병 발병 날짜	환자 위치	동반 질환	현재 상태
1	26	남성	2016년 6월 9일	ICU 침대 2	당뇨병, 신장 질환	입원
2	35	여성	2016년 6월 11일	ICU 침대 3	심혈관 질환	퇴원
3	42	남성	2016년 6월 12일	ICU 침대 3	HIV 감염	입원

ICU(중환자실), HIV(인간면역결핍바이러스)
출처 : Rasmussen SA, Goodman RA. The CDC Field Epidemiology Manual, Oxford University Press, USA, 2018.

(2) 제6.2단계: 유행곡선 생성

유행곡선(epidemic curve, epi curve)을 만들어 발병의 규모와 시간 경과를 시각적으로 보여준다. 유행곡선은

- 감염병의 진행 과정을 일, 주 또는 월별로 설명하고 전진 경로를 계획하는 데 도움이 될 수 있다.
- 노출 가능성이 있는 기간을 추정하는 데 도움이 될 수 있어 해당 기간에 대한 설문지에 초점을 맞춘다. 특히 대략적인 잠복기가 알려지거나 의심되는 경우 그렇다.
- 감염병 패턴에 대한 추론을 가능하게 할 수 있다(예: 공통 원인(common source) 또는 사람 대 사람(person-to-person) 인지).

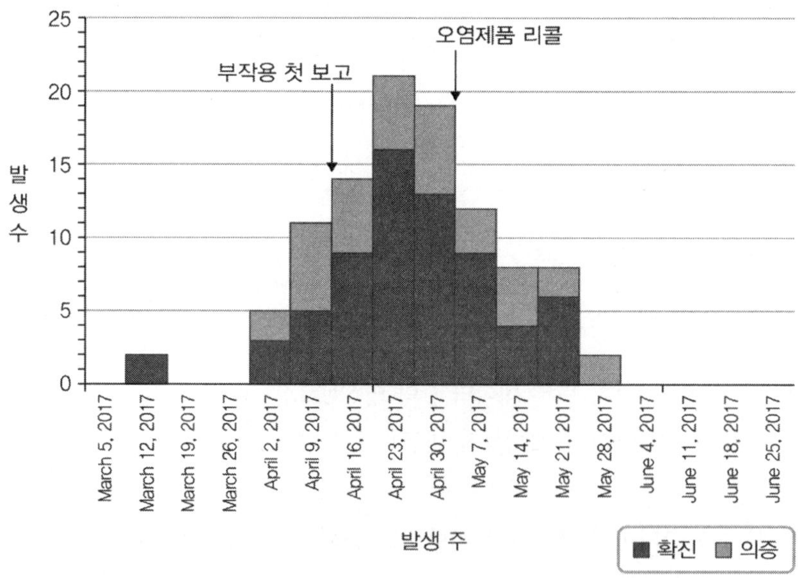

그림 4.1.1. 오염된 의료제품과 관련된 환자의 이상반응 유행곡선 사례

출처 : Blossom DB, Kallen AJ, Patel PR, Edward A, Robinson L. Outbreak of adverse reactions associated with contaminated heparin. N Engl J Med. 2008;359:2674-84.

예(그림 4.1.1.)에서는 조사 중 주요 사건에 대한 마커를 포함하여 오염된 의료 제품과 관련된 이상 반응의 시작을 보여주기 위해 확인되고, 가능한 사례가 시간에 따라 플롯되었다. 이 예는 발표된 현장조사 후에 적용되었다.

7) 제7단계 : 표적 관찰 수행, 보건의료 제공자와 함께 주요 핵심사항 검토, 요약 양식을 개발

- 보건의료 세팅 조사는 종종 복잡하고 가설을 찾기 어렵다. 대부분의 발병은 시설의 보건의료 인력과의 절차적 문제에 대한 엄격한 관찰 및 논의를 통해 해결된다.
  - 실제 관행이 권장되는 감염 통제 관행 및 시설의 정책과 다른지 여부에 초점을 맞춘다. 이러한 불일치는 보건의료인력 자체보고 관행에 대한 직접적인 관찰과 검토의 조합을 통해 가장 잘 식별된다.
  - 보건의료인력마다 관행이 다른지 조사한다.
  - 발병과 관련된 주요 우려 사항과 관련된 최근 과학 문헌을 검토한다.
  - 발병에 관련될 수 있는 전파경로에 대한 의심과 관련된 주요 활동(예: 약물 준비, 혈관 접근 관리, 손 위생, 격리 예방조치 준수, 장치 및 장비 재처리, 환경 서비스, 호흡기 치료)을 관찰한다.
  - 사용 가능한 지역 및 세팅별 도구 외에도 질병통제예방센터(CDC)를 통해 사용할 수 있는 일반 감염통제 평가도구를 사용하여 예방 프로그램과 대응 시나리오를 모두 지원한다.
- 시설 보건의료인력과 함께 주요 관심사를 검토하여 전파 원인(source) 및 유형(mode)에 대한 가설을 생성한다.
  - 프로토콜이 정확하고 최신인가?
  - 실제 연습은 서면 또는 구두 프로토콜과 어떻게 비교되는가?
  - 절차가 프로토콜을 지속적으로 준수하는가?
  - 절차를 다르게 수행해야 하는 경우가 있는가?
  - 프로토콜과 다른 절차를 수행하는 다른 보건의료인력이 관찰되는가?
  - 정확하고 일관된 기술을 유지하는 데 어떤 어려움이 있는가?
  - 발병의 근본 원인은 무엇이라고 생각하는가?
  - 의무기록에 기록되지 않은 절차 또는 약물은 무엇인가?
  - 환자의 의무기록에 있는 모든 정보가 정확하고 최신인가?
- 필요에 따라 개발, 수정하고 요약 양식을 완성한다. 요약 양식에는 분석연구를 위한 정보를 제공하는 환자의 질병에 대한 추가 세부정보가 포함될 수 있다. 라인 리스팅에서 수집된 정보에서 요약 양식을 조정하여 포함할 요약 양식의 필드 또는 섹션을 결정할 수 있다.

8) 제8단계: 가설 형성 및 검정

(1) 제8.1단계: 분석연구 수행

환자-대조군 연구는 보건의료 환경에서 현장조사를 위한 가설 검정에 가장 일반적으로 사용되는 접근방식이다. 환자군(즉, HAI가 있는 사람)의 위험요인 노출 빈도는 대조군(즉, HAI가 없는 사람) 중 해당 위험 요인 노출 빈도와 비교된다. 바이어스(편향, 삐뚤림)를 제한하기 위해 대조군을 신중하게 선택해야 한다. 예를 들면, 충분한 통계적 능력을 제공하기 위해 각 사례 환자에 대해 둘 이상의 통제가 필요할 수 있다. 코호트 연구는 HAI 조사에도 유용할 수 있다.

그러나 분석연구는 노동 집약적이며, 보건의료 환경에서 발생 가능성이 있는 원인을 식별하고 관리조치를 취하기 위해 항상 필요한 것은 아니다. 예를 들면, 전염과 관련된 것으로 알려진 감염관리 관행의 심각한 경과에 대한 실험실 증거와 관찰의 조합은 통제 조치를 권장하고 구현하기에 충분하다. 다음 고려 사항은 분석연구 수행 결정에 영향을 미칠 수 있다.

- 분석연구가 발병 원인에 대해 이미 알려진 사항을 추가하거나 통제 권장사항에 기여하는가?
- 필요한 기술 및 통계 지원이 제공되는가?
- 사례 수가 통계적 추론을 지원할 만큼 충분히 큰가?
- 바이어스(편향, 삐뚤림)를 최소화하기 위해 충분한 통제를 선택할 수 있는가?
- 가능한 위험요인을 검정하기 위한 정보가 있는가?

(2) 제8.2단계: 환경 샘플링 및 검정 수행

HAI 조사에 사용할 수 있는 주요 도구는 환경 샘플링 및 실험실 분석이다. 환경 샘플링 전략(즉, 어디에서 무엇을 배양해야 하는지)은 항상 역학조사 결과의 영향을 받아야 한다. 분자 방법(예: 중합효소연쇄반응(polymerase chain reaction) 또는 펄스장겔전기영동(pulsed-field gel electrophoresis))은 환경 샘플을 임상 표본에 연결하기 위해 특정 조사에 배치될 수 있다. 최적의 방법은 환경 샘플링에 경험이 있는 실험실 직원과 논의하여 표본을 확보하는 방법과 배양물을 처리할 수 있는 위치를 결정해야 한다. 종종 표면, 장치, 물 또는 공기의 특수 샘플링을 지원하거나 상당한 수의 샘플을 확보해야 하는 경우, 공중보건 실험실이 필요하다. 시료 채취 전에 결과를 올바르게 처리하고 해석하기 위한 계획을 수립해야 한다. 샘플링 계획을 개발할 때 다음을 지정해야 한다.

- 환경 샘플의 안전하고 올바른 수집 및 처리를 위한 프로토콜이 마련되어 있는지 확인한다. 많은 환경 병원체는 배양 성장을 위해 수집, 취급, 보관 및 배지에 대한 특별한 절차가 필요하다. 절차가 부적절할 경우, 샘플이 오염될 수 있으며, 샘플에서 유기체가 과도하게 성장하면 해당 병원균에 대한 결과가 모호해질 수 있다. 샘플을 수집하는 직원을 위한 안전 예방조치도 따라야 한다.

- 실험실 자원이 적절하게 사용되고 결과가 의미 있게 해석될 수 있도록 검사를 안내하기 위해 역학조사 결과를 사용한다. 결과 해석 시 다음 사항을 고려해야 한다.
  - 양성 환경 샘플이 반드시 특정 출처에서 전파되었다는 증거는 아니다. 따라서 환자가 환경에서 유기체에 노출될 가능성이 가장 높은 방법을 이해하는 것이 중요하다. 유기체는 동일한 출처에서도 다클론(polyclonal)일 수 있다. 예를 들면, 배관 시스템의 생물막에는 종종 다양한 종과 공존하는 미생물 균주가 있다.
  - 반대로 음성 환경 샘플은 관심 병원균이 존재했거나 감염 당시 존재했음을 배제하지 않는다.
  - 음성으로 검사된 샘플은 참 음성으로 확인되어야 하며, 환경 소독제나 배지 방부제에 의해 비활성화되지 않아야 한다.
  - 실험실 분석(예: DNA 핑거 프린팅을 위한 펄스장겔전기연동)을 사용하여 환경 분리체가 환자의 분리체와 일치하는지 확인할 수 있다. 그러나 유기체는 다클론(polyclonal)일 수 있다.
- 올바른 방법과 재료를 사용하더라도 민감도(sensitivity)가 낮을 수 있으며, 음성 결과가 반드시 환경 병원소(reservoirs)를 배제하는 것은 아니다.

분석연구는 비록 환경 검사에 의한 확진으로 원인처를 확인할 수 없는 경우일지라도 가설을 뒷받침할 수 있다.

(3) 제8.3단계: 보건의료인력 검사 시 고려사항

보건의료인력에 대한 검사는 보건의료인력의 집락화와 환자에게 감염 전파 사이의 가능한 연관성을 지원하거나 확인할 수 있다. 이러한 시나리오는 집락화된 보건의료인력과 감염된 환자 사이에 다른 명확한 연결이 없는 지점의 소스 발생에서 가장 쉽게 인식된다. 보건의료인력에서 환자로의 가능한 전염은 유기체 유형과 다른 가능한 전염 경로에 대한 조사의 맥락에서 고려해야 한다.

- 보건의료인력에 대한 검사는 ① 결과가 발병을 통제하는데 어떻게 도움이 될지, ② 어떤 의무 또는 작업 제한을 적용해야 할지, ③ 양성 결과로 판정된 직원을 위해 알려진 탈콜론화(decolonization) 또는 기타 특정 통제 전략이 수행되어야 한다.
- 보건의료인력에 대한 검사는 불안감을 유발하고 긍정적인 결과는 매우 낙인을 찍을 수 있다. 검사의 근거는 보건의료인력에게 명확하게 설명되어야 하며, 샘플 획득 및 결과 전달 시 엄격한 재량권이 강조되어야 한다.
- 보건의료인력은 감염된 환자로부터 미생물을 자주 획득하므로 양성 결과가 반드시 인과관계의 증거로 간주해서는 안 된다.
- 배양 민감도의 한계와 일시적인 오염 가능성으로 인해 특정 시나리오에서는 부정적인 결과에 대해 안심할 수 있지만, 보건의료인력이 전파에 관여했을 가능성을 배제하는 것으로 간주해서는 안 된다.

9) 제9단계 : 감염 통제 평가 및 통제 조치 실행

(1) 제9.1단계: 감염관리 평가

HAI 발병을 조사할 때 어떤 통제 조치를 구현해야 하는지 결정하려면 감염 예방 및 통제에 대한 이해가 중요하다. 세팅별 감염관리 평가 도구는 이 작업을 수행하는 데 도움이 될 수 있다. 이러한 도구는 감염관리의 주요 영역을 평가하기 위한 프레임 워크를 제공하고 시설 감염관리 평가를 안내하는데 도움이 된다. 표 4.1.4.는 평가를 수행할 때 고려해야 할 주요 감염 통제 영역을 요약한다. 특정 보건의료 세팅에 대한 물리적 검토는 다음을 포함하여 가정된 감염원(예: 치료 위치 또는 발병에 관련된 것으로 가정된 기타 영역)에 따라 특정 도메인을 대상으로 해야 한다.

- 분류 및 응급 치료 부서
- 입원 환자 영역
- 장치 재처리 및 저장 영역
- 온 사이트 또는 오프 사이트 복합 약국
- 수술실 또는 기타 시술실
- 특정 장비에 대한 관리 영역(예: 혈액 투석기 또는 인공호흡기)

표 4.1.4. 평가를 위한 감염 통제 도메인

• 감염 관리 프로그램 검토 • 감염 관리 교육 • 손 위생 • 개인 보호장비 사용, 가용성, 품질 및 교육 • 카테터 관련 요로 감염 예방 • 중심선 관련 혈류 감염 예방 • 인공호흡기 관련 사건 예방 • 주사 안전 • 수술 부위 감염 예방 • *Clostridium difficile* 감염 예방 • 환경 청소 • 폐기물 관리 • 장치 재처리 • 다약제 내성 미생물 감시

출처 : Rasmussen SA, Goodman RA. The CDC Field Epidemiology Manual, Oxford University Press, USA, 2018.

(2) 제9.2단계: 감염 통제 조치 정의

결함이나 격차가 확인되는 즉시 통제 조치를 실행해야 한다. 이들은 감염 고리(체인, chain), 병인(agent), 원인처 또는 병원소의 특정 연결을 겨냥해야 한다. 여러 제어 조치가 필요할 수 있다.

궁극적으로 주요 목표는 특정 원인처가 식별되지 않은 경우에도 전파를 중지하는 것이다. 따라서 초기 관찰을 기반으로 다양한 가능성을 대상으로 하는 여러 제어 조치를 구현해야 할 수 있다. 표 4.1.5.는 발병을 관리하는 데 사용할 수 있는 즉각적인 통제 조치의 주요 사례를 제공한다.

표 4.1.5. 발생 관리를 위한 즉각적인 통제 조치

의심되는 전파 유형	제안된 조치
교차 전파(사람 간 전파)	• 감염 원인체에 의해 결정된 환자 격리 및 전파기반 예방조치 • 특정 시나리오는 새로운 입원 장소의 폐쇄를 요구할 수도 있다.
손으로 인한 전파	• 필요한 경우 손 씻기 및 비멸균 장갑 사용 개선
공기 감염(예: 결핵 또는 신종 바이러스 병원체)	• 권장 환기 유형(양압 또는 음압)으로 분류(triage), 발견(detection) 및 환자 격리(isolation)
물에 존재하는 원인체 (물매개)	• 급수 시스템, 액체 제품 또는 약품 등에 대한 평가 • 재사용 가능한 장비가 의심되는 경우 일회용 기구 사용
식품성 원인체	• 의심되는 음식 제거
환경 병원소	• 필요에 따라 세척 및 소독 프로세스의 검토 및 개선 • 환경에서 환자로의 의심되는 전파 방식의 중단
콜론화 또는 감염된 보건의료 인력	• 시설 정책 검토 • 작업 제한, 업무 제외, 치료, 개인위생 또는 기타 단계에 대한 논의
혈액 매개 또는 기타 병원체 전파 위험에 대한 고위험 감염 통제 위반	• 시정 조치를 취할 수 있을 때까지 위험한 관행을 즉시 중단 • 환자에게 알림 • 산업보건 직원이 인지하고 있음을 확인

출처 : Rasmussen SA, Goodman RA. The CDC Field Epidemiology Manual, Oxford University Press, USA, 2018.

특정 신규 또는 표적 다약제 내성 미생물은 공중보건 부서와의 협의가 필요하며, 통제 조치는 지역사회 또는 의료시스템 전반으로 확장될 수 있다. 제어 조치에는 접촉 추적, 환자 및 보건의료 인력 스크리닝을 위한 하한 임계값, 특수 환경검사, 접촉 예방조치 또는 강화된 환경 세척 및 소독을 준수하기 위한 시스템 구현이 포함될 수 있다. 그러한 병원균의 전파를 조사하고 통제하기 위한 계층화된 접근방식도 필요할 수 있다.

10) 제10단계 : 추적조사, 결과 소통 및 환자에게 알림

(1) 제10.1단계: 추적조사 단계

1. **사례정의 구체화.** 초기 사례환자, 대조군 및 보건의료인력에서 수집한 데이터를 기반으로 사례정의를 수정한다. 모든 사례를 캡처하고 분석연구의 힘을 최적화하려면 정의를 좁히거나 확장해야 할 수 있다.
2. **지속적인 사례 찾기 및 감시.** 세련된 사례정의를 기반으로 사례 찾기 및 감시 노력을 계속한

다. 예를 들면 발병 후 1개월, 3개월 또는 1년 동안(예: 장기요양시설에서) 감시를 계속하여 종료되었는지 확인해야 한다.

3. **통제 조치 검토.** 준수 여부를 평가하고, 통제 조치를 더욱 강화하거나 완화해야 하는지 여부를 결정한다.

(2) 제10.2단계: 결과 소통

조사 결과는 조사에 관련된 모든 파트너에게 전달해야 한다. 이 커뮤니케이션은 일반적으로 ① 지역 보건당국에 대한 구두 브리핑과 ② 서면 보고서(예: 질병통제예방센터(CDC) 또는 주 또는 지역 보건부서)의 두 가지 형식을 취한다. 실험실 확인을 기다릴 수 있는 최종 보고서는 ① 발병 특성, ② 발병에 가장 기여했을 가능성이 높은 감염 통제 문제, ③ 도입된 중재 및 그 영향을 설명해야 한다. 또한 보고서는 향후 발생을 방지하기 위한 권장사항을 작성해야 한다.

(3) 제10.3단계: 환자 보고

감염성 미생물에 잠재적으로 노출된 환자와 보건의료 제공자에 대한 보고는 HAI 발생, 공중보건 문제의 병원체 관련 사례 또는 안전하지 않은 감염 예방 및 통제 관행을 조사하는 동안 고려해야 한다. 각 발병 및 감염 제어 위반의 상황은 다양하지만 보고 중 통신 요구사항은 더 예측 가능하다. 질병통제예방센터(CDC)는 환자 보고 시기에 대한 고려사항과 보고 프로세스 전반에 걸쳐 보건의료인력 및 공중보건 담당자를 지원하기 위한 환자 보고 툴킷을 발표했다.

시나리오에 따라 보고를 수행하는 일반적인 이유에는 다음 중 하나 이상이 포함될 수 있다.

- 추적 검사 또는 기타 임상 평가를 통해 건강상의 이점을 얻을 수 있는 잠재적으로 노출되거나 감염된 환자를 식별한다.
- 의료서비스 제공자와 환자 및 기타 이해 관계자 간의 투명성을 확립한다.
- 노출된 환자와 권장 예방조치에 따라 관리해야 하는 접촉자를 식별하여 다약제 내성 미생물 또는 기타 공중보건 문제의 병원균 확산을 제한한다.
- 환자와 의료서비스 제공자에게 발병 및 관련 노출과 관심 있는 감염을 의미할 수 있는 임상 징후 및 증상에 대해 알려 사례 발견을 개선한다.
- 의료서비스 제공자에게 감염 예방 및 통제의 중요성을 상기시켜 알림 시나리오를 교육 및 예방 기회로 사용한다.

최근에 수행된 환자 보고 시나리오의 예로는 주사 안전 실패, 약물 전환, 약물 내성 미생물이 있는 다른 환자와의 접촉, 오염되었거나 잘못 처리된 장치(예: 심폐 바이패스 히터 냉각장치, 내시경 또는 수술기구)에 대한 노출 등이 있다.

환자에 대한 보고의 목적은 영향을 받는 모든 환자에게 일관된 메시지를 신속하게 전달하고 환자에게 검사나 취해야 할 후속 조치에 대해 알리는 것이다. 주요 단계는 다음과 같다.

- 노출이 발생했는지 확인하고 관련된 절차 또는 물질의 유형을 확인한다.
- 위반 기간 및 잠재적으로 노출된 환자 수를 결정한다.
- 환자에 대한 잠재적 위험의 심각도를 결정한다.
- 검사 또는 기타 추가 평가가 사용 가능하거나 타당한지 여부를 결정한다.
- 노출된 사람의 예방적 치료를 위한 모든 옵션을 식별한다.
- 검사, 평가 또는 노출 후 예방 조치가 제공되는 경우 초기 및 후속 치료를 제공하는 방법 및 대상을 결정한다.

안전하지 않은 주사 관행 및 기타 심각한 감염 통제 위반을 평가하기 위한 지침에는 환자 보고를 평가하는 방법과 샘플 보고 편지 및 기타 데이터가 포함된다.

(4) 제10.4단계: 법적 문제

HAI의 발발은 소송으로 이어질 수 있으며, 영향을 받는 시설에 대한 광범위한 재정적·홍보적 영향을 미칠 수 있다. 이러한 우려는 조사에 관심 있는 이해관계자의 수와 조사를 증가시킨다. 신속하게 조사할 뿐만 아니라 필요한 통제 전략을 신속하게 구현하기 위해 압력을 가할 수 있다. 또한 HAI 발생 대응에 대한 공중보건 기록은 정보 자유법 요청의 대상이다. 조사관은 취한 모든 조치에 대한 기록을 보관하고 이메일 및 기타 통신을 사용하는 방식에 주의와 재량권을 행사해야 하며, 조사 기록이 공개적으로 이용 가능하거나 소송 절차의 일부로 사용될 수 있다고 가정해야 한다.

5 일반적인 발생 설정 및 대응

감염에 대한 환자 감수성, 감염성 노출, 제공되는 의료서비스 유형 및 존재 가능성이 있는 병원성 미생물과 관련하여 보건의료 세팅에 따라 다양성이 존재한다. 또한 같은 시설 내에서 진료 장소가 다를 수 있다. 예를 들면, 급성 치료병원에는 수술실, 신생아 중환자실, 종양 병동 및 화상 치료실이 있다. HAI 발생을 조사할 때 이러한 다양한 설정을 이해하는 것이 중요하다. 표 4.1.6. 및 4.1.7.은 보건시설 관리자와의 역학 상담 중에 발생하는 일반적인 발병 및 노출 시나리오를 요약하였다.

표 4.1.6. 보건의료 세팅의 여러 유형에 걸쳐 크로스 커팅 집단발병의 예

보건의료 세팅 유형	노출 또는 위험요인	관련된 집단발병 및 대응 시나리오의 예
모두 해당	• 감염되었거나 콜론화된 사람(보건의료 담당자, 환자 또는 방문자) • 오염된 환경 표면	• 접촉 확산 미생물(예: 황색포도상구균, 약물 내성 그람음성 박테리아, *Clostridium difficile*, *Group* A *Streptococcus* 감염, 일반적인 호흡기 바이러스 또는 노로바이러스)
	• 공기 중 감염원으로 알려진 감염원의 유무와 관계없이 심각한 고위험 감염 전파 위반	• 홍역 또는 결핵 접촉조사 • 대규모 알림 및 접촉자에 대한 실험실 검사가 필요할 수 있음 • 혈행성 원인체 검사와 예방요법 고려 등을 포함하여 환자에게 알림
	• 오염된 수원(예 : 싱크대, 제빙기, 월풀 욕조 및 수치료 장소) • 수성 약물 준비 구역 또는 미스트를 생성하는 모든 장치 • 여러 보건의료시설로의 이동	• 비결핵성 마이코박테리움 피부 및 연조직 감염의 집단발병 • 레지오넬라 • 슈도모나스종 • 아시네토박터종 • 기타 그람음성 세균 • 급성 치료, 장기 치료, 투석 또는 외래 환자 세팅에서 다약제 내성 미생물의 다기관 전파
	• 인간 대 인간 전파 가능성이 있는 신종 병원체	• 신종 인플루엔자 바이러스, 중증급성호흡기증후군, 중동 호흡기증후군(MERS) 또는 바이러스 출혈열에 대한 초기 환자 발생
주사가 투여되는 모든 세팅	• 제조 시점, 복합 약국 또는 보건의료시설 수준에서 주사 가능한 약물 또는 용액의 오염	• 다양한 환경 미생물의 발생(예: 그람음성 세균 또는 곰팡이) • 증후군은 전파 메커니즘을 반영할 수 있음(예: 오염된 정맥주사 약물 투여 후 혈류 감염, 농양 또는 주사 부위에 국한된 감염)
	• 여러 환자에서 일인용 환자 혈당 모니터링 장치를 재사용	• 장기 치료 세팅에서 혈액 매개 병원체, 특히 B형 또는 C형 간염 바이러스의 집단발병
	• 보건의료 인력에 의한 마약 전용	혈액 매개 병원체, 특히 C형 간염 바이러스 집단발병
수술 및 기타 침습적 시술 세팅(예: 입원 및 외래 수술, 족부, 치과, 안과, 플라스틱 또는 미용 또는 정형외과 센터)	• 보건의료 인력, 수술 환경 또는 부적절한 세척 및 멸균된 기구에 의한 수술부위의 수술 전후 오염	• 콜론화된 보건의료 종사자와 관련된 수술 부위 감염(예: *S. aureus*, 그룹 A *Streptococcus*, *Pseudomonas aeruginosa*, 비결핵 마이코박테리아) • 오염된 장치(예: 환경성 세균 또는 곰팡이) 또는 기타 의료 제품(예: 붕대 또는 상처 드레싱) • 약제내성 세균의 전파 • 안과 클리닉 및 신생아 중환자실에서 아데노바이러스 발생 • 개방 흉부수술의 히터-쿨러 유닛오염으로 인한 비결핵성 마이코박테리아 감염

내시경 세팅	• 적절한 세척 및 소독을 방해하는 내시경 재처리 오류 또는 장치 설계 문제	• 십이지장경과 관련된 다약제 내성 미생물의 집단발병 • 기관지경과 관련된 상부 및 하부 호흡기 감염의 집단발병 • 보고된 재처리 오류 및 환자 알림 • 비결핵 마이코박테리아의 유사 집단발병

출처: Rasmussen SA, Goodman RA. The CDC Field Epidemiology Manual, Oxford University Press, USA, 2018.

표 4.1.7. 추가적인 세팅별 집단발병 및 노출 시나리오

의료 설정 유형	노출 또는 위험	관련 발생 및 대응 시나리오의 예
이식 유닛	• 심한 면역 저하 환자 집단에 대한 먼지 노출 또는 공기 취급 문제(예: 건물 건설 또는 개조 중)	골수 이식 유닛의 침습성 곰팡이 감염
장기 요양 시설	• 집단 주거 환경 및 제한된 감염 통제 인프라 또는 높은 동반 질환이 있는 환자	다약제 내성세균 발생, 장기 치료 및 급성 치료 환경, 호흡기 바이러스(특히, 계절성 인플루엔자) 또는 노로바이러스
혈액 투석 클리닉	• 주사 안전, 투석기 유지 보수, 중앙선 및 기타 혈관 접근 관리의 실수	혈액 매개 병원체, 특히 C형 간염 바이러스 및 혈류 감염
치과 진료소	• 부적절하게 유지 보수된 치과 장치 수관(waterlines)에 생물막(biofilm) 형성 치과 수술기구의 부적절한 세척 및 멸균	치수 절제술 후 소아에서 비결핵성 마이코박테리아 감염 발생; 또는 혈행성 병원체 노출
실험실	• 표본 수집, 취급 또는 배양 관련 활동 • 수집, 취급 또는 배양 중 미생물 표본의 오염	• 의도하지 않은 실험실 직원 및 기타 보건의료 직원의 바늘 손상과 점막에 튀는 경우 • 야토병 또는 브루셀라증의 배양 • 부적절한 침습적 진단 절차, 항생제 처방 또는 장기 입원에서 유사 집단발병(pseudo-outbreaks)

출처: Rasmussen SA, Goodman RA. The CDC Field Epidemiology Manual, Oxford University Press, USA, 2018.

6 결론

이 장에서는 급성 치료병원, 긴급 치료센터, 재활센터, 요양원 및 기타 장기요양시설, 전문 외래 환자서비스(예: 혈액 투석, 치과, 족부 치료, 화학요법, 내시경 및 통증관리 클리닉) 등 다양한 보건의료 세팅에서의 감염병 집단발병 조사의 개요를 제공했다. 이러한 환경에서 발생을 조사하려면 전통적인 지역사회 발생과 비교하여 특별한 주의가 필요하다. 특히, 보건의료 세팅에서의 조사에는 다른 환자, 의료진, 의료기기, 환경 표면 및 환경 병원소(예: 표면, 공기 및 물)가 포함될 수 있다. 또한, 보건의료 조사에는 종종 사례 찾기, 상세 라인 리스팅(line listing), 감염관리 평가, 환경 샘플링, 관리 조치 구현 및 환자 보고가 필요하다. 이 장은 또한 조사를 수행할 때 시설 직원과 지도부, 지역과 주 공중보건과의 조정을 강조했다. 보건의료 세팅에서 발생을 조사하려면 진단 확인부터 사례 식별, 환자에게 알리기까지 단계별 과정이 필요하다.

참고문헌

대한예방의학회. 예방의학과 공중보건학, 제3판 수정증보판, 계축문화사, 2017.

대한예방의학회, 한국역학회. 예방의학·역학·공중보건학 용어집, 계축문화사, 2014.

손석준, 이경수, 이무식, 이중정, 이충원, 정인성. 현장역학(Field Epidemiology, 2nd edition 번역본). 계축문화사, 2004.

Blossom DB, Kallen AJ, Patel PR, Edward A, Robinson L. Outbreak of adverse reactions associated with contaminated heparin. N Engl J Med. 2008;359:2674–84.

Breslow NE, Day NE. Statistical methods in cancer research. Vol 1. The analysis of case—control studies. (IAEC scientific publication no. 32). Lyon : International Agency for Research on Cancer; 1980.

CDC. Healthcare-associated infection (HAI) outbreak investigation toolkit. https://www.cdc.gov/hai/outbreaks/outbreaktoolkit.html

CDC. Infection control assessment tools. https://www.cdc.gov/hai/prevent/infection-control-assessment-tools.html

CDC. Interim Guidance for A Public Health Response to Contain Novel or Targeted Multidrug-Resistant Organisms (MDROs). Atlanta: US Department of Health and Human Services, CDC; [undated]. p. 1–9. https://www.cdc.gov/hai/outbreaks/docs/Health-Response-Contain-MDRO.pdfpdf

CDC. Outbreaks and patient notifications: resources for state health departments investigating healthcare-associated infection outbreaks and patient notifications. https://www.cdc.gov/hai/outbreaks/outbreak-resources.html

CDC. Patient notification toolkit. https://www.cdc.gov/injectionsafety/pntoolkit/index.html

CDC. Setting-specific guidelines. Guidelines library. https://www.cdc.gov/infectioncontrol/guidelines/index.html

Detels R, Beaglehole R, Lansang MA, Gulliford M. Oxford Textbook of Public Health, Oxford University Press, 2009.

Feinstein AR. Clinical Epidemiology. The architecture of clinical research. Philadelphia: W.B. Saunders Company 1985.

Gordis L. Epidemiology. 5th ed. Philadelphia: Elsevier; 2013.

Institute of Medicine Forum on Microbial Threats. Summary and assessment. In: Global Infectious Disease Surveillance and Detection: Assessing the Challenges—Finding Solutions, Workshop Summary. Washington, DC: National Academies Press; 2007. http://www.ncbi.nlm.nih.gov/books/NBK52862external

Kelsey JL, Thompson WD, Evans AS. Methods in observational epidemiology. New York, Oxford: Oxford University Press; 1986.

Last JM. A Dictionary of Epidemiology, 4th Ed, Oxford Uni Press Inc., 2001.

MacMahon B, Pugh TF. Epidemiology: principles and methods, Little, Brown and Company, 1970.

Magill SS, Edwards JR, Bamberg W, et al. Multistate point-prevalence survey of healthcare-associated infections. N Engl J Med. 2014;370:1198–208.

Patel PR, Srinivasan A, Perz JF. Developing a broader approach to management of infection control breaches in healthcare settings. Am J Infect Control. 2008;36:685–90.

Porta M. A Dictionary of Epidemiology, 5th edition, IEA, Oxford University Press, USA, 2008.

Rasmussen SA, Goodman RA. The CDC Field Epidemiology Manual, Oxford University Press,

USA, 2018.

Robert B. Wallace. Maxey-Rosenau-Last Public Health and Preventive Medicine. McGraw-Hill Education, 15 edition, 2008.

Rothman K J. Modern epidemiology. Boston, Toronto: Little, Brown and Com pany; 1986.

Schlesselman JJ. Case—control studies: design, conduct, analysis. New York: Oxford University Press; 1982.

Siegel JD, Rhinehart E, Jackson M, Chiarello L; the Healthcare Infection Control Practices Advisory Committee. 2007 Guideline for isolation precautions: preventing transmission of infectious agents in healthcare settings. https://www.cdc.gov/infectioncontrol/pdf/guidelines/isolation-guidelines.pdfpdf

제2장 지역사회 현장 역학조사

1 도입

인구집단의 세팅과 패턴은 노출 및 전파 방식(예: 사람 대 사람, 공기 중, 식품 매개성, 수인성, 수인성 및 벡터 매개성)에 따라 확산의 범위와 정도를 조절할 수 있어 지역사회의 감염 및 기타 질병에 대한 위험요소 및 결정요인이다. 인구집단의 기본 단위인 가구를 제외하고, 정규적이고 무작위가 아닌 집단과 관련된 가장 주목할 만한 지역사회 세팅은 교육기관과 직장이다. 다른 지역사회 세팅에는 사람들이 때때로 모이는 장소가 포함되며, 시간, 장소 또는 멤버십에서 일반적인 패턴 없이 모이는 장소(예: 영화관 및 콘서트홀과 같은 엔터테인먼트 및 대규모 모임 장소 또는 쇼핑몰과 같은 상업 장소)를 포함한다. 일부 집합모임 세팅에서는 주변 지역사회에 대한 접근이 제한된 대규모 집단을 수용한다(예: 감옥, 교도소 및 기타 구금 시설).

현장조사에 관련될 수 있는 모든 집합모임 세팅 및 집합 행동을 종합적으로 열거하는 것은 어렵다. 따라서 이 장에서는 (1) 교육기관, (2) 직장, (3) 집단 모임 및 (4) 구금 시설의 네 가지 유형의 집합 환경에서 현장조사를 검토한다. 각 세팅의 조사를 위해 실제 및 법적 의미에 대해 논의한 다음 하나 이상의 예시 조사에 대한 요약이 이어진다.

2 교육기관

교육기관은 사실상 유비쿼터스이며, 어린이와 청소년이 정기적으로 대규모로 모이는 주요 세팅이다. 예를 들면, 2014년에 7,520만 명의 학생이 미국의 학교와 대학에 등록했다. 이들 중 약 5,500만 명은 초 · 중등학생(elementary and secondary school students)이었다.

연령과 관련된 생물학적, 행동적, 환경적 요인과 결합된 학교를 특징짓는 강력한 사회적 밀도는 학교 내에서 감염병 전파를 촉진하고, 가정과 더 넓은 지역사회로 이차 확산이 이어질 수 있다. 학교 기반의 발생은 감염성 병원체의 다수 참여했으며, 학교 개방 날짜와 사회 전체의 질병 활성도 사이의 상관관계는 인플루엔자와 다른 계절에 발생하는 호흡기 감염이 보고된 바 있다. 따라서 교육기관은 지역사회의 질병 발생에 대한 현장 역학조사를 위한 중요한 장소이며 예방접종, 환경위생 및 건강한 행동과 같은 적절한 질병 예방조치를 장려하기 위한 우선순위 세팅이다. 교육기관은 또한 일부 공중보건 개입(예: 백신 접종)을 실행하거나 평가하기 위한 설정이 될 수 있다.

1) 현장조사에 대한 시사점

(1) 실용적

- 학교 기반 기록은 현장조사에 유용한 정보를 제공할 수 있으며, 학교 간호사는 공중보건 팀을 지원할 수 있다.
- 일부 사례 환자는 학교 간호사에게 연락하지 않고 다른 곳에서 치료를 받을 수 있으므로 조사관은 영향을 받는 학교 및 지역 의료서비스 제공자와 동시에 협력하여 학교 기반 집단발생을 평가하고 관련 사례 기반 정보를 얻어야 한다.
- 일부 학교 간호사가 여러 학교에서 시간제로 근무한다는 사실은 조사관과의 협력에 물류 문제를 제기할 수 있다.
- 학교 기반 조사는 일상적인 교육 활동 및 과정을 방해할 수 있다. 따라서 공중보건 팀은 교육 공무원과 철저히 조정하여 간섭을 최소화하기 위해 노력해야 한다.

(2) 법률

- 일반적인 법적 요건 외에도 학교에서 조사를 수행할 준비를 하는 공중보건 직원은 학교에 적용되는 개인정보보호법을 알고 있어야 한다. 미연방 가족 교육권리 및 개인정보보호법(The Family Educational Rights and Privacy Act)은 일부 조사와 관련이 있을 수 있는 학교 출석기록을 포함하여 학생 교육기록의 개인정보를 보호하고 있다.
- 미국 학교 간호사는 1996년 건강보험 정보의 이전 및 그 책임에 관한 법률(Health Insurance Portability and Accountability Act)과 가족 교육권리 및 개인정보보호법의 요건을 모두 준수해야 하는 데이터 수집에 특히 중요하다.
- 교육기관은 직원을 고용하기 때문에 사업장에 대한 법적 고려사항이 적용될 수 있다.

2) 예시적인 현장조사

학교 기반 발병은 종종 더 넓은 질병 확산을 예고하기 때문에 학교 기반 조사는 더 넓은 지역사회 발생 및 심지어 주요 감염병에 대한 중요한 초기 통찰력을 얻을 수 있다. 2009년 4월 질병

통제예방센터(CDC)가 처음 8건의 신종 돼지 유래 인플루엔자 A(H1N1) 바이러스 간 감염 사례를 확인하고 며칠 후 2,686명의 학생과 228명의 직원으로 구성된 뉴욕시 고등학교에서 열성 호흡기 질환 발병에 대한 조사가 시작되었다. 이후 텍사스와 캘리포니아에서 인플루엔자 A(H1N1) pdm09 라고 명명하였다. 4월 22일부터 24일까지 총 222명의 학생이 발열과 호흡기 증상으로 학교 보건실을 방문한 후 학교를 떠났다. 신종 인플루엔자 A 바이러스가 발병을 일으켰을 가능성이 있다는 의혹으로 공중보건 관계자는 4월 24일 학교를 방문하여 학교 간호사가 확인한 새로운 증상이 있는 5명의 학생과 인근 의원에서 추가로 4명의 학생으로부터 비인두 면봉 샘플을 수집했다. 4월 26일 질병예방통제센터(CDC)는 이 9개의 초기 샘플 중 7개가 새로운 인플루엔자 A(H1N1) 바이러스임을 확인했다. 비인두 면봉 수집 키트는 지역 의원과 응급실에 제공되었다. 4월 26일에서 28일 동안에 42개 샘플을 추가로 수집하였는데, 37건(88%)이 새로운 바이러스에 양성 반응이었으며, 이 집락(클러스터)에서 확진된 총수는 44건이 되었다. 이는 4월 28일에 발견된 미국 내 신종 인플루엔자 A(H1N1) 바이러스의 약 절반이었다.

현장조사자들은 실험실에서 확인된 질병을 가진 44명과 전화 인터뷰를 하여 이 군집(심각한 질병에 걸릴 위험이 낮은 것으로 알려진 집단에서)에서 계절성 인플루엔자와 유사하게 나타난 임상적 양상을 결정하는 데 도움이 되었다. 4월 26일과 5월 2일에 실시된 모든 학생과 교직원을 대상으로 실시한 온라인 설문조사 2건을 포함하여 자체 보고된 인플루엔자 유사 환자(influenza-like illness, ILI)에 대한 강화된 감시를 시작하였다. 이 설문조사를 보면 약 800명의 학생과 교직원(학생 응답자의 35%, 직원 응답자의 10%)이 해당 기간에 ILI를 가졌다. 새로운 바이러스가 널리 퍼지고 있는 것으로 알려진 멕시코 여행과의 연결 고리가 4월 20일부터 23일 사이에 ILI 및 증상 발병을 앓고 있는 5명의 학생을 대상으로 설정되었다. 이 학생 중 한 명은 실험실에서 확인된 감염이 있었다. 이 학교 기반 조사를 통해 수집된 실험실에서 확인된 사례에 대한 데이터는 2009년 뉴욕에서 신종 인플루엔자 A(H1N1)가 발생한 자연사를 설명하는 데 도움이 되었다. 이 신종 바이러스는 이후 미국과 전 세계에 퍼져 21세기 최초의 인플루엔자 유행을 일으켰다.

2009년 미국의 인플루엔자 A(H1N1) 팬데믹에 대한 대응 과정에서 학령기 아동은 1가 팬데믹 백신(monovalent pandemic vaccine)의 우선순위 접종 그룹 중 하나로 지정되었다. 지역 보건부서의 약 85%가 2009년 10월부터 학교에 위치한 예방접종 클리닉을 운영했다. 팬데믹 백신을 접종받은 5~17세 미국 어린이의 약 1/3이 학교에서 예방접종을 받았다. 학교, 특히 학교 간호사와 긴밀히 협력하여 2010년 메인 주에서 실시한 학교 기반 현장 평가는 백신이 실험실에서 확인된 유행성 인플루엔자를 예방하고 학생과 교사의 결근을 줄이는 데 효과적이라는 것을 문서화하는 데 도움이 되었다.

3 직장

2015년 미국 내 8,140만 가구 중 80%는 적어도 한 명의 고용된 구성원이 있었다. 고용 장소는 직원이 거의 없거나 전혀 없는 소규모 가족 소유 기업부터 사무실, 생산 공장 또는 기타 시설에 수만 명의 직원이 있는 대기업에 이르기까지 다양하다. 직장 기반 직원 서비스의 가용성도 다양하며 직원 카페테리아, 산업보건 클리닉 및 기타 현장 건강 및 웰빙 시설을 포함할 수 있다. 작업장에서의 현장 역학조사는 가장 빈번하게 직업병 및 손상 문제와 관련된다. 그러나 작업장은 비직업적 질병, 특히 현장조사를 촉진하는 감염병 발생과 관련이 있을 수 있다. 직장 관련 감염병 발병의 초기 환자는 고용된 성인이 일차 진료를 받는 지역 의료시설이나 응급실에서 자주 식별된다. 감염성 질환이 있는 성인 환자로부터 얻은 직장에 대한 정보는 직장 관련 발병을 식별하고 조사하는 데 핵심적인 부분이다.

1) 현장조사에 대한 시사점

(1) 실용성

- 준비 단계에는 조사의 작업장 설정에 대한 정보 수집, 현장 산업보건 팀(가능한 경우), 지역 의료 제공자 및 영향을 받는 직원이 치료를 요청했을 수 있는 시설과의 협력 기회를 식별하는 것이 포함된다.
- 작업장에서의 역학조사는 비즈니스 프로세스를 방해하거나 심지어 방해할 수 있어 작업장 리더십과의 조정은 중단을 방지하거나 최소화하고 비즈니스별 규칙 및 규정을 준수하는 데 도움이 될 수 있다.
- 작업장 기반 조사를 시작할 때 현장 팀은 조사에 도움이 될 수 있는 비즈니스 기록과 작업장, 직원 및/또는 고객에 대해 수집해야 하는 추가 정보를 결정해야 한다. 또한 현장의 산업보건 클리닉은 현장조사를 수행하고 발생 대응을 구현하는 데 도움을 줄 수 있다.

(2) 법적

법적 요건 외에도 현장조사관은 작업장 환경에서의 조사에 적용되는 규칙 및 규정을 알고 있어야 한다.

2) 예시적인 현장조사

직장은 일반적으로 아동기 정기 예방접종을 통해 예방할 수 있는 감염병의 확산 장소로 생각되지 않지만, 어떤 경우에는 직장 세팅에서 성인들 사이에서 백신으로 예방 가능한 질병이 집단 발병하여 주변 지역사회로 퍼질 수 있다. 1999년에 성병(sexually transmitted disease)이라고 생각하는 29세의 한 남성이 보건의료 시설 3곳에서 치료를 받았다. 세 번째 방문에서 그는 황반구진성 발진(maculopapular rash), 낮은 열(low-grade fever), 림프절 병증(lymphadenopathy)을 앓고 있는 것으로 알려졌으며, 이후 풍진에 대한 IgM 검사에서 양성이었다. 그는 지난 9년간 풍진 사례가 보고되지 않았으며, 어린이들 사이에서 풍진 예방접종률이 높은 카운티의 육류 포장공장(meat-packing plant)에서 근무했다. 다음 2개월 동안 카운티에서 예방접종을 받지 않은 사람들 사이에서 83건의 풍진 확진 사례가 발생했다. 이 사례 중 52명(63%)은 육류 포장공장 직원 또는 가족 연락처에 있었으며, 주로 출생 당시 아동 풍진 예방접종을 받지 않은 국가 출신의 외국 태생 히스패닉 남성이었다. 육류 포장 공장의 발생률은 1,000명당 14.4명으로 카운티 전체의 공격률은 1,000명당 0.19명이었다. 현장조사에 따르면 백신 실패는 직장에서 발생한 발병과 관련이 없으며, 일부 직원의 풍진 예방접종 부족과 관련이 있었다. 붐비는 일과 생활 조건은 풍진 전파를 더욱 촉진했다. 발병 대응 기간에 예방접종 캠페인은 3,000명의 근로자가 있는 7개의 육류 포장 공장을 대상으로 했다. 이 예에서 직장은 주변 지역사회의 풍진 순환이 적음에도 불구하고 그 환경에서 바이러스가 유입된 후 보호받지 않은(백신 접종을 받지 않은) 많은 성인이 모여 풍진에 감염된 환경이었다. 이 현장조사의 작업장 구성요소는 이 발생과 관련된 실제 위험요인을 설명하는 데 도움이 되었다.

직장을 포함한 공동체 세팅의 건축 환경은 질병 노출의 중요한 결정요인이 될 수 있다. 여러 군부대 직원들 사이에서 병인이 알려지지 않은 질병이 보고된 후 재향군인병(Legionella-related disease, LD)이 두 사람에게서 확인되었다. 현장 역학조사에서 LD 및 폰티악열을 포함한 레지오넬라 관련 질병의 67건이 확인되었다. 사례는 기지의 동부 사무실 단지에 모였었다. 그 후 레지오넬라 콜로니는 동부 사무실 단지를 제공하는 두 개의 냉각탑에서 수집한 환경 샘플에서 성장했다. 두 개의 타워 중 하나에서 분리된 균주는 임상 분리물과 동일한 종 및 혈청군과 일치했다. 후향적 코호트는 레지오넬라 감염 위험이 해당 냉각탑에 가장 가까운 건물의 점유와 관련이 있음을 나타냈다. 이 예는 작업장 레이아웃과 사례 분포를 이해하는 것이 역학자가 작업장 및 기타 환경에서 현장조사 중에 가설을 개발하고 검정하는 데 어떻게 도움이 되는지 보여준다.

4 대규모 모임

대규모 모임은 규모와 목적이 다양하다. "대규모 모임(mass gathering)"을 구성하는 최소 인원수는 없다. 세계보건기구(WHO)는 집단 모임을 호스트 커뮤니티 또는 국가의 자원 또는 인프라(의료 포함)에 부담을 주기에 충분한 숫자로 정해진 시간 동안 특정 장소에 모이는 모든 이벤트로 정의한다. 대규모 모임에 앞서 보건의료 및 공중보건 노력은 주로 준비와 대응에 중점을 둔다. 위험 평가는 대규모 모임 계획에서 중요한 구성요소이며 피드백은 공중보건 감시 및 대응 노력의 초점을 알리는 반복적인 프로세스를 따라야 한다.

1) 현장조사에 대한 시사점

(1) 실용성

- 다양한 집단 모임과 관련된 다양한 요소(예: 위치, 장소 수, 참가자 수 및 이동성, 계획 시간, 실내 또는 실외 설정, 날씨 및 계절 고려사항, 정부 관할구역 수)가 공중보건 준비 및 잠재적 현장 역학조사에 직접적인 영향을 미친다.
- 공중보건 감시 및 대응을 위한 잠재적 파트너에는 기존의 공중보건 시스템(예: 보건부서, 병원), 기관 및 이벤트 관련 기관(예: 올림픽 조직위원회)이 포함된다.
- 집단 집회와 관련된 공중보건 위험은 환경보건 문제, 감염병 및 기타 영역을 포함한다.
- 기존의 공중보건 감시 시스템은 집단 집회와 관련된 발생을 적시에 탐지하는 데 있어 가치가 제한되기 때문에 집단 집회 참석자를 포함한 현장 역학조사를 완료하기 위해 종종 후향적 조사가 필요하다. 이러한 이유로 일부 대규모 집회에서는 적시성과 정확성을 보장하기 위해 기존 감시 시스템을 개선해야 할 수도 있다. 이러한 향상된 시스템은 일반적으로 기존 감시 시스템의 보고 속도를 높인다.

(2) 법률

여러 정부 및 행정 수준(예: 지역, 주, 연방, 다국적)이 대규모 모임에 대한 관할권을 가질 수 있으며, 이들의 대응 역할은 역량 및 법적 권한과 같은 요소에 따라 달라진다.

2) 예시적인 현장조사

사전 설정된 기준을 사용하는 감시 시스템은 확산 감지 및 대응 속도를 높일 수 있다. 신드로믹 감시시스템(syndromic surveillance system)은 2005년에 약 43,000명의 청소년과 성인이 참석한 버지니아의 캠핑 행사에 사용되었다. 공중보건 요원은 참석자들에게 구토, 설사, 발진, 발열, 충혈 또는 적목 증상, 기침과 같은 증상이 있는지 검사했다. 도착한 참석자 그룹이 지난 48시간 동안 감염성 질병과 관련된 증상이 있는 사람이 3명 이상인 경우 전체 그룹을 추가 검사를 위해 의뢰했다. 공중보건 담당자는 감염성 질병 발생을 신속하게 식별하기 위해 신드로믹 감시 시스템을 구축했다. 이러한 선별 과정은 4개의 위장질환군을 빠르게 식별했으며, 증상이 있는 사람은 캠프에서 남은 시간 동안 음식을 취급하지 못하도록 제한되었다. 가장 더운 날의 이벤트를 스크리닝한 결과, 열 관련 질병이 급증하여 이벤트 일정을 재조정하고, 추가 그늘 구조, 냉각 스테이션 및 수원을 제공했다. 열 관련 질병을 완화하려는 이러한 노력으로 전체 10일 동안 열 관련 피로 및 열사병 비율이 가장 낮았다. 이러한 빠른 공중보건 반응은 대규모 모임 행사에서 신드로믹 감시의 가치를 보여준다. 자원의 신중한 계획 및 사용을 통해 건강 위험을 빠르고 효과적으로 식별하여 다른 참석자의 위험을 줄이기 위한 조치를 취했다.

5 구금 시설

구금 시설의 질병 감시 및 발생 대응에는 공중보건기관과 형사 사법 시스템 간의 협력과 조정이 필요하며 때로는 여러 관할권 수준에서 이루어진다. 교도소 및 기타 구금 시설에는 인구의 취약성이 악용되지 않도록 특별한 보호조치와 함께 인구에 대한 엄격한 규제가 포함된다. 미국 보건부(Department of Health and Human Services)는 "비자발적으로 제한 또는 형사기관에 구금된 개인"으로 죄수를 정의하였고, 억류, 재판 또는 선고 등을 받는 사람이 포함된다.

수감자의 감독은 구금 관할권에 달려 있다. 예를 들면, 연방 수준에서 연방 교도국은 연방 시설을 운영한다. 필수 의료, 치과 및 정신과 서비스를 제공하며, 감염성 질병 발생을 모니터링한다. 주 및 지방 구금시설(교도소 및 구치소 포함)은 일반적으로 관할 각각의 수준에서 작동된다.

1) 현장조사에 대한 시사점

(1) 실용적

- 보건공무원은 수감자에 대한 접근이 제한된다. 그들은 경비원이 보이는 곳에서만 수감자와 대화할 수 있다. 수감자는 특히 노출이 금지된 활동(예: 알코올 양조)과 관련이 있는 경우 불신할 수 있으며 노출 가능성을 공개하지 않을 수 있다.
- 현장조사관은 통제된 움직임으로 인해 수감자의 접촉 지점을 면밀히 추적할 수 있다. 그러나 많은 교도소는 인구가 많아서 수감자 간의 접촉 기회가 많다.
- 일부 구금 환경에서는 수감자와 근로자의 의무기록에 대한 접근 제한으로 발병 감지 및 대응이 복잡해질 수 있다.
- 구금 시설의 근로자는 피구금자와 노출을 공유할 수 있으며(예: 환경 조건 또는 대인 접촉) 구금 시설 시스템 내에서 두 집단이 다르게 취급되므로 대응에 복잡성을 추가할 수 있다.
- 이러한 환경에서 조사하려면 형사 사법 당국과 공중보건공무원 간의 협력이 필요하며, 적절한 경우 공중보건 위협을 식별하고 완화하기 위해 자원과 정보를 공유해야 한다.

(2) 법률

- 공중보건 종사자는 구금 시설 인구에 대한 고유한 규정을 인식하고 그들의 노력이 해당 규칙과 법률을 준수하는지 확인해야 한다.
- 특이한 규정이 보건부의 진행 또는 지원된 연구에서 관련된 대상자로서 죄수에 대한 추가적인 보호를 제공한다.
- 수감자들을 적절히 보호하기 위해 법 집행 공무원과 상의해야 한다.

2) 예시적인 현장조사

교도소 인구에 대한 공중보건 조사는 고유한 문제를 제기하며 공중보건기관과 형사 사법 시스템 간의 긴밀한 협력이 필요하다. 예를 들면, 프루노(pruno)로 알려진 교도소에서 만든 알코올 섭취는 2011년과 2012년 동안 교도소 수감자들 사이에서 보툴리누스 중독이 여러 번 발생하는 것과 관련이 있다. 잠재적으로 생명을 위협하는 질병인 보툴리누스 중독은 클로스트리듐 보툴리눔 박테리아가 생성한 독소에 의해 발생한다. 이전 집단발병에서 수감자들은 입원하였고 삽관을 받았다. 프루노는 주로 과일, 설탕 그리고 물로 만들어진다. 때때로 뿌리채소가 추가된다. 유타에서 병에 걸린 8명의 수감자를 조사한 결과, C. 보툴리눔의 원인일 가능성이 있는 식사에서 구운 감자를 프루노에 추가한 것으로 나타났다. 법 집행관 및 교도소 당국과의 파트너십을 통해 역학자들은 환자의 관계를 이해하고 가능한 노출을 식별할 수 있었다.

6 결론

현장 역학조사를 수행하는 체계적인 접근방식은 집단 세팅의 역학조사에 적용된다. 그러나 집단모임 세팅과 관련된 조사는 정상적인 비즈니스 프로세스에 대한 잠재적인 간섭, 데이터 가용성 및 액세스 제한, 추가 법적 및 기밀유지 요구사항과 같은 고유한 문제에 직면할 수 있다. 집단모임 세팅에 대한 현장조사는 다음을 통해 도움이 될 수 있다.

- 온라인 정보는 조사자가 조사 중인 공중보건 문제의 영향을 받는 지역사회 및 집단모임 세팅을 이해하는 데 도움이 될 수 있다.
- 지역 공중보건공무원과의 초기 회의는 온라인에서 찾은 정보를 확인 및 보완할 수 있으며, 관심 있는 모임 설정을 담당하는 주요 담당자와의 연락을 용이하게 한다.
- 교회 환경에 대한 조사를 시작할 때 세팅별 법적 및 실제적 의미를 이해하는 것이 중요하다.
- 상황에 따라 현장조사자는 물리적 배치, 환경적 측면(예: 공기, 물, 위생), 현장 보조 서비스(예: 음식 및 건강관리)를 포함한 관련 일정, 출석 및/또는 결석 등 집단모임 세팅의 특성을 조사하고 문서화할 수 있다.
- 집단모임 세팅에서의 현장조사는 해당 환경 및 지역사회 내에서 질병 노출 또는 전파에 대한 행동 및 기타 잠재적 관련 요인을 고려해야 한다.
- 긴밀한 협조와 모든 조사단계 동안 집단적인 설정에 대한 책임 관리들과의 협력은 기획에서 완료까지 조사의 효율성과 집단 모임을 최소화하는 중단을 보장하기 위해 중요하다.

참고문헌

대한예방의학회. 예방의학과 공중보건학, 제3판 수정증보판, 계축문화사, 2017.

대한예방의학회, 한국역학회. 예방의학·역학·공중보건학 용어집, 계축문화사, 2014.

손석준, 이경수, 이무식, 이중정, 이충원, 정인성. 현장역학(Field Epidemiology, 2nd edition 번역본). 계축문화사, 2004.

Ambrose J, Hampton LM, Fleming-Dutra KE, et al. Large outbreak of Legionnaires' disease and Pontiac fever at a military base. Epidemiol Infect. 2014;142:2336–46.

Arbon P. Mass-gathering medicine: a review of the evidence and future directions for research. Prehosp Disaster Med. 2007;22:131–5.

Breslow NE, Day NE. Statistical methods in cancer research. Vol 1. The analysis of case—control studies. (IAEC scientific publication no. 32). Lyon: International Agency for Research on Cancer; 1980.

CDC. Botulism from drinking prison-made illicit alcohol—Utah 2011. MMWR. 2012;61:782–4.

CDC. Influenza outbreaks at two correctional facilities—Maine, March 2011. MMWR. 2012;61: 229–32.

CDC. Notes from the field: botulism from drinking prison-made illicit alcohol—Arizona, 2012. MMWR. 2013;62:88.

CDC. Surveillance for early detection of disease outbreaks at an outdoor mass gathering—Virginia, 2005. MMWR. 2006;55:71–4.

CDC. Swine-origin influenza A (H1N1) virus infections in a school—New York City, April 2009. MMWR. 2009;58:470–2.

Chao DL, Halloran ME, Longini IM Jr. School opening dates predict pandemic influenza A(H1N1) outbreaks in the United States. J Infect Dis. 2010;202:877–80.

Danovaro-Holliday MC, LeBaron CW, Allensworth C, et al. A large rubella outbreak with spread from the workplace to the community. JAMA. 2000;284:2733–9.

Detels R, Beaglehole R, Lansang MA, Gulliford M. Oxford Textbook of Public Health, Oxford University Press, 2009.

Federal Bureau of Prisons. https://www.bop.gov/

Feinstein AR. Clinical Epidemiology. The architecture of clinical research. Philadelphia: W.B. Saunders Company 1985.

Fleischauer AT, Gaines J. Enhancing surveillance for mass gatherings: the role of syndromic surveillance. Public Health Rep. 2017;132(1_suppl):95S–8S.

Gordis L. Epidemiology. 5th ed. Philadelphia: Elsevier; 2013.

Graitcer SB, Dube NL, Basurto-Davila R, et al. Effects of immunizing school children with 2009 influenza A (H1N1) monovalent vaccine on absenteeism among students and teachers in Maine. Vaccine. 2012;30:4835–41.

Health Insurance Portability and Accountability Act of 1996, Pub. L No 104–91, 110 Stat. 1936 (1996).

Heymann A, Chodick G, Reichman B, Kokia E, Laufer J. Influence of school closure on the incidence of viral respiratory diseases among children and on healthcare utilization. Pediatr Infect Dis J. 2004;23:675–7.

Kelsey JL, Thompson WD, Evans AS. Methods in observational epidemiology. New York, Oxford: Oxford University Press; 1986.

Last JM. A Dictionary of Epidemiology, 4th Ed, Oxford Uni Press Inc., 2001.

Lessler J, Reich NG, Cummings DA, et al. Outbreak of 2009 pandemic influenza A (H1N1) at a New York City school. N Engl J Med. 2009;361:2628-36.

MacMahon B, Pugh TF. Epidemiology: principles and methods, Little, Brown and Company, 1970

Memish ZA, Zumla A, McCloskey B, et al. Mass gatherings medicine: international cooperation and progress. Lancet. 2014;383:2030-2.

Milsten AM, Maguire BJ, Bissell RA, Seaman KG. Mass-gathering medical care: a review of the literature. Prehosp Disaster Med. 2002;17:151-62.

National Center for Education Statistics. Digest of education statistics: 2014. https://nces.ed.gov/programs/digest/d14/index.asp

Porta M. A Dictionary of Epidemiology, 5th edition, IEA, Oxford University Press, USA, 2008.

Protection of Human Subjects, 45 CFR 46 (2009).

Rasmussen SA, Goodman RA. The CDC Field Epidemiology Manual, Oxford University Press, USA, 2018.

Robert B. Wallace. Maxey-Rosenau-Last Public Health and Preventive Medicine. McGraw-Hill Education, 15 edition, 2008.

Rothman K J. Modern epidemiology. Boston, Toronto : Little, Brown and Com pany; 1986.

Schenkel K, Williams C, Eckmanns T, et al. Enhanced surveillance of infectious diseases: the 2006 FIFA World Cup experience, Germany. Euro Surveill. 2006;11:234-8.

Schlesselman JJ. Case—control studies: design, conduct, analysis. New York: Oxford University Press; 1982.

US Department of Education. Laws & guidance/General: Family Educational Rights and Privacy Act (FERPA). 2015. http://www2.ed.gov/policy/gen/guid/fpco/ferpa/index.html

US Department of Health and Human Services. Prisoner involvement in research. 2003. https://www.hhs.gov/ohrp/regulations-and-policy/guidance/prisoner-research-ohrp-guidance-2003/

US Department of Labor. Employment characteristics of families—2015. https://www.bls.gov/news.release/archives/famee_04222016.pdf

Uzicanin A, Thompson M, Smith P, et al. Effectiveness of 1 dose of influenza A (H1N1) 2009 monovalent vaccines in preventing reverse-transcription polymerase chain reaction- confirmed H1N1 infection among school-aged children in Maine. J Infect Dis. 2012;206:1059-68.

Vogt TM, Wortley PM. Epilogue: school-located influenza vaccination during the 2009-2010 pandemic and beyond. Pediatrics. 2012;129 Suppl 2:S107-9.

Wheeler CC, Erhart LM, Jehn ML. Effect of school closure on the incidence of influenza among school-age children in Arizona. Public Health Rep. 2010;125:851-9.

World Health Organization. Public Health for Mass Gatherings: Key Considerations. Geneva: World Health Organization; 2015.

제 3 장

어린이 보육시설 현장 역학조사[3)]

1 도입

매일 평일 아침에 수백만 명의 미국의 성인들은 사무실, 공장, 가게로 일하러 나가면서 그들의 미취학 어린이들을 집 밖 어린이를 돌보는 곳으로 보낸다. 이러한 어린이 보육시설의 규모는 한 모임에 여러 나이대가 섞인 5명 미만을 보는 시설부터, 수백 명의 어린이를 여러 반으로 나이에 따라 재분류하여 보는 제휴 체인점 어린이 보육센터까지 있다. 이런 것들의 규모나 구조에 대한 고려 없이, 이런 시설들은 모두 각자의 집에서 떠도는 최신의 세균 종을 가지고 세균 포틀럭(손님이 각자 음식을 가지고 와서 여러 명이 모여 나누어 먹는 것)을 제공할 기회를 준다. 또한, 새로운 감염들을 가정으로 가져가 다른 가족들에게 전염시킬 수도 있다. 이러한 과정의 한 결과로 어린이 보육 시설은 지역 내의 편모충증, 이질, A형 간염과 같은 병원체의 발병률을 증가시킨다. 이 과정을 통제하기 위해 시설로부터 명백히 아픈 아이들을 격리하려는 시도는 매년 감소한 생산성에도 불구하고 수십 억 달러의 비용이 든다. 격리는 종종 부모가 의료공급자에게 부적절한 항생제 처방을 강요하게 하고, 이는 항생제 내성의 증가에 기여한다. 더 나아가 한 시설에서 질환으로 격리된 아이는 다른 시설로 들어가게 되어 감염이 새로운 센터로 퍼져나가게 한다. 그럼에도 불구하고 어린이 보육에는 매우 진실하고 긍정적인 공중보건적 측면이 있다. 특히 센터 수준에서는 예방접종의 필요성을 강제하여 집에서 보육되는 어린이들보다 집 밖의 보육시설에서의 어린이들이 높은 예방접종 수준을 보인다. 또한, 어린이 보육 프로그램의 특성은 위생교육과 건강한 행동에 대한 재강조를 제공한다. 식견 있는 보육사들은 어린이 발육에 대한 정보와 보육 기술을 전하는 중요한 출처이며 또 이들은 가끔 발육상의 문제를 가장 먼저 알아차리고 이에 경과 관찰을 권하기도 한다.

당신과 지역 보건 분야를 대표하는 다른 전문가들은 어린이 보육사들과 다른 입장에서 서로에

3) 이 장의 출처는 "손석준, 이경수, 이무식, 이중정, 이충원, 정인성. 현장역학(Field Epidemiology, 2nd edition), 계축문화사, 2004"로 저자의 허락을 득하여 수정 · 보완 편집하였음을 밝힙니다.

게 많은 영향을 줄 수 있다. 공중보건 요원들은 자주 어린이 보육사들에게 보건 권고와 상담을 제공한다. 공중보건 전문가들은 종종 보건과 위생의 필요성과 실행에 대해 질문받게 되는데, 여기에서 보건과 안전에 대한 정책, 계획, 전략 개발을 지원하고, 격리와 전염성 질환의 예방을 통괄하는 권고와 조절을 설명하고, 보건과 안전의 문제점에 대해 어린이 보육 간부에게 훈련을 제공한다. 불행하게도 어린이 보육시설에서 전염성 질환의 유행이 지역보건 연구자와 어린이 보육사 사이의 상호작용에 흔한 이유이다. 이러한 상호작용과 조사에서 역학자의 역할 때문에 어린이 보육 환경의 독특한 측면을 알게 된다. 이번 장에서는 이러한 환경에서 유행상황의 발견, 반응과 통제에 중심을 두었다.

2 감시

감시라는 것은 정책과 예방전략을 수립하기 위해서 그것을 사용하는 이들에 대해 시간적으로 되먹임을 하여 주어진 집단에서 질환들의 정보를 수집, 조사, 분석하는 것이다. 거의 50년 전에 이러한 체계를 가장 잘 표현한 글이 있다.

> 우리의 개별 사안 보고들의 신고 체계는 의사와 간호사, 공무원, 주 위생사, 학교 교사, 실험실 기사, 비서, 목사들의 상호의존, 협력과 선의에 의한 우연의 복합체이다. 이것은 보고에 요구되는 각각의 질환 수만큼 많고, 또 48개 주와 몇 개의 관련 있는 연방정부 기관들에 있는 보건행정 공무원들과 역학자들, 통계학자들의 관심과 개별적인 특색만큼이나 많은 다양성을 가지는 무질서한 체계이다. 이것은 신념과 교육, 또 어떤 경우에는 경보에 의존하는 체계이다. 그리고 변수들은 통제와 명령(강조가 보태진)에 의해서도 제거되지 않는다. 미국에서의 질병 감시가 그 이후로 굉장히 발전하였지만, 그러한 변수들은 여전히 크거나 혹은 작은 정도로 주간 보육 환경에 영향을 준다.

어린이 보육시설에서 감시의 가장 빠르고 국소적인 사용은 어린이 보육 관련 질병의 유행이나 집단발생 시 신분 확인이다. 또한 어린이 보육시설의 어린이는 전체 사회 건강의 중요한 파수꾼이다. 어린이 보육시설 관리자가 시설의 어린이 중 많은 수가 설사병을 앓는다는 전화가 1985년 북동부 일리노이 주의 우유로 인한 살모넬라증의 거대한 병발의 가장 초기 징후였다. 어린이 보육시설로부터의 전화는 또한 사회 내에 수족구병, 호흡기 감염과 같은 보고되지 않은 상황의 발병률에 대한 중요한 통찰력을 제공한다.

1) 감시의 종류

집밖 어린이 보육시설에서 질병에 대한 감시는 간접적이거나 어린이 보육과 관련한 질환에 대한 정보는 주로 개별적인 조사 연구를 통한 다른 데이터로 얻는다. 또는 직접적일 수 있다. 어린이 보육시설은 보고체계의 일부이다.

(1) 간접적 보고(신고해야 할 질환 연구)

많은 곳에서, 병원과 검사실 및 다른 보건 보육사들이 만든 보고는 지방 보건공무원에 의해 최소한의 부가적인 정보 모음집으로 끝난다. 이런 것들은 종종 환자와 또 어린이의 경우는 그 부모와의 전화조사의 형태로 이루어진다. 이러한 연구의 목적은 기초적인 통계학적 정보를 수집하고, 감염의 원인을 밝혀내고, 감염된 사람 또는 접촉한 가정부와 같이 잠재적으로 노출된 사람들의 격리나 제한을 포함한 추적조사 활동에 대한 필요한 조치를 제공하고, 또한 보건교육을 제공하기 위함이다. 이러한 단일 증례 연구는 어린이 보육 환경 내에서 효과적인 공중보건 감시와 질병 통제 활동의 초석이 된다. 그들이 주로 지방 보건국의 잘 훈련된 관리자에 의해 이끌리는 동안 우리는 이어지는 감시를 제공할 것이다. 부모들은 전화로 모르는 사람과 어린이 보육 제도들에 관해 세세하게 상의하는 것을 달가워하지 않을 것이다. 이러한 두려움은 종종 정보에 대한 이유를 설명하거나 이것이 어떻게 사용될 것인지를 설명함으로써 줄어들기도 한다. 면담자의 입회에 대한 걱정은 예를 들면 “정말로 당신이 보건국 사람입니까?” 등인데 그 사람이 보건국에 전화를 하도록 하고 조사자로부터 역으로 전달받도록 제의하여 이루어질 수 있다. 또한 질문의 체계와 순서는 반응하는 불편함을 최소화할 수 있고 정보의 정확성에 기여할 수 있다. 표 4.3.1은 수년 동안 저자들이 진행한 수백건의 면담에서 나온 복합 원고이고, 우리가 어린이 보육 준비에 대한 민감한 정보를 얻는다는 점에서 생산적이고 비위협적이고 전문적인 것으로 알고 있는 과정과 표현법을 설명하고 있다. 지방 보건국은 이러한 개별증례 연구에서 나오는 정보를 잘 기억할 수 있는 체계를 개발하여야 한다. 몇몇 사람들이 조사를 지휘하는 곳에서나 정보가 질병, 증례 연구, 재허가된 검사 등과 같은 여러 데이터로부터 얻어지는 곳의 프로그램에서 특히 중요하다. 체계는 단순하고, 얻기 쉽고, 금방 이해되고, 시기적절하여야 한다. 만약 전산 체계가 사용된다면, 데이터는 면담과 조사가 완성된 뒤 바로 이해되어야 한다. 매 주간 데이터 입력은 어린이 보육센터들에서 세균성 이질에 의해 일어나는 것과 같이 폭발적인 유행을 발견하는 데 소용이 없다. 우리는 시설의 이름과 주소, 관련된 질환이나 문제(편모충감염 등), 그리고 활용할 수 있는 완전한 증례로 이어질 수 있게 기록번호를 적은 노트카드시스템(note card system)을 찾았다. 이것은 분점화되어 같은 이름의 여러 시설이 있는 경우나, 같은 시설 내 여러 이름을 가진 어린이 보육원들의 경우에 이름이나 주소 모두로 시설들을 추적하기에 좋은 아이디어이다.

표 4.3.1. 전화상담을 통한 질병 조사 참고 사례

1. 당신이 누구와 통화를 하는지를 확인하고 당신을 소개하고 전화 건 목적을 설명한다.
   여보세요. …… 집입니까? 저는 ……입니다. 저의 이름은 ……이고, 저는 카운티 보건과에서 근무하고 있습니다. 최근 당신의 딸이 편모충증에 감염된 것에 대해 여쭤볼 게 있어서 전화를 걸었습니다. 저와 잠깐 얘기 나누실 시간이 있으십니까?
2. 질병에 대한 질문을 시작하라(즉, 시작 시점, 증상 등)(이 단계에서는 관심과 지식이 보고서 원천으로부터 정보를 확실시 하는 것과 더불어 당신 전화의 목적을 확인하는 데 도움을 준다. … 앞뒤가 맞지 않는 것에 대해 질문을 하는 것을 망설이지 않아야 한다).
   우리 데이터에 따르면 당신의 딸이 10일에 아팠다고 되어 있는데, 당신은 5일에 아팠다고 말했습니다. 아마 몇 주 전의 데이터를 기억해야 하지만 당신은 어느 것이 옳은지를 결정하는 데 도움을 주실 수 있을 것 같습니다.
3. 가족구성원의 수를 결정한다.
   지금 댁에 당신을 포함해서 몇 명의 가족이 생활하고 있습니까?
4. 이름, 나이 직업(어린이 보육을 포함하여)에 대한 정보를 얻는다.
   네. 가족구성원의 이름과 나이를 가르쳐 주실 수 있겠습니까?
   집 밖에서 일을 하십니까?
   남편인 짐은 어떻습니까? 그도 밖에서 일을 합니까?
   빌리는 5개월, 수지는 18개월이라고 했는데요. 그 아이들이 어린이 보육, 즉 베이비 시터나 어린이집, 혹은 다른 프로그램을 이용하고 있습니까?
5. 어린이 보육과 어린이 보육기관과의 소통에 대한 기초를 명확히 한다.
   빌리와 수지는 낮 동안 돌봐 주는 곳이 없고 당신과 남편은 둘 다 일을 한다고 하였습니다. 당신 둘이 모두 일을 하는 동안 누가 아이들을 돌봐주나요? ……가 당신의 집에 오나요. 아니면, 당신의 아이들을 그녀에게 데리고 가나요. 그녀가 당신의 아이들을 제외한 다른 아이들도 돌보나요? 그녀는 수지가 아프다는 것을 아나요? 만약에 최근에 다른 아이들이 아팠다면 당신은 그 사실을 알고 있었나요? 우리가 ……에게 전화를 해도 괜찮을까요? 우리는 그녀에게 다른 아이들이 아프지 않도록 하는 데 도움을 줄 수 있습니다.

(2) 직접적 보고(어린이 보육 공급자 측에서의 보고)

간접적인 감시가 어린이 보육시설 이외의 데이터로부터의 정보와 관련된 반면, 직접적인 감시는 시설 자체로부터의 보고와 관련된다. 효과적인 직접적 보고의 핵심은 어린이 보육사들과의 긍정적인 근로관계를 유지하는 것이고, 보육사들이 무엇을 보고하여야 하고 어떻게 보고하여야 하는지 알고 있다고 확신하는 것이다. 연구를 통해서 어린이 보육사들이 종종 보고의 필요조건이나 구조를 모르고 있다는 것이 밝혀졌다. 이런 작업의 추적 연구에서는 보육사들의 보고 필요조건에 대한 지식이 공중보건과 허가된 법령 모두에 의해 요구되는 보건국 보고가 있는 주에서 가장 훌륭하다는 것을 알 수 있다. 훈련 프로그램(오히려 보건국 관리자에 의해 지휘되고 어린이 보육시설에서 주말이나 저녁에 열리는)을 통한 주기적인 접촉이나, 우편을 통해서, 또는 다른 이유로 인한 접촉 동안에(예를 들면, 허가된 검사들) 보육사들이 보고의 필요성을 알도록 할 필요가 있다. 보고의 필요사항은 어린이 보육사들에 적절한 언어로 되어야 한다. 이를테면 "유행" 또는

"특이한 발생"과 같은 모호한 단어는 "2주 안에 같은 반에서 2명 이상의 설사를 하는 어린이"와 같은 적절한 예로 표현되어야 한다. 유아반의 평근무자들의 주간 대변과의 접촉은 대부분의 어린이와 의사나 공중보건 근무자들이 1년에 경험하는 것보다 많을 것이고, 따라서 "설사"에는 "the runs", "the loosies", "teething", "food allergies"과 이런 상황에 부합되는 다른 완곡한 어구나 표현을 모두 설명하는 것이 도움이 될 것이다. "24시간 안에 3회 이상의 무른 대변"과 같은 시간에 기초한 기준은 24시간 계속 어린이를 보는 경우가 드문 보육사들에게는 별 소용이 없다. 어린이 보육시설에서의 10~12시간 동안에 2회의 무른 변은 24시간 동안의 4회 이상의 무른 변을 의미한다. 이러한 정의는 잘못 이해되거나 무시될 수 있고, 우리는 최소한 한 명의 보육사에게 설사는 시간당 3회 이상의 무른 변을 보는 것이라고 말하여야 한다. 신고하여야 할 질환들의 목록은 특정한 상황에서 어떻게, 언제, 보고할 것인지에 대한 설명을 포함해야 하고, 필요하면 정보나 도움을 제공할 수 있는 지방과 주 보건당국의 전화번호도 포함해야 한다. 질환들은 의료 보육사들만 사용하는 것이 아닌 일반인들에게도 친숙한 이름들로 이루어져야 한다. 어린이 보육 관리자는 종종 특정 진단에 접근하지 못하기도 하고, 부모로부터 이런 정보를 얻는 것에 대해 허가를 받고 격려받을 필요가 있다. 그러나 부모들이 항상 정확한 정보를 제공하는 것은 아니다. 그리고 우리는 그들이 어린이 보건 전문가들이 방문한 곳에서 의도적으로 어린이 보육사들에게 그들의 아이를 포함한 보건 상태에 대한 부정확한 정보를 준 것을 1건 이상 알고 있다.

3 유행 조사

아마도 어린이 보육시설에서 어린이 관련 질환의 유행이나 연속 발생을 연구하는 가장 주요한 이유는 시설이나 접촉할 가족들에게 질환이 전파되는 것을 막는 것이다. 다른 이유에는 부가적인 지식을 얻고, 유행에 대한 연구 기술과 기교 측면에서 관리자를 훈련시키고, 평가와 입력을 계획하고, 대중적이고 정치적이며 법률적인 관심들 때문이다. 연구하고 통제하는 활동의 본질과 범위는 병의 정도와 다른 이에게의 위험도, 의미 있는 개입의 가능성 등에 영향을 받는다. 세균성 이질이나 *Escherichia coli* 0157 : H7 감염 등과 같은 위중한 병의 유행은 항상 연구와 추적조사가 필요하다. 반면에 수족구병의 유행을 연구하는 것은 통제의 측면에서는 영향을 줄 수 없으나, 이 병의 예방 및 전파와 관련된 이해의 측면에서는 중요한 결과를 준다. 특별한 고려사항으로 우리는 보육시설에서 나타나는 더 흔한 질환들의 전염 경로뿐만 아니라 임상적 표현의 다양성에 대한 폭넓은 이해를 가져야 한다. 배설물-구강 경로로 전염되는 가장 흔한 개체들은 이질, 살모넬라, 편모충증, A형 간염, 로타바이러스와 장내 바이러스들이다. 리노바이러스, 인플루엔자와 파라인플루엔자 바이러스, 헤모필루스 인플루엔자, 그리고 스트렙토코크스는 호흡기 분비물로 전염된다. 세균성 이질과 같은 경우는 보통 임상적 증상과 징후를 일으키고 집에서 뿐만 아니라 시설에서도 접촉으로 쉽게 전염된다. 어린이의 A형 간염과 같은 것은 주로 증상이 없거나 미약한 정도이지만 어른들에게는 더 자주 명백한 증상을 보이는 질병을 일으킨다. 헤모필루스 인플루엔자와 *Neisseria meningitidis*와 같은 세균은 어린이에게 명백한 질환을 잘 일으키지는 않으나 어린이의 비인강을 통해 옮길 수는 있다.

유행 연구는 쉽게 감정적이 될 수 있음을 알아야 하는데, 특히 어린이가 격리되고 질환이 위중할 때 그렇다. 아프지 않은 아이들의 부모는 그들의 아이들이 노출되지 않을 것이라는 확신을 받고자 하고 회복 중인 아이들의 부모는 가능하면 빨리 일에 복귀하고자 한다. 또한 어린이와 의사들이 상반된 권고를 주는 경우 보육사들은 그들이 통제력을 잃었다고 느껴서, 그들의 시설에 있는 아이들의 부모의 신뢰를 잃게 될까봐 걱정하게 된다. 이러한 상황에서 당신의 방문은, 아마도 유능한 공중보건공무원은 (어린이 보육 시설의 책임이 있는 그들에게) 언덕을 넘어 오는 기병대를 보는 듯할 것이다.

결국 당신의 무기고에 있는 가장 좋은 연장들 중 하나는 각 상황을 다루는 잘 개발된 프로토콜이다. 비록 유행이 동일한 사건이 아니라 모든 가능성에 대해 자세한 프로토콜을 만들기는 어렵지만, 유행연구에는 상당수의 일반적 특징이나 고려사항이 있고 확립된 프로토콜에 의해 제공되는 체계로부터 도움을 받는다. 앞에서는 모든 상황에 대한 연구단계의 논리적인 진전을 열거하고, 그 아래에 약술하였다. 그러나 지역적 상황이 그것들의 상대적인 중요도나 순서를 결정할 것이다. 어떤 경우는 상당한 시간과 자원이 연구의 어떤 단계에서 쏟아지는 데 반해, 다른 경우는 같은 단계가 거의 아무 주목을 받지 못하는 경우도 있다.

1) 현장 일 준비하기

현장방문이 명확히 이루어지는 상황과 필요치 않은 상황, 또 이러한 결론을 내리는 데 관여하는 보육상의 인원과 과정을 일일이 열거하는 전반적인 프로토콜을 만든다고 생각해 보자. 프로토콜은 착수할 일, 현장방문에 참여할 인원, 그들 각각의 역할, 방문에 앞서 알아야 할 사람들이나 그룹들에 대해 열거하여야 한다. 중요한 감염의 유행에 관련한 첫 방문을 위해, 현장 팀에 역학자, 수행할 보건 간호사, 위생학자를 포함하는 것이 좋을 것이다. 당신의 역할은 책임자나 다른 보육자와 면담하고, 시간, 장소, 사람 정보라는 문제를 서술적 측면에서 얻어내야 한다. 보건 간호사는 유행과 관련된 교실의 어린이 보육 실태를 파악하여야 하고, 위생학자는 음식 공급과 자연 식물을 포함한 환경학적 측면을 평가하여야 한다. 이러한 접근은 여러 소질과 기술에 초점을 맞추고 있고, 보육자에게 다른 어린이 보육사들로부터 의심스러워 보이지 않게 같은 질문을 할 수 있게 한다. 방문이 끝나기 전에 역학자, 간호사, 위생학자가 만나서 발견한 것을 상의하고 추적활동에 합의하여야 한다. 어린이 보육 허가 사무소의 대표자는 항상 잠재적인 현장 방문과 참여가 청해질 수 있음을 알아야 한다. 검체를 수집할 도구, 부모에게 체취를 알리는 편지, 부모와 보육자들을 교육할 데이터가 모여 있어야 한다. 현장방문 때마다 시설에 교육데이터를 남기는 것은 좋은 관례이다. 시설에 항상 사진 복사 능력이 있는 것은 아니며, 심사된 그룹과 추적 활동, 권고 사항을 적은 압력에 민감한 종이를 사용함으로써 오해를 줄일 수 있다.

2) 유행 존재 확인

만약에 유행에 대한 기준이 이미 보고서에서 규명되었다면, 조사의 이러한 측면에서 기준에 합당한지 아닌지에 대한 것은 주요한 관점이 아닐 것이다. 그러한 기준의 예는 다음과 같다. 어떠한 시기든 50% 이상의 어린이가 호흡기 질병이 있다거나 2주간 같은 교실에서 질병(편모충증)에 걸린 어린이에 대한 두 건 이상의 보고서이다. 그러나 부모형제 간의 동일한 질병이 발생한 어린이 보육의 증례는 보육기관 간의 전달이 아니라 단지 가족 간의 전달에 의해서만 나타날 수 있으므로 종종 중요하다. 일반적으로 유행의 존재에 대한 규명을 도울 수 있는 가장 중요한 근원은 기관 보고서와 부모들에 대한 인터뷰를 포함한다. 대부분의 어린이 보육기관은 출근부는 가지고 있는 반면, 그들은 종종 결근에 대한 이유는 밝히지 않으며 어떤 질병의 자연사를 포함한 것을 좀처럼 제시하지 않는다. 부모들로부터 얻은 정보는 종종 믿을 수 없다. 특히 매우 경한 질병이나 인터뷰를 하기 일주일 이상 전의 일에 대한 것을 포함할 경우는 더욱더 그러하다. 더욱이 이미 작성된 프로토콜과 규정의 유용성이 있음에도 불구하고 특이 상황이나 예상치 못한 상황은 발생된다. 아마 스스로를 위해서 만들어야만 하거나 다른 사람이 특이한 증가가 있는 예에 대해 보여줄 수 있는 유행곡선을 만들어야 할 수도 있다. 혹은 부모들에게 정보를 주어야만 하고 빙산의 일각과 같은 특이한 질병의 한 예가 실질적으로는 그 기관 내 혹은 가능한 어떠한 곳에서든 인식되지 못한 더 많은 예들이 있을 것이라는 것을 기관 직원에게 정보를 줄 수 있다. 그러한 경우에는 창조성이 있어야 할 것이다.

명백하고 잘 규명된 환례정의(또는 사례정의)를 설정하는 것은 유행의 존재를 설명하고 중재를 계획하는 데 기본이 된다. 환례정의는 문서화되어야 하고 현장조사에 포함되어야 하며 모든 관찰의 최종 보고서에도 포함되어야 한다. 환례정의는 시간과 임상적 혹은 실험실 규정뿐만 아니라 시간과 사람의 규정도 포함해야 한다.

3) 진단의 확증

보육원 관련 질병의 임상적 진단의 확증은 똑바로 나아가거나 상당한 시간과 노력을 요구할 수 있다. 유행은 적어도 질문에서 질병의 하나 혹은 두 개의 실험실의 확증을 포함하는 보육사의 보고서를 통해 규명된다. 이러한 예에서 주요한 임무는 효과적인 조절 방법을 수행하는 것이다. 유행에 대한 독특한 요소들의 다양성 때문에, 추가 경우를 발견하고 확증할 필요가 있을 수 있어 예방과 조절 방법은 다른 조직이나 가족으로 확대될 수 있다. 이러한 증례에서 독특한 원인을 결정하는 것은 노동 집약적이 될 수 있고 검체 모집과 실험실의 뒷받침을 요구할 수 있다. 실험실 검사의 목적과 정도(즉, 특정 반으로 제한할 것인지 혹은 기관 전체에 할 것인지 아니면 어린이에게 국한할 것인지 아니면 조직원을 포함할 것인지)와 감염된 사람에 대한 추적조사를 위한 계획은 첫 번째 검체를 모으기 전에 결정되어야 할 필요가 있다. 원인물질을 알지 못할 때 검사실은 많은 병원균에 대한 선별검사를 해야 할 수 있다. 이러한 증례에서 두 단계 계획은 원인 병원균을 규명하기 위한 많은 병원균에 대해 10가지 이상의 증례의 작은 대표집단 초기 선별에 사용될 수 있다. 임상적 데이터는 이것들과 동일한 10명의 어린이와 관련하여 얻어야 한다. 더 큰 집단은 원인 인자에 대해 선별될 수 있다. 추적 감시는 이러한 방법의 효율성을 파악하기 위해서 행해질 수 있다. 제공된 동의가 어린이 보육기관에서 어린이들로부터 검체를 모집하기 전에 있어야 한다. 어린이를 통해 보낸 동의서 형식은 어린이 보육에서 제외되거나 혹은 선별되는 요구와 결합되지 않는다면 종종 비생산적이다. 두 가지의 선택은 부모의 동의를 얻기 위해 보육사 혹은 임원에게 부탁하거나 아침에 어린이를 내려주고 오후에 어린이를 데려갈 때 부모에게 동의를 얻기 위해 현장의 임원에게 부탁하는 것이다.

기초 계획안에는 수집되는 검체의 종류, 시간, 전달 매체, 그리고 다른 변수에 대한 정보가 포함되어야 한다. 이전에 강조했던 것처럼 검체를 수집하기 전에 검사실 임원에게 조언을 구하고 그들에게 임상 병력에 대한 정보를 주어야 한다. 보육사가 종종 매우 다양한 종류의 어린 어린이의 기저귀에서 대변 검체를 모집함에도 불구하고 좀 더 나이가 많은 어린이에게서 얻게 되는 검체는 집에서 부모가 수집할 필요가 있을 수 있다. 이러한 증례에서 부모에게 검체 수집을 위한 서면 설명서와 기구(즉, 검체를 담는 기구와 면봉)를 제공해야만 한다. 어린이의 혈액 검체를 수집하는 것은 매우 어려우나 이러한 과정은 부모의 지지와 어린이 혈액채취에 숙련된 임상병리사를 사용하여 훨씬 쉽게 할 수 있다. 유용할 때 박테리아 병원균의 분리를 위한 분자적 종류는 어린이 보육기관과 일반 사회에서 질병 사이의 관계를 규명하는 데 도움을 줄 수 있다.

4) 시간, 장소와 사람의 견지에서 데이터를 검토

당신은 병력을 얻는 데 있어 어려워지고 데이터의 타당성을 떨어뜨릴 수 있는 주간 보육기관에 대해서 근본적인 몇 가지 문제점을 알고 있어야 한다. 최소한 병을 앓고 있는 어린이에게서 임상적 병력을 얻도록 노력해야 한다. 어린이의 음식이나 과거 활동력에 대해 부모와 상담할 때 어린이가 같이 있는 것이 어린이가 특별한 상황에 대한 지식을 먼저 알고 있기 때문에 도움을 줄 수 있을 것이다. 집에서 어린이의 건강에 대해 알려고 하면 아버지보다는 어머니에게서 일반적으로 더 많은 정보를 얻게 된다. 이러한 증례에서 어머니와 할머니가 종종 가장 좋은 병력 보육사가 된다.

시간의 면에서, 병의 시발 시점을 결정하는 것은 종종 어렵다. 기관은 자세히 혹은 정확하게 기록할 수 없다. 보육사는 종종 병에 대해 잘 알지 못한다. 왜냐하면 부모는 집에서 병든 아이를 계속 보육할 수 있고, 환자들은 주말, 방학 혹은 어린이가 참석하는 스케줄이 아닌 다른 기간 동안에 발생할 수 있기 때문이다. 정확성은 좋은 것이다. 그러나 예상대로 융통성이 있다. 2일 혹은

3일 간격의 발병일 혹은 일주일 간격으로 발병일 유행곡선을 그리게 되고 유행의 정도를 판단하고 더욱이 전달의 방법을 판단하는 데 도움을 줄 수 있다.

어린이 코호트가 몇 시간 혹은 그 이상을 지내게 되는 뚜렷하게 다른 교실이나 장소가 있다면 지도를 그려서 각각의 환아의 위치에 점을 찍어 표시하는 것은 저위험 지역을 지정하는 데 간혹 도움을 줄 수 있다. 평면도를 그리는 것은 항상 좋은 아이디어가 될 수 있고 어린이의 위치와 움직임에 대한 좋은 아이디어를 얻을 수 있다. 공기 중의 전달 양식에 대한 지식은 공기를 통해 쉽게 전달되는 질병을 설명하는 데 도움을 줄 수 있다.

혼란과 마찬가지로 이슈는 단지 누가 위험을 가졌는지 결정하기 위한 중요한 정보인 나이, 학급, 움직임과 다른 어린이 코호트와의 개인적 접촉과 관련된 것일 수 있다. 유행과 관련하여 어린이 보육기관에서 얻은 데이터는 항상 학급의 견지에서 표현된다(특이 발병률). 왜냐하면 연령별 특이율은 종종 많은 집단에서의 어린이를 포함하고 중심부의 위치의 어린이를 포함하므로 역학적인 표식자는 거의 소용없을 수 있다. 집단화는 단지 연령과의 관련성을 낮추게 되고 그들의 구조는 기관 정책과 특권 제한에 의존한다. 예를 들면, 4세 학급의 어린이가 모두 4세가 아니며 이러한 집단은 또한 그 기관 내에 모든 4세 어린이를 포함하지 않을 수도 있다. 기관은 주로 아침 일찍과 오후 늦게 줄어드는 조직의 다양한 학급의 어린이 그룹이다. 이러한 그룹은 규정되어야 하며 그들의 발병률과 조직의 특성은 일반적인 활동기간 동안 학급과는 별개로 결정되어야 한다. 형제 혹은 자매 군집도 중요할 수 있다. 왜냐하면 그들은 기관 외에서의 전달을 표현할 수 있고 한 학급에서 다른 학급으로 전파되는 질병에 대한 의미를 제공해 줄 수 있기 때문이다.

주간 육아기관에서의 어린이 속성의 모든 이러한 조합과 교환이 당신에게 유용한 서술 데이터에 대해 깊이 파고들 수 있게 하고 또한 상상력을 제공한다.

5) 누가 질병에 걸릴 가능성이 있는지 결정

조사 과정의 시점에서 당신은 진단을 확실시하고, 언제 어디서 질병이 발생하였는지 또한 주가 포함되었는지를 결정하여야 한다. 대부분의 유행에서 이러한 정보는 당신에게 우선적으로 질병에 걸리는 위험에 있어 우선적인 집단을 규명하는 데 증거를 제공할 것이다. 서술정보의 비교적 전향적인 재검토를 하면서 당신은 좀 더 연구하고 분석할 필요가 있음을 알게 된다. 단지 위험한 어린이들을 결정하기 위해서만 분석 방법을 모으지는 않을 것이다.

6) 유행을 설명하고 검정하는 가설 설정

누가 위험한지와 어떻게 질병이 전달되는지에 대한 충분한 파악이 되면, 역학자들은 어떻게, 그리고 왜 이러한 유행이 발생하였는지에 대한 시나리오를 작성할 수 있어야 한다. 많은 예에서 설명은 간단한 상식이며, 더 이상의 분석이나 생각을 요구하지 않는다. 실제로 공중보건 사업은 일반 상식적인 가설에서 종종 실행되고 조절 방법을 수행하는 시기가 언제든지 간에 서술 데이터를 제한한다. 그러나 가설이 좀 더 많은 분석 기술을 요구할 때도 있을 것이다. 예를 들면, *E. coli* 0157:H7의 유행은 점심으로 제공된 오염된 분쇄고기에 의해, 애완동물원에서 농장 동물에 대한 노출, 물 놀이터에서 병원균의 전파 혹은 어린이 간의 대변, 경구 감염 경로에 의한 것일 수 있다. 이러한 각각의 것에 대한 조절 방법은 확연히 다르다. 대부분의 유행에 대한 분석 방법은 상당히 전진적이고 쉽게 Epi Info와 같은 프로그램이나 스프레드시트로 쉽게 다뤄질 수 있다. 임원은 데이터를 표로 만들거나 분석하는 어떤 소프트웨어든지 친숙해야만 한다. 중요한 유행으로 긴장이 고조되어 있을 때 새로운 소프트웨어나 데이터 입력 시스템을 다루는 것은 힘이 든다.

독특한 노출과 연관된 위험에 대한 정보는 미래의 유행조사에 쓸모 있을 수 있다. 가설은 어느 그룹이 가장 발병률이 높고 통제 방법의 효과가 높았는지에 대한 물음을 포함할 수 있다. 예를 들면, 탈락된 그룹과 이러한 그룹에 속하지 않은 어린이들 사이의 발병률을 비교할 때 유용할 수 있다. 유아와 어린이가 일반적으로 그보다 나이가 좀 더 많은 어린이보다는 높은 발병률을 가지고 있는 반면에, 나이 혹은 그룹별 비율 간의 비교는 어느 그룹에 통제 활동을 맞추어야 할지 보여줄 것이다.

7) 가설 평가

가능한 언제든지, 가설을 평가하고 확증하도록 노력하라. 현장에서의 통계학적 분석에 의해 지지를 받는 가설과 마찬가지로 일반 상식적 전제는 모두 합법적이고 설득력이 있을 수 있다. 그러나 실질적으로는 관찰론적이면서 양적 방법에 의해 분석되어야 한다. 특정 학급에서 더 높은 발병률은 부적절한 장치나 나쁜 위생상태의 관찰로 향상될 수 있다. 어린이 보육행위의 직접적인 관찰은 아주 중요한 것이다. 보육사는 그들이 관찰된다는 것을 알 때 특히 주의를 할 수 있음에도 불구하고 명백한 문제는 종종 관찰을 통해 찾아낼 수 있다. 편모충 유행의 한가운데에 우리는 보육사가 기저귀를 빠는 것 이외의 다양한 목적으로 사용하는 세면기를 대변으로 오염시키고 있음을 볼 수 있었다. 관찰은 기구와 기관의 존재유무보다는 실제로 어떻게 사용하고 있는지를 포함하여야 한다. 영·유아방에서 관찰이 이루어질 때는 특히 기저귀를 가는 곳에 초점을 맞추는 경향이 있다. 이것은 감염의 명백한 원인인 반면에 임원, 어린이와 방 내의 다른 부분에 장난감 간의 상호작용이 좀 더 중요할 수 있고 기저귀를 가는 탁자만큼의 주의를 기울인다면 아주 많은 정보를 얻을 수 있을 것이다.

중재 후 조사는 아마 어린이 간호와 관련된 유행과 일치하여 세운 가설을 가장 비판적으로 평가하고 시험하는 것이 될 것이다. 부모와 보육사는 모두 경계심을 유지할 필요가 있음을 알아야 하고 어떻게 그 후의 문제들을 보고할 지에 대한 정보를 제공해야 한다. 공중보건사업소는 정기적으로 몇 주 혹은 몇 달 동안에 중재와 다른 활동을 완성하고 난 후에 문제의 성질에 따라 기관과 접촉해야 한다.

8) 가설을 다듬고 부가적인 조사를 실시하는 것

중재 후 조사는 지속적으로 시행할 필요가 있는 것들을 제안할 수 있다. 이러한 활동은 가족 조직, 다른 학급, 혹은 다른 기관들과의 관련에 의해서 현재 조사 범위로 확대될 수 있다. 다른 예로 지속적인 조사는 유사 문제에 대한 미래의 조사에서 추적되는 통로를 제안할 수도 있다. 예를 들면 장난감 플라스틱 음식물과 같은 매개물로부터 박테리아의 분리는 이후 조사에서 좀 더 상세하게 조사되는 것을 제안할 수 있다. 어린이 보육에서 유행 조사의 면의 이러한 과정을 통해 당신이 과거의 조사에서 얻게 되는 지식과 경험을 사용하고 조사를 순화하고 전략을 조절할 기회로 보이는 긴급한 문제들을 제안하게 된다.

9) 통제와 예방 조치 실행

조절기구와 예방법은 성공적인 유행 조사의 목표이다. 대부분의 유행은 전달이 더 이상 생기지 않는 시점에서 한때 민감한 어린이와 임원의 수가 감소되면 자발적으로 해결된다. 당신의 대학은 그 시점에 도달되기 전에 유행이 끝난다. 많은 예에서 중재가 어느 정도로 행하여질지는, 중재를 시행하여 성공한 만큼이다. 결정과정에 보육사가 참여하도록 하고 부모가 진행과정과 결과의 정보를 주는 것을 계속 유지하도록 하라. 관리통제 방법의 요약 리스트는 표 4.3.2.에 있다.

표 4.3.2. 보육기관 현장 관리통제 방법의 예

- 어린이 보육기관의 위치를 가족에게 알린다.
- 유증상 어린이가 집 안에 있도록 권유한다.
- 노출되거나 증상이 없거나 회복기 어린이들에게 코호트 프로그램을 시작한다.
- 스태프들에게 그들이 돌보는 어린이의 수를 제한하도록 하고 그들이 단지 특정 그룹의 어린이들을 돌보도록 권고한다.
- 스태프와 어린이에게 손을 씻는 것을 향상시킨다. 어린이가 손을 씻을 때 도와주고 임원에게 손을 씻는 훈련을 하도록 한다.
- 표면, 장난감, 그 외 질병의 전달에서 강력한 원인제공이 될 만한 것들을 청소하고 소독한다.
- 시궁창, 지하수면, 예복과 공동 바닥과 같은 질병 확산의 강력한 원인을 제거한다.
- 이른 아침과 오후 늦은 시간 모든 나이 또래의 조직이 같이 있는 공동의 놀이터를 제거한다.
- 만약 끓인 물만 사용하는 것과 같은 통제 방법을 일방적으로 어린이 보육기관에 주었다면 주의하라.

(1) 보고 통지

통제 방법은 특별한 문제가 있는 상황에서의 과정인 반면, 예방법은 정상적인 조건에서 모든 시기에 있어야 하는 것이다. 소수의 통제 활동은 항상 기관이 상황에 대하여 부모에게 통지하는 것을 포함한다. 이것은 종종 포스터나 혹은 기관에 놓여 있는 통지를 주로 사용하나, 더 나은 방법은 부모에게 주는 통지서나 편지를 사용하는 것이다. 또한, 이러한 통지서나 편지는 종종 상황에 대해 궁금증을 가질 수 있는 보육사에 대한 정보 원인을 제공해 준다. 이러한 방법은 질병을 규명하고 노출 시기와 노출된 집단을 지시해 주며 증상과 징후를 설명하고 추적 활동에 대한 제안을 부모에게 전달해 주기도 한다. 나중의 것은 집에서 환아를 보살피고 즉각적인 의학적 주의를 가지기 위해 기관에 주의를 주는 정도의 범위가 될 수 있다. 통지와 편지는 전화번호, 부가 정보에 접할 수 있는 개개인의 이름을 포함해야 한다. 심각한 상황에서는 특화된 프로토콜에 따라, 부모는 그들이 인지하고 활동할 기회를 가지게 되는 확증에 대해 지역보건사무소와 접촉할 수 있다.

(2) 교육

조절 방법은 종종 임원 교육, 정책과 과정의 변화, 신체적 환경의 중화를 포함하다. 상황과 유용한 정보의 심각한 정도에 따라 병원 임원은 이러한 교육에서 역할을 담당하게 된다(즉, 손 씻기 혹은 기저귀 갈기 등의 현장 교육). 문제가 되는 행동의 특이한 예와 더불어 그러한 행동이 왜 문제점을 안고 있는지에 대한 설명은 유용한 훈련 방법이다. 현재 방침과 과정에 대한 감독과 실시는 필요한 추적 활동이며 중재 후 관찰은 훈련의 효과를 설명해 준다. 임원은 변화의 수행과 마찬가지로 그들의 이해를 결정하기 위하여 정책과 과정의 변화를 설명하도록 요구될 수 있다. 관찰을 통해 또한 기저귀 가는 곳을 손 씻는 곳 가까이에 옮기는 것, 타월과 비누 자동판매기의 설치 혹은 웅덩이나 공유깔개의 제거와 같은 물리적 변화를 제안하는 것을 입증할 수 있다.

(3) 코호트

경도 호흡기 질환과 감염 홍반을 포함한 아주 적은 경우를 제외하고 증상을 호소하는 어린이는 일반적으로 어린이 보육에서 제외된다. 재입원에 대한 기준의 범위는 증상의 호전부터 배양에서 음성이 나오는 정도까지의 범위이다. 많은 어린이가 포함되었던 장소에서 감염된 코호트와 비감염 어린이를 분리하는 것은 가능할 것이다. 일반적으로 어린이의 증상은 좋아지나 지속적으로 병원균이 나오는 경우도 있으며 대부분은 소화기 병원균이며 병원균을 배출하지 않은 다른 어린이와 격리된 그룹에서 보호를 받는다. 비록 그것의 효과가 오직 편모충증에 대해서만 체계적으로 분석되었음에도 불구하고 코호트를 형성하는 것은 이질을 포함하는 다른 장내 질환의 유행을 조절하기 위해서 사용되고 있다.

코호트를 형성하는 첫 번째 단계 중의 하나는 힘써 준 임원의 가능성을 결정하고 이러한 어린이 보육을 위해 적어도 한 학급을 결정하는 것이다. 코호트 보육에 포함된 임원과 교실은 코호트가 분해되기 전까지 비감염 어린이에게는 사용해서는 안 된다. 특별 감시로 어린이들이 자주 모이게 되는 하루 중의 아침 일찍과 오후에 보육 패턴을 결정해 주며 어린이들이 하루 동안에 교실이 아닌 곳에서 어린이들 사이의 활동을 최소화하도록 해야 한다. 선별은 일반적으로 병원균에 감염된 어린이를 결정하는 데 사용된다. 목표는 감염된 조직의 모든 어린이를 선별해야 하며 가능한 짧은 시간에 코호트를 정착하는 것이다. 이것은 실패로 몰고 갈 수 있고 보육사와 부모 간의 협동을 요구할 수 있다. 금요일에 샘플을 모으는 것이 도움이 될 수 있으며 다음 주 월요일에 유용한 결과를 가질 수 있을 것이다. 그러한 코호트 과정에서 하나의 장점은 기관이 검체를 모집하고 빼는 데 초점을 제공해 줄 수 있다는 것이다. 어린이는 일반적으로 코호트에서 제외되고 더 이상 장내병원균을 배출하지 않는다고 인정되었던 그 시기에 정상 조직으로 되돌아 간다. 단지 몇몇 어린이만이 그 코호트에 남게 된다. 이러한 상황 조절은 보육사와 부모 간의 토의가 필요하고 마찬가지로 그것으로 인해 보육사가 한 명 혹은 두 명의 어린이에게 원인을 돌리는 것이 어렵게 된다.

어린이 보육기관이 왜 대부분 유행을 조사하는 과정이나 지속적인 조절을 하는 동안 보건기구에 의해 폐쇄되지 않는지 몇 가지 이유가 있다. 폐쇄된 기관의 어린이의 부모는 그들의 아이, 즉 병원균의 배출 증상이 없는 혹은 잠복기의 어린이를 다른 기관에 놓아둠으로써 문제가 생길 수도 있다. 그들이 개방을 한 상태로 있는 한 어린이 보육기관은 검체 수집과 유행 후 조사와 정보보급에 대한 초점을 제공해 줄 수 있다. 한때 기관이 폐쇄되면 그들의 활동은 좀 더 복잡하고 더 많은 노동력이 필요하게 된다. 최종적으로 우리는 어린이 보육사와 부모가 좀 더 협동적이고 그들이 한때 공중보건사업소가 그들의 기관과 밀접하지 않았을 때의 정보를 제공하고자 하는 의지가 있음을 알게 되었다. 이러한 위험의 제거는 모든 과정을 좀 더 공동으로 할 수 있게 해준다.

10) 결과 전달

유행을 조사하는 마지막 단계는 알아야 할 필요가 있는 사람들에게 결과를 알리는 것이다. 잘 짜여진 프로토콜에는 계획상에 결과를 소통하는 것이 존재한다. 최소한 보고서를 문서화해야 하는 활동과 결과는 부서 파일로 설계되어야 한다. 프로토콜은 복사본이 어린이 보육기관, 면허기관 혹은 다른 정부기관에 제공될 것이다. 부모는 정보의 흐름에서 고려되어야 한다. 만약 극도의 완화된 환경이 없다면 부모에 대한 정보의 흐름은 정상적으로 어린이 보육기관의 관리자를 통해서 이루어져야 한다. 그러나, 기밀법은 부모나 법상의 보호자보다는 다른 사람에게 의학적인 정보 누출은 막을 수 있다. 그러므로 보육사에서 정보를 누출하는 것에는 동의서가 필요할 수 있다. 그러한 경우에 이러한 상황을 이미 겪은 이전 기관이 매우 큰 도움을 줄 수 있다.

상황의 심각한 정도에 따라 매체는 조사에 관심을 가질 수 있다. 여기서 다시 프로토콜은 소통 과정을 규명하는 데 도움을 줄 수 있다. 기밀법은 많은 지역에서 기관에 대한 정보누출을 막을 수 있는 반면에, 부모는 매체에 알려줄 수 있고 조금 일찍 약간의 조정과 계획은 주요한 문제와 나중에 생기게 되는 당혹감을 막을 수 있다.

마지막으로 유행 이후의 활동에 대한 검토는 시행되어야 한다. 이러한 검토의 목적은 무엇을 하고 무엇을 하지 않았는지, 어떻게 그 과정을 향상시킬 수 있는지를 결정한다. 이러한 검토 결과는 프로토콜과 과정을 바꾸는 데 사용되어야 한다.

4 요약

어떤 두 가지 유행도 정확하게 같지는 않음에도 불구하고 둘 다 모두 어느 정도의 공통된 면을 가지고 있으며, 계획과 준비로 인해 조사의 질에는 유의한 차이가 날 수 있다. 설립과 수정은 쓰여진 프로토콜의 필요만큼 조사 과정을 재정립할 것이며, 심각한 질병이 유행하는 시점에서 어린이보육기관처럼 감정적 기후에서 일할 때 생기게 되는 많은 문제점을 피할 수 있다. 이 장에서는 프로토콜을 만드는 데 뼈대를 제공한다. 우리 사회가 그러한 집 밖에서의 어린이 보육이 종종 재고품이 부족한 상태에서의 생활필수품과 같다는 것을 알았다. 어린이 보육사들의 대다수는 그들의 일에 대단한 자부심을 가지고 있으며 건강과 복지를 위임받게 된다. 이러한 상황에서 감시와 유행에 대한 공동조사는 권위나 대질에 기초를 둔 것보다 즉각적이고 오랜 기간의 목표를 고려할 경우 훨씬 더 성공적인 것 같다.

참고문헌

대한예방의학회, 한국역학회. 예방의학 · 역학 · 공중보건학 용어집, 계축문화사, 2014.

손석준, 이경수, 이무식, 이중정, 이충원, 정인성. 현장역학(Field Epidemiology, 2nd edition 번역본). 계축문화사, 2004.

Addiss, D.G., Sacks, J.J., Kresnow, M.J., et aL (1994). The compliance of licensed US child care centers with National Health and Safety Performance Standards. Am J Public Health 84, 1161-64.

Bartlett, A.V., Englender, S.J., Jarvis, B.A., et al. (1991). Controlled trial of Giardia lamblia: control strategies in day care centers. Am J Public Health 81, 1001-6.

Breslow NE, Day NE. Statistical methods in cancer research. Vol 1. The analysis of case—control studies. (IAEC scientific publication no. 32). Lyon : International Agency for Research on Cancer; 1980.

Detels R, Beaglehole R, Lansang MA, Gulliford M. Oxford Textbook of Public Health, Oxford University Press, 2009.

Feinstein AR. Clinical Epidemiology. The architecture of clinical research. Philadelphia: W.B. Saunders Company 1985.

Gordis L. Epidemiology. 5th ed. Philadelphia: Elsevier; 2013.

Kelsey JL, Thompson WD, Evans AS. Methods in observational epidemiology. New York, Oxford: Oxford University Press; 1986.

Last JM. A Dictionary of Epidemiology, 4th Ed, Oxford Uni Press Inc., 2001.

MacMahon B, Pugh TF. Epidemiology: principles and methods, Little, Brown and Company, 1970.

Mohle-Boetani, J.C., Stapleton, M., Finger, R., et al. (1995). Communitywide shigellosis: control of an outbreak and risk factors in child day-care centers. Am J Public Health 85, 812-16.

Porta M. A Dictionary of Epidemiology, 5th edition, IEA, Oxford University Press, USA, 2008.

Rasmussen SA, Goodman RA. The CDC Field Epidemiology Manual, Oxford University Press, USA, 2018.

Robert B. Wallace. Maxey-Rosenau-Last Public Health and Preventive Medicine. McGraw-Hill Education, 15 edition, 2008.

Rothman K J. Modern epidemiology. Boston, Toronto: Little, Brown and Com pany; 1986.

Schlesselman JJ. Case—control studies: design, conduct, analysis. New York: Oxford University Press; 1982.

Sherman, I.L., Langmuir, A.D. (1952). Usefulness of communicable disease reports. Public Health Rep 67, 1249-57.

Tauxe, R.V., Johnson, K.E., Boase, J.C., et al. (1986). Control of day care shigellosis: a trial of convalescent day care in isolation. Am J Public Health 76, 627-30.

제4장

환경보건 현장 역학조사

1 환경보건 현장조사의 특징

현장조사관은 오염물질 또는 환경요인과 관련이 있을 수 있는 노출 또는 질병 집락(클러스터)을 직면할 때 특별한 문제에 직면한다. 문제는 인체 노출을 정확하게 평가하는 것, 사례(환례)정의를 결정, 노출을 유해 건강영향과 연결하는 것이 포함될 수 있다. 위험에 대해 잠재적으로 영향을 받는 사람들과 위험을 줄이기 위한 조치에 대한 의사소통은 환경 현장조사에서 특히 어렵다.

이 장의 범위는 단기 노출과 그에 따른 급성 질환 또는 환경 기원의 증상 집락에 대한 조사로 제한된다. 초기에 이러한 조사의 중요한 예로는 일본 미나마타만 주변 인구의 대량 메틸수은 중독과 이탈리아 세베소에서 발생한 산업재해 후 다이옥신 노출 등이 있다. 급성 사건에서 노출은 높고 일시적일 가능성이 높으며, 유해 건강결과는 즉시 또는 며칠 또는 몇 주 내에 감지하거나 측정할 수 있다. 긴 잠복성 질병 집락의 공중보건 조사를 위한 지침 문서는 의심되는 암 집락이나 선천적 결함에 대해 사용할 수 있지만, 여기서는 논의하지 않는다. 이 장에서는 조사에 대한 단계적 접근 방식과 모든 단계에서 잠재적으로 영향을 받는 지역사회와의 투명한 의사소통을 강조한다.

이 장에서 "환경"에는 공기, 물, 토양, 식품 또는 소비재에서 건강에 좋지 않은 결과를 미칠 수 있는 오염물질이 포함된다. 노출 요인은 물리적(예: 방사선 또는 극한 날씨), 생물학적 또는 화학적일 수도 있다. 화학적 요인은 합성(예: 유기인산염) 또는 자연 발생(예: 비소 및 생물학적 독소)일 수도 있다.

환경 현장조사의 유발인자는 일부 환경요인과 인과 관계가 있는 것으로 의심되는 인구집단에서 급성 증상 또는 특징적인 증상 세트(증후군)의 비정상적으로 증가한 것일 수도 있다. 지역사회 구성원, 경계하는 임상의 또는 질병감시시스템은 이러한 증상으로 보건 조사자의 주의를 끌 수 있다. 증후군감시시스템은 특히 유용할 수 있으며 공중보건 조치를 위한 증후군 증가를 감지하는 데 일반적으로 사용된다. 증후군 감시를 위한 데이터 소스는 관할권에 따라 다르지만 병원 응급실, 독극물 통제센터, 처방전 없이 구입할 수 있는 약품(over-the counter drug) 판매기록 또는 기타 소스의 모니터링 데이터를 포함할 수 있다. 현장조사자는 대부분의 역학조사와 공통되는 다음 목표를 갖는다.

- 작업(working) 사례(환례)정의 개발
- 아픈 사람 발견
- 공간과 시간에서 질병 또는 증상 집락 정의
- 건강에 부정적인 영향을 미칠 수 있는 원인을 파악
- 추가 노출을 방지하고 추가 질병 사례를 예방하기 위한 조치를 권장하거나 취함
- 적절한 경우 환경평가의 수행을 고려

그러나 환경 현장조사의 유발인자는 증상 또는 질병의 집락이 이미 발생했다는 지식보다는 환경요인에 대한 노출 또는 노출의 의심일 수 있다. 노출 자체는 예를 들면, 고독성 화학 물질의 방출이 발생했을 때 즉각적인 공중보건 개입을 시작하기에 충분한 근거가 될 수 있다(표 4.4.1.). 질병 집락과 마찬가지로 노출은 지역사회 구성원 또는 경계하는 임상의 또는 파트너(예: 환경보호기관 또는 독극물 정보센터), 환경 모니터링 시스템 또는 응급 대응 요원을 통해 보건 조사자의 주의를 끌 수 있다. 이러한 상황에서 현장조사관은 다음 목표 중 하나 이상을 가질 수 있다.

- 건강에 부정적인 영향을 미칠 수 있는 환경적 원인 파악
- 분산 또는 희석과 같은 노출 강도를 변화시킬 수 있는 프로세스를 고려하여 노출 정도 및 경로를 확인하고(가능한 경우) 정량화
- 잠재적 노출 인구 정의
- 노출이 건강상 악영향을 초래하기에 충분한지 여부 결정(노출의 고유 독성, 의심 선량, 경로 및 지속 기간에 대한 평가 포함)
- 노출이 발생하기에 충분한 시간이 지난 경우 노출이 모집단에 실제로 증상 또는 질병이 발생하였는지를 판단
- 추가 노출을 방지하고 추가 질병 발생을 예방하기 위한 조치 권장 또는 권고

표 4.4.1. 어린이집에서 수은에 노출된 어린이의 생물학적 모니터링 사례

공중보건 문제

미국 뉴저지주의 한 어린이집의 어린이들과 직원들은 실내공기 중 높은 수준의 수은 원소에 수개월 동안 노출되었다. 이 건물은 이전에 체온계 제조에 사용되었으며, 어린이집 시설로 사용하기에 부적절한 전환 이전에는 비어 있었다. 주 환경 공무원은 어린이와 직원이 사용하는 방에서 수은 증기 농도가 높아진다는 사실을 보건당국에게 알렸다.

공중보건 대응

어린이집 운영은 주 보건당국의 조언에 따라 즉시 중단되었다. 조사관들은 그 구조물에서 액체 수은을 발견했다. 며칠만에 주 및 연방 보건 조사관들은 국립환경보건센터, 질병통제예방센터(CDC)의 실험실에서 소변 중 수은 측정을 위해 72명의 어린이와 9명의 직원으로부터 표본을 확보했다. 소변

수은 농도는 배경 범위를 훨씬 초과하는 수은 노출을 나타낸다. 보건 조사관들은 모든 소변 수은 수치가 배경 범위로 떨어질 때까지 수개월 동안 노출된 어린이와 성인을 대상으로 수은에 대한 연속 소변검사를 실시했다. 신체 부담의 감소는 알려진 원소 수은의 반감기와 일치한다.

챙겨야 할 요점
알려진 독성 물질에 대한 노출을 중단하기 위해 즉각적인 조치가 필요하다. 생물학적 모니터링은 노출을 평가하고 노출을 중단하기 위한 개입이 구현된 후 신체 부담의 감소를 추적하는 중요한 도구가 될 수 있다.

출처 : Agency for Toxic Substances and Disease Registry. Health consultation: medical exposure investigation using serial urine testing and medical records review, Kiddie Kollege, Franklinville, Gloucester County, New Jersey. EPA Facility ID: NJN000206028. June 13, 2007. http://www.atsdr.cdc.gov/HAC/pha/KiddieKollege/KiddieKollegeHC061307.pdf

환경보건 조사에는 일반적으로 노출 및 건강 문제에 따라 구성되는 여러 분야 팀의 모임이 필요하다. 노출을 이해하려면 화학 및 오염물질의 환경 또는 생물학적 운명에 대한 전문 지식이 필요할 수 있으며 다양한 환경 매체(공기, 물 또는 토양) 또는 노출 측정 또는 모델링 방법에서 오염물질의 이동 가능성이 있다. 건강에 미치는 영향의 가능성을 이해하려면 독성학, 역학, 환경 또는 직업의학에 대한 전문 지식이 필요하다.

조사 팀은 또한 급성 노출사건 동안과 그 이후에 건강정보를 수집하고 전파하기 위해 위험 커뮤니케이션 및 커뮤니티 또는 미디어 관계에 대해 교육을 받은 직원이 필요하다. 이러한 기술은 지역사회가 두려움, 불확실성, 불신 및 분노를 경험하고 언론의 집중적인 관심을 받는 동안 환경보건 현장조사가 자주 수행되기 때문에 특히 중요하다.

환경보건 현장조사는 단계적 접근방식을 따라야 한다. 일부 상황의 급격한 특성 때문에 일부 단계를 동시에 수행해야 한다. 일부 조사는 모든 단계를 수반하지 않을 수도 있다.

2 예비 노출 및 질병 정보 수집

초기 유발요인에 관계없이 초기 경고 소스(커뮤니티 구성원, 임상의, 미디어, 응급 대응자 또는 감시 및 모니터링 시스템)에서 가능한 한 많은 정보를 캡처한다. 보다 신뢰할 수 있는 상황 인식을 위해 이전의 유사한 사건에 대한 응답 보고서를 포함하여 여러 입증 데이터에서 정보를 수집한다. 데이터는 특정 상황에 따라 결정되지만 지역, 주 및 연방 환경 규제 당국, 보건기관 감시 프로그램, 현장 비상 대응 코디네이터, 위험물질 부서, 지역 병원 응급실 및 독극물 통제센터가 포함될 수 있다. 대응 초기에 가능한 성격, 규모 및 노출원에 대해 열린 마음을 유지해야 한다. 살충제를 잘못 바르거나 수입품과 같이 예상치 못한 출처에서 노출이 발생할 수 있다(표 4.4.2.).

표 4.4.2. 살충제 오용으로 인한 메틸브로마이드 중독 사례

공중보건 문제 휴양지에서 휴가를 보내는 네 명의 가족이 심각한 신경학적 증상(근육 약화, 경련 및 감각 변화 등), 구토 및 설사로 입원했다. 3개의 기계적 환기가 필요하다. **공중보건 대응** 농약이나 생물학적 독소에 의한 식품 오염이 의심되었지만 배제되었다. 조사 결과, 가족이 병에 걸리기 이틀 전에 가족이 사는 아파트 아래층에서 메틸브로마이드로 훈증 소독을 한 것으로 밝혀졌다. 그 가족 외에는 아무도 훈증 소독된 건물을 사용하지 않았다. 증상은 메틸브로마이드 노출과 일치했다. 훈증 소독 후 며칠 동안 점유 및 훈증 소독된 시설의 실내 공기에서 메틸브로마이드가 검출되었으며 급성 질환을 유발할 수 있을 정도로 높은 상태를 유지했다. 훈증 소독 기록을 바탕으로 조사자들은 이전에 메틸브로마이드 관련 중독 사건을 발견했다. 미국 환경 보호국은 메틸브로마이드를 주거용 훈증제로 사용하는 것을 허용하지 않았다. **챙겨야 할 요점** 가능한 원인 노출을 찾을 때, 조사관들은 살충제 또는 다른 제품의 오용이나 오용의 가능성을 인식해야 한다. 게다가, 조사관들은 수입품에 있을 수 있는 미국에서 금지된 물질로 인해 중독이 발생했음을 알아야 한다.

출처 : Kulkarni PA, Duncan MA, Watters MT, et al. Severe illness from methyl bromide exposure at a condominium resort—U.S. Virgin Islands, March 2015. MMWR. 2015;64:763-6.

증상 또는 질병의 보고가 촉발된 경우 질병 또는 증상을 보고하는 사람의 수와 연령(및 기타 관련 인구통계학적 요인), 증상 발병 또는 질병 진단 날짜 및 시간, 질병의 성격 및 중증도, 질병이 있는 사람이 의사의 진료 또는 치료를 구했는지 여부, 위치 또는 위치에 대한 정보를 수집한다. 이 진행이 오염물질 확인의 핵심이 될 수 있기 때문에 각 증상에 대한 증상 기간과 발병 시기를 수집한다.

초기 노출 정보에는 가스 또는 미립자의 가시적 기둥(plume)에 대한 목격자 보고서, 비정상적인 냄새 또는 맛에 대한 설명, 토양이나 물의 변색이 포함될 수 있다. 비상 대응자는 휴대용 공기 감시기를 사용하여 공기의 비특이적 오염을 나타내는 데이터를 수집하거나 표면 또는 기타 오염된 매체에서 샘플을 수집했을 수 있다. 이러한 정보는 후향적으로 노출 패턴을 재구성하는 데 유용할 수 있다. 조사 중에 가능한 한 빨리 환경 매체에서 화학 오염물질의 특정 측정치를 기록해야 한다.

사건의 규모에 대한 초기 인상은 불완전한 정보를 기반으로 하고 최소한으로 보일 수 있다. 모든 관련 감시 및 모니터링 데이터의 검토를 포함한 추가 조사를 통해 더 큰 영향을 나타낼 수 있다. 노출 및 질병에 대한 정보가 예비적인 경우에도 가능한 한 빨리 보호 중재 및 완화 조치를 고려하라. 노출을 억제하기 위한 조기 완화는 일부 환경 노출이 영향을 지연시키고, 추가 노출에 대한 우려가 있거나, 위험에 처한 집단이 아직 완전히 설명되지 않았기 때문에(예: 잠재적인 제품

조작 또는 오염) 중요할 수 있다. 완화 조치의 예로는 포인트 소스 제거, 대피, 피난, 엔지니어링 제어 등이 있다. 적절한 중재는 또한 대중의 신뢰와 신뢰를 구축하거나 유지할 수 있다.

3 위험성이 있는 커뮤니케이션 계획 개발

소셜 미디어의 광범위한 사용, 빈번한 집단 소송, 환경오염물질의 영향에 대한 선정적인 영화 묘사의 시대에 환경 문제에 대한 효과적인 공중보건 위험 커뮤니케이션에 대해 다시 강조되고 있다. 어떤 현장조사에서도, 투명성, 훌륭한 경청 기술 및 공중보건 조사관이 문제를 적극적으로 조사하고 있다는 확신을 강조하면서 가능한 한 빨리 위험 커뮤니케이션 전략을 개발하고 구현하는 것이 필수적이다. 위험 커뮤니케이션 계획은 조사 결과의 영향을 받는 지역사회에 의해 신뢰할 수 있고 수용될 것이라는 신뢰와 지원을 구축하는 데 중요하다. 사고 관리 구조의 형성을 촉발하는 상황은 공동 정보센터와의 통신 조정이 필요할 것이다. 환경 조사 중 효과적인 위험 커뮤니케이션 접근방식은 다음 원칙을 준수한다.

- 대중을 합법적인 파트너로 받아들이고 참여시킨다. 지역사회 구성원은 지역 환경노출 문제에 대한 중요한 통찰력을 가질 수 있다.
- 지역사회의 구체적인 관심사에 귀를 기울인다. 사람들이 무엇을 생각하고 무엇을 알고 싶어 하는지 알아봐야 한다.
- 정직하고 솔직하며 개방적이어야 한다. 가능한 한 빨리 환경 위험에 대해 무엇이 있고 아직 알려지지 않은 사항을 공개해야 한다.
- 신뢰할 수 있는 다른 정보원과 조직하고 협력해야 한다. 지역사회가 이미 신뢰할 수 있는 독립적인 커뮤니케이션 파트너(예: 지역사회 의사)를 참여시켜야 한다.
- 미디어의 요구사항을 충족해라. 기자가 접근할 수 있도록 간결한 메시지로 준비해야 한다.
- 동정심을 가지고 분명하게 말하라. 기술 전문용어를 피하고, 표현된 감정을 인식하고 이에 대응하며, 위험을 줄이기 위해 진행 중인 조치를 강조해야 한다.

위험 커뮤니케이션 계획 및 준비의 일환으로 특정 이해 관계자를 위한 특정 목표를 개발한다. 가능하다면, 비상 상황에 적응할 수 있는 사전 검정된 위험 메시지를 준비해야 한다.

오염물질에 대한 노출이 부과되고 개별 통제 밖에 있을 때, 안전한 공기, 물, 식품 또는 소비재에 대한 지역사회의 기대치를 위반할 때 공포와 분노가 증폭된다(표 4.4.3.). 스트레스가 많은 사건은 지역사회 구성원들이 정보를 처리하고 동화하는 능력을 감소시키므로 가장 중요한 공중보건 메시지를 먼저 언급하고 자주 반복해야 한다.

표 4.4.3. 미시간주 플린트시 어린이들의 식수에서의 납 노출 사례

공중보건 문제 2014년 4월 미국 미시간주 플린트시는 비용 절감을 위해 식수 공급원을 전환했다. 그러나 새로운 공급원은 부식성을 줄이기 위해 적절하게 처리되지 않았다. 결과적으로, 어린이를 포함한 주민들은 배관 및 서브 라인에서 누출된 납 및 기타 부식 제품에 수개월 동안 노출되었다.
공중보건 대응 공무원들은 발생하는 문제를 인지하고 식수의 수질에 대해 주민들이 표출하는 우려에 대해 느리게 대응하여 어린이의 복지에 대한 분노와 공포를 불러일으켰다. 지역사회 구성원과 함께 일하는 독립적인 연구진들은 도시 전역에서 식수 수도꼭지의 납 농도가 높아졌으며, 상수원 전환 이후 플린트시 아동의 혈중 납 수치가 높은 비율로 증가했음을 입증했다. 지역사회의 분노로 인해 도시는 2015년 10월 원래의 상수원으로 다시 전환할 수밖에 없었지만, 수자원 기반 시설의 부식 관련 피해는 오래 지속될 수 있다. 관계자들은 주민들에게 생수와 사용 시점(point-of-use) 필터를 제공하기 시작했으며 납 서브 라인과 기타 손상된 수도 시스템 인프라를 교체하기로 합의했다. 이후 플린트시 아동의 혈액 납 농도를 분석한 결과, 원래 수원이 복원되고 다른 노출 감소 조치가 시행된 후 혈액 납이 높아진 아동의 비율이 전환 이전 수준으로 되돌아간 것으로 확인되었다.
챙겨야 할 요점 지역사회 문제에 대해 적절하게 조기에 경청하고 대응하는 것이 필수적이다. 대중의 신뢰를 잃으면 되돌릴 수 없을지도 모른다. 환경 및 생물학적 모니터링 정보는 노출을 이해하고 시기적절한 예방 또는 시정 조치를 촉진하는 데 유용할 수 있다.

출처 : Bellinger DC. Lead contamination in Flint—an abject failure to protect public health. N Engl J Med. 2016;374:1101-3.; Hanna-Attisha M, LaChance J, Sadler RC, Schnepp AC. Elevated blood lead levels in children associated with the Flint drinking water crisis: a spatial analysis of risk and public health response. Am J Public Health. 2016;106:283-90.; Kennedy C, Yard E, Dignam T, et al. Blood lead levels among children aged 〈6 years—Flint, Michigan, 2013-2016. MMWR. 2016;65:650-54.

4 다학제적 조사 팀 구성

가능한 한 특정 상황을 다루는 역학 및 환경 노출평가 기술을 갖춘 내부 팀을 구성한다. 처음부터 위험 커뮤니케이션 또는 미디어 관계 전문가를 팀에 포함시켜야 한다. 또한 팀원에는 지역 또는 주 보건 및 환경 기관과 비상 대응 부서의 대표자를 포함할 수 있다. 연방 보건 및 환경 자원과 파트너십을 맺고 도움을 얻어야 한다.

가능한 한 빠른 시일 내에 도움이 필요할 수 있는 독립적이거나 외부에 있는 전문가를 소집해야 한다. 이 팀에는 환경 및 실험실을 기반으로 하는 과학자, 산업 위생사, 의사 또는 직업의학 및 환경의학 교육을 받은 기타 임상의, 독성학자 및 독극물 관리 책임자가 포함될 수 있다. 일부 사건은 법 집행기관과 조정이 필요할 수 있다.

5 사례정의 개발 및 진단 확인

증상 및 질병의 특성에 대한 예비 정보를 사용하여 상황에 대한 추가 분석을 위한 작업 사례정의를 수립한다. 사례정의는 정보가 출현하면서 강화, 확장 또는 수정될 수 있지만 증상 또는 증상 집합, 발병기간 및 지리적으로 관련된 정보를 포함해야 한다. 환경 노출이 알려지거나 의심되는 경우, 사례정의는 노출 후 독성 영향 또는 생물학적 반응에 대해 알려진 것을 고려하여 잠복기, 노출 경로 및 의심되는 선량을 고려해야 한다.

질병이 작업 사례정의를 충족하는 각 사람을 인터뷰한다. 노출 정보를 기반으로 한 조사에서 노출이 의심되는 사람을 인터뷰하여 우려되는 노출과 관련이 있을 수 있는 정보를 포함하여 증상이나 질병에 대한 정보를 수집하는 것을 고려해야 한다(표 4.4.4.). 데이터 수집을 용이하게 하기 위해 인구 통계, 증상, 증상 발병, 위험 요인, 가능한 노출 및 시간과 장소와 관련된 의료 시스템의 만남을 다루는 사례 인터뷰와 요약 양식을 개발하거나 개선한다. 사례정의의 일부가 유용한 경우 적절한 조치를 위해 생물학적 표본을 수집하고 분석하는 것을 고려해라.

건강 기록의 수집 및 사용을 고려할 때, 이러한 기록을 수집하고 검사하는 관할 당국과 법률 또는 규정에 따라 이 권한에 대한 제한 사항을 알고 있어야 한다. 이러한 이해는 주에서 구체적으로 보고할 수 없는 상황과 관련하여 특히 중요하다. 많은 주에서는 특정 비감염성 질병을 공중보건 당국에 보고해야 한다. 또한, 대부분의 주는 비정상적인 질병 군집화 또는 비정상적인 건강 사건을 공중보건당국에 보고하도록 요구하는 법률과 규정이 있다.

표 4.4.4. 열차 탈선 후 염화비닐 노출 및 급성 증상

공중보건 문제 수십 대의 화학 탱크 차량을 실은 화물 열차가 새벽에 철도 교량에서 탈선했다. 자동차 한 대가 파열되어 24,000갤런의 염화비닐이 공기 중으로 방출되었다. 몇 분 안에 염화비닐 증기구름이 뉴저지의 인접한 다양한 지역사회로 이동했다. 염화비닐의 공기 측정은 염화비닐 가스 기둥이 방출된 후 몇 시간이 지날 때까지 수행되지 않았지만, 분산 모델은 탈선 현장에서 거의 1마일 떨어진 곳에서 급성 질환을 일으킬 수 있을 만큼 충분히 높았다고 밝혔다. 공중보건 대응 응급 구조대는 대피소에 대한 권고안을 발표했다. 이날 늦은 시간에, 인근 주민들이 대피했다. 며칠 후 현장이 안정되고 주민들이 집으로 돌아갈 수 있게 된 후, 주 및 연방 보건당국은 증상의 빈도를 파악하기 위해 주민들과 응급 구조대원을 대상으로 설문 조사를 실시했다. 마을 주민들의 절반 이상이 증상을 경험했다. 탈선 현장에 더 가까이 사는 사람들은 멀리 사는 사람들보다 증상을 보고할 가능성이 더 높았다. 가장 일반적으로 보고된 증상은 두통이었다. 눈, 코, 목의 자극; 기침과 호흡곤란; 현기증 및 메스꺼움. 특이하지는 않지만, 이러한 증상은 염화비닐 노출의 급성 영향과 일치했다.

의무기록 검토에 따르면 250명 이상의 주민들과 응급 구조대원이 병원 응급실에서 진료를 요청했다.

챙겨야 할 요점

특정하지 않은 증상들이라도 다른 개별 세부 정보가 노출 시간과 장소를 정의할 수 있는 경우 사례 정의에 사용할 수 있다. 사례정의에 증상, 시간 및 장소를 결합하면 개별 노출 사건 후 노출된 사람과 증상이 있는 사람의 수를 추정할 수 있다.

출처 : New Jersey Department of Health. Surveys of residents of Paulsboro, New Jersey following a train derailment and vinyl chloride gas release. Trenton, New Jersey, September 5, 2014. https://www.state.nj.us/health/ceohs/documents/eohap/haz_sites/gloucester/train_derail/survey_report.pdfpdf; New Jersey Department of Health. Air quality in Paulsboro, New Jersey following a train derailment and vinyl chloride gas release. Trenton, New Jersey, September 5, 2014. https://www.state.nj.us/health/ceohs/documents/eohap/haz_sites/gloucester/train_derail/air_quality_report.pdf ; National Transportation Safety Board. Conrail Freight Train Derailment with Vinyl Chloride Release, Paulsboro, New Jersey, November 30, 2012. Accident report NTSB/RAR-14/01. Washington, DC: National Transportation Safety Board; July 29, 2014.

6 노출 특성화 : 노출된 사람과 노출 정도

질병의 명백한 증가 또는 노출 사건이 조사를 유발하는지 여부와 관계없이, 환경 인자에 대한 모집단의 노출에 대한 정확한 평가와 정량화가 매우 중요하다. 그러나 노출 평가는 많은 상황에서 어렵거나 불가능할 수 있다. 예를 들면, 재난 사고 중 화학물질 방출은 신속하게 발생하고 샘플링 또는 모니터링 장비를 현장으로 가져오기 전에 분산될 수 있다. 어떤 상황에서는 과학적으로 신뢰할 수 있거나 검증된 환경 또는 생물학적 모니터링 조치(예: 공기, 물, 혈액 또는 소변의 화학 물질)를 사용할 수 없어 노출 특성화가 더욱 어려워질 수 있다.

적용 가능한 경우, 사례정의에는 특히 특정 살충제, 금속(납, 수은) 또는 일산화탄소와 같이 노출 수준과 임상 결과 사이의 관계가 비교적 명확한 화학물질에 대한 노출이 관련된 상황이 포함되어야 한다. 예를 들면,

- 유기 인산염 살충제에 대한 노출은 콜린에스테라아제(cholinesterase) 값의 변화에 기초하여 정의될 수 있다.
- 비정상적인 수은 노출의 증거는 소변 수은의 임상 측정을 포함될 수 있다.
- 일산화탄소 중독 정의에는 카복시헤모글로빈(carboxyhemoglobin) 값의 평가가 포함될 수 있다.

사람들의 생물학적 모니터링 또는 화학적 측정은 노출이 광범위한 오염을 초래하지 않았는지 확인하는 데 도움이 될 수 있다. 화학물질 또는 대사산물의 생물학적 측정은 화학물질의 약동학

의 맥락에서 이해되어야 하며, 이는 표본 수집시기 및 샘플링할 생물학적 매체(예: 혈액, 소변, 숨을 내쉬는 호흡 또는 머리카락)를 지시한다. 반감기가 짧은 화학물질의 경우 노출 메트릭으로서 해석할 수 있도록 노출 후 몇 시간 내에 표본을 수집하고 측정해야 할 수 있다. 일부 화학물질의 경우 분석 방법을 사용할 수 없거나 노출 평가와 관련된 기간 내에 검사를 수행할 수 없기 때문에 임상실험실 측정이 관련 없을 수 있다.

질병통제예방센터(CDC) 국립환경보건센터는 많은 환경 화학 물질에 대한 국가 기준값을 설정했다. 이 값은 사례정의에서 컷오프 농도로 사용하거나 생물학적 모니터링을 사용하는 지역사회 조사에서 인구 노출 결과에 대한 비교로 사용할 수 있다.

7 사례 확인 완료

사례정의가 확립되면 모든 관련 데이터 소스를 사용하여 가능한 모든 사례를 확인한다. 이러한 데이터 소스에는 증후군감시시스템(표 4.4.5.), 실험실 결과, 응급실 의무기록 및 독극물 통제센터 정보(표 4.4.6.), 환자 입원기록, 자가 보고서 또는 인터뷰 응답을 수집하는 기타 잠재적 관련 감시 데이터 시스템이 포함될 수 있다. 대부분의 노출 사례가 사건에서 발생했거나, 노출이 광범위하게 분산된 경우(예: 제품 오염 또는 공공장소에서의 화학물질 방출) 잠재적으로 노출된 사람을 찾는 데 다른 방법이 필요할 수 있다. 기존의 인쇄 및 방송 미디어, 소셜 미디어, 공급자 및 시설에 대한 폭발, 이메일 목록 및 기타 방법을 사용하면 가능한 한 많은 사례를 캡처하는 데 도움이 될 수 있다.

표 4.4.5. 거품 파티에서 지속되는 눈 손상

공중보건 문제
나이트클럽 거품 파티 참석자들은 스프레이 거품(농축 라우릴황산나트륨)에 노출되었다. 파티 참석자들은 심각한 눈 손상을 입었고, 응급 치료를 받아야 했다.

공중보건 대응
지역 공무원과 법 집행부의 전화는 공중보건 전문가들에게 전날 저녁 파티에 참석한 후 수십 명의 사람들이 심각한 눈 통증을 위해 응급실을 찾았다는 것을 알렸다. 신드롬 감시는 시력 손상으로 인한 주요 불만사항으로 응급실(Emergency Department) 관리를 요청한 사람을 식별하기 위해 사용되었다.
사례정의는 파티에 참석한 사람과 24시간 내에 증세를 보이는 사람의 눈 손상이었다. 응급실 기록을 검토하고 추출했으며, 인근 안과 클리닉, 응급진료소, 병원에 연락했다. 환자는 이벤트별 설문지를 사용하여 인터뷰했다. 소셜 미디어는 외부 파티 참석자에게 다가가는 데 사용되었다. 이 활동은 추가로 26건의 사례를 제공했다. 350명의 파티 참석자 중에서 총 56건의 사례가 확인되었다. 눈 손상은

중등도에서 중증이었습니다. 각막 찰과상은 진단받은 모든 사례의 절반에서 발생했다.

챙겨야 할 요점
증상의 증가를 확인하기 위해 증후군 감시를 사용하는 것은 환경 조사에서 유용한 구성 요소이다. 소셜 미디어를 포함한 모든 데이터 소스에 대한 추가 후속 조치를 통해 더 완전한 케이스 확인이 가능하다.

출처: Cavicchia PP, Watkins S, Blackmore C, Matthias J. Notes from the field: eye injuries sustained at a foam party—Collier County, Florida, 2012. MMWR. 2013;62:667-8.

표 4.4.6. 오염된 수박으로 인한 농약 중독 발생 사례

공중보건 문제
1985년 여름 미국 3개 주의 보건부서는 농약 중독을 암시하는 질병에 대해 경고하는 임상의에게 보고를 받았다. 증상은 위장(메스꺼움, 구토 및 설사), 신경(흐린 시야, 타액 분비), 근육(약화, 경련) 증상 등으로 유기인제 또는 카바메이트 살충제 노출과 일치했다.

공중보건 대응
수박은 초기 환자의 음식 소비정보를 기반으로 의심되었다. 공무원들은 수박을 먹지 말라는 권고를 내렸고, 수박은 이후 금지되었다. 보건 조사자는 증상에 따라 사례정의를 개발하고 독극물통제센터와 응급부서에 연락하여 철저한 사례확인을 수행했다. 약 1,000건의 농약 중독 사례가 최종적으로 보고되었다. 수박에 대한 검사 결과, 이 작물에 사용하도록 등록되지 않은 급성 독성 카바메이트 살충제인 알디카브로에 오염된 것으로 나타났다. 불행히도 수박은 특정 출처를 추적할 수 없었다.

챙겨야 할 요점
노출 사건의 공중보건 보고 통지는 종종 경고하는 임상의사에게 의존한다. 특히 식품오염의 광범위한 특성을 고려할 때, 지역 보건부서 및 실험실, 독극물 정보 통제, 응급 부서 등의 협력은 중요하다.

출처: Goldman LR, Smith DF, Neutra RR, et al. Pesticide food poisoning from contaminated watermelons in California, 1985. Arch Environ Health. 1990;45:229-36.; Green MA, Heumann MA, Wehr, HM, et al. An outbreak of watermelon-borne pesticide toxicity. Am J Public Health. 1987;77:1431-4.

8 질병 집락(군집)의 특성화

기본 인구 통계, 장소 및 시간을 고려하여 사례 정보를 요약한다. 고전적인 유행곡선(날짜 또는 시간별 신규 발병사례 수 히스토그램)을 구성하고 조사하는 것은 감염원의 현장조사에서와 마찬가지로 환경 조사에서도 유용하다(표 4.4.7.). 유행곡선은 제품 사용 날짜, 화학 물질 방출 및 노출 가능성과 같은 사건, 노출과 측정된 건강 영향 사이의 지연 시간(즉, 잠복기)에 대한 지식과 함께 고려할 수 있다.

증상 해결의 날짜, 시간 및 상황도 중요할 수 있다. 예를 들면, 영향을 받은 사람들은 특정 위치에 있을 때 증상 악화를 보고할 수 있으며, 특정 문제의 위치 또는 노출을 가리킬 수 있다. 장소(직장 또는 학교)에 없을 때의 증상 완화도 중요한 세부 사항이다.

증상 발생 중 사례의 위치를 매핑하면 중요한 단서를 얻을 수 있으며, 노출과 증상 또는 질병에 대한 가설과 질병 예방을 위해 취해야 할 조치를 제시할 수 있다.

표 4.4.7. 식이 보충제 사용으로 인한 급성 셀레늄 독성 사례

공중보건 문제
2008년 3월 건강 보조식품을 복용하는 사람들 사이에서 비정상적인 증상 집락이 공중보건당국에 보고되었다. 보충제 복용량을 두 배로 늘렸을 때 증상이 악화되었다. 제품 조작 또는 제조 오염이 고려되었으며, 보고된 증상에 따라 셀레늄이 의심되었다.

공중보건 대응
여러 주에서 미국 식품의약국과 함께 조사를 했다. 의심되는 로트의 제품 검사 결과 현재 표시된 셀레늄 농도의 200배에 달하는 것으로 나타났다. 사례는 2주 이내에 발병한 보충제 사용자의 탈모, 손발톱 변색 또는 취성 또는 특정 증상(근육 또는 관절통, 두통, 구취, 피로 및 쇠약, 위장 증상 또는 피부 발진) 중 2개 이상으로 정의되었다. 보충제 섭취 후 201명의 증상이 사례정의를 충족했다. 식품의약국은 제품 리콜을 시작했다. 관련 로트는 2008년 1월부터 배포된 것으로 확인되었다. 유행곡선은 제품 리콜 후 사례가 감소했음을 나타내며 질병의 원인을 입증했다. 한 재료 공장의 직원 실수가 오염원으로 추적되었다. 광범위한 홍보에도 불구하고, 사례는 과소평가된 것으로 여겨졌다.

챙겨야 할 요점
유행곡선은 널리 배포된 제품의 회수 후 사례 감소를 포함하여 성공적인 완화 노력을 보여주고 입증할 수 있다.

출처 : MacFarquhar JK, Broussard D, Melstrom P, et al. Acute selenium toxicity associated with a dietary supplement. Arch Intern Med. 2010;170:256-61.

9 예비 가설 개발 및 건강 및 노출 데이터 분석

수집된 데이터를 바탕으로 조사관은 다음 질문을 고려하여 노출과 증상 간의 관계에 대한 예비 가설을 개발해야 한다.

- 사례를 정의하는 증상이나 질병은 노출의 성격과 정도에 대해 알려지거나 의심되는 사항을 기반으로 생물학적으로 그럴듯한가?
- 증상 발생 시간이 노출시기와 일치했으며, 효과의 지연 시간에 대해 알려진 것은 무엇인가?
- 유행곡선이 개별 사건, 여러 번의 노출 또는 연속 노출을 암시하는가?

• 사례의 위치지도(노출 또는 질병 발병 시)가 소스의 특성에 대해 암시하는가? (예: 공기 또는 물을 통해 국부적으로 또는 광범위하게?)

이 시점에서 질병 또는 질병 집락(군집)이 노출 또는 다중 노출과 연관될 수 있는지 물어봐야 한다. 화학 물질의 독성 영향에 대한 포괄적인 데이터는 노출-증상 관계에 대한 상담을 위해 쉽게 이용할 수 있다.

가설의 틀을 짜는 방법에 따라 측정되거나 추정된 노출의 수준을 다양하게 하여 증상이나 질병이 있는 사람의 비율 차이를 검정하는 것을 고려해야 한다. 시험할 노출 측정치는 의심되는 노출원에 대한 물리적 근접성, 환경 측정값 또는 모델링된 값 또는 생물학적 지표일 수 있다. 또한 특정 건강 결과의 심각도에 따라 평균 노출 수준이 다른지 물어봐야 한다. 표준 통계방법에 대한 교과서를 참조해야 한다.

예비 분석은 수집된 데이터를 더 잘 이해하기 위한 보다 정교한 방법이 필요하다는 것을 나타낼 수 있다. 마찬가지로 위험에 처한 집단의 노출과 질병을 연결하기 위해 체계적인 역학조사가 필요할 수 있지만, 이 연관성을 확인하기 어려울 수 있다. 이 조사 단계에서는 주제 전문가를 참여시키는 것이 특히 중요하다.

10 추가 체계적인 연구의 필요성 결정

공중보건 조사의 주요 목표는 더 이상의 질병이나 사망을 예방하는 것이다. 환경 조사에서 완화 노력은 상세한 환경 또는 생물학적 정보의 이점 없이 이 목표를 달성할 수 있다. 그러나 공중보건기관은 특히 주제 전문가와 협력할 때 조사를 구체화하기 위해 여러 가지 다음 단계를 고려할 수 있다. 이러한 단계에는 노출 추정치를 구체화하기 위한 노출 모델링(예: 공기 분산 모델링)이 포함될 수 있다. 다른 고전적인 다음 단계에는 환자-대조군 연구, 후향적 코호트 연구 또는 기타 관련 연구설계가 포함된다. 때때로 중요한 통계, 등록 데이터 또는 입원 데이터를 포함하여 기존 정보를 보다 광범위하게 사용할 경우 적절한 정보를 제공할 수 있다. 군집 감지 방법을 사용하여 군집의 공간적 · 시간적 경계를 정교화하거나 질병의 다른 가능한 군집 감지 방법을 찾는 것도 가능하다. 이러한 다음 단계의 대부분은 자원 집약적이며 노출과 사례 간의 연관성을 확인하지 못할 수 있다. 공중보건, 지역사회 요구, 기대치 및 접근방식의 과학적 건전성에 사용할 수 있는 자원을 고려해야 한다.

11 결과 요약과 결론 그리고 권장사항 개발

작업이 진행됨에 따라 조사 상태를 커뮤니티 및 기타 이해 관계자에게 알리고, 조사 종료 시 방법과 결과에 대한 요약 보고서를 작성한다. 최종 보고서에는 조사 결과, 지역사회와 기타 이해 관계자에 대한 권장사항으로 직접 뒷받침되는 명확한 결론을 포함시킨다.

요약 조사 보고서를 지역사회에 편리한 설정, 장소 및 시간으로 지역사회 및 기타 이해 관계자들에게 제시한다. 서면 및 구두 의사소통의 효율성에 영향을 미칠 수 있는 읽고 쓸 수 있는 수준과 언어 장벽을 고려하여 결과와 예방 메시지를 다양한 청중에 맞게 조정한다.

12 노출과 질병의 감소를 위한 예방 및 통제 조치 구현

조사의 각 단계에서 예방 및 통제 중재를 고려해야 한다. 이러한 중재에는 일반적으로 추가 인간 노출을 방지하기 위한 조치를 취하기 위해 환경 규제 및 비상 대응 파트너와의 협력이 포함된다. 긴급 상황, 특히 초기에는 상당한 불확실성에 직면하여 중재가 수행되어야 한다. 예를 들면, 주거 또는 학교 환경에서 원소 수은 유출 또는 방출에 대한 노출을 즉시 중지하는 조치를 취해야 한다. 가능한 한 빨리 건물 거주자의 대피를 고려하고, 그다음에는 적절한 현장 청소 단계가 뒤따를 수 있다(표 4.4.8.).

노출을 완화할 수 있는 공중보건 조치의 예는 다음과 같다.

- 높은 수준의 오염이 발견된 후, 개인 우물 소유자에게 생수 제공
- 폭풍 또는 기타 재난과 관련된 정전 전, 도중 및 후에 일산화탄소 중독 예방에 대한 공개 메시지
- 오염된 소비자 또는 식품과 관련된 경고 또는 리콜

때때로 조사는 새로운 법안(예: 새로운 주거지 또는 임대 부동산에 일산화탄소 탐지기 요구), 교육 증가(예: 화학약품에 대한 비상 대응 인력 맞춤 훈련)와 같이 지역사회에 국한되지 않는 더 크고 사전 예방적인 1차 예방 노력의 필요성에 주의를 환기시킨다. 새로운 표준설정(예: 가연성 또는 독성 화학물질을 다량으로 취급하는 시설에 대한 완충 구역 설정) 또는 지원 및 교육 확대(예: 적절한 우물 유지 관리 및 테스트). 마찬가지로 조사관은 사고 대응에서 얻은 교훈을 고려하고 향후 사건에 대한 대응 효과를 개선하기 위한 기관의 모범 사례에 대한 권고안을 만드는 시간을 가져야 한다.

환경적 노출 및 질병에 대한 현장조사는 전통적인 공중보건 이외의 고유한 파트너십과 전문지

식이 필요하다. 효과적인 위험 의사소통은 환경 조사에서 대응의 중요한 구성 요소이다. 깨끗한 음식, 물, 생활권에 대한 대중의 기대는 이러한 조사 동안 공중보건에 대한 기대치를 증가시켰다. 공중보건은 환경 문제에 대한 전문성을 유지하고, 주 및 연방 환경 파트너와 강력한 파트너십을 유지하고, 환경 조사를 성공적으로 완료하기 위해 위험 커뮤니케이션에 능숙해야 한다.

표 4.4.8. 실내 아이스링크에서 발생한 일산화탄소 중독

공중보건 문제

한 남자 하키 선수가 선수와 관중이 대거 참가하는 실내 하키 행사에 참가했다가 의식을 잃었다. 소방서는 경기장 내부에서 높은 수준의 일산화탄소(CO)를 감지했다.

공중보건 대응

응급 구조대는 모든 참석자에게 일산화탄소 중독에 대해 의학적으로 평가받도록 권장했다. 보건부 직원은 해당 사건을 둘러싼 날짜에 일산화탄소 노출을 치료하고자 하는 사람들을 위해 지역 응급실 기록을 요약했다. 추가 후속 조치 후, 하키 선수 50명 중 32명과, 42명의 다른 참가자를 포함하여 74명의 질병이 일산화탄소 중독 사례정의를 충족했다. 임신한 참석자를 포함하여 두 사람이 입원하여 치료를 받았다. 환자의 혈중 카복시헤모글로빈 수치는 5.1%에서 21.7%로 하키 선수들 사이에서 가장 높았다.

제보자 인터뷰에 따르면 그날 밤의 일산화탄소 측정값은 45ppm에서 165ppm 사이였다. 아이스링크의 일산화탄소 수준에 대한 허용 가능한 대기질 표준은 20ppm 이하이다. 얼음 재포장기에서 나오는 배출이 일산화탄소의 발생원으로 결정되었다.

챙겨야 할 요점

일산화탄소는 무색, 무취, 무미이며 대규모 집단에 영향을 미칠 수 있다. 완화 단계에는 일산화탄소 검출기 설치, 얼음 재포장기의 예정된 유지보수에 대한 요구사항, 실내 빙상 경기장에서의 일산화탄소 모니터링 요구사항이 포함될 수 있다.

출처 : Creswell PD, Meiman JG, Nehls-Lowe H, et al. Exposure to elevated carbon monoxide levels at an indoor ice arena—Wisconsin, 2014. MMWR. 2015;64:1267-70.

참고문헌

대한예방의학회. 예방의학과 공중보건학, 제3판 수정증보판, 계축문화사, 2017.

대한예방의학회, 한국역학회. 예방의학 · 역학 · 공중보건학 용어집, 계축문화사, 2014.

손석준, 이경수, 이무식, 이중정, 이충원, 정인성. 현장역학(Field Epidemiology, 2nd edition 번역본). 계축문화사, 2004.

Agency for Toxic Substances and Disease Registry. Health consultation: medical exposure investigation using serial urine testing and medical records review, Kiddie Kollege, Franklinville, Gloucester County, New Jersey. EPA Facility ID: NJN000206028. June 13, 2007. http://www.atsdr.cdc.gov/HAC/pha/KiddieKollege/KiddieKollegeHC061307.pdf

Agency for Toxic Substances and Disease Registry. Toxic substances portal: toxicological profiles. http://www.atsdr.cdc.gov/toxprofiles/index.asp

Armitage P, Berry G, Matthews JNS. Statistical Methods in Medical Research. 4th ed. Malden, MA: Blackwell Science, Ltd.;2002.

Bellinger DC. Lead contamination in Flint—an abject failure to protect public health. N Engl J Med. 2016;374:1101-3.

Bertazzi PA, Bernucci I, Brambilla G, Consonni D, Pesatori AC. The Seveso studies on early and longterm effects of dioxin exposure: a review. Environ Health Perspect. 1998;106 (Suppl 2):625-33.

Breslow NE, Day NE. Statistical methods in cancer research. Vol 1. The analysis of case—control studies. (IAEC scientific publication no. 32). Lyon: International Agency for Research on Cancer; 1980.

Cavicchia PP, Watkins S, Blackmore C, Matthias J. Notes from the field: eye injuries sustained at a foam party—Collier County, Florida, 2012. MMWR. 2013;62:667-8.

Centers for Disease Control and Prevention. Crisis and emergency risk communication (2014 edition). https://emergency.cdc.gov/cerc/resources/pdf/cerc_2014edition.pdfpdf

Centers for Disease Control and Prevention. Investigating suspected cancer clusters and responding to community concerns. Guidelines from CDC and the Council of State and Territorial Epidemiologists. MMWR. 2013;62(RR-8):1-24.

Centers for Disease Control and Prevention. National Notifiable Diseases Surveillance System: current and historical conditions. https://wwwn.cdc.gov/nndss/conditions/

Centers for Disease Control and Prevention. National report on human exposure to environmental chemicals. https://www.cdc.gov/exposurereport/index.html

Council of State and Territorial Epidemiologists. Biomonitoring in public health: epidemiologic guidance for state, local and tribal public health agencies. http://c.ymcdn.com/sites/www.cste.org/resource/resmgr/OccupationalHealth/2012CSTEBiomonitoringFINAL.pdf

Council of State and Territorial Epidemiologists. Position statement archive. http://www.cste.org/?page=PositionStatementsexternal

Creswell PD, Meiman JG, Nehls-Lowe H, et al. Exposure to elevated carbon monoxide levels at an indoor ice arena—Wisconsin, 2014. MMWR. 2015;64:1267-70.

Detels R, Beaglehole R, Lansang MA, Gulliford M. Oxford Textbook of Public Health, Oxford University Press, 2009.

Etzel RA. Field investigations of environmental epidemics. In: Gregg MB, editor. Field epidemiology. 3rd ed. New York: Oxford University Press; 2002:355-75.

Feinstein AR. Clinical Epidemiology. The architecture of clinical research. Philadelphia: W.B.

Saunders Company 1985.

Goldman LR, Smith DF, Neutra RR, et al. Pesticide food poisoning from contaminated watermelons in California, 1985. Arch Environ Health. 1990;45:229–36.

Gordis L. Epidemiology. 5th ed. Philadelphia: Elsevier; 2013.

Green MA, Heumann MA, Wehr, HM, et al. An outbreak of watermelon-borne pesticide toxicity. Am J Public Health. 1987;77:1431–4.

Hanna-Attisha M, LaChance J, Sadler RC, Schnepp AC. Elevated blood lead levels in children associated with the Flint drinking water crisis: a spatial analysis of risk and public health response. Am J Public Health. 2016;106:283–90.

Harada M. Congenital Minamata disease: intrauterine methylmercury poisoning. Teratology. 1978;18:285–8.

Henning KJ. Overview of syndromic surveillance: what is syndromic surveillance? In: Syndromic surveillance: reports from a national conference, 2003. MMWR. 2004;53(Suppl);5–11.

Kelsey JL, Thompson WD, Evans AS. Methods in observational epidemiology. New York, Oxford: Oxford University Press; 1986.

Kennedy C, Yard E, Dignam T, et al. Blood lead levels among children aged <6 years—Flint, Michigan, 2013–2016. MMWR. 2016;65:650–54.

Klaassen CD, editor. Casarett & Doull's Toxicology: The Basic Science of Poisons. 8th ed. New York: McGraw Hill Education; 2013.

Kulkarni PA, Duncan MA, Watters MT, et al. Severe illness from methyl bromide exposure at a condominium resort—U.S. Virgin Islands, March 2015. MMWR. 2015;64:763–6.

Last JM. A Dictionary of Epidemiology, 4th Ed, Oxford Uni Press Inc., 2001.

MacFarquhar JK, Broussard D, Melstrom P, et al. Acute selenium toxicity associated with a dietary supplement. Arch Intern Med. 2010;170:256–61.

MacMahon B, Pugh TF. Epidemiology : principles and methods, Little, Brown and Company, 1970.

National Research Council, National Academies of Science. Human Biomonitoring for Environmental Chemicals. Washington, DC: National Academies Press; 2006.

National Transportation Safety Board. Conrail Freight Train Derailment with Vinyl Chloride Release, Paulsboro, New Jersey, November 30, 2012. Accident report NTSB/RAR-14/01. Washington, DC: National Transportation Safety Board; July 29, 2014.

New Jersey Department of Health. Air quality in Paulsboro, New Jersey following a train derailment and vinyl chloride gas release. Trenton, New Jersey, September 5, 2014. https://www.state.nj.us/health/ceohs/documents/eohap/haz_sites/gloucester/train_derail/air_quality_report.pdfpdf

New Jersey Department of Health. Surveys of residents of Paulsboro, New Jersey following a train derailment and vinyl chloride gas release. Trenton, New Jersey, September 5, 2014. https://www.state.nj.us/health/ceohs/documents/eohap/haz_sites/gloucester/train_derail/survey_report.pdfpdf

Porta M. A Dictionary of Epidemiology, 5th edition, IEA, Oxford University Press, USA, 2008.

Rasmussen SA, Goodman RA. The CDC Field Epidemiology Manual, Oxford University Press, USA, 2018.

Robert B. Wallace. Maxey-Rosenau-Last Public Health and Preventive Medicine. McGraw-Hill Education, 15 edition, 2008.

Rothman K J. Modern epidemiology. Boston, Toronto: Little, Brown and Com pany; 1986.

Schlesselman JJ. Case—control studies: design, conduct, analysis. New York: Oxford University Press; 1982.

US Environmental Protection Agency. Acute exposure guideline levels for airborne chemicals. https://www.epa.gov/aegl

US Environmental Protection Agency. Integrated Risk Information System. https://www.epa.gov/iris

US Environmental Protection Agency. Seven Cardinal Rules of Risk Communication. Washington, DC: US Environmental Protection Agency; 1988.

Williams LJ, Honein MA, Rasmussen SA. Methods for a public health response to birth defects clusters. Teratology. 2002;66(Suppl 1):S50–8.

제 5 장

직업성 질병 및 산업재해 역학조사

1 도입

대부분의 성인들과 일부 청소년들에게 노동은 최소한 주당 근무시간의 1/3과 깨어 있는 시간의 절반을 차지한다. 업무 스트레스와 업무 위험은 전문성과 실무의 위치 그리고 사회적 이해관계자의 많은 공중보건의 책임으로부터 크게 다른 공중보건 부담을 구성한다. 심지어 3세기 전만 해도 베르나르디노 라마치니(1633~1714)는 특정 직업의 질병에 대해 설명하고 의사들에게 질병으로 상담하는 사람들의 직업 성격에 대해 항상 물어볼 것을 요구했다. 광부들은 규폐증과 마이코박테리아병에 기인한 폐결핵이 발생했는데, 지금은 대식세포에 대한 유리규산 분진의 독성에 의해 감염되기 쉽다고 한다. 베 짜는 사람(weavers)에겐 천식이 발병했는데, 지금은 내독신(endotoxin)에 오염된 유기성 분진에 기인한다. 수은에 노출된 근로자들은 신경학적인 후유증을 일으켰다. 대부분의 공중보건의료 종사자들은 이러한 작업장 독소가 오랫동안 통제되어 왔다고 믿지만, 새로운 기술의 결과나 규제 그리고 시행이 없는 새로운 산업에서 오래된 질병이 다시 생겨난다. 또한 새로운 노출의 도입으로 새로운 질병이 발견된다.

2 이해관계자의 식별 및 참여

직장에서 질병이나 손상에 대한 현장조사를 수행하는 가장 중요한 첫 번째 단계 중 하나는 이해 관계자를 식별하고 참여시키는 것이다. 3대 기본 이해관계자 그룹은 작업장 관리자, 노동자, 정부 등이다.

1) 관리

(1) 소규모 작업장

소규모 사업장에서는 사업주가 운영, 건강과 안전 문제, 인적 자원의 주요 접촉자이다. 따라서 이 한 사람은 현장역학자에게 작업 과정의 설명과 같은 조사와 관련된 주요 정보를 제공할 수 있다.

- 안전 데이터 시트
- 기록된 손상과 질병 데이터
- 이름, 고용 날짜, 부서 그리고 직책이 포함된 직원 명부

(2) 대기업에서 운영하는 작업장

소규모 작업장과 달리 대규모 지역 또는 다국적 기업이 운영하는 작업장은 지역, 국가 및 국제 수준에서 각 기능과 인력을 전담하는 부서 전체를 둘 수 있다. 이러한 상황에서 역학조사관은 조사 초기에 누가 경영진을 대표하고 조사자의 주요 연락처 역할을 할 사람인지 정해야 한다. 지역 수준의 관리자들은 일반적으로 작업장에 대해 가장 잘 알고 있으며, 이들의 참여를 옹호하는 것은 가치 있을 수 있다. 그러나 특히 논쟁의 여지가 있는 상황(예: 근로자 사망, 심각한 질병, 손상)에서 지역 경영진은 조사와 관련된 정보를 제공하거나 결정을 내릴 권한이 없을 수 있다. 대규모 고용주들이 공중보건의료 조사관을 변호사에게 의뢰하는 것은 드문 일이 아니다.

(3) 작업장과 근로자 모집단의 평가와 관리 문제 인식

- 경영진은 작업장과 현장 근로자 모집단에 대한 접근을 통제한다. 공중보건 문제에 대한 규제 또는 법적 접근에도 불구하고, 현장역학자는 관리 문제에 대한 민감성과 공중보건 절차에 대한 명확성을 통해 신뢰를 구축함으로써 이익을 얻는다.
- 경제적 우려는 근로자의 산업재해 보상 청구나 보험료로 인해 발생할 수 있다. 현장조사에서 제품 위험이 입증되면, 고용주는 제품을 구매하는 하류(다운스트림) 회사의 근로자로부터 제3자 소송을 당할 수 있다. 하류(다운스트림) 회사 제품의 소비자조차도 버터향이 나는 디아세틸이 함유된 전자레인지 팝콘을 제조할 때 발생한 유해성분의 상류(업스트림) 제조업체에 소송을 제기할 수 있다.
- 경영진은 노동 불안의 증가와 낮은 평판을 두려워할 수 있다.
- 경영진은 경제적 파장을 초래할 수 있는 독점적인 비즈니스 정보 및 영업 비밀의 공개에 대해 우려할 수 있다.

2) 노동

(1) 직원

직원들은 종종 공중보건에 대한 주의에 산업장 건강과 손상 위험에 대한 우려를 제기하는 이해당사자이다. 그들은 나중에 공중보건기관에 경고하는 의사와의 상담이나 직접 요청을 통해 이를 수행할 수 있다. 기밀 유지는 정부 당국에 보고하기 위해 해고되거나 징계를 받지 않으려는 대부분의 직원에게 중요하다. 내부 고발자에 대한 법적 보호가 존재하지만, 법적 대리에 대한 접근은 친숙함 부족과 경제적 제약으로 인해 제한될 수 있다.

(2) 노동조합

역사적으로 노동조합은 공중보건조사를 의뢰하는 데 중요한 이해당사자였다. 2017년 미국 민간부문 노동자의 6.5%만이 노동조합을 대표했다. 직원을 대표할 때 노동조합의 공중보건 조사 참여는 매우 중요하다. 그들은 직장 및 노동관계의 개요를 제공할 수 있다. 국제 노동조합은 다른 회사의 지역 노동조합에 알리고 생물학적 모니터링과 같은 건강 및 안전 조항을 포함하는 계약 협상을 통해 산업 전반에 걸친 조사 결과를 활용할 수 있다.

(3) 노동 계약

노동 계약의 사용은 수년 간 증가해 왔다. 계약 기관 고용주와 작업장 고용주가 모두 관여하는 것과 같은 고용 계약은 작업장 건강과 안전, 작업장 접근에 대한 책임에 대한 모호성을 도입하여 현장조사를 복잡하게 할 수 있다. 미국 국립직업안전보건연구소(NIOSH, National Institute for Occupational Safety and Health)는 계약 기관에서 직원이 작업장 고용주의 공중보건조사에 참여하는 것을 허용하지 않은 경험이 있다. 반면에 캘리포니아 공중보건부는 향료 제조업체에 가능한 향료 관련 폐기능 이상을 모니터링하는 계약 직원을 포함하도록 요구했다. 현장역학자는 계약직 직원의 작업장 손상과 질병 위험이 가장 높기 때문에 고용의 복잡성을 조사해야 한다. 직업조사의 성공 가능성은 공중보건 조사관이 자신의 고용이 점점 더 위태로워지고 공장 폐쇄 또는 비정규직 노동 계약의 손실을 두려워하는 노동 이해관계자의 참여 불안을 예상하는 경우 증가할 수 있다.

3) 정부

정부는 산업보건 및 안전의 제3의 이해당사자이다. 정부의 지분은 응집력이 있고 생산적인 사회를 유지하고 법규를 집행하는 사회 계약을 추진하는 것으로 볼 수 있다. 직업 법률 및 규정은 국가 범위이며 연방정부에서 설정한다. 연방정부는 그 집행에 대한 책임을 일부 주 기관에 위임하며, 이 기관은 산업보건에서 중복되는 책임을 진다. 연방 차원에서 관련 정부 역할은 규제/집행 및 연구 상담/서비스의 두 부서로 구분된다.

(1) 규제

미국 노동부에서는 산업안전보건청(OSHA, Occupational Safety and Health Administration)과 광산안전보건청(MSHA, Mine Safety and Health Administration)이 대부분의 작업장에서 노출과 안전에 대한 작업장 표준을 설정하고 시행한다. 1970년 산업안전보건법의 일반 의무조항에 따라 고용주는 "직원에게 사망이나 심각한 피해를 줄 우려나 인지할 수 있는 위해가 없다"는 고용장을 직원에게 제공해야 한다. 또한 이러한 기관은 화학 물질별로 허용되는 노출한계가 있다. 허용 노출한계는 모든 잠재적 작업장 위험의 일부에 대해서만 존재하며, 일반적으로 작업장에 존재할 수 있는 혼합물의 잠재적인 추가 또는 시너지 특성을 고려하지 않는다. 따라서 규제로 인해 작업장에서 위험 노출에 대한 기회가 많이 제거되지는 않았다.

(2) 연구 및 서비스

공중보건 연구 및 서비스 조사와 관련된 연방정부의 주요 이해당사자는 NIOSH이다. NIOSH의 책임은 규제 설정에서 OSHA 및 MSHA를 안내하는 표준 권장사항에 대한 권고, 직원, 산업 및 주 및 지역 보건부서에 대한 조사 서비스, 교육 등을 포함한다. 건강을 보호하기 위해 권장 노출한계를 만들 때 NIOSH는 비용이나 타당성을 고려할 필요가 없지만, 노동부 규제기관은 허용 노출한계를 설정할 때 이러한 요소를 고려해야 한다. 규제에 대한 건강보호 지침을 권장하는 NIOSH의 역할은 NIOSH가 작업장 또는 산업 전반에 걸쳐 추가 조사가 필요한 새로운 비규제 문제에 특히 관심을 갖게 한다. 또한 NIOSH는 많은 주 및 지역 보건부서에 자금을 지원하여 업무 관련 질병부담에 대한 국가 수준 추정치에 대한 식별자(identifier) 없이 일반적으로 보고되는 선택된 직업 건강지표, 질병 및 손상에 대한 감시를 수행한다.

3 직업병, 손상 및 기타 조건을 인식 및 조사에 관한 기본적인 운영 고려 사항

직업적 조건을 인식하고 조사하기 위한 접근방식은 감염병에 대한 접근방식과 쉽게 구별될 수 있다. 이러한 차이점은 특히 문제의 초기 인식과 관련이 있다. 조사를 위한 자원의 유형 및 가용성, 정량적 노출 평가의 필요성, 감시에 대한 접근법, 노출 및 발생 설정의 차이, 특성화 및 시사점과 관련이 있다.

1) 인식

지역, 주 및 연방 수준의 공중보건기관은 감염성 및 비감염성 감염을 모두 통제할 책임과 권한을 의무화했으며, 의사는 주 공중보건 부서에 많은 감염을 보고해야 하는 규정에 익숙하다. 이와 대조적으로 감염을 제외하고 업무 관련 질병을 인식하도록 훈련된 의사는 거의 없다. 주 보건부가 직업병이나 손상에 대한 특별 감시 노력에 대한 보고 요건을 구현했을 때, 소수의 의사만이 보고한다. 그럼에도 불구하고 산업보건은 폴리우레탄 폼 제조의 새로운 촉매로 인한 방광 신경증(bladder neuropathy), 실내 장식품을 만드는 나일론 덩어리 취급 근로자의 간질성폐질환(interstitial lung disease), 터치 감지 스크린용 타일을 만드는 작업자의 인듐 폐질환(indium lung disease), 전자레인지 팝콘, 향료, 커피 가공작업자의 폐쇄성 세기관지염(obliterative bronchiolitis)과 같은 새로운 직업병을 인식하거나 의심해온 많은 재빠른 의사들의 덕을 보았다. 임상의사가 직업병이나 손상의 가능성을 인식하면, 그들은 일반적으로 주 또는 지역 공중보건기관에 연락한다.

많은 직업병의 경우 의사는 직업상의 원인을 고려하지 않고 환자를 치료할 수 있다. 예를 들면, 성인 발병 천식의 15% 이상을 차지하는 직업성 천식(occupational asthma)은 임상 과정 초기에 작업장 노출을 제거하면 영구적인 치료를 가져올 수 있지만, 약물치료에 반응할 수 있다. 손목터널 신경증(carpal tunnel neuropahty)이 있는 환자는 수술을 받을 수 있으며, 중립적이지 않은 위치에서 손목의 직업적 반복적인 움직임을 제거하면 증상과 진행을 완화할 수 있다. 이러한 개별 환자는 공통 노출이나 신체적 스트레스를 공유하는 동료가 유사한 건강결과를 갖는 파수꾼일 수 있다. 업무 관련 손상이나 질병이 의심되는 감시 사건에 대한 공중보건 조사는 인과요인을 개선하고 다른 사건을 예방할 수 있다.

직원들은 종종 동료들 사이에 질병이나 손상의 집단이 존재한다는 것을 인식한다. 의사가 작은 지역이나 집단 인구에 서비스를 제공하지 않는 한, 여러 가지 질병이나 만성 손상 사례와 특정 작업장 간의 연관성을 의심하지 않을 것이다.

2) 조사를 위한 자원

현장역학자는 의심되는 업무 관련 건강결과에 대한 의사 또는 직원의 보고를 받는 즉시 건강문제가 규제된 노출, 작업환경 또는 규제되지 않은 노출, 인식되지 않은 노출, 상황에서 발생하는지 여부를 확인할 수 있다. 노출 규제의 경우 OSHA 또는 MSHA가 적절한 자원이다. 규제 기관은 작업장을 조사하여 노출을 측정하고 안전 조치를 평가하여 표준이 시행되도록 함으로써 다른 사례를 예방할 수 있다. 예를 들면 납 노출 작업자의 납 중독은 OSHA로부터 교정 조치를 이끌어낼 수 있다. 21개 주와 하나의 미국 영토에는 민간 및 지방 정부 작업장을 모두 포괄하는 OSHA 승인 주 정부 계획이 있으며, 5개 주와 1개 영토는 지방 정부 근로자만 포함한다. 다른 모든 주에서는 연방 OSHA가 조사 및 집행을 담당한다. 주 및 연방정부의 산업보건 및 안전에 대한 잠재적으로 중복되는 책임은 연방이 아닌 주 정부 및 지방 정부의 다른 공중보건 책임과 대조된다.

노출에 대한 표준 기준이 없는 경우 OSHA의 규제 집행 역할은 일반 의무조항으로 제한된다. 규제되지 않는 위험의 예로는 빈번하게 힘과 반복의 율로 인한 반복적인 운동 손상(repetitive motion injury), 천식 및 과민성 폐렴 등의 건강상의 부작용을 예측하는 바이오 에어로졸 측정이 존재하지 않는 축축한 건물에서의 실내공기 관련 불만 등이 있다. 분명히 인식되고 조사되는 과정에서 새로운 문제에는 적용 가능한 규정이 없다. 현장역학자들의 중요한 책임은 새로운 산업보건 문제를 조사하고 노출 통제 지침을 공식화하는 것이다. 새로운 환경에서 알려진 직업병 및 기타 조건에 대한 조사도 공중보건에 영향을 미칠 수 있다(표 4.5.1.). NIOSH 또는 산업보건 전문지식을 갖춘 학술센터와의 상담은 직업성 질병 및 손상의 공중보건 예방 지식 기반에 기여하는 효율적인 첫 단계일 수 있다.

표 4.5.1. 파쇄작업 및 석유 노동자의 사망 사례

공중보건 문제

2010년과 2012년 미국 몬태나주와 노스다코타주의 젊은 노동자들은 원유와 가스 저장 탱크의 오일 레벨을 측정하다가 좁은 통로에서 사망했다.

공중보건 대응

이러한 가능한 감시 사건은 미디어 보고서, OSHA 사건 사망자 조사, 석유 및 가스의 NIOSH 사망자 데이터베이스 검토를 촉발했다. 2010년 1월부터 2015년 3월까지 다른 3개 주에서 7건의 유사한 비외상성 사망이 발생했다. 야외에서 농축된 탄화수소 가스 및 증기 공급원과 관련된 탱크를 측정하거나 샘플링하는 중에 작업자가 사망했다. 노출 평가에서는 개방된 해치에 대한 산소 농도가 매우 낮고 탄화수소 가스 및 증기 농도가 높아 급성 중추신경계 증상을 유발할 수 있다고 기록했다.

챙겨야 할 요점

보초(센티널, sentinel) 사건 조사는 대체 유체 표본수집 지점, 오일 레벨의 원격 모니터링, 가스 모니터링의 적절한 사용 및 작업자 교육으로 예방할 수 있는 새로운 직업적 위험을 문서화할 수 있다.

출처 : Harrison RJ, Retzer K, Kosnett MJ, et al. Sudden deaths among oil and gas extraction workers resulting from oxygen deficiency and inhalation of hydrocarbon gases and vapors—United States, January 2010–March 2015. MMWR. 2016;65:6–9.

3) 정량적 노출 평가

대부분의 감염병 조사와 달리 정량적 노출 평가는 직업보건 조사에서 우선순위에 있다. 건강결과를 작업조건 탓으로 돌릴 때, 노출 수준은 유해한 건강결과의 타당성과 통제 지침을 결정한다. 대부분의 역학자는 작업장에서의 노출 수준을 결정하는 훈련을 받은 환경학자 또는 산업위생사로부터 전문적인 도움을 받아야 한다. 노출 제어 지침은 노출 수준에 따라 다르며 배기 환기, 기타 엔지니어링 제어, 관리 제어 또는 개인보호장비가 포함될 수 있다.

새로운 직업병이나 손상에 대한 현장조사는 종종 산업장 모집단에 기초한 방법으로 해결할 수 있는 사례 클러스터가 필요하다. 과민성 폐렴(hypersensitivity pneumonia)과 같은 환경적 원인이 있는 것으로 알려진 작업 관련 치사(work-related fatality) 및 흔치 않은 상태(uncommon condition)는 예외이다. 새로운 질병은 대부분의 경우 위험요인에 대한 역학적(인구기반) 접근방식이 없으면 단일 사례가 작업장에 귀속될 수 없다. 대부분 새롭게 나타나는 직업병은 혈중 납 수치와 같은 원인 바이오마커(biomaker)로 식별할 수 없다. 새로운 질병을 조사하는 실행 가능한 예방 결과를 위해서는 일반적으로 집락이 필요하다(표 4.5.2.).

표 4.5.2. 향미료에 노출된 전자레인지 팝콘 작업자의 폐쇄성 세기관지염(obliterative bronchiolitis) 발생 사례

공중보건 문제
8명의 전직 전자레인지 팝콘 작업자는 심각한 폐질환을 앓았고, 4명은 폐 이식을 위해 등록되었다.

공중보건 대응
의무기록을 검토한 결과, 원인을 알 수 없는 고정 폐쇄성폐질환(fixed obstructive lung disease) 사례 집락을 발견했다. 미주리 보건사회서비스부와 NIOSH는 현재 근로자들을 대상으로 한 단면연구를 수행하여 25%가 인공 버터 향료의 주성분인 디아세틸 노출에 대한 노출 반응 방식과 관련된 폐활량측정계(spirometry) 이상을 보였다. 5명의 다른 전자레인지 팝콘 노동자를 조사한 결과, 다른 4개 공장에서 폐색성 세기관지염(obliterative bronchiolitis)과 일치하는 사례가 발견되었다.

챙겨야 할 요점
디아세틸 노출로 인해 산업 전반에 걸친 위험이 존재했으며, 나중에 향료, 쿠키 및 커피 생산의 경우에 영향을 미쳤다. 동물 독성실험은 위험 평가 및 권장 노출 한계에 대한 생물학적 타당성을 제공했다.

출처 : Kreiss K. Recognizing occupational effects of diacetyl: what can we learn from this history? Toxicology. 2017;388:48-54.; Kreiss K, Gomaa A, Kullman G, Fedan K, Simoes EJ, Enright PL. Clinical bronchiolitis obliterans in workers at a microwave-popcorn plant. N Engl J Med. 2002;347:330-8.; Kim T, Materna B, Prudhomme J, et al. Industry-wide medical surveillance of California flavor manufacturing workers: cross-sectional results. Am J Ind Med. 2010;63:857-65.; Bailey RL, Cox-Ganser JM, Piacitelli C, et al. Respiratory morbidity in a coffee processing plant with sentinel obliterative bronchiolitis cases. Am J Ind Med. 2015;58:1235-45.; Centers for Disease Control and Prevention. Fixed obstructive lung disease among former workers at a microwave popcorn factory—Missouri, 2000-2002. MMWR. 2002; 51:345-7.

4) 감시

감시는 현장조사를 촉발하는 오래된 공중보건의 도구이다. 그러나 직업병 및 손상 감시는 감염병 감시에 비해 초보적이다. 1983년 직업보건 감시의 선구자들은 공중보건 조치를 유발해야 하는 예방 실패를 나타내는 50개의 감시 직업보건 사건을 설명했다. 저자들은 많은 주에서 사망진단서에 산업 및 직업 코드가 없다고 한탄했다. 비록 이것이 사실이지만, 일부 고유한 직업병(예: 진폐증)은 사망진단서 감시를 통해 연구할 수 있다. 많은 주의 보건부서에는 보고된 직업병에 대한 후속 조치를 취할 인력이 부족하다. NIOSH가 자금을 지원하는 감시사건 알림에 참여하는 여러 주에서는 직업성 천식, 규폐증, 납 중독 및 살충제 중독을 포함한 특정 조건을 이해하는 데 크게 기여했다. 또한 주 및 영토 역학위원회(Council of State and Territorial Epidemiologists, CSTE)는 많은 주 보건부서에서 채택한 직업보건 및 손상 감시에 대한 권고안을 개발했으며, 많은 주 보건부서에서 이를 채택하고 있다.

직업보건 감시와 관련된 다른 노력으로는 각 주에 존재하는 산업재해 보상 청구 조사가 있다. 석탄 광산 운영자가 고용한 의사 또는 클리닉이 NIOSH에 흉부 방사선 사진을 제출하는 석탄 광부에 대한 연방 의무화, 그리고 흉부 방사선 사진을 찍고 폐기능 검사를 수행하기 위해 개별 광산 또는 지역을 방문하는 NIOSH 이동 팀에 의한 석탄 광부에 대한 추가 연방 감시 등이 있다. 광부들의 건강 감시를 위한 이러한 독특한 프로그램은 건강 감시가 특징 없이 유지되는 다른 직업과 산업에 중복되지는 않는다.

캘리포니아, 매사추세츠, 위스콘신과 같이 직업보건 분야에서 상당한 이니셔티브를 가진 주들은 최근 새로운 직업보건 상태를 이해하는 데 크게 기여했다. 예를 들면, 캘리포니아 공중보건부는 조미료 산업안전 및 건강평가 프로그램이라는 예방 프로그램에서 캘리포니아 OSHA(CalOSHA)와 협력하여 조미료 관련 폐쇄성 세기관지염의 새로운 문제에 접근했다. 향료 제조업체는 향료 관련 폐질환의 추정 사례를 식별하기 위해 직원에 대한 건강검진 설문지 및 폐활량 측정 데이터를 보고하도록 했다. 고용주는 CalOSHA가 인용을 발행하지 않고 예방 상담을 제공할 것이라는 확신으로 참여하도록 동기를 부여했다. 향료에 노출된 인력에 대한 설문지와 보건의료 감시 데이터를 연결하여 위험요인의 특성을 파악할 수 있었다. 생산에 사용되는 연간 디아세틸의 양과 같은 이러한 위험요인은 노출 조사에서 발견된 반응 관계를 강화했다. CalOSHA는 가장 위험한 향미 작업장과 협력하여 호흡기 보호 및 공학적 통제의 실행을 모니터링 했다.

5) 작업장 조사

업무 관련 질병 및 손상이 의심되는 군집은 일반적으로 인구 기반 역학조사를 수행하기 위해 직장의 직원에게 접근해야 한다. 예방 조치를 안내할 수 있는 위험요인을 식별하기 위해 현장역학자는 고용주, 변호사, 직원, 때로는 노조 대표와 공통의 근거를 마련해야 한다. 보통 직원들에게 해를 끼치지 않으려는 욕구가 공통점이다.

환경 특성과 건강 이상 증거 사이의 관계를 조사하는 성공적인 현장조사를 계획하고 실행하기 위해서는 산업위생사 또는 환경과학자와의 현장 협력이 거의 항상 요구된다. 이러한 협업은 일반적으로 직책, 작업 영역 및 관행, 특정 프로세스에 의한 잠재적 작업 노출에 대한 직원 설문지를 설계하는 데 중요하다. 산업위생사는 노출 수준을 측정하고 평균, 최고 또는 일시적 노출과 같은 노출 특성을 추정할 수 있는 작업 행태를 관찰한다. 이러한 정량적 · 정성적 평가는 보건 팀이 관리하는 설문지 응답, 생물학적 지수 및 생리학적 검사에서 발견되는 건강 부작용에 대한 노출-반응 관계가 있는지를 조사하는 데 중요하다. 따라서 작업장 조사에는 일반적으로 기밀 인터뷰와 의학적 검사를 위한 공간, 직원 개인 노출 모니터링 장치 착용 요청, 생산 일정 조정을 위한 공간이 필요한 다분야 팀이 포함된다. 직장이 근로자에게 안전한지, 어떤 예방 조치가 적절한지 결정하는 데 성공하려면 팀 구성원과 경영진 및 근로자와의 원활한 의사소통이 필요하다.

직장 이해당사자들과의 의사소통의 일부는 제안된 조사의 한계이다. 새로운 직업 건강 문제의 경우 역학 관계만으로는 병인이 거의 확립되지 않는다. 새롭게 인식된 질병이나 손상은 업무 관련 건강상태를 보상하고 노출을 규제하고 감시를 실시해야 한다는 기대를 불러일으킨다. 이러한 결과는 현장조사만으로는 거의 발생하지 않는다. 현장 연구의 기여는 건강 결과의 부담, 노출-반응 관계, 시간성(예: 노출 중단이 발병을 방해한다는 것을 보여주는 후속 조치) 및 조사자와 집단 간의 복제 가능성을 설정하는 것이다. 신중하게 설계된 현장 연구는 작업장 노출이 새로운 건강 문제와 인과관계가 있다는 증거 축적에 기여할 수 있다. 효과적인 현장 연구는 의심되는 원인요인의 생물학적 타당성을 확립하기 위한 실험실 환경에서의 실험, 공학적 개입 및 개인보호장비를 통한 노출 제어 지침, 중재의 효과를 확립하기 위해 의료 및 노출 감시에 동기를 부여한다. 궁극적으로 이러한 집단 조사 노력은 다양한 환경에서 직원을 보호하기 위한 규정 제안에 기초한다.

4 도전과 기회

1) 도전

직업보건은 현장역학에서 몇 가지 과제를 제기한다.

(1) 노출 범위 및 평가

노출 범위가 존재하지 않는 경우, 표준화된 질문을 사용하면 국민건강 영양조사(NHANES, National Health and Nutrition Examination Survey) 또는 행태위험요인감시 시스템(BRFSS, Behavioral Risk Factor Surveillance System)과 같은 모집단 기반 데이터에 대한 외부 비교를 용이하게 할 수 있다. 노출 평가에는 일반적으로 관찰 및 측정 구성요소가 있는 작업장에 대한 다원적 접근이 필요하다. 이는 위험요인으로 의심되는 고용, 직무 범주, 업무 또는 프로세스, 작업장의 영역 또는 부서, 유출 또는 사고에 대한 정보를 포함하는 작업장별 설문지를 개발하는 데 도움이 된다. 일반적으로 노출 평가는 감시 사례(탐색 인터뷰 포함)와 관련한 학제 간 협력과 환경 샘플링 전략을 설계하기 전에 회사 또는 OSHA 노출 데이터를 검토하여 가장 잘 알 수 있다.

(2) 건강 결과의 오분류

직장에서 발견되는 새로운 질병은 다른 질병으로 잘못 분류될 수 있다. 예를 들면 전자레인지 팝콘 공장에서 디아세틸 노출과 관련된 폐쇄성 세기관지염 조사에서 보초 사례는 천식, 폐기종 및 기관지염으로 진단되었다. 현장조사관들은 이러한 감시 사례가 폐쇄성 세기관지염에 걸릴 가능성이 더 높다는 것을 발견했지만, 비정상적으로 제한적 폐활량을 가진 현재의 근로자가 잠재적으로 이 직업성 폐질환을 가질 가능성이 있는 것으로 간주하지 않았으며, 이는 또 다른 오분류 사례이다.

(3) 건강 근로자 효과

작업하기에 너무 아프거나 작업환경 측면에 대한 증상의 시간적 관계를 인식하는 근로자는 일반적으로 직업성 천식 군집의 경우처럼 그러한 작업환경에 머물지 않을 수 있다. 이 "건강한 근로자 생존자 효과(healthy worker survivor effect)"는 현재 노동력만을 연구할 때 업무 관련 질병을 과소평가하거나, 현재 직업만 고려되고 다른 지역으로 전근 간 사람을 놓쳐 업무 관련 증상을 감소시키는 질병 발생과 관련된 노출을 모호하게 할 수 있다.

(4) 관리 저항

근로자의 공중보건 지원 요청 및 조사를 위한 작업장 접근에 대한 경영진의 저항은 추가 문제를 야기할 수 있다. 경영진은 필요한 정보를 영업 비밀로 지정하고 조사관에게 기밀유지 계약에 서명하도록 요청할 수 있으며, 작업자 기밀보호에 저항할 수 있다. 고용주는 종업원에 대한 상당한 정보를 가지고 있어, 이는 종합 결과가 인종, 성별, 연령대, 종신 재직권 또는 직업 범주에 따라 계층화될 때 개인에 대한 추정적인 식별을 가능하게 한다. 현장 연구에 대한 NIOSH 지침(건강위험평가라고 함)은 작업장 불만을 접하는 모든 현장역학자에게 유용할 수 있다.

2) 기회

직업보건 문제의 인식 및 해결에 대한 자원이 부족하다(https://www.cdc.gov/niosh/oshworkforce/pdfs/NASHW_Final_Report-508.pdfpdf). 또한 노출 및 안전에 대한 보호 규정이 존재하더라도 1년에 1% 미만의 작업장을 검사하기 때문에 시행되지 않을 수 있다. 이러한 상황에서 현장역학자가 중요한 역할을 할 수 있다. 표 4.5.3.은 새로운 직업 위험의 예방 및 지식에 대한 현장역학자의 과거 기여 사례를 문서화하였다.

- 규제 대상 위험의 식별은 OSHA 또는 MSHA에 의한 시행 및 후속 조치를 촉발할 수 있다. 유익한 효과는 인과관계가 의심되지 않거나, 의료 사업자 및 고용주와 함께 적절한 의무 제한과 작업장 개입 지침에 대해 작업함으로써 노출을 낮출 수 있는 경우 즉시 나타날 수 있다.
- 산업 전반에 걸쳐 새롭게 발견된 질병 연관성의 예방은 일반적으로 인과관계를 해결하기 위

표 4.5.3. 현장역학자가 확인한 선택된 직업 조건

질환 및 조건	산업 및 활동	원인물질, 알려진 경우
직업성 천식	농약 제조	3-아미노-5-머캅토-1,2,4-트리아졸
과민성 폐장염	레저용 풀 보호구(leisure pool lifeguards)	불특정 바이오에어로졸
폐쇄성 세기관지염	전자레인지 팝콘, 향미, 쿠키 반죽 제조 및 향미 커피 가공	디아세틸(2,3-부타네티온) 및 관련 알파 디케톤
폐포 단백증, 섬유증 및 폐기종	인듐-주석 산화물 제조	인듐, 특히 소결된 인듐 주석 산화물 에어로졸
폐쇄성 세기관지염	유리섬유 보트 건물 및 물탱크 제조	플라스틱 코팅 수지의 성분, 스티렌
림프구성 세기관지염 및 기관지 주위염	실내 장식, 축하 카드	나일론, 레이온 및 기타 인공호흡 가능 입자
천식 및 과민성 폐렴	구조수 손상(structural water damage), 오염된 에어컨 시스템으로 인한 습한 실내 환경	바이오에어로졸
방광 신경병증	폴리우레탄 자동차 시트 제조	디메틸아미노프로피오나이트릴 촉매
색맹	윈드블레이드 제조	스티렌
결핵	감염된 코끼리가 있는 동물원	결핵균
손목터널증후군	가금류 가공	반복 동작
일산화탄소 중독	하우스 보트 주변에서 수영하기	발전기에서 나오는 일산화탄소

해 역학 팀 이외의 다른 사람들에게 동기를 부여하는 데에 달려 있다. 역학 관계를 인과관계로 해석하기 위한 지침은 실험실 동물 연구, 다른 작업장 및 다른 조사자의 복제, 일시적 현안을 확립하기 위한 종적 후속 조치 및 노출-반응 관계의 확립에 따라 달라질 수 있다. 새로운 문제에 대한 이러한 반복적인 노력은 권고되거나 허용되는 노출 한도를 설정하기 위해 위험 평가에 사용될 수 있는 증거에 다른 이해관계자가 기여해야 한다. 성공적인 공중보건 현장조사는 다른 분야, 기관 및 이해관계자의 노력에 동기를 부여하고 전문적인 성장을 촉진한다. 산업 파트너와 관련된 조사는 때때로 산업과 노동이 공동으로 제안한 규제로 진행될 수 있다.

- 업무 관련 공중보건 기회는 산업보건 현장조사 경험이 있는 사람의 상담을 통해 보다 쉽게 충족될 수 있다. 많은 NIOSH 부서가 이러한 전문성을 가지고 있다. 호흡기 건강부서 또는 위험평가, 감시 및 현장 연구부서(https://www.cdc.gov/niosh/contact/officers.html)에서 NIOSH 건강 위험평가를 수행하는 사람들을 호출하는 것이 가장 쉽다. 이러한 직원은 유해 화학제품에 대한 안전 데이터 시트, 특정 산업 및 직업과 관련 있다고 알려진 위험, 인력이 부족한 공중보건 기관의 노력을 활용하기 위한 공동 조사의 이점을 얻을 수 있는 잠재적인 새로운 문제와 같은 사용 가능한 자원을 통해 현장역학자를 안내할 수 있다.

5 결론

직업보건 및 산업안전 문제에 대한 현장조사를 수행하도록 요청받은 역학자들은 불리한 건강 결과와 작업 조건의 연관성을 탐색하고, 잘 알려진 직업 위험을 예방하는 데 개입하며, 필요에 따라 전문가의 자문을 받을 수 있는 자극적인 기회를 가질 것을 요구했다. 경제 활동의 중심에 있는 다양한 이해관계자의 이해관계, 환경과학자 참여의 필요성, 감시 부족 및 직업보건 문제에 대한 의료 제공자의 익숙함으로 인해 발생하는 문제는 공중보건 개발의 최전선에 있다. 직업보건 분야 역학은 직장 생활의 위험으로부터 지역사회를 보호하는 데 공중보건의 잠재력을 최대한 발휘하는 데 기여한다.

참고문헌

대한예방의학회. 예방의학과 공중보건학, 제3판 수정증보판, 계축문화사, 2017.

대한예방의학회, 한국역학회. 예방의학 · 역학 · 공중보건학 용어집, 계축문화사, 2014.

손석준, 이경수, 이무식, 이중정, 이충원, 정인성. 현장역학(Field Epidemiology, 2nd edition 번역본). 계축문화사, 2004.

Bailey RL, Cox-Ganser JM, Piacitelli C, et al. Respiratory morbidity in a coffee processing plant with sentinel obliterative bronchiolitis cases. Am J Ind Med. 2015;58:1235–45.

Balmes J, Becklake M, Blanc P, et al. Occupational contribution to the burden of obstructive airway disease. Am J Respir Crit Care Med. 2003;167:787–97.

Breslow NE, Day NE. Statistical methods in cancer research. Vol 1. The analysis of case—control studies. (IAEC scientific publication no. Lyon: International Agency for Research on Cancer; 1980.

Bureau of Labor Statistics. News release. For release 10:00 a.m. (EST) Friday, January 19, 2018. Union members—2017. https://www.bls.gov/news.release/pdf/union2.pdf

Centers for Disease Control and Prevention. Fixed obstructive lung disease among former workers at a microwave popcorn factory—Missouri, 2000–2002. MMWR. 2002;51:345–7.

Centers for Disease Control and Prevention. Fixed obstructive lung disease among workers in the flavoring manufacturing industry—California, 2004–2007. MMWR. 2007;56:389–93.

Centers for Disease Control and Prevention. Houseboat-associated carbon monoxide oisonings on Lake Powell—Arizona and Utah, 2000. MMWR. 2000:29:1105–8.

Council of State and Territorial Epidemiologists. Occupational health indicators. http://www.cste.org/group/OHIndicators

Cox-Ganser JM, White SK, Jones R, et al. Respiratory morbidity in office workers in a water-damaged building. Environ Health Perspect. 2005;113:485–90.

Cullinan P, McGavin C, Kreiss K, et al. Obliterative bronchiolitis in fiberglass workers: a new occupational disease? Occup Environ Med. 2013;70:357–9.

Cummings KJ, Donat WE, Ettensohn DB, Roggli VL, Ingram P, Kreiss K. Pulmonary alveolar proteinosis in indium workers. Am J Respir Crit Care Med. 2010;181:458–64.

Cummings KJ, Kreiss K. Contingent workers and contingent health: risks of a modern economy. JAMA. 2008;299:448–50.

Detels R, Beaglehole R, Lansang MA, Gulliford M. Oxford Textbook of Public Health, Oxford University Press, 2009.

Eschenbacher WL, Kreiss K, Lougheed D, Pransky GS, Day B, Castellan RM. Nylon flock-associated interstitial lung disease: clinical pathology workshop summary. Am J Respir Crit Care Med. 1999;159:2003–8.

Feinstein AR. Clinical Epidemiology. The architecture of clinical research. Philadelphia: W.B. Saunders Company 1985.

Gordis L. Epidemiology. 5th ed. Philadelphia: Elsevier; 2013.

Harrison RJ, Retzer K, Kosnett MJ, et al. Sudden deaths among oil and gas extraction workers resulting from oxygen deficiency and inhalation of hydrocarbon gases and vapors—United States, January 2010–March 2015. MMWR. 2016;65:6–9.

Hnizdo E, Sylvain D, Lewis DM, Pechter E, Kreiss K. New-onset asthma associated with exposure to 3-amino-5-mercapto-1, 2, 4-triazole. J Occup Environ Med. 2004;46:1246–52.

Kelsey JL, Thompson WD, Evans AS. Methods in observational epidemiology. New York, Oxford: Oxford University Press; 1986.

Kim T, Materna B, Prudhomme J, et al. Industry-wide medical surveillance of California flavor manufacturing workers: cross-sectional results. Am J Ind Med. 2010;63:857–65.

Kreiss K, Fedan K, Nasrullah M, et al. Longitudinal lung function declines among California flavoring manufacturing workers. Am J Ind Med. 2012;55:657–68.

Kreiss K, Gomaa A, Kullman G, Fedan K, Simoes EJ, Enright PL. Clinical bronchiolitis obliterans in workers at a microwave-popcorn plant. N Engl J Med. 2002;347:330–8.

Kreiss K, Wegman DH, Niles CA, Siroky MB, Krane RJ, Feldman RG. Neurological dysfunction of the bladder in workers exposed to dimethylaminopropionitrile. JAMA. 1980;243:741–5.

Kreiss K. Recognizing occupational effects of diacetyl: what can we learn from this history? Toxicology. 2017;388:48–54.

Last JM. A Dictionary of Epidemiology, 4th Ed, Oxford Uni Press Inc., 2001.

MacMahon B, Pugh TF. Epidemiology: principles and methods, Little, Brown and Company, 1970.

McCague AB, Cox-Ganser JM, Harney JM, et al. Styrene-associated health outcomes at a windblade manufacturing plant. Am J Indust Med. 2015;58:1150–9.

McKernan LT, Niemeier RT, Kreiss K, et al. Criteria for a Recommended Standard: Occupational Exposure to Diacetyl and 2,3-Pentanedione. Cincinnati, OH: US Department of Health and Human Services, Centers for Disease Control and Prevention, National Institute for Occupational Safety and Health; 2016.

Musolin K, Ramsey JG, Wassell JT, Hard DL. Prevalence of carpal tunnel syndrome among employees at a poultry processing plant. Appl Ergon. 2014;45:1377–83.

National Institute for Occupational Safety and Health. Health hazard evaluation program. http://www.cdc.gov/niosh/docs/2009-167/

Occupational Safety and Health Administration. OSH Act of 1970. https://www.osha.gov/laws-regs/oshact/section5-duties

Porta M. A Dictionary of Epidemiology, 5th edition, IEA, Oxford University Press, USA, 2008.

Ramazzini, B. De Morbis Artificum Diatriba (Diseases of Workers, from the Latin text of 1713, revised with translation and notes by Wilmer Cave Wright). Chicago: University of Chicago Press; 1940.

Rasmussen SA, Goodman RA. The CDC Field Epidemiology Manual, Oxford University Press, USA, 2018.

Robert B. Wallace. Maxey-Rosenau-Last Public Health and Preventive Medicine. McGraw-Hill Education, 15 edition, 2008.

Rose CS, Martyny JW, Newman LS, et al. "Lifeguard lung: endemic granulomatous pneumonitis in an indoor swimming pool." Am J Public Health. 1998;88:1795–800.

Rosenman KD, Reilly MJ, Henneberger PK. Estimating the total number of newly-recognized silicosis cases in the United States. Am J Ind Med. 2003;44:141–7.

Rothman K J. Modern epidemiology. Boston, Toronto: Little, Brown and Com pany; 1986.

Rutstein DD, Mullan RJ, Frazier TM, Halperin WE, Melius JM, Sestito JP. Sentinel health events (occupational): a basis for physician recognition and public health surveillance. Am J Public Health. 1983;73:1054–62.

Schlesselman JJ. Case—control studies: design, conduct, analysis. New York: Oxford University Press; 1982.

Silverstein M. Getting home safe and sound: Occupational Safety and Health Administration at 38. Am J Public Health. 2008;98:416–23.

Zlot A, Vines J, Nystrom L, et al. Diagnosis of tuberculosis in three zoo elephants and a human contact—Oregon, 2013. MMWR. 2016;64:1398–402.

제 5 부

주제별 역학조사

제 1 장

자연재해와 인재(人災) 역학조사

1 도입

전 세계적으로 매년 약 400건의 자연재해가 발생한다. 여기에 30~40회의 무력 충돌이 추가된다. 이러한 비상사태와 다른 비상사태는 수억 명의 건강을 해치고 질병과 사망률을 상당히 높인다. 미래는 전 세계의 더 많은 곳에 더 많은 재앙을 가져올지도 모른다. 기후변화는 과학적인 확실성이고, 그로 인해 전 세계 모든 해안지역에서 더 많은 위험천만한 날씨 사건들이 발생할 것이다.

자연 사건과 인간이 만든 비상사태(예: 무력 충돌, 기후변화, 댐 건설 상류의 홍수로 인해 발생하는 "개발 재난" 또는 지진으로 인한 과도한 피해)는 상대적으로 멀리 떨어져 있고 접근하기 어렵고, 대처 능력이 가장 적은 가난한 나라들에서 자주 발생한다. 대응 노력에 참여하는 현장역학자의 임무에는 (1) 영향을 받는 사람의 수를 정확하게 결정, (2) 이환율 및 사망률 계산, (3) 인구의 건강 관련 요구사항 평가, (4) 보건서비스 제공을 위한 우선순위 설정, (5) 재활 및 회복에 대한 진행상황 모니터링, (6) 비상 개입의 결과 평가, (7) 이러한 비상사태의 결과를 전달하여 향후 대응을 개선해야 한다.

2 인도주의적 비상사태에서 현장역학 활용의 역사적 중요성

긴급 피해를 입은 사람들에게 공급품과 서비스를 제공하는 방식에 대한 접근방식은 지난 50년 동안 급격하게 변화해왔다. 비상사태에 역학적 원리를 적용하는 것은 일반적으로 1960년대 후반 나이지리아 내전 중 대규모 국제적 구호 노력 중에 시작된 것으로 여겨진다. 광범위한 기아, 대규모 내부 이주 및 높은 사망률을 초래한 그 전쟁 동안, 역학자들은 적절한 지원을 제공할 수 있도록 영향을 받은 인구의 건강상태를 결정하는 데 도움이 되는 방법을 개발했다. 영양감시는 이후 몇 년 동안 발전했고, 1970년대 후반까지 국제적으로 승인된 영양상태 측정지침이 개발되었다.

1970년대 말 캄보디아 크메르 루주 정권의 집단학살 관행으로 인해 수십만 명의 사람들이 여러 대규모 수용소에서 피난처를 받은 태국으로 엄청난 생존자들이 탈출했다. 이른바 “죽음 캠프”는 빠르게 수많은 질병 발생의 장소가 되었지만, 질병통제예방센터(CDC)의 역학자들이 있을 때만 이환율과 사망률의 범위와 주요 원인을 정량화할 수 있는 용어로 측정했다. 국제적십자위원회의 동료 및 비정부기구(NGOs) 그룹과 협력하여 공식적인 질병감시시스템을 구축하고 방법론적으로 건전한 설문조사를 실시했다.

현장역학 기술을 정기적으로 사용하기 전에 비상 대응은 주로 부적절한 기술과 부적절한 물류 지원을 갖춘 상대적으로 경험이 부족한 의료 및 수술 팀의 최선의 의도에 의해 안내되었다. 의사들은 임시 병원을 짓고, 문을 열고, 접근할 수 있는 사람들에게 서비스를 제공했다. 대부분은 감염 인구의 극히 일부에 불과했다. 이용 가능한 서비스는 인구의 공중보건 요구와 일치하지 않는 경우가 많았다. 기획자와 관리자는 자신들의 노력을 안내할 정보가 거의 없어 주요 구호활동을 지시하는게 부러워할 수 없는 위치에 있었다. 그러나 건전한 역학 관행이 나타나고 더 정기적으로 적용되면서 질병 및 사망률을 계산할 수 있는 합리적이고 정확한 분모가 생성되었고, 보건 분야에서 인도주의적 지원 제공에 대한 보다 체계적인 접근법이 발전하였다.

안타깝게도 더욱 정교한 역학적 접근이 필요한 재난은 계속해서 정기적으로 발생하고 있다. 예를 들면 아프리카의 뿔(Horn of Africa) 지역에서 반복되는 기근과 갈등(둘은 서로 관련이 없음)이 포함된다. 사이클론과 쓰나미로 인해 벵골만과 인도양의 다른 지역에 접해 있는 국가에서 대규모 홍수, 카리브해와 중앙아메리카의 지진과 허리케인, 발칸 반도, 중동 및 중앙아프리카의 전쟁 등이 있다. 이러한 모든 것들은 뚜렷한 대응을 요구했지만, 결국에는 신속한 평가, 감시 및 영향 평가에 대한 보다 공식적인 접근방식을 포함한 역학 기술의 개발 및 적용으로 인해 이환율과 사망률의 패턴이 나타났다. 또한, 더 다양한 지식을 갖추고 더 정교하며 질병을 줄이고 더 짧은 시간에 더 많은 생명을 구할 수 있는 비상 대응 인력을 양성하는 훈련 프로그램이 수립되었다(표 5.1.1.).

표 5.1.1. Sphere 프로젝트의 기원

1994년 르완다 대량 학살 이후 50만 명이 넘는 난민이 그 나라를 떠나 자이르로 도망쳤고, 많은 사람이 키부호수 북쪽 끝 근처에 있는 몇몇 수용소에 정착하면서 한 가지 주목할 만한 분수령이 발생했다. 수백 개의 비정부기구, UN 기관, 최소 9개국의 군 의료진 및 기타 많은 공중보건 공무원이 있었음에도 불구하고 몇 주 만에 약 45,000명의 난민이 콜레라로 사망했다. 이 상황에 효과적으로 대응하지 못한 집단적 실패는 성공적인 개입을 위한 지표를 개발하고 모든 비상 상황에서 이러한 지표를 달성하기 위해 노력해야 하는 비상 구호 커뮤니티의 필요성을 분명히 강조했다. 이러한 필요성으로 이 분야에서 일하는 사람들이 반드시 읽어야 할 Sphere 프로젝트 및 동반 핸드북(인도주의적 헌장 및 인도주의적 대응의 최소 기준)이 개발되었다. Sphere 프로젝트는 주요 영역(대피소, 식량 안보, 식량 원조 및 영양, 물과 위생, 보건 서비스, 성(gender)과 보호의 교차 영역에 대한 표준을 제정하는 것 외에도 역학자와 기타 공중보건 전문가들이 비교적 표준화된 접근법에 합의할 기회를 제공하였다.

출처 : Rasmussen SA, Goodman RA. The CDC Field Epidemiology Manual, Oxford University Press, USA, 2018.

최근에는 자연재해로 인한 주목할 만한 인도주의적 위기는 아이티에서 발생한 대규모 지진(2010년), 파키스탄에서 2천만 명의 난민을 만든 홍수(2010년), 2013년 태풍 하이옌/욜란다를 포함한 필리핀의 여러 태풍 그리고 아프리카의 뿔 지역에서 진행 중인 심각한 가뭄(2017년) 등이 있다. 국제 인도주의 공동체의 관심을 끄는 인간이 만든 비상사태에는 남수단, 중앙아프리카 공화국 및 중동 전역에서 진행 중인 분쟁이 포함된다. 그러한 재난에 대한 대응을 다루는 동료 검토 문헌은 상대적으로 드물지만, 미래의 위기에 대응할 준비를 하는 현장역학자들은 이러한 사례 연구에서 배우도록 장려해야 한다.

3 인도주의적 비상 대응에서 현장역학자의 역할

비상 상황에서 현장 역학조사 및 대응의 주요 목표는 다음과 같다.

- 사건의 공중보건 결과의 규모와 분포를 설정한다.
- 영향을 받는 인구의 규모와 건강 요구사항을 평가한다.
- 자원 할당의 주요 기반으로 역학적으로 파생된 데이터를 제공하고 홍보하도록 지원한다.
- 응급 상황 이후의 이환율과 사망률을 최소화하기 위해 공중보건 프로그램의 시행을 안내한다.
- 구호 활동의 진행 상황을 감시한다.
- 구호 활동의 효과를 평가한다.

현장역학자는 비상대응 팀의 핵심 구성원이다. 점차로 비상사태에 대한 국제적 대응은 사고 지휘체계 또는 유사한 시스템 접근방식에 따라 명령과 제어 방식으로 조직되고 있다. 구호 활동의 조직 구조와 의사 결정자의 식별 지식은 팀 플레이어가 되고 다른 팀 구성원의 역할을 이해하는 것과 마찬가지로 중요하다. 비극에 직면하여, 많은 비숙련자는 "처음에 행동, 나중에 생각" 접근방식을 채택하고, 데이터의 체계적인 수집 및 분석을 경박하고 시간을 낭비하는 활동으로 간주할 것이다. 이러한 경우 현장역학자는 그 이유에 대하여 긍정적인 목소리를 내어야 한다. 즉, 영향을 받는 모집단에 대한 편익을 극대화하는 건강 중재에 대한 증거 기반 접근법을 강력하게 진전시킨다.

비상 대응에 대한 요리책 접근방식은 존재하지 않지만, 유연성과 건전한 판단은 현장역학을 성공적으로 사용하기 위한 특징이다. 따라서 역학자를 위한 유연한 단계 프레임 워크는 다음과 같다.

- 최적의 정확도 수준으로 질병 및 사망률을 설정하여 사건이 대중의 건강에 미치는 영향을 파악한다(참고: "완벽한 것은 선의 적이 되어서는 안 된다"). 이 과정에서 물론, 분자(사례와

사망)와 분모(전체 인구, 가능한 경우 연령 및 성별 구분)의 결정에 초점을 맞추는 것은 물론 필수적이다.

- 최소한의 데이터로 시작하여 적절하고 실행 가능하다고 간주하는 수집 및 보강을 통해 가능한 한 빨리 질병 감시를 시작한다.
- 높은 질병 및 사망률에 대한 개인, 가정 및 환경 위험요인 등을 식별한다.
- 인구에서 질병의 실제 및 잠재적 분포에 대한 지식을 바탕으로 필수적인 공중보건 개입 및 질병 통제 프로그램의 조기 시작을 지지한다.
- 우선순위가 낮은 건강 조치는 연기해야 한다고 강력히 주장한다.
- 적절한 회의에 참석하여 보건 대응 팀의 필수 구성원이 되고, 공무원을 포함하여 다른 조직의 공중보건 공무원 및 기타 대응자와 협력하며, 상황에 대해 알 필요가 있는 사람들에게 자주 업데이트되는 보고서를 제공한다.

이 마지막 요점(즉, 상황보고서 제공)은 매우 중요하다. 비상 대응 시 "결과적 역학(consequential epidemiology)"이 실행되어야 한다. 역학자들의 기여는 의사결정자들이 쉽게 이해, 분석 및 행동에 사용할 수 있는 방식으로 시기적절하고 정확한 데이터를 제공할 수 있는 능력을 반영한다. 이러한 데이터를 사용하면 적절한 공중보건 조치를 효과적으로 구현할 수 있다. 반대로, 의사 결정자가 조치를 취하지 않는 잠재적으로 유용한 정보를 수집하고 제공하는 것은 부분적으로 관련 데이터가 지원하지 않는 건강 개입의 구현과 마찬가지로 현장역학의 실패로 볼 수 있다. 따라서 역학 기술은 필요하지만 충분하지는 않다. 마찬가지로 중요한 것은 효과적으로 의사소통하고, 성공적으로 옹호하며, 결과적 행동에 직접적으로 책임이 있는 정책 입안자를 지원하는 강력한 리더십을 제공하는 능력이다.

4 일반적인 문제

1) 보급

초기 단계에서 긴급 구호 환경은 항상 혼란스럽다. 그러나 모든 응답자들은 음식, 물, 대피소, 교통수단, 의사소통, 그리고 잘 수 있는 장소와 같은 필수 요구사항이 동일하다. 따라서 현장역학자의 최우선 순위는 이러한 기본 요구사항을 충족하도록 준비하는 것이다. 이것은 더 독립적일 수 있기 때문에, 다른 사람들이 도움을 제공하기 위해 그들의 일에서 주의를 돌리지 않아도 되기에 중요하다.

직원 채용은 특히 국제 긴급 구호에서 또 다른 초기 우선순위이다. 현장역학은 인구 기반 분야

이므로 역학 팀에는 현지 언어, 지리 및 관습을 알고 있는 구성원이 포함되어야 한다. 따라서 지역사회와 효과적으로 연락할 수 있는 사람을 모집하고 유지하는 것이 최우선 과제이다. 영어를 사용하는 번역가는 높은 평가를 받고 있지만, 항상 커뮤니티를 대표하는 것은 아니고 전문적인 교육을 받지 않을 가능성이 높기 때문에 제공하는 정보를 신중하게 평가하고 확인해야 한다.

2) 질병, 손상 및 사망률 설정

대부분의 긴급 구호 환경에서 영향을 받은 인구의 규모와 현재 건강상태에 대한 정확한 측정이 누락되어 확립하기 어렵다. 그러나 현장역학자의 경우, 조산, 연령, 성별 및 질병별 사망률, 영향을 받는 지역사회에서 중등도, 중증 및 전 지구적인 급성 영양실조의 확산, 높은 우선순위 조건의 발생, 그리고 혈액의 사용 접근과 같은 비율의 계산을 기반으로 합리적으로 정확한 분모를 결정하는 것이 중요하다. 비율 결정은 인구 그룹을 비교하고 공중보건 개입의 우선순위를 정하는 데 필수적이다. 다양한 방법론 옵션을 사용하여 인구 규모를 계산할 수 있다. 예를 들면 주거 단위 표본에 있는 사람 수를 추정하는 것과 같은 보다 기본적인 것부터 항공사진 또는 위성 이미지를 사용하는 것과 같은 보다 정교한 것까지 다양하다. 현장역학자는 최상의 방법(문화적으로나 상황적으로 민감한 방법으로 합리적으로 정확한 숫자를 제공하는 방법)을 선택하기 위해 구제 노력이 발생하는 상황을 고려해야 한다.

3) 신속한 평가

현장역학자들은 구호 활동의 초기 단계에서 중요한 역할을 한다. 정량화할 수 있는 데이터와 이를 수집하는 방법 및 시기에 대한 인식 외에도 "가죽 신발 역학(shoe-leather epidemiology)" 구성요소는 초기의 신속한 평가를 수행하는 데 그 자체로 가치가 있다. 무엇을 찾아야 하고 기본적인 질적 기술을 사용하는 방법을 알고 있다면, 영향을 받은 지역을 둘러보는 동안 관찰을 통해 풍부한 정보를 얻을 수 있다.

- 상품이 시장에서 판매되거나 거래되는 경우, 그 가격은 비상사태 이전 가격과 비교하여 가용성 또는 희소성을 나타낸다.
- 재난 이후의 상황에서 암시장이 빠르게 생겨나고, 필수 상품에 대한 대가를 지불하기 위해 사람들이 기꺼이 큰 희생을 치르는 것은 절실한 필요성을 나타낸다.
- 착용하는 보석의 양과 종류와 같은 지표는 의미가 있을 수 있다(표 5.1.2.). 관습적인 사회에서 전통적인 장식품이 없다는 것은 식량 불안정과 가치 있는 모든 것이 이미 팔렸음을 의미할 수 있다.

표 5.1.2. 관찰에 의한 우선순위 지정

1980년 아프리카의 뿔 지역에서 일어난 많은 비상사태 중 하나로 여성이 보석을 착용하지 않는 것이 관찰되었는데, 이것은 모든 귀중품을 터무니없는 가격에 이용 가능한 음식을 사려고 팔았다는 표시였다. 그러나 한 가지 예외는 있었다. 거의 모든 여성이 목에 작은 숟가락 모양의 펜던트가 달린 얇은 끈을 두르고 있었다. 방문한 안과 의사가 이 모집단이 비정상적으로 높은 트라코마 유병률을 겪었다고 언급하기 전까지 이 특이성의 중요성은 현장역학자들이 모집단의 건강상태를 평가하는 것을 배제했다. 숟가락 모양의 장치는 이 병의 특징인 긁히고 궤양화된 각막과 관련된 자극과 통증을 완화하는 행동인 역속눈썹(inverted eyelashes)을 제거하는 데 사용되었다. 이들의 유비쿼터스성은 질병의 중요성에 대한 증거였으며, 예리한 관찰이 이 공중보건 문제를 진단하는 열쇠였다.

출처 : Rasmussen SA, Goodman RA. The CDC Field Epidemiology Manual, Oxford University Press, USA, 2018.

지역사회 지도자와의 인터뷰, 영향을 받는 지역을 횡단하고, 참여형 신속한 평가로 자주 분류되는 일련의 방법들의 결과는 더 정확한 정보를 제공할 수 있지만, 적시성을 희생하는 조사 데이터를 분석하기 전에도 유용할 수 있다. 현장역학자에게 가장 중요한 것은 가능한 한 빨리 재난장소에 도달하여 모든 피해 지역과 인구집단을 방문하고 구호 커뮤니티가 모든 정보의 가치를 수집, 대조 및 평가하도록 돕는 것이다. 응급 상황 후 설정은 동적이다. 하지만 궁극적으로 공중보건 및 의료 서비스 제공에 대한 결정은 기존의 근거를 기반으로 첫날부터 이루어져야 한다.

4) 조사

비정량적 데이터만큼 가치가 있을 수 있지만, 정기적으로 수집되는 건강정보의 부족은 가능한 한 빨리 설문조사를 수행해야 한다는 것을 의미한다. 처음에는 정확한 표본 추출 프레임을 설정하기 어려울 수 있으며 모집단에서 추출한 샘플의 대표성이 있는지 확인하려면 신중한 판단이 필요하다. 그러나 대부분의 경우, 체계적으로 최적으로 대표되지 않는 표본이 편의 샘플보다 우수할 것이며, 특히 그 결과가 상품과 서비스의 공정한 분포를 안내하는 경우 더욱더 그러하다.

일반적으로 사용되는 조사 방법은 백신 적용률을 측정하기 위해 세계보건기구에서 처음 개발한 2단계 군집 표본추출이다. 합리적인 정밀도로 통계적으로 유효한 결과를 얻기 위해 비교적 적은 수의 클러스터를 방문해야 하기 때문에 이 방법의 물류 요구는 단순 무작위 표본 추출이나 체계적인 무작위 샘플링보다 훨씬 적다. 표본 크기는 상대적으로 클 수 있지만, 이 방법을 사용하는 장점은 일반적으로 단점보다 크다. 그럼에도 불구하고 두 가지 뚜렷한 단점이 있다.

- 표본추출은 모집단에 균일하게 분포되지 않은 특성을 측정하는 데 적합하지 않다. 예를 들면, 영양실조가 특정 지역에 집중되면 군집 표본추출이 이를 완전히 놓치거나 반대로 과도하게 식별하여 전체 인구에 대해 왜곡되고 대표적이지 않은 값을 초래할 수 있다.
- 군집 표본추출은 의사 결정자에게 설명하기 어려울 수 있다.

마지막으로 설문조사에서 자주 간과되는 문제는 표본추출 방법의 단점보다 비표본 오류가 더 중요할 가능성이 있다는 것이다. 조사원은 조사의 목적과 정확하고 바이어스가 없는 정보 수집의 중요성을 이해하도록 신중하게 교육을 받아야 한다. 비상사태의 영향을 받은 사람들이 소유물을 잃거나 다른 충격을 받았을 때, 그들은 평가관이 듣고 싶어 한다고 생각하는 대답을 제공함으로써 그들이 그들을 도울 수 있는 위치에 있는 사람들을 기쁘게 하고 싶어 할 수 있고, 결과적으로 진실하지만 부정확한 현실의 그림을 만들어낼 수 있다. 예를 들면, 사람들은 식량이 줄어들까 봐 가정 내의 사망을 신고하지 않을 수 있다. 따라서 현장역학자는 긴급 피해를 당한 인구로부터 정확한 정보를 얻는 데 많은 실제적이고 잠재적인 바이어스를 인식해야 하며, 어떤 역학 활동이 우연히 상황을 악화시키는 데 기여하지 않도록 조치를 취해야 한다. 역학자에게는 임상의와 마찬가지로 "해를 끼치지 않는다"라는 것이 중요한 규칙이다.

5) 우선순위 중재 조직

긴급 구호의 주요 목표는 생명을 구하고 개인과 지역사회를 긴급 상황 이전 상태로 복원하는 것이다. 개인 및 모집단 중심의 건강 중재가 많은 환경에서 중요하지만 다른 유형의 중재가 우선할 수 있다. 의료 구호단체인 '국경 없는 의사회'는 『난민 건강』이라는 책에서 재해 대응에 있어 10가지 최우선 순위를 제시하고 있다. 상위 5개 중, '홍역 예방접종'은 건강에 특화된 개입이며, 일상적인 보건서비스를 통해 높은 홍역 백신 접종률을 달성한 국가가 많아지면서 그 중요성이 줄어들었을 수 있다(그러나 인구가 일차의료서비스를 한동안 이용할 수 없었던 장기간의 분쟁 상황에서는 예방접종 보장 수준이 급격히 떨어질 수 있다. 그 결과 중동 전역과 유럽의 이주 인구에서 홍역 발병이 증가하고 있다). 다른 우선순위는 초기 평가, 물 및 위생, 식품 및 영양, 수용 시설 및 부지 계획이다. 이들은 분명히 공중보건과 관련이 있지만, 대부분의 국제 비상 대응에서 보건 부문과 구별되는 것으로 간주한다.

일부 인도주의적 개입은 긴급 피해를 당한 사람들의 기본적인 필요를 천천히 그리고 심지어 부적절하게 해결한다. 예를 들면, 영양 분야에서 현장역학자들은 희귀한 상태(예: 괴혈병, 펠라그라 및 각기병)에 대한 적절한 개입을 식별, 진단 및 설계하는 동시에 급성 중등도 및 중증 영양실조에 대한 감시를 구현하도록 요청받았다. 특정 문제에 대한 전문가인 구호 팀원은 당연히 이러한 문제에 초점을 맞출 것이지만, 현장역학자는 개입이 속하는 분야와 관계없이 구호 노력의 전체 스펙트럼을 다루고 가장 적절한 개입을 촉진할 필요가 있다.

공중보건 감시는 재난 대응의 중요한 요소이며, 일반적으로 그 설립은 현장역학 팀의 책임이 된다. 인도주의적 환경에서 효과적인 감시를 구현하려는 역학자는 다음과 같은 몇 가지 문제를 해결해야 할 수 있다.

- 불리한 조건에서의 속도와 정확성의 균형을 잡는다.
- 때로는 충돌하는 데이터의 여러 소스를 통합하는 동시에 신뢰할 수 있는 데이터와 그렇지 않

은 데이터 중 어느 것을 결정하는 것이다.
- 역학자가 하는 것과 동일한 우선순위를 배정하지 않을 수 있는 경우 다른 사람들이 감시 노력에 참여하도록 요청한다.
- 의사 결정자가 감시 데이터를 사용하여 조치를 취할 수 있도록 지원한다.

예를 들면, 1994년 12월 아시아 쓰나미의 여파로 현장 경험이 풍부한 역학자들이 효과적인 감시를 수행하는 데 도움을 주었기 때문에 신속하게 확립되고 잘 감시되며 널리 사용하는 감시 시스템이 사망을 예방하는 데 도움이 되었다.

감시 대상 조건은 설정의 특성에 따라 다르다. 대부분의 개발도상국에서는 초기에 급성 하부 호흡기질환(폐렴의 대리지표), 급성 수양성 또는 출혈성 설사(콜레라, 이질), 목이 뻣뻣하거나 그렇지 않은 발열(말라리아, 수막염) 및 홍역과 같은 증후군 표현과 같이 쉽게 인식할 수 있는 상태에 대한 단순한 감시 시스템을 목표로 삼는 것으로 충분할 수 있다. 중산층 및 고소득 국가의 경우 의약품이나 시술에서 단절될 수 있는 만성 질환자의 요구를 측정하는 데 초점을 둘 수 있다. 이러한 상황에서 그러한 상황은 일반적인 급성 감염병보다 더 만연할 수 있다. 모든 환경에서 감시는 인구의 가장 취약한 부분(예: 영유아, 아동, 노인, 여성, 빈곤하고 소외된 사람, 특별한 도움이 필요한 사람)에 초점을 맞춰야 한다. 이들이 무시되지 않도록 하기 위해 역학자는 데이터를 분해하여 이러한 그룹의 건강 문제를 쉽게 식별해야 한다.

6) 조정

비상 구호는 거의 항상 감정적으로 충만한 환경에서 발생한다. 고도로 조정된 조치의 필요성이 보편적으로 인식되고 있지만(일부는 "부실한 조정"이 사망원인으로 사망진단서에 기록되어야 한다고 제안했다), 많은 응답자는 조정을 원하지만 "조정"하지는 않는다. 가장 일반적인 시나리오는 구호 활동을 시작할 때 보건 클러스터를 설정하는 것이다. 공무원, 세계보건기구(WHO) 대표 및 비정부기구의 지정된 사람은 일반적으로 클러스터 회의의 의장 및 기능 감독에 대한 공동 책임이 부여된다. 2010년 아이티 지진과 같은 대규모 재난에서 수백 명의 응답자가 정기적으로 건강 클러스터 회의에 참석했으며, 많은 사람이 효과적인 대응 방법에 대한 지침을 구했다.

역학자는 좋든 나쁘든 간에 종종 책임과 권위의 입장에 처하게 된다. 왜냐하면 대부분의 응답자는 발표된 의료 및/또는 공중보건 문헌에 익숙하지 않을 것이며 바이어스가 없는 데이터의 객관적인 렌즈를 통해 혼란(chaos)을 볼 수 있는 사람은 거의 없기 때문이다. 응급상황에 처음으로 대응하는 역학자는 생소할 수 있으며, 이에 따른 존중의 정도에도 불편할 수 있다.

5 결론

인도주의적 대응 세팅은 공중보건의 응급실이다. 구호 활동의 초기 단계에서 생명을 구하고 되돌릴 수 없는 결정이 자주 내려진다. 현장역학자의 기본적인 임무는 가능한 한 짧은 시간에 영향을 받은 인구의 건강 및 영양상태에 대한 필수 데이터를 수집하고 배포하는 것이다. 이 데이터의 목적은 최초 대응자가 과도한 예방 가능 사망을 제한할 가능성이 가장 높은 개입의 우선순위를 정할 수 있도록 돕는 것이다. 환경은 종종 혼란스럽고, 조정되지 않으며, 물류 및 자원 제약이 특징이지만, 역학자는 침착하고 단호하며 정확하게 수집 및 분석된 데이터의 힘을 전달할 수 있어야 한다. 그러나 궁극적으로 재난 대응에 대한 성공적인 기여는 역학조사의 우아함이 아니라 얼마나 많은 생명을 구했는지에 따라 측정될 것이다.

참고문헌

대한예방의학회. 예방의학과 공중보건학, 제3판 수정증보판, 계축문화사, 2017.

대한예방의학회, 한국역학회. 예방의학 · 역학 · 공중보건학 용어집, 계축문화사, 2014.

손석준, 이경수, 이무식, 이중정, 이충원, 정인성. 현장역학(Field Epidemiology, 2nd edition 번역본). 계축문화사, 2004.

Breslow NE, Day NE. Statistical methods in cancer research. Vol 1. The analysis of case—control studies. (IAEC scientific publication no.. Lyon : International Agency for Research on Cancer; 1980.

Brown RE, Mayer J. Famine and disease in Biafra: an assessment. Trop Geogr Med. 1969;21: 348–52.

Centre for Research on the Epidemiology of Disasters. http://www.cred.be

Checchi F, Warsame A, Treacy-Wong V et al. Public health information in crisis-affected populations: a review of methods and their use for advocacy and action. Lancet. 2017; 390:2297–313.

De Ville de Goyet C, Seaman J, Geijer U. The Management of Nutritional Emergencies in Large Populations. Geneva: World Health Organization; 1978.

Detels R, Beaglehole R, Lansang MA, Gulliford M. Oxford Textbook of Public Health, Oxford University Press, 2009.

Feinstein AR. Clinical Epidemiology. The architecture of clinical research. Philadelphia: W.B. Saunders Company 1985.

Field Epidemiology Manual Wiki. Field epidemiology manual. https://wiki.ecdc.europa.eu/fem/w/wiki/field-epidemiology

Glass RI, Cates W Jr, Nieburg P, et al. Rapid assessment of health status and preventive-medicine needs of newly arrived Kampuchean refuges, Sakeo, Thailand. Lancet. 1980;1:868–72.

Goma Epidemiology Group. What happened in Goma, Zaire, in July 1994? Lancet. 1995;345: 339–44.

Gordis L. Epidemiology. 5th ed. Philadelphia : Elsevier; 2013.

Henderson RH, Sundaresan T. Cluster sampling to assess immunization coverage: a review of experience with a simplified sampling method. Bull World Health Org. 1982;60:253–60.

Kelsey JL, Thompson WD, Evans AS. Methods in observational epidemiology. New York, Oxford: Oxford University Press; 1986.

Last JM. A Dictionary of Epidemiology, 4th Ed, Oxford Uni Press Inc., 2001.

MacMahon B, Pugh TF. Epidemiology: principles and methods, Little, Brown and Company, 1970.

Médecins Sans Frontières. Refugee Health—An Approach to Emergency Situations. London: Macmillan; 1997.

Porta M. A Dictionary of Epidemiology, 5th edition, IEA, Oxford University Press, USA, 2008.

Rasmussen SA, Goodman RA. The CDC Field Epidemiology Manual, Oxford University Press, USA, 2018.

Robert B. Wallace. Maxey-Rosenau-Last Public Health and Preventive Medicine. McGraw-Hill Education, 15 edition, 2008.

Rothman K J. Modern epidemiology. Boston, Toronto: Little, Brown and Com pany; 1986.

Schlesselman JJ. Case—control studies: design, conduct, analysis. New York: Oxford University Press; 1982.

Sommer A, Mosley WH. East Bengal cyclone of November, 1970. Epidemiological approach to disaster assessment. Lancet. 1972;1:1029-36.

Southeast Alaska Petroleum Response Organization. What is the incident command system? http://www.seapro.org/pdf_docs/ICS.Overview.pdf

The Sphere Project. Humanitarian Charter and Minimum Standards in Disaster Response. 3rd ed. Geneva: The Sphere Project; 2011.

Toole MJ, Waldman RJ. Prevention of excess mortality in refugee and displaced populations in developing countries. JAMA. 1990;263:3296-302.

Waldman RJ, Toole MJ. Where is the science in humanitarian health? Lancet. 2017;390:2224-6.

World Health Organization. Global health cluster guide. http://www.who.int/hac/global_health_cluster/guide_glossary_of_key_terms/en/

제 2 장

급성 소화기질환 역학조사

1 급성 소화기질환 발병 조사 단계

공중보건공무원은 원인을 확인하기 위해 집단발병을 조사하고 추가 발병을 예방하며 향후 유사한 발병을 어떻게 예방하는지를 배운다. 이 장에서는 공중보건 커뮤니티가 미국 내 식품매개성 질환, 수인성 질환 및 기타 소화기질환의 발생을 어떻게 감지, 조사 및 통제하는 방법에 대해 개괄적으로 설명한다.

소화기질환 발병에 대한 조사에는 특정 절차 단계가 포함된다. 여기에는 순서대로 설명되어 있지만 실제로는 이전 장에서 설명한 것처럼 조사가 역동적이고 결과적으로 여러 단계가 동시에 발생하며 일반적으로 소화기질환 발병 조사에는 다음 단계가 포함된다.

- 집단발병 가능성 탐지
- 사례(환례)정의 및 사례 찾기
- 가능성 있는 원인에 대한 가설 생성
- 가설 검정 및 근거 평가
- 오염원 찾기
- 집단발병 통제
- 집단발병 종결 결정

1) 가능성 있는 집단발병 탐지

소화기질환의 집락(군집, 클러스터) 또는 가능성 있는 장 질환을 감지하는 것은 다양한 방식으로 이루어질 수 있다. 보건공무원이 집단발병을 발견하는 한 가지 방법은 공중보건 감시를 통한 것이다. 시간이 지나면서 발생하는 질병에 대한 보고서를 체계적으로 수집하여 주어진 지역에서 주어진 기간 동안 예상되는 얼마나 많은 질병 건수가 있는지를 대략적으로 파악한다. 집락은 주어진 기간 및 지역에서 동일한 질병이 예상보다 많은 수의 발생이 있을 때 일어난다. 조사 결과 집락의 질환자들이 모두 같은 질병에 걸린 이유를 설명하는 공통점이 있는 것으로 밝혀지면 질병 집단을 집단발병(outbreak)이라고 한다.

비공식적인 보고는 지역사회 구성원이 지역 또는 주 보건부에 전화하여 의심되는 장 질환 관련 집단발병을 보고함으로써 일어난다. 예를 들면, 여러 사람이 단체 저녁 식사를 한 후 병에 걸렸을 때 일어날 수 있다. 보건부서는 종종 이러한 보고서를 모니터링하는 시스템을 유지하고 있다. 때때로 임상의사(예: 응급실 의사)는 자신이 예상보다 더 많은 질병 사례에 직면하고 있음을 깨닫고 보건 부서에 직접 전화하여 그곳의 역학자와 논의한다.

공식적인 병원체 보고 시스템(pathogen-specific reporting systems)은 특히 다중 관할구역에서 발생하는 경우 집단발병의 감지에 중요한 역할을 한다. 각 주의 임상의와 미생물학자는 환자 중에서 질병을 진단할 때 신고 가능한 질병 목록에 있는 감염을 보고해야 한다. 이 목록은 많은 식품매개성 및 기타 장 질환을 포함한다. 공중보건공무원이 질병 보고서를 검토할 때 특정 질병을 앓고 있는 사람의 수가 예상보다 많다는 것을 보고하게 된다.

특정 장내 병원균(예: *Listeria monocytogenes, Salmonella enterica* 및 Shiga toxin 생성 대장균)의 경우, 공중보건 실험실은 그렇지 않으면 놓칠 수 있는 집단을 검출하는 데 도움이 되는 특정 검사를 수행한다. 임상의는 환자가 식품매개질환을 앓고 있다고 의심하는 경우, 질병의 임상 양상이나 질병을 유발하는 것으로 의심되는 병원체에 따라 환자에게 대변 또는 기타 유형의 샘플을 제출하도록 요청할 수 있다. 또한 임상의는 환자의 샘플에서 박테리아를 격리하고 예를 들면 살모넬라균이나 시가 독소를 생성하는 대장균 O157로 식별할 수 있는 임상 실험실로 보내며 임상 실험실은 이 정보를 사용하여 질병을 치료할지 여부와 치료 방법을 결정할 수 있도록 임상의에게 진단을 알린다. 추가 특성 분석을 위해 박테리아 샘플을 임상 실험실에서 주 공중보건 실험실로 보낼 수도 있다.

배양이 가능할 때, 주 실험실은 혈청 그룹화, 혈청형 분석 또는 DNA 지문을 포함하여 박테리아에 대한 하위 유형 검사를 수행할 수 있는데, 여기에는 유전자 지문분석법(pulse-field gel electrophoresis), 다지점 변수-수 탠덤 반복분석(multilocus variable-number tandem repeats analysis) 또는 전장유전체 분석(whole-genome sequencing)을 포함할 수 있다. 혈청 그룹화 및 혈청형 분석은 박테리아 표면의 특정 표지를 기준으로 박테리아를 분류한다. 혈청군 또는 혈청형 정보는 종종 발생 가능성을 식별하는 데 충분한 정보를 제공할 수 있지만, 공통 소스에 연결된 배경 질환과 무관한 배경 질환을 분리하기 위해 추가 하위 타이핑이 필요한 경우가 많다. DNA 지문 인식법은 혈청군 또는 혈청형 분석보다 더 구체적이며 동일한 DNA 지문을 공유하는 박테리아는 공통의 근원을 공유할 가능성이 더 높다. 지문이 희귀할수록 질병이 어떤 방식으로든 연관될 가능성이 커진다. 세균성 장내 병원체는 일부 지역 및 연방 연구소와 함께 하위 유형 정보를 질병통제예방센터(CDC)의 병원체 추적시스템(PulseNet system)에 제출한다.

PulseNet은 공중보건 및 식품 규제기관 실험실의 국가 분자 하위 유형(national molecular subtype)의 네트워크이다. PulseNet 데이터베이스를 검토함으로써, 보건당국은 환자가 여러 보건 관할구역에 퍼져 있더라도 동일한 DNA 지문을 가진 박테리아로 인한 질병군을 동시에 식별할 수 있게 된다. 이 시스템은 특히 한 국가 또는 주에서 발생하는 질병의 수가 그 자체로 발생 가능성을 알리기에 충분하지 않을 때 유용하다.

2) 사례(환례)정의 및 사례 찾기

종종 처음에 인식된 질병은 전체 발병의 작은 부분만을 반영하는데 추가로 발병한 환자를 찾는 것은 집단발병의 규모, 시기, 심각성 및 가능한 원인을 이해하는 데 매우 중요하다.

조사 초기에 보건공무원은 일반적으로 어떤 환자가 집단발병의 일부로 포함될 것인지 결정에 도움이 되는 사례정의를 개발하는데, 사례정의에는 다음에 대한 세부 정보가 포함될 수 있다.

- 병원체 또는 독소(알려진 경우)
- 해당 병원체 또는 독소에 대한 전형적인 특정 징후 또는 증상
- 질병이 발생한 시간 범위
- 지리적 범위(예: 주 또는 거주 지역)
- 기타 기준(예: 병원체의 DNA 지문)

각기 다른 목적을 가진 여러 사례정의가 발병 조사에 사용될 수 있다. 예를 들면, 한 사례정의는 확진된 질병에 대한 것이고 다른 하나는 가능성이 있거나 의심되는 질병에 대한 것이다. 일반적으로 사례정의는 보다 광범위하게 시작되며, 새로운 정보가 사용 가능해짐에 따라 조사과정에서 업데이트되고 세분화된다. 사례정의를 충족하는 질병의 수를 사례 개수라고 한다.

아래와 같이 사례정의를 사용하여 조사자들은 발병과 관련된 더 많은 질병을 찾는다.

- 지역 질병 감시 보고서 검토
- 실험실 감시시스템(예: PulseNet) 보고서 검토
- 지역 임상 및 실험실 전문가에게 특정 질병사례를 더 빨리 보고하도록 요청(즉, 진단을 의심하는 즉시)
- 유사한 질병에 대한 응급 부서의 기록 검토
- 의심되는 발병원에 노출되었을 수 있는 인터뷰 대상 또는 그룹 조사(예: 일반적인 식사 또는 행사 참석)
- 주변 지역의 보건공무원에게 관련될 수 있는 질병을 감시하도록 요청

보건당국은 누가 병에 걸렸는지, 언제 병에 걸렸는지, 어디에 살고 있는지 추적하여 발병 진행 상황을 감시한다. 조사자들은 선택한 기간 동안 발생하는 질병 수의 분포를 표시하는 감염병 유행곡선(epidemic curve, epi curve)이라는 그래프를 사용한다. 감염병 유행곡선의 패턴은 연구자들이 환자가 단기간(예: 한 끼 식사)에 동일한 오염원에 노출될 가능성이 가장 큰지 또는 노출이 더 긴 기간(예: 몇 주 또는 몇 달)에 걸쳐 발생했는지를 결정하는 데 도움이 될 수 있다. 조사자는 또한 그들이 지역이나 지역사회 내에서 감염병이 퍼지고 있는지 그리고 어떻게 퍼지고 있는지를 알 수 있도록 아픈 사람들이 사는 곳을 나타내는 지도를 사용한다.

3) 가능한 출처에 대한 가설 생성

가설은 어떤 수단이 발생의 오염원으로 의심되는 합리적인 근거이며, 구체적인 사실과 상황에 근거한다. 보건당국은 집단발병의 원인을 규명하기 위해 가설을 개발하고 시험하는 과정을 사용한다. 특히 식품이나 재료를 통해 전염되는 장내 병원균의 경우 발생 가능한 바이러스 발생 수단의 수와 잠재적인 오염 지점의 수는 엄청날 수 있다. 가설 생성은 가능한 한 설명이 지속적으로 수정되거나 반박되는 반복적인 과정이다.

급성 소화기질환을 일으키는 병원균에 의한 집단발병은 오염된 음식이나 물, 아픈 사람과의 직접 접촉, 감염된 동물 또는 그 환경과의 직접 또는 간접 접촉을 통해 전염될 수 있다. 질병의 원인을 조사할 때 보건공무원은 먼저 가능한 전파 방식을 결정해야 한다. 질병을 유발하는 병원체, 해당 병원균으로 인한 질병의 역사적 원인, 환자가 사는 곳, 환자의 인구 통계학적 특성(예: 연령, 성별, 인종/민족), 감염병 유행곡선은 모두 원인에 대한 단서를 제공할 수 있다.

오염된 식품에 대한 노출이 의심되는 경우 보건공무원은 감염의 원인 또는 매개체가 될 수 있는 상당한 수의 식품과 성분을 고려해야 한다. 또한 환자가 먹는다고 보고하는 식품에 사용되는 성분을 고려해야 할 수도 있다. 보건당국은 환자를 인터뷰하여 그들이 병에 걸리기 며칠 또는 몇 주 동안 그들이 어디서 무엇을 먹었는지, 기타 노출을 확인해야 한다. 조사의 초점은 많은 환자가 보고한 특정 식품이나 기타 노출로 더욱 좁혀질 수 있다. 때때로 보건공무원들은 환자의 가족이나 비슷한 노출을 가졌지만 아프지 않은 다른 사람들을 인터뷰하기도 하는데, 이러한 인터뷰를 가설 생성 인터뷰(hypothesis-generating interviews)라고 한다.

인터뷰 진행자가 집중하는 기간은 병원체의 잠복기(예: 사람이 병에 걸렸을 때, 오염된 음식을 먹거나 오염된 물이나 음료를 마시고, 환자와 직접 접촉하거나 감염된 동물과 직접 또는 간접 접촉하는 것)와 노출 사이의 시간에 따라 좌우된다. 이 기간은 병원체에 따라 다른데, 그들이 어떤 음식이나 다른 노출에 대해 물어 보는지는 보건당국이 지금까지의 조사에서 무엇을 배웠는지에 달려 있다. 예를 들면 여러 명의 환자가 레스토랑, 호텔 또는 케이터링 이벤트에 참석했다면 인터뷰는 그곳에서 준비, 제공 또는 판매되는 메뉴 항목에 초점을 맞춰야 한다. 명백한 노출 장소가 확인되지 않으면 조사관은 샷건(산탄총) 설문지(shotgun questionnaire)라고 하는 표준화된 설문지를 사용할 수 있다. 이러한 유형의 가설 생성 질문에는 긴 음식항목 목록에 대한 질문이나 질병이 나타나기 며칠 전에 사람이 먹은 각 식사를 검토하는 개방형 질문이 포함된다. 또한 일반적으로 식료품 쇼핑 위치, 식당 식사 또는 음식이 제공되는 행사 참석, 식이 제한 및 식이 보조제 사용, 여행 기록, 동물 접촉 및 물놀이 관련 노출에 대한 질문이 포함된다.

인터뷰에서 보건공무원은 많은 환자가 공통으로 가지고 있는 음식, 음료 또는 기타 노출에 대한 짧은 목록을 작성한다. 보고된 환자가 없거나 거의 없는 노출은 출처가 될 가능성이 작은 것으로 간주한다. 그런 다음 다른 정보(예: 인구기반 식품 소비조사)를 통하여 환자의 노출 빈도가 일반 인구에서 예상되는 것보다 높은지 여부를 결정하는 데 도움을 주기 위한 조사를 한다. 수집한 정보를 바탕으로 보건공무원은 발생 가능성이 있는 원인에 대한 가설을 세운다. 그러나 샷건 인터뷰는 설문지에 포함된 잠재적 수단만 식별할 수 있다. 이 접근방식이 발병 원인에 대한 검증 가능한 가설로 이어지지 않는 경우, 구조화된 설문지에 포함되지 않은 가설을 설명하는데 집중적인 개방형 인터뷰가 더 적합할 수 있다.

역동적 집단에 대한 조사과정은 가설을 빠르게 식별하는 데 도움이 될 수 있다. 이 과정에서 초기 환자들의 집락은 자세한 노출 이력 설문지를 사용하여 인터뷰를 시행한다. 인터뷰 중에 새로운 관심 노출이 있어 초기 환자는 이러한 새로운 노출을 균일하게 평가하기 위해 체계적으로 재인터뷰를 해야 한다. 새로 식별된 환자도 이러한 노출에 대해 일관된 질문을 받게 된다. 이 접근방식은 표준 샷건(shotgun) 설문지에 나열되지 않은 새롭거나 비정상적인 노출을 식별하는 데 특히 유용하게 사용된다.

질병 하위 집합들을 조사하면 발병 원인에 대한 중요한 단서를 제공할 수 있다. 관련되지 않은 여러 명의 환자가 같은 식당에서 식사하거나 같은 매장에서 며칠 이내에 음식이나 식료품을 구입했다면 오염된 식품이 그곳에서 제공되거나 판매되었을 가능성이 가장 높다. 다발생 집단발병에서 가설을 생성하는 유용한 방법에는 식당 또는 상점 집단에 대한 빠르고 철저한 조사가 포함된다. 하위 집합 조사는 특정 음식 수단들을 식별하고 추적 조사를 위해 이러한 항목에 대한 자세한 정보를 제공할 수 있다. 역추적은 관심 식품에 대한 생산자, 제조업체, 공급 업체 및 유통 경로를 결정하고 문서화한다. 역추적의 핵심 목표는 공급 업체 또는 유통망에 공통된 다른 지점이 있는지 확인하는 것이다.

그럴듯한 가설을 생성하는 것은 종종 어렵고 여러 가지 이유로 상당한 시간이 걸릴 수 있다. 첫째, 환자의 인터뷰는 사건을 회상하는 능력에 따라 크게 의존된다. 질병 발생에서 질병 발생자가 발병 중 일부라는 것을 알기까지의 기간은 일반적으로 DNA 지문 채취에 의존하는 발병 시 2~4주이다. 환자들은 오래전에 먹은 것을 자세히 기억하지 못할 수도 있다. 또한 오염된 식품이 재료라면 그 일은 더욱더 어렵다. 환자들은 종종 음식의 재료를 기억하거나 알지 못한다. 이러한 어려움은 그럴듯한 가설의 개발을 지연시키거나 방해할 수 있다. 특정 상황에서는 가능한 원인에 대한 새로운 아이디어가 떠오르면 환자를 여러 번 인터뷰할 수 있다. 누군가의 집을 방문하여 식료품 저장실과 냉장고에 있는 식품을 조사하거나 구매 영수증, 쇼핑 카드 또는 식품 일지에서 정보를 검토할 수 있는 권한을 얻는 것이 도움이 될 수 있다.

4) 가설 검정 및 근거 평가

소화기질환 발병에서 오염원에 대한 가설을 평가할 때 세 가지 유형의 근거 또는 요소들이 사용된다.

- 역학적 근거(예: 환자 인터뷰 데이터, 사람, 장소 및 시간별 사례 분포, 분석 역학적 연구 결과, 의심되는 병원체의 사회력 및 그로 인한 과거 발병)
- 오염이 발생했을 수 있는 공통 지점을 식별하고, 해당 공통 지점에서 생산 시설에 대한 평가를 식별하기 위해 아픈 사람과 연결된 의심되는 수단의 역추적에서 얻은 근거
- 오염이 발생한 것으로 의심되는 수단 또는 생산 시설을 검사한 실험실 결과

이러한 각 요소의 증거는 데이터가 의심되는 음식이나 기타 노출이 발병 원인이라는 결론을 뒷받침하는지를 결정하기 위해 함께 평가된다. 조사자는 일반적으로 두 가지 측면에서 명확하고 설득력 있는 증거가 있을 때 발생 가능성이 있는 원인을 식별했다고 판단한다. 드문 경우에 한 요소의 데이터만으로도 발병의 원인을 파악하는 데 충분할 수 있다(예: 식사 또는 단일 이벤트에 연결된 포인트 소스 집합). 유통기한이 짧은 제품(예: 저온 살균되지 않은 우유 또는 잎이 많은 채소)에 대한 조사에서 오염 가능성이 있는 기간 동안 제품에 대한 검사를 수행하는 것은 불가능할 수 있으며, 조사자는 다른 요소의 근거에 의존하여 가능한 원인을 파악해야 한다.

원인이 올바르게 식별되었는지를 결정하기 위해 가설을 검정해야 한다. 역학적 분석연구는 종종 가설을 검정하는 데 사용된다. 사례-대조군 연구 또는 코호트 연구는 수행되는 가장 일반적인 유형의 분석연구이다. 보건당국은 아픈 사람과 유사한 건강한 사람으로부터 수집한 정보를 분석하여 아픈 사람이 건강한 사람보다 특정 음식을 먹거나 특정 노출을 보고할 가능성이 더 높은지 여부를 결정한다. 이러한 유형의 분석연구는 종종 단일 이벤트 또는 레스토랑과 관련된 발병에 대해 수행된다.

특정 음식을 섭취하거나 다른 노출이 건강한 사람보다 환자에게 더 자주 보고되는 경우에는 해당 음식이나 노출이 집단발병을 유발할 수 있다. 통계적 검정을 사용하여 보건당국은 모임의 강도(즉, 우연히 발생했을 가능성이 얼마나 되는지)와 하나 이상의 식품 또는 기타 노출이 관련될 수 있는지 결정할 수 있다. 조사자는 관심 노출 빈도, 통계 연관성의 강도, 양-반응 관계, 제품 생산, 준비 및 분포를 포함하여 이러한 연구의 결과를 해석할 때 많은 요인을 분석한다.

만약 발병이 다른 주방에서 준비된 음식 또는 다른 상점에서 구입하여 추가적인 준비 없이 소비된 음식과 관련이 있는 경우, 오염 사건은 아마도 생산단계 또는 주방에서 음식을 준비하기 전에 발생했을 것이다. 이러한 상황에서 조사관은 역추적 조사를 수행하여 오염이 발생한 위치를

확인해야 한다(그림 5.2.1). 공식적인 역추적 조사는 주 또는 연방 수준의 규제기관에서 수행한다. 이러한 기관은 식품 리콜과 같은 가능한 제품 조치를 지원하기 위해 기록 및 데이터 수집에 의존한다. 역추적은 일반적으로 환자가 보고된 의심되는 식품 항목을 식별하거나 환자가 식사하거나 쇼핑을 한 식당 또는 상점 위치를 식별하는 것에서 시작된다. 다음 단계는 의심되는 식품의 생산 체인이 공통점으로 모여지는지 확인하는 것이다. 이것을 찾는 것은 오염이 발생한 위치를 정의하고 가설을 뒷받침하는 데 도움이 된다. 공무원들은 해당 품목을 구매했거나 먹었다고 생각되는 상점, 레스토랑 또는 카페에 대해 의심 품목을 공급 업체로부터 구매 및 배송 정보를 검토하고 그런 다음 공급자에게 의심되는 품목을 수령한 위치 등을 다시 생산 지점으로부터 요청한다. 역추적 조사는 자원 집약적이고 까다로울 수 있으며, 특히 유통 경로가 복잡하거나 유통 체인의 생산자, 공급 업체, 상점 또는 레스토랑에서 자세한 기록이 부족할 때 더욱 그럴 수 있다.

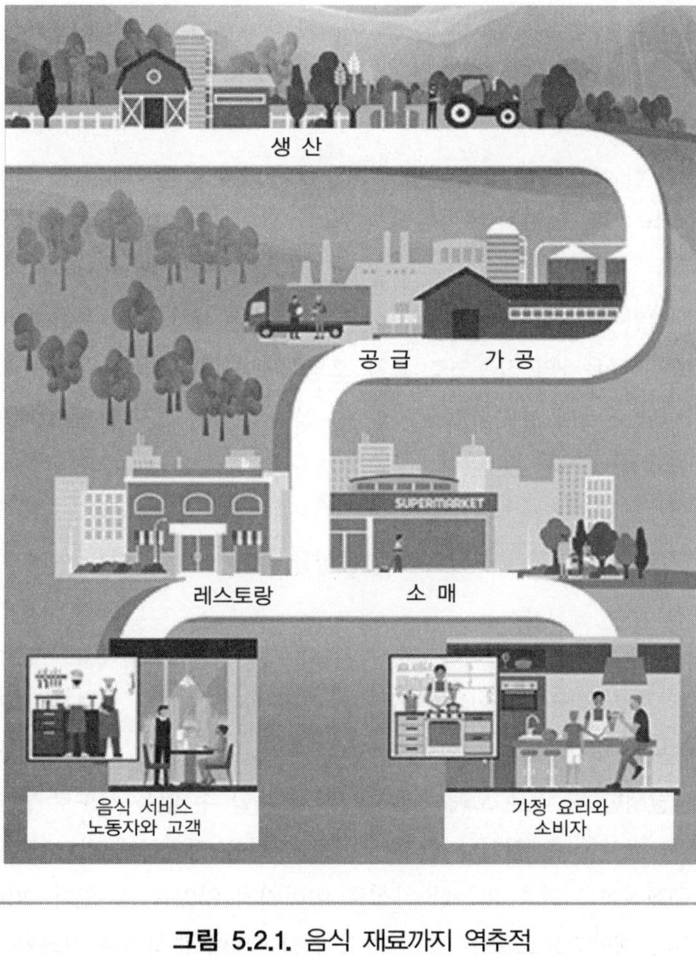

그림 5.2.1. 음식 재료까지 역추적

출처 : Centers for Disease Control and Prevention. Finding the point of contamination and source of the food. https://www.cdc.gov/foodsafety/outbreaks/investigating-outbreaks/investigations/contamination.html

음식재료가 집단발병의 원인임을 조사할 경우 오염된 성분이 다양한 식품의 일부로 소비되었을 수 있기 때문에 원인을 식별하는 것이 더 어려울 수 있다. 이러한 상황에서 역학 제품 추적은 식중독 발생 매개체를 식별하는 과정의 중요한 부분이 될 수 있다. 역학조사를 지원하기 위한 제품 추적의 전반적인 목표는 하위 집단에 있는 여러 환자가 먹은 식품 항목이 원인 또는 배포 지점을 공통으로 가지고 있는지 확인하는 것이다. 제품 분포 패턴은 노출에 특이성을 추가하고 하나 이상의 원인 매개체의 타당성을 평가할 수 있다.

음식, 환경 또는 물에 대한 검사는 유용한 정보를 제공하고 가설을 뒷받침할 수 있다. 개봉하지 않은 식품용기 또는 식품 생산시설에서 발병 당시 환자의 임상 샘플과 동일한 DNA 지문을 가진 세균을 발견하면 질병 원인의 확실한 증거가 될 수 있다. 그러나 조사관은 여러 가지 이유로 오염된 항목에서 병원체를 식별하지 못할 수도 있다.

- 유통기한이 짧은 식품(예: 오염된 우유 또는 농산물)은 발병이 확인될 때까지 사용할 수 없어 검사할 수 없다.
- 의심되는 음식이나 물 오염원을 사용할 수 있더라도 병원균은 발병 이후 그 수가 감소했거나 음식이 상하기 시작하면서 다른 유기체가 병원균을 자라게 할 수 있기 때문에 탐지하기 어려울 수 있다.
- 병원균이 음식의 한 부분에만 있을 수도 있다. 오염되지 않은 부분에서 채취한 샘플은 검사결과가 음성일 수 있다. 따라서 부정적인 결과가 이 음식을 질병의 원인 또는 발병 원인으로 배제하지 않는다.
- 남은 품목이나 열린 용기에 담긴 품목은 아픈 사람이나 식사 준비 품목과의 접촉 또는 실제로 발병을 일으킨 품목과의 접촉으로 교차 오염되었을 수 있다.
- 의심되는 음식이나 물에서 병원균을 탐지할 수 있는 확립된 검사가 없기 때문에 특정 병원균은 음식이나 물에서 탐지될 수 없다.

특정 항목 또는 기타 노출 및 질병 사이의 연관성을 찾지 못하는 것은 여러 가지 이유로 발생할 수 있다.

- 식당에서 혼합 또는 조리되거나 여러 메뉴 항목에 사용되는 여러 재료가 포함된 음식을 제공하는 경우 노출 간 동일선상에 있는 특징으로 인해 특정 오염된 재료를 식별하기 위한 역학조사를 수행하는 것이 어려울 수 있다.
- 보건 관계자는 발생한 지 너무 오래되어 완전히 조사할 수 없을 정도로 발병을 인식했을 수 있다(예: 식품을 검사할 수 없거나 환자가 식품 이력을 정확하게 기억하지 못할 수 있음).
- 초기 조사는 구체적이고 검증 가능한 가설로 이어지지 않았을 수 있다. 따라서 분석연구가 수행되지 않았다. 대안적으로 또는 초기 가설이 잘못되어 분석연구 결과가 부정확하거나 오해의 소지가 있을 수 있다.

• 분석연구를 수행했지만 분석할 질병의 수가 제한되어 있거나 여러 식품이 오염되었거나 오염된 항목이 사람이 먹었을 수도 있지만 기억할 가능성이 없는 식품이어서 특정 노출을 찾지 못했을 수 있다(예: 음료, 고명, 조미료 또는 식품의 일부인 재료의 얼음 등).

출처가 확인되지 않고 발병이 종료된 경우 출처를 알 수 없음으로 선언하고, 발병이 끝나지 않은 경우, 보건당국은 계속해서 정보를 수집하고 결과를 조사하여 질병을 일으키는 음식이나 기타 출처를 찾으려고 노력해야 한다. 이러한 상황에서는 조사가 계속됨에 따라 가설 생성 과정을 반복해야 할 수 있다.

5) 오염원 찾기

유력한 출처가 확인되면 당국은 환경 평가를 수행하여 발병의 근본 원인과 기여 요인을 파악할 수 있다. 식품매개성 질병의 발생 시 이 평가에는 농장에서 식사까지 경로를 따라 하지만 여러 개의 시설이 포함될 수 있다. 한 주방에서만 준비된 음식을 먹은 사람의 질병은 해당 주방에서 오염이 발생했을 수 있음을 나타낸다. 보건당국은 음식을 준비한 사람들을 인터뷰하여 사용한 재료와 음식 준비에 따른 단계, 음식을 준비하고 보관하는 데 사용되는 온도 등을 파악한다. 그들은 직원의 건강행태와 교육 및 주방의 청결 정도를 검토한다. 또한 노출이 발생했을 때 근로자의 건강상태를 확인한다. 상업용 또는 기관의 주방 또는 주요 식품 생산농장 또는 시설에서 보건공무원은 과거 검사보고서에서 문제 이력을 검토한다. 환경평가의 정보는 집단발병을 통제하고 향후 유사한 집단발병을 예방하는 방법을 나타낼 수 있다.

6) 집단발병 통제

질병의 원인이 될 가능성을 확인한 후 즉각적인 통제 조치가 필요할 수 있다. 오염된 식품이 상점 선반, 식당 주방, 가정 식료품 저장실 또는 냉장고에 남아 있으면 더 많은 사람이 병에 걸릴 수 있다. 집단발병 통제 조치에는 식사 준비시설을 청소 및 소독하기 위한 특정 조치 요구, 식당 또는 가공공장 임시 폐쇄, 식품 회수, 식품안전 유지 방법에 대해 대중에게 알리기 또는 소비자들에게 그들의 집을 확인하고 의심되는 사람을 확인하도록 지시하는 것이 포함될 수 있다. 보건당국이 조사 중에 더 많은 것을 알게 되면 통제 조치와 조언을 수정, 집중 또는 확장할 수 있다.

7) 집단발병이 언제 끝났는지 확인

모든 발병이 해결되는 것은 아니다. 조사관은 사례가 계속 확인되면 계속해서 가설을 개발하고 검증해야 한다. 보고된 새로운 질병의 수가 보건공무원이 일반적으로 예상하는 수로 돌아가면 발병이 끝난다. 감염병 유행곡선은 보건당국이 질병 감소 여부를 판단하는 데 도움이 된다. 그러나 현저한 감소 후 질병이 다시 증가하기 시작하면 보건당국은 조사를 재개해야 한다. 질병의 증가는 원인이 완전히 통제되지 않았거나 알려지지 않은 다른 오염원이 관련되어 있음을 나타내는 것이다.

2 결론

급성 소화기질환 발생을 조사하는 것은 역동적이고 복잡한 작업이 될 수 있으며, 종종 다른 관할권의 여러 공중보건 및 규제 파트너가 관여될 수 있다. 공중보건 커뮤니티가 식품매개질환 및 기타 소화기질환 발생을 감지, 조사 및 통제하는 방법의 특정 측면은 이 장의 범위를 벗어난다. 식품매개 집단발병에 대한 발병 감지 및 조사 방법에 대한 보다 포괄적인 검토는 식품매개질환 발생대응 개선지침에서 확인할 수 있다.

참고문헌

대한예방의학회. 예방의학과 공중보건학, 제3판 수정증보판, 계축문화사, 2017.

대한예방의학회, 한국역학회. 예방의학 · 역학 · 공중보건학 용어집, 계축문화사, 2014.

손석준, 이경수, 이무식, 이중정, 이충원, 정인성. 현장역학(Field Epidemiology, 2nd edition 번역본). 계축문화사, 2004.

Breslow NE, Day NE. Statistical methods in cancer research. Vol 1. The analysis of case—control studies. (IAEC scientific publication no. 32). Lyon: International Agency for Research on Cancer; 1980.

Centers for Disease Control and Prevention. e-Learning on environmental assessment of foodborne illness outbreaks. https://www.cdc.gov/nceh/ehs/elearn/ea_fio/index.htm

Centers for Disease Control and Prevention. Epi-X: building a network to save lives. https://www.cdc.gov/about/24-7/savinglives/epi-x/index.html

Centers for Disease Control and Prevention. Finding the point of contamination and source of the food. https://www.cdc.gov/foodsafety/outbreaks/investigating-outbreaks/investigations/contamination.html

Centers for Disease Control and Prevention. Foodborne disease outbreak investigation and surveillance tools. http://www.cdc.gov/foodsafety/outbreaks/surveillance-reporting/investigation-toolkit.html

Centers for Disease Control and Prevention. Foodborne disease outbreaks. https://www.cdc.gov/foodsafety/outbreaks/pdfs/outbreak-infographic.pdfpdf

Centers for Disease Control and Prevention. Foodborne diseases active surveillance network (FoodNet). https://www.cdc.gov/foodnet/surveys/population.html

Centers for Disease Control and Prevention. Interpretation of epidemic (epi) curves during ongoing outbreak investigations. https://www.cdc.gov/foodsafety/outbreaks/investigating-outbreaks/epicurves.html

Centers for Disease Control and Prevention. Multiple locus variable-number tandem repeat analysis (MLVA). https://www.cdc.gov/pulsenet/pathogens/mlva.html

Centers for Disease Control and Prevention. Pulsed-field gel electrophoresis (PFGE). https://www.cdc.gov/pulsenet/pathogens/pfge.html

Centers for Disease Control and Prevention. PulseNet. https://www.cdc.gov/pulsenet/

Centers for Disease Control and Prevention. Steps in outbreak investigation. https://www.cdc.gov/foodsafety/outbreaks/pdfs/steps-in-oubreak-investigation-508c.pdfpdf

Centers for Disease Control and Prevention. Timeline for reporting cases of Salmonella infection. https://www.cdc.gov/salmonella/reporting-timeline.html

Centers for Disease Control and Prevention. Whole genome sequencing (WGS). https://www.cdc.gov/pulsenet/pathogens/wgs.html

Council to Improve Foodborne Outbreak Response. CIFOR Guidelines for Foodborne Disease Outbreak Response. 2nd ed. Atlanta: Council of State and Territorial Epidemiologists; 2014: 153-4. http://cifor.us/clearinghouse/cifor-guidelines-for-foodborne-disease-outbreak-response

Council to Improve Foodborne Outbreak Response. Product Tracing in Epidemiologic Investigations of Outbreaks Due to Commercially Distributed Food Items. Atlanta, GA: Council of State and Territorial Epidemiologists; 2015. http://cifor.us/news/new-white-paper-product-tracing-in-epidemiologic-investigations-of-outbreaks-due-to-commercially-distri

buted-food-itemsexternal
Detels R, Beaglehole R, Lansang MA, Gulliford M. Oxford Textbook of Public Health, Oxford University Press, 2009.
Feinstein AR. Clinical Epidemiology. The architecture of clinical research. Philadelphia: W.B. Saunders Company 1985.
Gordis L. Epidemiology. 5th ed. Philadelphia: Elsevier; 2013.
Kelsey JL, Thompson WD, Evans AS. Methods in observational epidemiology. New York, Oxford: Oxford University Press; 1986.
Last JM. A Dictionary of Epidemiology, 4th Ed, Oxford Uni Press Inc., 2001.
MacMahon B, Pugh TF. Epidemiology : principles and methods, Little, Brown and Company, 1970.
Porta M. A Dictionary of Epidemiology, 5th edition, IEA, Oxford University Press, USA, 2008.
Rasmussen SA, Goodman RA. The CDC Field Epidemiology Manual, Oxford University Press, USA, 2018.
Robert B. Wallace. Maxey-Rosenau-Last Public Health and Preventive Medicine. McGraw-Hill Education, 15 edition, 2008.
Rothman K J. Modern epidemiology. Boston, Toronto : Little, Brown and Com pany; 1986.
Schlesselman JJ. Case—control studies: design, conduct, analysis. New York: Oxford University Press; 1982.

제 3 장

생물학적 및 독성 물질 역학조사

1 도입

이 책의 대부분의 장은 의도하지 않거나 자연적으로 발생하는 원인이 있는 노출, 질병 또는 발생에 대한 역학조사에 중점을 둔다. 이러한 이벤트의 경우, 일반적으로 역학자와 공중보건은 유사한 전문 문화와 전문 지식, 관련 법률에 익숙하고 조사 방법을 사용하는 전통적인 보건의료부문 파트너와 협력한다. 반대로 생물학적 또는 독성 물질의 의도적인 사용이 의심되는 사건은 역학자가 비전통적인 파트너, 특히 법 집행기관과 협력이 요구된다. 인명 손실을 방지하고, 공공 안전을 보호하고, 공중보건(예: 이환율 및 사망률 증가)과 법 집행(예: 가해자를 체포 및/또는 유죄 판결) 모두에 대한 불리한 결과를 최소화하려면 부문 간 협력이 필요하다.

대부분의 현장 역학조사에는 법 집행기관과의 협력이 포함되지 않기 때문에 생물학적 또는 독성 물질의 악의적인 사용과 관련된 조사를 하는 동안 부문 간의 상호작용이 어려울 수 있다. 이러한 조사의 성공적인 결과를 보장하기 위해 공중보건 및 법 집행기관은 조정 및 협력을 개선하는 프로세스를 개발하고 구현할 수 있다. 이 장에서는 고의로 발생한 것으로 의심되는 발생 시 적시에 식별, 평가 및 조사를 용이하게 하는 공중보건과 법 집행 사이의 관계를 구축하기 위한 일반적인 지침을 제공한다.

2 생물학적 또는 독성 물질의 의도적 방출과 관련된 사건

인구에 해를 끼치기 위해 생물학적 및 독성 물질을 고의적 또는 의도적으로 사용하는 것은 새로운 것이 아니다. 역사를 통틀어 정부, 조직 및 개인은 전쟁 무기(생물 전쟁), 테러의 형태(생물 테러) 또는 범죄 행위(생물 범죄)를 포함하여 악의적인 목적으로 생물학적 및 독성 물질을 사용해 왔다(표 5.3.1.).

많은 국가와 비정부 행위자들이 자금을 충분히 확보하고 생물학적 또는 독성 물질을 개발하고 의도적으로 사용할 수 있는 과학 및 기술 전문지식을 보유할 가능성이 있기 때문에 이러한 행위자들의 의도적인 사건은 공중보건 및 국가 안보에 상당한 위험을 초래한다. 그러나 발생 가능성은 작다. 의도적인 상황에서 역학자는 생물테러나 생물을 이용한 전쟁보다는 범죄 행위(예: 생물 범죄)와 관련된 노출이나 질병에 직면할 가능성이 가장 크다.

생물 범죄(biocrime)는 다른 개인이나 개인 그룹에 해를 끼칠 목적으로 생물학적 또는 독성 물질을 위협하거나 실제 사용하는 것과 관련된다. 대조적으로, 생물테러리즘에는 정치적 또는 사회적 목표를 달성하려는 동기가 포함된다. 생물 범죄는 일반적으로 개인 또는 집단을 대상으로 하기 때문에 일반적으로 공중보건 결과는 제한적이다. 생물 범죄는 일반적으로 생물테러와 관련된 생물학적 또는 독성 물질의 정교한 생산 및 사용을 포함할 수 있지만, 대부분의 사건은 조잡한 생산 또는 전파 기술과 관련되며 일반적으로 생물테러와 관련이 없을 수 있는 생물학적 또는 독성 물질을 사용한다. 또한 생물학적 제제를 사용하지 않아도 생물학적 범죄가 발생할 수 있다. 많은 생물 범죄는 의심스럽거나 알려지지 않은 물질(예: "백색 분말 편지")의 사용을 포함할 수 있는 생물학적 제제의 위협 사용으로 인해 발생한다. 이러한 "가짜" 사건은 생물학적 제제의 실제 사용과 관련이 없지만, 위협을 받는 사용은 불법이며 범죄로 간주된다. 미국에서 대부분의 생물 범죄는 가짜이거나 독소의 생산, 획득 또는 사용과 관련이 있으며, 연방 수사국(FBI)은 이러한 사건에 거의 매일 대응한다.

비록 가짜와 비교했을 때 생물학적 또는 독성 물질의 실제 사용과 관련된 의도적인 사건은 미국에서 드물게 발생했지만, 인터넷을 통한 정보의 접근성, 물질의 빠른 발전 속도는 위험과 취약성을 증가시켰다. 따라서 개인과 그룹에 의한 생물학적 및 독성 물질의 잠재적인 사용은 장기적인 위협을 가할 가능성이 있다.

표 5.3.1. 의도적인 목적으로 사용되는 생물학적 또는 독성 물질의 선별된 사례

원인체	가해자	위치	연도	범주
브롬화 판큐로늄(Pancuronium bromide)	개인	미시간	1975년	범죄
살모넬라(*Salmonella typhimurium*)	조직	오리건	1984년	테러
바실러스 탄저균(*Bacillus anthracis*)	조직	일본	1993년	테러
쉬겔라(*Shigella dysenteriae*) 2형	개인	텍사스	1997년	범죄
바실러스 탄저균(*Bacillus anthracis*)	개인	여러 미국 장소	2001년	테러
니코틴(Nicotine)	개인	미시간	2003년	범죄
테트라도톡신(Tetrodotoxin)	개인	일리노이	2008년	범죄
리신(Ricin)	개인	텍사스	2013년	범죄
리신(Ricin)	개인	미시시피	2013년	범죄

출처 : Rasmussen SA, Goodman RA. The CDC Field Epidemiology Manual, Oxford University Press, USA, 2018.

3 관계 구축

의도적인 사건에 대한 대응에는 역학 및 법 집행 주제 전문 지식이 결합되어 있어야 해서 역학자는 법 집행기관과 협력하는 방법에 정통해야 한다. 첫 번째 단계는 법 집행기관에서 적절한 연락 창구를 파악하고 업무 관계를 구축하는 것이다. 지속적인 관계는 의도적이든 상관없이 생물학적 및 독성 사건에 대한 반응 중에 각 역할과 책임, 정보 요구 및 조사 민감도에 대한 이해를 향상시킬 것이다. 이해도 향상은 또한 강력한 개인 유대와 신뢰를 발전시켜 정보 공유 및 협업을 촉진한다. 연방, 주 및 지방 법 집행기관에 따라 역할과 책임이 달라서 모든 관할권 수준에서 연락처를 식별하고 관계를 설정해야 한다.

미국에서는 법 집행에 대한 조직 구조와 책임이 관할권 수준에 따라 다르다. 예를 들면, 특정 범죄는 연방 관할권에만 적용되거나 주로 적용된다. 다른 것들은 주로 주 또는 지역 수준에서 다루어진다. 법률, 국토안보부 대통령령, 국가 대응체계에서 알 수 있듯이 FBI는 대량 살상 무기(weapons of mass destruction, WMD) 사건 등이 포함된 테러 행위나 테러 위협에 대한 범죄 수사를 지휘하는 기관이다. 법률(18개)에 따라 정의된 대로 대량 살상 무기(weapons of mass destruction, WMD)는 다음과 같다.

- 모든 폭발 또는 방화 장치 : 폭탄, 수류탄, 로켓, 미사일, 지뢰 또는 기타 4온스 이상의 충전 장치
- 독성 또는 유독한 화학 물질 또는 그 전구체의 방출, 전파 또는 충격을 통해 사망 또는 심각한 신체 상해를 유발하도록 설계되거나 의도된 모든 무기
- 질병 미생물과 관련된 모든 무기
- 인간의 생명에 위험한 수준의 방사선 또는 방사능을 방출하도록 설계된 모든 무기

연방 법령 또는 기타 법적 기관에서 지정한 책임 외에도 의도적인 생물학적 사고는 주 및/또는 지역 법 집행기관에서 조사하고 주 형사법에 따라 기소될 수 있다.

생물학적 또는 독성 물질과 관련된 대부분의 의도적인 사건들은 연방 법령이나 기타 법률 당국의 적용을 받기 때문에, 공중보건에 대한 주된 접촉은 지역 FBI의 현장 사무소에서 FBI WMD 조정관이 될 것이다. 56개 FBI 현장 사무소의 각 특수 요원인 WMD 코디네이터는 생물학적 또는 독성 사건을 포함하여 WMD와 관련된 연방 수준의 예방, 대응 및 조사를 담당한다. WMD 코디네이터는 대량 살상 무기 관련 범죄와 테러 행위를 조사하는 것 외에도 연방, 주 및 지역 이해 관계자, 산업, 학계 및 과학계와의 협력 활동을 수행한다. 학계 그리고 과학계 이러한 아웃룩을 통해 WMD 코디네이터는 파트너와의 관계와 신뢰를 구축하여 적시에 사건을 알릴 수 있도록 한다.

또한, 각 FBI 현장 사무소는 FBI가 확인하거나 처음에 조사했던 다른 범죄 활동에 대한 관할권을 가질 수 있는 다수의 연방, 주 및 지방 사법 기관을 대표하는 특수 요원 및 특별 기동대 장교로 구성된 합동 테러 기동대(Joint Terrorism Task Force, JTTF)를 운영하고 있다. 현장 사무소 WMD 코디네이터는 공중보건이 주 또는 카운티 경찰 부서에 적절한 연락 지점이 있어야 하는 경우 JTTF와의 통신을 위한 통로가 될 수 있다.

공중보건과 법 집행기관 사이에 확립된 지속적인 관계의 이점으로 인해 일부 관할 구역에서는 이벤트 전후의 협력을 위한 관행을 요약하는 공식 프로토콜 또는 양해 각서를 구현했다. 공식 문서를 만드는 목적은 협업을 개인적인 관계를 넘어 확장하고 기관의 문화 및 운영의 일부로 제공하는 것이다. 이러한 계약이 권장되고 매우 유익하지만, 이 장에 설명된 단계는 양해 각서(MOU)가 있는지 여부에 관계없이 관련이 있다.

4 공지

대부분의 역학조사는 범죄 행위나 악의적인 의도를 포함하지 않기 때문에 법 집행기관에 통보해야 하는 시기를 결정하는 것이 어려울 수 있다. 공중보건은 발병이 확인되고 고의적인 노출이 의심되기 전에 법 집행기관과 정보를 공유하는 것을 꺼릴 수 있지만, 확인을 기다리는 동안 알림을 지연하면 발병을 억제하고 증거를 보존하며 조사를 수행하고 가해자를 체포하는 데 필요한 정보를 적시에 교환하는 데 방해가 될 수 있다.

법 집행 담당자에게 알리기 위한 공중보건 방아쇠(촉발요인)를 설정하면 정보 공유를 용이하게 할 수 있다. 공중보건 방아쇠(표 5.3.2.)는 알림을 위한 최종 기준이 아니라 정보 공유를 개선하기 위한 출발점으로 사용된다. 법 집행기관의 의견을 바탕으로 공중보건은 각 부문 및 관할권의 특정 요구와 상황에 기반을 둔다. 의도된 수신자, 타임 라인(예: 30분, 60분) 및 알림 수단(예: 이메일, 전화)을 식별하는 통신 프로토콜이 방아쇠에 연결되어야 한다. 공중보건은 법집행기관과의 정보공유 절차에 익숙해지면서, 특별히 방아쇠로 식별되지 않더라도 상호 관심사에 대한 통지가 적시에 이뤄질 것으로 예상된다.

표 5.3.2. 법 집행기관에 통보하기 위한 선택된 공중보건 방아쇠(촉발요인)

- 생물학적 또는 독성 물질에 양성 반응을 보이는 분석을 위해 공중보건에 제출된 표본(임상 또는 환경)
- 설명할 수 없는 많은 증상, 질병 또는 사망
- 비정상적인 질병 표현(예: 흡입 대 피부 탄저병)
- 원인을 알 수 없고 발병률이 증가하는 풍토병(예: 야토병)
- 일반적인 질병 및/또는 환자가 전통 요법에 반응하지 않는 것과 관련된 예상보다 높은 이환율 및

사망률
• 인간의 사망 또는 질병이 동물의 사망 또는 질병에 선행하거나 수반되어 설명할 수 없거나 인수공통 생물학적 인자에 기인한 경우

1) 정보 공유에 대한 법적 제한

관계가 확립되고 공중보건이 유발되었음에도 불구하고 공중보건과 법 집행기관 간의 정보 공유에 대한 장벽은 남아 있을 수 있다. 법 집행기관과 정보를 공유하는 데 한 가지 장벽은 정보 공개에 대한 공중보건에 대한 법적 제한이다. 연방과 주 차원에서 개인정보보호법은 개인 식별이 가능한 건강정보의 공개를 금지한다. 공중보건 및 기타 의료기관(예: 의료 서비스 제공자, 건강유지조직, 의료정보센터)은 이러한 법령을 법 집행기관에 정보를 제공하지 않는 것에 대해 정당화될 수 있다. 그러나 특정 요구사항이 충족되는 경우 법 집행기관에서 보호되는 건강정보에 접근할 수 있는 예외가 있다. 예를 들면, 1996년 건강보험이동성및책임법(HIPAA) 및 해당 HIPAA 개인정보보호규칙은 국가의 우선 목적에 대한 개인의 승인 또는 허가 없이 개별적으로 식별 가능한 건강정보의 공개를 허용한다. 의심스러운 생물학적 또는 독성 사건이 있는 동안 법 집행기관이 의료 기관에 환자 정보를 요청하는 데 사용할 수 있는 가능한 면제는 "즉각적인 위협 면제"이다(표 5.3.3.).

개인정보보호 및 정보 공개에 관한 주법은 주마다 다르다. 일부 주에는 엄격한 규칙이 있다. 다른 사람들은 정보 공개를 규제하는 더 높은 표준이나 정교한 과정을 가지고 있으므로 HIPAA 개인정보보호규칙에 대한 예외를 적용하는 것만으로는 충분하지 않을 수 있다. 따라서 공중보건은 먼저 연방 및 주 개인정보보호법을 검토하여 보호 대상 환자 정보의 공개를 관장하는 규칙과 규정을 명확히 한 다음 해당 규정에 따라 정보 공유를 용이하게 하는 법 집행기관과의 접근방식을 개발해야 한다. 정보 공유를 규율하는 모든 법률을 인식하고 있다면 의도적이거나 의심되는 사건을 적시에 식별하고 조사할 수 있다.

표 5.3.3. 건강보험이동성및책임법(HIPPA)/임박한 위협 면제

"해당 법인은 관련 법률 및 윤리적 행동기준에 따라 보호 대상 의료정보를 사용하거나 공개할 수 있다. 해당 법인이 선의로 사용 또는 공개가 위험에 대한 심각하고 임박한 위협을 예방하거나 완화하는 데 필요하다고 생각하는 경우 개인 또는 대중의 건강 또는 안전과 위협을 예방하거나 줄일 수 있는 합리적으로 가능한 사람에게 공개된다."

출처 : 45 CFR 164.512 (j) (1) (i)

2) 공중의 신뢰 위반

윤리와 신뢰에 근거한 인식도 정보 공유 및 알림을 제한할 수 있다. 환자는 자신의 정보가 공개되지 않는다는 점을 이해하면서 의사와 공중보건에 정기적으로 개인정보를 제공한다. 특히 정보가 범죄의 증거(예: 불법 약물 사용, 성매매)와 관련될 수 있는 경우 공중보건이 개인에게 법 집행을 알려주고 있다는 인식은 중요한 관심사이다. 신뢰의 유대를 침해하면 발병 원인을 식별하거나 효과적인 통제 조치를 실행하는 데 중요할 수 있는 정보를 제공하려는 환자의 의지가 제한될 수 있다. 다행히도 이러한 우려는 공중보건과 법 집행기관 간의 정보 교환을 가능하게 하기 위해 해결될 수 있다. 공중보건 및 의료서비스 제공자는 범죄 수사(예: 학대/방치) 또는 공중보건 개입(예: 격리)과 관련될 수 있는 환자 정보를 공유하기 위해 법 집행기관과 정기적으로 협력하므로 이 과정은 드문 일이 아니다. 의심되거나 확인된 의도적 사건의 경우 조사의 주요 초점은 발병을 막는 것이다. 공중보건과 개인 간의 신뢰를 유지하기 위해 조사와 관련이 없는 가벼운 범죄와 관련된 정보는 일반적으로 법 집행기관에서 우선순위를 지정하지 않으나 법 집행기관은 이러한 정보를 사용하여 추후 기소를 요청할 수 있다.

5 평가

많은 미생물 병원체가 풍토적인 것들이거나 환경에서 자연적으로 발생하기 때문에 생물학적 제제의 의도적인 사용은 처음에는 의도하지 않은 발생과 구별하기 어려울 수 있다. 공중보건에서는 일반적으로 사례 또는 발병의 원인이 달리 입증될 때까지 의도하지 않은 노출이라고 간주해야 한다. 노출의 성격이 아직 정의되지 않은 경우에도 많은 공중보건 관계자는 질병이 "생물테러의 결과가 아님" 또는 "생물테러가 아님"이라고 나타낼 수 있다. 그러나 노출 또는 질병이 의도적인 것인지 여부를 결정하는 것은 공중보건이 아니라 법 집행(즉, FBI)의 책임이다. 역학적 조사의 범위가 의도한 결정을 완전히 포함하지 않기 때문이다. 의도성을 판단할 수 있는 능력은 특정 개인 또는 개인 그룹에 대한 행위의 귀속에 달려 있기 때문이다. 법 집행기관에서 사용하는 데이터 소스 및 조사 방법은 이러한 특정 목적을 위해 개발 및 구현되었다. 반대로, 법 집행의 관점은 노출이 "건강 위험이 아닌" 결정을 포함하지 않는데 그 결정은 공중보건 책임이기 때문이다. 따라서 모든 평가는 법 집행 및 공중보건을 포함하여 공동으로 수행되어야 한다.

공동 위협 평가의 목표는 위협의 특성(즉, 신뢰할 수 있는지 여부)을 확인하고 사건과 관련된 잠재적인 건강 위험을 식별하는 것이다. 공중보건 또는 법 집행기관이 정보 공유를 위해 정의된 시작점을 식별할 때 시작될 수 있다.

일반적으로 법 집행기관과 공중보건은 생물학적 또는 독성 물질과 관련된 의심스러운 노출, 질병 또는 발생에 대한 공동 위협 평가에 참여하고 이는 이벤트별 상황에 따라 다른 연방, 주 및 지역 파트너 및 주제 전문가도 포함할 수 있다. 위협 평가의 일부로써 공중보건은 참가자가 이벤트의 성격(예: 의도적 또는 비의도적)과 적절한 후속 활동에 대해 정보에 입각한 결정을 내릴 수 있도록 중요하거나 관련 정보를 공유한다. 특히, 공중보건은 사례 보고서, 실험실 결과, 노출 원인, 개입 및 전반적인 건강 위험과 관련된 정보를 커뮤니티 및 반응자에게 제공하거나 논의할 준비가 되어 있어야 한다. 마찬가지로 법 집행기관은 정보, 범죄 기록 확인, 국가 수준의 동향 및 기타 조사 데이터와 같은 위협 평가와 관련된 정보를 적절하게 제공한다.

사용 가능한 모든 정보가 공유되면 이벤트는 세 가지 위협 범주 중 하나로 분류된다.

- **위협 없음**(No Threat) : 범죄 행위의 징후 없음
- **가능성 있는 위협**(Possible Threat) : 사건이 범죄 행위의 결과일 수 있음을 암시
- **잠재적 위협**(Likely Threat) : 사건이 범죄 행위로 인해 발생한 것이라는 합리적인 믿음이 있음

"위협 없음"이 존재하면 공중보건에서 대응을 관리할 수 있다. "가능한 위협" 또는 "가능한 위협"이 존재하는 경우 공중보건은 법 집행기관과 공동 조사를 해야 한다.

6 공동 조사

역학조사의 범위는 의도하지 않은 사건 및 의도한 사건에 대해서도 유사하다. 두 가지 상황 모두에 대해 역학조사의 전통적인 단계를 적용한다. 구별되는 점은 잠재적 · 의도적인 사건 중에 역학조사관은 범죄-역학(crim-epi) 조사라고 하는 법 집행과 공동으로 조사할 것이라는 점이다. 범죄-역학조사의 목표는 다음과 같다.

- 질병 또는 질병을 유발하는 요인을 발견
- 노출의 출처와 위치를 확인
- 생물학적 또는 독성 물질의 확산 또는 전파 방식을 결정
- 노출되었을 수 있는 사람을 식별
- 이환율과 사망률을 줄이기 위한 직접적인 개입
- 가능한 가해자를 식별
- 기소를 위한 증거 수집

공중보건의 경우 범죄-역학(criminal-epidemiologic, crim-epi) 조사가 기존의 역학조사를 대체하지는 않는다. 대신 실시간 정보 교환을 통해 조사 효율성을 높여 역학 및 법 집행 조사 과

정을 모두 보완한다. 범죄-역학조사를 시행할 때 공중보건은 몇 가지 요소를 고려해야 한다.

1) 정보 공유 및 보급

범죄-역학조사는 공중보건 및 법 집행기관이 서로의 정보 및 데이터 소스에 대한 완전한 접근을 허용하지 않는다. 범죄-역학조사를 수행할 때 공중보건 및 법 집행기관 모두 일상적인 활동을 관장하는 모든 관련 법률 및 규정을 준수해야 한다. 예를 들면, 조사와 관련이 없는 환자 의료 정보는 법 집행기관과 공유되지 않으며 마찬가지로 공중보건은 역학조사와 관련이 없는 민감한 정보(예: 정보원, 첩보원 및 첩보 작업)에 접근할 수 없다.

공중보건은 정보의 정확성을 보장하고 보고의 불일치를 방지하기 위해 법 집행기관과 관련 조사 정보를 지속적으로 검토해야 한다. 조사 정보는 무단 공개를 방지하기 위해 설정된 요구사항과 일치하는 방식으로 유지되어야 한다. 주요 공중보건 및 법 집행기관 이외의 기관(예: 다른 조사 기관, 언론 또는 대중)이 정보를 요청하는 경우, 정보가 공개되기 전에 발신 기관에 연락하여 상담해야 한다.

2) 근거

법 집행 조사의 목적은 범죄를 저지른 사람의 신원 확인, 체포 및 기소이다. 따라서 범죄 수사 과정에서 법 집행기관에서 수집한 정보나 데이터는 잠재적 증거로 취급된다. 생물학적 또는 독성 물질과 관련된 의도적인 사건의 경우 증거에는 전파 장치, 피해자 또는 용의자의 의복, 임상 표본(예: 혈액, 기타 체액 또는 분비물), 환경 샘플, 문서, 사진 및 증인 진술이 포함될 수 있다. 증거를 수집하고 증거물 보관의 연속성(즉, 증거 수집, 취급, 테스트, 저장 및 운송의 각 단계에서 문서화된 책임)을 통해 유지하고, 법적 절차에서 예상되는 과제를 견디는 방식으로 분석해야 한다. 의심되거나 확인된 의도적인 생물학적 또는 독성 사건은 달리 입증될 때까지 범죄 또는 테러 행위로 간주하기 때문에 공중보건에서 수집한 정보와 데이터는 적절한 증거 수집 절차에 따라 보존해야 한다. 역학적 관점에서 중요하지 않은 항목은 범죄 수사에 가치가 있을 수 있으며 일방적으로 폐기해서는 안 된다. 또한 증거 수집 또는 범죄-역학조사의 다른 측면과 관련된 공중보건 참여자는 의심되는 가해자의 재판 중에 증인으로 소환될 수 있다.

3) 범죄 현장 접근

의도적인 생물학적 또는 독성 노출로 범죄 현장이 쉽게 드러나지 않을 수 있다. 전파 장치의 식별이나 가해자의 진술 없이는 의도적 노출의 특정 위치는 역학조사를 통해서만 식별될 수 있다. 범죄 수사의 증거가 범죄 조사에서 필요하기 때문에 법 집행기관은 달리 결정될 때까지 역학회에 의해 식별된 모든 위치를 잠재적인 범죄 현장으로 간주하므로 범죄 현장 위치에 대한 공중보건 접근이 제한되고 증거를 보존할 필요성 때문에 지연될 수 있다. 제한적이고 지연된 접근으로 인해 시간에 민감한 건강 조사에 부정적인 영향을 받을 수 있다는 우려가 있는 경우, 공중보건은 해당 장소에서 수집된 샘플이나 기타 증거를 통해 역학 및 범죄 수사 요구를 모두 충족하도록 보장함으로써 이 문제를 해결하기 위해 법 집행기관과 협력할 수 있다.

4) 합동 인터뷰

범죄-역학조사는 사례-환자 및 잠재적 접촉자로부터 정보를 수집하기 위해 별도의 공중보건 및 법 집행 인터뷰가 아닌 공중보건 및 법 집행에 의한 공동 인터뷰를 할 수 있다. 합동 인터뷰 중에 법 집행이 존재하면 환자와 공중보건에 불안을 유발할 수 있지만, 두 기관의 인터뷰는 두 개 이상의 개별 인터뷰보다 환자와 조사에 덜 지장을 줄 수 있다. 또한 법 집행기관과 공중보건에 의한 별도의 질문은 상충되는 진술을 생성하여 범죄 조사 및 공중보건 중재의 결과를 위태롭게 할 수 있다.

7 결론

2001년 탄저균 공격 이후 공중보건 및 법 집행기관이 생물학적 및 독성 물질에 대한 대응을 위한 업무 관계를 개발해야 한다는 것이 지적되었다. 공중보건은 일반적으로 법 집행기관과의 파트너십 개발에 진전을 이루었지만, 추가 작업이 남아 있다. 직위 및 주요 담당자의 정상적인 이직의 일환으로 새로운 관계를 지속적으로 쌓고 신뢰를 구축해야 한다. 또한 정보 공유, 위협 평가 및 공동 조사 프로세스를 지속적으로 실행하고 개선하는 것이 필수적이라 할 수 있다. 마지막으로, 과학 지식이 증가하고 기술이 발전함에 따라 생물학적 및 독성 위협의 본질이 진화하고 있다. 역동적인 생물학적 및 독성 위협을 완화하려면 공중보건 및 법 집행 파트너와 다른 부문(예: 농업, 수의학, 식품 안전) 간의 긴밀한 관계가 필요하다. 생산적인 파트너십을 통해서만 공중보건 및 법 집행기관이 의도적인 생물학적 또는 독성 사건에 대응할 수 있다.

참고문헌

대한예방의학회. 예방의학과 공중보건학, 제3판 수정증보판, 계축문화사, 2017.

대한예방의학회, 한국역학회. 예방의학·역학·공중보건학 용어집, 계축문화사, 2014.

손석준, 이경수, 이무식, 이중정, 이충원, 정인성. 현장역학(Field Epidemiology, 2nd edition 번역본). 계축문화사, 2004.

45 CFR §§160, 164.

Berger KM, Wolinetz C, McCarron K, You E, So KW, Hunt S. Bridging science and security for biological research: international science and security. Proceedings from the meeting, 2013 Feb 4–5; Washington, DC. https://mcmprodaaas.s3.amazonaws.com/s3fs-public/reports/International%20Science%20and%20Security%20AAAS-AAU-APLU-FBI%20%282013%29%20v%202.pdfpdf

Breslow NE, Day NE. Statistical methods in cancer research. Vol 1. The analysis of case—control studies. (IAEC scientific publication no. 32). Lyon: International Agency for Research on Cancer; 1980.

Budowle B, Murch R, Chakraborty R. Microbial forensics: the next forensic challenge. Int J Legal Med. 2005;119:317–30.

Bulter JC, Cohen ML, Friedman CR, Scripp RM, Watz CG. Collaboration between public health and law enforcement: new paradigms and partnerships for bioterrorism planning and response. Emerg Infect Dis. 2002;8:1152–6.

Centers for Disease Control and Prevention. Joint criminal and epidemiological investigations handbook. https://www.cdc.gov/phlp/docs/crimepihandbook2015.pdfpdf

Centers for Disease Control and Prevention. Nicotine poisoning after ingestion of contaminated ground beef—Michigan. MMWR. 2003;52:413–6.

Detels R, Beaglehole R, Lansang MA, Gulliford M. Oxford Textbook of Public Health, Oxford University Press, 2009.

Federal Bureau of Investigation. Mississippi man Sentenced in ricin letter investigation [press release]. https://www.fbi.gov/jackson/press-releases/2014/mississippi-man-sentenced-in-ricin-letter-investigation-1external

Federal Emergency Management Agency. National Response Framework. https://www.fema.gov/national-response-frameworkexternal

Feinstein AR. Clinical Epidemiology. The architecture of clinical research. Philadelphia: W.B. Saunders Company 1985.

Gordis L. Epidemiology. 5th ed. Philadelphia: Elsevier; 2013.

Homeland Security Presidential Directive 5. https://www.dhs.gov/sites/default/files/publications/Homeland%20Security%20Presidential%20Directive%205.pdfpdf

Jernigan DB, Raghunathan PL, Bell BP, et al. Investigation of bioterrorism-related anthrax, United States, 2001: epidemiologic findings. Emerg Infect Dis. 2002;8:1019–28.

Kelsey JL, Thompson WD, Evans AS. Methods in observational epidemiology. New York, Oxford: Oxford University Press; 1986.

Kolavic SA, Kimura A, Simons SL, Slutsker L, Barth S, Haley CE. An outbreak of Shigella dysenteriae type 2 among laboratory workers due to intentional food contamination. JAMA. 1997;278:396–8.

Kortepeter, MG, Parker GW. Potential biological weapons threats. Emerg Infect Dis. 1999;5: 523–7.

Last JM. A Dictionary of Epidemiology, 4th Ed, Oxford Uni Press Inc., 2001.

MacMahon B, Pugh TF. Epidemiology: principles and methods, Little, Brown and Company, 1970.

National Association of State EMS Officials. Joint public health–law enforcement investigations: model memorandum of understanding (MOU). http://www.nasemso.org/Projects/Domestic Preparedness/documents/JIMOUFinal.pdfpdf

Pavlin JA. Epidemiology of bioterrorism. Emerg Infect Dis. 1999;5:528–30.

Porta M. A Dictionary of Epidemiology, 5th edition, IEA, Oxford University Press, USA, 2008.

Pub L No 104-191, 110 Stat. 1936 (1996).

Quinlisk P, Hutin Y, Carter K, Carney T, Teale K. A community outbreak of hepatitis A involving cooperation between public health, the media, and law enforcement, Iowa 1997. In: Vogelstein B, Kinzler KW, editors. The Genetic Basis of Human Cancer. New York: McGraw-Hill; 2002:93–113.

Rasmussen SA, Goodman RA. The CDC Field Epidemiology Manual, Oxford University Press, USA, 2018.

Robert B. Wallace. Maxey-Rosenau-Last Public Health and Preventive Medicine. McGraw-Hill Education, 15 edition, 2008.

Rothman K J. Modern epidemiology. Boston, Toronto : Little, Brown and Com pany; 1986.

Schlesselman JJ. Case—control studies: design, conduct, analysis. New York: Oxford University Press; 1982.

Stross JK, Shasby DM, Harlan WR. An epidemic of mysterious cardiopulmonary arrests. N Engl J Med. 1976;295:1107–10.

Takahashi H, Keim P, Kaufmann AF, et al. Bacillus anthracis incident, Kameido Tokyo. Emerg Infect Dis. 2004;10:117–20. Erratum in: Emerg Infect Dis. 2004;10:385.

Title 18 U.S.C. §1038.

Title 18 U.S.C. §2332(f).

Title 18, U.S.C. §2332(a).

Torok TJ, Tauxe RV, Wise RP, et al. A large community outbreak of salmonellosis caused by intentional contamination of restaurant salad bars. JAMA. 1997;278:389–95.

Treadwell TA, Koo, D, Kuker K, Khan A. Epidemiologic clues to bioterrorism. Public Health Rep. 2003;118:92–118.

US Department of Justice. Lake in the Hills man sentenced to federal prison for acquiring and possessing deadly neurotoxin [press release]. https://www.justice.gov/archive/usao/iln/rockford/2012/pr0924_02.pdf icon external

US Department of Justice. New Boston, Texas woman sentenced for ricin letters [press release]. https://www.justice.gov/usao-edtx/pr/new-boston-texas-woman-sentenced-ricin-lettersexternal

US v Sheela et al., CR 86-53, Indictment (D Ore 1986), based on 18 USC §1365(a) and 1365(e).

제 4 장

자살, 폭력 및 손상 역학조사

1 도입

현장역학은 종종 자살, 살인, 치명적이지 않은 폭력 행위 또는 기타 치명적이거나 치명적이지 않은 손상 조사에 적용되지 않는 것으로 간주되곤 한다. 이러한 손상 및 사망에 대한 조사는 일반적으로 공중보건공무원이 아닌 법 집행기관, 지역 또는 주 검시관 등의 책임으로 이해된다. 사실 1970년대와 1980년대 초 이전까지는 정신보건 관리나 법 집행에 관한 문제라기보다는 공중보건 문제로 인식된 자살과 대인관계 폭력으로 인식되었다. 1980년대 후반과 1990년대 초에 지역, 주 그리고 국가 지도자들이 청소년 자살, 청소년 살인 그리고 살인 불평등이 다른 인종·민족 집단에 비해 아프리카계 미국인들에게 불균형적으로 영향을 끼친다는 것을 인식하게 되었다. 예를 들면, 청소년과 청소년들의 자살률은 1950년에서 1990년 사이에 거의 3배 증가했고, 1985년에서 1991년 사이에 청소년들의 살인율은 154% 증가했다. 의도하지 않은 손상의 영역에서 비록 자동차 관련 사망률이 1960년대 이후 상당히 감소했지만, 지난 15년 동안 약물 중독으로 인한 사망률은 주로 처방과 불법 오피오이드의 사용으로 미국에서 3배로 증가했다. 이러한 경향은 자기 주도적, 대인 관계의 폭력 및 의도하지 않은 손상을 예방하는 방법에 대한 새로운 사고를 가져왔다. 1979년부터 1989년까지 의료기관, 보건부, 질병통제예방센터(CDC)의 여러 보고서는 자살, 폭력 및 기타 손상을 공중보건의 우선 과제로 삼는 국가적 의제를 추진하였다. 전체적으로 이러한 보고서는 상해를 예방하는 다학제적인 공중보건 전략의 사용을 요구했다. 그들은 또한 의료, 정신보건, 교육, 사회 서비스, 사법제도를 포함한 다양한 분야를 포함하는 효과적인 접근법이 필요하다고 언급했다. 이 기간 동안 정신보건, 교육, 그리고 법 집행 계획만으로 국가적인 상해 부담을 감당할 수 있는지에 대한 믿음이 점차 퇴색되기 시작했다.

동시에 손상에 대한 예방 노력에 공중보건 접근방식이 통합됨에 따라 현장역학의 사용도 추진력을 얻었다. 현장역학자들은 손상의 새로운 패턴이나 감염병을 발견하고, 상해가 때때로 밀집된 이유와 개인을 보호하거나 위험에 처하게 한 이유, 그리고 공중보건 관리가 지역 및 국가 감염병을 통제할 수 있는 방법을 발견하는 데 도움을 주었다.

상해 관련 역학조사에는 고의적이거나 비의도적인 손상을 포함할 수 있으며, 때로는 두 가지 모두를 포함할 수 있다. 손상의 의도는 종종 후속조사에 관여하는 기관을 지시하므로 일반적으로 조사과정 초기에 범위를 설정한다. 예를 들면, 치명적인 상해와 관련된 경우 지역 의료기관은 자살, 살인, 우발적 사고(이하 "의도하지 않은" 것으로 언급됨) 또는 결정되지 않은 "사망의 방식(manner of death)"을 확립할 것이다. 이 초기 분류는 때때로 치명적인 손상 사례의 감염병이 감지될 경우 어떤 기관이 후속 조치를 처리해야 하는지 지시한다. 예를 들면, 살인 집단에 대한 역학조사는 법 집행 노력과 긴밀한 협력이 필요할 수 있다. 마찬가지로, 치명적이지 않은 손상 사건(예: 폭행 사건)의 의도는 법 집행이 관련되어야 하는지를 결정할 수 있으므로 치명적이지 않은 손상에 대한 유행 조사의 초기 범위를 지시할 수 있다. 때때로 현장조사관이 특정 손상기전에 가장 관심이 있는 경우, 여러 가지 죽음 방식(예: 자살, 의도하지 않은, 미결정의)이나 마약 중독과 같은 고의적 및 비의도적 치명적이지 않은 손상(예: 자기 주도적 폭력, 비의도적)에 걸쳐 사건을 추적할 수 있다. 이것은 장 뒷부분에서 설명하고 있다.

현장역학자들은 치명적이지 않은 손상과 치명적인 손상을 모두 조사하고 때로는 둘 다 동시에 조사해야 한다. 예를 들면, 현장역학자는 두 유형의 손상이 동일한 위험요인과 연관되어 있다고 믿는 이유가 있는 경우 비치명적이거나 치명적인 자살 행위, 비치명적, 의도적 약물 과다 복용, 또는 특정 관심집단 간의 살인과 비치명적 폭력의 패턴을 조사할 수 있다.

현장조사는 특정 공중보건 조치 또는 서비스를 기반으로 단기적일 수 있다. 예를 들면, 일부 조사는 감염병이 실제로 존재하는지를 확인하기 위해 문제의 크기, 속도나 추세를 설명하는 설명적 탐구일 수 있다. 다른 사람들은 발생의 원인을 결정하거나 대응 노력의 일환으로 외상적 사건에 의해 영향을 받는 특정 위험인구의 서비스 요구(예: 자연재해)를 평가하거나, 공중보건 프로그램, 정책, 전략 또는 감시 시스템을 평가하는 것과 같은 다른 공중보건 기능에 초점을 맞출 수 있다.

이 장에서는 손상 관련 발병 결정, 해결해야 할 주요 질문, 일반적인 노출 및 공중보건 조치에 따른 조사 사례의 예에 대한 간략한 개요를 제공한다. 또한 손상 관련 감염병 조사에서 종종 직면하는 문제에 대한 간략한 개요와 감염병을 억제하는 데 사용되는 장·단기 전략의 예를 제공한다.

2 감염병 결정 및 조사 집중

현장역학조사의 초기 단계는 유행이 존재하는지를 평가하는 것이다(즉, 유사한 성격의 손상 집단이나 지역사회에서 사고가 발생하는 것이 정상 기대치를 명백히 초과하는지와 공통 전파 원인처에서 파생되었는지 여부). "집단발병"은 특정 위치에서 손상이 "갑작스럽거나 폭력적으로 증가"

하는 유행이라고도 한다. 현장역학자들은 유행 또는 집단발병을 사례의 "집락(군집)화"로 볼 수 있다. 이는 사례가 특정 공간과 기간에 예상 수를 넘어서 함께 그룹화된다는 것을 의미하는 또 다른 용어이다. 손상 관련 현장조사의 경우, 인구조사 데이터, 사망 진단서, 법 집행 보고서, 응급의료 서비스 기록, 검시관/의사 검사 보고서 등을 통해 유행을 진단할 수 있다. 유행을 식별하기 위해 현장역학자는 먼저 사람, 장소 및 시간 관련 특성을 포함하는 사례정의를 결정한다. 밀도 기반 모델링(12)과 같은 고급 분석기술을 사용하여 지역 발병 집단을 식별할 수도 있다. 그러나 이러한 기술을 자살, 대인 폭력 및 기타 손상 관련 현장역학에 적용하는 것은 아직 초기 단계에 있다. 이러한 기술에는 대규모 데이터베이스와 많은 사례가 필요하기 때문이다. 손상 관련 감염병 집단에서 종종 확인되는 사례의 수는 그러한 방법으로 감지하기에는 너무 적다.

현장역학자가 유행이나 집단화 패턴의 증가 추세를 설정하면 주요 역학 문제를 해결하는 데 도움이 되도록 조사에 집중해야 하며 질문에는 다음이 포함된다.

- 발병이나 집단 전파에 어떤 대규모 노출이 관련되었는가?
- 어떤 개인 수준이나 개인적 요인이 대상 집단의 관심 결과에 대한 위험을 증가시키는가?
- 목표 집단의 어떤 위험요인이 다른 집단의 위험요인보다 더 독특할 수 있는가?
- 누가 위험이 높은가?
- 관심의 결과로부터 보호하는 요인은 무엇이며 이러한 요인은 대상 집단에서 특별한가?
- 가능한 중재점은 무엇인가?

3 고의적 손상 관련 유행조사

1) 자살 행위의 유행

자살 행동과 관련된 두 가지 기본 유형의 유행 또는 집락(군집)은 (1) 점 집락과 (2) 집단 집락이다. "점 집락"은 시공간에서 밀접하게 발생하는 일련의 자살 또는 자살 시도이다. 이러한 집단은 가장 일반적으로 조사되며, 종종 위험에 처한 사람 간의 상호작용과 국소적인 노출의 즉각적인 시작(예: 공장 폐쇄로 인한 정리 해고)을 포함한다. "집단 집락"은 지리적으로 널리 퍼져 있지만, 시간에 따라 밀접하게 그룹화되어 있으며 광범위한 노출(예: 미디어 스토리, 주식 시장 붕괴)과 관련이 있는 것으로 여겨진다.

자살 행동의 집락은 다양한 이유로 발생하지만 "사회적 감염"이 역할을 하는 것으로 인식되는 경우가 많다. 사회적 감염은 한 사람이 자살을 시도하거나 죽는 자살의 사회적 효과를 말하며, 피해자 또는 그 행위와 관련이 있거나 그 행위에 끌렸다고 느끼는 다른 사람이 이를 따르게 된다. 사회적 감염의 필수 요소는 자살 행위에 노출되면 후속 자살 시도의 위험이 높아진다는 것이다.

사회적 감염 기전(또는 자살 노출 경로)을 이해하면 현장역학자와 다른 조사자가 조치를 취하는 데 도움이 될 수 있다(표 5.4.1.). 자살 행동에 노출된 후 자살을 시도하는 사람은 일반적으로 이미 위험에 처해 있거나 자살 행동에 대해 중요한(즉, 많은 위험요인이 있음) 사람이다. 두 피해자가 긴밀한 유대감을 갖고 있다면 피해자 간의 사회적 감염 경로가 강할 수 있다(예: 한 사람의 자살은 다른 사람의 자살에 대해 우울한 결과를 초래함). 때로는 경로가 덜 직접적인 경우도 있다. 특히 지역사회 주민들이 피해자 또는 행위를 "미화"한 경우 위험에 처한 사람들은 지역사회의 자살 반응에 끌릴 수 있다. 이러한 긍정적인 대중의 관심은 자살이 문제 해결에 매력적이고 명예로운 선택이 되도록 만들 수 있다. 사회적 감염과 관련된 일부 집단에서 피해자는 특정 자살 메커니즘을 복사하기도 하는데, 예를 들면 특정의 목매는 자살 방법을 따라할 수 있다.

표 5.4.1. A 지역사회에서의 자살 집락(군집) 발생 사례

공중보건 문제
2004년 1월부터 2007년 12월까지 미국 농촌 지역의 자살률은 인구 10만 명당 12명에서 141명으로 증가했고, 자살 시도 횟수는 10만 명당 273명에서 967명으로 증가했다.

공중보건 응답
질병통제예방센터(CDC)의 현장조사에 따르면 자살행위의 위험요소에는 (1) 남성(사망자만 해당), 청소년 및 청소년 연령, 폭력조직 활동, 신체적/성적 학대, 정신보건 문제, 약물 남용, 가정 폭력 등이 포함되었으며, (2) 목맴에 의한 자살은 지나치게 많았으며, 최근 친구가 자살로 사망한 사람들의 첫 번째 시도가 이 기간 동안 기하급수적으로 증가하였다(두 가지 발견 모두 "사회적 감염"이 부분적으로 유행을 촉발시켰음을 시사하고 있다). 그리고 (3) 주민들은 자살 사망자들을 희생자로 추모하고 미화하였다.

중요한 요점
자살은 사회적 감염을 통해 사회 전체에 집락화되고 확산될 수 있으며, 여러 가지 위험요인을 가진 사람들은 특히 이러한 사회적 확산에 취약하다. 현장조사관들은 사회적 감염을 일으키는 메커니즘/장소를 찾아내고 그 정보를 자살의 확산을 막는 데 이용했다. 질병통제예방센터(CDC)는 지역사회와 협력하여 자살에 대한 메시지를 예방적 개입으로 도움을 구하는 방법으로 변경했다.

출처: Rasmussen SA, Goodman RA. The CDC Field Epidemiology Manual, Oxford University Press, USA, 2018.

2) 살인 및 치명적이지 않은 대인 폭력의 만연

자살 행위에 대한 조사와 유사하게 살인 및 치명적이지 않은 형태의 사람 간 폭력은 중재할 수 있는 노출과 결합될 수 있다. 현장역학자가 법 집행관과 협력할 때 현장역학의 역할은 즉각적인 공중보건 조치가 필요한 위험에 처한 사람과 관련 노출을 식별하여 향후 손상 및 사망을 예방하는 데 초점을 맞추는 것이다. 예를 들면, 지역사회에서 살인 행위로 살인 가해자를 식별하고 체포하는 것은 때때로 긴 과정이 될 수 있으며, 폭력적인 상황에 중재하기 위해 실행 가능한 단기 전

략이 아닐 수 있다. 그러나 현장역학자들은 공중보건 방법을 사용하여 가해자로부터 지역사회 구성원을 보호하는 방법을 식별할 수 있어야 한다(표 5.4.2.).

표 5.4.2. 미국 조지아주 애틀랜타에서 발생한 아동 살인사건 사례

공중보건 문제
1979년 7월 1일부터 1981년 3월 15일까지 미국 애틀랜타에서 22건의 미해결 아동 살인과 2건의 아동 실종 사건이 발생했다.

공중보건 대응
질병통제예방센터(CDC) 현장 조사관들은 피해자에 대한 사례 비교분석과 지역사회 내 다른 아이들과 피해자를 비교하는 환자-대조군 연구를 수행했다. 희생자들은 다른 아동 살인 피해자들과는 다른 비슷한 특징들(예: 어린아이들, 흑인, 남성, 질식으로 인한 사망의 과잉 표현)을 공유했다; 이 발견들은 사망이 별개의 집단임을 시사하는 것이다. 사례 아동들은 아이들을 통제하기보다는 돈을 받고 심부름을 하고 길거리나 쇼핑센터에서 혼자 시간을 보내는 경향이 있었는데, 이것은 지역 주민이고 아이들이 접근하기 쉽다는 것을 알고 있는 한 명의 가해자(범죄자)가 있다는 것을 암시한다.

중요한 요점
현장역학자들은 사례 아동들이 독특한 집단에 속하고, 사망자들은 동일한 노출(즉, 동일한 가해자)과 관련이 있으며, 특정 요인들로 인해 어린이들이 납치될 위험이 있다고 판단(즉, 혼자 돈을 받고 심부름을 하는 것)함으로써 법 집행에 도움을 주었다. 공중보건 접근법도 지역 주민들에게 체포될 때까지 어린이를 보호하기 위한 조치(예: 조기 통행 금지, 부모의 감독)에 대해 알려주었다.

출처 : Blaser MJ, Jason JM, Weniger BG, et al. Epidemiologic analysis of a cluster of homicides of children in Atlanta. JAMA. 1984;251:3255-8.

살인 및 폭행은 또한 갱단(gang) 활동으로 인해 발생할 수 있다. 갱단과 관련된 살인과 폭행은 라이벌 갱단이 갈등과 보복에 가담할 때 급증할 수 있다. 현장역학자들이 갱단 커뮤니티를 즉시 제거할 수는 없지만, 갱단 갈등이 확대된 지역을 식별하고 커뮤니티에서 보복적 갱단 활동을 중지하는 데 특화된 공중보건 프로그램에 정보를 제공할 수 있다. 이러한 프로그램에는 폭력치료 모델(처음에는 CeaseFire라고 함)을 사용하는 프로그램이 포함된다. 이 모델은 폭력조직의 갈등을 평화적으로 해결하기 위해 폭력조직의 전 조직원 및 그 밖의 지역사회 지도자를 모집하여 보복 폭력의 후유증을 예방하는 모델이다. 이러한 행동을 수행하는 폭력 치료 프로그램 구성원들은 "방해자(the interrupter)"라고 불린다. 이 프로그램의 미래 성장 영역에는 역학적 분석을 활용하여 폭력 중단 치료 및 그들이 봉사하는 지역사회와 상호작용하는 다른 직원의 노력을 더 잘 알리며 목표로 삼는 것이 포함된다.

4 의도하지 않은 손상 관련 유행조사

치명적이거나 치명적이지 않은, 의도하지 않은 손상이 집락적 또는 유행으로 역시 발생한다. 의도하지 않은 손상은 익사, 자동차 충돌, 약물 과다복용 또는 자연재해(예: 허리케인, 토네이도, 지진, 쓰나미)와 같은 손상의 기전에 따라 조사되는 경우가 가장 많다. 이러한 손상에 대한 후속 현장조사는 일반적으로 사고기전을 이해하고, 사고기전에 개입하거나 사고기전에 의해 손상위험이 있는 개인이 처한 상황을 이해하는 데 중점을 둔다. 처음에는 의도하지 않은 손상이나 특정 사고기전에 초점을 맞춘 조사는 결국 방법의 분류가 어렵고 신뢰할 수 없는 경우 여러 가지 사망 기전을 포함시킴으로써 조사의 범위를 넓힐 수 있다. 예를 들면 의료 관계자는 때때로 중독 사례를 "의도적이지 않은" 또는 "자살"로 분류하는 것이 어려우므로 이러한 중독 사례를 하나 또는 다른 것으로 잘못 분류하거나 "결정되지 않은" 사망 방식을 가지고 있다고 잘못 분류하기도 한다.

현장역학자들은 약물 과다복용과 관련된 손상과 사망을 줄이는 방법을 자주 조사하게 된다. 2000~2014년 동안 미국에서 의도하지 않은 약물중독 사망 및 100,000명당 사망률이 3배 증가했다. 이러한 약물중독 사망률의 증가는 주로 처방 및 불법 오피오이드 남용에 기인하고 있다. 1990년대에 오피오이드 처방은 만성 비암성 통증관리를 위해 더 흔해졌고, 이용 가능한 증거를 기반으로 한 임상 권장사항과 오피오이드를 장기간 처방했을 때 중독 위험이 낮아 오피오이드를 널리 사용하였다. 시간이 지나면서 더 많은 복용량과 사용 기간이 증가하였다. 2015년 처방된 오피오이드의 양은 1999년보다 3배나 많았다. 최근 미국 전역에서 헤로인과 불법 제조된 펜타닐의 공급이 증가했으며, 이는 이러한 약물과 관련된 과다 복용의 증가와 관련이 있다. 오피오이드 확산에 대응하기 위해 현장역학은 관련 노출(예: 과다 복용으로 인한 사망에 관련된 약물), 과다 복용 피해자의 특성 및 사망 위험요인, 중재 지점을 이해하는 데 중요한 기여를 하였다(표 5.4.3.).

표 5.4.3. 2006년 미국 웨스트 버지니아의 약물 과다복용 사망 사례

공중보건 문제
1999~2004년 동안 미국 웨스트 버지니아에서는 의도하지 않은 중독과 관련된 사망률이 가장 많이 증가했다(550%).

공중보건 대응
질병통제예방센터(CDC) 현장조사관들은 주 최고 의료 검사관실이 제공한 데이터 소스(즉, 부검 보고서, 독성학 보고서, 사망 현장조사 보고서, 사망증명서, 의무기록 사본)와 주 정부의 통제된 물질 모니터링 프로그램의 기록을 사용하여 잠재적 위험요인과 사망과 관련된 약의 종류와 관련하여 2006년에 약물 과다복용으로 사망한 웨스트 버지니아 주민을 특징지었다. 대부분의 약물 과다복용 사망은 비의료적 약물 사용, 주로 오피오이드 진통제 사용과 관련이 있다. 약물 전환(즉, 처방 없이

사용)은 사례의 63%에서 확인되었으며, 사망자의 21%가 다수의 공급자로부터 약을 구했다(즉, "의사 쇼핑"의 증거를 나타냄).

중요한 요점

과다 복용에 대한 이 중요한 조사는 예방 노력을 위한 영역(예: 오피오이드 안전한 처방, 과다 처방을 원하는 사람을 식별할 수 있는 처방 의약품 모니터링 프로그램의 임상적 사용)에 초점을 맞추는 데 도움이 되었다.

출처 : Hall AJ, Logan JE, Toblin RL, et al. Patterns of abuse among unintentional pharmaceutical overdose fatalities. JAMA. 2008;300:2613-20.

많은 현장 역학조사 및 평가 연구의 종합적인 결과는 또한 오피오이드 공급책을 관리하는 더 엄격한 법률(예: 알약 제조법)이 있는 지역에서 사망률이 많이 감소한 것으로 나타났으며, 주요 대규모 노출원과 관련하여 과다 복용이라는 역학 부담을 이해하는 것에 대한 중요성을 더욱 강조하고 있다. 역학 연구는 오피오이드 과다 복용의 확산을 줄이는 데 도움이 되는 다른 전략을 제시하고 있는데, 이러한 전략에는 다음이 포함된다.

- 향후 중독 위험을 줄이는 데 도움이 되는 지침을 통해 안전한 오피오이드 처방 관행을 장려
- 임상의사가 처방약 모니터링 프로그램을 사용하여 여러 공급자로부터 처방전을 구할 수 있는 환자를 식별
- 날록손 배포 프로그램 실행(날록손은 오피오이드의 영향을 억제하고 과다 복용을 경험한 사람의 사망을 즉시 예방할 수 있음).
- 오피오이드 중독자에 대한 약물 남용 및 약물 보조 치료에 대한 접근성 향상

5 공중보건 활동에 의한 현장 역학조사

언급했듯이 현장조사는 때때로 공중보건 활동이나 서비스에 초점을 맞출 수 있다. 예를 들면, 현장조사는 본질적으로 서술적이거나 윤리적인 질문을 사용하거나 반응 지향적이거나 평가 지향적일 수 있다. 대규모 유행은 때때로 다른 기관이 다른 조치를 취해야 한다. 예를 들면, 기관 간 대응에서 지역 보건담당 부서는 각각의 지리적 구역에서 유행의 규모와 시기를 설명해야 하지만, 연방기관은 발병 원인을 이해하는 데 도움이 되는 원인론적 조사를 수행할 수 있다. 이 분업은 유행이 한 기관이 다루기에는 너무 큰 경우 자원 수집을 돕기 위해 수행되기도 한다. 현장조사관은 지원을 요청하는 당국과 그들이 대표하는 지역사회의 필요에 따라 조사에 집중해야 한다.

1) 기술적 조사(descriptive investigation)

기술 기반 현장 역학조사는 문제의 규모를 이해하고 기본적인 역학 패턴(예: 사람, 장소, 시간 특성 및 최근 추세)을 확립하기 위해 수행된다. 이러한 유형의 조사는 특히 유행 여부를 결정하고 가설을 생성하는 데 도움이 된다. 그리고 이러한 조사는 종종 기존 데이터 소스 또는 설문조사 데이터를 사용하거나 여러 데이터 소스를 연결한다.

2) 원인 조사

원인 기반 현장조사는 유행이 발생하는 이유를 조사하여 적절한 증거 기반 관행을 예방 전략으로 식별하는 데 도움이 된다. 이러한 조사는 종종 대상 모집단의 위험 및 보호 요인을 평가하고, 다른 모집단의 위험요인과 비교하여 대상 모집단이 고유한 방법을 결정하고, 유행의 시기 및 시작과 관련된 요인을 결정하고, 어떤 요인이 개입에 가장 적합한지 파악한다. 현장 조사자는 정량적 방법(예 : 환자-대조군, 환자-코호트 또는 코호트 및 단면연구 설계) 및 정성적 방법(예: 포커스 그룹 분석)을 포함한 혼합 조사방법을 사용할 수 있다. 이러한 조사는 때때로 위험 요인을 식별할 뿐만 아니라 병인 데이터와 함께 고급 분석 모델을 사용하여 가장 큰 위험에 처한 그룹의 정의를 구체화한다. 한 가지 예로 총기 폭력의 위험이 가장 큰 청소년을 식별하기 위해 병인학적 데이터와 함께 예측 분석을 사용한 현장조사가 있다(표 5.4.4.).

표 5.4.4. 아프리카 스와질란드에서 발생한 어린이를 대상으로 한 성폭력 사례

공중보건 문제
사하라 사막 이남의 아프리카 어린이들에 대한 성폭력 우려가 커졌다.

공중보건 응답
질병통제예방센터(CDC) 현장조사원과 유니세프는 2단계 집단 설계를 사용하여 여자아이를 대상으로 이 인구 중 성폭력의 국가 추정치를 확인하고, 성폭력의 특성을 파악하며, 누가 가장 위험한지 조사했다. 13~24세의 여성 3명 중 1명이 성폭력을 경험했다고 판단하는 것 외에도 조사관들은 성폭력 피해자들의 파트너(예를 들면 남편, 남자 친구)인 가해자들이 주로 관련되어 있다는 것을 알게 되었다.

중요한 요점
현장조사원들은 이 정보를 이용해 친밀한 파트너 관계를 개선하는 프로그램 개발하고 지역사회에서 가정과 관련된 성폭력 사건의 징후를 인지하고 대응할 수 있도록 훈련하는 등 현지 당국에 문제 해결을 위한 권고사항을 제공했다.

출처 : Reza A, Breiding MJ, Gulaid J, et al. Sexual violence and its health consequences for female children in Swaziland: a cluster survey study. Lancet. 2009;373:1966-72.

3) 대응 지향 조사

현장 역학조사는 지역사회 전체의 손상 사건 이후에 향후 손상을 예방하기 위한 중요한 요구사항과 방법을 식별하기 위해 수행된다. 이러한 신속한 요구평가는 지역 당국이 적절한 의료 또는 정신보건 서비스를 할당하는 데 도움이 될 수 있다. 대응 기반 조사의 예로는 1993년 허리케인 앤드류, 2001년 허리케인 앨리슨, 2002년 워싱턴 DC 저격 사건, 2005년 허리케인 리타와 카트리나, 2008년 아이오와 홍수, 2009년 워싱턴 DC 메트로레일 충돌, 2011년 앨라배마 토네이도 등이 있다. 이러한 조사에서는 일반적으로 단면연구 설계를 사용한다.

표 5.4.5. 미국 델라웨어주 윌밍턴에서의 총기 폭력 집단발생 사례

공중보건 문제
2011년부터 2013년까지 미국 델라웨어주 윌밍턴 총기 난사 사건의 희생자는 95명에서 154명으로 증가했다.

공중보건 대응
질병통제예방센터(CDC) 현장조사관들은 어린이들을 중심으로 여러 분야(보건, 아동복지, 청소년 서비스, 노동, 교육)의 행정 데이터베이스를 분석하여 총기 관련 범죄에 가장 큰 위험이 있는 집단을 확인했다. 그들은 일치된 환자-대조군 연구를 수행하였고(사례-청소년은 폭력적인 총기 범죄에 연루된 사람들이고 대조군은 다른 청소년들) 이러한 데이터베이스에서 주요 문서화된 사건인 민감한 생명 관련 사건과 관련하여 총기 폭력의 위험요소가 될 수 있는 그룹을 비교하였다. 현장조사관들은 예측 분석방법을 사용하여 이러한 연결된 관리 데이터 소스를 통해 위험에 처한 사람을 매우 정확하게 식별할 수 있다고 판단했다. 총기 범죄에 연루된 청소년들은 평균 13개의 민감한 사건을 가지고 있었고, 대조군은 평균 2개였다.

중요한 요점
이 조사의 핵심 결과는 도시가 기존 데이터 소스를 병합하고, 위험요소를 검사하며, 누가 총기 관련 폭력의 위험에 처해 있는지 매우 정확하게 파악할 수 있다는 것이다.

출처 : Sumner S, Maenner M, Socias C, et al. Sentinel events preceding youth firearm violence: an investigation of administrative data in Delaware. Am J Prev Med. 2016;51:647-55.

표 5.4.6. 미국 워싱턴 DC에서 발생한 저격수 총격 사건

공중보건 문제
2002년 10월 미국 워싱턴 DC 대도시 지역에서 3주 동안 총기 난사 사건이 일어나 10명이 공공장소에서 총에 맞아 사망했다. 희생자들은 기름을 퍼내고, 잔디를 깎고, 야외를 걷고, 공공 벤치에 앉아 일상생활의 각기 다른 활동을 하는 동안 총에 맞았다. 그 총격 사건은 피해 지역 주민들 사이에 광범위한 공포를 불러일으켰다.

공중보건 대응
질병통제예방센터(CDC)는 지역 주민들의 총격에 대한 심리적, 행동적 반응을 평가하기 위해 역학조

사에 착수했다. 수사관들은 외상성 스트레스 증상, 안전에 대한 인식, 행동 반응, 그리고 총격에 대한 노출 척도를 조사했다. 그들은 주민들의 45%가 공공장소에 덜 자주 가는 것으로 보고했으며, 총격 사건에서 5마일 이내에 거주한 여성이 외상 후 스트레스 장애와 일치하는 증상을 나타낼 가능성이 먼 거리에 있는 여성보다 더 높다는 사실을 발견했다.

중요한 요점
그 발견은 저격수 총격과 같은 심각한 폭력 사건들이 지역사회의 심리적 행복에 지대한 영향을 미칠 수 있다는 것을 보여주었다. 이러한 사건의 여파로 인해 공포를 해결하고 폭력적 노출에 가까운 주민들이 정신보건 서비스를 이용할 수 있도록 보장하기 위해 임상 및 지역사회 지도자의 협력이 필요하다.

출처 : Schulden J, Chen J, Kresnow MJ, et al. Psychological responses to the sniper attacks: Washington DC area, October 2002. Am J Pr`ev Med. 2006;31:324-7.

4) 평가 중심 조사

평가 중심의 현장조사는 시범 평가 결과를 제공하여 정책 또는 프로그램 노력, 기타 예방 전략, 공중보건 감시 시스템 또는 공중보건 조사를 알릴 수 있다. 일반적으로 파일럿 데이터와 평가 결과를 수집하여 의사결정자에게 더 큰 평가 작업을 시작해야 하는지 여부를 알려준다. 한 가지 예는 어린이 또는 부모가 어린이의 수영 기술에 대해 효과적으로 보고할 수 있는지 평가한 현장조사가 그 예이다(표 5.4.7.). 이 보고서는 다양한 인구에 걸쳐 익사 방지요인으로 알려진 어린이 수영 능력에 대해 다양한 인구집단에 걸쳐 모니터링하기 위한 감시 노력을 크게 강화했다.

표 5.4.7. 미국 워싱턴 주의 어린이 수영 실력에 대한 본인 및 부모 보고서 평가 사례

공중보건 문제
익사는 어린이들의 의도하지 않은 상해 사망의 두 번째 주요 원인이다. 수영 실력을 갖춘 사람들은 익사 위험이 감소하지만, 어린이 수영 능력에 대한 감시 데이터는 보통 수중에서의 상황을 관찰하기보다는 자가 또는 대리 보고를 통해 수집한다. 수영 기술에 대한 검증된 조사 방법의 사용은 공중보건공무원들이 이 물에 빠진 아이들에 대한 보호 요소의 실제 유병률과 정확성을 알기 위해 필수적이다.

공중보건 응답
질병통제예방센터(CDC)와 시애틀 어린이 병원은 어린이의 수영 실력에 대한 본인의 보고와 부모 보고서의 유효성을 평가해 달라는 현장역학 지원(Epi-Aid) 요청에 응답했다. 이 파일럿 평가에서는 어떤 수영기술 설문조사가 어린이들의 수중 수영 능력과 가장 잘 관련이 있는지를 조사했다. 총 482명의 부모-자녀 쌍이 워싱턴주 세 곳의 야외 공공 수영장에서 모집되었다. 세 가지 수영 설문조사 조치(즉, "수영 레슨을 받은 적이 없다", "좋은 수영 기술을 인식했다", "머리 위로 물에 잠긴 편안함")에 대한 부모와 자녀의 보고서가 아이의 수중 수영 성과와 비교되었다. "인식된 훌륭한 수영 기술"에 대한 부모의 보고만이 실제 어린이 수영 능력을 검증받았다.

중요한 요점

이 현장조사는 평가 위주였으며, 공중보건 감시시스템이 얼마나 정확하게 어린이 익사 방지의 중요 요소를 평가하고 보고할 수 있는지를 판단하는 데 도움이 되었다. "좋은 수영 기술"을 인식한 부모의 보고는 아이들의 수영 기술을 평가하기 위한 강력한 조사 척도였다. 수영 강습의 유무는 유용한 척도가 아니었다. 이 조사 결과는 한 지역사회에서 어린이 수영 기술을 정확하게 측정하는 방법에 대한 주 전체의 청소년 건강 설문조사에서 알려 주었다.

출처 : Mercado MC, Quan L, Bennett E, et al. Can you really swim? Validation of self and parental reports of swim skill with an in water swim test among children attending community pools in Washington State. Inj Prev. 2016;22:253-60.

6 핵심 도전과제

손상에 대한 현장 역학조사는 감염성 질환 및 기타 급성 집단발병 조사에 대한 반응과 공통되거나 다른 문제에 직면해 있다. 다음은 이전 조사의 경험에서 도출된 이러한 문제를 해결하기 위한 세 가지 일반적인 문제와 전략이다.

1) 지역 당국과 이해관계자는 조사 및 조사 결과에 영향을 미치도록 압력을 가할 수 있다. 때로는 지역 당국이나 이해관계자가 정치적이거나 심지어 개인적인 이유로 수사에 참여하도록 동기를 부여한다(예: 가족 구성원이 자살로 사망한 경우). 이러한 이해 관계자는 높은 기대치를 설정하고, 개인 이론에 대한 탐구를 요구하거나, 원치 않는 결과를 피하려고 조사를 중단시키려고 시도할 수 있다. 시간과 자원의 제약으로 모든 관심 있는 질문에 답할 수 있는 것은 아니며, 조사 결과가 모든 이해 관계자에게 인기 있는 것은 아닐 수 있다는 점을 포함하여 조사가 현실적으로 어떤 결과를 가져올 수 있는지를 요청하는 당사자에게 간략하게 설명하는 현장조사 책임자는 지역사회에서 더 나은 결과를 얻을 수 있다. 현장조사관들이 비록 인기가 없더라도 조사 결과에서 드러나는 것에 근거하여 조사가 권고되리라는 것을 명확하게 나타내는 것도 도움이 된다.
2) 표본 크기의 제한은 조사에서 수집하는 정보의 양을 제한할 수 있다. 특히 자살과 살인의 집단은 소수의 경우를 포함할 수 있다. 그럼에도 불구하고, 이 장의 예에서 알 수 있듯이 조사자들은 사례 통제, 단면적이거나 기타 서술적인 연구를 수행한다. 표본의 한계를 인식하고 가장 두드러진 요인에 초점을 맞추고 이러한 결과를 지역 당국과 공유할 때 결과가 기본 인구에 어떻게 일반화되는지에 대해 주의하는 것이 가장 바람직하다. 또한 조사자는 소규모 표본 검사에 내재된 한계와 그러한 표본이 이미 알려진 것 이상의 것을 식별할 수 있는 통계적 힘을 제공하지 못할 가능성에 대해 당국과 지역사회 이해당사자들에게 솔직해야 한다.
3) 기본 데이터 수집의 제한은 정보에 대한 접근을 제한할 수 있다. 예를 들면, 질병통제예방센

터(CDC)가 긴급 역학 지원에 대한 주(州)의 요청에 응답하여 새로운 데이터 수집을 후원하는 경우 미국 예산관리국의 데이터 수집에 대한 승인을 받아야 하며, 이 승인 과정은 최대 1년까지 지속될 수 있다. 신속한 승인을 위한 기전이 존재하지만 이러한 기전이 손상 및 폭력 관련 유행조사에 항상 적용되는 것은 아니다. 따라서 질병통제예방센터(CDC) 현장 조사자는 종종 2차 데이터에 의존해야 하는데, 이는 답변할 수 있는 질문의 종류와 수행할 수 있는 분석의 종류를 크게 제한할 수 있다. 이러한 잠재적인 장벽을 최소화하는 한 가지 방법은 관심 사례에 대한 보완적인 세부 정보를 보유하는 기존 데이터 소스를 연결하고 분석하는 것이다. 예를 들면, 살인 및 자살과 관련하여 수사관은 사건별로 법 집행관, 검시관/의학 검사관 및 독물학 보고서와 같은 여러 데이터 소스를 연결하여 여러 관점에서 수집된 각 사례에 대한 세부 정보를 검토할 수 있다.

7 단기 및 장기 예방 노력

현장 역학조사의 본질은 궁극적으로 단기 및 상기 예방전략을 식별하는 것이다. 단기 중재는 문제의 즉각적인 확산을 막기 위한 것이며, 장기 권장사항은 지속 가능한 지역사회 변화를 만드는 것이다. 조치를 취하고 생명을 구하는 데 도움이 되는 손상 관련 예방 전략에 대한 다양한 요소를 사용할 수 있다. 그러나 좋은 현장조사는 공중보건공무원을 가장 적절한 사람에게 지시하는 데 항상 유용하다. 또한 현장역학은 새로운 예방 전략의 혁신과 개발을 위한 초석으로 남을 것이다. 오늘날 손상 방지에 대한 가장 영향력 있는 아이디어 중 일부는 한때 현장조사에서 생성된 작은 아이디어였다. 현장역학의 공통 용어인 “가죽신발 역학(shoe-leather epidemiology)”의 최전선 작업은 특히 새로운 문제가 발생하고, 기술이 발전하며 사람들이 상호작용하고, 의사소통하는 방법에 대한 기전이 진화함에 따라 손상 예방에 대한 생각을 바꿀 수 있게 되었다.

참고문헌

대한예방의학회. 예방의학과 공중보건학, 제3판 수정증보판, 계축문화사, 2017.

대한예방의학회, 한국역학회. 예방의학 · 역학 · 공중보건학 용어집, 계축문화사, 2014.

손석준, 이경수, 이무식, 이중정, 이충원, 정인성. 현장역학(Field Epidemiology, 2nd edition 번역본). 계축문화사, 2004.

Alcohol, Drug Abuse, and Mental Health Administration. Report on the Secretary's Task Force on Youth Suicide. Volume 1: overview and recommendations. https://www.hsdl.org/?view&did=743317

Ali MM, Dwyer DS, Rizzo JA. The social contagion effect of suicidal behavior in adolescents: does it really exist? J Ment Health Policy Econ. 2011;14:3–12.

American Academy of Pain Medicine and American Pain Society. The use of opioids for the treatment of chronic pain: a consensus statement from the American Academy of Pain Medicine and the American Pain Society. Clin J Pain. 1997;13:6–8.

Basile KC, DeGue S, Jones K, et al. STOP SV: A Technical Package to Prevent Sexual Violence. Atlanta: CDC, National Center for Injury Prevention and Control; 2016.

Blaser MJ, Jason JM, Weniger BG, et al. Epidemiologic analysis of a cluster of homicides of children in Atlanta. JAMA. 1984;251:3255–8.

Breslow NE, Day NE. Statistical methods in cancer research. Vol 1. The analysis of case—control studies. (IAEC scientific publication no. 32). Lyon: International Agency for Research on Cancer; 1980.

CDC. Homicides among 15–19-year-old males—United States, 1963–1991. MMWR. 1994;43:725–7.

CDC. Injury prevention & control: opioid overdose. https://www.cdc.gov/drugoverdose/index.html

CDC. Lesson 1: Introduction to epidemiology. Section II: Epidemic disease occurrence. Principles of epidemiology in public health practice, third edition: an introduction to applied epidemiology and biostatistics. https://www.cdc.gov/ophss/csels/dsepd/ss1978/lesson1/section11.html

CDC. National Center for Health Statistics. Medical examiners' and coroners' handbook on death registration and fetal death reporting. 2003 revision. Hyattsville, MD: US Department of Health and Human Services; 2003. https://www.cdc.gov/nchs/data/misc/hb_me.pdfpdf

CDC. Striving to Reduce Youth Violence Everywhere. http://vetoviolence.cdc.gov/stryve/

CDC. Vital Signs: Changes in opioid prescribing in the United States, 2006–2015.

CDC. Web-based Injury Statistics Query and Reporting System (WISQARS). https://www.cdc.gov/injury/wisqars/

Center for the Study and Prevention of Violence, University of Colorado Boulder. Blueprints for healthy youth development. http://www.colorado.edu/cspv/blueprints

Corcoran JJ, Wilson ID, Ware A. Predicting the geo-temporal variations of crime and disorder. Int J Forecasting. 2003;19:623–34.

Cure Violence. http://cureviolence.org/

Dahlberg LL, Mercy JA. The history of violence as a public health issue. AMA Virtual Mentor. 2009;11:167–72.

David-Ferdon C, Vivolo- Kantor AM, Dahlberg LL, Marshall KJ., Rainford N, Hall JE. A Comprehensive Technical Package for the Prevention of Youth Violence and Associated Risk Behaviors. Atlanta: CDC, National Center for Injury Prevention and Control; 2016.

de Leo D, Heller T. Social modeling in the transmission of suicidality. Crisis. 2008;29:11–9.

Detels R, Beaglehole R, Lansang MA, Gulliford M. Oxford Textbook of Public Health, Oxford University Press, 2009.

Dowell D, Haegerich TM, Chou R. CDC Guideline for prescribing opioids for chronic pain—United States, 2016. MMWR. 2016;65(no. RR-1): 1–49.

Ester M, Kriegel H, Sander J, Xu X. A density-based algorithm for discovering clusters in large spatial databases with noise. KDD'96 Proceedings of the Second International Conference on Knowledge Discovery and Data Mining. 1996 Aug 2–4; Portland, OR. Palo Alto, CA: AAAI Press; 1996:226–31. http://www.aaai.org/Papers/KDD/1996/KDD96-037.pdf

Feinstein AR. Clinical Epidemiology. The architecture of clinical research. Philadelphia: W.B. Saunders Company 1985.

Fortson BL, Klevens J, Merrick MT, Gilbert LK, Alexander SP. Preventing Child Abuse and Neglect: A Technical Package for Policy, Norm, and Programmatic Activities. Atlanta: CDC, National Center for Injury Prevention and Control; 2016.

Gladden RM, Martinez P, Seth P. Fentanyl law enforcement submissions and increases in synthetic opioid- involved overdose deaths—27 states, 2013–2014. MMWR. 2016;65:837–43.

Gordis L. Epidemiology. 5th ed. Philadelphia: Elsevier; 2013.

Hall AJ, Logan JE, Toblin RL, et al. Patterns of abuse among unintentional pharmaceutical overdose fatalities. JAMA. 2008;300:2613–20.

Halperin WE. Field investigations of occupational disease and injury. In: Gregg MB, ed. Field Epidemiology. 2nd ed. New York: Oxford University Press; 2002:306–23.

Institute of Medicine and National Research Council. Injury in America: A Continuing Public Health Problem. Washington, DC: National Academies Press; 1985.

Joiner TE Jr. The clustering and contagion of suicide. Curr Dir Psychol Sci. 1999;8:89–92.

Kelsey JL, Thompson WD, Evans AS. Methods in observational epidemiology. New York, Oxford: Oxford University Press; 1986.

Kennedy-Hendricks A, Richey M, McGinty EE, Stuart EA, Barry CL, Webster DW. Opioid overdose deaths and Florida's crackdown on pill mills. Am J Public Health. 2016;106:291–7.

Last JM. A Dictionary of Epidemiology, 4th Ed, Oxford Uni Press Inc., 2001.

Leung PTM, Macdonald EM, Stanbrook MB, Dhalia IA, Juurlink DN. A 1980 letter on the risk of opioid addiction. N Engl J Med. 2017;376:2194–5.

MacMahon B, Pugh TF. Epidemiology : principles and methods, Little, Brown and Company, 1970.

Mercado MC, Quan L, Bennett E, et al. Can you really swim? Validation of self and parental reports of swim skill with an in water swim test among children attending community pools in Washington State. Inj Prev. 2016;22:253–60.

Niolon PH, Kearns M, Dills J, et al. A Technical Package to Prevent Teen Dating and Intimate Partner Violence. Atlanta: CDC, National Center for Injury Prevention and Control; 2017.

Paulozzi LJ, Budnitz DS, Xi Y. Increasing deaths from opioid analgesics in the United States. Pharmacoepidemiol Drug Saf. 2006;15:618–27.

Paulozzi LJ, Mercy J, Frazier L, Jr., Annest JL. CDC's National Violent Death Reporting System: background and methodology. Inj Prev. 2004;10:47–52.

Porta M. A Dictionary of Epidemiology, 5th edition, IEA, Oxford University Press, USA, 2008.

Rasmussen SA, Goodman RA. The CDC Field Epidemiology Manual, Oxford University Press, USA, 2018.

Reza A, Breiding MJ, Gulaid J, et al. Sexual violence and its health consequences for female children in Swaziland: a cluster survey study. Lancet. 2009;373:1966–72.

Robert B. Wallace. Maxey-Rosenau-Last Public Health and Preventive Medicine. McGraw-Hill Education, 15 edition, 2008.

Rockett IR, Hobbs G, De Leo D, et al. Suicide and unintentional poisoning mortality trends in the United States, 1987–2006: two unrelated phenomena? BMC Public Health. 2010;10: 705.

Rothman K J. Modern epidemiology. Boston, Toronto: Little, Brown and Com pany; 1986.

Rudd RA, Seth P, David F, Scholl L. Increases in drug and opioid-involved overdose deaths— United States, 2010–2015. MMWR. 2016;65:1445–52. Erratum in: MMWR, 2017;66:35.

Rutkow L, Chang HY, Daubresse M, Webster DW, Stuart EA, Alexander GC. Effect of Florida's prescription drug monitoring program and pill mill laws on opioid prescribing and use. JAMA Intern Med. 2015;175:1642–9.

Schlesselman JJ. Case—control studies: design, conduct, analysis. New York: Oxford University Press; 1982.

Schulden J, Chen J, Kresnow MJ, et al. Psychological responses to the sniper attacks: Washington DC area, October 2002. Am J Prev Med. 2006;31:324–7.

Stone DM, Holland KM, Bartholow B, Crosby AE, Davis S, Wilkins N. Preventing Suicide: A Technical Package of Policies, Programs, and Practices. Atlanta: CDC, National Center for Injury Prevention and Control; 2017.

Sumner S, Maenner M, Socias C, et al. Sentinel events preceding youth firearm violence: an investigation of administrative data in Delaware. Am J Prev Med. 2016;51:647–55.

US Department of Health and Human Services. US Department of Justice. Surgeon General's Workshop on Violence and Public Health Report. Washington, DC: Health Resources and Services Administration; 1986. https://www.nlm.nih.gov/exhibition/confrontingviolence/materials/OB10998.pdfpdf

US Department of Health, Education, and Welfare. Healthy people: the Surgeon General's report on health promotion and disease prevention. Washington, DC: US Department of·Health, Education, and Welfare, Public Health Service; 1979. https://profiles.nlm.nih.gov/ps/access/NNBBGK.pdf

US Environmental Protection Agency. Laws and Regulations. Summary of the Paper Reduction Act. 44 USC §3501 et seq. (1980). https://www.epa.gov/laws-regulations/

World Health Organization. Global report on drowning: preventing a leading killer. http://apps.who.int/iris/bitstream/10665/143893/1/9789241564786_ eng.pdf?ua=1&ua=1pdf

World Health Organization. Save LIVES— a road safety technical package. Geneva: World Health Organization; 2017. http://apps.who.int/iris/bitstream/10665/255199/1/9789241511704-eng.pdf?ua=1

제 5 장

다국가 집단발병에 대한 국제적인 역학조사

1 도입

영향을 받은 국가 간에 감염성 질병 발생에 대한 정보를 공유하는 것은 기록된 가장 초기의 역사로 거슬러 올라가며 수세기에서 현대까지 이어진다(표 5.5.1.). 국제적 유행병 대응에 대한 보다 공식적인 조정은 19세기에 인쇄물이 널리 배포되고, 집단 발생 데이터 분석 및 국제 예방전략에 대한 출판물이 널리 보급된 19세기에 시작되었다. 이 장에서는 19세기와 20세기의 노력 이후 크게 발전해온 국제적 유행병 대응의 조정에 관한 관점을 제공하였다.

표 5.5.1. 영향을 받은 국가 간 감염병 발생 정보를 공유한 역사적 배경

역사	내용
기원전 430년	투키디데스는 그리스 아테네를 황폐화시켜 315,000명의 주민에게 광범위한 공포와 공포를 불러일으키는 높은 사망률의 발병에 대해 기술하였다. 증상으로는 갑작스러운 발열, 두통, 피로, 위와 사지의 통증이 있으며 심한 구토, 설사 및 입 출혈이 동반되었다. 탈수증이 심해져서 남성은 우물에 뛰어들게 된다. 질병은 종종 7~9일 내에 사망으로 끝난다. 의료 종사자들은 종종 영향을 받지만, 살아남은 사람들은 재감염되지 않고 다른 사람을 치료할 수 있었다. 현대의 의사들은 이 급속하고 치명적인 출혈열이 에볼라 바이러스 질병으로 인해 발생했다고 추정한다.
기원전 460년~370년	히포크라테스는 감염병에 걸리기 쉬운 질병과 발병의 임상적 및 역학적 특징을 설명하였다.
기원전 1세기~서기 1세기	농업에 관한 책에서 마르쿠스 테렌티우스 바로(Marcus Terentius Varro)는 너무 작아서 눈으로는 볼 수 없지만, 몸에 들어가 질병을 일으키는 생물 때문에 늪에서 멀리 떨어진 곳에 집을 지을 것을 권장하였다. 또 다른 농업가인 콜루멜라(Lucius Junius Moderatus Columella)는 늪이 해충 증기를 방출하고 해를 끼치는 곤충 떼를 생성한다고 경고하였다. 같은 시대에 그리스인과 로마인은 감염병 환자를 격리하고 치료하기 위한 시스템을 개발했다. 이 관행은 중세와 현대까지 계속되고 있다.

1829년~1849년	콜레라 대유행은 사람, 장소 및 시간에 따른 질병의 특성화를 포함하여 현대 역학조사의 원칙을 발전시킨다. 발병기간인 1832년 아마라이아 브리검(Amariah Brigham)은 콜레라 확산을 전 세계적으로 자세히 설명하는 점지도와 무역 경로를 발표했다. 커미션이 설정되고 며칠 내 정보가 공유되며 배, 기차 및 마차를 통해 다른 영향을 받는 국가로 전송되었다.
1851년	첫 번째 국제위생회의가 파리에서 소집되어 유럽 국가들의 서로 상충되고 비싼 비용의 해양 검역 요건을 조화(harmonize)시켰다.
1892년	콜레라에 관한 최초의 국제협약이 베니스에서 열린 제7차 국제위생회의에서 서명되었다.
1893년, 1894년	드레스덴과 파리에서 열린 회의는 콜레라와 관련하여 두 가지 추가 합의를 이끌어 냈다.
1897년	각 국은 감염병 확산 방지방법에 대한 합의를 채택하였다.
1903년	이전의 네 가지 규약은 하나의 국제위생 규약으로 통합되었다.
1907년	로마의 정부 대표는 감염병과 콜레라의 확산을 방지하기 위해 선박 및 항구 검역에 관한 국제 규정을 감독하기 위해 상설 사무국 및 고위 공중보건 관리로 구성된 상임위원회와 함께 파리에 국제공중위생실(OIHP, Office International d' Hygiène Publique)를 설립하는 데 동의하였다. 기타 공중보건 규약을 관리한다.
1924년	제1차 세계대전 이후, 유럽의 감염병을 탐지하고 대응하는 데 초점을 맞춘 국제연맹보건기구가 설립되었다. 나중에 스위스 제네바에서 조직되어 세계보건기구(WHO)의 핵심 기능을 위한 토대를 마련했다.
1946년	OIHP가 해체되고 역학 서비스가 세계보건기구(WHO) 임시위원회에 통합되었다.
1948년	세계보건기구(WHO)는 공식적으로 설립되어 국제위생규약을 수정하고 통합하였다.
1969년	국제위생규약은 국제보건규정(IHR, International Health Regulation)으로 이름이 변경되었다. 이 첫 번째 버전에는 콜레라, 황열병 및 감염병에 대한 수동보고 시스템이 포함되어 있었다. WHO는 질병의 주요 특징을 *Weekly Epidemiologic Record*에 게시하고 질병 전파를 방지하기 위해 항구와 공항에 대한 표준을 설정하여 질병이 국제적으로 확산되는 것을 방지하기 위해 최대한 수용 가능한 조치를 설명하였다.
2005년	국제 여행 및 무역의 성장과 질병 위협의 출현으로 세계보건총회는 IHR의 실질적인 개정을 촉구하였다. 제3판은 제58차 세계보건총회에서 제정되었다.

2 국제보건규정(International Health Regulations)

국제보건규정(IHR) 협정은 발병 감지 및 대응에 대한 국제 협력 및 조정의 기반을 형성하였다(표 5.5.2). 국제 협약으로서 IHR은 196개의 모든 세계보건기구(WHO) 회원국을 가지고 있다. IHR은 교통 및 경제 무역에 대한 불필요한 중단 없이 질병의 국제 확산을 예방, 보호, 통제 및 대응하는 데 중점을 둔다. 2005년 판에는 다음과 같은 이전 두 버전의 주요 변경 사항이 포함되어 있다.

- 범위를 특정 질병이나 전파 방식으로 제한하지 않고 "원산지(origin) 또는 출처(source)에 관계없이 질병 또는 의학적 상태"를 포함
- 발병을 감지하고 대응하기 위한 핵심 공중보건 역량을 개발해야 하는 회원국의 의무
- 국제적 우려의 공중보건 비상을 구성할 수 있는 사건을 세계보건기구(WHO)에 통보하는 회원국의 책임
- 공중보건 사건에 대한 비공식 보고서를 고려하고 그러한 사건과 관련하여 회원국의 검증을 받기 위한 세계보건기구(WHO) 승인
- 세계보건기구(WHO) 사무총장이 "국제적 우려의 공중보건 비상사태(public health emergency of international concern, PHEIC)"를 선언하고(표 5.5.3.), 이에 상응하는 임시 권고를 발행하는 절차

국제적으로 우려되는 공중보건 비상은 질병의 국제 확산을 통해 다른 국가에 공중보건 위험을 구성하고 국제적으로 조정된 대응을 요구할 수 있는 특별한 사건으로 정의된다. 현재 국제보건규정(IHR)에는 회원국과 세계보건기구(WHO)에 대한 상당한 책임이 포함되어 있지만, 회원국이 법적 구속력이 있는 계약을 준수하도록 보장하는 조항은 포함되어 있지 않다.

표 5.5.2. 중증급성호흡기증후군에 대한 국제적 대응

국제보건규정(IHR)이 개발되는 동안 글로벌 커뮤니티는 중증급성호흡기증후군(SARS)이라고 하는 알려지지 않은 원인의 발생에 대응하고 있었다. SARS의 급속한 확산은 2003년 바이러스가 전 세계로 확산되면서 국제적 유행발병 대응에 대한 조정 및 협력의 중요성을 강조했다. 바이러스가 유행하는 동안 정보를 전자적으로 공유하여 유행발병의 원인요인, 전파 방식에 대한 자세한 정보를 제공했다. 다른 역학적 특징, 정보의 실시간 공유는 임상 관리에 대한 지침을 제공하고 추가 확산을 방지하기 위한 보호 조치를 제공하는 데 필수적이었다. 세계보건기구(WHO)는 국제적인 확산을 막기 위한 일련의 권장사항을 발표했으며 공항은 중증급성호흡기증후군(SARS)에 걸린 환자 또는 중증급성호흡기증후군(SARS)과 호환되는 임상 질환에 걸린 이력에 대해 승객을 선별했다. 눈에 띄는 확산에도 불구하고 발병은 4개월 이내에 성공적으로 억제되었으며, 국제보건규정(IHR) 방식이 확산대응 조정 중에 어떻게 성공적으로 적용될 수 있는지에 대한 좋은 예를 나타낸다.

표 5.5.3. 2020년 코로나-19에서 대한 국제적 공중보건 비상사태 선언 보도사례

WHO, 신종 코로나 '국제적 비상사태' 선포 … 사상 6번째(2020. 1. 31 뉴스자료)

세계보건기구(WHO)는 30일(현지시간) 신종 코로나바이러스 감염증인 '우한(武漢) 폐렴'에 대해 '국제적 공중보건 비상사태(PHEIC · Public Health Emergencies of International Concern)'를 선포했다. 다만 WHO는 중국과의 교역과 이동의 제한을 권고하지 않는다고 밝혔다.

WHO 테드로스 아드하놈 게브레예수스 사무총장은 "지난 몇 주 동안 우리는 이전에 알지 못했던 병원체의 출현을 목격했고, 그것은 전례가 없는 발병으로 확대했다"고 말했다. 그는 이어 "이 바이러

스가 보건 시스템이 취약한 국가로 퍼진다면 어떤 피해를 볼지 모른다"며 "그런 가능성에 대비할 수 있도록 지금 조처를 해야 한다"고 말했다. 그는 또한 "이번 선포의 주된 이유는 중국에서 발생하고 있는 일 때문이 아니라 다른 나라에서도 일어나고 있는 일 때문"이라며 "중국에 대한 불신임 투표가 아니다"라고 덧붙였다.

게브레예수스 사무총장은 "국제적인 여행과 교역을 불필요하게 방해할 이유가 없다"면서 "우리는 모든 국가가 증거에 기초한 일관된 결정을 시행할 것을 요구한다"고 말했다. 그러면서 "중국이 발병 감지, 바이러스 격리, 게놈(유전체) 서열을 파악해 WHO와 세계에 공유한 속도는 매우 인상적"이라며 "WHO는 중국의 전염병 통제 능력에 대해 지속해서 신뢰할 것"이라고 말했다.

WHO가 국제적 비상사태를 선포한 것은 이번이 6번째다. 앞서 WHO는 지난 2009년 신종 인플루엔자 A(H1N1), 2014년 소아마비와 서아프리카의 에볼라, 2016년 지카바이러스, 2019년 콩고민주공화국의 에볼라까지 모두 5번 선포했다.

출처 : https://health.chosun.com/site/data/html_dir/2020/01/31/2020013101047.html

1) 국제 집단발병 조사에서 협력 방식

국제보건규정(IHR)에 설명된 바와 같이 발병을 감지, 조사 및 대응하는 책임은 발병이 발생한 국가의 보건당국에 있다. 때때로 국가의 대응 능력이 압도되어 외부 기술지원이 필요할 수 있다. 국가 보건당국은 발병이 다른 부문에 미칠 수 있는 영향을 포함하여 경제적, 정치적 문제 때문에 지원 요청을 주저할 수 있다. 확산 대응 중 국제 지원을 위한 여러 파트너의 역할과 책임은 다음 섹션에 요약되어 있다.

2) 보건부

국가 보건당국에 의한 발병 관리가 발전했으며 대부분의 국가는 대응을 위해 일종의 구조화된 관리 시스템을 사용한다. 최근 에볼라 바이러스 질병이 발생하는 동안 나이지리아, 라이베리아, 시에라리온 및 기니는 비상상황센터(EOC)와 사고관리시스템(IMS)을 구축하여 확산 대응 및 국제 지원을 조정했다. IMS 내에서 EOC 관리자는 대응의 다양한 측면(예: 임상 관리, 감시, 실험실 지원, 의사소통 및 연락 추적)을 관리하기 위해 기술 파트너가 공동의장을 맡은 기술 작업 그룹을 설립했다. 에볼라와 같은 복잡한 발병기간 동안 대부분의 국가는 세계보건기구(WHO)를 통해 지원 요청을 조정한다. 그러나 당국은 파트너 또는 회원국에 직접 지원을 요청할 수 있다. 또한 회원국은 세계보건기구(WHO)를 포함한 다양한 채널을 통해 원치 않는 지원을 제공할 수 있다.

3) 세계보건기구(WHO)

세계보건기구(WHO)의 비상 대응국은 국제적 우려의 감염병 발생에 대한 조기 발견 및 대응을 위해 회원국에 기술적 지원을 제공한다. 에볼라 감염병의 여파로 세계보건기구(WHO)는 초기 대응력이 약하다는 비판을 경험하고 국제적 우려의 발발에 대응하기 위한 개혁 과정을 거쳤다. 이 개혁은 2016년 세계보건총회 결의로 "모든 유형의 위험으로 인한 비상사태에 대비, 직면 또는 복구할 때 국가 및 지역사회에 신속하게 예측 가능하며 포괄적인 지원을 제공하기 위해 보건비상 프로그램을 채택했다. 제네바의 조직 개편은 다섯 가지 작업 영역으로 구성된 중앙집중식 관리시스템 하에 감염성 질환 주제 및 비상대응 전문가를 소집했다.

- 감염 위험관리
- 국가 보건 비상 대비
- 보건 비상 정보 및 위험 평가
- 비상 작전
- 핵심 서비스

이 조직 구조는 일반적으로 세계보건기구(WHO)의 지역사무소 내에 반영된다. 세계보건기구(WHO)는 국제적인 발생 대응의 모든 측면을 지원할 수 있는 GOARN(Global Outbreak Alert and Response Network)을 통해 기술 전문가 명단을 유지하고 있다.

4) GOARN

2000년 4월 세계보건기구(WHO)는 감염병 발생, 자연재해 및 기타 인도주의적 긴급상황에 대응하기 위해 공식 파트너 네트워크를 구축했다. GOARN은 기관과 네트워크의 협력으로, 지속적으로 경고하고 발생에 신속하게 대응할 준비가 되어 있다. 주요 파트너로는 학술 및 과학 기관, 의료 및 감시 이니셔티브, 실험실 네트워크, UN 조직, 적십자(국제적십자위원회, 국제적십자연맹, 적신월사 및 기타 국가) 및 국제 인도주의적 비정부기구(예 : 국경없는 의사회(Médecins sans Frontières), 국제구조위원회(International Rescue Committee, Medical Emergency Relief International[MERLIN] 및 Epicentre) 등이 있다. 이 네트워크는 신속한 식별, 확인 및 발생에 대한 대응을 위해 인적 및 기술 자원을 결합하여 국제적인 확산을 방지하고 선택된 회원국의 장기적인 감염병 대비 능력을 개발한다. 모든 활동은 다음을 포함하여 6개의 작업 흐름과 일치한다.

- GOARN 정책, 운영 절차 및 사무국 기능을 강화
- 네트워크 참여 확대
- 경고 및 위험 평가 활동에 파트너 참여
- 의사소통 및 옹호를 통해 이해 관계자 참여
- 운영 연구 및 도구 개발
- 발병 대응을 위한 교육 프로그램 준비

각 세계보건기구(WHO) 지역사무소는 GOARN에 참여하며 많은 곳에서 전용 GOARN 코디네이터가 있다. 세계보건기구(WHO)의 서태평양 지역에서 GOARN은 신종 질병을 위한 아시아 태

평양 전략작업계획의 구성요소이다. GOARN은 비상 대비 역량 강화를 지원하기 위해 매년 여러 건의 요청을 받는다.

GOARN이 생성된 이후, 파트너는 서아프리카 에볼라 감염병(표 5.5.4)을 포함하여 많은 공중보건 응급상황에서 지원을 제공했다. 세계보건기구(WHO)와 협력하여 GOARN은 감시, 역학, 사례 발견, 연락처 추적, 정보 관리 및 분석 전문가를 포함하여 에볼라에 대응하기 위해 1,100명 이상의 전문가를 배치했다. GOARN Emerging and Dangerous Pathogens Laboratory Network는 신속한 사례 확인을 위한 진단 지원을 제공하기 위해 200명 이상의 전문가와 함께 25개 이상의 이동식 실험실을 배치했다.

5) UN 클러스터 시스템

인도주의적 긴급 상황을 겪고 있는 국가에서 국제적 우려가 자주 발생한다. 2005년 UN 총회는 인도적 비상사태 대응 능력을 향상시키기 위해 클러스터 시스템을 채택했다. 이 시스템에는 인도적 대응의 주요 부문에서 일하는 인도주의 단체(UN 및 비UN) 그룹이 포함된다. 경우에 따라 클러스터 시스템은 특히 인도주의적 긴급 상황(예: 2017년 소말리아에서 콜레라 발생) 중에 발생하는 경우 발생 대응 관리에 참여했다. 역사적으로 발병은 종종 서아프리카의 에볼라 발병과 같은 인도주의적 위기로 이어졌다. 클러스터 시스템은 에볼라가 발생하는 동안 활성화되지 않았다. 그러나 UN은 대응을 조정하는 데 도움이 되는 에볼라 비상 대응 임무를 설립했다.

표 5.5.4. 2014~2016년 사이에 에볼라바이러스 질병 발생에 대한 국제적 대응

중증급성호흡기증후군(SARS)에 대한 반응이 국제보건규정(IHR) 방식의 효과를 강조한 반면, 서아프리카 전역에서 에볼라바이러스 질병이 발생하면 글로벌 대응 능력의 현저한 단점이 강조되었다. 법적 구속력이 있는 규정에 따라 발병을 감지하고 대응할 수 있는 국가는 거의 없었다.

주요 과제에는 대응 조정, 환자의 조기 발견 및 격리, 환자의 임상 관리, 임상 치료 및 감시를 지원하는 숙련된 인력 개발이 포함되었다. 모든 국가는 치료센터를 건설하고 장비하는 것과 관련하여 물류 문제가 있었다. 대응 초기에 국가 보건당국과 파트너는 전체 대응을 위한 특정 전략에 대한 합의에 도달하기 위해 도전을 받았다.

영향을 받은 국가의 제한된 수용력 외에도 부적절한 자금, 운영 지원을 위한 인력 제한, 초기 대응 규모 제한 등 세계 보건기구의 대응에 부족한 점이 있었다. 여러 국가의 양자 지원과 GOARN(Global Outbreak Alert and Response Network)은 운영 격차를 해결하는 데 도움이 되었다.

이에 대응하는 동안 시에라리온, 라이베리아, 기니에 60개 이상의 에볼라 치료센터가 설립되었으며, 이 센터를 운영하는 2,500명의 직원을 포함하여 40개 이상의 조직과 58개의 외국 의료 팀이 배치되었다. 치료실이 없는 환경에서의 발생에 대응하여 커뮤니티 케어센터가 설립되었다.

GOARN 및 파트너의 지원에도 불구하고, 이 유행발병은 국가가 유행에 압도당하는 시기에 더 강력한 국제적인 급증 역량(surge capacity)의 필요성과 개발도상국의 감염통제 능력 향상의 중요성을 강조했다.

출처: Rasmussen SA, Goodman RA. The CDC Field Epidemiology Manual, Oxford University Press, USA, 2018.

3 국제적인 관심 질병에 대한 세계적 또는 지역적 질병 감시 및 실험실 네트워크

여러 글로벌 실험실 네트워크는 감염성 유행발병에 대한 조기 발견 및 대응을 지원한다. 세계보건기구(WHO)는 소아마비, 홍역, 인플루엔자, 침윤성 세균성 질병 및 황열병에 대한 실험실 네트워크를 포함하여 이러한 네트워크의 많은 부분을 조직하고 지원한다. 유럽 질병예방통제센터는 재향군인병, 결핵, 항균제 내성, 크로이츠펠트-야콥병, 디프테리아 및 침습성 세균 백신 예방 가능 질병(VPD, vaccine preventable disease)에 대한 다국적 감시 네트워크를 유지한다. 1999년 미국 국방부는 해외 실험실과 의료기관에 글로벌 신생출현감염 감시 및 대응(GEIS, Global Emerging Infection Surveillance) 시스템을 구축했다. GEIS는 2009년 새로운 유행성 인플루엔자 변종에 대한 첫 번째 보고를 포함하여 여러 번의 발병기간 동안 주요 기여를 했다.

세균성 병원체의 분자 특성화 능력의 개발은 식품매개성질환에 대한 감시 네트워크를 형성했다. PulseNet International은 전 세계적으로 보고된 식품매개성질환 사례를 추적하는 데 전념하는 7개의 국가 및 지역 실험실 네트워크로 구성된 네트워크이다. 참여 실험실은 질병통제예방센터(CDC)의 지원을 받으며 표준화된 유전형 분석 방법을 사용한다. 서브타이핑 및 역학 정보는 참여 실험실 간에 실시간으로 공유된다. PulseNet은 특정 하위 유형과 관련된 사례 군집을 감지하여 국제 식품매개성 및 수인성 질병 발생에 대한 조기 경고를 제공한다. 이 네트워크는 그러한 발병의 국제적 범위를 정의하는 효율적인 수단이며 국제적인 발병 조사의 중요한 구성 요소이다.

1) 국제 조사 중 현장 작업

국제 집단발병 조사 중 현장 작업은 어려울 수 있어 대응에 효과적으로 기여하려면 고유한 기술이 필요하다. 배치된 직원은 배치 전에 가능한 한 많은 것을 배워야 한다. 조사할 질병뿐만 아니라 그들이 일할 국가와 문화에 대해서도 알아야 한다. 현장에서 경험하는 도전은 종종 발병의 문화적 맥락과 관련이 있으며 제한된 실험실, 데이터 관리, 정보학 및 인적 자원 능력이 있는 환경에서 작업하는 것을 포함한다. 현장 직원은 이러한 제약에도 불구하고 유연하고 효과적인 방법을 배워야 한다. 준비 및 현장 작업과 관련된 주요 과제는 다음과 같다.

(1) **역할과 책임을 명확히 함.** 발병은 종종 국가 대응 능력을 강조하고 때로는 어떤 작업을 수행할 책임이 있는지 불분명하다. 국제 팀은 정부의 다른 부분에서 오는 상충되는 전략에 대한 지침을 받고 전반적인 대응에 대한 결속력이 부족할 수 있다. 나이지리아는 2014년에 에볼라바이러스에 걸린 라이베리아 외교관이 도착하면서 그러한 위기를 경험했다. 이 나라는 질병 유입에 대한 계획이 없었고 환자를 안전하게 격리시킬 능력이 없었다. 연방 및 주 공무원 간의 역할과 책임이 명확하지 않았다. 초기 대응에는 치료센터 설립을 위한 다른 계획이 포

함되어 있었지만, 라이베리아 여행자의 열성 접촉을 격리해야 하는 긴급한 필요성을 해결하는 데 현실적이지 않았다. 한때 라이베리아 여행자와 열렬히 접촉한 8명은 치료를 받을 적절한 장소가 없는 지역사회에 살고 있었다. 치료 옵션에 대한 상당한 논쟁 끝에 보건부는 발병을 관리하기 위해 소아마비 긴급상황센터(EOC)의 직원을 활용하여 사고지휘 팀 구조를 구축했다. 팀은 더 적합한 위치가 확인될 때까지 임시방편 조치로 버려진 병원 병동을 치료센터로 전환하여 환자를 격리하고 발병을 억제하기 위한 접근방식을 신속하게 식별했다. 이러한 위기 상황에서 컨설턴트는 논쟁의 여지가 있는 문제가 발생하고 파트너 간에 불일치가 발생하더라도 대응 내에서 서로 다른 상대방과 강력한 관계를 구축하고 유지해야 한다.

(2) **적절한 기술 역량 확보.** 유행발병 환경에 배치된 현장역학자들은 현장에서 직면한 고유한 문제를 해결할 수 있는 장비가 부족하다는 것을 인식할 수 있다. 국제 과제를 수락하라는 요청을 받을 때 후보자는 명확한 과제 또는 TOR(terms of reference, 참조 조건)을 받아야 하며 처리할 수 있는 TOR에 대한 과제만 수락해야 한다. 이것은 안전한 매장, 물 및 위생 절차, 환자의 임상 관리 및 감염 관리를 지원하기 위해 특정 기술이 필요한 에볼라 대응 중 문제였다. 이 문제를 해결하기 위해 대응 파트너는 배치 전에 직원을 위한 교육 프로그램을 개발했다. 이 교육에도 불구하고 직원들은 배치 과정에서 경험이 풍부한 직원의 멘토링과 지도가 필요했다.

(3) **다문화 감수성.** 현장조사를 수행할 때 현장 직원은 배치된 커뮤니티의 문화 규범에 민감해야하며 현장조사 및 대응에 대한 접근방식을 적절하게 조정해야 한다. 예를 들면, 에볼라 발생하는 동안 안전한 매장 개입을 설계할 때 독특한 매장 관행을 고려해야 했다. 중재를 설계할 때, 지역 대응자들이 문제 해결에 대해 동등하고 똑같이 유효한 접근방식을 가질 수 있음을 인식하는 것이 중요하다.

(4) **취약한 환경에서 작업.** 정부 시스템 및 서비스 제공이 제한될 수 있는 국가 내 취약한 주 또는 설정에서 자주 발생한다. 현장 직원은 정부와 정부가 봉사하는 지역사회 간의 불신과 긴장으로 인해 복잡한 보안 및 정치적 문제를 신중하게 탐색해야 한다. 이러한 환경에서 시민 사회 단체 또는 지역사회 지도자를 대담자로 참여시켜 현장 작업 및 대응을 지원하는 것이 종종 도움이 된다. 중립적 접근 협상가(예: 적십자사)는 영향을 받는 지역의 지역사회 지도자와 의사소통하고 해당 지역의 지역 팀을 모집하여 대응을 지원할 수 있다.

(5) **데이터 및 샘플 공유.** 현장조사관이 데이터나 임상 샘플을 부적절하게 공유하는 것보다 일찍 비행기를 타고 집으로 빨리 돌아갈 수 있는 것은 없다. 데이터 또는 임상 샘플 공유는 종종 논쟁의 여지가 있으며 국가 데이터의 주권을 인정하고 보건당국의 허가를 구하는 것이 중요하다. 기관 간의 데이터 공유도 논쟁의 여지가 있다. 모범 사례에는 모든 요청을 서면으로 제출하고 국가 보건당국과 데이터 공유 계약을 맺는 것이 포함된다. 이러한 조치는 모든 사람이 어떤 데이터와 임상 샘플을 공유할 수 있는지 확실히 이해하는 데 도움이 된다.

4 결론

국제적인 발발 대응을 조정하는 데 상당한 진전이 있었지만, 국제보건규정(IHR)의 발간과 개정은 서아프리카에서 에볼라의 확산을 막지 못했으며, 국제적 유행발생에 대한 글로벌 대응의 지속적인 개선의 필요성이 강조된다. 2009~2020년 사이에 국제적인 우려가 있는 공중보건 긴급 상황에 대한 6건의 선언이 있었다. 선언할 때마다 세계보건기구(WHO)와 글로벌 커뮤니티는 대응 조정에 대한 경험과 교훈을 얻었다. 세계보건기구(WHO)를 지원하기 위한 주요 노력에는 GOARN의 작업, 글로벌 실험실 네트워크, 주요 조직 및 회원국의 지원이 포함된다.

참고문헌

대한예방의학회. 예방의학과 공중보건학, 제3판 수정증보판, 계축문화사, 2017.

대한예방의학회, 한국역학회. 예방의학 · 역학 · 공중보건학 용어집, 계축문화사, 2014.

손석준, 이경수, 이무식, 이중정, 이충원, 정인성. 현장역학(Field Epidemiology, 2nd edition 번역본). 계축문화사, 2004.

Breslow NE, Day NE. Statistical methods in cancer research. Vol 1. The analysis of case—control studies. (IAEC scientific publication no. 32). Lyon: International Agency for Research on Cancer; 1980.

Brigham A. A treatise on epidemic cholera. including an historical account of its origin and progress, to the present period: compiled from the most authentic sources. Hartford, CT: H and F J Huntington; 1832.

Centers for Disease Control and Prevention. CDC's response to the 2014–2016 Ebola epidemic —West Africa and United States. MMWR Suppl. 2016;65(Suppl 3):1–112.

Dehnhardt WL. ¿Hubo infectólogos en la Antigua Roma? [in Spanish]. Rev Chil Infect. 2010;27: 165–9.

Detels R, Beaglehole R, Lansang MA, Gulliford M. Oxford Textbook of Public Health, Oxford University Press, 2009

European Centre for Disease Prevention and Control. EUVAC.Net. http://ecdc.europa.eu/cn/healthtopics/vaccine-preventable-diseases/euvac/Pages/index.aspxexternal icon

Feinstein AR. Clinical Epidemiology. The architecture of clinical research. Philadelphia: W.B. Saunders Company 1985.

Fry AM, Hancock K, Patel M, et al. The first cases of 2009 pandemic influenza A (H1N1) virus infection in the United States: a serologic investigation demonstrating early transmission. Influenza Other Respi Viruses. 2012;6:e48–53.

Gordis L. Epidemiology. 5th ed. Philadelphia: Elsevier; 2013.

Heymann DL. The international response to the outbreak of SARS in 2003. Philos Trans R Soc Lond B Biol Sci. 2004;359:1127–9.

Kazanjian P. Ebola in antiquity? Clin Infect Dis. 2015;61:963–8.

Kelsey JL, Thompson WD, Evans AS. Methods in observational epidemiology. New York, Oxford: Oxford University Press; 1986.

Kirk MD, Little CL, Lem M, et al. An outbreak due to peanuts in their shell caused by Salmonella enterica serotypes Stanley and Newport—sharing molecular information to solve international outbreaks. Epidemiol Infect. 2004;132:571–7.

Koch T. 1831: The map that launched the idea of global health. Int J Epidemiol. 2014;43:1014–20.

Last JM. A Dictionary of Epidemiology, 4th Ed, Oxford Uni Press Inc., 2001.

MacMahon B, Pugh TF. Epidemiology: principles and methods, Little, Brown and Company, 1970.

McLeod KS. Our sense of Snow: the myth of John Snow in medical geography. Soc Sci Med. 2000;50:923–35.

Olson PE, Hames CS, Benenson AS, Genovese EN. Thucydides syndrome: Ebola déjà vu? (or Ebola reemergent?). Emerg Infect Dis. 1996;2:155–6.

Pappas G, Kiriaze IJ, Falagas ME. Insights into infectious disease in the era of Hippocrates. Int J Infect Dis. 2008;12:347–50.

Porta M. A Dictionary of Epidemiology, 5th edition, IEA, Oxford University Press, USA, 2008.

Rasmussen SA, Goodman RA. The CDC Field Epidemiology Manual, Oxford University Press, USA, 2018.

Robert B. Wallace. Maxey-Rosenau-Last Public Health and Preventive Medicine. McGraw-Hill Education, 15 edition, 2008.

Rothman K J. Modern epidemiology. Boston, Toronto: Little, Brown and Com pany; 1986.

Sabbatani S. Excursus sull'organizzazione dell'assistenza in tempi di pestilenza [Italian]. Le Infezioni in Medicina. 2003;3:161–7.

Schlesselman JJ. Case—control studies: design, conduct, analysis. New York: Oxford University Press; 1982.

Shuaib F, Gunnala R, Musa EO, et al. Ebola virus disease outbreak—Nigeria, July–September 2014. MMWR. 2014;63:849–54.

Swaminathan B, Barrett TJ, Hunter SB, Tauxe R V. PulseNet: the molecular subtyping network for foodborne bacterial disease surveillance, United States. Emerg Infect Dis. 2001;7:382–9.

Thucydides. History of the Peloponnesian War. Book 2. Oxford: Clarendon Press; 1900:137–40.

United Nations. Strengthening the coordination of humanitarian emergency assistance of the United Nations. Resolution 46/182. http://www.un.org/Docs/journal/asp/ws.asp?m=A/RES/46/182external icon

WHO. 2015 WHO Strategic Response Plan, West Africa Ebola outbreak. http://www.who.int/csr/resources/publications/ebola/ebola-strategic-plan/en/external

WHO. Global Outbreak Alert and Response Network (GOARN). http://www.who.int/ihr/alert_and_response/outbreak-network/en/external

WHO. International Health Regulations (2005). 3rd ed. Geneva, Switzerland: WHO; 2016. p. 84. http://www.who.int/ihr/publications/9789241580496/en/external

WHO. Laboratory networks. http://www.who.int/immunization/monitoring_surveillance/burden/laboratory/en/external

WHO. Origin and development of health cooperation. http://www.who.int/global_health_histories/background/en/external

Woodall J. WHO reform: bring back GOARN and Task Force "Scorpio." Infect Ecol Epidemiol. 2016;6:30237.

부 록

역학조사관 관련 법령 및 규정

감염병의 예방 및 관리에 관한 법률(약칭: 감염병예방법)

[시행 2021.3.9.] [법률 제17920호, 2021.3.9., 일부개정]

제4장 감염병감시 및 역학조사 등

제18조의3(역학조사인력의 양성) ① 질병관리청장은 제60조의2제3항 각 호에 해당하는 사람에 대하여 정기적으로 역학조사에 관한 교육·훈련을 실시할 수 있다. 〈개정 2020.3.4., 2020.8.11.〉

② 제1항에 따른 교육·훈련 과정 및 그 밖에 필요한 사항은 보건복지부령으로 정한다.

[본조신설 2015.7.6.]

제9장 방역관, 역학조사관, 검역위원 및 예방위원 등 〈개정 2015.7.6.〉

제60조의2(역학조사관) ① 감염병 역학조사에 관한 사무를 처리하기 위하여 질병관리청 소속 공무원으로 100명 이상, 시·도 소속 공무원으로 각각 2명 이상의 역학조사관을 두어야 한다. 이 경우 시·도 역학조사관 중 1명 이상은「의료법」제2조제1항에 따른 의료인 중 의사로 임명하여야 한다. 〈개정 2018.3.27., 2020.3.4., 2020.8.11.〉

② 시장·군수·구청장은 역학조사에 관한 사무를 처리하기 위하여 필요한 경우 소속 공무원으로 역학조사관을 둘 수 있다. 다만, 인구수 등을 고려하여 보건복지부령으로 정하는 기준을 충족하는 시·군·구의 장은 소속 공무원으로 1명 이상의 역학조사관을 두어야 한다. 〈신설 2020.3.4.〉

③ 역학조사관은 다음 각 호의 어느 하나에 해당하는 사람으로서 제18조의3에 따른 역학조사 교육·훈련 과정을 이수한 사람 중에서 임명한다. 〈개정 2020.3.4.〉

1. 방역, 역학조사 또는 예방접종 업무를 담당하는 공무원
2. 「의료법」제2조제1항에 따른 의료인
3. 그 밖에「약사법」제2조제2호에 따른 약사,「수의사법」제2조제1호에 따른 수의사 등 감염병·역학 관련 분야의 전문가

④ 역학조사관은 감염병의 확산이 예견되는 긴급한 상황으로서 즉시 조치를 취하지 아니하면 감염병이 확산되어 공중위생에 심각한 위해를 가할 것으로 우려되는 경우 일시적으로 제47조제1호 각 목의 조치를 할 수 있다. 〈개정 2020.3.4.〉

⑤「국가경찰과 자치경찰의 조직 및 운영에 관한 법률」제12조 및 제13조에 따른 경찰관서 및「소방기본법」제3조에 따른 소방관서의 장,「지역보건법」제10조에 따른 보건소의 장 등 관계 공무원은 정당한 사유가 없으면 제4항에 따른 역학조사관의 조치에 협조하여야 한다. 〈개정 2020.

3.4., 2020.12.22.〉

⑥ 역학조사관은 제4항에 따른 조치를 한 경우 즉시 질병관리청장, 시·도지사 또는 시장·군수·구청장에게 보고하여야 한다. 〈개정 2020.3.4., 2020.8.11.〉

⑦ 질병관리청장, 시·도지사 또는 시장·군수·구청장은 제3항에 따라 임명된 역학조사관에게 예산의 범위에서 직무 수행에 필요한 비용 등을 지원할 수 있다. 〈개정 2020.3.4., 2020.8.11.〉

⑧ 제1항부터 제7항까지 규정한 사항 외에 역학조사관의 자격·직무·권한·비용지원 등에 관하여 필요한 사항은 대통령령으로 정한다. 〈개정 2020.3.4.〉

[본조신설 2015.7.6.]

제60조의3(한시적 종사명령) ① 질병관리청장 또는 시·도지사는 감염병의 유입 또는 유행이 우려되거나 이미 발생한 경우 기간을 정하여 「의료법」 제2조제1항의 의료인에게 제36조 및 제37조에 따라 감염병관리기관으로 지정된 의료기관 또는 제8조의2에 따라 설립되거나 지정된 감염병전문병원 또는 감염병연구병원에서 방역업무에 종사하도록 명할 수 있다. 〈개정 2020.8.11.〉

② 질병관리청장, 시·도지사 또는 시장·군수·구청장은 감염병이 유입되거나 유행하는 긴급한 경우 제60조의2제3항제2호 또는 제3호에 해당하는 자를 기간을 정하여 방역관으로 임명하여 방역업무를 수행하게 할 수 있다. 〈개정 2020.3.4., 2020.8.11., 2020.9.29.〉

③ 질병관리청장, 시·도지사 또는 시장·군수·구청장은 감염병의 유입 또는 유행으로 역학조사인력이 부족한 경우 제60조의2제3항제2호 또는 제3호에 해당하는 자를 기간을 정하여 역학조사관으로 임명하여 역학조사에 관한 직무를 수행하게 할 수 있다. 〈개정 2020.3.4., 2020.8.11.〉

④ 제2항 또는 제3항에 따라 질병관리청장, 시·도지사 또는 시장·군수·구청장이 임명한 방역관 또는 역학조사관은 「국가공무원법」 제26조의5에 따른 임기제공무원으로 임용된 것으로 본다. 〈개정 2020.3.4., 2020.8.11.〉

⑤ 제1항에 따른 종사명령 및 제2항·제3항에 따른 임명의 기간·절차 등 필요한 사항은 대통령령으로 정한다.

[본조신설 2015.12.29.]

감염병의 예방 및 관리에 관한 법률 시행규칙 (약칭: 감염병예방법 시행규칙)

[시행 2021.7.8.] [보건복지부령 제818호, 2021.7.8., 일부개정]

제16조의3(역학조사인력 교육과정) 법 제18조의3제1항에 따른 교육 · 훈련 과정의 세부기준은 별표 3의2와 같다. 〈개정 2016.6.30.〉

[본조신설 2016.1.7.]

■ 감염병의 예방 및 관리에 관한 법률 시행규칙 [별표 3의2] 〈개정 2020.9.11.〉

역학조사관 교육 · 훈련 과정(제16조의3 관련)

1. 역학조사관 교육 · 훈련
   가. 법 제60조의2제3항에 따라 역학조사관은 질병관리청장이 정하는 바에 따라 제2호가목 및 나목에 따른 기본교육 및 지속교육을 포함한 2년 과정의 역학조사관 교육 · 훈련 과정을 이수한 사람 중에서 임명한다.
   나. 역학조사관은 역학조사와 관련된 역량의 유지 및 함양을 위해 매년 제2호다목에 따른 보수교육을 이수해야 한다.

2. 역학조사관 교육 · 훈련 과정의 세부 내용
   가. 기본교육: 역학조사관 제도, 역학조사관의 권한 및 책임, 감염병별 역학적 특성, 감염병 감시체계 등 역학조사 관련 기본과정
   나. 지속교육: 역학조사 통계 산출 및 자료 분석, 감염병 진단 및 실험실 검사 등 역학조사 관련 심화과정
   다. 보수교육: 감염병 관련 국내 · 외 현안, 최신 역학조사 사례 검토 등 역학조사 역량 유지 및 함양 교육

3. 그 밖에 역학조사관 교육 · 훈련 과정의 세부기준은 질병관리청장이 정한다.

역학조사관 교육에 관한 규정

[시행 2020.12.14.] [질병관리청고시 제2020-24호, 2020.12.14., 전부개정]

제1조(목적) 이 규정은 「감염병의 예방 및 관리에 관한 법률」 제18조의3 및 같은 법 시행규칙 제16조의3에 따라 역학조사관 교육과정의 운영 등에 필요한 사항을 규정함을 목적으로 한다.

제2조(정의) 이 규정에서 사용하는 용어의 정의는 다음과 같다.

1. “방역관”은 「감염병의 예방 및 관리에 관한 법률」(이하 “법”이라 한다) 제60조제1항, 제60조의3제2항에 따라 방역관으로 임명된 자를 말한다.
2. “역학조사관”은 법 제60조의2에 따라 감염병 역학조사에 관한 사무를 처리하기 위하여 질병관리청장, 시 · 도지사 또는 시장 · 군수 · 구청장(구는 자치구를 말한다)이 임명한 사람을 말한다.
3. “수습역학조사관”은 역학조사관으로 임명받기 위해 역학조사관 교육과정에 참여 중인 자로서 질병관리청장, 시 · 도지사 또는 시장 · 군수 · 구청장이 임명한 사람을 말한다.
4. “역학조사관 교육과정”이란 법 제18조의3 및 같은 법 시행규칙(이하 “규칙”이라 한다) 제16조의3에 따른 교육 · 훈련 과정을 말한다. 이 경우 역학조사관 교육과정의 영문 정식명칭은 “Korea Field Epidemiology Training Program”으로, 영문약칭은 “KFETP”로 한다.
5. "위원회"는 제8조에 따라 수습역학조사관의 교육과정 계획, 수료기준, 수료 및 수료 연장 등을 심의하기 위해 질병관리청에 두는 역학조사관 교육수료심사위원회를 말한다.

제3조(수습역학조사관 임명) ① 질병관리청장, 시 · 도지사 또는 시장 · 군수 · 구청장은 법 제60조의2제1항 및 제2항에 따라 제60조의2제3항 각 호에 해당하는 소속 공무원을 수습역학조사관으로 임명하여 역학조사관 교육과정에 참여하도록 조치하여야 한다.

② 수습역학조사관은 수료기간 내 제6조의 역학조사관 교육과정을 이수하여야 한다.

③ 수습역학조사관은 방역관 또는 역학조사관의 지휘를 받아 「감염병의 예방 및 관리에 관한 법률 시행령」(이하 “영”이라 한다) 제26조제2항 각 호의 역학조사관 업무를 수행할 수 있다. 이 경우 방역관 또는 역학조사관은 수습역학조사관을 관리 · 감독한다.

④ 시 · 도지사는 시 · 도 및 관할 시 · 군 · 구 수습역학조사관 임명, 임명취소 등으로 현황에 변동이 있는 경우 그 변동사항을 변동일로부터 14일 이내 질병관리청장에게 통보하여야 한다.

제4조(역학조사관 임명) ① 질병관리청장, 시 · 도지사 또는 시장 · 군수 · 구청장은 소속 수습역학조사관이 역학조사관 교육과정을 수료한 경우 법 제60조의2에 따라 역학조사관으로 임명할 수 있다.

② 질병관리청장, 시 · 도지사 또는 시장 · 군수 · 구청장은 역학조사관 임명자에게 별지 제1호 서식의 역학조사관 임명장을 발급하여야 한다.

③ 임명된 역학조사관은 교육 수료 차년도부터 보수교육을 이수하여야 하며, 교육은 연 2회(각 1일 이상) 실시한다.

④ 시 · 도지사는 시 · 도 및 관할 시 · 군 · 구 역학조사관 임명, 임명취소 등으로 현황에 변동이 있는 경우 그 변동사항을 변동일로부터 14일 이내 질병관리청장에게 통보하여야 한다.

제5조(교육과정 운영) ① 역학조사관 교육과정의 운영은 위기대응역량개발담당관이 총괄한다.

② 역학조사관 교육내용은 아래 각 호에 따라 구성한다.

1. 기본교육: 역학조사관 제도, 역학조사관의 권한 및 책임, 감염병별 역학적 특성, 감염병 감시체계, 역학조사 방법론 등
2. 지속교육: 역학조사 결과, 자료 분석 및 통계, 감염병 진단 및 실험실 검사 등
3. 보수교육: 감염병 관련 국내 · 외 현안, 최신 역학조사 사례 검토 등
4. 기타 : 감염병관련 연구 세미나, 역학조사 관련 국제 네트워크 활동 등을 포함한 현장 중심 직무간 훈련

③ 역학조사관 교육과정은 집합교육, 사이버교육, 실습교육 등을 통해 실시할 수 있다.

④ 위기대응역량개발담당관은 연간 교육 계획을 수립하여 수습역학조사관 및 역학조사관 소속 기관의 장에게 통보하여야 한다.

⑤ 역학조사관 교육 계획에는 교육대상, 교육내용, 교육횟수, 교육일정 등을 포함한다.

⑥ 수습역학조사관 및 역학조사관 소속 기관의 장은 역학조사관 교육 계획에 따라 역학조사관이 교육과정에 참여할 수 있도록 조치하여야 한다.

제6조(교육과정 수료요건) ① 수습역학조사관이 역학조사관 교육과정을 수료하려면 다음 각 호의 요건을 모두 충족하는 2년 과정의 현장 중심 직무 간 훈련(On-the-job Training, OJT)을 완료하여야 한다.

1. 1회의 기본교육(3주 이상)과 6회의 지속교육(각 회당 16시간 이상) 이수
2. 위원회에서 사전 심의 · 승인된 논문으로 학술지 게재 1편 또는 학술발표(구연) 1회
3. 감염병 감시분석 보고서 2편
4. 유행 역학조사 보고서 2편
5. 보도자료(또는 홍보자료) 2편

② 수습역학조사관은 임명일로부터 1년 이내 기본교육을 이수하여야 한다.

③ 수습역학조사관은 교육과정 종료일 전까지 제1항제2호부터 제5호까지의 요건에 대해 위원회 심의를 통해 충족하여야 한다.

제7조(수료요건 이행 확인) ① 역학조사관 제6조의 교육과정 수료요건의 이행여부 확인을 위해 수습역학조사관은 매 분기 종료 후 20일 이내에 별지 제2호 서식의 수습역학조사관 활동보고서를 소속 기관의 장에게 제출하여야 한다.

② 수습역학조사관 소속 기관의 장은 제1항에 따라 제출받은 수습역학조사관 활동보고서를 개

인별로 관리하여야 한다.

③ 질병관리청장은 수습역학조사관의 역학조사관 교육과정 수료요건 확인에 필요한 자료의 제출을 해당 수습역학조사관이 소속된 시 · 도지사 또는 시장 · 군수 · 구청장에게 요청할 수 있다.

제8조(역학조사관 교육수료심사위원회) ① 질병관리청장은 역학조사관 교육과정의 계획, 세부 수료기준 및 수습역학조사관의 수료요건 등을 심의하기 위한 역학조사관 교육 · 수료심사위원회를 둔다.

② 위원회는 위원장 1명을 포함하여 10명 이내의 위원으로 구성한다.

③ 위원장은 위기대응분석관이 되고, 위원은 위기대응역량개발담당관, 운영지원과장, 중앙역학조사지원반장 및 다음 각 호의 어느 하나에 해당하는 사람 중에서 질병관리청장이 임명하는 사람으로 하되, 질병관리청장은 필요시 민간전문가를 위원으로 위촉할 수 있다.

1. 역학조사관을 2인 이상 두고 있는 부서의 장
2. 역학조사 관련 분야의 경험이 풍부한 질병관리청 소속 과장급 이상 공무원

④ 위원장은 위원회의 회의를 소집하며, 그 회의의 의장이 된다.

⑤ 위원회의 회의는 재적위원 과반수의 출석으로 개의하고, 출석위원 과반수의 찬성으로 의결한다.

⑥ 위원회에 간사 1인을 두되, 간사는 역학조사관 교육담당 연구관 또는 사무관으로 한다.

⑦ 제6조제1항제2호부터 제5호까지의 수료요건 사전심의를 위해 질병관리청 내 · 외부 전문가로 구성된 소위원회를 둘 수 있다.

제9조(수료기간 연장) ① 수습역학조사관의 수료기간은 수습역학조사관으로 임명된 날로부터 2년으로 한다.

② 수습역학조사관 중 수료기간 2년 이내 제7조제1항의 수료요건을 충족하지 못한 사람은 질병관리청장에게 1회에 한하여 1년의 수료기간 연장을 신청할 수 있다. 이 경우 연장 신청은 교육과정 종료일의 30일 전까지 하여야 한다.

③ 「국가공무원법」 제71조, 제72조 및 「지방공무원법」 제63조, 제64조로 인한 휴직기간은 제1항 및 제2항 기간에 산정하지 아니한다.

제10조(수료자 및 임명취소자 관리) ① 질병관리청장은 역학조사관 교육과정 수료자에게 별지 제3호 서식의 역학조사관 교육 수료증을 발급하고, 위기대응역량개발담당관은 별지 제4호 서식의 역학조사관 교육과정 수료자 명부를 작성 · 관리하여야 한다.

② 질병관리청장, 시 · 도지사 또는 시장 · 군수 · 구청장은 소속 수습역학조사관이 수료기간 연장에도 불구하고 수료요건을 충족하지 못한 경우 해당 수습역학조사관 임명을 취소하여야 한다.

제11조(역학조사관 교육 강사) ① 역학조사관 교육과정의 강사는 감염병 관련 분야 경험, 지식이 풍부한 공무원 또는 국내외 연구기관 · 교육기관 등의 종사자를 위촉할 수 있다.

② 질병관리청 소속 공무원이 역학조사관 교육과정의 강사로 위촉된 경우 해당 부서의 장은 소

속 공무원이 강의 준비 및 강의에 참여하도록 협조하여야 한다.

제12조(역학조사관 교육의 위탁) ① 질병관리청장은 역학조사관 교육의 전문성을 제고하기 위해 다음 각 호의 어느 하나에 해당하는 기관을 지정하여 역학조사관 교육과정의 전부 또는 일부를 위탁 또는 지정할 수 있다.

1. 「고등교육법」에 근거한 대학 또는 전문대학원 중 의학과나 의과대학 또는 의학전문대학원, 보건대학원이 설치된 기관
2. 감염병 분야의 전문 강사 및 교육기자재가 확보된 기관으로서 「정부출연 연구기관 등의 설립 · 운영 및 육성에 관한 법률」에 따라 설립된 정부출연 연구기관 또는 다른 법률에 근거하여 설립된 교육훈련 기관
3. 그 밖에 역학조사관 교육과정 운영에 대한 전문성을 갖춘 학술단체 및 학회

② 제1항에 따라 역학조사관 교육기관으로 지정된 기관은 질병관리청에 교육계획서 및 교육결과보고서를 제출하여야 한다.

제13조(역학조사관 학술대회) 질병관리청장은 역학조사관과 수습역학조사관의 학술연구활동을 지원하기 위한 학술대회를 개최할 수 있다.

제14조(포상) 질병관리청장은 역학조사 관련 활동이 우수한 역학조사관 또는 수습역학조사관 등에게 포상을 할 수 있다.

제15조(역학조사관 교육과정 관리업무의 전자화) ① 질병관리청장은 역학조사관 교육과정의 효율적인 정보 처리와 기록 · 관리 업무를 위하여 전산시스템을 구축 · 운영할 수 있으며, 역학조사관 교육과정 관리에 필요한 자료를 수집 · 관리 · 보유 · 활용할 수 있다.

② 누구든지 정당한 접근 권한 없이 또는 접근 권한을 넘어 전산시스템의 정보를 훼손 · 멸실 · 변경 · 위조 · 유출하거나 검색 · 복제하여서는 아니 된다.

제16조(재검토기한) 질병관리청장은 이 고시에 대하여 「훈령 · 예규 등의 발령 및 관리에 관한 규정」에 따라 2020년 12월 1일을 기준으로 매 3년이 되는 시점(매 3년째의 11월 30일까지를 말한다)마다 그 타당성을 검토하여 개선 등의 조치를 하여야 한다.

부 칙 〈제2020-24호, 2020.12.14.〉

이 규정은 발령한 날부터 시행한다.

■ 역학조사관 교육에 관한 규정 [별지 제1호 서식], [별지 제3호 서식]

역학조사관 임명장

제 20○○ - ○○ 호

임 명 장

질병관리청, ○○시·도청, ○○시·군·구청
○ ○ ○(○ 급) ○ ○ ○

귀하를 감염병의 예방 및 관리에 관한 법률 제60조의2에 따라 역학조사관으로 임명합니다.

년 월 일

질병관리청장, ○○시·도지사,
○○시·군·구청장 ○○○

210mm×297mm [백상지(150g/㎡)]

역학조사관 교육과정 수료증(국문)

제 20○○ - ○○ 호

수 료 증

질병관리청
○ ○ ○(○ 급) ○ ○ ○

위 사람은 감염병의 예방 및 관리에 관한 법률 제18조의3에 따라 질병관리청에서 실시한 역학조사관 교육과정을 이수하였으므로 이를 인증합니다.

년 월 일

질병관리청장 ○○○

210mm×297mm [백상지(150g/㎡)]

역학조사관 교육과정 수료증(영문)

Certificate of Completion

No. 20○○-○○

This certifies that

○○○

has successfully completed the Korea Field Epidemiology Training Program(KFETP).

Date	Director, Korea Disease Control and Prevention Agency

210mm×297mm [백상지(150g/㎡)]

■ 역학조사관 교육에 관한 규정 [별지 제2호 서식]

(앞 쪽)

20 년 (/ 4)분기 수습역학조사관 활동보고서

소 속	OOOOOO과	제출일	20 년 월 일
성 명	(서명)		

[활동 개요]

근거 및 수료요건 여부	구 분		분기실적*	누적실적*	분기실적 내용 (제목 등 구체적으로 기입)
시행규칙 별표3의2 제1항 수료요건	교육 참석	기본교육('00년도 0차)	참석		–
		지속교육	참석	회	'00년도 0차
		특별교육			특별교육명 기입
	역학조사 결과 발표**	학술지 발표(논문 게재)	편	편	◦ '16년도 거제 콜레라 역학조사
		학술대회 구연 발표	회	회	◦ '16년도 WPRO Rumour Surveillance 결과
		학술대회 포스터 발표	회	회	◦ '12년도 AI 역학조사 사례분석
시행규칙 별표3의2 제2항 제라호 수료요건	감염병 감시분석 보고서		편	편	◦ '16년도 인플루엔자 감시체계 분석
	유행 역학조사 보고서		편	편	◦ '16년도 거제 콜레라 역학조사
	보도자료(또는 홍보자료)		편	편	◦ ('16.8.22. 보도자료) 12번 지카바이러스감염증 환자 발생 ◦ ('16.7.2.) 지카바이러스 리플렛 1종
역학조사 및 OJT 활동 현황	지침 제·개정		편	편	◦ MERS 지침 4.2판 환자격리절차 등
	세미나 발표 (CDC Grand Round 및 감염병 세미나)		회	회	◦ '16년 10월 CDC Grand Round (제목:)
	현장 역학조사 (예방접종 후 이상반응 포함)		회 / 일	회 / 일	◦ C형간염 현장역학조사(서울시 OO구 OO병원)
	교육·훈련 출강	감염병 FMTP	회 | 시간	회 | 시간	◦ '16년도 감염병대응인력 교육과정 (과목명: 메르스 지침 교육)
		기타	회 | 시간	회 | 시간	◦ '16년도 AI 지자체 교육과정(과목명: AI 지침 소개)
	상황실 근무		'16.9.26~ 11.6.	'16.9.26~ 11.6.	◦ (주요 활동 기재)
	WPRO 파견 근무		'16.9.26~ 11.6.	'16.9.26~ 11.6.	◦ (주요 활동 기재)
	역학조사관 관련 공무국외여행		'16.9.26~ 11.6. (국가/기관)	'16.9.26~ 11.6. (국가/기관)	◦ (공무국외여행주제/주요 활동 등 기재)
기타	기타 활동 사항		건	건	◦ (주요 활동 기재)

* 해당 사항이 없을 경우, 빈칸으로 제출

** 유행보고서, 보도자료, 세미나 발표자료 등은 파일 별도 제출

210mm×297mm [백상지(80g/㎡)]

(뒤쪽)

[현장역학조사]

파견 기간	지역	장소	감염병명	역학조사 내용 및 역할(구체적으로 기입)	비고 (지도 방역관 혹은 역학조사관)
`16.8.19–16.8.22 (4일)	시·군·구	구체적으로 기입	OOOO	OO시 OO초등학교 장티푸스 집단발생 역학조사 (사례조사서 양식 작성 및 환경검체 채취), 대상자 OO명	방역관(OOO) 지도

[논문 및 학술발표]

제목	학술지명	역할	공동 연구자	연구책임자	현재 상태

▶ 대상 : 역학조사 업무와 연관된 연구를 말함
▶ 주제 : 논문의 주제를 간략히 기재 (예) oo초교 노로바이러스 집단발생 역학조사 결과 분석
▶ 역할 : 1저자/공동연구자/교신저자 중 해당되는 내용을 기술(중복기재 가능)
▶ 공동연구자 : 함께 논문을 작성하고 있는 사람의 이름, 소속을 기재
▶ 연구책임자 : 연구책임자 및 소속을 기재
▶ 현재 상태 : 초기단계/완료단계/투고단계/심사단계/게재확정 단계로 구분

[기타 활동 상황]

개조식으로 기재

[애로사항 및 건의]

* 보고 시 양면 인쇄로 하여, 한 장으로 제출

210mm×297mm [백상지 (80g/㎡)]

■ 역학조사관 교육에 관한 규정 [별지 제4호 서식]

역학조사관 교육 수료자 명부

수료번호 (수료연도-연번)	수료일	수료자명	생년월일	수료일(이수시간)							학술발표 (제목-일시)	역학조사 보고서 (제목-일시)	기타 (특별교육 내용 등)
				기본교육	지속교육								
					1차	2차	3차	4차	5차	6차			
2016-1	2016. 11.30	홍길동	'79.10.10.										

210mm×297mm [백상지(80g/㎡)]

찾아보기 Index

【A】

【B】

【C】

【D】

【E】

현장역학 **원칙과 방법** 값 30,000원

2021년 7월 20일 제1판 인쇄
2021년 7월 25일 제1판 발행

공저자 : 이무식 · 이충원 · 박정희
배석환 · 유세종 · 이동준
이보우 · 이윤희 · 장주동
정인성

발행인 : 주 영 일
발행처 : **계 축 문 화 사**

서울특별시 종로구 통일로12길 16-17
우편번호 03029
TEL : 735-2257 · 738-9746
FAX : 723-9025
E-mail : gyechuk@hanmail.net
홈페이지 : http://gyechuk.co.kr
1973. 10. 31 등록번호 제300-1973-8호
ISBN 978-89-5629-645-6 93510